Christiane Marxhausen
Identität – Repräsentation – Diskurs

Sozialgeographische Bibliothek

Herausgegeben von
Benno Werlen

Band 14

Christiane Marxhausen

Identität – Repräsentation – Diskurs

Eine handlungsorientierte linguistische Diskursanalyse zur Erfassung raumbezogener Identitätsangebote

Franz Steiner Verlag Stuttgart 2010

Bibliografische Information der Deutschen Nationalbibliothek:
Die Deutsche Nationalbibliothek verzeichnet diese Publikation in der Deutschen Nationalbibliografie; detaillierte bibliografische Daten sind im Internet über <http://dnb.d-nb.de> abrufbar.

ISBN 978-3-515-09684-3

Gedruckt auf säurefreiem, alterungsbeständigem Papier.

Druck: AZ Druck und Datentechnik, Kempten
Printed in Germany

Danksagung

An erster Stelle richtet sich mein Dank an Herrn Prof. Dr. Peter Meusburger, der die Entstehung dieser Arbeit mit großem Engagement verfolgt und wesentlich zu ihrem Gelingen beigetragen hat. Jene Erfahrungen und multidisziplinären Anregungen, die ich am Gegraphischen Institut der Universität Heidelberg, nicht nur im Rahmen der Organisation der Symposienreihe *Knowledge & Space*, sammeln konnte, haben meine wissenschaftliche Arbeit geprägt. Zu großem Dank bin ich Herrn Dr. Edgar Wunder verpflichtet, dessen Kommentare mir neue Perspektiven und Fragen eröffneten. Frau Dr. Annika Mattissek möchte ich für die Einbindung in Workshops des DFG-Wissenschaftsnetzes zur *Diskursforschung in der Humangeographie* und für ihre persönliche Hilfsbereitschaft danken. Besonders danken möchte ich auch jenem akademischen Lehrer, der mich lehrte, dass *Sprachwissenschaft* immer auch eine *Sozialwissenschaft* ist, und so den Ausschlag gab zur fruchtbaren Verknüpfung meiner ersten akademischen Neigung *Geographie* mit der *Linguistik*: Herrn Prof. Dr. Oskar Reichmann. Herr Prof. Dr. Ekkehard Felder gilt mein besonderer Dank, da er nicht nur die Sprachwissenschaften in der Prüfungskommission zu vertreten bereit war, sondern mir auch den Zugang zu noch nicht veröffentlichter Literatur ermöglichte. Akademische Lebenshilfe verdanke ich darüber hinaus meiner interdisziplinären Promovendengruppe bei der KHG der LMU, insbesondere deren Leiter Peter Blümel. Die mühevolle Arbeit des Korrekturlesens haben meine Eltern Gabriele und Burkhard Marxhausen auf sich genommen, denen ich für ihre Geduld und konstruktive Kritik danke, und dafür, dass sie immer an mich geglaubt haben. Widmen möchte ich diese Arbeit meinem Mann, Christian Alexander Braun, der als promovierter Linguist dafür sorgte, dass die Sprachwissenschaft für mich ‚Partner-Disziplin' im Wortsinne wurde: Ohne seine Geduld, Liebe und Zuversicht wäre an eine Fertigstellung nicht zu denken gewesen. Ihm und allen anderen, die mir immer wieder zeigten, dass es auch ‚ein Leben außerhalb des Textes' gibt, gilt meine herzlichste Dankbarkeit. Zwischen Beginn und Abschluss dieser Arbeit liegen einige Jahre. Die Liste derer, die mich unterstützt und ermutigt haben, ist in dieser Zeit immer länger geworden. Über die namentlich Genannten hinaus habe ich auch vielen weiteren Personen in- und außerhalb akademischer Zirkel zu danken. Die damit gemeint sind, wissen es. Inhaltliche wie formale Mängel und Versäumnisse gehen indes allein zu meinen Lasten.

München, den 30.01.2010 Christiane Friederike Marxhausen

Inhalt

Einleitung: Identität – Repräsentation – Diskurs

In der Humangeographie existiert eine breite Forschungsdiskussion, die ‚Raum' als *sozial konstruierten Raum*, als Ergebnis kognitiv-diskursiver Repräsentationsprozesse in den Blick nimmt. Die Rekonstruktion des Prozesses des signifikativen Geographie-Machens, die Frage danach, wie die räumliche Struktur der Welt in der kommunikativen Interaktion konstituiert und transformiert wird, wird in diesem Rahmen zunehmend als grundlegende humangeographische Forschungsaufgabe angesehen. *Geographie* wird also, wie FELGENHAUER (2007: 11) es formulierte, als *„interpretative(...) Wissenschaft der Erzeugung von Repräsentationen"* verstanden – so *‚sprachliche'* Welt-Konstruktion analysiert wird, ist sie eine *‚Textwissenschaft'*.

Die alltagsweltliche und politische Relevanz der in den Forschungsfokus gerückten ‚Raumkonstrukte' ergibt sich dabei auch aus ihrer Rolle im Kontext individueller und kollektiver *raumbezogener Identifikationsprozesse*. Ursachen, Entstehungsbedingungen, Prozesse und Konsequenzen *sozio-emotiven Raumbezugs* rücken damit ins geographische Forschungsinteresse (vgl. Weichhart 2008).

Im Rahmen der Forschungstraditionen, die diese Fragen in den Mittelpunkt stellen, verortet sich vorliegende Untersuchung.

‚Raumbezogene Identitäten' werden als humangeographischer Forschungsgegenstand insbesondere in der Sozialgeographie und in der Politischen Geographie fokussiert. Dabei herrscht weitgehend Einigkeit über den dynamischen, kontextsensitiven, sozial konstruierten Charakter von *‚Identitäten'* und darüber, dass *‚Repräsentationen'*, deren Konstruktion in *signifikativen Prozessen*, ‚im *Diskurs*', stattfindet, diesen Identitäten zugrunde liegen. Die theoretische Fundierung der verwendeten *Identitäts-* und *Repräsentationsbegriffe* wird jedoch häufig nicht explizit gemacht. Der Zusammenhang zwischen den je nach Ansatz als *diskursiv*, *symbolisch*, *signifikativ* oder *geopolitisch* apostrophierten *‚Repräsentationen'*, *‚Grenzziehungsprozessen'*, *‚Regionalisierungen'* oder *‚Imaginationen'* und den *lokalen*, *regionalen*, *nationalen* oder *raumbezogenen ‚Identitäten'*, als deren ‚Bausteine' sie angenommen werden, bleibt, überspitzt formuliert, oft ebenso vage wie die zur Herauspräparierung der Repräsentationen aus ‚dem Diskurs' angewandten Methoden. Ziel dieser Arbeit ist es deshalb, den Zusammenhang zwischen *‚sprachlichen Raumkonstrukten'* und *raumbezogenen Identitäten* theoretisch fundiert darzustellen. Insbesondere soll aber eine *methodische Herangehensweise* vorgestellt werden, mit der sich der *konkrete Prozess der Generierung* und *Diffusion* von

Raumkonstrukten als ‚*Identitätsbausteinen*' in der kommunikativen Interaktion fassbar machen *und* im sozialen Kontext interpretieren und erklären lässt.

Die humangeographische Identitätsdiskussion ist letztlich ein Spiegel der multidisziplinär-sozialwissenschaftlichen: Die *Identitätsdebatte* ist derartig vielschichtig und unüberschaubar, dass KEUPP et al. (2006: 25) von einem „Diskursgetümmel um Identität" sprechen und NARR (1999: 103) den „unverantwortlichen, ‚wissenschaftlich' geadelten Sprachgebrauch" kritisiert, der „sich durch eine ärgerliche Faulheit auszeichnet, sich der (...) Anstrengung des Begriffs zu unterziehen", die „schiere schwebende Beliebigkeit", die „einem aus den im Einzelnen manchmal trefflichen Beiträgen entgegenweht". Wichtige Voraussetzung jeder Beschäftigung mit *Identitäten* ist deshalb die genaue Abklärung dessen, was unter *Identität* im Rahmen der eigenen Forschung verstanden werden soll.

Auf *theoretischer Ebene* bedarf es aus Sicht der Autorin des Rückgriffs auf *sozialpsychologische Identitäts-* und *Repräsentationstheorien*, die dem sozio-kognitiven Doppelcharakter beider Konzepte gerecht werden: die den Zusammenhang zwischen der Konstruktion von Repräsentationen in der sozialen Interaktion und letztlich kognitiv zu verortenden Identitätsbildungsprozessen nicht voraussetzen oder ausblenden, sondern explizit machen. In diesem Kontext kann auf wichtige humangeographische Vorarbeiten insbesondere WEICHHARTs (u.a. 1990; 2008) Bezug genommen werden, der sein Verständnis *raumbezogener Identität* auf einem sozialpsychologischen Konzept aufbaut.

Einen wichtigen Schritt in Richtung der Inbezugsetzung von *Identität, Repräsentation* und *Diskurs* und der *methodischen Umsetzung* dieser Verknüpfung stellen *diskursanalytische* Ansätze dar, die Identitätskonstruktionen als Repräsentationen ‚im Diskurs' verorten (vgl. Mattissek 2007, 2008). Eine andere Forschungstradition, in der vielversprechende Konzepte und Instrumente zur Verbindung von ‚signifikativen Regionalisierungen' und raumbezogenen Identitäten entwickelt wurden, ist die auf die handlungsorientierte Sozialgeographie WERLENs rekurrierende *sprachanalytische*: SCHLOTTMANNs (2005, 2007) Ausführungen zur ‚RaumSprache' und FELGENHAUERs (2007a und b) In-den-Blick-Nahme von ‚Geographie als Argument' lassen sich in diesem Zusammenhang nennen.

Sprachanalytische und *diskursanalytische* Herangehensweisen verstehen sich als komplementär, aber inkompatibel: Während sich *diskurstheoretisch* informierte Arbeiten für Regelhaftigkeiten und Strukturen des raumbezogenen Sprachgebrauchs interessieren und die Rolle handelnder Subjekte zumindest *analytisch* ausblenden, befassen sich *sprachanalytisch* ausgerichtete Forschungsarbeiten, vom Subjekt ausgehend, mit der Rolle konkreter Sprechhandlungen im Prozess ‚signifikativer Regionalisierung'. Dabei wird die textuelle Ebene von beiden Seiten nicht ‚als Ganzes' einbezogen: *Diskursanalytische* Methoden rekurrieren meist auf korpuslinguistische Verfahren, die teilweise durch den Rückgriff auf einzelne Analysemethoden auf Aussagenebene ergänzt werden. *Sprachanalytische* Ansätze konzentrieren sich größtenteils auf die Sprechaktebene oder einzelne Textabschnitte. So beide Ebenen verbunden werden, wird dies als theoretisch inkonsequent kritisiert: MATTISSEK (2008: 95) fasst die Problematik der Verbindung ‚diskurstheoretischer' Ansätze mit handlungsorientierten Grundannahmen unter dem Schlagwort des

„Das-Subjekt-ist-tot-es-lebe-das-Subjekt!-Problem[s]“: Diskurstheoretische Ansätze, die das Konzept intentional handelnder Akteure *hinterfragen*, werden ihrer Ansicht nach häufig unkritisch mit Methoden verbunden, die Deutungen eben dieser Subjekte fokussieren.

Dieses Problem lässt sich nach Ansicht der Verfasserin lösen, indem auf explizit *handlungsorientiert* ausgerichtete *diskursanalytische* Ansätze zurückgegriffen wird, wie sie in der *Sprachwissenschaft* vorgestellt wurden: Hier wird ein *handlungsorientiertes Diskurskonzept* expliziert, in dem die Ebene des Akteurs als integrierende ‚Klammer‘ zwischen Text und Diskurs eine *zentrale Rolle* spielt.

Ziel der vorliegenden Arbeit ist vor diesem Hintergrund die Zusammenführung *diskursanalytischer* und *sprachanalytischer Methoden* zu einem *Analyselayout*, das die Ebene der konkreten *Prozesse sprachlichen Geographie-Machens* – der akteursgebundenen Äußerungshandlung – *und* die Ebene *sozialen Wissens* und ‚struktureller Regelhaftigkeiten‘ des Sprachgebrauchs – des *‚Diskurses‘* – unter Einbeziehung von Fragen der *Deutungsmacht* in ihrer dialektischen Relation integriert und erfassbar macht. Die Sprachwissenschaft wird nicht als ‚Hilfswissenschaft‘ der Geographie wahrgenommen, sondern, wie die Sozialpsychologie, als sozialwissenschaftliche Partnerdisziplin. Wichtig ist aus Sicht der Verfasserin insbesondere ein *holistisches Textverständnis*, das ganze Texte als *komplexe Äußerungshandlungen* ‚handelnder Akteure‘ begreift. Argumentationsanalytische und textlinguistische Verfahren, wie sie in der Humangeographie verstärkt rezipiert werden, lassen keine Konzentration auf Textabschnitte oder einzelne Aussagen zu, sondern können, aufgrund der Verwobenheit der zugrundeliegenden Analyseelemente, nur auf *Textebene* sinnvoll eingesetzt werden.

Sollen ‚Identitäten im Diskurs erfasst werden‘, ist aus Sicht der Verfasserin ein konzeptuell-methodischer Dreischritt nötig, der die Beantwortung folgender *Forschungsfragen* voraussetzt:

(1) Wie lassen sich sowohl der *Identitäts-* als auch der *Repräsentationsbegriff* theoretisch so fundieren, dass das Verhältnis zwischen *Repräsentationen* und *Identitätsbildungsprozessen* konzeptuell erfasst werden kann? In welchem konkreten Zusammenhang stehen, vereinfacht gesagt, *Repräsentationen* und *Identitäten*?

(2) Wie lässt sich *Diskurs* theoretisch so konzeptionalisieren, dass *Repräsentationen* im Sinne von *‚Identitätsbausteinen‘* erfasst werden können?

(3) Auf Basis welcher Ansätze und methodischen ‚Werkzeuge‘ lassen sich *Repräsentationen* im *‚Diskurs‘* beziehungsweise *im konkreten Textexemplar* herausarbeiten? Wie lässt sich der *Prozess* ihrer *Generierung* und *Diffusion* fassen?

Kurz: Wie lässt sich die Verbindung von *Identität*, *Repräsentation* und *Diskurs* stringent konzeptualisieren und operationalisieren?

Genauer: Wie lässt sich die detaillierte Herausarbeitung der Spezifika des Konstruktionsprozesses *raumbezogener Repräsentationen* im Sinne ‚potentieller Identitätsbausteine‘ auf *Äußerungsebene* mit der In-den-Blick-Nahme der Ebene *‚sozialen Wissens‘* und der *Ebene der sozialen Akteure* verbinden?

„The challenge is to radically rethink the way we do Europe. To re-shape Europe" (Romano Prodi[1]).

Als hochaktuelles Umsetzungsbeispiel der theoretisch-methodischen Überlegungen diente die Frage nach jenen *‚raumbezogenen Identitätsangeboten‘*, die im Rahmen des Versuches der Etablierung einer ‚imagined community‘ *Europa* bzw. *Europäische Union* (re-)produziert und verbreitet werden. Konkret: die Erfassung des Prozesses der Generierung und Diffusion *europabezogener Identitätsangebote* im Kontext der *EU-Identitätspolitik*, speziell im Bereich der *politischen Bildung*.

Zu Beginn des 21. Jahrhunderts hat die *Europäische Union* eine neue Qualität erreicht. Sie umfasst neben einem vereinheitlichten Wirtschaftsraum auch ein gemeinsames Rechtssystem, hat sich politisch zu einer ‚supranationalen Gestaltungsebene‘ entwickelt und agiert vermehrt als außenpolitischer Akteur. Die EU hat den Schritt „von der Wirtschaftsgemeinschaft zur politischen Union in weiten Teilen vollzogen" (Walkenhorst 2002: 314). Fritz-Vannahme (2010: 17) schreibt gar: „Sie zeigt schon jetzt die Umrisse der Vereinigten Staaten von Europa". Die aktuellen Umbrüche der politischen und ökonomischen Weltordnung beantworten viele europapolitische Akteure mit einem verstärkten Integrationswillen, der aber, wie die Debatten um die EU-Verfassung und den Vertrag von Lissabon zeigten, nicht von allen EU-BürgerInnen in gleichem Maße mitgetragen wird. In der gesellschaftlichen, wissenschaftlichen und politischen Diskussion steht deshalb immer wieder die Frage der demokratischen Legitimität der Union und ihrer Institutionen, nach der Existenz einer ‚europäischen Öffentlichkeit‘ und eines ‚europäischen demos‘[2]. Die Lösung für die wahrgenommene „Diskrepanz zwischen der systemisch-institutionellen und [der] sozial-kommunikativen Integration" (Jobst 2006: 6) der Europäischen Union sehen Politiker wie zahlreiche Wissenschaftler in der Herausbildung ‚europäischer Identität‘. Vor diesem Hintergrund verfolgt die Europäische Union „bewusst und systematisch" (Walkenhorst 1999: 12) das Ziel der ‚Re-Konstruktion Europas‘: Nicht nur bezogen auf die politischen Institutionen, die innere Verfasstheit und die Außengrenzen der Gemeinschaft, sondern insbesondere auch auf die ‚Europabilder‘ der Menschen. Eine *imagined community* ‚Europa‘ soll konstruiert werden, um die soziale Legitimität des ‚Projektes Europa‘ zu erhöhen und den Integrationsprozess mental-subjektiv zu untermauern. Damit verbunden ist der Versuch, unter den BürgerInnen der EU *‚europäisches Bewusstsein‘* zu schaffen, *‚europabezogene Identitätsangebote‘* zu etablieren und auf eine *‚europabezogene Identifikation‘* der UnionsbürgerInnen hinzuwirken. Dass diese Ziele nicht von allen europäischen BürgerInnen und Regierungen gleichermaßen geteilt werden, ja, dass Ängste vor dem Verlust ‚nationaler Identität‘ bestehen, lässt sich unter anderem an den ‚symbolpolitischen‘ und ‚sprachlichen‘ Korrekturen ablesen, die den 2009 in Kraft getretenen *Vertrag von Lissabon* von der gescheiterten EU-Verfassung unterscheiden: „Einen EU-Außenminister gibt

1 Aus einer Rede Prodis als Präsident der EU-Kommission im Januar 2002, zitiert nach Wodak/ Weiss (2004a: 72).

2 Die begriffliche Unterscheidung zwischen *Europäischer Union* und *Europa* wird weder in der politischen und gesellschaftlichen noch in der wissenschaftichen Diskussion immer getroffen. Dies wird im Rahmen der Arbeit zu problematisieren sein.

es, aber *er darf nicht so heißen*: Hohe Vertreterin für Außen und Sicherheitspolitik muss“ sie sich „nennen“. Der Ministerrat entscheidet nun auf fast allen Politikfeldern (...) mit qualifizierter Mehrheit, ganz wie eine zweite Kammer – aber *er darf nicht sagen, dass er genau das geworden* ist“ (Fritz-Vannahme 2010: 17; Hervorhebungen durch die Verfasserin)[3]. Das deutsche Bundesverfassungsgericht hat in seinem Urteil zum Lissabon-Vertrag denn auch die *Sinnstiftungs-Kompetenz* der *nationalstaatlichen* Ebene hervorgehoben:

> „Die europäische Vereinigung auf der Grundlage einer Vertragsunion souveräner Staaten darf nicht so verwirklicht werden, dass in den Mitgliedstaaten kein ausreichender Raum zur politischen Gestaltung der wirtschaftlichen, kulturellen und sozialen Lebensverhältnisse mehr bleibt. Dies gilt insbesondere für Sachbereiche, die die Lebensumstände der Bürger, vor allem ihren von den Grundrechten geschützten privaten Raum der Eigenverantwortung und der persönlichen und sozialen Sicherheit prägen, sowie für solche politischen Entscheidungen, die *in besonderer Weise auf kulturelle, historische und sprachliche Vorverständnisse angewiesen sind*, und die sich im *parteipolitisch und parlamentarisch organisierten Raum einer politischen Öffentlichkeit diskursiv entfalten*“ (Bundesverfassungsgericht 2010, Leitsätze; Hervorhebungen durch die Verfasserin)

Damit wird allerdings gewissermaßen voraus-gesetzt, dass eine ‚*europäische*‘ politische Öffentlichkeit, *gemeinsame* kulturelle und historische *Vorverständnisse* (noch) *nicht* bestehen – Fragen, die in der wissenschaftlichen Debatte kontrovers diskutiert werden (siehe 1.1).

Den Sozialwissenschaften bietet die ‚europäische Identitätsdebatte‘ die Chance, den „Kampf um die Durchsetzung spezifischer Identitätsvorstellungen“ live „zu beobachten“, „den Prozess der Etablierung eines (...) Identitätsdiskurses aktuell zu verfolgen und (...) nicht, wie bei der Konstruktion nationaler Identitäten, retrospektiv aufzuarbeiten“ (Quenzel 2005: 20). Die Erforschung ‚europäischer Identität‘ ist eine multidisziplinäre Unternehmung, geht von sehr unterschiedlichen, teils inkompatiblen theoretischen Prämissen und ‚Identitätsverständnissen‘ aus und greift auf die verschiedensten methodischen Instrumentarien zurück. Je nach disziplinärer Perspektive werden vielfältigste Erkenntnisinteressen in den Blick genommen. Soll die ‚politische Re-Formulierung‘ der *kulturellen Kategorie Europa* nachgezeichnet werden oder die Entstehung einer ‚*Staatsidentität' der Europäischen Union*? Geht es um eine Erfassung des Einflusses der *Europäischen Union* auf die *individuellen europabezogenen Identifikationen* ihrer BürgerInnen? Oder geht es um den Prozess der *diskursiven* Erschaffung einer ‚*erfundenen Gemeinschaft*‘ auf supranationaler Ebene? Werden statistische Erhebungsverfahren herangezogen, Interviews geführt, Politikfelder analysiert, wird ethnomethodologisch gearbeitet oder werden Diskurse analysiert? Welche Akteure, Institutionen, Politikfelder oder Diskursbereiche werden ins Auge gefasst? Stehen die politischen und sozialen *Funktionen* ‚europäischer Identität‘, der *Prozess* ihrer *Generierung* und *Etablierung* oder ihre ‚*Inhalte*‘ im Vordergrund?

Wer der „kaum mehr überschaubare[n] Fülle von Studien, die sich Prozessen der Konstruktion einer europäischen Identität (...) widmen“ (Albert 2005: 57) eine weitere hinzuzufügen wagt, tut gut daran, die eigenen *theoretischen Prämissen*

3 Siehe zu den ‚symbolpolitischen‘ Änderungen im Lissabon-Vertrag auch 3.1

offenzulegen, die gewählten *Methoden* nachvollziehbar zu *begründen* und die bearbeiteten *Forschungsfragen* klar zu *umreißen*.

Theoretisch-methodische Kernthesen

Die *theoretische* Kernthese dieser Arbeit lautet, dass sich das Verhältnis zwischen *Identität, Repräsentation* und *Diskurs* unter Rückgriff auf *sozialpsychologische Theorien* stringent begründet lässt und humangeographische Ansätze dazu dienen können, diese Überlegungen auf *raumbezogene Repräsentationen* und *Identifikationen* zuzuspitzen: dass, konkreter, in der *sozialen Interaktion* generierte, kognitiv ‚verankerte' *raumbezogene soziale Repräsentationen* als *‚raumbezogene Identitätsangebote'* im Sinne *potentieller Identitätselemente* verstanden werden können, die die ‚Bausteine' von *Selbst- (und Fremd-)Kategorisierungsprozessen* und damit individueller und kollektiver *Identitätsbildungsprozesse* darstellen.

Die *methodische* Kernthese schließt sich an diese theoretischen Grundlagen an: Über die Erfassung der *raumbezogenen sozialen Repräsentationen* ‚im Diskurs' wird der Prozess der Generierung und Verbreitung von ‚Identitätsmustern' im Sinne ‚sozialer Kategorisierungen' beschreibbar. Aus Sicht der Verfasserin müssen *‚holistisch'* verstandene *Texte* als *komplexe Äußerungshandlungen*, denen *als Ganzes* eine *kommunikative Funktion* zugewiesen werden kann, im Kern der Analyse stehen. Der Ansatz einer *handlungsorientierten linguistischen Diskursanalyse* bietet den Rahmen, detaillierte *Textanalysen* über *Intertext-Analysen* mit umfassenden *Kontextanalysen* zu verknüpfen: Über *pragmatisch-textlinguistische* Methoden kann zugegriffen werden auf den Prozess der sprachlichen Generierung und Reproduktion *raumbezogener sozialer Repräsentationen* in ihrer *Funktion* und *Einbindung* in die Äußerungshandlung. So lassen sich diese in ihrer *Komplexität* und *Vernetztheit* darstellen. Über die Verknüpfung dieser Methoden im Rahmen eines *diskursanalytischen* Ansatzes können die Ergebnisse einzelner Textanalysen an das dynamische ‚Universum sozialen Wissens', an den ‚Diskurs' zurückgebunden werden. Das impliziert aber *auch* die Notwendigkeit der komplementären Ergänzung dieses methodischen Ansatzes durch *explorativ* ausgerichtete Studien, die das ‚Diskursfeld' durch Herausarbeitung von ‚generalisierten Repräsentationen' abstecken.

Exemplarische Operationalisierung

Diese theoretisch-methodischen Überlegungen auf die europäische Identitätsdebatte anwendend, können die theoretisch-methodischen Forschungsfragen um eine konkretere, ‚empirische' nach den Prozessen der durch die Politik der EU forcierten Generierung und Vermittlung *europabezogener Repräsentationen* als Rahmen *‚europabezogener Identitätsbildungsprozesse'* ergänzt werden. Die ‚Textanalyse' wird sich – exemplarisch –auf ein Textexemplar beschränken, ihre Voraussetzung ist jedoch eine umfassende *Kontextanalyse*. Vor diesem Hintergrund muss die Forschungsfrage zugespitzt werden. Da die Relevanz des ‚Politikfeldes' *Bildung* im Rahmen ‚staatlicher Identitätspolitik' außer Frage steht und die Bedeutung des Bildungsbereichs im Kontext der *EU-Identitätspolitik* von einschlägigen Forschungen in Politikwissenschaft, Soziologie und Kulturanthropologie hervorgehoben wird (vgl. Walkenhorst 1999; Quenzel 2005; Berezin 2003), soll der *Bil-*

dungsbereich fokussiert werden, die ‚*EUropäische Identitäts-Bildung*'. Die ‚*empirische*' *Forschungsfrage*, die aufbauend auf den theoretisch-methodischen ‚Vorarbeiten' beantwortet werden soll, lautet: Welche *europabezogenen sozialen Repräsentationen* im Sinne von *Identitätsangeboten* werden im Kontext *bildungspolitischer Maßnahmen* der *Europäischen Union* aktualisiert und wie lassen sich diese im *Diskursfeld europäischer Identitätsangebote* verorten? Weiter *spezifiziert* wird diese Forschungsfrage durch die Konzentration auf den konkreten institutionell-medialen Kontext der *politischen Bildungsarbeit* in der *Bundesrepublik Deutschland*, genauer, die In-den-Blick-Nahme *eines Textexemplars* aus einem *Themenheft* zur ‚europäischen Identität' in der von der *baden-württembergischen Landeszentrale für politische Bildung* herausgegebenen, Lehrende als Multiplikatoren ansprechenden Zeitschrift *Deutschland & Europa*. Welche *europabezogenen Identitätsangebote*, so kann das Erkenntnisinteresse genau gefasst werden, werden in diesem Text in welcher *Form* und in welchen *Begründungszusammenhängen* aktualisiert? Wie lassen sich diese an politische Vorgaben, an das ‚Diskursfeld europäischer Identitätsangebote' zurückbinden?

Aufbau der Arbeit
Im einführenden Kapitel ‚*EUropäische Identität(en) im Fokus der Sozialwissenschaften*' steht der ‚wissenschaftliche Diskurs' zur europäischen Identitätsfrage im Mittelpunkt. Das Kapitel erfüllt mehrere Funktionen: Es gibt (schlaglichtartig) einen multidisziplinären Überblick über den *Forschungsstand* zur europäischen Identitätsthematik und bietet so die Gelegenheit, die vorliegende Arbeit im Kontext der referierten wissenschaftlichen Diskussionsstränge zu verorten (Kap. 1.1). Damit eng verbunden ist die *Problematisierungsfunktion* des Kapitels: Die Forschungsdebatte über ‚europäische Identität', so soll gezeigt werden, krankt an begrifflichen Unschärfen bezüglich der verwendeten Identitätskonzepte und ihrer theoretischen Fundierung, was wiederum die methodische Erfassung von ‚Identitäten' in Frage stellt (Kap. 1.2). Insofern ist dieser Abschnitt der Arbeit eine *Hinführung* zur theoretischen Fundierung von *Identitäten* und *Repräsentationen.* Die Forschungsdiskussion ist aber *auch* als Teil des ‚*diskursiven Kontextes*' zu begreifen, in dem sich die spezifische Konstruktion ‚sozialer Repräsentationen Europas' gerade in Veröffentlichungen zur *politischen Bildung* und damit im *Analysetext* dieser Arbeit verortet. Aufgrund des ‚Kontroversitätsgebotes' ist politische Bildungsarbeit zumindest idealiter als Popularisierungsinstanz wissenschaftlicher Debatten und Forschungsergebnisse zu verstehen. Die Ausführungen zum einschlägigen ‚Wissenschaftsdiskurs' dienen somit der *Ergänzung* der Absteckung des ‚Diskursfeldes europäischer Identitätsangebote'.

Im zentralen zweiten Teil ‚*Raumbezogene Identitätsangebote*' wird die theoretische Verortung der Arbeit offengelegt. Die Begriffe *Identität* und *Repräsentation* werden *definiert* und konzeptionell *verknüpft*. Ausgangspunkt ist ein *sozialpsychologischer Identitätsbegriff*, wie er im Rahmen der *Identity-Process-Theory* BREAKWELLS entwickelt wurde (Kap. 2.2). Der *Repräsentationsbegriff* wird aus MOSCOVICIS *Theorie der sozialen Repräsentationen* hergeleitet (Kap. 2.3). In einem weiteren Schritt werden die Konzepte verbunden: *Soziale Repräsentationen* können demnach als in der sozialen Interaktion generierte und verbreitete *potentielle Identitätselemente* aufgefasst werden, die Prozessen der Selbst- und Fremdkategorisierung zugrunde liegen (Kap. 2.4). Darauf aufbauend kann eine Brücke geschlagen werden zu soziologischen und humangeographischen Theorieansätzen, die die Sonderrolle der Kategorisierungsmuster ‚Raum' und ‚Zeit' als ‚sozial strukturierte Strukturprinzipien des Sozialen' hervorheben und spezifisch *raumbezogene Identitäten* beziehungsweise Identifikationen in den Blick nehmen (Kap. 2.5). *Raumbezogene soziale Repräsentationen,* so kann in einem nächsten Schritt unter Rückgriff auf den Ansatz der *diskursiven Psychologie* noch unterstrichen werden, werden in sprachlichen *Äußerungshandlungen* konstruiert und verbreitet, sind nur über den ‚Diskurs' analytisch zugänglich. Der Zusammenhang zwischen *Kognition* und *Diskurs* wird als komplex und dialektisch angesehen. Die sozialpsychologischen Ansätze, auf die rekurriert wird, betonen zudem die Rolle *diskursiver Eliten* im Kontext der Generierung und Verbreitung (raumbezogener) sozialer Repräsentationen: Die so konstruierten Weltmodelle *sollen* von anderen Personen übernommen werden, und die ‚Diskursposition' der Textproduzenten macht diese Übernahme (rezipientenabhängig) zumindest ‚wahrscheinlicher' (Kap. 2.6). Es lässt sich an dieser Stelle ein Zwischenfazit ziehen: Über die Fokussierung der sozial-kommunikativen Interaktion, von Äußerungshandlungen beziehungsweise ‚des Diskurses', lassen sich *raumbezogene soziale Repräsentationen* im Sinne von *potentiellen Identitätselementen* analytisch erfassen. Den von Vertretern ‚diskursiver Eliten' in bestimmten Interaktionsrollen (re-)produzierten sozialen Repräsentationen kommt die Rolle von *‚raumbezogenen Identitätsangeboten'* zu (Kap. 2.7).

Der explorativ ausgerichtete dritte Teil *‚Repräsentationen Europas'* sucht das *Diskursfeld europäischer Identitätsangebote* abzustecken. Die diskurslinguistische Analyse zielt auf die Herausarbeitung *europabezogener Repräsentationen* auf Ebene der komplexen Äußerungshandlung *Text*, soll aber auch, soweit möglich, deren diachrone und synchrone ‚intertextuelle' Verknüpfungen rekonstruieren (Kap. 5.3). Dies ist nur vor dem Hintergrund umfangreichen Wissens über den ‚diskursiven Kontext' möglich. Dabei rückt die *Identitätspolitik* der *Europäischen Union* als zeitgeschichtlicher Kontext und Rahmen zeitgenössischer Aktualisierungen *europabezogener sozialer Repräsentationen* in den Blick. Welche Funktionen erfüllt die Generierung von ‚Identitätsangeboten' für die EU? Mit welchen Maßnahmen sollen diese ‚verbreitet' werden? Welche institutionellen Akteure sind beteiligt? Und vor allem: Welche Inhalte und Wertungen werden der Kategorie ‚Europa' auf diesem Wege eingeschrieben (Kap. 3.1)? Komplementär zur Konzentration auf die detaillierte Analyse *eines* Textexemplars muss zudem auf die Ergebnisse explorativer Studien zurückgegriffen werden, die historische und zeitgenössische ‚Konstrukte von Europa' aus verschiedensten disziplinären Perspektiven fokussieren. Mittels der vorliegenden Studien kann das *Feld des europäischen Identitätsdiskurses* breit aufgespannt werden – sowohl zeitlich-historisch, als auch hinsichtlich der jeweils untersuchten Kommunikationsbereiche (Kap. 3.2). Die ‚Repräsentationen ordnend' kann eine *thematische Matrix europabezogener Identitätsangebote* herausgearbeitet werden, die erste Aussagen über die ‚Streuung' spezifischer Repräsentationen und ihrer sprachlichen Konstruktionsformen in der

Gesellschaft und bestimmten Kommunikationsbereichen zulässt (Kap. 3.3). Handelt es sich um ‚Eliten'-Konstrukte, oder sind sie in der Kommunikationsgemeinschaft weit verbreitet? Welche Unterschiede bestehen zwischen privatem und öffentlichem kommunikativen Handlungsbereich? Nur vor diesem ‚diskursiven Background' lassen sich die spezifischen Aktualisierungen *europabezogener Identitätsangebote* im Analysetext und in seinen direkten Bezugstexten interpretieren. Zugleich ermöglicht die In-den-Blick-Nahme vorliegender Studien die kritische Auseinandersetzung mit den jeweiligen methodischen Herangehensweisen. Es soll gezeigt werden, dass *explorative* Studien notwendige Basis detaillierterer Textanalysen sind, zugleich aber ‚Repräsentationen' nur in generalisierend-holzschnittartiger Weise herausarbeiten können, mithin der Ergänzung und ‚Verankerung' durch die ‚prozessual-situationsgebundene' Dimension der Konstruktion von ‚Identitätsangeboten' fokussierende Detailanalysen bedürfen.

Ziel des methodischen vierten Teils der Arbeit, ‚*Handlungsorientierte linguistische Diskursanalyse*', ist die Beantwortung folgender Frage: Wie muss *Diskurs* konzeptualisiert, wie methodisch operationalisiert werden, um *raumbezogene soziale Repräsentationen* analytisch erfassbar zu machen? Ausgangspunkt ist eine Sichtung der *sprach-* und *diskursanalytischen* Herangehensweisen und Methoden, die im Kontext der Humangeographie bereits zur Erfassung von ‚Raum-Repräsentationen' entwickelt wurden (Kap. 4.1). Aufbauend auf und zugleich in Abgrenzung von diesen ‚Vorarbeiten' werden drei linguistisch-diskursanalytische Ansätze, die *diskurslinguistische Mehrebenenanalyse* WARNKE/ SPITZMÜLLERS, Norman FAIRCLOUGHS *Critical Discourse Analysis* und Ruth WODAKS *diskurshistorischer Ansatz,* hinsichtlich ihrer Eignung zur methodischen Operationalisierung der Erfassung *raumbezogener Identitätsangebote* in den Blick genommen. Die theoretischen Prämissen und methodischen Herangehensweisen dieser Ansätze differenziert integrierend wird ein *handlungsorientiertes Diskurskonzept* entfaltet und mit einem *holistischen Textverständnis* verknüpft, das den Einsatz *pragmatisch-textlinguistischer* Analysemethoden impliziert (Kap. 4.2). Die Methoden der Diskurs- bzw. Textanalyse werden explizit offengelegt, ihre Auswahl ausgerichtet auf die Analyse *raumbezogener sozialer Repräsentationen* begründet (Kap. 4.3). Auf Basis dieser methodischen Ausführungen kann als Synthese alles Vorangegangenen ein *Fragenkatalog* zur Erfassung *(raumbezogener) sozialer Repräsentationen* in konkreten Textexemplaren vorgestellt werden (Kap. 4.4).

Der fünfte Teil ‚*Operationalisierung: Identitäts-Bildung*' soll exemplarisch die Umsetzbarkeit und den analytischen Mehrwert der theoretisch-methodischen Überlegungen aufzeigen. Sozialpsychologische und linguistisch-diskursanalytische Theorien weisen bestimmten Texten und den in ihnen aktualisierten sozialen Repräsentationen aufgrund ihrer *kontextuellen Einbettung* und der damit verbundenen *diskursiven Deutungsmacht ihrer Emittenten* eine erhöhte Relevanz für individuelle Identitätsbildungsprozesse zu. Zugleich heben Historiker, Politikwissenschaftler und Kulturanthropologen nicht nur die Verbindung zwischen der Legitimisierung politischer Herrschaft und der politisch gesteuerten ‚Erfindung von Gemeinschaften', sondern auch die Bedeutung von ‚Identitätsinstitutionen' (vgl. Berezin 2003: 14) in diesen kollektiven Identitätskonstruktionsprozessen hervor. Unter diesen wird den Medien und dem Bildungsbereich eine Schlüsselrolle eingeräumt. Aus diesem Grund wird im Rahmen der exemplarischen Operationalisierung das *,Politikfeld' Bildung* in den Blick genommen – die ,europäische Identitäts-Bildung'. Vor diesem Hintergrund muss die *Kontextanalyse* an dieser Stelle auf den ,engeren Kontext' zugespitzt werden. In einem ersten Schritt wird dabei, von ,oben' nach ,unten' vorgehend, der politisch-institutionelle Kontext des Analysetextes genauer erfasst. (Kap. 5.1). Auf Basis dieser ,engeren' zeitgeschichtlichen und akteursorientierten Kontextualisierung kann der Prozess der ,Konstruktion europäischer Identitäten' über die Erfassung *sozialer Repräsentationen Europas* in einem konkreten Textexemplar nachgezeichnet werden. Welche linguistischen Elemente spielen in diesem Zusammenhang in welcher Form zusammen? Mit welchen Inhalten wird die soziale Kategorie ,Europa' assoziiert? Welche wertenden und normativen Bezüge werden hergestellt? Von wem und mit welcher kommunikativen Funktion (Kap. 5.2)? In welchen *intertextuellen Netzen* lässt sich der Analysetext verorten? Die konkreten Ergebnisse der *Textanalyse* müssen an den (diskursiven) Kontext zurückgebunden und vor dieser Hintergrundfolie interpretiert werden (Kap. 5.3). Darauf aufbauend können die Fäden zusammengenommen werden: Welche ,Alltagstheorien' über *Europa*, welche Modelle der sozialen und materiellen Welt und ihrer Be- und Abgrenzungen werden aktualisiert? Wie sind diese ,im Diskurs' zu verorten? Lassen sich Aussagen über die mit ihrer Aktualisierung verbundenen Intentionen treffen? Was kann über das ,Perlokutionspotential' des Analysetextes ausgesagt werden? Können aus den Ergebnissen der exemplarischen Analyse möglicherweise *Hypothesen* über *europabezogene Repräsentationen* im Bildungsbereich *allgemein* oder zumindest weiterführende *Forschungsfragen* bezüglich der Identitäts-Bildung abgeleitet werden (Kap. 5.4)?

Abschließend gilt es, die Operationalisierbarkeit und den analytischen Mehrwert der theoretisch-methodischen Überlegungen sowie des erarbeiteten Fragenkatalogs kritisch zu reflektieren. Was kann der Ansatz leisten? Wo liegen seine Grenzen (Kap. 6)?

Selektive Rezeption

Die vorliegende Arbeit lässt sich je nach Interessenlage selektiv rezipieren: Die im Kern stehende *theoretische* Klärung des Zusammenhangs von Identität, Repräsentation und Diskurs und die damit eng verknüpfte Darstellung eines möglichen ,Zugriffs' auf *raumbezogene soziale Repräsentationen* über das *Methodenrepertoire* einer *handlungsorientiert* konzeptionalisierten *linguistischen Diskursanalyse* versteht sich als Beitrag zur Theorie- und Methodendebatte der Humangeographie, als Versuch der Zusammenführung *sprachanalytischer* und *diskursanalytischer* ,Traditionen' der humangeographischen Beschäftigung mit Repräsentationen und Identitäten. Der ,Theorieteil', und der ,Methodenteil' können weitgehend auch für sich stehend, ohne Einbezug der ,empirischen' Kapitel, verstanden und diskutiert werden. Die *,europabezogenen'* Kapitel dienen in diesem Verständnis vor allem der Aufzeigung der *Operationalisierbarkeit* und des *analytischen Mehrwertes* der theoretisch-methodischen Überlegungen. Für ,sich' genommen können sie als multidisziplinär ausgerichtete *Einführung in die europäische Identitätsdebatte*, insbesondere in die *EU-Identitätspolitik* und die mit dieser verbundenen *bildungspolitischen Maßnahmen* auf verschiedenen Maßstabsebenen, betrachtet werden. Die ‚eigentliche Analyse' wäre dann als ‚Schlaglicht' auf die konkrete Umsetzung dieser Maßnahmen auf Ebene der politischen Bildungsarbeit zu interpretieren. Es wurde bereits darauf hingewiesen, dass die Sprachwissenschaft im Rahmen dieser Arbeit als Partnerdisziplin, nicht als Hilfswissenschaft verstanden werden soll. Vor diesem Hintergrund kann die Perspektive auch ‚gewechselt' werden: Aus *diskurslinguistischer* Perspektive ist der *Theorieteil* der Arbeit als Teil der *Kontextanalyse* lesbar, als notwendige, Begriffe klärende und das sozialwissenschaftliche Forschungsinteresse explizierende Vorarbeit der linguistischen Analyse, der *Methodenteil* als Begründung der auf dieses Interesse hin ausgewählten sozialwissenschaftlichen und linguistischen ‚Analysetools'. Die ‚europabezogenen' Kapitel stellen insofern keine ‚Anhängsel' von Theorie und Methode einerseits und Textanalyse andererseits, sondern notwendige Kontextualisierungen dar. Sie machen die interpretative Verknüpfung von ‚Text' und ‚Diskurs' erst möglich. Insbesondere die diskurshistorische Schule betont die Relevanz des Einbezugs themenspezifischer fachwissenschaftlicher und theoretischer Vorarbeiten in die diskurslinguistische Arbeit. Aus ihrer Sicht kann ein Analyselayout nur im Kontext einer spezifischen Forschungsfrage entwickelt werden. Der ‚Empirieteil' stellt daher einen *unverzichtbaren Rahmen* der theoretisch-methodischen Überlegungen dar, der auf Ebene der durchgeführten Textanalyse ‚exemplarisch' bleibt. In seiner breiten Kontexterfassung ist er aber als Ausgangspunkt für weitere Analysen und Projekte geeignet. *Scharnierfunktion* zwischen den theoretisch-methodischen Grundlagen und der europabezogenen Zuspitzung des Erkenntnisinteresses kommt dem erarbeiteten *Fragenkatalog zur diskursanalytischen Erfassung raumbezogener sozialer Repräsentationen* (Kap. 4.4) zu: Er stellt eine Synthese der theoretischen, methodischen und ‚explorativ-empirischen' Vorarbeiten dar und kann zwar auf die Erfassung ‚anderer' raumbezogener Identitätsangebote oder anderer humangeographisch interessanter sozialer Repräsentationen hin abgewandelt werden, ist aber auf den spezifischen Forschungskontext zugespitzt.

Identitätsforschung ist ein multidisziplinäres Projekt, muss es sein, sollen nicht „komplexe Bedingungsgefüge zerrissen und in fachwissenschaftliche Obhut genommen" (Keupp et al. 2006: 63) werden. Durch die Integration sozialpsychologischer, diskurslinguistischer und humangeographischer Ansätze, so soll gezeigt werden, wird der Prozess der sprachlichen Generierung und Reproduktion *raumbezogener sozialer Repräsentationen* erfassbar. Nicht nur kann so die *Komplexität* und *Vernetztheit* dieser *raumbezogenen Identitätsangebote*, ihre Eingebundenheit in komplexe Äußerungshandlungen, dargestellt werden. Die in Einzeltexten herausgearbeiteten *potentiellen Identitätselemente* lassen sich auch an das dynamische ‚Universum sozialen Wissens', an den ‚Diskurs', zurückbinden. Damit wird die Grundlage geschaffen für ein vertieftes Verständnis der diskursiven Konstruktion von ‚Raumkategorien' in ihrem Verhältnis zu individuellen und kollektiven Identitätsbildungsprozessen.

1 EUropäische Identität(en) im Fokus der Sozialwissenschaften

1.1 EUropäische Identitäten im wissenschaftlichen Diskurs

Der „Europadiskurs" (Hettlage (Hrsg.) 2006: 7), die Verfasstheit *Europas* und der *EuropäerInnen*[4] stehen aktuell im Forschungsfokus zahlreicher Sozialwissenschaften – von der Soziologie und den Politikwissenschaften über die Anthropologie und die Sozialpsychologie bis hin zur Sprachwissenschaft und natürlich zur Geographie. Gefragt wird nach alten und neuen Bedeutungen der Ausdrücke *Europa/ EuropäerIn*[5], nach den inneren und äußeren Ab-Grenzungen *Europas* bzw. der *Europäischen Union*[6] und nach einer möglichen *EUropäischen Gesellschaft* und *Öffentlichkeit*[7]. Nicht zuletzt ist die Beschäftigung mit ‚*EUropäischer Identität*' zum Modethema in vielen sozialwissenschaftlichen Disziplinen avanciert[8]. Stellte WALKENHORST (1999: 21) noch fest, dass bisher nur „wenige politikwissenschaftliche, psychologische und sozialwissenschaftliche Beiträge zum europäischen Identitätsthema" erschienen seien, so ist die einschlägige Forschungsliteratur mittlerweile schier unüberschaubar.

Hintergrund des aktuellen wissenschaftlichen Interesses wie der politischen Identitätsdebatte ist der Versuch, nach dem Ende der Ost-West-Konfrontation den „Rahmen der europäischen Gestalt und politischen Orientierung" (Reuber/ Strüver/ Wolkersdorfer 2005: 1) neu zu bestimmen. Insbesondere die zunehmende *politische Integration* der EU – zuletzt die Debatte um EU-Verfassung und Lissabon-Vertrag – und die EU-Erweiterungsrunden des letzten Jahrzehnts[9] bilden

4 Da der Konstruktcharakter aller möglichen Referenzobjekte der Ausdrücke *Europa/. EuropäerIn/ europäisch* Ausgangs- und Mittelpunkt dieser Arbeit darstellt, scheint es unnötig, dies durch durchgängiges Setzen von Anführungszeichen zu betonen.

5 Siehe u.a. HEFFERNAN (1998, 2007c), BOCK/ WOLFRUM ((Hrsg.) 1999), GIESEN (2002), KAELBLE (2002) und QUENZEL (2005).

6 Siehe u.a. STRATH (Hrsg.) 2000), BEREZIN/ SCHAIN ((Hrsg.) 2003), WODAK/ WEISS (2004b), REUBER/ STRÜVER/ WOLKERSDORFER 2005 und ANDERSON (2007).

7 Siehe u.a. KAELBLE/ KIRSCH/ SCHMIDT-GERNIG ((Hrsg.) 2002), KAELBLE 2005, HETTLAGE ((Hrsg.) 2006) und EDER (2006).

8 Siehe BREAKWELL/ LYONS ((Hrsg.) 1996), BOGDANDY VON (2002), ELM ((Hrsg.) 2002), MOKRE/ WEISS/ BAUBÖCK ((Hrsg.) 2003, HERMANN/ RISSE/ BREWER ((Hrsg.) 2004) und DONIG/ MEYER/ WINKLER ((Hrsg.) 2005) u.v.a.m..

9 Siehe u.a. FOLKE SCHUPPERT/ PERNICE/ HALTERN ((Hrsg.) 2005).

den Rahmen dieser diskursiven Re-Konstruktionen *Europas*. Gleichzeitig ist die *europäische Identitätsdebatte* im Kontext übergeordneter Globalisierungsprozesse und der damit verbundenen Neuorientierung und Infragestellung traditioneller (raumbezogener) Identitäten und Deutungsmuster zu verorten. Der *Transnationalisierung* der EU „im Sinne sozialer und institutioneller Vernetzung", folgt der Versuch der Herstellung von *Transnationalität*, „verstanden als semantische Konstruktion von gemeinsamen Sinnhorizonten und Zugehörigkeitsgefühlen" (Kaelble/ Kirsch/ Schmidt-Gernig 2002: 10). Diese Konstruktionen, verstanden als *EUropäische Identitätsangebote*, sind es, die hier im Fokus stehen.

Zur Annäherung an diese Thematik bedarf es ihrer Situierung im Kontext der Leitlinien der aktuellen Forschungsdiskussion. Die multi- und oft interdisziplinäre wissenschaftliche Beschäftigung mit der europäischen *Identitäts*-Thematik setzt sich unter anderem mit folgenden Fragen auseinander: Wie kann man *europäische Identität* konzeptualisieren und welche Beziehungen bestehen zwischen *Identitäten* aller Art auf ‚*europäischer*' Ebene und regionalen, nationalen und globalen *Identifikationen*? Auf welchen *Wegen* kann *europäische Identität* entstehen? Wie lässt sich der Nexus *Öffentlichkeit/ demos/ Identität* in diesem Kontext näher bestimmen? Bedarf die ‚*europäische Integration*' der *Legitimation* durch ‚eine' *europäische Identität*? Kann *europäische Identität* den dichotomen Schemata der *Identitäts/ Alteritätskonstruktion* entgehen? Welche Ab-Grenzungen und inhaltlichen Bestimmungsversuche *Europas* bzw. der *Europäischen Union* lassen sich herausarbeiten? Welche Hinweise geben empirische Befunde bezüglich der ‚*europäischen Identifikation*' der EU-BürgerInnen?

Konzeptionen EUropäischer Identität

Die Erforschung *europäischer Identität* ist eingebettet in Jahrzehnte der wissenschaftlichen Auseinandersetzung mit *nationalen* Identitäten[10]. Vor diesem Hintergrund ist es nicht verwunderlich, dass die Frage nach *europäischer Identität* meist vor der Hintergrundfolie der in diesem Zusammenhang vorliegenden Forschungsliteratur aufgeworfen wird (vgl. Strath 2000a: 13f.). Ob *europäische Identität* nach dem Muster *nationaler Identitäten* konzeptionalisiert werden sollte, ist eng mit der Einschätzung der gegenwärtigen politischen Debatte über *europäische Identität* verknüpft (siehe 3.1). Eine Mehrheit der einschlägig Forschenden konstatiert, dass europäische Integration und europäische Identität *in-* und *außerhalb* der Wissenschaft größtenteils innerhalb der konzeptuellen und linguistischen Grenzen des Nationen- bzw. Nationalstaatsgedankens diskutiert und konstruiert werden (vgl. u.a. Bellier/ Wilson 2000: 6; Delanty 1999: 276; Nanz 2000: 282; Wodak/ Puntscher Riekmann 2003: 284-285). Es gebe jedoch wichtige *inhaltliche Unterschiede* zwischen nationalen und europäischen Identitätskonstruktionen: Dem *modernen* europäischen bzw. EU-Selbstverständnis fehle ein *militärischer* Gründungsmythos und *politische* Elemente stünden gegenüber *kulturellen* Errungenschaften im Vordergrund. Zudem werde europäische *Identität* überwiegend als

10 Vgl. ANDERSON (1991), EISENSTADT (1991), HOBSBAWM (1992), BILLIG (1996) und HROCH (1995, 2005) u.v.a.m..

offene, ‚pluralistische' Identität konzipiert (vgl. Eder 1999; 175ff.; Kaelble 2002: 88ff.). Über die Frage, wie *individuelle* und *kollektive Identitäten* auf der *europäischen Maßstabsebene* zu *konzeptualisieren* sind, wird kontrovers diskutiert. Können diese in der bereits entwickelten Terminologie beschrieben werden, oder besitzen sie neue, andere Qualitäten? Anders gefragt: Handelt es sich um *transnationale, supranationale* oder *postnationale* Identitäten? Diese Frage ist *deskriptiv* wie *normativ* zu verstehen: Wie lassen sich die aktuellen Entwicklungsprozesse sinnvoll *beschreiben*? An welchen *Zielsetzungen* sollten die politischen Bemühungen sich ausrichten? Kann oder soll *europäische Identität* als *transnationale*[11] Identität verstanden werden, nach REESE-SCHÄFER (1999a: 253) also – unter Rückgriff auf LEPSIUS Modell des *Nationalitätenstaates*[12] – als das identitäre Pendant zu einem „erweiterten wirtschaftlichen Zweckverband" EU? Sie wäre dann „jenseits der bisherigen nationalstaatlichen Identifizierungsformen angesiedelt, ohne diese (...) aufzulösen oder gar zu überwinden" (Reese-Schäfer 1999a: 254). *Supranationalität* ist nach KAELBLE/ KIRSCH/ SCHMIDT-GERNIG (2002: 9) eine Sonderform der *Transnationalität*, die sich auf politische Strukturen oberhalb der Ebene der Nationalstaaten bezieht und sich in dieser Form aktuell eigentlich nur auf die EU anwenden lasse. Das Modell der *supranationalen Identität* ist verbunden mit der politischen Zielstellung eines föderalen europäischen *Bundesstaates* nach dem Muster der (föderalen) Nationalstaaten (vgl. Reese-Schäfer 1999a: 253). Zunehmende politische und „[k]ulturelle Integration" sollten/ könnten in diesem Rahmen die „Nationalitäten einschmelzen" (Reese-Schäfer 1999a: 255). Mit dem Begriff der *postnationalen* Identität wird referiert auf eine als (normative) Idealvorstellung betrachtete *neue* Art von Identität, die nicht *partikularistisch* sondern *universalistisch* sei, eine *postmoderne, kosmopolitische* Identität (vgl. Delanty 1999: 267; Eder 1999: 176; Delanty/ Rumford 2005: 23). Diese beruhe auf einem „gemeinsamen Bekenntnis zu Prinzipien, die für eine politische Kultur kennzeichnend sind" (Lenoble/ Dewandre 1994: 9). DELANTY beschreibt mit dem Begriff ein den „Geist Europas" in Rationalismus und universellen Werten, in einem „Diskurs des Verstandes" sehendes, letztlich essentialistisches Ideal innerhalb des politischen wie wissenschaftlichen Europa-Diskurses (Delanty 1999: 267).

Mehrebenen-Identitäten

Welche Wechselwirkungen bestehen zwischen verschiedenen sozialen und raumbezogenen *Identifikationen*? Schließen sie sich gegenseitig aus oder ein? Welchen Einfluss haben sie aufeinander? Welche Rolle spielen Identitifikationsangebote auf

11 Der Begriff der *transnationalen* – wie auch der der *supranationalen* und *postnationalen* – *Identität* wird je nach Autor teils sehr unterschiedlich definiert. Der Begriff der *transnationalen* Identität ist der am häufigsten verwendete. Mit *transnational* sind nach KAELBLE/ KIRSCH/ SCHMIDT-GERNIG (2002: 9) „diejenigen Interaktionen zwischen Individuen, Gruppen, Organsiationen und Staaten" zu „bezeichne[n] (...) die über Grenzen hinweg agieren und (...) über den Nationalstaat hinausgehende Strukturmuster bilden". *Transnationalität* wird – in Abgrenzung zu *Transnationalisierung* im Sinne „soziale[r] und institutionelle[r] Vernetzung" – verstanden als „semantische Konstruktion von gemeinsamen Sinnhorizonten und Zugehörigkeitsgefühlen" (Kaelble/ Kirsch/ Schmidt-Gernig 2002: 10).

12 Siehe hierzu REESE-SCHÄFER (1999a: 254), WALKENHORST (1999: 224) und LEPSIUS (2004).

anderen ‚*Maßstabsebenen*', vor allem auf der *regionalen* und der *nationalen*, für die Entwicklung einer *europäischen* Identität?

Auf Ebene *individueller* Identitätsprozesse herrscht Einigkeit, dass jeder Mensch mit komplexen, hybriden, kontextabhängigen ‚Mehrfachidentitäten' nicht nur leben *kann*, sondern zwangsläufig lebt. Die Umbruchserfahrungen in spätmodernen Gesellschaften haben diese ‚Identitätsvervielfältigung' zusätzlich gefördert (vgl. u.a. Reese-Schäfer 1999a: 264; Herrmann/ Brewer 2004: 5; Keupp et al. 2006: 45). *Patchwork-Identitäten* sind das Resultat der ‚Entbettung' aus vorgegebenen individuellen und kollektiven Lebensmustern, von pluralisierten Lebensformen, veränderten Geschlechterrollen und zunehmender Individualisierung – auch der (selbstbestimmten) Gemeinschaftserfahrung wie der Sinnsuche – in einer „multioptionalen Gesellschaft" der „ontologischen Bodenlosigkeit" (Keupp et al. 2006: 46-47). Damit ist allerdings nicht gemeint, dass jedes Individuum und jede soziale Gruppe sich kontextunabhängig und frei von sozialen Askriptionen das eigene Identitätsprojekt zusammenstellen kann. Die eigene Identität ist „kaum jemals dem Subjekt frei verfügbar und gestaltbar" (Reese-Schäfer 1999b: 18): Die persönlichen ‚Freiheitsgrade' werden bestimmt im sozialen Aushandlungsprozess (vgl. Keupp et al. 2006: 104). Individuelle Identitätsprozesse greifen auf im gesellschaftlichen ‚Diskurs' aktualisierte ‚Identitätsangebote', auf „Ready Made[s]", „Identitätshülsen" zurück, einen in einer Kultur usuellen, in kommunikativen Prozessen ausgehandelten und durch die gesellschaftlichen „Machtbeziehungen" mitgeformten „Identitätsbaukasten" (Keupp et al. 2006: 104-105). Der freien Konstruktion sind nicht nur durch die soziale Akzeptanz Grenzen gesetzt, sondern auch durch die ‚vorgegebenen Identitätsmuster'. Dennoch betont die Sozialpsychologin Breakwell (2004: 36) die *Intentionalität* der sozialen Akteure, die die ihnen zur Verfügung stehenden Repräsentationen durchaus individuell abwandeln und anpassen könnten. Vor diesem Hintergrund kann davon ausgegangen werden, dass sich Bezüge auf unterschiedliche ‚soziale Großgruppen' bzw. ‚Raumobjekte' keineswegs ausschließen: Derartige „[n]ested identities" (Kumar 2003: 39) sind als ‚normal' anzusehen – man denke nur an einen Münchner, der sich zugleich als Bayer und Deutscher fühlt. Ihre tatsächliche Ausformung ist davon abhängig, welche *Merkmale* und *Wertungen* auf den verschiedenen Ebenen *diskursiv* vorgegeben werden und zugleich *situativ* und *kontextuell* gebunden[13].

Auf *kollektiver* Ebene[14] wird eine zur Individualebene äquivalente Komplexität angenommen (vgl. u.a. Risse et al. 1999: 155). *Kollektive Identität* beruht, stärker noch als individuelle, auf *organisierten*, oftmals *politischen*, diskursiven Konstruktionsprozessen, kann jedoch ebenfalls „nicht völlig frei an beliebig zuhandenen [sic!] Merkmalen konstruiert werden (…). Das Moment der Zustimmungsbereitschaft muß als Grenzwert bei allen Manipulationsmöglichkeiten (…) mitge-

13 Einzelne Forscher nehmen allerdings eine kritischere Haltung zur Vereinbarkeit zwischen *nationalen* und *supranationalen* Identifikationen ein und sehen sie als „naturally in tension both in terms of psychological identification and political allegiance" (Bruter 2005: 7).

14 Zur Diskussion des *kollektiven Identitätsbegriffs* siehe 1.2 und 2.2.

dacht werden" (Reese-Schäfer 1999b: 19)[15]. Zudem bestimmen die spezifischen Ausprägungen bereits bestehender *kollektiver* Identitätsmuster („prior identity structures" (Breakwell 2004: 26)) mit, wie diese von (bewusst oder unbewusst) neu konstruierten Identitätsmustern transformiert werden, beziehungsweise in welcher Weise sie die neuen Identitätsangebote ihrerseits beeinflussen. Dies gilt auch bezüglich der Wechselwirkungen zwischen *nationalen Kollektividentitäten* und einer möglichen kollektiven *EU-bezogenen Identität.* Es bedarf der Einzelfallanalyse um zu entscheiden, in welcher Form *EUropäische Identitäten* in verschiedenen Mitgliedsstaaten der EU, von verschiedenen sozialen Gruppen und in verschiedenen situativen Kontexten bei der Integration in individuelle Identitätsprozesse und im ‚Diskurs' mit regionalen, nationalen oder globalen *Identifikationen* und *Identitäten* interagieren. Dies belegen auch die bereits vorliegenden Forschungsarbeiten (vgl. u.a. Delanty 1999: 272, 274; Malmborg af/ Strath 2002: 4): Die Entwicklung *nationaler Identitäten* in *Europa* und ‚des' *europäischen Selbstverständnisses* sind eng verknüpft, die jeweiligen Konstrukte sind in „Spannung(...)" aber auch „Symbiose(...)" (Kaelble 2002: 85; vgl. auch Strath 2000a: 22) zu- und miteinander entstanden. Europäische Bezüge sind oft bereits *Teil* nationaler Identitäten, stärken diese eher, als sie zu schwächen (vgl. Strath 2000a: 40; Hermann/ Brewer 2004: 12)[16].

Entstehungswege EUropäischer Identität

Entsteht *europäische Identität* im Kontext zunehmender ökonomischer und politischer Integration sozusagen von selbst, in einem *bottom-up*-Prozess? Wird sie in einem *top-down*-Prozess konstruiert? Nach HERMANN/ BREWER lassen sich zwei grundlegende Modelle (kollektiver) Identitätskonstruktion unterscheiden: *Funktionale* oder *Sozialisations*-Modelle gehen davon aus, dass sich verändernde Realitäten ‚automatisch' sich verändernde Wahrnehmungen und Identifikationen nach sich zögen. *Europäische Identität* entstehe gleichsam als

> „Nebenprodukt der institutionellen Konstruktion Europas (...), seiner zunehmend dichteren Kommunikations- und Austauschnetzwerke, seiner gemeinsamen Wirtschaft und Währung, seiner Regierungs- und Repräsentationsstrukturen, seiner Institutionen der Umverteilung und Solidarität (...) und seiner europaweiten Organisationen (...)" (Kohli 2002: 117).

Nach *Persuasions*-Modellen führen hingegen aktive Akteure den Wandel herbei: über die Schaffung von gemeinsamen Symbolen und ‚Propaganda', die Gemeinsamkeiten und geteilte Interessen beschwört (vgl. Hermann/ Brewer 2004: 14, 15; vgl. auch Risse/ Grabowsky 2008: 5). Meist wird ein Zusammenspiel identitätsstiftender politischer Maßnahmen und ‚realer', den Alltag der Menschen beeinflussender ökonomischer und gesellschaftlicher Veränderungen angenommen (vgl. u.a. Speth 1999: 171; Bellier/ Wilson 2000: 9; Nissen 2004: 22; Bruter 2005: 167;

15 „Von politikwissenschaftlicher Warte ist (...) die Erkenntnis evident, dass die Steuerungsfähigkeit *kollektiver Identität* durch *Politik* (...) zwar existent ist, dass diesen Prozessen aber *Grenzen* gesetzt sind, die auf *gesellschaftlichen und ökonomischen Plausibilitäten* basieren und die sich in der *gesellschaftlichen Eigendynamik* gerade in *pluralistischen Systemen* ausdrücken" (Walkenhorst 1999: 43; Hervorhebungen durch Verfasserin).

16 Siehe zu dieser Thematik vertiefend BRUTER (2005: 15-19).

Mau 2008: 14). BREAKWELL, LYONS und CASTANO betonen aus sozialpsychologischer Perspektive die Wichtigkeit des Zusammenspiels von *bottom-up* und *top-down*-Prozessen, solle tatsächlich ein neuer Bezugspunkt für individuelle Identitätsprojekte entstehen. Die ‚psychologische Existenz' einer (Bezugs-)Gemeinschaft sei grundlegend für die Entstehung *kollektiver* Identität (vgl. Castano 2004; 41; Hermann/ Brewer 2004: 7). Als Dimensionen der Wahrnehmung einer Gemeinschaft als ‚Entität'[17] könne die Konstruktion eines ‚geteilten Schicksals', von ‚Ähnlichkeit', ‚Nähe' und ‚Abgrenzbarkeit' angenommen werden. Hier setzt der *top-down*-Prozess an: Die EU *müsse* sich, um die Grundlage einer Gemeinschaftsidentität zu legen, selbst reifizieren – und *versuche* dies (vgl. Castano 2004: 44, 55). Politische Akteure auf EU-Ebene suchen neue potentielle Identitätsbausteine ‚herzustellen', insbesondere eine „new social category of ‚Europeans'" (Lyons/ Breakwell 1996: 6). Die möglichen *Merkmale* befänden sich allerdings noch im Aushandlungsprozess, seien verschwommen, vielschichtig, oft widersprüchlich und uneinheitlich (vgl. Breakwell 1996: 25-26; Wodak/ Weiss 2002: 5). Auf individueller Ebene finde dann eine aktive ‚Anpassung' und ‚Personalisierung' der top-down vermittelten Identitätsbausteine statt: Je nach persönlicher Relevanz eines Identitätsangebots, nach bereits vorhandenen Selbst-Kategorisierungen, Identitätselementen und damit verbundenen spezifischen Wertungen entscheide sich, ob und wie diskursiv-sozial konstruierte Identitätsangebote tatsächlich übernommen würden (vgl. Breakwell 2004: 30ff.). Aus Sicht der Linguistik untermauert FELDER diese Aussagen, wenn er die Beeinflussung von Individuen durch ‚den Diskurs' differenziert untersucht wissen möchte und die „Unterstellung von Monokausalitäten (...) als unseriös" (Felder 2009: 15) zurückweist[18]. Im Rahmen dieser Arbeit wird von einem jeweils kontext- und situationsspezifischen Ineinandergreifen *identitätspolitischer* Vorgaben und von den Realitäten ‚europäischer Integration' geprägter *Alltagserfahrungen* sowie individueller *psychologischer Dispositionen* ausgegangen. Erst dieses Zusammenspiel prägt die Integration *europabezogener Identitätsangebote* in individuelle Identitätsprozesse wie ‚kollektive' Identitätsmuster.

Öffentlichkeit – Gesellschaft – Identität

Zu den wichtigen Diskussionssträngen der wissenschaftlichen *EUropäischen-Identitätsdebatte* gehört auch die Frage nach dem kausalen Nexus zwischen der Entstehung *europäischer Öffentlichkeit*, der Ausbildung einer *europäischen Gesellschaft*[19] und *europäischer Identität(en)*. Stellt die Ausbildung einer *europäischen Kommunikationsgemeinschaft* die Voraussetzung für die soziale Integration der EU und der Herausbildung einer kollektiven *europäischen Identität* dar? Oder

17 Diese ‚Entität' zeichne sich durch (konstruierte) intentionale Handlungsfähigkeit, das Bieten von Sicherheit und die Befriedigung symbolischer Bedürfnisse aus (vgl. Castano 2004: 54).

18 Diese Betonung individueller Entscheidungsmöglichkeiten wird allerdings in unterschiedlichem Ausmaß in Frage gestellt, insbesondere im Kontext diskurstheoretischer Verortungen (vgl. u.a. Hülsse 2003; Mattissek 2008). Die Frage der individuellen ‚Agency' in *Identitätsbildungsprozessen* soll deshalb unter 2.6 genauer beleuchtet werden.

19 Wie *Identität* sind *Öffentlichkeit* und *Gesellschaft* sehr unterschiedlich gebrauchte und theoretisierte Ausdrücke (vgl. u.a. Eder 1999: 171ff.; Bormann 2001).

kann eine *europäische Öffentlichkeit*, eine *EU-Bürgerschaft*, erst auf Basis *gemeinsamer Identifikationen* entstehen?

„[C]onventional wisdom holds", fassen RISSE/ GRABOWSKY den politikwissenschaftlichen Forschungsstand zusammen, „that the EU lacks a demos mainly because there is neither a European identity nor a European public sphere" (Risse/ Grabowsky 2008: 1; vgl. auch Reese-Schäfer 1999; Calhoun 2003: Entrikin 2003; Strohmeier 2007). Bis in die 1990er Jahre sei (meist) normativ, ohne empirische Basis, das Fehlen einer europäischen *Öffentlichkeit* und *Identität* beklagt worden. Es sei zudem voraus-gesetzt worden, dass eine gemeinsame Identität die Grundlage einer transnationalen Öffentlichkeit und damit einer transnationalen Gesellschaft darstelle. Seitdem seien aber eine ganze Reihe empirischer Arbeiten erschienen, die die Herausbildung einer *europäischen Öffentlichkeit* belegen würden. Es sei von einem dialektischen Verhältnis zwischen der Entstehung *gemeinsamer Identität* und der *Entwicklung einer Kommunikationsgemeinschaft* auszugehen: *Gemeinsame Identität* könne nur *diskursiv*, in den Debatten innerhalb einer *europäischen Öffentlichkeit* entstehen, eine ‚echte' *Kommunikationsgemeinschaft* wiederum beruhe auf einem Minimum an *wahrgenommener Gemeinsamkeit* (vgl. Risse/ Grabowsky 2008: 6-9): Zumindest auf ‚Elitenebene', unter „europäischen Intellektuelle[n] und Politiker[n]" gebe es Anzeichen dafür, dass sich „eine transnationale europäische Öffentlichkeit in Entwicklung befindet" (Kaelble 2002: 106). Andere Forscher stellen die Existenz bzw. die Entwicklungsmöglichkeiten einer europäischen *Öffentlichkeit* allerdings in Abrede (vgl. Gerhards 2000: 279; Imhof 2001; Gerhards 2002)[20]. „Das größte Problem" sei „das Versagen der politischen Eliten bei der Vermittlung einer Vorstellung davon, was Europa künftig sinnvoller Weise sein kann und sein soll" (Gellner/ Glatzmeier 2005: 15). GELLNER/ GLATZMEIER plädieren für eine differenzierte Betrachtung: Während eine europäische Öffentlichkeit auf Ebene der politischen und intellektuellen, künstlerischen und ökonomischen *Eliten* bereits lange bestehe, gebe es *populäre* Öffentlichkeiten auf EU-Ebene höchstens *themenbezogen* (vgl. Gellner/ Glatzmeier 2005: 13-14). DELANTY/ RUMFORD (2005: 4) kritisieren die ganze Debatte: Sie *setze voraus*, dass eine *europäische Gesellschaft* nur als „product of EU integration" entstehen könne, *Öffentlichkeiten* und *Gesellschaften* seien jedoch keine „fixed and bounded entities".

Identität - Legitimitität - Solidarität

Die politikwissenschaftliche Forschung geht von einer engen Verbindung von *Identität* und *Herrschaft* aus (vgl. u.a. Walkenhorst 1999: 55). Aus politikwissenschaftlicher Sicht werden politische Strukturen *formal* durch *demokratische* Verfahren legitimiert. *Soziale* Legitimation in demokratischem Sinne (*rationale* Herrschaftslegitimation nach Max WEBER) kommt ihnen aber nur zu, wenn die BürgerInnen sie anerkennen und ihrer Schaffung wie ihren Kompetenzen zustimmen.

20 Die Gründe, die dafür angeführt werden, sind vielfältig. Besonders das Fehlen einer *gemeinsamen Sprache* und damit verbunden *transnationaler Massenmedien* werden für das konstatierte bisherige Ausbleiben der Entwicklung einer europäischen Zivilgesellschaft verantwortlich gemacht (vgl. Gellner/ Glatzmeier 2005: 15; Gerhards 2000: 288; Imhof 2001: 51-52).

Diese Form von Legitimation ist eng verbunden mit der *sozialintegrativen* Funktion des modernen Staates, mit der Erfüllung der ihm übertragenen *Schutzfunktion* gegenüber der Gesellschaft. (Kollektive) *Identitäten* wirken insofern *legitimierend*, als sie die Wahrscheinlichkeit der *Zustimmung* zu einem Staat erhöhen, dessen ‚offizielle' soziale Kategorisierungen von den BürgerInnen geteilt werden bzw. dessen *Demos* sie sich zugehörig fühlen. Sie können deshalb von staatlicher Seite zum Zwecke der Machtausübung und der Kontrolle *instrumentalisiert* werden. Sie wirken *systemstabilisierend*, weil sie zur Integrationsfähigkeit politischer Systeme beitragen und den *sozialen Konsens* fördern. Einmal *politisiert* können sie aber auch der Unterdrückung *anderer* Gruppenidentitäten als der Mehrheitsidentität dienen (vgl. Walkenhorst 1999: passim; Bruter 2005: 2ff., 11-13)[21].

Europäische Identität wird in den Politikwissenschaften bis heute vor allem im Kontext der *Legitimitätsfrage* in den Blick genommen (vgl. Risse/ Grabowsky 2008: 1): Europäische Identifikationen und ein Gemeinschafts-Gefühl werden als Grundlage der *Legitimität* ‚des europäischen Projektes' angesehen (vgl. Reese-Schäfer 1999: 29; Lepsius 1999; Herrmann/ Brewer 2004: 3f.; Mau 2008: 11-12). QUENZEL (2005: 10) spricht von der „Demosthese": Ein europäisches Staatsvolk werde demnach „als Träger der politischen Souveränität benötigt" und bedürfe eines „Mindestmaß[es] an kollektiver Identität". CINNIRELLA (1996) und VON BOGDANDY (2003: 11) gehen aus *sozialpsychologischer* Perspektive ebenfalls von der Prämisse aus, dass neben *positiv wertenden sozialen Repräsentationen* der *EU/ Europas* eine *europäische Identität* die Basis für eine vertiefte Integration darstellt. Es gibt jedoch auch kritische Stimmen: WALKENHORST (1999: 238-239; Hervorhebungen durch Verfasserin) meint, *europäische Identität* sei „weder aus demokratie- noch aus legitimationstheoretischer Sicht Grundbedingung für eine fortschreitene Integration (...)", der Versuch, die zu konstruieren, müsse „aufgrund *fehlender inhaltlicher Gemeinsamkeiten* für die Bürger (...) *unglaubwürdig*" erscheinen und „aufgrund der *negativen Begleitumstände* nationaler Identitätskonstruktion (...) als *wenig erstrebenswert*". Auch DELHEY (2004: 6) sieht weniger eine gemeinsame Identität als gegenseitiges, transnationales *Vertrauen* als Basis von Solidarität innerhalb der *Europäischen Union* und damit der *Legitimität* der politischen Strukturen. Nach KOHLI (2002: 115) ist die Debatte, ob soziale Solidarität und politische Legitimität nur mittels gemeinsamer Identität zu haben sei, letztlich eine Frage der Gesellschaftstheorie. Nicht nur Systemtheoretiker wie LUHMANN, sondern auch jene Forscher, die *utilitaristische* Grundlagen der Gemeinschaftsbildung in den Mittelpunkt stellen, hielten *soziale Integration* auch ohne Gemeinschaftsgefühl für möglich. So entwerfe etwa EDER ein „minimalistische[s] Konzept europäischer Identität" (Eder 1999: 174) auf Basis eines politischen Utilitarismus. Die Frage, ob die Legitimität einer politischen Gemeinschaft gemeinsamer Identität bedürfe, sei letztlich abhängig von den Erwartungen an die

21 Umgekehrt können sie natürlich, etwa im Falle von Minderheiten, gegen den Staat bzw. für die Forderung nach einem eigenen Staat instrumentalisiert werden: Soziale Gruppen, staatliche Systeme und ‚ihre' Identitäten stehen in engen Wechselbeziehungen zueinander, es handelt sich keineswegs um Kausalverknüpfungen nach Einbahnstraßenmanier.

BürgerInnen. Nur wenn diesen ein „weitreichendes exklusives Solidarverhalten“ abverlangt werde, *bedürfe* es gemeinsamer Identifikation, aber auch dann sei „in modernen demokratischen Systemen“ die „Loyalität (...) reflexiv und konditional“ (Kohli 2002:116-117). Ob das EU-Projekt einer gemeinsamen Identität bedarf ist demnach abhängig von seiner Finalität: Insbesondere für eine *supranationale politische Union* mit voll parlamentarisierter Demokratie sei eine „stark ausgebildete kollektive Identität“, ein „supranationale[r] Demos“ (Strohmeier 2007: 27) aus demokratietheoretischen Gründen grundlegend.

Bei aller theoretischen Kontroverse besteht Einigkeit darüber, dass die *Identitätspolitik* der EU das *Ziel* der *Selbst-Legitimierung* verfolgt, der *sozialen Integration* als Basis transnationaler *Solidarität* (vgl. u.a. Busch/ Krzyzanowski 2007: 116):

> „The processes of Europeanization are as much about the legitimization of the EU's institutions and agenda as they are about the creation, recognition and acceptance of new forms of European identity“ (Bellier/ Wilson 2000: 8).

Die *Europäische Union* leidet, nicht nur aus Sicht der Politik, sondern auch nach Meinung vieler Forscher, an einem *Demokratiedefizit* und daraus resultierend an einem *Legitimationsdefizit.* Es „klaff[e] eine Lücke zwischen vergleichsweise hoher technokratischer Effizienz und niedriger demokratischer Legitimation durch einen europäischen Demos“ (Faist 2000: 242). Mit der Wahrnehmung mangelnder Partizipationsmöglichkeiten auf politischer Ebene eng verbunden sei ein *Solidaritätsdefizit* zwischen den Bürgern der EU. Vor dem Hintergrund der „dynamisch fortschreitenden politischen und ökonomischen Europäisierung“ (Bach 2000: 14) gehen viele *EU-Politiker* davon aus, dass die *Europäische Union* ohne eine „paneuropäische gemeinschaftliche Solidarität“, ohne ein „Wir-Gefühl mit damit einhergehenden generalisierten Reziprozitäten und diffusen Solidaritäten“ (Faist 2000: 243) auf Dauer nicht funktionieren könne. Dass diese Solidaritäten sich bisher nicht entwickelt hätten, wird mit einem angeblichen *kulturellen Defizit* der EU in Zusammenhang gebracht. Es wird beklagt, dass „ein europäischer kultureller Rahmen“ und europäische „kollektive Repräsentationen (...) in Form gemeinsamer Ideen, Vorstellungen, Wertungen und Symbole“ (Faist 2000: 245) (noch?) fehlen würden. All diese Defizite würden in ihrer Wirkung durch das „Öffentlichkeitsdefizit der EU“ (Gerhards 2000: 278) noch verstärkt. Unklar ist, ob die EU, wenn sie die soziale Integration unter den EU-BürgerInnen durch ‚eine‘ europäische Identität fördern und so die eigene *soziale* Legitimation stärken will, damit eine *Ursache* ihres Legitimationsdefizits bekämpft. Fehlt es der EU an sozialer Legitimation, weil sich die BürgerInnen nicht mit dieser supranationalen Systemebene identifizieren? Oder ist vielmehr das *politische* Legitimationsdefizit systemgeschuldet und die mangelnde Identifikation der BürgerInnen mit der EU eine *Auswirkung* dieser wahrgenommenen Demokratiedefizite? Soll die Identitätspolitik die mangelnde formale Legitimation gleichsam vergessen machen (vgl. Nanz 2000: 287)? Die zunehmende Vermischung des *EU-* und des *Europa*-Begriffes in den einschlägigen Identitätsdiskursen könnten vor diesem Hintergrund auf einen Versuch hindeuten, über eine ‚kulturell-wertebasierte‘(?) *europäische* Identität das *politische* Projekt *EU* zu legitimieren, ohne die demokratische Legitimität der politischen Struktur zu hinterfragen (vgl. Walkenhorst 1999: 52ff.).

Identität ohne Alterität?
Kann Identitätsformation ohne ‚definierenden Anderen', ohne Abgrenzung, ohne Feindbilder auskommen? Lässt sich eine „postmoderne(...) Identität" (Reese-Schäfer 1999a: 261) denken? Eine Identität, in der „Diskursivität in zunehmendem Maße offensichtlich wird" (Delanty 1999: 276), die ihren Konstruktcharakter offenlegt? KOHLI (2002:125) nennt die Frage, ob „sie immer eine Identität *gegen* Andere ist" die „Schlüsselfrage für die europäische Identität".

Die Konstruktion *EUropäischer Identität* soll offiziell (fast) ohne Ausschließung auskommen (vgl. u.a. Wodak/ Puntscher Riekmann 2003: 284). Trotzdem konstatieren BAUBÖCK/ MOKRE/ WEISS (2003: 13), dass sich die europäischen ‚Politiken von Identität und Differenz' entlang bekannter Inklusions- und Exklusionsstrategien bewegten. Allerdings seien die Ingroup-Outgroup-Differenzierungen heute flexibler und dynamischer als früher, *hybride* Identitäten entstünden, die keine klaren Abgrenzungen mehr zuließen. Empirischen Analysen weisen in dieselbe Richtung: „[D]ichotomisierende Kategorien" und die „Konstruktion von Gleichheit, Ähnlichkeit und Differenz" (Wodak/ Puntscher Riekmann 2003: 286) sind demnach auch für die *europäischen Identitätskonstruktionen* grundlegend. *Ab-Grenzung* bedeute jedoch nicht immer ‚Exklusivität' und Feindbildkonstruktion und *Identifikation* nicht immer ‚simple Einfachorientierung' (vgl. Reese-Schäfer 1999b: 36; Kaelble, Kirsch, Schmidt-Gernig 2002: 16; Wodak/ Puntscher Riekmann 2003: 287). *Alterität* könne zudem auch durch den Bezug auf politische Ideen und eine Abgrenzung von der eigenen, negativ konnotierten, kriegerischen Vergangenheit erzeugt werden: „Räumliche" und „mitgliederbezogene Abgrenzung" (Kohli 20002: 126) sei durchaus entbehrlich. Allerdings sei *empirisch* durchaus ein „europäischer Nationalismus" zu beobachten, der sich „gegen außen – oder gegen diejenigen im Inneren die das Außen verkörpern" (Kohli 2002: 126) richte: „xenophobia has replaced euphoria" (Delanty/ Rumford 2005: 29). Die *‚Idee Europa'* mag ein „vehicle for a centuries-old intellectual dream of unity-in-diversity" (Hedetoft 1997: 148) sein – sie kann der dem Identitätsbegriff inhärenten Unterscheidung zwischen ingroup und outgroup letztlich nicht entgehen.

Die ‚Grenzen Europas'
Zahlreiche Veröffentlichungen beschäftigen sich mit *inneren* und *äußeren Abgrenzungen Europas* bzw. der *EU*. Diese Abgrenzungen, die immer auch auf bestimmte *inhaltliche Merkmale* rekurrieren und diese *werten*, sind im Kontext der Identitätsbildung insofern interessant, als sie den *Bezugspunkt* von potentiellen Identifikationen näher bestimmen. Das *Diskursfeld europäischer Identitätsangebote* auf Basis der vorhandenen explorativen Studien abzustecken und zu ordnen, ist Inhalt eines eigenen Kapitels (Kap. 3). Allerdings sollen hier *grobe Leitlinien* und *allgemeine Diskussionspunkte* umrissen werden. *Europa* hat sich, besonders nach Ende des Kalten Krieges zur „political idea and mobilizing metaphor" (Malmborg af/ Strath 2002: 6) entwickelt. Die *Abgrenzungen*, die vorgenommen werden, die

Identitätskonstruktionen, sind in vieler Hinsicht auch *Legitimationsstrategien* bestimmter politischer und institutioneller Entscheidungen oder Zielsetzungen. Ideen und organisationelle Fragen stehen im Prozess des *Doing Europe* und *Imagining Europe* in einem engen Zusammenhang (vgl. Weiss 2003: 199).

Welche Deutungen *Europas* und seiner Bewohner im Kontext der *EU-Identitätspolitik* und im *europäischen Identitätsdiskurs* schwerpunktmäßig produziert werden, wird von der einschlägigen Forschung sehr unterschiedlich beantwortet. Ist „[d]ie EU (...) in ihrem Identitätsdiskurs und ihrer Identitätspolitik dem historischen Muster nationaler Vergemeinschaftung mit der für diese typischen ethnisch-kulturellen Integrationsrhetorik und dem nationalistischen Exklusionsmodus in hohem Maße verhaftet“ (Bach 2000: 27)? Oder kann „das Projekt der Entwicklung sozialer, ziviler und politischer Rechte an sich (...) eine europäische Bürgerschaft fördern“ (Faist 2000: 247)? Dies entspräche einem europäischen ‚Verfassungspatriotismus‘, einem „modernen, posthegemonialen europäischen Selbstverständis(...)“ (Kaelble 2002: 97-99). Folgt also die Konstruktion europäischer Identität ‚nationalen‘ Mustern oder geht sie neue Wege, wird eine *supra-* oder eine *postnationale Identität* angestrebt? Wie *Europa* abgegrenzt wird und welche Bedeutungen *Europa* zugewiesen werden, ist nicht nur je nach *nationalem* Kontext sehr verschieden[22]. Welche *Europa-Bilder* aktualisiert werden, hängt nicht zuletzt vom fokussierten *Politikfeld* oder (institutionellen) *Akteur* innerhalb der *Union* oder in einem der *Mitgliedsstaaten* ab (vgl. u.a. Kaelble 2002: 18-19).

Die *räumliche* und die *zeitliche* Dimension werden in der Forschungsliteratur als Kern der aktualisierten Abgrenzungsmechanismen beschrieben (vgl. Werlen 1993: 63; Walkenhorst 1999: 224; Agnew 2003b: 225; Albert 2005:61). Aus linguistischer Perspektive beschreiben WODAK/ WEISS (2004a: 80) *Temporalisierung* und *Territorialisierung* als grundlegende Strategien der diskursiven Konstruktion nationaler (und supranationaler) kollektiver Identitäten.

Der *Raumkategorie* wird zunehmend auch außerhalb der Geographie ein hoher Stellenwert eingeräumt (vgl. u.a. Berezin 2003: 12; Entrikin 2003: 57; Risse/ Grabowsky 2008: 3). Sind „geopolitisch-territoriale Diskurse“, sind „Geographien des Eigenen und des Fremden“ (Reuber/ Strüver/ Wolkersdorfer 2005: 4, 6) aber so grundlegend für die Bestimmung *Europas* und ‚seiner‘ Identität, wie dies in der geographischen Literatur angenommen wird? BELLIER/WILSON betonen, zumindest die Identitätskonstruktionsversuche auf *EU-Ebene* seien „not oriented towards a spatial dimension, its limits are more political than geographical“ (Bellier/ Wilson 2000: 16). WEISS differenziert *national* und leitet aus Analysen politischer Reden eine stärkere *ideelle* Komponente in französischen europäischen Identitätskonstruktionen und einen ausgeprägteren *territorialen* Bezug im deutschen Kontext ab (Weiss 2003: 202). Aussagen über die relative Relevanz einzelner Abgrenzungsdiskurse sind jedoch mit Vorsicht zu genießen, da diese sich kaum klar analytisch voneinander trennen lassen:

> „Die(...) Debatten über die geographischen Grenzen waren gleichzeitig meist auch Debatten über das inhaltliche Selbstverständnis der Europäer, über die Verbreitung bestimmter religiö-

22 Vgl. zu länderspezifischen Studien die Anthologie von MALMBORG AF/ STRATH ((Hrsg.) 2002).

ser und säkulärer Werte in Europa, über die Durchsetzung der Menschenrechte, der Zivilgesellschaft, der Öffentlichkeit, über gemeinsame religiöse Werte" (Kaelble 2002: 103).

Eng verbunden mit der *Raum*kategorie ist die Frage nach der *diachronen*, der *historischen* und *zukunftsbezogenen* Dimension. Die Konstruktion gemeinsamer *Geschichte* wird als Kernthema europäischer Identitätskonstruktionen gesehen (vgl. u.a. Bock/ Wolfrum (Hrsg.) 1999; Speth 1999; Bauböck/ Mokre/ Weiss 2003). Dabei muss es nicht unbedingt um eine rückschauende Homogenisierung gehen. Aktuell sei „Vielheit (...) [das] Paradigma" der Formung europäischer „Geschichtsbilder" (Speth 1999: 168, 159). Es gehe keinesfalls (nur) um ‚mythologische Ursprünge' und eine Heroisierung der eigenen Geschichte, wie häufig in nationalen Identitätskonstruktionen. Zwar werde oft „ eine kontinuierliche Tradition von der griechischen Antike bis zur zeitgenössischen westlichen Zivilisation" (Giesen 2002: 72) konstruiert. Das kollektive Gedächtnis, das auf EUropäischer Ebene im Enstehen sei (konstruiert werde), berufe sich aber auch auf die gemeinsame Ablehnung der kriegerischen Vergangenheit, auf die Erinnerung ‚kollektiver Traumata' (vgl. Giesen 2002: 67; Kaelble 2002). Fast ebenso wichtig sei das Ausmalen, ja die Beschwörung einer gemeinsamen *Zukunft*:

> „das Politikum sind (...) die Europabilder, die der aktuellen Integrationsdynamik zugrunde liegen. Diese Bilder sind stark auf die Zukunft gerichtet, so daß man eher von Zukunftspolitik anstatt von Geschichtspolitik im Falle des europäischen Selbstverständnisses sprechen müßte" (Speth 1999: 172).

Auf die Wichtigkeit von *Raum* und *Zeit* in Identitätsdiskursen allgemein, aber auch im europäischen Identitätsdiskurs, wird noch einzugehen sein (siehe 2.5).

Ein großer Teil der Identitätskonstruktionen der *Europäischen Union* bewegt sich im Rahmen einer *politisch* gedachten Identität. Gerade im Bereich der Außenpolitik der EU und im Kontext der Erweiterungsrunden der letzten Jahrzehnte, spielte der Bezug auf spezifische *politische Werte* als *typisch europäisch* eine besondere Rolle. Sie haben Eingang in die EU-Verträge gefunden und stellen als Kopenhagener Kriterien die Basis der Bewertung von Aufnahmekandidaten dar (vgl. Risse/ Grabowsky 2008: 10-11). Der Bezug auf geteilte *Werte* und *Normen* spielt eine grundlegende Rolle in allen kollektiven Identitätskonstruktionen (vgl. Kaelble/ Kirsch/ Schmidt-Gernig 2002: 17). Diese „value-oriented European identity" finde aber, so befindet HEDETOFT, außerhalb der Sphäre der Politik wenig Hallraum: „[T]he sphere making sense (...) to a larger social stratum (...) is located elsewhere. This is where, and why, culture enters by the back door" (Hedetoft 1997: 152). Warum die Hintertür? Weil auch die politischen Werte – universelle Menschenrechte, Demokratie – letztlich als Ausdruck kultureller Gemeinsamkeiten in der historischen Nachfolge von griechisch-römischer Antike, Christentum und Aufklärung konstruiert werden. Hierunter lässt sich auch die spezifische Weise subsumieren, in der in Teilen des ‚Europa-Diskurses' *Pluralismus* als typisch europäisch, „pluriformity and polycentrism" als „hallmarks of European civilization" (Garcia 1993: 26) konstruiert wird. Dies entspricht der Idee der ‚Einheit in Vielfalt', die im EU-Diskurs nach DELANTY/ RUMFORD (2005: 25) die verbreitetste Repräsentation europäischer Identität darstellt.

Die verschiedenen ‚Inklusions- und Exklusionsdiskurse' unterliegen natürlich einem dynamischen Wandel. Schwerpunktsetzungen verschieben sich vor dem Hintergrund weltpolitischer Entwicklungen, struktureller Veränderungen der Union, ihrer zunehmenden ökonomischen und politischen Integration, der Erweiterungsrunden und nicht zuletzt der Globalisierungsdebatte. In der Auseinandersetzung mit dem *Diskursfeld europäischer Identitätsangebote* und im Kontext des Versuchs, diese Angebote zu ordnen (siehe 3.3) wird zu zeigen sein, dass in den Texten, im ‚Diskurs', verschiedene Dimensionen der Konstruktion von Ähnlichkeit und Differenz kaum klar zu trennen sind. Geschichte und Raumbezüge, Werte und kulturelle Bezugspunkte sind eng verknüpft, oft widersprüchlich und untrennbar verwoben.

EUropäische Identifikationen im Spiegel empirischer Erhebungen
Die Identifikationen der EU-BürgerInnen standen und stehen im Mittelpunkt zahlreicher empirischer Untersuchungen. Die Interpretation der Daten kommt allerdings oft zu sehr unterschiedlichen Ergebnissen. Hat die Zustimmung der Unionsbürger zum ‚Projekt Europa', zur Erweiterung und Vertiefung der *Europäischen Union* trotz (oder gerade wegen?) der starken politischen und ökonomischen Kompetenzzunahme der Gemeinschaft in den letzten zehn Jahren einen historischen Tiefpunkt erreicht, wie dies manche Forscher annehmen? Oder kann im Gegenteil davon gesprochen werden, dass ‚europäische Identität' von einer Eliten- zu einer Massen-Identifikation wird? Insbesondere die *Eurobarometer*-Umfragen liefern einschlägiges Datenmaterial, wobei die Zustimmung zum Integrationsprozess beziehungsweise zur EG/EU insgesamt abgefragt wurde und wird, aber auch Daten über das Europabild der EG/EU-BürgerInnen und ihr Zugehörigkeitsgefühl zu „geographischen Einheiten" (Kohli 2002: 120) erhoben werden[23]. Als wichtiges Ergebnis der Eurobarometer-Erhebungen hebt KOHLI (2002: 124) hervor, dass „Europa (...) ein Eliten-Projekt" sei: Europäische Identität hänge stark mit *sozio-demographischen Variablen* zusammen. Mit steigendem Bildungsgrad und Einkommen nehme die Identifikation mit der europäischen Ebene zu. Gleichzeitig sei diese in städtischen Gebieten und bei Männern häufiger anzutreffen. Besonders augenfällig sei, dass „europäische Identität empirisch überwiegend nur in Kombination mit nationaler, d.h. als ‚Doppelidentität' (...)" (Kohli 2002: 121) vorkomme. Wenn Identität als „Mehrebenen-Muster von Zugehörigkeiten verstanden" werde, sei „Europa mehrheitlich ein Teil davon", „minoritär" sei ein „Zugehörigkeitsgefühl zu Europa" immer dann, wenn man „an einem exklusiven Konzept von Identität" (Kohli 2002: 123) festhalte. Nach RISSE/ GRABOWSKY (2008: 1) weisen *zahlreiche empirische Studien* darauf hin, dass sowohl auf *Elitenebene*, als auch auf Ebene der *öffentlichen Meinung* eine *Europäisierung* der *nationalen Identitäten* im Gange sei, „in the sense that Europe and the EU have become an imagined community (...) in addition to and interacting with one´s sense of

23 Bei der Interpretation der Daten bezüglich der Zugehörigkeit gilt es die sich ändernden Frageformate zu beachten: Man fragt seit Ende der 1970er Jahre in den jährlichen Eurobarometer-Umfragen nicht mehr *alternativ* nach den verschiedenen Maßstabsebenen, sondern fragt diese in Kombinationen ab (zu den genauen Formulierungen vgl. Kohli 2002: 121-124).

belonging to a national imagined community". Dabei müsse jedoch je nach Land und politisch-ideologischer Grundhaltung stark differenziert werden. Dies belegt – zumindest laut EU-Angaben – auch das zum Zeitpunkt der Veröffentlichung aktuellste vorliegende Eurobarometer[24]. 85% der befragten Deutschen und 74 % der EU-BürgerInnen ‚empfinden sich' 2009 als ‚europäisch', zugleich liegt der Grad der *nationalen* Identifikation EU-weit bei 94% und über die Hälfte der EU-BürgerInnen fühlen sich als ‚Weltbürger' (vgl. Generaldirektion Kommunikation 2009: 12)[25]. Nach den wichtigsten *Eigenschaften* gefragt, ‚um ‚Europäer' zu sein', wählen die Befragten (EU) folgende Elemente: ‚Geburt in Europa' (39%), ‚Aufwachsen in Europa' (27%), ‚europäisch fühlen' (41%), ‚Ausübung von Bürgerrechten (29 %), ‚Fremdsprachenkenntnisse (22%) und ‚Christentum' (7%) (Generaldirektion Kommunikation 2009: 31f.)[26]. Auf die Frage, welche *Faktoren die europäische Identität am stärksten beeinflussen*, verweisen sie allerdings (je BRD/ EU) auf ‚*demokratische Werte*' (52%/ 41%), ‚*Sozialstaatlichkeit*' (35%/ 24%), ‚*gemeinsame Geschichte*' (24%/ 24%), ‚*gemeinsame Werte*' (20%/ 23%), die ‚*geografische Lage*' (19%/ 25%) und die ‚*religiöse Orientierung*' (8%/ 8%) (vgl. Generaldirektion Kommunikation 2009: 12)[27]. Wird nach vorgegebenen, *mit der EU assoziierten* Kategorien gefragt[28], so ‚bedeutet' die EU für die BürgerInnen überwiegend ‚Mobilität', eine ‚gemeinsame Währung', ‚Frieden' und ‚weltpolitischen Einfluss'. ‚Demokratie' und ‚kulturelle Vielfalt' liegen insgesamt gleichauf mit ‚Bürokratie' und ‚Geldverschwendung', werden aber unter den *jüngeren* BürgerInnen überdurchschnittlich häufig genannt (vgl. Generaldirektion Kommunikation 2009: 21ff.). *Ältere qualitative* Analysen weisen darauf hin, dass bei *Fragen nach europäischen Gemeinsamkeiten* die BürgerInnen der Mitgliedsstaaten wie der ‚Beitrittskandidaten' *Europa* vorwiegend über eine gemeinsame *Geschichte* und *Kultur* und über gemeinsame ‚humanistische' Werte, die wiederum auf historische Gemein-

24 „Das (...) Standard-Eurobarometer 71 zeigt (...) eine *wachsende Identifikation der Europäer mit Europa*. Vor allem die *jungen Deutschen* fühlen sich *gleichzeitig als Deutsche und Europäer*. Diese europäische Identität besteht (...) aus einigen ganz spezifischen Werten, die in aller Kürze als *demokratisch, solidarisch, gleichberechtigt* und *umweltbewusst* beschrieben werden können" (Generaldirektion Kommunikation 2009: 6; Hervorhebungen durch Verfasserin).

25 Die Frage lautete: „Denken Sie nun bitte über die Idee der geografischen Identität nach. Dazu gibt es ja verschiedene Ansichten. Leute können sich in unterschiedlichem Ausmaß als Europäer, Deutsche oder Einwohner einer bestimmten Region betrachten. Manche sagen auch, dass die Menschen sich durch die Globalisierung als ‚Weltbürger' immer näher kommen.Wie ist das bei Ihnen? In welchem Ausmaß fühlen Sie sich als... (1) Europäer (2) Deutscher" (Generaldirektion Kommunikation 2009: 85).

26 Eine Frage mit *Antwortvorgaben*: „Die Menschen haben unterschiedliche Ansichten darüber, was es bedeutet, deutsch zu sein. Welche der folgenden sind Ihrer Ansicht nach die wichtigsten Eigenschaften, um deutsch zu sein? (...) Und welche der folgenden sind Ihrer Ansicht nach die wichtigsten Eigenschaften, um Europäer zu sein?" (Generaldirektion Kommunikation 2009: 30). Die Antworten sind insofern interessant, als auch ‚*geteilte Kultur*' hätte gewählt werden können (vgl. Generaldirektion Kommunikation 2009: 84).

27 Die Frage war: „Welche der folgenden Faktoren sind Ihrer Ansicht nach die zwei wichtigsten, die die europäische Identität ausmachen?" (Generaldirektion Kommunikation 2009: 30).

28 Die Frage: „Was bedeutet die Europäische Union für Sie persönlich?" (Generaldirektion Kommunikation 2009: 21).

samkeiten zurückgeführt werden, definieren. *Kulturelle* Gemeinsamkeiten werden insbesondere in den süd- und zentral-europäischen Ländern als ‚spontanes Europa-Bild' genannt, weniger in Deutschland und besonders gering ausgeprägt in den skandinavischen Staaten und dem UK. Eine ähnliche, korrelierende Differenzierung wird hinsichtlich transnationaler *Empathiebekundungen* konstatiert. *Geographische* Bezüge würden hingegen insbesondere dann aktualisiert, wenn es um die Abgrenzung gegenüber Russland, Weißrussland und der Ukraine, aber auch der Türkei gehe (vgl. Optem 2001: 5ff.). In einer breit angelegten empirischen Studie untersucht BRUTER *‚politische Identität'* auf *individueller* und *aggregierter* Ebene. Sein Ergebnis: „a mass European identity has progressively emerged over the past 30 years" und „continues to grow" (Bruter 2005: 166). Er hebt inbesondere die Rolle der *Europäischen Union* und ihrer *Institutionen* in der Entstehung dieser ‚neuen' politischen Identität hervor. Es müsse allerdings *inhaltlich* differenziert werden zwischen einer „‚civic' conception of (…) Europeanness" auf Basis des politischen Systems EU und einer „‚cultural' conception of this identity (…) based on a perceived shared baggage (…) thought to consist of a variety of historical, cultural, social, or moral attributes" (Bruter 2005: 166). Letztere sei *weniger* ausgeprägt, ihre Relevanz sei jedoch vom Fragekontext abhängig. *Politische* und *kulturelle* Identifikationen korrelieren positiv miteinander. Interessanterweise *steigt* nach BRUTERs Daten die Identifikation mit der EU bzw. Europa an, wenn starke subnationale und nationale Identitäten vorliegen – keinesfalls löse die europäische Identität andere Bindungen auf oder schränkten diese eine europäische Identifikation ein. Aus den Daten lässt sich laut BRUTER (2005: 117, 121) zudem eine klare Distinktion zwischen *europäischer Identifikation* und der *Zustimmung für die europäische Integration* ableiten.

Ohne an dieser Stelle zu tief in die Empirie einsteigen zu wollen, können folgende Schlüsse gezogen werden: Die empirischen Daten scheinen die Enstehung einer europäischen Massen-Identität im Sinne einer auf nationalen Identifikationen aufbauenden übergeordneten *Mehrebenen-Identität* zu bestätigen. Sie weisen auf eine *Schlüsselrolle* institutioneller Akteure und insbesondere der *Medien* im Prozess der ‚Formung europäischer Identitäten' hin und bestätigen die Notwendigkeit der *kontextuellen Differenzierung* von europäischer Identifikation allgemein, aber auch von Ab-Grenzungen und Definitionen Europas. Insbesondere differenzieren (nach den vorliegenden Daten) die BürgerInnen der Union zwischen *‚zivilgesellschaftlichen'* Identifikationen und *kulturellen* Zugehörigkeitsgefühlen und auch sehr klar zwischen *Europa* und der *Europäischen Union.* Insgesamt ist die *politische* Identifizierung mit der Union stärker als die *kulturelle* mit Europa. Allerdings ist zu beachten, dass, insbesondere bezüglich *politischer Werte*, eine solch klare Trennung oft nicht vorzunehmen ist.

Zwischenfazit

Im Vorangegangenen sollte nicht nur der *Stand* der multidisziplinären *Forschungsanstrengungen* zur europäischen Identitätsthematik umrissen werden. Die Forschungsdebatte ist auch Teil des *diskursiven Kontextes*, in den spezifische Konstruktionen *sozialer Repräsentationen Europas*, gerade auch im Bildungsbereich, eingebettet sind. Darüber hinaus bietet ihre Darstellung die Gelegenheit, eine *Ver-*

ortung bezüglich der wissenschaftlichen Diskussionsstränge vorzunehmen. Eine solche Offenlegung der Forscher- und Forschungsperspektive wird in diskursanalytischen Ansätzen explizit eingefordert (siehe 4.2) und zeigt den Beitrag an, der im Rahmen dieser Arbeit zur Erforschung ‚europäischer Identität' geleistet werden soll: Die *Identitätstheorie,* auf die hier zurückgegriffen werden wird, geht von *multiplen Identitätselementen* aus und kann deshalb zur Konzeptualisierung von *Mehrebenenidentitäten* dienen, die sich gegenseitig nicht ausschließen (müssen) (siehe 2.2). Die fokussierten *sozialpsychologischen* und *diskursanalytischen* Ansätze legen für den Prozess europäischer Identitätsbildung ein Zusammenspiel institutionell-sozialisierender und persuasiv-konstruierender *top-down* Elemente und intentional-aktiv mit diesen Elementen umgehender Individuen (*bottom-up*) nahe (siehe 2.7 und 4.2)[29]. *Identitätskonstruktionsprozesse* werden deshalb auf *nationaler (regionaler) Ebene* in den Blick genommen: Auch ‚europäische Sinnstiftung' *entfaltet* sich, um auf die Formulierung des Bundesverfassungsgerichtes zurückzugreifen, nicht nur auf *Unions*ebene, sondern *diskursiv* im *organisierten Raum* einer konkreten *politischen Öffentlichkeit,* in einem spezifischen politisch-administrativen Kontext: Politischen und institutionellen Akteuren, insbesondere im Bildungsbereich, wird eine Schlüsselrolle im Kontext Konstruktion und Diffusion von ‚Identitätsangeboten' zugewiesen (siehe 3.1 und 5.1).

Aus dem ‚Forschungsdiskurs' lassen sich zudem *begriffliche Kautelen* ableiten[30]: Die Verwendung des *Europabegriffs* in der vorliegenden Forschungsliteratur ist äußerst uneinheitlich und erfolgt teils unreflektiert. Nicht nur die *Europäische Union* verwendet den *Europa*-‚Begriff' zunehmend synonym zu *Europäischer Union,* viele Wissenschaftler folgen diesem Sprachgebrauch. Fast immer ist von *europäischer* Identität die Rede, wenn es ganz offensichtlich um die politische Identität der *EU* oder die Identifikation der *EU*-BürgerInnen mit dem Staatenverbund geht, von *Europa*, wenn die *EU* gemeint ist[31]. In der Forschungsdebatte klingen zudem Differenzierungen bezüglich des *(europäischen) Identitätsbegriffs* an: Die Unterscheidung zwischen der Beschäftigung mit europäischer Identität als im Entstehen begriffener *normativer* „Zielvorgabe" oder als zu *beschreibender* „präkonstitutionelle[r] europäische[r] Identität" (Walkenhorst 1999: 225). Zwischen einer sich auf Basis lebensweltlicher Homogenisierungs- und Verknüpfungstendenzen „aus sich selbst heraus entwickeln[den]", in einem *bottom-up*-Prozess entstehenden EUropäischen kollektiven Identität und als *top-down* vorgegeben verstandenen „soziologische[n] Konstrukt(...) der Herrschaftseliten" (Walkenhorst 1999: 227). Diese Differenzierungen werden in den vorliegenden Forschungsarbeiten nicht immer explizit gemacht. Schwerer wiegt die Tatsache, dass in vielen Fällen nicht einmal explizit gemacht wird, was *überhaupt* mit *Identität* gemeint ist. Oft werden nur Begrifflichkeiten in den Raum gestellt, ohne dass die komplexen theoretischen Hintergründe

29 Im Forschungsfokus stehen allerdings die *persuasiv-konstruierenden* Elemente.

30 Diese gelten natürlich auch für den ‚*Diskursbegriff*', der hier, noch vor-theoretisch unreflektiert, als Synonym und Kürzel für eine Debatte, einen Diskussionsstrang verwendet wird.

31 Diesen Doppelbezug bewusst machend wurde im Vorangegangenen an herausgehobenen Stellen auf *EUropa* und *EUropäische Identität* referiert. Durchgängig so zu verfahren wäre für Autorin und Leser ermüdend – zumal hier beide ‚Konstruktionsstränge' im Fokus stehen.

in den Blick genommen werden. Nur auf einem explizierten *Theoriefundament* können aber *methodische* Entscheidungen sinnvoll getroffen werden. Im Folgenden gilt es deshalb, sich mit der Problematik der Identitätskonzeptionen in den vorliegenden Forschungen zur europäischen Identität näher auseinanderzusetzen.

1.2 Identitätskonzeptionen in der Forschungsdebatte über ‚EUropäische Identität'

> „Do we mean a collective identity, a variety of interlinking collective identities, an aggregation of personal identities, a broadly defined cultural category or civilizational idea, or an official EU cultural or political identity?" (Delanty/ Rumford 2005: 50).

Die Problematisierung des Identitätsbegriffs gehört zu den wiederkehrenden ‚Gemeinplätzen' wissenschaftlicher Beschäftigung mit der Thematik. Fokussiert auf die Erforschung von *EUropäischen Identitäten* fordert KOHLI (2002: 111), dass, „[w]er sich auf die Frage nach der europäischen Identität" einlasse, „zuerst die Zweifel daran ausräumen" müsse „ob sich diese Frage überhaupt wissenschaftlich formulieren und beantworten" lasse, schließlich sei „Identität einer der schillerndsten Begriffe in den Sozialwissenschaften", für „manche (...) nur noch ein Unwort: unspezifisch, vage, leer". In vielen Fällen beschränkt sich die theoretische Verortung im Kontext der zahlreichen vorliegenden Identitätskonzepte weitgehend auf die Abarbeitung an einem „Substanzbegriff" (Reese-Schäfer 1999a: 253) von *Identität* vor dem Hintergrund funktionaler, prozessualer oder diskursiver Identitätsdefinitionen.

Der explizite Rückgriff auf einen ‚essentialistischen' Identitätsbegriff taucht in der Forschungsliteratur meist nur noch als ‚Gegenbild' auf. Die Vorstellung einer wissenschaftlich-empirischen Definierbarkeit dessen, was bestimmte Räume bzw. soziale Großgruppen ausmacht, der Versuch *Identität(en)* sozusagen zu inventarisieren, macht dennoch ein beachtliches Segment der zur europäischen Identitätsthematik erschienenen Literatur aus: Manche suchen mittels *historischer*, *geistesgeschichtlicher* oder *religiöser* Argumentationen, eine Bestimmung Europas *aus der Vergangenheit* abzuleiten und für die Zukunft *normativ* zu setzen. Andere meinen, auf Basis *rechtlicher* und *politischer Setzungen* (der EU) und *empirischer Untersuchungen* zu (vorausgesetzten) ‚europäischen' (?) Werten und ihrer Akzeptanz eine ‚europäische' Wertegemeinschaft ableiten zu können (vgl. Gerhards 2004: 14-16). Hier wird zwar vordergründig ein *Ist-Zustand* beschrieben, im Grunde handelt es sich jedoch um *normative Zukunftsvorstellungen*[32]. BRUTER (2005: 5) spricht von dem ‚top-down'-Modell wissenschaftlicher Beschäftigung mit *europäischer Identität*: Seine Vertreter fokussieren auf „questions such as who *should* be considered European, what unites Europeans in terms of geography, politics, culture, and where the natural limits of ‚Europe' are". Meist sind derartige Herangehensweisen in der *zeitgenössischen wissenschaftlichen*

32 „Häufig stellen sie [die empirischen Untersuchungen; Anm. der Verf.] gleichzeitig politische Programme dar: nicht nur formuliert, um festzuhalten, was ist, sondern um zum Ausdruck zu bringen, was sein soll; formuliert von Intellektuellen in ihrer Lieblingsrolle als Mythenerfinder" (Loth 2002: 104).

Literatur verbunden mit einem (Lippen?-)Bekenntnis zur Konstruiertheit und Dynamik von Identifikationen[33]. Dies ist widersprüchlich, wenn die eigenen Konstrukte als empirisches, wissenschaftliches *Ergebnis* dargestellt und so legitimiert werden. In manchen Veröffentlichungen ist es jedoch ein folgerichtiger Ansatz: Wenn jede Form von Identifikation auf sozialen Konstruktionen beruht, Identitätsbildung zugleich jedoch als anthropologische Konstante angesehen werden muss, so lässt sich daraus im Sinne engagierter Wissenschaft die *reflexive* Konstruktion *bestimmter* Identitäten rechtfertigen: In diesem Sinne muss DEWANDRE/ LENOBLEs Aufsatzsammlung ‚Projekt Europa' verstanden werden, in der es darum geht, wie Jacques DELORS (1994: 6), damals Präsident der EU-Kommission, im Vorwort schreibt, im Zuge „der Erfindung eines neuen politischen Raums" der „Europäischen Gemeinschaft" das „Werden" die „Gestaltung" der ‚europäischen Identität' zu beeinflussen: „Welches Europa wollen wir? (...) Welche Ziele streben wir an, mit welchen Mitteln wollen wir sie erreichen?" (Lenoble/ Dewandre 1994: 8)[34].

Dass Identität ein Produkt gesellschaftlicher Konstruktion ist, ist inzwischen zumindest *theoretisch* wissenschaftliches Allgemeingut. In der Literatur existiert eine Vielzahl von *Identitäten – politische*[35] und *kulturelle, religiöse, ethnische* und *Gender-Identitäten*[36], *personale, soziale, individuelle*[37] und *kollektive*[38], *hybride*[39] und *multiple*[40] *Identitäten, Patchworkidentitäten* (vgl. Keupp et al. 2006) sowie *„nested"*, *„cross-cutting"* und *„seperate identities"* (Risse/ Grabowsky 2008: 2)[41], *legitimierende, Widerstands-* und *Projektidentitäten*[42] und nicht zuletzt *territoria-*

33 Als Beispiel kann GARCIAS (1993: 3) Herangehensweise genannt werden, die auf die Kontingenz aller Identitätskonstrukte hinweist, aber explizit fragt: „Who are ‚we', and who do ‚we' want to become?".

34 Die Antwort, die in diesem Band gegeben wird, ist die einer *postnationalen, univeralistischen, offenen* Identität (vgl. Ferry 1994; Habermas 1994; Lenoble 1994, Camps 1994). Eine europäische Wertegemeinschaft als „Diskursraum" zu schaffen, ist etwas anderes, als einen „Kultur- und Wertefundus (...) normativ zu setzen" (Joas/ Mandry 2005: 568).

35 Entweder definiert als der Teil eines gruppenbezogenen Selbst-Konzepts, der *politische Konsequenzen* zeitigt, da er auf eine *politische Gemeinschaft* bezogen ist (vgl. Hermann/ Brewer 2004: 6), oder als eigenständige Identitätsform, die *affektive* und *rollenspezifische* Elemente vereine (vgl. Bruter 2005: 10).

36 Attribute zur näheren Bestimmung individueller oder Gruppenidentitäten.

37 Diese Unterscheidungen stammen aus der *Social Identity Theory*, der *Self Categorizing Theory* und der *Identity Process Theory* (siehe 2.2).

38 In der Literatur wird der Begriff *kollektive* Identität sehr unterschiedlich gebraucht, je nachdem, ob die kollektive Identität auf *individueller* oder *überindividueller* Ebene verortet wird (vgl. u.a. Delanty 2005: 52; Kohli 2002: 114; Giesen 2002:69).

39 Der Begriff der *hybriden* Identität ist nach KOHLI (2002: 128-129) vorwiegend in der Ethnologie zu verorten.

40 Unter anderem bei GRAUMANN (siehe 2.5.) und HERMANN/ BREWER (2004: 4).

41 RISSE/ GRABOWSKY (2008: 2) fassen unter diesen Begriffen sich *nicht* überschneidende soziale Identitäten, sich *überlappende* aber nicht integrierte soziale Identitäten und soziale Identitäten, die sozusagen in konzentrischen Kreisen aufgebaut sind.

42 Diese sind laut CASTELLS (2002) durch etablierte Akteure getragen oder gegen Herrschaftsidentitäten gerichtet. Unter Projekt-Identitäten werden „soziale Ordnungsentwürfe in Abgrenzung vom Bestehenden, die den Individuen einen übergreifenden neuen Sinn kollektiver Zugehörigkeit vermitteln sollen" (Kaelble/ Kirsch/ Schmitt-Gernig 2002: 19) gefasst.

le[43] bzw. *raumbezogene Identitäten*. Hinzu kommt der teils synonym, teils mit abweichender Referenz verwendete Begriff der *Identifikation*[44]. Zudem wird zwischen von zugeschriebenen[45] und eigenen „Identitätsimaginationen" (Reese-Schäfer 1999a: 260) unterschieden, zwischen *askriptiver* und *expressiver* Identität (vgl. Entrikin 2003: 56). *Kollektives Bewusstsein* (vgl. Schleicher/ Bos (Hrsg.) 1994) wird teilweise als Synonym zu kollektiver *Identität* verwendet. In der Politikwissenschaft ist von *Staatsidentität* im Sinne eines „self-placement of a polity with respect to the international constellation" (Banchoff 1999: 262) die Rede. Bezüglich *gesellschaftlicher* Identitäten wird auch von *kulturellen Kategorien* gesprochen (vgl. Delanty 2005: 55). Begriffswahl und spezifisches Begriffsverständnis sind abhängig von den „philosophical and methodological foundations of their particular theory" (Breakwell 1986: 10), und bereits innerhalb einzelner Disziplinen wie der Sozialpsychologie sehr unterschiedlich:

> „the behaviourist (…) talks about *personality*; the psychoanalyist or psychodynamic theorist (…) might be more likely to refer to the *ego* or *identity*; the symbolic interactionist might talk of the *self-concept*" (Breakwell 1986: 10; Hervorhebungen durch Verfasserin)[46].

Diese Vielzahl unterschiedlicher Identitätsbegriffe prägt die wissenschaftliche Debatte um *europäische* Identitäten. DELANTY/ RUMFORD (2005: 50) betonen die Notwendigkeit, verschiedene Ebenen der Beschäftigung mit ‚europäischer Identität' auseinanderzuhalten: Bisher sei die ‚europäische Identitätsforschung' eine „confused debate", denn „the very idea of identity in this debate has rarely been clarified". Es müsse klar expliziert werden, ob von *einer* europäischen kollektiven Identität die Rede sei oder einer ganzen Reihe von eng miteinander verbundenen kollektiven Identitäten[47]. Zudem müsse dargelegt werden, was jeweils unter *kollektiver* Identität verstanden werde – eine Aggregation *individueller* Identitäten, eine *kulturelle Kategorie* oder eine *politische Staatsidentität* (der *EU*). KOHLI (2002: 118-120) unterscheidet *vier Ebenen* europäischer Identität: Eine *‚staatsrechtliche', politische* Identität der EU; eine *‚ideengeschichtliche'*; die Ebene der *‚kulturellen Deutungssysteme'*, der ‚kulturellen Praktiken' und ‚erfundenen Traditionen' und nicht zuletzt

43 Laut SCHMITT-EGNER (1999: 133) das „Produkt der Zuschreibung, Definition und Durchsetzung räumlicher Grenzen".

44 WODAK/ PUNTSCHER-RIEKMANN (2003: 289) betonen mit diesem Begriff den *Handlungscharakter*, gegenüber dem *Ergebnis* ‚Identität' (vgl. auch Reese-Schäfer 1999b: 15; Passerini 2000: 47; Bruter 2005: 11).

45 Ob als *Heterostereotype, Rollenvorgaben* oder *soziale Repräsentationen des ‚Anderen'* - die Askription von Eigenschaften durch Mitglieder der ‚Outgroup' ist eng verbunden mit der Selbst-Wahrnehmung.

46 Auch der *Identitätsbegriff* selbst werde bereits innerhalb der (Sozial-)Psychologie äußerst unterschiedlich definiert: „identity (…) can be used by two different theorists and *mean completely different things*. For Erikson (…), *identity is global self-awareness* achieved through crisis and sequential identifications in social relations. For McCall and Simmons (…), *identities are negotiated peformances of the role perscriptions* attached to the occupancy of social positions (…). For Biddle (…), *any label applied consistently to a person* may be considered an identity (…)" (Breakwell 1986: 11; Hervorhebungen durch Verfasserin).

47 Im Sinne der *Kontext-Bindung*, aber auch zum Beispiel in der Unterscheidung zwischen *politischer* und *kultureller* kollektiver Identität.

die Ebene der *‚individuellen Identitäten‘*. Die wissenschaftliche Beschäftigung mit der *EUropäischen Identitätsthematik* findet auf allen Ebenen statt: Einmal soll die[48] *Staatsidentität der EU* oder die *kulturelle Kategorie Europa* näher in den Blick genommen werden, anderswo eine *kollektive Identität der EUropäerInnen*, einmal die *individuellen Identifikationen* der EUropäerInnen, dann wieder ‚der Diskurs‘/ ‚die‘ *sozialen Repräsentationen* die verschiedenen Identitätsprozessen zugrunde liegen. Die *Erkenntnisinteressen* sind dabei sehr unterschiedlich. Sozialwissenschaftler dekonstruieren ‚Europa-Vorstellungen‘ und arbeiten die ihnen zugrunde liegenden Grundannahmen heraus. Sie interessieren sich für die politischen Funktionen von Identitätskonstruktionen, oder für Spezifika des Konstruktionsprozesses. Sie fragen, in welcher Weise sich die Menschen diese Repräsentationen aneignen und re-kontextualisieren (vgl. Nanz 2000: 281). Oftmals werden jedoch Kategorien wie Erkenntnisinteressen vermischt oder nicht klar voneinander unterschieden[49].

Ziel dieser Arbeit ist es, diese *terminologischen* Unschärfen zu vermeiden, die ja zugleich *theoretische* Unschärfen darstellen und die Methodologie der betreffenden Studien zumindest in Frage stellen: *Repräsentationen* im *Diskurs* zu erfassen[50] ist das eine, deren Rolle im Kontext von Identitätsbildungsprozessen zu *konkretisieren* etwas anderes. Nur über die Konkretisierung des *Zusammenhanges* zwischen *Repräsentationen* und *Identitäten* und nicht zuletzt im Rahmen eines klar explizierten *Identitätsbegriffes* aber lässt sich bestimmen, warum *diskursive Repräsentationen* im Kontext der Identitätsdebatte überhaupt im Forschungsfokus stehen sollten. Und nur darauf aufbauend kann eine *diskursanalytische Herangehensweise* an die Thematik begründet werden. Das im folgenden Kapitel entworfene Konzept versteht sich somit auch als Ansatz, der die geographische Beschäftigung mit Identitäten auf eine theoretisch fundierte Grundlage stellen soll: Es lohnt sich, sich der „Anstrengung des Begriffs“ zu „unterziehen“ (Narr 1999: 103).

48 Natürlich ist der Verfasserin bewusst, dass es zu jeder dieser Kategorien zahlreiche Ausprägungen gibt. Immer den Plural zu setzen, wäre jedoch auch für den Leser ermüdend, also an dieser Stelle die Feststellung: Natürlich geht es immer um Identität**en**.

49 Um nur einige wenige Beispiele aus dem geographischen Kontext zu nennen: In den Artikeln einer geographischen Anthologie zum Thema der *Politischen Geographien Europas* ist zwar durchgängig von *EU-* bzw. *europäischen Identitäten* die Rede, von „Konventionen des Sprechens (…)“ die „bestimmte Formen territorialer Identität schaffen und sie als Elemente sozialer Kommunikation mit kollektiver Bedeutung aufladen“ (Reuber/ Strüver/ Wolkersdorfer 2005: 9). Dass es um *diskursive Repräsentationen*, soviel wird klar. Aber in welchem Bezug stehen diese zu *Identität(en)* und *Identifikationen*? Der verwendete Identitätsbegriff wird nicht explizit theoretisch verortet. Albert (2005: 55, 56) schreibt von einem „geographisch limitierten, mithin wertebasierten Identitätsgefüge“ von „Diskursen (…) in welchen verschiedene Strategien des Othering zur eigenen Identitätskonstruktion verwendet werden“. Die „Konstruktion europäischer Identität“ wird als „diskursiver Prozess“ aufgefasst, in dem ein „Ideendiskurs“ und „politische, strategische und ökonomische Diskurse zusammenspielen“ (Albert 2005: 58). Unklar bleibt, *was mit Identität genau gemeint* ist. Aus dem Kontext wäre am folgerichtigsten zu schließen, dass es um die *(offizielle?) politische Identität der EU* geht. Expliziert wird dies jedoch auch hier an keiner Stelle.

50 Wobei es natürlich auch den *Repräsentations*begriff zu explizieren gilt und die *diskursanalytische Methodik*.

2 Raumbezogene Identitätsangebote

Eine interdisziplinär und über alle Erkenntnisinteressen und epistemologisch-ontologischen Verortungen hinweg anerkannte Definition von Identität zu liefern oder auch nur annähernd die Fülle der in der Forschungsliteratur angebotenen Identitätskonzepte zu umreißen, ist schlechterdings unmöglich. Es ist fast schon ein Gemeinplatz der einschlägigen Veröffentlichungen, die Nicht-Definierbarkeit von Identität herauszustellen: Nicht nur VON BOGDANDY (2003: 33) spricht von „begrifflicher Vieldeutigkeit". WALKENHORST (1999: 23) verweist auf die „Diffusität und Komplexität des Identitätsbegriffs (...), der mit zunehmend genauerer Betrachtung immer weniger greifbar zu werden scheint". NARR (1999: 102) kritisiert gar die „diffuse Mode der konfusen Identitäten" in ihrer „schiere[n], schwebende[n] Beliebigkeit". Festzuhalten ist, dass *Identität* ein Begriff ist, „der sich in den diffusen Schnittmengen diverser Fach- und Alltagsdiskurse schillernde Bedeutungshöfe eingehandelt hat" (Keupp et al. 2006: 7). Das Ziel des folgenden Kapitels ist es vor diesem Hintergrund, eine *theoretisch* fundierte *Arbeitsdefinition* von *Identität* zu entwickeln, die dem Erkenntnisinteresse dieser Arbeit entspricht und sich methodisch sinnvoll operationalisieren lässt.

2.1 Identität(en) und Identifikationen

Will man sich mit *Identitäten* befassen, so gilt es zunächst, im „Diskursgetümmel um Identität" (Keupp et al. 2006: 25) einen Überblick zu gewinnen, eine Ordnung zu erkennen und die eigene Forschungarbeit zu verorten. Die wissenschaftliche Diskussion um *Identitäten* in ihrer ganzen interdisziplinären Fülle theoretischer Perspektiven, methodischer Herangehensweisen und praktischer Erkenntnisinteressen zu erfassen, ist unmöglich. BREAKWELL ist zuzustimmen, wenn sie schreibt:

> „[C]omparisons across theories have nightmare qualities (...), any effort to summarize the multitude of different theories that have been constructed about identity, the self-concept, personality or character (...) would be a difficult and potentially wasteful detour" (Breakwell 1986: 11).

Die Breite der Identitätsforschung lässt sich nur schlaglichtartig aufzeigen. Als Ausgangspunkt für die theoretisch-methodische Selbstverortung dieser Arbeit sollen die Leitlinien und Brüche der Identitätsdebatte in diachroner wie synchroner Perspektive umrissen werden.

Identität ist ein oft vage gebrauchter, polysemer, umstrittener Begriff. Dennoch hat Identitätsforschung ‚Konjunktur': JUNGWIRTH (2007: 15) konstatiert eine „Explosion des Gebrauchs des Identitätsbegriffs (...) spätestens seit den 1990er Jahren", die einschlägige Forschung sei eine „Modeerscheinung". KEUPP et al. (2006: 9) sprechen von einer „Diskurskonjunktur zum Thema Identität". Als Hintergrund dieser Hinwendung zur Identitätsthematik lassen sich aktuelle gesellschaftliche Entwicklungen ausmachen: Es handelt sich um das wissenschaftliche Aufgreifen einer gesellschaftlichen „Reaktion auf Umbruch-, Befreiungs- und Verlusterfahrungen" (Keupp et al. 2006: 8), der Reaktion von Individuen und sozialen Gruppen auf die ‚Krise' individueller und kollektiver Identitäten in Zeiten des Pluralismus, der Globalisierung und der reflexiven Moderne.

Eine ganze Reihe von Wissenschaftlern lehnen *Identitäten* als Forschungsthema generell ab oder halten *Identität* zumindest für einen sehr problematischen Begriff. Einer der Gründe besteht darin, dass der Begriff für „normativ-politisch unzuträglich" (Kohli 2002: 112) gehalten wird. NARR (1999: 105) schreibt vom „Irrlicht des Identitätswahns", der (nicht nur) außerhalb der wissenschaftlichen Forschung Gefahr laufe, politisch instrumentalisiert zu werden. MEYER (2001: 17) zeigt an aktuellen Beispielen, dass (ein essentialistisch verstandener) Identitäts-Begriff im Mittelpunkt von ideologischen Politisierungen kultureller Differenz steht und wendet sich gegen die grassierende „identity mania". JUNGWIRTH (2007: 365) kritisiert die *sozialwissenschaftliche* „Rede von Identität" als „normativ" und verortet sie mittels diskursanalytischer Methoden im Kontext historischer, wissenschaftsinterner und politischer Zusammenhänge. Mit dem Begriff würde eine Vielzahl an Themenkomplexen vereinfachend reduziert (vgl. Jungwirth 2007: 18-21). Damit ist der zweite Kritikpunkt bereits angesprochen: Der Identitätsbegriff stellt demnach nur ein simplifizierendes Kürzel komplexer sozialer Zusammenhänge dar. NIETHAMMER hält vor allem den *kollektiven* Identitätsbegriff für analytisch unbrauchbar, es handele sich

> „um magische Formeln in Grenzgebieten von Verfassungspolitik, Sozialphilosophie, ethnischer Zurechnung, soziologischer Traditionsanalyse und sozialbiologischer Utopie, mit denen sehr unterschiedliche, politisch und religiös problematische Inhalte zugleich verdeckt und diskursfähig gemacht werden sollen" (Niethammer 2000a: 457).

Diese Einschätzung speist sich aus der Uneinheitlichkeit und Vielzahl existierender Identitätstheorien, die in der forschungspraktischen Umsetzung oft nicht klar unterschieden werden. Der Hauptkritikpunkt richtet sich denn auch gegen die mangelnde *Klarheit* des Begriffs. NARR (1999: 122) wirft der Debatte um Identität als Legitimitätsgrundlage politischer Systeme „unqualifizierte[s] (...) kollektives Identitätsgeraune" vor. Es fehle an einer nachvollziehbaren Begriffsdefinition, ob bei HABERMAS, bei LEPSIUS oder bei WEIDENFELD (vgl. Narr 1999: 120-121).

Die Ablehnung des Begriffs richtet sich entweder (1) gegen ein bestimmtes Verständnis von Identität: Gegen eine Essentialisierung von Identitäten und insbesondere gegen die damit verbundenen „starken Homogenitätsunterstellung[en]" (Kohli 2002: 112) oder (2) gegen eine theoretisch un(ter)reflektierte Verwendung ‚des' Identitätsbegriffs. Insofern ist KOHLI (2002: 112) zuzustimmen, der schreibt: „Ich ziehe es (…) vor, den Begriff zu präzisieren, statt ihn zu tabuisieren". Wie aber lässt sich der Begriff präzisieren?

In den Geistes- und Sozialwissenschaften existiert eine kaum noch zu überblickende Vielzahl miteinander verwobener philosophischer, sozialpsychologischer, soziologischer, politikwissenschaftlicher und anderer sozialwissenschaftlicher Theorien, Ansätze und Herangehensweisen an den Identitätsbegriff: Von MEADs ‚Selbst' als Produkt der ‚sozialen Interaktion' über ERIKSONs Betrachtung von *Identität im Lebenszyklus* bis hin zu KEUPP et al.s *Patchwork-Identitäten*[51]. Von GOFFMANs und BERGER/ LUCKMANNs interaktionistisch-phänomenologischer soziologischer Identitätstheorie, die Identitätsbildung als interaktiven Sozialisationsprozess beschreibt, über GERGENs sozialen Konstruktionismus und ‚narrative Theorie eines relationalen Selbst', bis zu RICOEURs *philosophisch-anthropologischem* Ansatz einer *narrativen* Identität[52]. Von GIDDENs ‚moderner' Identität als reflexivem, narrativem Projekt, bis hin zu HALLs Konzept *kultureller* Identität[53]. Hier ist nicht der Ort, all diese Konzepte zu beschreiben und ihre wissenschaftsgeschichtlichen Zusammenhänge zu beleuchten[54]. Die Fülle an theoretischen Ansätzen, mit denen sich wiederum je spezifische methodische Herangehensweisen an ‚das' Identitätsphänomen verknüpfen, sollte jedoch den Blick dafür schärfen, dass Forschung über ‚Identität', gerade in der *Geographie*, die auf den Blick über den disziplinären Tellerrand angewiesen ist, nur auf Basis einer expliziten theoretischen Verortung Sinn macht.

In der sozialpsychologischen Identitätsforschung richtet sich das Forschungsinteresse insbesondere seit den späten 1980er Jahren verstärkt auf die „zentrale(…) Rolle der Identität als ‚Vermittler' zwischen Milieu und Person" (Bogdandy von 2003: 33). ‚Die' Sozialpsychologie betrachtet *Identität* als „individuelle soziale Verortung", als „selbstreflexives Scharnier zwischen innerer und äußerer Welt" (Keupp et al. 2006: 28). Sie fokussiert deshalb die *kognitive* Ebene in ihrer *Verknüpfung* mit den *sozialen Interaktionsprozessen*, in deren Kontext *Identitäten* konstruiert wird. Die Schwerpunktsetzungen im Spannungsfeld zwischen Individuum und ‚Gesellschaft' sind innerhalb der Sozialpsychologie sehr unterschiedlich. BREAKWELL (2004: 28) verortet Identität auf kognitiver Ebene. Sie ‚manifestiere' sich im Denken, Handeln und Fühlen der Individuen, sei jedoch sozial kontextualisiert. Die *diskursiven Psychologen* gehen ebenfalls von einer *kognitiven* Fundierung von Identität aus, richten ihren Blick aber auf die *diskursive* Konstruktion von Identität, da sie postulieren, dass die Ebene der *Kognition* lediglich über Sprache - den Diskurs - erfassbar sei (siehe 2.6). Um die in den nächsten Kapiteln zu explizierenden Theorien im Kontext des vielfältigen wissenschaftlichen Identitätsdiskurses besser einordnen zu können, sollen im Folgenden zwei

51 Siehe hierzu u.a. MEAD (1934), ERIKSON (1973), KEUPP et al. (2006) und JUNGWIRTH (2007).

52 Siehe GOFFMAN (1959; 1999; 2007), GERGEN (1990; 2002), BERGER/ LUCKMANN (2004), JACOB (2004), RICOEUR (2005; 2006), JUNGWIRTH (2007) u.v.a.m..

53 Siehe u.a. GIDDENS (1991), HALL/ DU GAY (1996), HALL (1999) und GAUNTLETT (2002).

54 Überblicksdarstellungen und weitere Literaturhinweise finden sich unter anderem bei WODAK et al. (1999) und ABELS (2006), kritische Analysen bei REESE-SCHÄFER (1999b), JUNGWIRTH (2007) und KEUPP et al. (2006).

Versuche vorgestellt werden, diesen Diskurs überblickshaft zu strukturieren. Der gegenwärtige wissenschaftliche Identitätsdiskurs lässt sich entweder anhand *disziplinbedingter* Erkenntnisinteressen oder anhand grundlegender *theoretischer* Verortungen strukturieren. Für den ersten Weg steht beispielhaft SCHMITT-EGNERS (vgl. 1999: 131-132) Versuch, sich der ‚Mehrdimensionalität des Identitätsbegriffs' anzunähern. Die Sozialwissenschaften sind seiner Ansicht nach weit von einem allgemein akzeptierten, transdisziplinär orientierten Identitätsbegriff entfernt. Stark generalisierend unterscheidet er sechs ‚disziplinäre' Zugänge zur Identitätsfrage: Aus *philosophischer* Perspektive gehe es um die Beschäftigung mit der Einheit von Sein und Bewusstsein, Geist und Materie, Subjekt und Objekt, um ontologische Fragen. Die *Psychologie* hingegen betrachte Identität mit dem Interesse, die Strukturen des ‚Selbst' zu verstehen und nachzuvollziehen, was individuelle und soziale Identitätsbildungsprozesse beeinflusse. *Soziologische* Identitätsforschung wiederum frage nach der gesellschaftlichen Konstruktion von Gruppenidentitäten, während in den *Kulturwissenschaften* „Sprache und Religion, soziale Verhaltenscodes und ethnische Rituale, Lebenswelten und Lebensstile als Konstrukte und Anker von Identität thematisiert" (Schmitt-Egner 1999: 132) würden. Die *Geschichtswissenschaftler* interessierten sich vor allem für die Entstehung und Entwicklung von ‚Identitäten' im Kontext des ‚kollektiven Gedächtnisses' und im Rahmen der geographischen Forschung stünden ‚territoriale' Abgrenzungs- und Eingrenzungsprozesse im Vordergrund. Als interdisziplinäre Schnittmenge kristallisierten sich drei Elemente heraus: die Vorstellung der „Einheit in (...) Dualität (bzw. Differenz)", der „Konstruktionsprozess dieser Einheit durch Abgrenzung (...) und Eingrenzung" und damit die „Konstitution eines ‚Innen' (...) und ‚Außen'" und der „Wirkungszusammenhang dieser Identität als permanente Interaktion zwischen dem (Wahrnehmungs-) Produkt der (zeitlichen) ‚Kontinuität' und dem Prozess der Diskontinuität (Wandel), zwischen räumlicher Eingrenzung und Entgrenzung" (Schmitt-Egner 1999: 130). *Identität* werde demnach in der zeitgenössischen Literatur „im abstraktesten und reduktionistischsten Sinn" (Schmitt-Egner 1999: 130), als Prozess und Interaktion, als ‚Einheit in der Differenz' definiert. Sie muss, die disziplinären Erkenntnisinteressen integrierend, in ihrer *personalen* und *sozialen*, ihrer *kollektiven* bzw. *kulturellen*, in ihrer *historischen* und *territorialen* Dimension betrachtet werden (vgl. Schmitt-Egner 1999: 132ff.). Nur so kann vermieden werden, dass, wie KEUPP et al. (2006: 63) es so konzis ausdrücken, „komplexe Bedingungsgefüge zerrissen und in fachwissenschaftliche Obhut genommen" werden. SCHMITT-EGNERS fachwissenschaftliche Zugänge schließen sich gegenseitig nicht aus, sie ergänzen sich zu einem Gesamtbild. Seine Darstellung blendet jedoch die tiefen erkenntnistheoretischen Gräben aus, die die Identitätsdebatte bereits *innerhalb* einzelner Disziplinen kennzeichnen. Diese ‚Spannungsfelder der Identitätsdiskussion' sind Ausgangspunkt des ‚Ordnungsversuches' der Forschungsgruppe um Heiner KEUPP. KEUPP et al. unterscheiden fünf eng miteinander verflochtene ‚Diskursräume' ‚Diskursebenen' oder ‚Spannungsfelder', in denen sich aktuelle Identitätstheorien verorten lassen. Zum einen lassen sich die Theorien nach dem Grad an Allgemeingültigkeit unterscheiden, den sie der Identitätsfrage zumessen: Handelt es sich bei der Frage nach *Identität* um eine *anthropologische Konstante* oder um ein *Spezifikum* der gesellschaftlichen *Moderne*? Polarisierend ausgedrückt: Lassen sich ahistorische „Gesetzmässigkeiten des innerpsychischen Apparats" (Keupp et al. 2006: 64) herausarbeiten oder kann die Frage nach Identität immer nur kontext-spezifisch beantwortet werden? Desweiteren spannen sich die aktuellen Identitätstheorien zwischen den Polen eines *statischen*, durch stabile soziale Zuordnungen geprägten, ‚wesenhaften' Identitätsbegriffs und einer Identitätsdefinition auf, die den „Entwicklungsaspekt von Identität" betont und deshalb von „Identitätsarbeit", von Identität als „Projekt" (Keupp et al. 2006: 65) ausgeht. Ist Identität ein *Zustand* oder ein *Prozess*? Vor diesem Hintergrund lässt sich ein weiteres Spannungsfeld verstehen: Lässt sich von einem ‚*Identitätskern*' sprechen, von der ‚Kohärenz' des Selbst, wenn vielleicht auch nur als ‚Prozessziel'? Oder ist Identität als „alltägliche und nie endende *Konstruktionsleistung* des Subjekts" (Keupp et al. 2006: 67) zu verstehen? Braucht Identität *Kohärenz* und *Kontinuität* oder entsteht dieser Zusammenhang erst in der „Vielfalt des Selbsterlebens" (Keupp et al. 2006: 69)? Eine weitere Diskursebene spaltet die Identitätsdebatte entlang der Frage nach dem Verhältnis von *Identität* und *Alterität.* Meint „Identität (...) Singularität", Einzigartigkeit, im Sinne eines „[p]ersonale[n] Fokus" (Keupp et al. 2006: 69)? Oder ist sie nur im Kontext der vielfältigen sozialen Zusammenhänge zu verstehen, in die ein Subjekt eingebunden ist und konstituiert sich als ‚soziale Konstruktion'? Die grundlegendste Spannung besteht jedoch zwischen einem Identitätsverständnis, dass Identität auf „basale(...) innerpsychische(...) Prozesse(...)" zurückführt und ihr damit „Substanz" zuweist, und einem Konzept von Identität als „diskursiver Konstruktion" (Keupp et al. 2006: 68-69). Ist die Sprache nur Medium oder Grundlage der Subjektbildung? Muss Identität als „Konstruktionsleistung des einzelnen" in ihrer „Eingewobenheit in das System sozialer Repräsentationen und historisch spezifischer Diskurspraktiken" verstanden werden, oder existiert „eine Ebene körperlicher und psychischer Erfahrung (...) ungeachtet aller kulturellen Einflüsse" (Keupp et al. 2006: 69)? Gerade dieses letzte Spannungsfeld ist ein wichtiger Ausgangspunkt der theoretischen Überlegungen dieser Arbeit. Lässt sich ein Mittelweg finden, eine Antwort auf die Frage „wie sich (...) innerpsychische Prozesse und diskursive Konstruktion(...) verschränken und aufeinander beziehen lassen" (Keupp et al. 2006: 68)? Lassen sich sozialpsychologische, soziologische, historische und geographische Erkenntnisinteressen zusammenführen? Der Versuch soll im Folgenden unternommen werden.

2.2 Sozialpsychologische Identitätstheorien

Im Mittelpunkt des Erkenntnisinteresses der zeitgenössischen *Sozialpsychologie* steht das dynamische Zusammenspiel zwischen individueller Psyche und sozialen Verhältnissen. Dieses Spezifikum begründet die Anschlussfähigkeit dieser Disziplin an sozialwissenschaftliche Herangehensweisen im Allgemeinen: Psychologische ‚Wirklichkeit' wird als sozial konstruiert und modelliert angenommen, wirkt zugleich aber auf soziale Strukturen und Prozesse zurück (vgl. Bogdandy von 2003: 24-25). Innerhalb der Sozialpsychologie existieren natürlich unterschiedliche theoretische Konzeptualisierungen des Phänomens ‚Identität'[55]. Im Kontext des Erkenntnisinteresses dieser Arbeit ist vor allem jene Forschungstradition relevant, die die Konstruktion von Identitäten innerhalb spezifischer räumlicher, zeitlicher und sozialer Kontexte verortet, Identitäten als situativ gebunden und ‚verhandelt' ansieht. Für den *prozessualen Interaktionismus* und – in dessen Fortführung – den *sozialen Konstruktivismus* ist *Identität* immer das „Produkt der Dialektik zwischen Individuum und Gesellschaft" (Bogdandy von 2003: 34), wird das einzelne Individuum – ebenso wie Kollektive – erst durch ‚Sprache', durch ‚Diskurse' gestaltet und konstituiert. Identität ist das „sozio-dynamische Produkt breiter sozialer Prozesse" (Bogdandy von 2003: 36). In den Mittelpunkt des sozialpsychologischen Forschungsinteresses rücken vor diesem Hintergrund die *Konstruktionsmethoden* und die *Entstehungsprozesse* von Identität(en).

‚Personale' und ‚soziale' Identität

Die ***Theorie der Sozialen Identität*** (Social Identity Theory, SIT)[56], die in den 1970er und 1980er Jahren von Henri TAJFEL entwickelt wurde, basiert auf empirischen Untersuchungen und theoretischen Überlegungen zu Fragen der Gruppenbildung und der Intergruppen-Interaktion. Welche Prozesse führen dazu, dass sich eine Anzahl von Individuen als Gruppe wahrnimmt? Welche Auswirkungen hat dies auf das Verhalten gegenüber anderen Individuen, so sie als Mitglieder der eigenen Gruppe (Ingroup) oder Außenstehende (Outgroup) wahrgenommen werden? TAJFEL geht davon aus, dass Individuen ihre Wahrnehmungen von materiellen und sozialen Stimuli anhand von (gesellschaftlich produzierten) Kategorien[57] strukturieren, um sich in der oft diffusen und überaus komplexen gegenständlichen und sozialen Umwelt orientieren zu können. Auch sich selbst und andere klassifizieren sie als Angehörige bestimmter ‚Kategorien' – und damit letztlich sozialer *Gruppen* (vgl. Bogdandy von 2003: 38). Soziale Kategorienbildung kann – je nach Situation und Kontext – nach Geschlecht, Alter, Sprache, körperlichen Merkmalen, kulturellen Merkmalen (Kleidungsstil etc.) oder sozialem Status stattfinden. Oder einfach danach, welche Kunstrichtung bevorzugt wird oder welche Fußballmannschaft man unterstützt. *Gruppen* werden als kognitiv konstruiert angesehen, sie existieren, *weil* sich Individuen als Teil einer Gruppe selbst ‚identifizieren', oder als Teil dieser Gruppe identifiziert werden (vgl. Chryssochou 1996: 298)[58]. Innerhalb dieser Gruppen konstituieren sich in einem dialektischen,

55 Siehe hierzu überblicksweise u.a. BOGDANDY VON (2003: 34ff.) und ABELS (2006: 241ff.).

56 Für eine breitere Diskussion sei auf DESCHAMPS (1982), REICHER (1982), TAJFEL (1982a, b), TURNER (1982), HOPKINS/ REICHER (1996) und BOGDANDY VON (2002; 2003) verwiesen. Weitere, vertiefende Literaturhinweise finden sich bei SILVANA DE ROSA (1996: 382).

57 Definiert als „discountinuous divisions of the social world into distinct classes or categories" (Turner 1982: 17).

58 Diese Definition wirkt, solange die Prozesse, in denen soziale Kategorien diskursiv konstruiert werden, nicht in die Theorie miteinbezogen werden – und dies ist bei TAJFEL und TURNER nicht der Fall – wie ein Zirkelschluss: „We are thus faced with a situation whereby we admit that a psychological group does not exist as the individuals do not identify with it, without asking the question of how they will identify with this entity which hardly exists"

kommunikativen Prozess ‚gemeinsame Perspektiven' auf die Aspekte der sozialen und materiellen Welt (vgl. Tajfel 1982a: 3; Turner 1982: 16-17). Die in der Gesellschaft vorhandenen und immer wieder aktualisierten sozialen Kategorisierungen werden ‚internalisiert' und bestimmen so das Selbst durch *soziale Identifikation*. Eine zunächst ‚externe', im sozialen Aushandlungsprozess entstandene Kategorie wie ‚weiblich' kann so, mit all ihren inhärenten Wertungen und als richtig empfundenen Verhaltensweisen und Handlungsmustern – zum Element des eigenen Selbstbildes werden. Die *soziale Identität* eines Individuums kann als die ‚Summe seiner sozialen Identifikationen', seiner sozialen (Selbst-)Kategorisierungen definiert werden, sie ist

> „that part of the individuals self-concept which derives from their knowledge of their membership of a social group (or groups) together with the value and emotional significance attached to that membership" (Tajfel 1982a: 2).[59]

Soziale Identität wird nicht als statisch angesehen, sondern als dynamisch sowie als situativ bzw. kontextuell gebunden. Die internalisierten sozialen Kategorisierungen besitzen für das Individuum unterschiedliche Wertigkeiten, ihre Relevanz für das Denken und Verhalten des Individuums ändert sich je nach sozialem Kontext: Um beim Thema dieser Arbeit zu bleiben – während bei einem Besuch eines Münchners in Nürnberg die lokale Selbst-Kategorisierung ‚Bayer' oder ‚Münchner' relevant sein kann, ist es in Hamburg vielleicht die des ‚Süddeutschen', in Paris die des ‚Deutschen' und in Peking die des ‚Europäers'. Oder je nach Situation die als ‚Mann', ‚Kunstliebhaber' oder ‚Tourist'. Gleichzeitig beeinflusst die *soziale Identität* ihrerseits die Wahrnehmung (und weitere Kategorisierung) der sozialen Umwelt (vgl. Turner 1982: 21; von Bogdandy 2003: 39). Ist das eigene Selbstkonzept stark bestimmt von einer ganz spezifischen Form der Kategorie ‚männlich' werden sich ‚abweichend' verhaltende Männer möglicherweise als un-männlich kategorisiert oder als Bedrohung des eigenen Selbstbildes abgelehnt. Fühle ich mich der Gruppe der ‚Hutu' zugehörig, so kategorisiere ich unter Umständen alle ‚Tutsi' als fremd und feindlich – und ziehe daraus Verhaltenskonsequenzen. Kurz: Die *soziale Identität* ist „der kognitive und motivationale Mechanismus, der Gruppenverhalten ermöglicht" (Bogdandy von 2003: 49). Das *Selbstkonzept* eines Individuums beinhaltet, folgt man TAJFEL und TURNER, neben dieser *sozialen* auch eine so genannte *personale* Identität. Diese umfasst

> „specific attributes of the individual (…) such as feelings of competence, bodily attributes, ways of relating to others, psychological characteristics, intellectual concerns, personal tastes and so on" (Turner 1982: 18).

Es wird allerdings keineswegs behauptet, dass sich diese beiden Teile bzw. Subsysteme des Selbstkonzepts ‚im Kopf' der Individuen klar trennen lassen, vielmehr handelt es sich um eine sozialpsychologische Konzeptualisierung hypothetischer kognitiver Strukturen zum Zwecke ihrer analytischen Trennung (vgl. Turner

(Chryssochou 1996: 299). Die Identitätstheorien, und dies soll noch gezeigt werden, müssen deshalb durch die *Theorie der sozialen Repräsentationen* ergänzt werden.

59 TAJFEL (1982a: 2-3) konzediert, dies sei eine ‚Arbeitsdefinition', ein „shorthand term".

1982: 18). TURNER betont zudem die Notwendigkeit, zwischen dem Selbst-Konzept als kognitiver Struktur und den Selbst-Bildern[60] zu unterscheiden, die von dieser Struktur je nach Situation oder Thematik der sozialen Interaktion produziert werden. Während die Struktur vergleichsweise stabil und kohärent – obschon „multifaceted" (Turner 1982: 19) – sei und dem Individuum ein Gefühl von Einheit und Kontinuität vermittle, werden die Selbst-Bilder als stärker situationsgebunden konzeptualisiert. Das *Selbstkonzept* und die situativ produzierten *Selbstbilder* beeinflussen, wie Individuen Informationen aus ihrer Umwelt aufnehmen und verarbeiten, und folglich auch das soziale Verhalten (vgl. Turner 1982: 21). Je nach Kontext kann nach dieser Theorie die personale oder die soziale Identität verhaltensrelevant werden. Im Kontakt mit den eigenen Eltern sind andere Selbstbilder relevant als beim Halten einer Vorlesung in der Rolle als Universitätsdozent. Selbstdefinitionen, soziale Kategorisierungen und soziale Identität erhalten spezifische gesellschaftliche Bedeutung meist erst im Prozess des Vergleichens mit ‚Anderen'. Jedes Individuum ist bestrebt, eine möglichst „positive soziale Identität zu besitzen", eine „positive Distinktheit" (Bogdandy von 2003: 40). Deshalb kann der Prozess des sozialen Vergleichs der Ingroup mit relevanten Outgroups, der Selbstdefinition durch Distinktion von ‚Anderen', als grundlegend für die (soziale) Identitätsbildung angesehen werden. Dieser Kernsatz der *Theorie der Sozialen Identität* wird als Erklärung für zahlreiche Phänomene des Intergruppenverhaltens herangezogen. Die affektiven Komponenten der *sozialen Identifikation*, die Konsequenzen für das *Selbstwertgefühl* des Einzelnen, werden besonders betont (vgl. Cinnirella 1996: 253; Sousa 1996: 317).

TURNER hat in seiner ***Theorie der Selbst-Kategorisierungen*** die TAJFELsche *Social Identity Theory* weiterentwickelt. Auch er geht davon aus, dass Individuen soziale Kategorisierungen in ihr jeweiliges Selbstkonzept integrieren. Auch er konzeptualisiert *personale* und *soziale Identität* als situationsabhängig und kontextuell gebunden. Kernpostulat ist, dass Prozesse der Selbst-Kategorisierung *allen* Gruppenprozessen zugrunde lägen (vgl. Cinnirella 1996: 254). Zwischen *personaler* und *sozialer* Identität herrsche, je nach *Kontext*, ein ‚kontinuierlicher Konflikt': Wenn die Distinktheit der *Eigengruppe* in einer konkreten Situation (zum Beispiel als Migrant in einem Land mit unbekannten Verhaltensregeln) als sehr wichtig wahrgenommen werde, werde die Selbstwahrnehmung gleichsam *depersonalisiert*, die *soziale Identität* rücke in den Vordergrund. Zugleich werde üblicherweise *jene* Kategorisierungsmöglichkeit gewählt, die in den jeweiligen Sitation die größte *innere Homogenität* und die größte *‚Differenz' zu anderen Kategorien* aufweise. Zusammengenommen bedeute dies, dass *soziale Identifikation* als der kognitive Mechanismus, der der *Gruppenbildung* zugrunde liege, dazu führe, dass sich das Selbst durch seine „categorization with others" als „equivalent/ interchangeable" mit anderen Mitgliedern der In-Group und „different from equivalent/ interchangeable" (Hopkins/ Reicher 1996: 71) mit jenen ansieht, die als Outgroup wahrgenommen werden (vgl. auch Bogdandy von 2003: 42-49). Sie führt sozusagen zu einer *Selbst-Stereotypisierung* als Kategorienbestandteil und zur Stereotypisierung

60 „[S]elf-concept as subjectively experienced at any given moment" (Turner 1982: 18-19).

der ‚Anderen' als nicht derselben Kategorie angehörig[61]. Diese Fremdzuschreibungen gehen, da Teil der in einer Gesellschaft relevanten Kategorisierungen, natürlich auf die eine oder andere Weise in die Selbst-Definitionen der Outgroup-Mitglieder ein. Was die Prozesse der Formung sozialer Kategorien betrifft, bleibt jedoch auch TURNER vage. Er betont zwar den Einfluss von Variablen wie empfundener Ähnlichkeit und Nähe, die Bedeutung eines als gemeinschaftlich wahrgenommenem Schicksals und ebensolcher Bedrohungen als „cognitive criteria for the segmentation of the social world into (...) social categories" (Chryssochou 1996: 300) und hebt zudem den möglichen Einfluss *signifikanter Anderer* auf die Selbst-Kategorisierung hervor, definiert diese Prozesse jedoch nicht genauer.

Durch TAJFEL und TURNER wurde der Identitätsbegriff zu einem Schlüsselkonzept der Sozialpsychologie, ihre theoretischen Postulate und Konzeptualisierungen prägten das sozialpsychologische Identitätsverständnis disziplinübergreifend. Zusammengenommen können beide Theorien als führendes sozialpsychologisches Paradigma zur Analyse von Gruppenprozessen angesprochen werden (vgl. Cinnirella 1996: 254). Viele empirische Studien zur Identitätsthematik und zu Fragen der Gruppenbildung und des Gruppenverhaltens werden bis heute auf Basis der *Social Identity Theory* (SIT) und der *Theorie der Selbst-Kategorisierungen* (SCT) durchgeführt. Unter anderem in Anschluss an ihre Arbeiten wird *Identität* heute fast immer als dynamisch, relational, vergleichend und veränderlich konzeptualisiert. Die empirischen Arbeiten im Rahmen der SIT/ SCT haben Argumente gegen eine zu stark individualistisch ausgerichtete Sozialpsychologie geliefert. Allerdings beschränken sich *beide* Theorien bei der Analyse sozialer Identitäten auf die *individuelle* Ebene (vgl. Bogdandy von 2003: 47). Ihr Erkenntnisinteresse richtet sich auf allgemeine Prozesse, zwischen verschiedenen ‚Maßstabsebenen' von Gruppen wird nicht unterschieden[62]. Die zur Selbst-Kategorisierung zur Verfügung stehenden gesellschaftlich konstruierten Kategorien und Klassifikationen werden gleichsam als gegeben vorausgesetzt, der Prozess ihrer (sozialen) Konstruktion wird ausgeblendet oder nur vage konzeptualisiert (vgl. Chryssochou 1996: 299). Doch wie lässt er sich (er-)fassen?

Individuelle Identität und sozialer Kontext

Neuere sozialpsychologische theoretische Konzeptualisierungen von *Identität* wie BREAKWELLS ***Identity Process Theory* (IPT)** suchen die Unterspezifizierung der Genese der sozialen Kategorien durch konsequente Einbeziehung kontextueller Parameter in die sozialpsychologische Theoriebildung zu beheben. Sozialpsychologische Erklärungsansätze von Identitätsbildung und Identitätswandel im Kontext einer weitergehenden Konzeptionalisierung sozialen Wandels müssten den „socio-historical context" ebenso einbeziehen wie den „physical-environmental context" und die in diesem Zusammenhang relevanten „ideological and social representational structures", die „institutional and interpersonal affordances for ac-

61 Für eine weiterführende Diskussion und Literaturhinweise siehe HOPKINS/REICHER (1996).

62 CINNIRELLA (1996: 254) betont: „ [I]n terms of both social identification and self-categorisation, all groups are taken as essentially equivalent".

tion and influence" ebenso wie „cognitive, conative and oretic processes at the level of the individual" (Breakwell 1996: 15). Sie sollten *intrapsychische* und *soziopolitische* Prozesse zueinander in Beziehung setzen und aufzeigen, in welcher Weise beide Identitätsprozesse beeinflussen. Im Mittelpunkt des Erkenntnisinteresses steht für die *Identity Process Theory* die Frage, wie und warum sich *Identitäten* ändern, wobei sie sich sowohl für die Prozesse interessiert, die *individuelle Identitäten* beeinflussen, als auch für die (Re-)Produktions- und Transformationsprozesse der *sozialen Kategorien* selbst (vgl. Breakwell 1986: 11; 2004: 28). Dabei räumt BREAKWELL (1986: 11) ein, dass ihr Modell nicht neu sei („it comprises ideas scavenged from various traditions of thought"). Ihr primäres Ziel ist es nicht, eine weitere Rekonzeptualisierung von Identität vorzulegen, sondern die systematische Untersuchung der dynamischen Strukturen und Prozesse des Selbst-Konzepts im je spezifischen sozialen Kontext zu ermöglichen und den Zusammenhang zwischen *Identität* und *Handeln* in den Blick zu nehmen (vgl. Breakwell 1986: 11ff.). Sie definiert *Identität* über die *Beschreibung* ihrer *strukturellen* Komponenten und wichtigsten *Prozesse:*

> „[I]dentity is regarded as both *a cognitive system processing information* and a *cognitive product of that system.* (...) The self as a cognitive information-processing system is the product of the capabilities intrinsic to the *biological system* and influences embedded in *social structure.* The self as a cognitive product is constructed by the *information-processing system* in collaboration with inputs provided by the *social context*" (Breakwell 1986: 188; Hervorhebungen durch Verfasserin).

Die übergeordnete „structure of identity" wird in der IPT konzeptualisiert als

> „*dynamic* social product of the interaction of the capacities for memory, consciousness, and organized construal that are characteristic of the *biological organism* with the *physical and societal structures* and *influence processes* that constitute the *social context.* The identity resides in *psychological processes* but is manifested through *thought, action,* and *affect*" (Breakwell 2004: 28; Hervorhebungen durch Verfasserin).

BREAKWELL beschreibt zum einen *strukturelle* Komponenten. Der individuelle *biologische Organismus* stellt in ihrem Modell eine wichtige Komponente dar, er bildet das „basic material" von „identity structures":

> „the parameters of the biological organism, its physiological capacity, set the ultimate constraints upon the development of identity and provide the capacities necessary for the operation of identity processes. (...) it provides the means for information processing. It also has a form which has an appended social significance" (Breakwell 1986: 11-12).

Selbst-Bewusstsein sieht sie als universal-menschlich an, wenn auch die spezifische Ausprägung dieses Bewusstseins bei einzelnen Individuen und in verschiedenen Kulturen variieren könne. BREAKWELL fasst die *Struktur* individueller Identität über eine *Inhalts-* und eine *Werte*dimension. Die *Inhaltsdimension* umfasst jene Charakteristika, die ein Individuum einzigartig machen – und zwar jene, die von SIT/SCT der *sozialen Identität* zugeordnet wurden, wie Gruppenmitgliedschaften, Rollen, „social category labels" (Breakwell 2004: 28), ebenso wie jene, die traditionell als Teil der *personalen Identität* angesehen wurden, zum Beispiel Werte, Einstellungen, kognitive Stile. Damit gibt die IPT auf der Ebene der *individuellen* Identitäten die Unterscheidung zwischen *sozialer* und *personaler* Identität auf:

„Seen across the biography social identity is seen to become personal identity: the dichotomy is purely a temporal artefact" (Breakwell 2004: 28). Die *Identitätselemente* können je nach ihrer (wandelbaren) Zentralität für das Selbstkonzept, nach ihrer (dynamischen) Stellung in der Hierarchie der Gesamtheit der Identitätselemente und ihrer (je kontextuell gebundenen) relativen Salienz bzw. Relevanz beschrieben werden. Jedem der Charakteristika ist ein positiver oder negativer Wert eigen, wobei auch die *Wertedimension* einem steten Wandel unterliegt (vgl. Breakwell 2004: 29). Damit wird der *zeitliche Rahmen* relevant, in dem das Individuum und seine Identitätsentwicklung verortet werden können, wobei BREAKWELL insbesondere Formen re-konstruierter Vergangenheit und Zukunft einbezieht, die sie als Teil der sozialen Matrix ansieht, die individuelle Identitätsstrukturen- und prozesse kontextualisiert. Die – als dynamische aber holistische Struktur angesehene – *Individualidentität* entsteht und wandelt sich unter dem Einfluss der psychologischen *Prozesse*, die der Theorie ihren Namen gegeben haben: BREAKWELL unterscheidet *Akkomodation, Assimilation* und *Evaluation*. Während Assimilation die Aufnahme neuer Identitätselemente in die bestehende Identitätsstruktur meint (und dabei ihre Anpassung an diese), bezeichnet Akkomodation die Anpassungsleistung der Identitätsstruktur, um neue Elemente zu integrieren. Wie dieser Prozess in Einzelfall abläuft, wird von den so genannten *Identitätsprinzipien* gesteuert. Über die *Evaluation* wird alten und neuen *Identitätselementen* stets aufs Neue Bedeutung und Wert zugemessen (vgl. für den gesamten Abschnitt Breakwell 2004: 22ff und 29ff.). Diese grundlegenden Prozesse und Strukturen von Identität werden als universell geltend angenommen[63]. Zugleich sind ihre *spezifischen Inhalte*, die *Identitätselemente* in ihrer Verknüpfung und Relevanz, dynamisch und sozial kontingent. Die *Identitätsprinzipien*, die sozusagen das ‚erstrebenswerte Endprodukt' der Identitätsbildung festlegen und deshalb die Identitätsprozesse anleiten, werden als historisch und kulturell gebunden angesehen: Was eine Gesellschaft als positives Ich ansieht, ob dies überhaupt als ‚Ich' konzeptualisiert wird, ist in verschiedenen Kulturen durchaus unterschiedlich und ändert sich im Laufe der Mentalitäts-Geschichte. In westlich-industrialisierten Kulturen postuliert BREAKWELL (2004: 29) – auf der Basis empirischer Studien – *Kontinuität, Distinktivität, Selbstwertgefühl/ Selbstachtung* und *Selbstvertrauen/ Selbstwirksamkeit*[64] als Prinzipien der Identitätsbildung. Welche Prinzipien im Einzelfall (besonders) salient sind, ist wiederum situations- bzw. kontextabhängig. Die *Inhaltsdimension* der Identität wird an den *sozialen Kontext* gekoppelt. Dieser umfasst ebenfalls eine *strukturelle Dimension* (interpersonale Netzwerke, ‚Mitgliedschaften' in Gruppen und sozialen Kategorien, Intergruppen-Beziehungen) und eine *prozessuale Dimension*. Letztere umfasst *soziale Einflussprozesse* (wie zum Beispiel Erziehung und Bildung, Rhetorik, Propaganda, Persuasion), die Werte- und Glaubenssysteme erst etablieren. Diese Dimensionen werden in *sozialen Repräsentationen*,

63 „[T]here is only the slenderest possibility that the structure and processes postulated might be historically specific. Both are content-free" (Breakwell 1986: 182)

64 „Self-esteem refers to the desire to be evaluated positively. Continuity refers to a person´s desire to give a consistent account of their self-conception over time. Distinctiveness refers to a person´s desire to be unique. Self-efficacy refers to the strive to be competent" (Lyons 1996: 35).

Normen und *Attributionen* fassbar. Es muss allerdings hervorgehoben werden, dass die IPT den Zusammenhang zwischen sozialem Kontext und individueller Identität keineswegs deterministisch konzeptualisiert. Vielmehr wird das Individuum – im Rahmen der sozial vorgegebenen Möglichkeiten – durchaus als ‚Akteur' der eigenen Identitätsbildung angesehen (vgl. Breakwell 2004: 30):

> „There are contradictions and conflicts within the ideological milieu, generated by intergroup power struggles, which permit the individual some freedom of choice (...). (...), the limitations of the cognitive system itself impose some constraints upon identity development. Changes in identity are therefore normally purposive. The person has agency in creating identity" (Breakwell 1986: 192)[65].

Für die vorliegende Arbeit besonders relevant ist die Betonung möglicher *Einflussnahmen* – zum Beispiel durch die Medien oder das Bildungssystem:

> „The way the categorization and its implications as an identity element are represented by key agents of social influence will shape the way individuals adopt it as part of their identity" (Breakwell 2004: 30).

Identität und *Handeln* werden in enger, dialektischer Wechselwirkung gesehen: Letztlich könne auf die Identität eines ‚Anderen' in Alltagswelt wie Wissenschaft nur über Handlungen zugegriffen werden, „whether verbal or not" (Breakwell 1986: 43). Identität *drücke* sich in Handlungen *aus*, *motiviere* zu ihnen, spiele eine wichtige Rolle in der jeweiligen *Interpretation* des sozialen Kontextes. BREAKWELL (1996: 43ff.) geht davon aus, dass die Inhalts- und Wertekomponenten der *Identitätsstruktur* spezifizieren können, was je als *angemessenes Handeln* angesehen wird, und dass die prinzipiengeleiteten *Identitätsprozesse* Handlungen *beeinflussen* können. Sie sieht Identität jedoch keinesfalls als *handlungsdeterminierend* an, vielmehr sei sie selbst das Produkt sozialer Interaktion.

LYONS hat zusammen mit anderen ForscherInnen BREAKWELLs Ansatz erweitert, um auch *kollektive Identitäten*[66] konzeptualisieren zu können. Sie geht von der Grundannahme aus, dass Gruppen *kollektive Identitäten* ‚besitzen', die über die Summe der Identitäten ihrer individuellen Mitglieder hinausgehen, aber in ähnlicher Weise wie individuelle Identitäten verstanden werden können[67]. *Gruppenidentität* wird definiert als

> „the identity content and processes that the members ascribe to a group which do not necessarily reflect their individual identities (...)" (Lyons 1996: 33).

Und, parallel zu BREAKWELLs Definition individueller Identität, als

> „the outcome of the interaction between the capabilities, limitations and identities of its individual members, the structure of the group including the network of social and power relationships it entails, and its position in relation to other groups" (Lyons 1996: 34).

65 „Perception of social pressures and adaptation to them is selective, and it is an active process. (...)" (Breakwell 1986: 17).

66 Innerhalb dieses Ansatzes werden die Begriffe *Gruppenidentität/ kollektive Identität* synonym verwendet (vgl. Lyons 1996: 33).

67 Die Existenz des Phänomens der *kollektiven* Identität ist innerhalb der Sozialpsychologie keineswegs unumstritten. Zur diesbezüglichen Diskussion siehe WALKENHORST (1999: 30).

Die Inhalts- und Wertedimensionen der Gruppenidentität sind als ebenso dynamisch und kontextuell gebunden anzusehen, wie die der Identitäten ihrer einzelnen Mitglieder. Im Falle der *kollektiven Identität* umfasst die *Inhaltsdimension* die Vorstellungen der Gruppenmitglieder

> „about what the group stood for, the social representations held by the group as a whole, styles of operating as a group and so on" (Lyons 1996: 34).

Die *Wertedimension* wird durch die Vorstellungen der Gruppenmitglieder darüber umrissen, welchen Wert die Gruppe als Ganzes einzelnen Identitätselementen beimesse. Die Identitätsprinzipien sind dieselben wie auf der Individualebene, ergänzt durch das Prinzip der *Ingroup-Kohäsion*, doch die Prozesse der Aneignung und Bewertung neuer Identitätselemente sind auf kollektiver Ebene eher als *Verhandlungsprozesse* zwischen den einzelnen Mitgliedern unter Einbeziehung des Einflusses von Institutionen (Medien, Schule etc.) anzusehen[68]. *Kollektive Identität(en)* entstehen dann, wenn mehrere Individuen – die sich auf diese Weise als Kollektiv, als Gruppe erst konstituieren – zur Verortung und Orientierung im ‚sozialen Raum' auf gemeinsame Kategorisierungen zurückgreifen. *Gruppen*, als *soziale Kategorien* auf die zur Identifikation zurückgegriffen werden kann, existieren nicht als *konkrete Entitäten*, sie sind

> „abstract entities (...) reconstruction[s] from the contents of memory. The group cannot have meaning except by its incarnation in real or imaginery people or personages or situations" (Chryssochou 1996: 301)[69].

Besonders hervorzuheben sind die ‚zeitliche Dimension' und die ‚Raumdimension' *kollektiver Identitäten*: Traditionen und Erinnerungen werden ebenso wie territoriale Bezüge (re-)konstruiert und (re-)aktiviert und dienen so als Ausgangspunkt von Eigen- und Fremdkategorisierungen (vgl. u.a. Lyons 1996: passim; Bogdandy von 2003: 31) (siehe 2.5).

Grundlage der Konstituierung von *individueller* wie *Gruppenidentität* sind *Kommunikationsprozesse* zwischen sozialen Akteuren. Die soziale Kommunikation ist der Ort der Konstruktion jener *sozialen Kategorien* und *Repräsentationen*, die den Identitätsbildungsprozessen zugrunde liegen. Die Identitäten selbst entstehen jedoch in psychologischen Prozessen, in den ‚Köpfen' der individuellen Akteure. Es soll ZAVALLONI und anderen Sozialpsychologen gefolgt werden, die davon ausgehen, dass eine Abkehr vom *Subjekt* in der Psychologie nicht sinnvoll ist. Dies ist durchaus vereinbar mit der Annahme eines *sozialen Konstruktivismus*, mit diskurs-orientierten Methoden zur Rekonstruktion der Kategorienkonstruktion in der sozialen Interaktion. *Identitäten* wie auch *Wissen* und *soziale Repräsentationen* mögen im sozialen Austausch konstruiert werden, aber:

> „It is extraordinary to propose that there are no minds at work doing the social interchange" (Zavalloni 1996: 96).

68 Für weiterführende Verweise und empirische Beispiele vgl. LYONS (1996) und DEVINE-WRIGHT/ LYONS (1997).

69 CHRYSSOCHOU (1996) spricht von *Selbstbild-Prototypen.*

Zwar wurde auch in der Sozialpsychologie von einigen Forschern[70] der *Tod des Selbst* postuliert. Diese Konzeptualisierung ist jedoch mit den Vorstellungen der *Identity Process Theory* inkompatibel. Die Grundfrage, bei deren Beantwortung die Sozialpsychologie auf einen Austausch mit anderen Sozialwissenschaften wie Soziologie, Anthropologie, Politikwissenschaft, Sprachwissenschaft und Geographie angewiesen ist, lautet: „How do social categories form?“ (Chryssochou 1996: 298). Wie entsteht das, was je nach Autor als *Selbstbild-Prototyp* oder *potentielles Identitätselement* gefasst werden kann? Wie lässt sich der *soziale Kontext* konzeptuell erfassen? BREAKWELL, SILVANA DE ROSA und VON BOGDANDY[71] sehen die Anwort auf diese Fragen in der Verbindung der Identitätstheorien mit der von MOSCOVICI entwickelten *Theorie der sozialen Repräsentationen.*

2.3 Das Konzept der sozialen Repräsentation

Wie weisen Individuen und Gemeinschaften der sozialen und materiellen Welt, die sie umgibt, Bedeutung zu? Wie entsteht der Bezugsrahmen ihrer Selbst-Kategorisierungen und Klassifikationen des Wahrgenommenen? Auf welche Weise (re-)produzieren Individuen und Gruppen Wissen, geben es weiter, transformieren es? Wie lässt sich die soziale Konstruktion des Wissens theoretisch konzeptualisieren und methodisch erfassen? Wie gelangen soziale Gruppen zu ihren ‚Modellen der Wirklichkeit‘, zu den *Repräsentationen,* mit deren Hilfe sie die Wirklichkeit deuten, die das individuelle und kollektive Verhalten lenken? Sich den Antworten auf diese Fragen zumindest anzunähern, ist Ziel der *Theorie der sozialen Repräsentationen* von Serge MOSCOVICI. MOSCOVICIs Konzept versteht sich als der Versuch einer *Sozialpsychologie des Wissens* (vgl. Duveen 2002: 1), bezieht den lokalen, sozialen, kulturellen und historischen Kontext ein, in dem Wissen entsteht und Verwendung findet. Wissen, so wird postuliert, Klassifikationsschemata, soziale Repräsentationen entstehen in der sozialen (diskursiven) Interaktion, in der interpersonalen Kommunikation (vgl. Duveen 2002: 2). Das Konzept der *sozialen Repräsentationen* ist komplex und wurde seit den ersten einschlägigen Veröffentlichungen in den 1950/60er Jahren von zahlreichen Forschern weiterentwickelt. Eine umfassende Diskussion der Theorie ist an dieser Stelle nicht möglich, im Folgenden kann sie nur in Umrissen vorgestellt werden[72]. Wie werden *soziale Repräsentationen* definiert? Welche sozialen und kognitiven Prozesse liegen ihrer Genese zugrunde? Welche Funktionen können ihnen zugewiesen werden? Welche Formen können sie annehmen?

70 Vergleiche u.a. GERGEN (1990) und ZAVALLONI (1996: 96).

71 Zur vertieften Diskussion siehe BREAKWELL (1996), CHRYSSOCHOU (1996), SILVANA DE ROSA (1996) und BOGDANDY VON (2002; 2003).

72 Verwiesen sei in diesem Zusammenhang auf eine Einführung im Kontext der Identitätenthematik bei BOGDANDY VON (2003), zur kritischen Diskussion auf den Sammelband von FLICK ((Hrsg.) 1995), für weitere Literaturhinweise auf SILVANA DE ROSA (1996: 382) und auf MOSCOVICIs eigene Veröffentlichungen, vor allem auf den Aufsätze aus mehreren Jahrzehnten versammelnden Sammelband von 2001 (Moscovici 2001).

MOSCOVICI entwickelte das Konzept der *sozialen Repräsentation* im Kontext einer Untersuchung zur Rezeption (und sozialen Diffusion) wissenschaftlichen Wissens – genauer: der Psychoanalyse – im Frankreich der 1950er Jahre[73]. Ausgangspunkt war der von DURKHEIM Ende des 19. Jahrhunderts geprägte Begriff der *kollektiven Repräsentation* – definiert als „stable forms of collective understanding with the power of constraint which can serve to integrate society as a whole" (Duveen 2002: 7). Kollektive Repräsentationen – Beispiele sind Religionen, Traditionen oder Mythen – wurden allerdings überwiegend als erklärende Variable für gesellschaftliche Stabilität und Homogenität konzipiert (vgl. Flick 1995b: 64-65; Duveen 2001: 7). MOSCOVICI (2001:30) hingegen betont, obwohl er den DURKHEIMschen Kerngedanken der kollektiv erschaffenen und sozial geteilten Vorstellungen beibehält, den dynamischen Charakter *sozialer* Repräsentationen, die Transformation der sozialen Wissensbestände in der Interaktion, in verschiedenen sozialen Kontexten. *Soziale Repräsentationen* sind die kollektiven Weltbilder und Alltagstheorien, die Erklärungskonzepte und Wirklichkeitsmodelle moderner, pluralistischer Gesellschaften: MOSCOVICIs Ziel ist es, sie in ihrer Variationsbreite und Diversität zu untersuchen (vgl. Duveen 2001: 7-8). Er interessiert sich für Repräsentationen nicht (nur) als erklärende Variable, sondern für ihre Struktur, ihre Wirkungsmechanismen, ihre Inhalte und deren Transformationen. Er definiert *soziale Repräsentationen* wie folgt:

> „In ihrer exakten Lesart entspricht die soziale Repräsentation einem bestimmten *wiederkehrenden* und umfassenden *Modell* von Bildern, Glaubensinhalten und symbolischen Verhaltensweisen. Unter dem *statischen* Blickwinkel betrachtet, gleichen die Repräsentationen den *Theorien*, die eine bestimmte Menge von Aussagen zu einem Thema (...) ordnen und die Dinge und Personen, deren Eigenschaften, Verhaltensweisen und dergleichen mehr zu beschreiben und zu erklären erlauben. (...)Unter dem *dynamischen* Blickwinkel treten uns die sozialen Repräsentationen als *‚Netzwerke‘ lose miteinander verbundener Begriffe, Metaphern und Bilder entgegen* (...). Man kann sich des Eindrucks nicht erwehren, dass wir ganze *Enzyklopädien von Begriffen, Metaphern und Bildern*, die sich um bestimmte Glaubenskerne herum organisieren, in unseren Köpfen herumtragen" (Moscovici 1995: 310-311; Hervorhebungen durch Verfasserin).

Diese ‚Interpretationsschemata‘ können nicht nur als *kognitive Modelle* aufgefasst werden. Sie stellen *sozial konstruierte Wissensbestände* dar, die in der Kommunikation, in ihrer *‚Zirkulation im Diskurs‘* re-produziert werden. Soziale Repräsentationen sind ‚dynamische sozio-kognitive Konstrukte‘, geteilte, in der sozialen Interaktion generierte ‚Realitätskonstruktionen‘ (vgl. Cinnirella 1996: 256; Silvana de Rosa 1996: 381; Moscovici 2001: 156). Sie ‚emanzipieren‘ sich aber, zumindest in der Wahrnehmung ihrer (Re-)Produzenten, von ihrer Konstruiertheit und konventionellen Natur, erscheinen als bleibend und unveränderbar – als Common Sense (vgl. Moscovici 2001: 27). Sie bilden die *Grundlage* sozialer Interaktion und der *Orientierung* des Einzelnen und der Gruppe in der ‚Welt‘ (vgl. Flick 1995b: 66). Kategorisierung und Klassifikation, die Einteilung der sozialen und materiel-

73 Zu diesem und anderen Beispielen der empirischen Umsetzung siehe FLICK (1995a: 15-16), MOSCOVICI (2001: 65-69) sowie BREAKWELL/ CANTER ((Hrsg.) 1993). Zur disziplinhistorischen Einordnung siehe FLICK (1995a: 9-12).

len Welt in klar voneinander abgrenzbare Teilbereiche, gehören zum Kern dessen, was *soziale Repräsentationen* leisten (vgl. Moscovici 2001: 43).

Das Konzept der *sozialen Repräsentationen* lässt sich als Entwurf einer *soziologischen Sozialpsychologie* verstehen, die davon ausgeht, dass die „individuellen kognitiven Prozesse“ im Rahmen „der sozialen Kollokation der Individuen“ und ihres „interaktiven Kontext[es]“ verortet und als „gesellschaftlich geprägt“ (Bogdandy von 2003: 59) angesehen werden müssen[74]. Soziale Repräsentationen stellen demnach einen *strukturierten mentalen Inhalt* in Bezug auf bestimmte Objekte der sozialen und materiellen Welt dar, der, mit mehr oder minder großen Abweichungen, von den Mitgliedern einer Gemeinschaft *geteilt* wird (vgl. auch Emler/ Ohana 1993: 85)[75]. Die *Struktur* der sozialen Repräsentationen wird bei MOSCOVICI über die Begriffe *Information*, *Einstellung* und *Feld* der *Repräsentation* fassbar gemacht. *Information* bedeutet dabei die „Summe der über ein soziales Objekt verfügbaren Erkenntnisse“, Einstellung die *Bewertung* des Gegenstands der Repräsentation und *Feld* bezieht sich auf die „strukturierte Gesamtheit der kognitiven, wertenden und Einstellungselemente, die ein Individuum oder eine Gruppe benutzt, um das Objekt der Repräsentation zu definieren“ (Bogdandy von 2003: 64): Welche Thematik steht im Mittelpunkt, wie zentral oder peripher sind bestimmte Wissenselemente verortet? MOSCOVICI (2001: 50) geht davon aus, dass sich *soziale Repräsentationen* um einen zentralen, wenig veränderlichen, oft bildhaften Kern der Repräsentation, den ‚figurativen Kern‘ organisieren, wobei die peripheren Elemente stärkeren Veränderungen situationeller, kontextueller und individueller Natur unterworfen sind. Ihre Genese und Transformation konzeptualisiert er durch die zentralen Prozesse der *Verankerung* und *Objektifikation*. Dabei werden ungewohnte Wahrnehmungen auf bekannte Kategorien und Erklärungsmuster reduziert und in die bereits vorhandenen sozialen Wissensbestände integriert und abstrakte Ideen und Konzepte konkretisiert (vgl. u.a. Flick 1995a: 14-15; Bogdandy von 2003: 64-65). MOSCOVICI (2001: 49) postuliert eine dem Menschen inhärente Tendenz, Abstraktes in Konkretes kognitiv gleichsam zu übersetzen, uns sozusagen ‚ein Bild zu machen‘ – eine Tendenz zur *Objektifikation*. Dieser Prozess inkludiert eine Reduktion der Komplexität, eine Selektion ‚eingängiger‘ Elemente und Ausblendung anderer. Auf diese Weise entsteht der ‚figurative‘ Kern der *sozialen Repräsentation*, definierbar als „a complex of images that visibly reproduces a complex of ideas“ (Moscovici 2001: 50). MOSCOVICI zeigt dies am Beispiel der Psychoanalyse Freudscher Prägung, bei der in der populären Repräsentation ein dem Unbewussten (dem Es) räumlich ‚übergeordnetes‘ Bewusstsein (Ich) imaginiert wird – an dieses Bild lassen sich unter anderem die Konzepte der Verdrängung und der ‚unterdrückten‘ Emotionen bildhaft anschließen. Das psychoanalytische Konzept der Libido allerdings blieb – zumindest in den 1950er

74 „[S]ocial representations are not mental creations that have social effects; they are social creations, constructed via mental processes, that acquire reality“ (Moscovici, nach Bogdandy von 2003: 60).

75 „The theory of social representations is (...) basically a general theory about the metasystem of social regulations intervening in the system of cognitive functioning“ (Doise 1993: 157). Das Konzept bezeichnet aber auch den „Prozess der Schaffung, Verarbeitung, Verbreitung und Veränderung von gemeinsamem Wissen im täglichen Diskurs“ (Bogdandy von 2003: 63).

Jahren – als soziales Tabu in der Repräsentation noch abstrakt, ausgeblendet. Konkretion kann aber auch Personifikation bedeuten: Wir personifizieren Gefühle, soziale Gruppen, Nationen und Kulturen, weisen Abstrakta damit Akteurscharakter und eine physische Existenz zu (vgl. Moscovici 2001: 50-51). *Verankerung* bezeichnet den Prozess, in dessen Rahmen wir Unbekanntem einen Namen geben und es in die uns geläufigen Kategorien und Taxonomien einordnen. Mit dieser *Kategorisierung* verbunden sind Vorstellungen darüber, auf welche Weise sich etwas oder jemand ‚zu verhalten hat', Erwartungshaltungen. Der Kategorie werden Charakteristika zugeschrieben und dem Wahrgenommenen Bedeutung zugewiesen. Sie gleicht einem ‚Modell' oder ‚Prototypen', einer Art „photo-kit" im Sinne eines „text-case", der eine idealisierende Verdichtung der wichtigsten Merkmale, aber auch eine „iconic matrix" (Moscovici 2001: 43) leicht zu identifizierender Merkmale darstellt. Die Kategorien, auf die Individuen und Gruppen zurückgreifen, sind in den bereits früher entwickelten *sozialen Repräsentationen* inkludiert, in kollektiven Vorstellungen, die sich aus jahrhundertealten Traditionen ebenso speisen können wie aus der Popularisierung zeitgenössischer wissenschaftlicher Repräsentationen (vgl. Moscovici 2001: 24). Es gibt kein Denken, keine Wahrnehmung „without anchor" (Moscovici 2001: 48). Soziale Repräsentationen schaffen Orientierung in einer hochkomplexen und oft schwer durchschaubaren sozialen und materiellen ‚Welt'. Die verankerten, objektifizierten Wissensbestände sind Basis alltäglicher Erklärungsmuster, der Kausalitäten, die wir unterstellen und der Zusammenhänge, die wir herstellen. Sie dienen sozialer Integration ebenso wie sozialer Differenzierung. Dabei ist es gerade die Tatsache, dass wir uns selten bewusst machen, dass unsere ‚Realität' sozial konstruiert ist, die ihnen ihre Wirkmächtigkeit verleiht (vgl. Moscovici 2001: 54-55).

Soziale Repräsentationen lassen sich, so das Zwischenfazit, verstehen als komplexe ‚wiederkehrende' Netzwerke von (sozial geteilten) Konzepten im Sinne von Welt-Modellen, die sich auf Objekte der sozialen und materiellen Welt ‚beziehen' bzw. diese kognitiv-diskursiv konstitutieren. Für das Individuum wie die Gruppe haben *Prozesse der sozialen Repräsentation* die Aufgabe, Fremdes in Vertrautes zu verwandeln, Orientierung zu schaffen und jenen Bezugsrahmen zu liefern, in dessen Kontext wir die ‚Welt' interpretieren und uns ihr gegenüber verhalten. Sie ‚konventionalisieren' die Objekte, Personen und Ereignisse, denen wir begegnen, ohne festzulegen, in welcher *Form* dies geschieht. Die Formen jedoch sind es, die *präskriptiv* wirken, unser Wahrnehmen und Denken lenken:

> „the weight of their history, custom and cumulative content confronts us with all the resistance of a material object" (Moscovici 2001: 26).

Durch ihren sozialen Charakter ermöglichen sie die Interaktion innerhalb einer Gemeinschaft, indem sie eine gemeinsame Realität schaffen, ein geteiltes Interpretationssystem bzw. Modell der ‚Realität': Sie stellen eine „Unterlage an Bildern und Bedeutungen" zur Verfügung, „die für das gesellschaftliche Funktionieren unbedingt nötig" (Oyserman/ Markus 1995: 143) ist. Zugleich sind sie in Gruppenprozessen auch ‚rhetorisch' instrumentalisierbar (vgl. Breakwell 1993: 182).

2.4 Identitäten und soziale Repräsentationen

Kategorisierungen und Klassifikationen und die damit verbundenen Interpretations- und Bewertungsschemata für soziales Handeln, Andere und das Selbst stehen im Mittelpunkt sowohl der sozialpsychologischen *Identitätstheorien* als auch der *Theorie der sozialen Repräsentationen*. Bei der Konstituierung jeglicher Identität greifen Individuen und Gruppen auf die ihnen zur Verfügung stehenden sozialen Repräsentationen zurück, um sich selbst/ die eigene Gruppe und andere Personen/ Gruppen einzuordnen und zu bewerten (vgl. Cinnirella 1996: 261):

> „Soziale Repräsentationen stellen die Form und die Sprache für die Frage bereit: „Wer bin ich? Oder ‚Wer sind wir?' und strukturieren damit die Beschaffenheit der ‚richtigen' Antwort" (Bogdandy von 2003: 51).

Nicht nur ist bereits die Art, wie wir unser ‚Selbst' überhaupt denken und definieren, eine *soziale Repräsentation*. Die Identitätsprinzipien (siehe 2.2), die steuern, welche Identitätselemente als erstrebenswert angesehen werden, sind auch deshalb kulturspezifisch, weil das Selbstsein an sich eine kontingente Vorstellung darstellt[76]. Soziale Repräsentationen spielen eine „kritische Rolle" im „Prozeß des Entwerfens, Entwickelns und Aufrechterhaltens eines Selbstverständnisses", sie bilden „die Grundbausteine, aus denen das Selbstverständnis aufgebaut wird" (Oyserman/ Markus 1995: 141). Aus diesem Grund können durch die Integration der *Identity Process Theory* und der *Social Representations Theory* Prozesse der Identitätsbildung auf individueller wie kollektiver Ebene besser konzeptualisiert werden[77]. Erstere entwirft ein Modell der *kognitiven Strukturen* und *Prozesse*, die der Konstitution von *Identität* und der *kognitiven Konstruktion von Gruppen* zugrunde liegen. Zugleich sucht sie, die *soziale Matrix* zu umreissen, in deren Kontext die intrapsychischen Prozesse ablaufen (vgl. Breakwell 1993: 186). Über die Theorie der *sozialen Repräsentationen* lässt sich der *soziale Kontext* der Identitätsbildung in den Blick nehmen (vgl. Silvana de Rosa 1996: 383; Breakwell 1993:186). *Gruppen* und ‚ihre' *Repräsentationen* stehen in dialektischen Wechselbeziehungen. Gruppendynamische Prozesse beeinflussen die Produktion, Diffusion und Funktion sozialer Repräsentationen, ihre Salienz, ihre Inhalte und die Beziehungen zwischen verschiedenen sozialen Repräsentationen. Zugleich werden ‚Gruppenprozesse' durch soziale Repräsentationen kontextualisiert, motiviert und legitimiert (vgl. Silvana de Rosa 1996: 383). Dies lässt sich auf unterschiedlichsten Maßstabsebenen nachvollziehen: So werden sich unter Mitgliedern der Berufsgruppe der ‚LehrerInnen' bestimmte Bilder von SchülerInnen, Eltern, der eigenen Aufgabe etc. entwickelt haben, die die eigene Berufsidentität entscheidend prägen. Diese werden an Referendare weitergegeben. Sie gehen zum Teil sicher auch mit

76 Siehe Oyserman/ Markus` (1995: 143) Aufsatz über das Selbst als soziale Repräsentation.

77 Breakwell (1993: 182) schreibt: „Social-identity theory and the theory of social representations could be linked to create a more powerful explanatory model of action (...)": durch ihre Verbindung könne besser beschrieben werden, wie Identitätsprozesse die soziale Konstruktion von „what passes for reality" beeinflussen, warum soziale Repräsentionen spezifische Formen annehmen und zur Gruppenkonstruktion instrumentalisiert werden können.

den Alltagsvorstellungen anderer sozialer Gruppenzuordnungen (‚Alt-Achtundsechziger', ‚Akademiker') Verbindungen ein oder liegen mit diesen im Konflikt. Sie erleichtern die Bewältigung des Arbeitsalltages, verstellen aber zu Zeiten den Blick auf den einzelnen Schüler oder die spezielle Situation. Auf soziale Großgruppen bezogen: Identifiziert man sich mit einer – wie auch immer genau zu bestimmenden – westlich-abendländischen Kultur, so beeinflusst dies nicht nur die Bewertung der Handlungen der eigenen Regierung, die Interpretation der Geschichte ‚des Westens' und das Bild, das man sich etwa von ‚muslimischen Migranten' aufbaut. Die gefühlte Gruppenzugehörigkeit dient auch als Legitimation negativ bewertender Repräsentationen, motiviert die Einordnung der kopftuchtragenden Anderen als ‚muslimische Migrantin' möglicherweise erst, wo man das Gegenüber sonst vielleicht als Mutter oder Kundin wahrgenommen und kategorisiert hätte. Soziale Gruppen bilden, kurz gesagt, den Kontext, in dem *soziale Repräsentationen* konstruiert werden, während *soziale Repräsentationen* der Sozialstruktur jene Kategoriensysteme schaffen, auf deren Basis soziale Gruppen erst konstruiert werden. Auch Prozessen der Fremd-Zuschreibung, der Stereotypisierung und Abgrenzung liegen sie zugrunde (vgl. Bogdandy von 2003: 51).

Wenn auch sozial konstruiert, so gewinnen soziale Repräsentationen doch „im Laufe der Kommunikation eine supraindividuelle Existenz" (Bogdandy von 2003: 52), und sind dann nur noch mit Schwierigkeiten hintergehbar und veränderbar. Sie sind „zugleich Kontext und Vehikel für die Konstruktion bestimmter individueller Identitäten" (Bogdandy von 2003: 32). Die gesellschaftlich konstruierte Welt stellt ein ganzes ‚Repertoire von Identitäten' zur Verfügung: In offenen, pluralistischen Gesellschaften mit sehr heterogenen sozialen Repräsentationen ist (wenn auch die Auswahl von Kontext und Situation eingeschränkt wird) ein breites Spektrum möglicher Selbstentwürfe denkbar. Sozialer Wandel, in dessen Kontext sich die sozialen Repräsentationen verändern – sei es durch neue wissenschaftliche Erkenntnisse, politische Veränderungen oder gesellschaftliche Transformationen – löst meist auch einen Wandel der Identitäten aus (vgl. Cinnirella 1996: 77; Chryssochou 1996: 303).

Identitäten lassen sich an den Kontext, in dem sie entstehen und sich verändern, zurückbinden, wenn man die sozialen Repräsentationen erfasst, die ihnen zugrunde liegen. Durch Erfassung der sozialen Repräsentationen, die Ingroup- und Outgroup-Klassifikationen zugrunde liegen können, lassen sich die *möglichen Identitätselemente* erfassen, auf die ein Individuum in einem *bestimmten Raum/Zeit-Nexus* zurückgreifen kann. Dies gilt auch für *europabezogene soziale Repräsentationen.* Die skizzierte Verknüpfung von *Identität(en)* und *sozialen Repräsentationen* liefert der sozialwissenschaftlichen Beschäftigung mit den Entstehungs- und Transformationskontexten von Identität einen wichtigen Ausgangspunkt. Der im Mittelpunkt dieser Arbeit stehende Konstruktionsprozess *europäischer* Identität, konkreter: der Konstruktionsprozess *sozialer Repräsentationen von Europa*, erfordert aber auf Theorieebene auch die Einbeziehung der *Raum*kategorie, auf die sich diese *Identität* ja explizit zu beziehen scheint. Die beschriebenen Ansätze lassen sich mit *geographischen* Konzepten verknüpfen. Die geographischen Konzepte profitieren von ihrer Rückbindung an sozialpsychologische Theorien durch größere begriffliche Schärfe und klarere methodische Vorgaben. Die sozialpsychologischen Ansätze erfahren bezüglich der Erfassung konkreter *raumbezogener Identitäten* und *Repräsentationen*[78] eine Vertiefung und Erweiterung.

2.5 Raumbezogene Repräsentationen und Identitäten

Raum-Zeit-Identität

Unter jenen ‚Einordnungskriterien', die über ihre soziale Repräsentation in Identitätsbildungsprozesse eingehen, Selbst- und Fremdkategorisierungen zugrunde liegen, besitzen zwei ‚Zuordnungsmuster' eine besondere Relevanz: *Raum* und *Zeit*[79]. *Raum* und *Zeit* spielen eine „Hauptrolle (...) im kulturellen Prozess der sozialen Konstruktion von Wirklichkeit" (Bormann 2001: 234). Kontingent und diskursiv konstruiert, werden gerade diese ‚Vorstellungsbereiche' im Alltagsdenken zumeist als ‚vor-sozial', als ‚gegeben' wahrgenommen. *Territorialisierungen* und *Temporalisierungen* entfalten „als *soziale* Tatsachen manifeste Wirkungen" (Reese-Schäfer 1999b: 7)[80]. Im Prozess der ‚symbolischen Verortung' sozialer Identitäten sind Raum-Kategorien der ab-grenz-baren Zugehörigkeit eng mit zeitlichen Vorstellungen von (gemeinsamer) Geschichte, Tradition und Zukunft verwoben. Vor diesem Hintergrund rücken sie

> „als Medien sozialer Verortung ins Blickfeld, als Kategorien, die der Organisation von sozialer Welt dienen, als symbolische Instrumente zum Abgleich von Perspektiven und zugleich als Vergemeinschaftungs-Medien" (Bormann 2001: 22).

Prinzipiell, und darin liegt die besondere Relevanz der Raum- und Zeitkategorien, lassen sich alle *anderen sozialen Kategorien* in ein raumzeitliches Koordinatensystem einordnen, rekurrieren die meisten sozialen Kategorisierungen in der einen oder anderen Weise auf zeitliche oder räumliche Bezüge.

Betrachten wir zunächst ‚die' Raumkategorie. ‚Raum' ist „Ausdruck, Ergebnis und Anleitung für soziale Praxen" (Bormann 2001: 26-27): ‚Der' Raum beziehungsweise konkrete Orte sind ‚Arenen' jener sozialen Interaktionen, durch die sie zugleich konstituiert werden. Die Raumkategorie stellt deshalb einen Ankerpunkt, einen Verknüpfungsort (fast) aller möglichen sozialen Kategorisierungen bzw. Identitätselemente dar: ‚Kulturelle', ‚ethnische' und ‚schichtbezogene' soziale *Selbst-Kategorisierungen* sind mit ‚räumlichen' Bezugnahmen eng verbunden. Raum erscheint dem Menschen üblicherweise als zeit-los und unveränderlich und deshalb als besonders geeignet, um das Eigene und das Fremde zu bestimmen – zu

78 Gemeint sind soziale Repräsentationen im Sinne MOSCOVICIs, die sich auf Raumobjekte im weitesten Sinne beziehen, nicht *representations of space* im Sinne LEFEBVRES (Bormann 2001: 301-302), obgleich die Definitionen sich natürlich überschneiden.

79 Zur Diskussion des *Raumbegriffs* vgl. BORMANN (2001) und WEICHHART (2008). Zum *Zeit-Konzept* siehe BORMANN (2001: 165-232).

80 „Zweifellos ist jede soziale Tatsache Ergebnis einer sozialen Konstruktion von Wirklichkeit – sie verliert dadurch aber nicht ihre Tatsächlichkeit" (Reese-Schäfer 1999b: 7).

,ver-orten' (vgl. Bormann 2001: 238, 266). Zeitgenössische Sozialpsychologie und Soziologie wie Geographie konzeptualisieren Räumlichkeit im Gegensatz zu diesem Alltagsverständnis nicht als der sozialen Kommunikation vorgelagert, sondern durch diese erst konstituiert. *Raum* und vor allem spezifische *Orte* werden demnach von Individuen und Gruppen mit affektiven und normativen Vorstellungen eng verknüpft (vgl. Devine-Wright/ Lyons 1997: 35-36; Bormann 2001: 252; Weichhart/ Weiske/ Werlen 2006: 23). Wir konstruieren *soziale Repräsentationen* von *Räumen* und *Orten*, von ihren *Bewohnern* und ihren *Beziehungen* zu uns (bzw. unserer In-Group). In diesen Repräsentationen kann der *Ort* metonymisch für die als dort situiert wahrgenommenen sozialen Beziehungen stehen, zum „Symbolträger", zum „Kommunikationsmedium" werden, „durch das sich eine Vorstellung gemeinschaftlicher sozialer Identität herstellen lässt" (Bormann 2001: 291). Dieser Prozess findet auf allen Maßstabsebenen statt, von der Nachbarschaft bis zu Vergemeinschaftungen, die gar keine ,wirklichen' sozialen Interaktionsgefüge mehr widerspiegeln, sondern ,Erfindungen' sind. (Kollektive) Identitätsbildung beruht auf der

> „Konstitution und Etablierung raumbezogener Diskurse, die (...) der Selbst- und Fremdverortung in nun nicht mehr nur konkret erfahrbaren, sondern auch in ,imagined communities' (Anderson) oder ,imagined worlds' (Appadurai) dienen" (Bormann 2001: 289).

So kann der Nationalstaat, kann ,Deutschland' zum Ankerpunkt von Identitätsbildung werden. Den dort lebenden Menschen wird eine spezifische (gemeinsame) Geschichte und aufgrund dessen bestimmte Merkmale unterstellt, die sie von den Menschen jenseits der räumlichen Abgrenzungen des Landes unterscheiden und mit denen sich Emotionen (Zugehörigkeitsgefühl, aus Sicht der Outgroup auch Ablehnung) und normative Vorstellungen (die Deutschen sind pünktlich, genau, ordnungsliebend u.ä.[81]) verbinden. WERLEN (1993: 40) beschreibt *Nationalismen* und *Regionalismen* deshalb als Argumentationsmuster, die der „Homogenisierung der sozialen Welt" dienen. Mit *Identitäten* stehen sie in einer dialektischen Wechselbeziehung: Ihre *Aktualisierung* und ihre *Wirkung* beruht auf bereits vorhandenen *raumbezogenen Identifikationen*, zugleich werden diese durch die betreffenden Muster konstruiert und etabliert (vgl. Werlen 1993: 41).

Die Betonung des Konstruktcharakters von *Räumen* und *Orten* ist jedoch relativ neu: Die Raumkategorie wurde in der (europäischen) Ideengeschichte und in den entstehenden Sozialwissenschaften, ebenso wie *Zeit*, *Ethnie* oder *Kultur*, lange Zeit „essentialistisch(...), holistisch(...) und objektivistisch(...)" (Bormann 2001: 242-243) verstanden. In Soziologie, Ethnologie[82] und Geographie wurden menschliche Gemeinschaften, ,ihre' ,Kultur'[83] und die *Räume/ Orte*, in denen sie

81 Siehe zu Klischees über Deutsche SCHWIBBE/ SPIEKER (2005: 9 und 127ff.).

82 BORMANN (2001: 70) nennt diese beiden Disziplinen „Identitätswissenschaften". Dies lässt sich auf die Geographie erweitern, auch die „academic geographical imagination" (Gregory 2000a:299) trug zur Konstruktion von (angeblich natürlichen) Abgrenzungen sozialer Art bei.

83 „Kultur bezeichnete spezifische *Eigenheiten* einer *Gruppe oder Gesellschaft*, (...) im Sinne dauerhafter Merkmale, die im *Zeitkontinuum* identisch bleiben, (...). Diese überpersonale und überzeitliche ,Identität' ist Instrument der Integration und sozialen Einheit. Die solcherart de-

‚situiert waren', häufig unter Rückgriff auf die jeweils anderen Ausdrücke definiert: Gruppe, Kultur und Territorium wurden ineinsgesetzt (vgl. Bormann 2001: 251). *Kulturen* und *Völker* konnten so als von den *Räumen* geprägt angesehen werden, in denen sie entstanden, als an diese *Räume* gebunden und damit als *abgrenzbar*, und als Vergemeinschaftungen mit einer *Tradition* und historischer *Kontinuität*. BORMANN (2001: 241) konstatiert, dass diese drei Kategorien „zu einem der wohl wirksamsten Identitätsdiskurse nicht nur des Westens vermengt" worden seien, „die (sic!) den Alltag noch immer weitgehend (...) bestimmen" würden, obgleich die Sozialwissenschaften ihre Kopplung dekonstruiert hätten (vgl. auch Werlen 1993: 40). Die *moderne geopolitische Imagination*[84], die nach AGNEW die für die Neuzeit und Europa typische Welt-Sicht, ist dieser Vorstellung verhaftet: Der Staat ist sozusagen der Container der Gesellschaft, die ‚in ihm' lebt: Das Innen und das Außen, das Eigene und das Fremde, die eigene Identität und das Andere lassen sich klar voneinander trennen[85].

„Im Raume lesen wir die Zeit", so nannte der Historiker Karl SCHLÖGEL (2003) sein Buch über die Ver-Ortung der Geschichte und den *spatial turn* in den Sozialwissenschaften. Er verwies damit auf die untrennbare Verbundenheit der Raumkategorie mit der ‚anderen Koordinate' sozialen Geschehens, der Zeitkategorie. Wie *Raum* kann *Zeit* als „Medium und Resultat sozialen Handelns" bestimmt werden und dient „zur Herstellung von Identität und Differenz" (Bormann 2001: 166). Im Alltagsleben wie in den Sozialwissenschaften war lange bzw. ist immer noch die Rede von *Entwicklung* und *Entwicklungsstufen*, von *Vor-*, *Spät-* und *Post-Moderne*. Dahinter steht die implizite Annahme einer linear verlaufenden, progressiven Zeit, in deren Schema sich Ereignisse, aber auch kulturelle und soziale Ungleichheiten einfügen lassen. Die Nutzung der Zeit als *Vergleichsschema* ist laut AGNEW (2003a: 11, 35-50) ein weiteres Charakteristikum der *modernen geopolitischen Imagination*. Sie werde gleichsam *verräumlicht*, so dass *primitivere* Länder von *fortschrittlichen* abgegrenzt, *Entwicklungs*länder ausgewiesen werden können. So wie das *Andere* über die Verortung in und die Zuweisung zu einer *anderen Zeit* konstruiert wird, wird das Eigene durch Gleichzeitigkeit und gemeinsame Geschichte definiert: „Identität (...) stellt sich über die Wahrnehmung geteilter Zeit und geteilten Raumes her" (Bormann 2001: 167). Die diskursive Konstruktion gemeinsamer Herkunft, historischer Kontinuität und gemeinsamer Traditionen liegt der Konstruktion symbolischer Gemeinschaften zu Grunde (vgl. auch Wodak et al. 1999: 26). Geschichts‚politik', der Versuch, Geschichtsbilder zu beeinflussen und gemeinsame Geschichte zu konstruieren, um auf die *Identitätsbildung* zurückzuwirken, gehörte nicht nur zu den grundlegenden Strategien des *nation building* im 19. Jahrhundert, auch in der aktuellen europäischen Identitätsdebatte spielt sie eine

finierten Gruppen oder Gesellschaften wurden in der Regel als *territorial verankert* gedacht (...)" (Bormann 2001: 160; Hervorhebungen durch Verfasserin).

84 Dazu gehört auch die Naturalisierung eines ‚Sehen der Welt als Ganzes' und ihre Einteilung in hierarchisierbare, konkurrierende territoriale Einheiten (vgl. Agnew 2003a).

85 Andere Identitäten oder „modes of organizing politics geographically" werden entweder abgelehnt oder ‚passend gemacht': sie gelten „as either relicts or ‚really' territorial states in disguise (...)" (Agnew 2003a: 11, 12)

nicht zu unterschätzende Rolle[86]. ‚Geschichtsbilder' hängen oft eng mit spezifischen Orts-Repräsentationen zusammen[87]. Diese Zusammenhänge rückten in den letzten Jahren zunehmend in den Blickpunkt der Sozialwissenschaften: Gefragt wird, mit welchen Strategien, über welchen Zeichen- und Sprachgebrauch sich Gemeinschaften ‚in Raum und Zeit' ver-orten (vgl. Delanty 1995: 4; Bormann 2001: 160). Auch *soziale Repräsentationen Europas* als Kontext und Vehikel *europäischer Identitätsbildung* beinhalten implizit oder explizit immer einen *Raum*bezug und eine *historische* Situierung: *Territorialisierungen* und *Temporalisierungen* sind Kern nationaler wie europäischer Identitätsdebatten (vgl. Wodak/ Weiss 2002: 9).

Geo-Repräsentationen

Das Konzept der *Repräsentation*[88] wurde in den letzten Jahrzehnten nicht zuletzt auch in der *Geographie* diskutiert[89]. Im Forschungsfokus stehen jene „kollektive[n] Repräsentationen des Eigenen und des Fremden" (Reuber/ Strüver/ Wolkersdorfer 2005: 4), jene Repräsentationen von *Räumen/ Orten und Grenzen*, die auch den Interessenschwerpunkt dieser Arbeit bilden. Deshalb kann das *sozialpsychologische* Repräsentationsverständnis MOSCOVICIs mit einem Konzept der politischen Geographie verknüpft werden: dem der *geopolitischen Imagination*. Dieses Konzept gehört zu den ‚grundlegenden Bausteinen' des politisch-geographischen Ansatzes der *Kritischen Geopolitik*. In ihm verknüpfen sich mit *Identität*, *Repräsentation* und *Diskurs* drei Kernbegriffe auch dieser Arbeit. Die *Kritische Geopolitik* sieht *geographisches Wissen* als *diskursiv konstruiert* an, als kontingente und kontextgebundene *Re-Präsentation* der geo-politischen ‚Realität', und fragt nach den Prozessen seiner Konstruktion. Sie fokussiert aus der disziplinären Perspektive der Geographie heraus dieselben Fragen, die in dieser Arbeit bisher vor allem aus Sicht der Sozialpsychologie beantwortet wurden: Wie können *raumbezogene Repräsentationen* in ihrer Konstruktion erfasst werden? Wie lassen sie sich konzeptualisieren? Wer repräsentiert, möglicherweise mit welchen Intentionen? Warum in dieser Art und Weise? Welche Funktionen haben *geopolitische Repräsentationen*?

‚*Diskurse*' bieten einen Rahmen, der der Ermöglichung bedeutungstragender Kommunikation dient, der aber durch (kommunikative) Handlungen von Akteu-

86 Zu (europäischer) Geschichtspolitik vgl. u.a. BOCK/ WOLFRUM ((Hrsg.) 1999), SPETH (1999: 160), HEER/WODAK (2003) und WODAK (2003).

87 „The relation of historical places to social memory indicates that socio-environmental analyses of historical places can inform the way that the past is constructed in the present. (…) This indicates the importance of incorporating the concept of place in social-psychological theories of identity processes" (Devine-Wright/ Lyons 1997: 44).

88 *Repräsentation* ist, wie *Identität*, ein mit verschiedenster Referenz gebrauchter Ausdruck.

89 Die vielfältige und komplexe sozialwissenschaftliche Debatte, in deren Mittelpunkt Fragen der Re-Präsentation stehen, kann an dieser Stelle nicht einmal nur für die ‚raumbezogenen' Disziplinen Geographie und Politikwissenschaften nachgezeichnet werden. Einen ersten Überblick über die Repräsentationsdebatte innerhalb der Humangeographie und ihrer Nachbardisziplinen gibt DUNCAN (2000: 703-705). Siehe exemplarisch zudem AGNEW (1993), DUNCAN (1993), DUNCAN/ LEY ((Hrsg.) 1993), GREGORY (1993; 1994) und HOYLER (1998).

ren ständig verändert wird. *Re-Präsentationen* als „sets of practices by which meanings are constituted and communicated“ (Duncan 2000: 703) stellen die Basis der *diskursiven* Konstruktion der sozialen und materiellen ‚Welt‘ dar. *Geopolitik* existiert nicht in der Einzahl: Neben die raumbezogenen materiellen und repräsentationellen Praktiken des Staates und der ihn vertretenden Akteure – die *praktische* – tritt eine *formale* und eine *populäre* Geopolitik. *Formal* meint die wissenschaftlich betriebene Geopolitik der in Universitäten, Forschungsinstituten und sogenannten ‚think tanks‘ arbeitenden Geographen, Politikwissenschaftler oder Militärs. Als dritte Form der Geopolitik unterscheidet O'TUATHAIL (1998: 4) die von ihnen als „popular geopolitics“ bezeichnete, „that is found within the artifacts of transnational popular culture, whether they be mass-market magazines, novels or movies“. Diese drei zusammengenommen bestimmen, wie die Menschen die Welt verräumlichen, wo sie Grenzen sehen und Gefahren verorten. Kurz, sie zeichnen die (mentale) geopolitische Weltkarte, die den *Repräsentationen* zu Grunde liegt, die Menschen *von sich selbst* und *anderen* (re-)produzieren. Diese „geopolitical representations of self and other“ sind es, die O'TUATHAIL (1998: 4) als *geopolitische Imaginationen* bezeichnet. *Geopolitik* bestimmt nicht nur das Handeln und Denken der staatlichen Akteure, sondern den gesamten Alltag. (Re-)Produktion, Verbreitung und Gebrauch von ‚Repräsentationen des Eigenen und des Fremden‘ geschieht nicht immer unbewusst. Als Form des Wissens verbinden sie sich mit politischer (Definitions-) Macht, werden teilweise von handfesten politischen Interessen gesteuert. Die *Kritische Geopolitik* versteht sich, aufbauend auf dieser weit gefassten Geopolitik-Definition, selbst als Erforschung der geographischen Repräsentationen, der Rhetoriken und Praktiken, die der Weltpolitik zugrunde liegen (vgl. Agnew 2003b: 5). Sie untersucht, in der Terminologie dieser Arbeit, die *sozialen Repräsentationen von Räumen/ Orten/ Menschen*, die von Politikern, Wissenschaftlern, den Medien und letztlich uns selbst (re-)produziert, transformiert und anderen vermittelt werden und fragt insbesondere nach der gesellschaftlichen Relevanz dieser Repräsentationen, ihren Funktionen und Wirkungen. *Geopolitische soziale Repräsentationen* bilden zumindest einen Teil der *potentiellen Identitätselemente*, auf die Individuen und Gruppen in der Identitätsbildung zurückgreifen können.

Raumbezogene Identität(en)

Aufgrund der engen Verknüpfung von *Raum, Zeit, sozialen Gruppen* und *Identitäten* beschäftigt sich die *Geographie* seit langem mit *Identitäten* und *Identifikationen.* Die Polysemie dieser Begriffe in anderen Sozialwissenschaften spiegelt sich in geographischen Arbeiten, in denen auf verschiedenste Identitätskonzepte und ‚Theorien des Subjekts‘ aus Soziologie, Philosophie und (Sozial-)Psychologie rekurriert wird. Diese werden in der Geographie meist ‚zeitverschoben‘ rezipiert. PRATT (2000b: 802, 804) stellt fest, dass in der Sozialgeographie erst unter dem Einfluss poststrukturalistischer ‚Subjekt‘-Theorien Kritik an der Reifizierung von Identitäten, an der Vorstellung stabiler Identifikationen laut geworden sei: „theories of identity have led geographers to rethink methodology and theory“. Seitdem bilde die Performativität, Dynamik und Widersprüchlichkeit von Identitätsbildungungsprozessen und ihr enger Zusammenhang mit Machtbeziehungen, aber auch ihre Bezugnahme auf ‚Raumkonstrukte' den Rahmen humangeographischer Identitätsforschung. Nicht-essentialistische *Identitätsvorstellungen* hätten auch auf die *Raumkonzepte* der Geographie zurückgewirkt (vgl. Pratt 2000: 803). Insbesondere zwei ‚Stränge' der geographischen Fokussierung von ‚Identitäten' sind relevant für das Identitätskonzept dieser Arbeit und seine methodische Umsetzung: *Diskurstheoretische* bzw. *diskursanalytische* und *handlungsorientierte* Ansätze[90].

Prozesse der *Identitätskonstruktion* werden in der Humangeographie unter anderem im Kontext diskurstheoretischer und diskursanalytischer Ansätze fokussiert. Die „diskursive(...) Verfasstheit (...) von Identität" im Zusammenhang mit „Aspekte[n] von Macht" und „Hegemonie" (Mattissek 2008: 25-26) steht im Mittelpunkt dieser Forschungen:

> „*Machtverhältnisse, Herrschaftsstrukturen* und *Kategorisierungen des Denkens* zeigen ihre strukturierende Kraft oftmals gerade dann, wenn sie sich mit Fragen *personaler oder kollektiver Identität* verschränken, wobei für geographische Arbeiten hier insbesondere die *Konstitution räumlicher Identitäten* zentral ist" (Mattissek 2008: 26; Hervorhebungen durch Verfasserin).

In den letzten Jahren beschäftigten sich zahlreiche humangeographische Arbeiten aus „diskurstheoretisch informierter" (Mattissek 2008: 27) Perspektive mit Identitätskonstruktionen, Abgrenzungsdiskursen und raum-/ortsbezogenen Bedeutungszuschreibungen auf allen Maßstabsebenen: Von der globalen und transnationalen über die nationale und regionale Ebene bis zur In-den-Blick-Nahme von Stadtimages in städtischen ‚Identitäten' und zur „Mikroebene des Körpers" (Mattissek 2008: 28; vgl. auch Mattissek 2007: 43ff.)[91]. Obgleich sich die einzelnen Arbeiten theoretisch und methodisch unterschiedlich verorten, teilen sie grundlegende theoretische Prämissen. *Identitäten* werden im *Diskurs* verortet: Subjektivität wird als diskursiver Effekt angesehen (vgl. Mattissek 2008: 29, 37)[92]. Im Fokus steht die Kategorienbildung, stehen die Signifikanten, die *Ebene des Diskurses* als Ort gesellschaftlicher Aushandlungsprozesse von Bedeutungen und Identitätskonstruktionen. Durch die diskursive Konstruktion symbolischer Repräsentationen von ‚Raumeinheiten' und Grenzziehungsprozesse werden demnach (*individuelle* und *kollektive*) *Identitäten* generiert. Aus diesem Grund werden mittels (keineswegs einheitlicher) diskursanalytischer Methoden *symbolische Repräsentationen* zum Forschungsgegenstand der Humangeographie. Auf die ‚Ich- und Wir-Identität von

90 Erstere spielen vor allem im Kontext der methodischen Umsetzung eine Rolle (siehe 4.1) und werden deshalb an dieser Stelle nur angerissen.

91 Für eine Zusammenstellung aktueller relevanter humangeographischen Forschungsarbeiten siehe MATTISSEK (2008: 27-28).

92 Subjektivität wird nach MATTISSEK (2007: 38) entweder ‚strukturalistisch' konzeptualisiert als „vorgefestigte Diskurspositionen", oder ‚poststrukturalistisch' in einem offen und heterogen gedachten Diskurs, in dem das Subjekt in der Identifikation mit bestimmten Inhalten entsteht. Das Individuum ist demnach nicht diskursiv determiniert, da ihm innerhalb der vorgegebenen Struktur Wahlmöglichkeiten offenstehen, der Diskurs selbst ist jedoch letztlich nicht hintergehbar (vgl. Mattissek 2007: 38ff.; Mattissek 2008: 106). Zu ihrem eigenen Identitätsverständnis vgl. MATTISSEK (2007: 41; 2008: 79ff.).

Individuen und Gruppen', auf *personale* und *kollektive* Identitäten wird zwar Bezug genommen, die Begriffe werden jedoch oft nicht expliziert (vgl. Mattissek 2008: 18, 26)[93]. Die *Schnittstelle* zwischen *Diskurs* und *individueller* bzw. *kollektiver Identitätsbildung* bleibt aus Sicht der Verfasserin unterbelichtet, wohl auch, weil der Forschungsfokus auf andere Schwerpunkte gerichtet ist.

Aus Sicht der Verfasserin kann vor diesem Hintergrund nicht stringent begründet werden, weshalb sich Identitätskonstruktionsprozesse mittels diskursanalytischer Methoden erfassen lassen und in welchem Verhältnis die *diskursiven Repräsentationen* zu *kognitiven Prozessen* stehen[94]. Neben der Ausblendung der Ebene der *konkreten Äußerungshandlung*, die den meisten diskursanalytisch angelegten humangeographischen Arbeiten inhärent ist, ist dafür die mangelnde Einbeziehung *sozialpsychologischer Identitätstheorien* verantwortlich, die genau an dieser Stelle ansetzen und das Scharnier zwischen gesellschaftlicher Bedeutungsgenerierung und individueller Kognition in den Blick nehmen[95]. Die vorliegende Arbeit verortet sich dennoch im Rahmen des beschriebenen humangeographischen Forschungsfokus, da *auch hier* mit diskursanalytischen Methoden die Ebene der *diskursiven Repräsentationen* untersucht werden soll, die *auch hier* als der Ort angesehen wird, an dem *mögliche Subjektpositionen* konstruiert werden. Sozialpsychologische Theorien werden allerdings als grundlegend für das Verständnis des Verhältnisses angesehen, in dem diese *Identitätsangebote* zu *Identitätsbildungsprozessen* stehen. Den expliziten Rückgriff auf *sozialpsychologische Identitätstheorien* teilt die Verfasserin mit einer Reihe *handlungstheoretisch* ausgerichteter geographischer Arbeiten:

Raumbezogene Identitäten wurden von WEICHHART, zuerst in einer Veröffentlichung im Jahre 1990, unter Bezugnahme auf eine sozialpsychologische *Identitätstheorie* konzeptualisiert. WERLENs Vorstellung von ‚regionaler Identität' ist der WEICHHARTschen sehr ähnlich und stellt vor allem den Handlungscharakter *signifikativer Regionalisierungen* heraus. Beide Ansätze sollen im Folgenden der Zuspitzung der *Identity Process Theory* und der *Theorie der sozialen Repräsentationen* auf *raumbezogene Identitäten* und *raumbezogene soziale Repräsentationen* dienen. Laut WEICHHART (1999a: 2-3) ist seit den 1970/80er Jahren – entgegen des vor dem Hintergrund der ökonomisch-politisch-kulturellen Globalisierungstendenzen lange angenommenen Trends zum Bedeutungsverlust ‚sozio-territorialer Bindungen' – deren ‚Renaissance' zu verzeichnen. Die theoretische und empirische Beschäftigung mit den Ursachen, Entstehensbedingungen und Konsequen-

93 MATTISSEK (2008: 18) betont – unter Bezug auf WEICHHART – dass Ortsimages, deren Bedeutung für die ‚Selbst-Images' von Individuen und sozialen Gruppen und deren Bedeutung für Identitätsbildungsprozesse unterschieden werden müssen.

94 Besser gesagt: Die kognitive Ebene wird aufgrund der diskurstheoretischen Verortung und des damit einhergehenden Subjektkonzepts in der Analyse ausgeblendet. Da ‚Identitätskonstruktionsprozesse' nur im Diskurs erfassbar sind, so könnte man die Argumentation beschreiben, ist die Schnittstelle zur Kognition in ihrer Konzeptualisierung irrelevant.

95 Problematisiert werden soll an dieser Stelle weniger *eine andere theoretische Verortung*, wie etwa bei MATTISSEK sondern vielmehr *der Mangel an theoretischer Verortung*, der zahlreiche einschlägige Arbeiten kennzeichnet.

zen sozio-emotiven Raumbezugs habe deshalb in der Geographie und anderen Humanwissenschaften seit den 1980er Jahren stark zugenommen[96]. Im Ausdruck der *sozio*-territorialen Bindung klingt bereits an, dass *Identitäten* über die Ebene der *Repräsentationen* an Orte (place) oder Räume (space)[97] gebunden sind. Mit der Benennung *raumbezogene Identität* soll klargestellt werden, dass es sich um „Bewusstseinsprozesse" handelt, deren „Inhalte (...) sich (...) auf die Räumlichkeit der physisch-materiellen Welt beziehen" (Weichhart 1999a: 7), die jedoch durch soziale Kommunikation und Interaktion geprägt werden. WEICHHART greift auf das GRAUMANNsche Konzept der *multiplen Identität* zurück, um *raumbezogene Identitäten* zu konzeptionalisieren. GRAUMANN unterscheidet drei Grundprozesse des Identifizierens: Zum einen den Prozess der „gedankliche[n] Erfassung eines Objektes" – dabei kann es sich um physische Gegenstände, aber auch um Menschen oder Abstrakta handeln – „durch ein wahrnehmendes und erkennendes Subjekt" (Weichhart 1999a: 9). Diesen Prozess nennt er ‚identifizieren von (etwas)'. Die so identifizierten ‚Objekte' seien dann als ‚kognitive Konzepte' der kommunikativen Inwertsetzung zugänglich. *Raumbezogene Identität* meint also *zum einen* die „kognitiv-emotionale Repräsentation von räumlichen Objekten im Bewusstsein eines Individuums bzw. im kollektiven Urteil einer Gruppe" (Weichhart 1999a: 10), das ‚Image' von Räumen und Orten. Wird ‚etwas identifiziert', bildet sich eine (immer auch *soziale*) *Repräsentation.* Mit der ‚Identifikation' des räumlichen Objektes ‚Deutschland' ist eine Alltagsvorstellung von dessen ‚Attributen', von Abgrenzungen und innerer Gliederung, Bewohnern und Traditionen verbunden, gehen Wertungen und Emotionen einher. In der Terminologie der *Kritischen Geopolitik* handelt es sich um eine *geopolitische Imagination.* WEICHHARTs *raumbezogene Identität* in diesem ersten Sinne lässt sich ohne Probleme als *soziale Repräsentation räumlicher Gegebenheiten* ansprechen. In einem zweiten Schritt fokussiert GRAUMANN den Prozess des ‚identifiziert werdens', gefasst als „gedankliche Repräsentation menschlicher Subjekte (Personen) im Bewusstsein eines Individuums bzw. im kollektiven Urteil einer Gruppe" (Weichhart 1999a: 11) – dies beinhaltet die Einordnung dieser Subjekte in spezifische Kategorien. *Raumbezogene Identität* definiert WEICHHART darauf aufbauend *zweitens* als jene Selbst- und Fremdidentifikationen, die auf Eigenschaften zurückgreifen, „die sich (angeblich) aus" der „Position" der Identifizierten „im ‚Raum' ableiten lassen: aus ihrem Geburtsort, ihrer Geburtsregion, ihrem Wohnort, der Region, in der sie leben" (Weichhart 1999a: 11). Eng damit verbunden ist die dritte Form der Identifikation nach GRAUMANN, das ‚identifizieren *mit* etwas'. Damit ist gemeint, dass „man sich

96 Siehe hierzu den Überblick über die einschlägigen Forschungsansätze verschiedenster Disziplinen bei WEICHHART/ WEISKE/ WERLEN (2006: 27).Vgl. auch die Ausführungen zur geographischen *Regionalbewusstseinsforschung* bei POHL (1993). Einen Überblick aus sozialpsychologischer Sicht geben DEVINE-WRIGHT/ LYONS (2007: 33-34).

97 Für eine Darlegung der Debatten um verschiedene Raumbegriffe, wie sie in der Geographie/ anderen Sozialwissenschaften in den letzten Jahrzehnten unter Einfluss sozialkonstruktivistischer Ansätze geführt werden, ist hier nicht der Raum. Es sei diesbezüglich auf die fundierte *interdisziplinäre* Zusammenfassung von BORMANN (2001: 233-306) verwiesen, insbesondere aber auf WEICHHART (2008: 75ff, 326ff.).

das betreffende Objekt quasi zu eigen macht, es in irgendeiner Form auf die eigene personale Identität oder Ich-Identität bezieht" (Weichhart 1999a: 12). Als Dimensionen der Ich-Identität nennt WEICHHART (1999a: 14) unter anderem Alter und Geschlecht, Erfahrungen und soziale Bezugsgruppen, kulturelle und ideelle ,Bedeutungssysteme' oder ethnische und Schicht-Zugehörigkeit – und *räumliche Bezüge*. *Raumbezogene Identität* in diesem *dritten* Sinne kann auf *individueller* und *kollektiver* Ebene entstehen, als „gedankliche Repräsentation und emotionale Bewertung jener Elemente der Umwelt, die ein Individuum in sein Selbstkonzept einbezieht" bzw. als

> „Selbst-Identität einer Gruppe, die einen bestimmten Raumausschnitt als Bestandteil des Zusammengehörigkeitsgefühls wahrnimmt (...), der damit einen Teil ihres ,Wir-Konzepts' darstellt" (Weichhart 1999a: 14-15).

Die Anknüpfungspunkte zur *Identitäts-Prozess-Theorie* und zur *Theorie der sozialen Repräsentationen* sind offensichtlich: Individuen/ Kollektive greifen auf *raumbezogene Kategorien* zurück, um sich selbst zu verorten, klassifizieren sich als Teil von Gruppen, die durch ihre räumliche Verortung abgegrenzt werden. Sie integrieren *Identitätselemente* in ihr Selbstkonzept, die sich aus (so wahrgenommenen) räumlichen Gegebenheiten ableiten. Dabei wird *raumbezogene Identität* explizit im *Bewusstsein* von *Subjekten* ver-ortet (vgl. Weichhart/ Weiske/ Werlen 2006: 30, Weichhart 2008: 310)). WEICHHART (2008: 311) betont jedoch an anderer Stelle die Relevanz der „Diskursform (...) ,Verräumlichung'":

> „Sobald Identität ausgedrückt – also expressiv – wird, kann sie Material kommunikativer Prozesse werden und die symbolische Form von Images erlangen. Hier liegt der Zusammenhang von Identität und Image" (Weichhart/ Weiske/ Werlen 2006: 140)[98].

Der Zusammenhang ist dialektischer Natur: Was hier als *Image*[99] definiert wird, ist *auch* in der kommunikativen Interaktion konstruiert und kann Teil individueller Kognitionen und Identifikationen werden. WERLENs Ansatz ähnelt dem WEICHHARTschen: Er versteht unter regionaler oder nationaler Identität nicht die Identifikation mit ,Raumobjekten', sondern mit einem „aktuellen (...) Lebenskontext" (Werlen 1993: 42). Der „Referenzgegenstand" bleibt „vage bis völlig unbestimmt" – es geht *nicht* um die Identifikation mit einer „erdoberflächlichen Gegebenheit" sondern mit „alltagsweltliche[n] Regionalisierungen", auf die in „ontologisierender Manier (...) im Sinne von (...) Entitäten Bezug genommen" wird: „[R]egionale Identität' ist nicht ein materielles, regionales Phänomen (...)" sondern eine „spezifische soziale Repräsentation (...)" (Werlen 1993: 42, 44)[100].

98 WEICHHART/ WEISKE/ WERLEN (2006: 140) sprechen von der „Gruppe und deren Identität, die (...) durch die geteilten Wissensvorräte und Bewertungen bestimmt ist". Wie genau aus dem kognitiven ein soziales Phänomen wird (wie also ,gemeinsame Bewusstseinsinhalte' entstehen) wird nicht konkretisiert.

99 *Images* werden verstanden als „Symbole (...) gemeinsam geteilte Wissensvorräte und Bewertungen" (Weichhart/ Weiske/ Werlen 2006: 140).

100 Die theoretische Verortung des WERLENschen Identitätsbegriffs ist nicht völlig klar: Er zitiert in diesem Kontext GIDDENS und BOURDIEU, zugleich spricht er von ,Selbst-Identität' und ,sozialer Identität' (vgl. Werlen 1993: 61, 65 und 67).

Die Sonderrolle *raumbezogener sozialer Repräsentationen* unter den zahlreichen möglichen Klassifikationsmöglichkeiten von Selbst und Kollektiv wurde bereits angesprochen. Ihre Grundlage ist die Bedeutung *raumbezogener Identität* für Individuen und soziale Systeme: Unter Rückgriff auf psychologische und soziologische Theoriebildungen[101] schreibt WEICHHART der raumbezogenen Identität für Einzelpersonen und soziale Gruppen, eine *Stabilisierungs-* und *Systemerhaltungsfunktion* zu. Individuen und soziale Systeme konzeptualisiert er als „autopoietische Systeme", die sich „durch Prozesse der Selbstreferenzierung konstituiert[en]" (Weichhart 1999c: 4). Grundlage jeder Identitätsbildung sei die Abgrenzung vom Anderen, vom Außen, von der Umwelt. Zu dieser *Differenzkonstitution* trügen raumbezogene Identitätsprozesse bei. Gleichzeitig steht der Handlungscharakter menschlicher Sinngebungsprozesse im Mittelpunkt seiner Überlegungen. Menschlichen Subjekten sei eigen, dass sie „sich selbst immer wieder die eigene Handlungsfähigkeit unter Beweis" stellen müssten, um „ihre Ego-Identität" und ihr „Selbstwertgefühl" (Weichhart 1999c: 7) zu entwickeln und zu erhalten. Diese *Handlungsfähigkeit*, das Aktionspotential, sei in vertrauten Umwelten besonders groß (vgl. Weichhart 1999c: 8-9). *Raumbezogene Identität* stelle zudem einen wichtigen ‚*Orientierungs-* und *Bezugsrahmen*' der sozialen Interaktion dar. Soziale Interaktion ist immer in Raum und Zeit situiert, sprich kontextualisiert[102]. Raumbezogene psychosoziale Prozesse üben deshalb eine wichtige Funktion für die Konstituierung und Erhaltung *sozialer Kohäsion* und die *Gemeinschaftsbildung*[103] aus. Eng mit der *räumlichen Kontextualisierung sozialer Interaktion* verbunden ist die Wechselwirkung zwischen *raumbezogener Identität, Gruppenbildung* und *-bindung* und *sozialer Integration.* Der „engere Lebensraum" ist „Projektionsfläche" für das Ich (und, so lässt sich ergänzen, das Kollektiv): „Ich-Anteile" bzw. Elemente des kollektiven Selbstverständnisses werden „nach außen projiziert und umgekehrt Außenweltelemente als Bestandteil des eigenen Selbstverständnisses wahrgenommen" (Weichhart 1999c: 2)[104]. Zugleich können die ‚*materiellen* Gegebenheiten der Umwelt' bzw. ihre sozio-kognitiven *Korrelate* mit Werten, Bedeutungen und sozialen Bezügen gleichsam ‚aufgeladen' werden (vgl. Weichhart 1999c: 11). Das Raumobjekt ‚München' kann so zum Kürzel für Freundschaften und funktionale soziale Kontakte ebenso werden wie für ‚bayerische' Gemütlichkeit, konservative Werte, Obrigkeitsstaatlichkeit und ähnliches mehr. Dieses Bei-

101 Unter anderen Autopoietische Systemtheorie und Symbolische Handlungstheorie, verschiedene Identitäts- und Persönlichkeitstheorien, Bedürfnistheorien, Rollen – und Strukturationstheorien (vgl. Weichhart 1999c: 4ff.).

102 „Soziale Interaktion" setzt „überwiegend die raumzeitliche Kopräsenz der Akteure sowie geeignete physisch-materielle Strukturen" voraus. „Diese Gegenstände der materiellen Umwelt stellen einen Verweisungs- und Orientierungshintergrund von Gesprächs- und Handlungssituationen dar" (Weichhart 1999c: 13).

103 Zur kritischen Hinterfragung dieser Behauptung, die in ihrer schärfsten Form darauf hinausläuft, den Ort und seinen Namen *nur noch* als *Symbol* sozialer Bindungen anzusehen, siehe WEICHHART (vgl. Weichhart 1999c: 14).

104 „Physischer Raum dient (...) der symbolischen Repräsentation sozialer Beziehungen. (...) Materielle Raumstrukturen (...) repräsentieren für das Individuum eine dingliche Manifestation der eigenen sozialen Bindungen und Statuspositionen" (Weichhart 1999c: 3).

spiel zeigt, dass die Sinnzuweisungen nicht dem Raum/ Ort immanent sind, sondern von sozialen Subjekten erzeugt werden: Sie unterscheiden sich je nach sozialer Gruppe oder Individuum, Innen – oder Außensicht und sozialer Situation, in der sie aktualisiert werden. Mit diesen Sinnzuweisungen sind Wertungen verbunden, die in Zugehörigkeits- und Bindungsgefühlen zu „einem bestimmten Raumausschnitt, dessen physisch-materielle[r] Ausstattung und dessen Bewohner[n]" (Weichhart 1999c: 12) resultieren können. Der Prozess ist dialektisch: den Raumstrukturen wird von den sozialen Subjekten ein Sinn zugeschrieben, diese Zuschreibungen entwickeln jedoch ein gewisses Eigenleben und werden auf diese Weise zur ‚Ursache' bzw. zum Auslöser von Verhaltensweisen, zum Anknüpfungspunkt neuer Zuschreibungen. So werden „räumlich beschreibbare Sozialzusammenhänge" oft zu „Bezugsgrößen von Gruppenloyalität und Gruppenbindung", und zwar nicht nur auf der kleinen Maßstabsebene, in der sie ‚wirkliche' sozialräumliche Interaktionsgefüge beschreiben können, sondern auch im Großen, bezogen auf „symbolische Gemeinschaften" (Weichhart 1999c: 3). Wir fühlen uns nicht nur als Schwabinger, weil wir hier die Nachbarn, die Stadtteilschule und den Bäcker kennen und täglich mit ihnen interagieren, sondern auch als Münchner, Bayern, Deutsche, Europäer oder Weltbürger – je nach situativem Kontext. Symbolische Gemeinschaften sind, wie der Name schon sagt, *imagined communities*, deren Gemeinschaftsbildung nicht oder nur teilweise auf funktionale soziale Realitäten und Interaktionen zurückgeht. Paradebeispiel ist die ‚Erfindung der Nation' (Anderson 1991). Gerade bezüglich der Konstruktion und Abgrenzung *erfundener Gemeinschaft*en scheint der „physisch-materielle Raum eine entscheidende Rolle" (Weichhart 1999c: 20) zu spielen. Dass das (sozial konstituierte) Referenzobjekt raumbezogener Identität so unterschiedliche Maßstabsebenen[105] umfassen kann, vom mikroräumlichen (Nachbarschaft) bis zum übernationalen (‚Kulturraum'), mit denen sich Personen/ Gruppen meist (mit situativ unterschiedlicher Salienz) auch noch parallel identifizieren können, macht jedoch eine gewisse innere Differenzierung notwendig: Selbst- und Wir/Sie-Konzeptionen können sich grundsätzlich auf alle Maßstabsebenen beziehen, sofern diese durch soziale Interaktion und Kommunikation zu bedeutungstragenden Referenzobjekten geworden sind. Den Kern raumbezogener Identitätsbildung sieht WEICHHART auf der lokalen und regionalen Ebene[106]. Durch „Abstraktions- und Generalisierungsprozesse" könnten die hier gewonnenen subjektiven Erfahrungen, „typischen Einstellungen, Attribuierungen und emotionalen Bindungen" jedoch „auf höherrangige Bezugssobjekte übertragen werden" (Weichhart 1999d: 3-4). Sofern es sich um *politisch-administrative* Einheiten handele, könnten auch

105 Diese Maßstabskategorien sind nach WEICHHART (1999d: 2) „keine Erfindungen der Geographie", sondern die Ergebnisse des Identifizierens im ersten Sinne: „gängige, umgangssprachlich fixierte und im Alltagshandeln bedeutsame räumliche Kategorisierungsschemata subjektiver Welterfahrung des Menschen".

106 „Dieser Kernbereich der subjektiven Lebenswelt ist der räumliche Brennpunkt der Grundfunktionen raumbezogener Identität (Sicherheit, Stimulation, soziale Interaktion/ Symbolik und Identifikation) für personale Systeme, hier besteht eine für das Subjekt anschauliche Unmittelbarkeit sozialer Erfahrung" (Weichhart 1999d: 3).

größere Einheiten zu ‚direkten' identitären ‚Bezugsobjekten' werden. Territoriale Bezüge sind eine *anthropologische Grundkonstante*, auch wenn sie „weder inter- noch intraindividuell als stabile Größe anzusehen" (Weichhart 1999c: 12) sind.

Der Mensch strebt nach „Ordnung, Sicherheit und Beständigkeit", nach „bewährten, routinisierbaren Regeln des Verhaltens" und der Vermeidung von „Ungewissheit" (Weichhart 1999c: 1). Der „Standort der betreffenden Person im physischen, sozialen und kulturellen Raum" wird zum „Ankerpunkt", der kognitiven und interaktiven „Aneignung von Welt" (Weichhart 1999c: 10). *Raumbezogene Identität* auf den drei genannten Ebenen leistet einen wichtigen Beitrag zur Vereinfachung der Klassifikation von Umwelterfahrungen, zur ‚Komplexitätsreduktion'. Sie liefert Kategorisierungsmuster des Eigenen und des Fremden, die klare Ab-Grenzungen implizieren. Sie erleichtert den Zugriff auf schwer durchschaubare und komplexe soziale Zusammenhänge über ihre Verknüpfung mit ihrer räumlichen Situiertheit und bietet so eine Basis für Typisierungen, Generalisierungen und Klischees aller Art: Eine Person wird so über ihre Herkunft aus einem ‚sozialen Problemstadtteil' als Mitglied der Unterschicht klassifiziert, über ihre Zuordnung zum Raumobjekt Deutschland als Mitbürger oder Fremder. Dass dies letztlich nur Kürzel für soziale Kategorien sind, wird deutlich, wenn behauptet wird, die Türkei gehöre aufgrund der dort herrschenden politischen und sozialen Zustände *nicht zu Europa*. Der Raum als soziales Konstrukt, als von Menschen identifiziertes Objekt, mit dem sich Menschen identifizieren können, wird zur verdichteten Metapher (verorteter) sozialer Beziehungsgeflechte:

> „durch die verschiedenen Prozesse und Phänomene der raumbezogenen Identität" wird „eine Vereinfachung, Strukturierung und Schematisierung unserer alltagsweltlichen Realität produziert, die für den einzelnen Sicherheit, Handhabbarkeit und Handlungskompetenz vermittelt" (Weichhart 1999c: 3).

WERLEN fasst „Raumabstraktionen" ebenfalls als „Verkürzungen der sozialen Zusammenhänge" als „sprachliche Kürzel", als „Kurzformel", die in ihrer „reifizierten Form" als „Akteur" (Werlen 1993: 64-65) daherkomme.

Raumbezogene soziale Repräsentationen bzw. *potentielle raumbezogene Identitätselemente* nehmen eine Sonderstellung unter den zahlreichen möglichen Klassifikationsmöglichkeiten ein, weil sie *in sich schon verschiedene Kategorisierungen vereinen* bzw. *durch weitere inhaltliche Dimensionen aufgeladen werden können*: Ortszugehörigkeit kann – ob in der Selbst- oder Fremdklassifikation – zum Kürzel für ethnische Herkunft, soziale Schichtzugehörigkeit, Bildungsstand oder politische Einstellung werden. Raumbezug liefert für größere symbolische Vergemeinschaftungen einen grundlegenden Ankerpunkt der Identitätsbildung: Soziale Abgrenzung von Kategorien ist die Basishandlung jeder Identitätsbildung, schafft „in der an sich kontingenten Vielfalt des Seins so etwas wie Orientierung, Überschaubarkeit und Sicherheit" (Reuber 2006: 25). Begreift man (sozial produzierte) Räumlichkeit als ein ‚Strukturprinzip des Sozialen' liegt die enge Verbindung *sozialer* mit *territorialen* Abgrenzungen fast schon in der Definition selbst begründet:

> „Nun könnte man aus gesellschaftlicher Sicht angesichts der potentiellen Vielfalt sozialer Kategorien von Identität die starke Fokussierung auf *raumbezogene* Identitäten und entsprechende Grenzen als geographische Fachverliebtheit apostrophieren, wären da nicht deren

massive Konsequenzen für das Handeln der Menschen. Es ist eben genau jene Erschaffung des ‚Eigenen' und des ‚Fremden' entlang räumlich (de-)markierter Kategorien, die (...) innere(...) Homogenisierungs- und äußere(...) Abgrenzungsstrategien besonders beflügelt" (Reuber 2006: 25; Hervorhebungen im Original).

Zur *Operationalisierung* der WEICHHARTschen und WERLENschen Konzepte wurden in der Vergangenheit eine ganze Reihe verschiedener Methoden der qualitativen und quantitativen Sozialforschung herangezogen (vgl. u.a. Weichhart/ Weiske/ Werlen 2006: 128ff.; Weichhart 2008). In den letzten Jahren rücken zunehmend immer theoriereflexivere diskurs- und sprachanalytische Methoden in den Vordergrund. Die Arbeiten SCHLOTTMANNs und FELGENHAUERs lassen sich in dieser Forschungstradition verorten. Insbesondere SCHLOTTMANN verknüpft WEICHHARTs Konzept der *raumbezogenen Identität* mit WERLENs handlungstheoretisch orientierter Sozialgeographie alltäglicher Regionalisierungen. Ähnlich wie bei den ‚Diskursanalytikern' wird *Sprache* als Ort der Generierung *raumbezogener Identitäten* in den Blick genommen, doch wird das Verhältnis von Struktur und Subjekt anders bestimmt als in diskurstheoretisch ausgerichteten Forschungen (vgl. Mattissek 2008: 25). Diskurstheoretisch informierte Arbeiten rücken „den Einfluss überindividueller Strukturen des Sprachgebrauchs und die damit verknüpften Formen alltäglicher Praktiken und Handlungsrationalitäten in den Fokus der Analyse" (Mattissek 2008: 25). Im Gegensatz dazu sind die in der WERLENschen Tradition stehenden Arbeiten „subjektzentriert(...)" und „handlungsorientiert" (Schlottmann 2005: 75) angelegt. „Sprachzentrierung" wird als „Konsequenz der Handlungsorientierung" (Felgenhauer 2007a: 30) angesehen. Die über ‚Sprache' „Geographie-Machenden" (Felgenhauer 2007a: 32) werden in ihrer strukturellen Eingebundenheit betrachtet, ohne dass die Herstellung ‚signifikativer Regionalisierungen' auf den ‚Diskurs' reduziert wird (siehe 4.1). Der in dieser Arbeit explizierte Ansatz verortet sich in dieser humangeographischen Forschungstradition. Nicht nur, weil auch dort die Relevanz *sozialpsychologischer Identitätskonzepte* betont wird, sondern auch, weil sie ihre *Handlungsorientierung* teilt. Im Methodenteil sollen die beiden Stränge humangeographischer Identitätsforschung im Rahmen einer *handlungorientierten Diskursanalyse* zusammengeführt werden (siehe 4.1 und 4.2).

2.6 Diskursive Psychologie und soziale Repräsentationen

Der Versuch, individuelle Identitäten zu beeinflussen und kollektive Identitäten zu schaffen, wird erfassbar, indem die „soziale Konstruktion der Kategorien", ihrer „Inhalte(...), Bedeutungen(...) und Grenzziehungen" (Bogdandy von 2003: 15) in den Forschungsfokus rückt. Es müssen jene *sozialen Repräsentationen* erfasst werden, die der Identität „ein soziales und kulturelles Substrat" (Bogdandy von 2003: 15) liefern. *Ort* der Erfassung ist folglich die *soziale Interaktion*, die *Kommunikation*, in der die *sozialen Repräsentationen* konstruiert werden und den Individuen/ Gruppen als mögliche *Identitätselemente* ‚begegnen' – man könnte sagen: ‚*der Diskurs*'. In der Tat wird in der sozialpsychologischen Forschung in den letzten Jahren der „kommunikativen Einbettung kognitiver Prozesse“ (Flick 1995a: 11) zunehmend Rechnung getragen.

Insbesondere die *diskursive Psychologie* hat das Konzept der *sozialen Repräsentation* kritisiert, in an die eigenen epistemologischen und ontologischen Prämissen angepasster Form aber auch weiterentwickelt. Um den beschriebenen Identitätsbegriff und die Erfassung der Identitätsbildung auf der Ebene der Konstruktion sozialer Repräsentationen *diskursanalytisch* operationalisieren zu können, gilt es, sich im Folgenden mit dieser Kritik und den Ansätzen der diskursiven Psychologie auseinanderzusetzen.

Die *Theorie der sozialen Repräsentationen* markierte eine ‚soziologische‘ Wende im Kontext einer zuvor weitgehend individualistisch ausgerichteten Sozialpsychologie, indem sie einen engen Zusammenhang zwischen den Inhalten und Prozessen individueller Kognition und den sozialen, kulturellen und kollektiven Milieus postulierte, in die das denkende Individuum eingebunden ist. *Soziale Repräsentationen* haben demnach eine Art Zwittercharakter: Es ist ihnen eine supraindividuelle Existenz in der sozialen Interaktion eigen, dort werden sie generiert und verbreitet. Sie wirken präskriptiv und konventionalisierend und steuern individuelle Wahrnehmungen, Vorstellungen und Verhaltensweisen. Zugleich sind sie an mentale Prozesse gebunden, entstehen aus individueller Kognition heraus. Sie sind sowohl als *mentale* als auch *soziale* Konstrukte anzusehen. Verstehen und Handeln sozialer Akteure wird durch gemeinsame Vorstellungen gesteuert, diese spielen aber auch eine aktive Rolle in der Dynamik und Veränderung sozialer Repräsentationen (vgl. Bogdandy von 2003: 72). Der seit den 1980er Jahren ebenfalls im disziplinären Rahmen der Sozialpsychologie entwickelte Ansatz der *diskursiv* orientierten Psychologie ist ebenfalls aus dem Impetus der Abgrenzung gegenüber dem ‚individualistisch-kognitivistischen Reduktionismus‘ der Mainstream-Sozialpsychologie heraus entstanden. Ihr theoretischer wie analytischer Fokus liegt auf dem *Sprachgebrauch*: Diskursive Psychologie

> „is about language and its importance for social psychology. It looks at the subtle ways in which language orders our perceptions and makes things happen and thus shows how language can be used to construct and create social interaction and diverse social worlds“ (Potter/ Wetherell 1987: 1).

Diskurs meint in den ersten einschlägigen Veröffentlichungen alle Formen gesprochener Interaktion sowie geschriebene Texte aller Art (vgl. Potter/ Wetherell 1987: 7), wobei die Fassung des Begriffs in späteren Veröffentlichungen auch auf Zeichensysteme anderer Art und materielle Praktiken erweitert wird (vgl. Harré 1995: 170). Dieser offene Diskursbegriff und der explizite Verzicht auf eine einseitig festgelegte theoretisch-methodologische Ausrichtung (vgl. Potter/ Wetherell 1987: 175) macht den Ansatz der diskursiven Psychologie anschlussfähig an diesbezüglich konkretere diskurstheoretische und diskursanalytische Ansätze. Der Ansatz verortet sich selbst wissenschaftshistorisch in den Traditionslinien der Sprechakttheorie, der Ethnomethodologie und der Semiologie, aber auch des französischen Poststrukturalismus (vgl. Potter/ Wetherell 1987: 9-29). Die Grundannahme ist, dass eine kognitivistische Erklärung psychologischer ‚Phänomene‘ wie Attributionen, Vorurteile, Kategorisierungsprozesse, Selbst-Konzepte und *so-*

zialer Repräsentationen vor allem deshalb scheitert oder zumindest zu kurz greift, weil der Zugriff auf die Psyche des Individuums (fast) immer nur über Sprache möglich ist. Diese kann im Lichte ihres sozialen Konstruktionscharakters aber nicht als „unambiguous pathway to actions, beliefs or actual events" (Potter/ Wetherell 1987: 34) betrachtet werden, sondern muss als Produktionsort der ‚Realität' selbst zum Thema werden. Aus Sicht der Vertreter der diskursiven Psychologie scheitert die *Theorie der sozialen Repräsentationen* bei ihrem Versuch, individuelle Kognition und soziale Strukturen zusammenzubringen, vor allem an ihrem mangelnden Einbezug der konkreten Konstruktionsprozesse der Wirklichkeit in der sozialen Interaktion. Die Vertreter der diskursiven Psychologie[107] kritisieren MOSCOVICIs aus ihrer Sicht unzureichende Konzeptualisierung der Prozesse, mittels derer durch Sprache (kollektive) Realität geschaffen wird (vgl. Potter/ Wetherell 1995: 181)[108]. Seine Theorie erkläre *nicht*, *wie* in der sozialen Interaktion soziale Repräsentationen entstünden. Der Forscher, der versuche, soziale Repräsentationen zu erfassen, sie für die Forschungspraxis zu operationalisieren, sei unweigerlich mit *Diskurs* befasst, „whether it be participants′ responses to structured procedures like scales or questionnaires, or their accounts elicited in open-ended interviews" (Potter/ Wetherell 1987: 145). Dabei müsse er, folge er MOSCOVICIs Ansatz, über die Sprache auf mentale Zustände zurückschließen. Dies wirft laut POTTER/ WETHERELL folgende Frage auf:

> „Given the essentially performative and indexical nature of language use how can researchers construe it as a neutral record of secondary phenomena, in this case cognitive or mental states?" (Potter/ Wetherell 1987: 145).

Die *Theorie der sozialen Repräsentationen* wird als Schritt in die richtige Richtung angesehen, hin zu einer im Sozialen verankerten Konzeption psychologischer Prozesse, gehe aber nicht weit genug. Sie erkläre vor allem nicht, so kritisiert auch VON BOGDANDY (2003: 78), den „Sprung vom Individuellen zum Sozialen", löse nicht „das Problem des Zustandekommens von Repräsentationssystemen aus individuellen Kognitionen und Repräsentationen". MOSCOVICI verwende den Ausdruck *soziale Repräsentation* fast immer im Sinne ‚geteilter *kognitiver* Konzepte' (vgl. Harré 1995: 165-166; Potter/ Wetherell 1995: 183). *Soziale Repräsentationen* würden als ‚mentale schemata' konzeptualisiert. Diese Vorstellung „bedeutungssetzender Individuen" und „innerer Repräsentation" (Potter/ Wetherell 1995: 184) lehnen die Vertreter einer diskursanalytisch ausgerichteten Psychologie ab. Insbe-

107 Zur disziplinhistorischen Verortung der diskursiven Psychologie innerhalb der Sozialpsychologie vergleiche FLICK (1995a: 11-12).

108 In Reaktion auf diese Kritik hat MOSCOVICI (2001: 183) auch die Diskussion um archetypische ‚Themata' in die *Theorie der sozialen Repräsentationen* mit eingebracht, unter denen er zum Beispiel argumentative Topoi, so genannte ‚Gemeinplätze' u.ä. fasst, die seiner Ansicht nach diskursiven Schematisierungen und argumentativen Sprachspielen zu Grunde liegen – aber in der Kognition verortet werden, nicht im Diskurs. Diese seien die *Schlüssel* zur Interpretation der von uns vorgenommenen Kategorisierungen und bilden die Basis der *sozialen Repräsentationen*. Obgleich dieses Konzept kein linguistisches ist, bietet es doch Ausgangspunkte für eine Operationalisierung in der Textarbeit. Den engen Zusammenhang zwischen *Topoi*, Formen der *Argumentation* und spezifischen *sozialen Repräsentationen* gilt es in der Analyse herauszuarbeiten.

sondere wird die Vorstellung kritisiert, dass soziale Repräsentationen letztlich „cognitive *images*“ seien, dass MOSCOVICI sie unter anderem als „photo-kit“, als „*iconic* matrix of observable features“ beschreibe, da diese „of necessity hidden“ (McKinlay/ Potter/ Wetherell 1993: 141-42; Hervorhebungen durch Verfasserin), analytisch nicht fassbar seien. Verdeutlichen lässt sich dies an der für diese Arbeit grundlegenden Frage der Kategorienbildung. Auch die *diskursive Psychologie* weist Kategorisierungsprozessen eine grundlegende Rolle zu. Sie kritisiert, dass, obgleich in (fast) allen sozialpsychologischen Theorien der sozial konstruierte Charakter der Klassifikationen, die dann – laut diesen Theorien[109] – internalisiert werden, konstatiert werde, der *Konstruktionsweise* selten nachgegangen werde. *Kategorisierungsprozesse* seien aber *nur in der Sprache* erfassbar. Es wird keineswegs negiert, dass Kategorisierungsprozesse auch *kognitive Prozesse* seien und in der Wahrnehmungssteuerung und Weltinterpretation eine wichtige Rolle spielen. Nur sei auf diese Ebene nicht ohne weiteres zuzugreifen – und auch diese Ebene werde letzten Endes diskursiv gesteuert. Kategorisierung wird als „important and pervasive part of people´s discourse“ (Potter/ Wetherell 1987: 116) gesehen, der *nicht nur* der Vereinfachung der komplexen sozialen/ physischen Welt diene und so Handlungen ermögliche, sondern auch ganz spezifische *Funktionen* in der jeweiligen sozialen Interaktion erfülle. Kategorien würden in der sozialen Interaktion – unter Rückgriff auf bereits vorliegende Kategorienkonstrukte – aktiv konstruiert und zwar oft mit ganz *spezifischen Zielen* der *Selbst-* und/ oder *Fremddarstellung*[110]. Der *Handlungscharakter des Sprechens* müsse beachtet werden: Repräsentationen würden oft „in Konfliktsituationen zur Erreichung partikulärer Ziele produziert“ (Potter/ Wetherell 1995: 184) – wie die *mentalen* Repräsentationen in diesen Fällen ‚tatsächlich‘ beschaffen seien, sei aus dem Gesagten deshalb gar nicht eindeutig herauslesbar.

Zudem werden MOSCOVICIs Thesen zum Zusammenhang zwischen *Gruppenbildung* und *sozialen Repräsentationen* in Zweifel gezogen. Es wird kritisiert, dass in MOSCOVICIs Ansatz Gruppen mittels eines Zirkelschlusses durch gemeinsame soziale Repräsentationen charakterisiert (das heißt *durch diese erst definiert* werden), gleichzeitig soziale Repräsentationen aber als konsensuelle Vorstellungen bestimmter Gemeinschaften konzeptualisiert würden. Dies sei kein gangbarer Weg, Gruppenbildungsprozesse zu erklären (vgl. Potter/ Wetherell 1987: 142ff; siehe auch McKinlay/ Potter/ Wetherell 1993)[111].

109 POTTER/ WETHERELL (1987: 116ff.) nennen unter anderem die *Prototypentheorie*, aber auch experimentelle Studien zur Kategorisierung von TAJFEL. Da die *Theorie der Sozialen Identität* und die *Theorie der Selbstklassifikationen* etwa zeitgleich mit Erscheinen ihres für die *diskursive Psychologie* grundlegenden Werkes entstanden, setzen sie sich mit diesen Ansätzen nicht auseinander, es gelten jedoch cum grano salis die selben Kritikpunkte.

110 Um ein konkretes Beispiel zu nennen: Aus Goebbels-Reden lässt sich wohl weniger eine stabile Einschätzung und inhaltliche Füllung der sozialen Kategorie ‚Jude‘ herauslesen, die aus der Wahrnehmung bestimmter Menschen als ‚anders‘ entstanden ist, als der politisch instrumentalisierte Rückgriff auf bereits in der Gesellschaft vorhandene Vorstellungen und die aktive Konstruktion der Kategorie als ‚Volksschädlinge‘ (vgl. Braun 2007: passim).

111 DOISE (1993: 167ff.), der sich mit der Kritik der diskursiven Psychologie an der SRT auseinandersetzt, wirft deren Vertretern allerdings vor, „unsupportable allegations“ aufzustellen und „attacks on men of straw“ auszuführen – der Zusammenhang von Repräsentationen und

Die *diskursive Psychologie* betont bei aller Kritik durchaus das gemeinsame Erkenntnisinteresse beider Ansätze. Sie versucht sich der Frage, wie die soziale und materielle Welt konstruiert und verstanden wird, aber auf anderem Wege anzunähern, indem sie analytisch „sämtliche psychischen Prozesse tatsächlich als diskursive Ereignisse" (Harré 1995: 175) fasst. Sie umgeht das Problem, individuelle Kognition und soziale Einflüsse zusammenbringen zu müssen, indem schlicht die analytische Trennbarkeit negiert wird: Individuelle Kognition wird als außerhalb des Diskurses nicht nachvollziehbar angesehen. Deutungs- und Erklärungsprozesse werden nicht „in den Köpfen einzelner Individuen, sondern im gemeinsamen Tun" verortet, in der „Sprache" (Bogdandy von 2003: 69). Kognition (also: Informationsverarbeitung) selbst wird in diesem Kontext entindividualisiert, das „Soziale" wird als „Ursprung der individuellen Kognition" angesehen, die „nicht (...) (nur)" als „eine mentale Funktion" angesehen wird, sondern als „Eigenschaft des (sozialen) Systems" (Bogdandy von 2003: 74). Es wird wohlgemerkt nicht die Existenz individueller Kognition oder des Subjekts an sich bestritten, sondern lediglich betont, dass „innere Dinge wie Absichten, Glaubenssätze und Verstehensprozesse im allgemeinen erst dann bedeutsam sind, wenn sie zur Ausführung von Handlungen oder zur Mitteilung von Informationen eingesetzt werden" (Potter/ Wetherell 1995: 180)[112]. *Der Diskurs* sei Entstehungs- und Transformationsort sozialen Wissens. „Kulturelle Inhalte" werden deshalb nicht als „mentale Bilder behandelt, die dann Verwendung finden, wenn bestimmten Phänomenen eine Bedeutung zugeschrieben wird", sondern als „Bestandteil der Interaktion in einzelnen Situationen (in Zeitungsartikeln, in Gesprächen, in politischen Reden)" (Potter/ Wetherell 1995: 181). Folgerichtig rekonzeptualisiert die *diskursive Psychologie* soziale Repräsentationen als „Zeichensysteme, einschließlich der Regeln und Konventionen als deren Gebrauchsanweisungen", mit deren Hilfe wir die „Erzählungen des Alltagslebens aus(...)leben und (...) je nach Erfordernissen der Situation, diskursive Versionen von ihnen liefern" (Harré 1995: 173, 175). Erfassbar machen will sie diese über das analytische Instrument *des interpretativen Repertoires*, definiert als

> „a lexicon or register of terms and metaphors drawn upon to characterize and evaluate actions and events" (Potter/ Wetherell 1987: 138; vgl. auch Potter/ Wetherell 1995: 188-189).

Repräsentationen müssen als *Diskurseigenschaften*, als „Lesarten, Formulierungen, Kennzeichnungen, Beschreibungen" (Potter/ Wetherell 1995: 183) verstanden werden. Ihre Analyse müsse fragen „wie" und mit welchen (sprachlichen) „Hilfsmittel[n] (...) Weltauffassungen verfestigt, als wirklichkeitsgetreu gesetzt oder als von den Sprechenden unabhängig geltend etabliert werden" (Potter/ Wetherell 1995: 184).

Unbestritten hat auch MOSCOVICI die Konstruktion der sozialen Repräsentationen in der Kommunikation verortet und die grundlegende Bedeutung der Sprache

Gruppen und die Frage der Konsensualität werde in Studien zu sozialen Repräsentationen sehr viel kritischer betrachtet als dies von der diskursiven Psychologie unterstellt werde.

112 Dies gilt in letzter Konsequenz auch auf die *Identitätstheorien*: Es handelt sich um analytische Konzepte, die mit sprachlichen Mitteln eine Vorstellung kognitiver Strukturen und Prozesse entwerfen, auf die nur über Sprache der Zugriff möglich ist. Das ‚Bild' des ‚Identitätselementes' in seinen ‚Dimensionen' ist genau das: ein Bild, eine Repräsentation, ein Welt-Modell.

für ihre Genese und Transformation betont. In der (selbst-)kritischen Auseinandersetzung mit den kritischen Stimmen der Diskurspsychologen haben MOSCOVICI (2001: 157) und andere sogar zugestanden, dass „there are no other means except discourse and the meanings it carries through which individuals and groups are able to orient and adapt themselves". Der Kritik begegnend, die Theorie trage der Kontext- und Situationsspezifik von Klassifikationsprozessen nicht genügend Rechnung, wurde betont, soziale Repräsentationen hätten axiomatischen Status nur „at a given historical moment for some type of object and situation" (Moscovici 2001: 158). Zahlreiche Sozialpsychologen, die *nicht* diskursanalytisch arbeiten, sehen sprach- und diskursorientierte Ansätze im Kontext der Erfassung sozialer Repräsentationen als wichtigen methodischen Mosaikstein an (vgl. Billig 1993; Doise 1993)[113]:

> „social representations are communicated ideas and images. One should therefore study the precise terms in which these ideas are communicated. Undoubtedly the most important of these is the language, literally words (...)" (Emler/ Ohana 1993: 85).

Allerdings hält MOSCOVICI (2001: 158) auch in neueren Veröffentlichungen daran fest, dass diese Prozesse „the work of *subjects* acting through their representations of reality and constantly reworking their own representations" seien. *Akteure* spielen eine Schlüsselrolle in seinem Konzept:

> „I am referring to those pedagogues, ideologues, popularizers of science or priests, that is, the representatives of science, cultures and religions, whose task it is to create and transmit them, often, alas, without either knowing or wishing it" (Moscovici 2001: 27).

Die *Theorie der sozialen Repräsentationen* und die *diskursive Psychologie* unterscheiden sich bezüglich ihres Erkenntnisinteresses, ihrer Konzeptualisierung der Subjektrolle und – zumindest zum Teil – bezüglich ihres Untersuchungsobjektes. Die *Theorie der sozialen Repräsentationen* ist vor allem daran interessiert, auf welche Weise Personen und Gruppen in spezifischen Situationen und kulturellen Kontexten die materielle und soziale Welt mit Hilfe geteilter mentaler Repräsentationen verstehen und deuten. Sie fragt vom Individuum und der Gemeinschaft aus nach Prozessen der Sinnkonstruktion. Die *diskursive Psychologie* geht von der Sprache aus und fragt nach den „subtle ways in which language orders our perceptions and makes things happen and (...) how language can be used to construct and create social interaction and diverse social worlds" (Potter/ Wetherell 1987: 1). Während die *Theorie der sozialen Repräsentationen* von einem sinnsetzenden, dabei in den sozialen Kontext eingebundenen und von diesem durchaus gesteuerten, handelnden Subjekt ausgeht, verortet die *diskursive Psychologie* bedeutungssetzende und wissenskonstruierende Prozesse im Diskurs. Es kommt jedoch auf die individuelle theoretische Ausrichtung des Forschers an, ob die Existenz des Subjekts als solches bestritten wird und nur noch von ‚Knoten im Diskurs' gesprochen wird oder von intentional agierenden Sprach(be-)nutzern ausgegangen wird (vgl. u.a. Potter/ Wetherell 1987; Harré 1995; Bogdandy von 2003). *Untersuchungsobjekt* ist in beiden Fällen Sprache, doch das Erkenntnisinteresse ist in der

113 So betont BILLIG (1993: 58): „common-sense itself could be said to be argumentatively structured (...) the structure and content of thinking (...) is essentiallly rhetorical".

diskursiven Psychologie nicht auf die der Sprache zu Grunde liegenden *Denkprozesse* gerichtet, sondern auf den kommunikativen Prozess selbst[114].

Für die Erfassung der Konstruktion von (europäischen) Identitäten lassen sich aus dem Vorangegangenen folgende Schlussfolgerungen ziehen: Allgemein: „Identitätsbildung (...) ist eine aktive Leistung der Subjekte" (Keupp et al. 2006: 7). Die „Psychologie", so kann mit KEUPP et al. (2006: 14) konstatiert werden, ist letztlich, auch als Sozialpsychologie, eine „Subjektwissenschaft"[115]. In dieser Arbeit wird von *intentional handelnden Akteuren* ausgegangen, die jedoch keineswegs in unkritischer Weise im Sinne der „naiven Moderne" (Keupp et al. 2006: 53) konzeptualisiert werden. Der ‚Tod des Subjekts' ist vor allem der Abschied von einem überholten Subjektverständnis (vgl. Keupp et al. 2006: 53)[116]. *Subjekte* ebenso wie *Identitäten*, werden in kontext-sensitiver Weise gedacht. Sie sind eingebettet in spezifische Gegebenheiten, aktualisieren spezifische *soziale Repräsentationen* und haben Anteil an spezifischen *Diskursen*. KEUPP et al. betonen:

> „Obwohl die Entstehung von Identität nur als kommunikativer Prozess begriffen werden kann, wird Identität in der westlichen Welt in einer ichbezogenen Form erzählt und repräsentiert" (Keupp et al. 2006: 20)[117].

Sowohl *Identitäts-* als auch *Subjektbegriff* sind also *kontingent* und müssen in jedem Forschungskontext neu hinterfragt werden. Konkreter: Aufbauend auf der *Identitäts-Prozess-Theorie* wird *Identität* im Kontext dieser Arbeit als im Individuum mit Hilfe von sozial (vor-)geformten *Identitätselementen* konstruiert angesehen. *Soziale Repräsentationen* ermöglichen den konzeptuellen Zugriff auf die (möglichen) Elemente von Identität und den (sozialen) Prozess der Identitätsbildung, wenn auch nicht auf die spezifischen Identitätsausprägungen von Individuen. *Kollektive Identität* wird als „Artefakt der Selbstbeobachtung kollektiven Handelns", als „Konstrukt öffentlicher Kommunikation" (Giesen 2002: 68) konzeptualisiert. Diese Vorstellung betont die wichtige Funktion von Institutionen und Akteuren, die an der Produktion und Diffusion *sozialer Repräsentationen* beteiligt sind. Obgleich der Schwerpunkt der Konstruktion sozialer Repräsentationen von MOSCOVICI in der sozialen Interaktion, im Diskurs verortet wird, elaboriert er den Prozess ihrer (sprachlichen) Konstruktion nicht genauer. Eine Operationalisierung

114 Zur hochspannenenden, kontroversen und noch unabgeschlossenen Debatte um den Zusammenhang zwischen Sprache und Denken sei verwiesen auf die Ausführungen von MARCUS (2005: 155ff.)

115 Zur Diskussion über den Subjektbegriff in Sozialtheorie, Psychologie und Sozialpsychologie siehe die ausführliche Darstellung des Themas bei KEUPP et al. (2006: 16-17).

116 „Die Identitätskonstruktion eines ‚sich selbst-genügenden' (...) eines in seine Innerlichkeit eingeschlossenen Subjekts, eines ‚homo clausus'(...), mit einer ‚monologisch' gedachten Identität, eines androzentrisch gedachten Individuums, steht im Mittelpunkt der dekonstruktiven Bemühungen. Wenn in postmodernistischen Nachrufen vom ‚Tod des Subjekts' die Rede ist, dann sind genau jene Identitätskonstruktionen gemeint, die von der ideologischen Vereinseitigung moderner Menschenbilder geprägt sind" (Keupp et al. 2006: 24).

117 „Identitätsbildung ist nicht einfach der Vollzug eines biologischen Programms. Es handelt sich vielmehr um einen Entwicklungsprozess, der eng damit zusammenhängt, wie in einer bestimmten gesellschaftlichen Epoche die personale Entwicklung verläuft und gedacht wird" (Keupp et al. 2006: 70).

der Theorie ist über eine Analyse von Texten (aller Art) möglich, wie diese Texte allerdings analysiert werden sollen, bleibt unklar. Die *diskursive Psychologie* weist hier den Weg, indem sie betont, dass soziale Repräsentationen – in ihrem Sinne rekonzeptualisiert – durch *diskursive* Prozesse entstehen und nur durch ein *diskursanalytisches Instrumentarium*, das den kontingenten, situativen Charakter des Sprechens einbeziehe, analysierbar seien. In dieser Ausschließlichkeit ist dem aus Sicht der Verfasserin zwar nicht zu folgen – es gibt zahlreiche methodische Ansätze zur Erfassung sozialer Repräsentationen, die, je nach spezifischem Erkenntnisinteresse, zu fundierten Ergebnissen führen können (siehe hierzu u.a. den Sammelband von Breakwell/ Canter (Hrsg.) 1993) – doch können diskursanalytische Arbeiten einen wichtigen Beitrag zur Erfassung sozialer Repräsentationen leisten und insbesondere ihre „inherent complexity" und „fluid renegotiation" deutlich machen, ihre „dynamic vitality" und „subtle variations" (Canter/ Breakwell 1993: 334) offenlegen.

In der Kognition-Diskurs-Debatte, der Frage, ob über die Analyse sozialer Repräsentationen in Diskurs Rückschlüsse auf kognitive Strukturen und Prozesse möglich sind, ob soziale Repräsentationen in ihrem sozio-kognitiv Doppelcharakter analysierbar sind oder letzlich nur als ‚Diskursfiguren', verortet sich die Verfasserin wie folgt: Der diskursiven Psychologie folgend wird davon ausgegangen, dass auf soziale Repräsentationen nur über ‚die *Sprache*' zugegriffen werden kann, die nicht als ‚neutrale Abbildung sekundärer, kognitiver Phänomene' betrachtet werden kann. Aus Texten können soziale Repräsentationen im Sinne *kognitiver* Vorstellungen nicht ‚abgelesen' werden, weniger noch ‚Identitätselemente'. Aus dem *Handlungscharakter* sprachlicher Äußerungen muss abgeleitet werden, dass den aktualisierten Repräsentationen eine jeweils spezifische *kommunikative Funktion* zukommt: Der Schluss auf die Vorstellungs- und vor allem die Identitätsprozesse des sie aktualisierenden Individuums ist deshalb problematisch. Zugleich muss bewusst gehalten werden, dass sich *soziale Repräsentationen* nicht auf ihren diskursiven Entstehungszusammenhang reduzieren lassen:

> „Whereas discourse is of course of primary importance in the expression, communication and reproduction of social representations (...) this does not mean that discourse or its strategies are *identical* with such representations" (Dijk van, zitiert nach Doise 1993: 168; Hervorhebung durch Verfasserin)[118].

Die Verfasserin folgt MOSCOVICI, DOISE und den Identitätstheoretikern, indem davon ausgegangen wird, dass wissenschaftliche Aussagen über soziale Repräsentationen als *sozio-kognitive* Welt-Modelle und über *kognitive* Identitätsprozesse unter Bewussthaltung der genannten Kautelen und des (re-)konstruktiv-hypothetischen Charakters dieser ‚Thesen' nicht völlig unmöglich sind. Der handelnde Akteur ist es, der, eingebunden in den Diskurs, abhängig von Kontext und

118 Der Verfasserin scheint MARCUS (2005: 155-156) Ansicht einleuchtend, dass „es Denken ohne Sprache geben kann", dass „damit" aber „keineswegs gesagt" ist „dass die Sprache beim Denken keine Rolle spielt". „Sprache (...) ermöglicht (...) bestimmte Denkformen (...) unter anderem die Art von (...) reflektierendem Denken, mit dem Sie jetzt gerade beschäftigt sind. Sprache (...) gibt (...) dem Inhalt des Denkens eine Form und ‚rahmt ihn ein'", sie „bestimmt mit, woran wir uns erinnern" und bietet „für komplexe Vorstellungen ‚Anker' an(...)".

kommunikativer Funktion diese oder jene Form der linguistischen Realisation, dieses oder jenes ‚Weltmodell' aktualisiert. Der Diskurs bildet einen Möglichkeitsrahmen, der jedoch Wahlmöglichkeiten eröffnet. Identität wird als Prozess begriffen, in dem je nach Situation verschiedene ‚Elemente' an Salienz gewinnen. Je nach untersuchter ‚Textsorte' und nach Kommunikationsbereich können die aktualisierten Repräsentationen *plausibler* als ‚Identitätsangebote' an andere (möglicherweise in appellativer Form), als in ‚strategischer Funktion' gebraucht (etwa, wenn im Namen der political correctness Essentialisierungen oder stigmatisierende Abgrenzungen nicht aktualisiert werden) oder als ‚wahre Meinung' des Akteurs betrachtet werden (die, natürlich, dynamisch und kontextgebunden ist). Die Zusammenhänge zwischen Diskurs und Kognition sind hochkomplex und dialektisch, Vorstellungen, die in die eine oder andere Richtung von einer ‚Determinationsrelation' ausgehen, lehnt die Verfasserin ab. Kurz: Der Abkehr vom Subjekt und der vollständigen Auflösung des handelnden, intentionalen Akteurs im Diskurs in Teilen der diskursiven Psychologie wird nicht gefolgt, doch es wird anerkannt, dass die *Erfassung* der Konstruktion sozialer und physischer ‚Realität' (fast) nur über Texte möglich ist. Nur auf diese Weise kann dem Handlungscharakter des Sprechens, dem situativ funktionalen Charakter sozialer Repräsentationen, auf die in konkreten Äußerungshandlungen rekurriert wird, Rechnung getragen werden. Es handelt sich um Instrumente unseres Weltverständnisses, die zwar von Individuen (in der sozialen Interaktion) konstruiert werden, aber eine „supraindividuelle" Existenz besitzen und deshalb „unabhängig von einzelnen Kognitionen untersucht werden" (Bogdandy von 2003: 78) können bzw. müssen.

2.7 Zwischenfazit: Identität, Repräsentation, Diskurs

Identität, Repräsentation und *Diskurs* sind in Alltagssprache und Wissenschaftsjargon oft vage Ausdrücke, bestenfalls Begriffe, denen eine gewisse Polysemie eigen ist. Diese inhärente Mehrdeutigkeit wird vor allem dann problematisch, wenn Forschungsfragen quer zu Disziplingrenzen liegen und eine Herangehensweise erfordern, die multi- oder doch zumindest interdisziplinär ist. Die Ausdrücke *Identität, Repräsentation, Diskurs* werden schon innerhalb einzelner Disziplinen je nach akademischer Sozialisation, epistemologischem Standpunkt und theoretischer Verortung sehr unterschiedlich definiert. Überschreitet man Disziplingrenzen ist der Gebrauch dieser Kategorien noch weniger eindeutig: *Repräsentation* bedeutet in der Linguistik etwas Anderes als in der Sozialpsychologie und wird dort anders verwendet als in der Soziologie – auch weil sich zu beschreibende Phänomene und Erkenntnisinteressen unterscheiden. Vor diesem Hintergrund ist sinnvolles wissenschaftliches Arbeiten nur unter Explizitmachung derjenigen Begriffsbedeutung möglich, auf die im jeweiligen Kontext rekurriert wird, was die theoretische Verortung der gewählten Arbeitsdefinitionen beinhaltet.

Aus dem weiten Feld möglicher Referenzzusammenhänge von *Identität* werden im Kontext dieser Arbeit die *sozialpsychologischen Identitätstheorien* gewählt. Konkreter: die *Identitäts-Prozess-Theorie.* Der vertretene *Identitätsbegriff* erfasst aus

Sicht der Verfasserin den *sozio-kognitiven Doppelcharakter* von Identitätsprozessen am Besten. Er beinhaltet eine Grundsatzentscheidung, was das Erkenntnisinteresse betrifft: Mit *Identität* wird in dieser Arbeit ganz konkret auf *individuelle* Identitätsprozesse referiert, auch die Definition *kollektiver Identität* im Sinne von LYONS ist individualistisch ausgerichtet. *Europäische Identität* referiert auf die Integration *europabezogener Identitätselemente* in individuelle Identitätsprojekte. Die Identitäts-Prozess-Theorie weist aber über die individuelle Ebene hinaus, indem sie die Formierung der *Identitätselemente*, ihre Inhalts- und Wertungsdimension, in der *sozialen Interaktion* verortet. BREAKWELL selbst schlägt in diesem Zusammenhang die Brücke zur Theorie der *sozialen Repräsentationen*. Soziale Repräsentationen im Sinne von Welt-Bildern, von Bausteinen der Konstruktion der sozialen und materiellen ‚Umwelt', stellen demnach in der sozialen Kommunikation (re-)produzierte und transformierte *potentielle Identitätselemente* beziehungsweise *Identitätsangebote* dar. Der *Repräsentationsbegriff*, auf den zurückgegriffen wird, ist ebenso sozialpsychologischen Ursprungs wie der Identitätsbegriff. Auch er besitzt einen sozio-kognitiven Doppelcharakter. Vor dem Hintergrund des konkreten Erkenntnisinteresses, also *raum-* beziehungsweise *europabezogener Identitätsangebote*, wurde zudem die Sonderrolle der sozialen Kategorien *Raum* und *Zeit* hervorgehoben. Die zu diesem Zwecke eingebrachten geographischen Konzepte der *geopolitischen Imagination* und der *raumbezogenen Identität* wurden im Lichte des sozialpsychologischen Identitäts- und Repräsentationsbegriffes betrachtet. *Geopolitische Imaginationen* sind fassbar als *raumbezogene soziale Repräsentationen des Eigenen und des Fremden*. Das Konzept der *raumbezogenen Identität* stellt bereits eine auf Räumlichkeit und Territorialität zugespitzte Anwendung (sozial)psychologischer Ansätze dar, die mit den in dieser Arbeit verwendeten kompatibel sind.

Die Grundannahme der Konstruiertheit von *Repräsentationen* und *Identitäten* in der *sozialen Kommunikation* muss nun operationalisiert werden. Welche Herangehensweise ermöglicht die Erfassung dieses Konstruktionsprozesses im konkreten Textexemplar? Unter Berücksichtigung der Vorarbeiten der Sozialpsychologin VON BOGDANDY und der kritischen Weiterführung der Thesen der *Theorie der sozialen Repräsentationen* in der *diskursiven Psychologie* wird diese Frage beantwortet mit: die *Diskursanalyse*. So einleuchtend es erscheint, auf diskursanalytische Verfahren zurückzugreifen, um den Prozess der sozialen Konstruktion von Identitätsangeboten im Kontext sprachlicher Äußerungen zu erfassen, so unklar bleibt zunächst, wie genau *methodisch* vorzugehen ist. Denn in Sprachphilosophie, Sprachwissenschaft und Soziologie existiert eine Vielzahl diskurstheoretischer und diskursanalytischer Ansätze. Der allgemeinen Entscheidung für eine diskursanalytische Herangehensweise muss deshalb eine konkretere bezüglich der tatsächlich einbezogenen Ansätze folgen: Das Diskursverständnis dieser Arbeit und seine Operationalisierung werden im Methodenteil expliziert werden (siehe 4).

3 Repräsentationen Europas

Es existiert eine „kaum mehr überschaubare Fülle von Studien, die sich Prozessen der Konstruktion einer europäischen Identität (...) widmen" (Albert 2005: 57). Diesen noch eine weitere hinzuzufügen, ist ein gewagtes Unterfangen. Schließlich ließe sich ein Analyseschema zur Erfassung *raumbezogener Identitätsangebote* im *Diskurs* auch anhand anderer, weniger im Forschungsfokus stehender Themenkreise operationalisieren. Warum *europäische Identität*? Die Vielzahl bereits vorliegender einschlägiger Veröffentlichungen ist auch der Tatsache geschuldet, dass der Frage nach der diskursiven Konstruktion Europas als potentiellem Identitätsbaustein in ihrem Bezug auf aktuelle politische und gesellschaftliche Debatten eine besondere Relevanz zukommt. Die Fülle bereits erarbeiteter Daten bietet die Chance, eine notwendigerweise in die Tiefe gehende Analyse im Kontext der Ergebnisse exploratorischer Forschungen zu interpretieren.

Während der Zusammenhang *Identität – Repräsentation – Diskurs* im ersten Teil dieser Arbeit in allgemeiner Form konzeptionalisiert wurde, soll in diesem Kapitel der ausgewählte *Forschungsgegenstand* fokussiert werden. In gewisser Weise handelt es sich bereits um einen Teil der *Kontext-* und *Intertextanalyse* des zu untersuchenden Textes. Das Kapitel schiebt sich aus Gründen der logischen Stringenz zwischen den *theoretischen* zweiten Teil und den *methodischen* vierten Teil der Arbeit[119]. Es gilt, die im vorangegangen Abschnitt gegebenen theoretischen Antworten auf den konkreten Prozess der *europäischen Identitätsbildung* zuzuspitzen. Dabei wird in zwei Schritten vorgegangen. Zunächst wird die *Identitätspolitik* der EU als Rahmen der aktuellen EUropäischen Identitätsbildungsprozesse fokussiert. In einem zweiten Schritt sollen bereits vorliegende empirische Arbeiten zur EUropäischen Identitätsthematik in den Blick genommen werden, aus deren Ergebnissen bestimmte Erwartungen bezüglich des ‚Diskursfeldes' ableitbar sind, auf deren Basis eine thematische Matrix *europabezogener Identitätsangebote* entwickelt werden kann. Die im Analysetext (re-)produzierten Identitätsangebote sind Teil eines weiten Feldes intertextueller Zusammenhänge, das durch diese Vorgehensweise zumindest teilweise umrissen werden kann.

119 Aus ähnlichen Gründen werden die theoretischen Grundlagen der linguistischen Diskursanalyse im Zusammenhang mit den methodischen Herangehensweisen behandelt.

3.1 Die Identitätspolitik[120] der Europäischen Union als Rahmen europäischer Identitätsbildungsprozesse

> „In considering the European identity, we are really talking about the generation of a new identity in the context of the European Union" (Breakwell 1996: 23).

Die *Europäische Union* formt und stiftet durch politische Maßnahmen ‚europäische Identität'. Eine „explizit identitätsstiftende(…) Politik" (Walkenhorst 1999: 209) auf supranationaler Ebene beziehungsweise „specific attempts of European institutions to foster a new identity" (Bruter 2005: 58) lassen sich vor allem in den letzten 25 Jahren beobachten. *Akteure* dieses Konstruktionsprozesses sind die *Machteliten* der Europäischen Union, „Trägergruppen"[121] in Politik und Verwaltung, die zugleich mit einer Art *EUropäischer ‚Identitäts-Vorlage'* für die einzelnen BürgerInnen auch eine *EUropäische ‚Gemeinschaft'* und eine *EU-Staats-Identität* zu generieren suchen (vgl. Breakwell 1996: 26; Walkenhorst 1999: 43; Castano 2004: 43).

Die ‚Institutionen' der *Europäischen Union* versuchen nicht nur, *Europa* als neues *potentielles Identitätselement* zu etablieren, sondern auch dessen *Inhalte*, *Grenzziehungen* und *Bedeutungen* in ihrem Sinne zu beeinflussen. LYONS, BREAKWELL und CASTANO sprechen von der intentionalen, politisch gesteuerten Konstruktion ‚neuer sozialer Kategorien', mit denen sich ‚die EuropäerInnen' identifizieren sollen (vgl. Lyons/ Breakwell 1996: 3; Castano 2004: 43). Be-Deutungen ‚Europas' werden in politischen und administrativen Entscheidungsprozessen etabliert und dann unter anderem über die Öffentlichkeitsarbeit der *Europäischen Union* in die soziale Interaktion eingebracht: Einschlägige *EUropabezogene soziale Repräsentationen* werden „artificially cultivated, designed by bureaucrats and politicians for rapid consumption through the mass media" (Breakwell 1996: 23). Neben der Öffentlichkeitsarbeit und den Medien spielen „identity-founding institutions" (Berezin 2003: 13) wie die Bildungssysteme der Mitgliedsstaaten eine Schlüsselrolle in ihrer Diffusion, Rekontextualisierung und Transformation. Schulische Bildung und Öffentlichkeitsarbeit bauen aufeinander auf: „Wenn der europäischen Öffentlichkeit sowohl das Interesse als auch das notwendige Minimum europapolitischer Bildung fehlt", so betont GACK (2008: 23), müsse die „Informationspolitik" zwangsläufig „ins Leere laufen".

120 Dieser Begriff wird als Kürzel für die identitätstiftenden politischen Maßnahmen der EG/EU verwendet, ohne dass hiermit auf eine bestimmte Definition von *Identitätspolitik* Bezug genommen würde (vgl. Walkenhorst 1999: 230-231; Pratt 2000).

121 Dieser Begriff wurde von dem Soziologen EISENSTADT geprägt, der darunter Interessenzirkel fasst, die „das geformte Gemeinschaftsbewußtsein (…) mit ideologischen Inhalten" füllen, um ihren „Einfluss auf die Staatsgeschäfte zu sichern" (Walkenhorst 1999: 88).
Die *einzelnen Akteure*, die auf EU-Ebene, aber auch auf Ebene der einzelnen Mitgliedsstaaten, ‚Konstruktionen von Europa' (re-)produzieren und in politischen Interaktionsprozessen aushandeln, genauer zu fokussieren und zu differenzieren würde an dieser Stelle zu weit führen, weshalb, stark vereinfachend, lediglich auf die institutionelle Ebene bzw. die Ebene der proklamatorischen Verlautbarungen in offiziellen Dokumenten Bezug genommen werden wird. Einzelne Studien, die ganz gezielt einzelne Akteure, Politikfelder und Debatten in den Blick nehmen und den Blick so verengen und zugleich schärfen werden unter 3.2 vorgestellt.

Dass die EG/EU Identität zu stiften versucht ist unbestritten. Warum aber? Mit welchen Mitteln? Im Folgenden sollen zunächst (1) die *Funktionen* der Identitätspolitik der Gemeinschaften beziehungsweise der Union in den Blick genommen werden. Darauf aufbauend werden (2) ihre *wichtigsten Entwicklungsschritte* umrissen. Vor dieser Hintergrundfolie können dann (3) einzelne Politikfelder und *identitätsstiftende Maßnahmen*, kurz, die *Strategien* der Identitätspolitik nachgezeichnet werden. In einem abschließenden Schritt sollen (4) die im Rahmen der EG/EU-Identitätspolitik *aktualisierten Europa-Bilder* und *inhaltlichen Spezifizierungen europäischer Identität* schlaglichtartig fokussiert werden.

Funktionen der EG/EU-Identitätspolitik

Die politisch gewollte Schaffung *EUropäischer Identität* hat vor allem *funktionale* Hintergründe. Sie wird als Basis der *sozialen Legitimation* des EU-Projektes angesehen (siehe 1.1)[122]. Die EU betreibt die „politicization of the concept of ‚European identity'" (Shore 1993: 784) aber auch, um eine ‚Gemeinschaft' zu stiften, die zu *solidarischem* Verhalten bereit ist. Die Verbreitung von Wissen über die EU, über eine ‚gemeinsame europäische Kultur' und die Förderung der Identifikation mit ‚Europa' – auf ‚zivilgesellschaftlicher' wie auf ‚kultureller' Ebene – soll ‚Europa' bürgernäher machen. Im Spannungsfeld zwischen der zunehmenden ökonomischen und politischen Integration der *Europäischen Union*, zwischen den wahrgenommenen politischen ‚Notwendigkeiten' der Kooperation zur Erhaltung der Wettbewerbsfähigkeit und des gewohnten Lebensstandards im Zeitalter globaler Märkte, Waren-, Informations-und Migrationsströme und steigender Skepsis und ‚Europa-Müdigkeit' vieler EU-BürgerInnen, wurde in den letzten Jahrzehnten zunehmend auf das Konzept einer ‚Bürger-Union' gesetzt: Die Einbeziehung der BürgerInnen in den Prozess der europäischen *Integration*, die Schaffung einer europäischen *Öffentlichkeit* und einer solidarischen *Bürgerschaft*, die den Einigungsprozess nicht nur akzeptiert, sondern mitträgt, wird von Politikern (wie auch von vielen Wissenschaftlern) als probates Mittel gegen die *Legitimations-* und *Demokratiedefizite* der *Europäischen Union* gesehen. Der „Diskrepanz zwischen der systemisch-institutionellen und (der) sozial-kommunikativen Integration" (Jobst 2006: 6) der *Europäischen Union* soll durch europäische ‚*Identitätspolitik*' begegnet werden:

> „EU-bureaucrats seem to assume that the process of economic and political convergence necessitates the creation of a shared supranational identity which is able to bridge cultural pluralism and social discrepancies" (Nanz 2000: 287).

Die EU bedarf aus eigener Sicht der „symbolische[n] Repräsentation von Nähe durch Bildung von legitimatorischen Räumen, Bezugspunkten und Erfahrungen sowie durch Appell an diese" (Hettlage 2002: 385). Zudem geht es um eine Eindämmung und Überwindung nationalistischer ‚Diskurse' (vgl. Shore 1993: 786).

Die multidimensionale Struktur der *Europäischen Union* stellt sich für die BürgerInnen noch komplexer dar als die politische Ebene des Nationalstaates. Die

122 „Kollektive, auf eine politische Einheit gerichtete Identität stellt" aus Sicht der Entscheidungsträger „den stärksten sozial-legitimatorischen Faktor innerhalb demokratischer Herrschaftsformen dar" (Walkenhorst 1999: 211).

EU steht aufgrund ihrer Dynamik und unklaren Finalität und ihres mangelnden Zugriffs auf die „notwendigen Instrumente und Institutionen" (Walkenhorst 1999: 211) klassischer Identitätspolitik vor besonderen Schwierigkeiten, sich selbst als Fokus *raumbezogener Identifikation* darzustellen und europäische *Identitätsangebote* zu generieren und zu verbreiten. Dies macht die Konstruktion einer *imagined community* auf EU-Ebene nach Walkenhorst (1999: 211) zu einem „beispiellosen Experiment".

Was aber bedeutet *Identität* im Kontext dieser Debatte überhaupt? Nicht nur ist anstelle von *Identität* oft auch von *Zusammengehörigkeitsgefühl, Bewusstsein* oder *Solidarität* die Rede. Der Identitätsbegriff bleibt oft unscharf und schwankt zwischen innenpolitischen und außenpolitischen Bezügen: *Identität* wird benutzt, um auf eine ‚sozial-psychologische Kollektividentität' zu referieren, auf eine transnationale Identifikation der EU-BürgerInnen mit der ‚Gemeinschaft'. Der Begriff dient dem Verweis auf ‚soziale Einmütigkeit', auf eine ‚europäische Solidargemeinschaft'. Stehen außenpolitische Bezüge im Vordergrund, meint Identität im Gebrauch der EU vor allem ‚politischen Gleichklang' (vgl. Walkenhorst 1999: 218-219). Zur sozialpsychologischen und soziologischen Bedeutung des Identitätsbegriffs tritt also noch eine strukturpolitische hinzu. Die unterschiedlichen *Identitätsbegriffe*, die in *Texten der EG/EU* aktualisiert werden, spiegeln sich in der Erforschung der EU-Identitätspolitik: Oft wird nicht getrennt zwischen der Geschichte der Konstruktion einer EU-Staatsidentität und der historischen Entwicklung der versuchten Konstruktion einer europäischen sozial-psychologischen Kollektividentität. Obgleich im Folgenden der Unterschied immer präsent gehalten werden sollte und betont werden muss, dass jene *europabezogenen Repräsentationen* im Fokus dieser Arbeit stehen, die als Identitätselemente potentiell in individuelle/ kollektive Identitätsbildungsprozesse einfließen, nicht jene, die einer EU-Staatsidentität zugrunde liegen, darf die enge Verknüpfung beider ‚europäischer Identitäten' nicht ausgeblendet werden: Auch die ‚Staatsidentität' der EU stellt ein *europabezogenes Identitätsangebot* dar.

EG/EU-Identitätspolitik: Ein historischer Abriss

Im Folgenden soll die historische Entwicklung des politischen Interesses an der Schaffung einer europäischen Identität nachgezeichnet und in den Prozess der zunehmenden öknomischen und politischen Integration (West-) Europas nach 1945 eingebettet werden. Ausgangspunkt sind dabei Bruters und Walkenhorsts Gliederungsversuche. Bruter zufolge kann die Frage, *warum* und auf *welchen* Wegen die Institutionen der Europäischen Union ‚europäische Identität' zu stiften trachten, nur vor dem Hintergrund des Integrationsprozesses beantwortet werden. Er unterteilt diesen in vier *Phasen* beziehungsweise *Ebenen* der Integration, wobei neue Entwicklungen frühere nicht ablösen, sondern vielmehr durch weitere *Integrationsdimensionen* ergänzen: (1) Zu Beginn habe die Europäisierung vor allem auf *internationaler Kooperation* basiert und der *Friedenssicherung* gedient. Obgleich einige der ‚Gründerväter' bereits eine europäische Föderation als Idealbild vor Augen gehabt haben mochten, lag die Vorstellung einer „new supranational entity" (Bruter 2005: 63) zu dieser Zeit noch in weiter Ferne. (2) Nach den Römischen Verträgen 1957 wurden immer mehr *politische Befugnisse*, insbesondere im *Agrar-* und *Wirtschaftsbereich*, von der nationalen auf die supranationale Ebene übertragen. Die öffentliche Meinung changierte in dieser Zeit zwischen einer oft ablehnenden Haltung gegenüber den ‚Brüsseler Technokraten' und einer diffusen Zustimmung zur Integration im Allgemeinen. (3) Nach der ersten Erweiterungsphase und den ersten großen Strukturreformen der *Europäischen Gemeinschaften* zu Beginn der 1970er Jahre sei ein drittes Integrationselement hinzugekommen: Die Suche nach *institutioneller Legitimität*. Mit der zunehmenden Relevanz politischer Entscheidungen auf Gemeinschafts-Ebene für den Alltag der BürgerInnen stellte sich die Frage nach der Effizienz, Transparenz und demokratischen Legitimierung ihrer Institutionen. Die folgenden Erweiterungsrunden hätten die Legitimitätsfrage noch dringlicher gemacht. Eine Antwort sei ‚*Demokratisierung*' gewesen: Allgemeine Wahlen zum Europaparlament, höhere Autonomie der supranationalen Institutionen. Der *Vertrag von Lissabon* stellt den bisherigen Höhepunkt dieser Integrationsebene dar. (4) Die vierte Ebene der Integration, der seit den 1980er Jahren zu beobachtende Versuch, ein ‚Europa der Bürger' zu etablieren und parallel dazu auch eine neue ‚*europäische (politische) Identität*', baut nach BRUTER auf der Suche nach *institutioneller* Legitimität auf: Es geht um die Legitimität *des gesamten politischen Systems* und des ‚Projektes Europa' als *sozio-politisches* und nicht nur rein ökonomisches Projekt. BRUTER (2005: 74) spricht von einer „campaign", die die Entwicklung einer „new mass European identity" zum Ziel habe. Dem entspricht STRATHs (2000a: 14) Feststellung, die „obsession with ‚integration', the buzz word of the 1950s and 60s" sei, „in the 1970s, and increasingly from the 1980s, by the obsession with ‚identity'" verdrängt worden. Zu den einschlägigen politischen Maßnahmen in diesem Kontext zählt neben Austauschprogrammen im Kultur- und Bildungsbereich auch eine verstärkte Zusammenarbeit im außenpolitischen Bereich. Besondere Relevanz weist BRUTER der *Symbolkonstruktion* zu, die es den BürgerInnen erleichtern soll

> „to identify with the political community regardless of their levels of knowledge of the community and of their capacity for abstraction. They identify with the the State (...), indirectly', through the mediation of a signifier (...)" (Bruter 2005: 77)[123].

Während BRUTER insbesondere die Symbolpolitik der EG/ EU in den Blick nimmt, hat WALKENHORST einen Abriss der ‚Identitätspolitik' der EG/ EU in verschiedenen Politikfeldern vorgelegt. Er geht von *drei Phasen* der Identitätspolitik aus: Einer Phase der **Vorüberlegungen** und Absichtserklärungen in den 1970er und frühen 1980er Jahren, eine **Initiationsphase** ab Mitte der 1980er Jahre, in der

123 Natürlich sei, so BRUTER (2005: 77), kaum zu belegen, dass die Symbole der EU tatsächlich einen „purposeful identity-related character" hätten, dies könne aber vor dem Hintergrund der Forschungen im Bereich politische Symbolik angenommen werden. Die Wichtigkeit der *Symbolpolitik* wird unterstrichen durch jene Änderungen, die im ‚Vertrag von Lissabon' im Vergleich zu dem in mehreren nationalen Referenden gescheiterten ‚EU-Verfassungsvertrag' vorgenommen wurden, um den Anschein der Etablierung eines ‚Superstaates EU' zu meiden: Europaflagge,-hymne und –tag erhielten keine *vertragliche Grundlage*, auf staatstypische Bezeichnungen wie ‚EU-*Außenminister*' oder ‚*EU-Gesetze*'- und natürlich *Verfassung* – wurde verzichtet.

erste politische Maßnahmen umgesetzt wurden, und eine etwa mit dem *Maastrichter Vertrag* zu Beginn der 1990er Jahre einsetzende **Konsolidierungsphase**[124].

Der Bezug auf ‚Europäische Identität' findet sich in offiziellen EU (bzw. EG)-Dokumenten erstmals in den 1970er Jahren[125]. Hintergrund der politischen Entscheidung, auf ‚europäische Identität' hinzuwirken, war die weltpolitische und vor allem die weltwirtschaftliche Lage der frühen 1970er Jahre, die eine bloße wirtschaftlich-funktionale Begründung des europäischen Projektes als nicht mehr ausreichend erscheinen ließen (vgl. Strath 2000a: 19). Die Identitätsdiskussion war zudem eng verbunden mit den Bemühungen, vor dem Hintergrund einer ins Stocken geratenen Integration die *Europäische Union* ‚bürgernäher' zu gestalten (vgl. Walkenhorst 1999: 215; Strath 2000a: 20). Bezeichnenderweise wird ‚europäische Identität' in einem *außenpolitischen* Memorandum zum ersten Mal erwähnt, dem *Dokument über die europäischen Identität* des Europäischen Rates von 1973 (Europäische Gemeinschaften 1973): Als Beschreibung der weltpolitischen Verantwortlichkeiten und Beziehungen der damaligen EG-Mitgliedsstaaten – als ‚Staatsidentität'. Ihr *dynamischer* Charakter, ihr *Prozesscharakter* als Resultat des europäischen Einigungswerkes, stehen im Vordergrund: „Die Entwicklung der europäischen Identität wird sich nach der Dynamik des europäischen Einigungswerks richten" (Europäische Gemeinschaften 1973: 134). Doch wird zugleich auf ein nicht näher bestimmtes *gemeinsames Erbe* Bezug genommen, auf gemeinsame *rechtliche, politische und geistige Werte,* auf eine *gemeinsame europäische Zivilisation* (vgl. Europäische Gemeinschaften 1973: passim)[126]. ‚Europäische Identität' beruht demnach vor allem auf (politischen) *Werten* und gemeinsamen *Interessen,* auf einer gemeinsam zu schaffenden *Zukunft*– die jedoch im Kontext einer nicht näher bestimmten *gemeinsamen Zivilisation* verortet werden. Die zum Ausdruck kommende Ambivalenz zwischen historischer Verortung und zukunftszugewand-

124 Identitäre politische Maßnahmen lassen sich in einer ganzen Reihe von Politikfeldern verorten. Der *Bildungssektor* steht in dieser Arbeit exemplarisch im Fokus des Erkenntnisinteresses (siehe 5), eine kurze *Gesamtschau* der identitätsstiftenden EG/EU-Politik in diesem Unterkapitel soll die bildungspolitischen Maßnahmen situieren.

125 Zur Ablösung früherer ‚Konzepte' europäischer Einheit, wie ‚europäischem Erbe', ‚europäischer Tradition' und ‚europäischem Bewusstsein' durch das Identitätskonzept siehe KRZYZANOWSKI/ OBERHUBER (2007: 123), STRATH (2000a: 19) und ORLUC (2000: 124).

126 „In dem Wunsch, die Geltung der *rechtlichen, politischen* und *geistigen Werte* zu sichern, zu denen sie sich bekennen, in dem Bemühen, die reiche *Vielfalt ihrer nationalen Kulturen* zu erhalten, im Bewußtsein einer *gemeinsamen Lebensauffassung,* die eine Gesellschaftsordnung anstrebt, die dem Menschen dient, wollen sie die Grundsätze der repräsentativen *Demokratie,* der *Rechtsstaatlichkeit,* der *sozialen Gerechtigkeit,* (...), sowie der Achtung der *Menschenrechte* als die *Grundelemente der europäischen Identität* wahren. (...) Diese Vielfalt der Kulturen im Rahmen einer gemeinsamen europäischen Zivilisation, dieses Bekenntnis zu gemeinsamen Werten und Prinzipien, diese Annäherung *der Lebensauffassungen,* dieses *Bewußtsein* ihnen eigener *gemeinsamer Interessen* sowie diese Entschlossenheit, am europäischen Einigungswerk mitzuwirken, verleihen der *europäischen Identität* ihren unverwechselbaren Charakter und ihre eigene *Dynamik*" (Europäische Gemeinschaften 1973: 131-132; Hervorhebungen durch Verfasserin). Zu einer kritischen Diskussion dieses Dokumentes siehe STRATH (2000a:20ff.). Die *Erklärung* ist seiner Meinung nach ein gutes Beispiel dafür, dass „[the] idea of European unification necessarily involves a demarcation with respect to the non-European" (Strath 2000b: 405).

ter Dynamik, zwischen einer ‚historisch gewachsenen gemeinsamen Zivilisation' und einem im Werden begriffenen politischen Projekt, zwischen der Betonung von Offenheit und einer Abgrenzung gegenüber anderen Akteuren auf der politischen ‚Weltbühne', begleitet, wie gezeigt werden wird, die Aktualisierung ‚europäischer Identität' in EG/EU-Dokumenten bis heute. In den darauffolgenden Jahren wurde die Identitätsthematik vor allem im Zusammenhang mit den Ansätzen einer bürgernäheren EG/EU-Politik immer wieder in offiziellen Dokumenten angesprochen, ohne dass den politischen Absichtserklärungen Handlungen gefolgt wären. Erst als Mitte der 1980er Jahre die geringe Wahlbeteiligung bei den Wahlen zum Europäischen Parlament die Europaskepsis zahlreicher BürgerInnen in den Aufmerksamkeitsfokus der Politik rückten, wurden die Forderungen nach einer Stärkung der ‚Gemeinschaftsidentität' konkreter. Der vom *Europäischen Rat* 1984 eingesetzte Ad-hoc-Ausschuß für das ‚Europa der Bürger' (Adonnino-Ausschuss) initiierte mit seinem 1985 in Mailand vorgelegten Bericht an den Europäischen Rat (vgl. Europäische Gemeinschaften 1985) erste identitätspolitische Maßnahmen, die in den Folgejahren ausgebaut wurden und insbesondere die *Symbolpolitik*, die *Informations-* und *Kommunikationspolitik* der Gemeinschaft und zunehmend auch die *Kultur-* und *Bildungspolitik* in den Blick nahmen (vgl. Nanz 2000: 287). In das Bildungswesen aller Mitgliedsstaaten fand eine *europäische Dimension* Eingang. Mit Grundkenntnissen über europäische Kultur und europäische (bzw. EG-) Politik sollte auch eine gemeinsame europäische *Identität* vermittelt werden (siehe 5.1). Trotz aller Initiativen nahm jedoch die Wahlbeteiligung zum Europäischen Parlament, das seit 1979 in allgemeiner Wahl gewählt wurde, in den 1980er Jahren kontinuierlich ab. Aus Umfragewerten war zu dieser Zeit eine deutlich zurückgehende Zustimmung zum Integrationsprojekt ablesbar (vgl. Walkenhorst 1999: 217). Vor diesem Hintergrund wurden seit Beginn der 1990er Jahre „Bildungs-, Jugend-, Medien- und auch Regionalpolitik darauf ausgerichtet, eine emotionale Bindung des abstrakten Integrationssystems zu den Bevölkerungen zu schaffen" (Walkenhorst 1999: 216). Die gestiegene Bedeutung dieser Politikfelder schlug sich 1992 im *Maastrichter Vertrag* nieder, der die *Europäischen Gemeinschaften* in eine *Europäische Union* umwandelte. Wurde die Frage der ‚europäischen Identität' gerade in den Jahren nach dem Ende des Ost-West-Konflikts vor dem Hintergrund der anstehenden Osterweiterung besonders stark diskutiert, war in der zweiten Hälfte der 1990er Jahre zunächst eine verminderte Relevanz der Identitätsthematik im politischen Diskurs der Europäischen Union festzustellen (vgl. Walkenhorst 1999: 217). Seit 2000 gewann die *europäische Identitätsdebatte* aber im Zuge der sich vertiefenden wirtschaftlichen und politischen Union, im Kontext der größten Erweiterungsrunden seit Gründung der Gemeinschaften (mit zwölf neuen ost- und südosteuropäischen Mitgliedsstaaten) und in der Diskussion um den Beitritt der Türkei, wieder zunehmend an politischer Bedeutung. Der Anschlag vom 11. September 2001 und die ‚islamistische Bedrohung', die Verortung der europäischen Staaten im US-amerikanischen ‚Krieg gegen den Terror' gaben dabei thematische Schwerpunkte vor und trugen dazu bei, dass die Identitätsdiskussion zunehmend auch außerhalb politischer Dokumente und Reden geführt wurde. Vor allem im Rahmen der Debatte um die *Verfassung* der *Europäischen*

Union wurden Fragen der Definition, Finalität und Begrenzung ‚Europas' zum Streitpunkt. Der Identitätsdiskurs auf EU-Ebene wandelte sich in dieser Zeit entscheidend: Die EU versucht nicht mehr nur dem *politischen Projekt* EU eine Identität zu geben, sondern den Europa-Begriff für sich zu besetzen: *EU* und *Europa* sollen zu Synonymen werden:

> „it was not until recently that the EU started to convince the broad public that what it represents and embodies is indeed the unity of the whole of Europe" (Krzyzanowski/ Oberhuber 2007: 123).

NIETHAMMER (2000b: 97) fast den ‚räumlichen Bezug' noch enger: „European identity becomes synonymous with the Euro-Area and Schengenland". Die *unionseuropäische* und die *kontinentaleuropäische* Identitätsfrage wurden auf diese Weise untrennbar miteinander verknüpft.

Während die Schaffung einer *gedachten Gemeinschaft* sich vor allem auf Ebene einzelner Politikfelder und Konzepte abspielt und sich in dortigen Dokumenten niederschlägt, wird auf *Vertragsebene* eher die offizielle EU-Identität angesprochen. ‚Europäische Identität' in *diesem* Sinne ist nach NIETHAMMERS (2000b: 94) Meinung die „basis for Europe´s superpower politics in the world". Noch im 2004 vorgelegten Verfassungsvertrag (vgl. Europäische Union 2005) und auch im *Lissabon-Vertrag* (vgl. Lissabon-Vertrag 2007) wird der *Identitäts*begriff selbst nur unter Bezug auf nationale (Staats-)Identitäten und im Kontext der ‚Gemeinsamen Außen- und Sicherheitspolitik' aktualisiert. Implizite Bezüge auf die inhaltlichen Ausprägungen einer weitergehenden, auch kollektiven europäischen Identität finden sich in Wertebezügen und sehr allgemein gehalten in den Präambeln – im Kontext der *Inhalte* der konstruierten ‚Identitätsangebote' wird hierauf noch zurückzukommen sein.

Identitätsstiftende Maßnahmen

Der vorangegangene Abschnitt gibt einen Überblick über die wichtigsten *Stationen* der EG/EU-Identitätspolitik. Auf welche *Methoden* aber wurde zurückgegriffen? In welchem Maße kann „Politik Identität formen, stiften oder schaffen" (Walkenhorst 1999: 55)? Welche konkreten *identitätsstiftenden Maßnahmen* hat die EU ergriffen? Grundsätzlich muss *kollektive* Identität eher als „Zielgröße" denn als „Voraussetzung" (Walkenhorst 1999: 95) der (National-)Staatsbildung begriffen werden. Obgleich die Zusammenhänge komplex sind und kein National-Staat ohne die Geschichte der ihm vorausgehenden territorialen bzw. machtstrukturellen Gebilde zu verstehen ist, entstanden die kollektiven *nationalen* Identitäten in Westeuropa, wie wir ihnen heute begegnen, erst in und durch Maßnahmen vorhandenen/r Staaten. Moderne Staaten verfügen über „Symbole, Riten, Mythen und weltliche Glaubensbekenntnisse zur Identitätsstiftung und -sicherung" (vgl. Walkenhorst 1999: 71). *Nationale* Identitätsangebote stellen nicht nur weit verbreitete soziale Repräsentationen dar und rekurrieren auf ein wiederkehrendes Repertoire von Bezugspunkten (siehe 3.3), sie werden in materiellen wie diskursiven Symbolen (Denkmal, Flagge, Hymne) und Handlungsschemata auch greifbar. Die diskursiven Nationen-Konstruktionen der letzten 200 Jahre liefen meist nach einem ähnlichen Schema der Voraus-setzung einer „protonationalen Identität" ab, der „Vortäuschung objektiv inexistenter, aber konstruierter primordialer (...)

Gemeinsamkeiten" (vgl. Walkenhorst 1999: 81). Basis der Nationenbildungsprozesse und der Konstruktion nationaler kollektiver Identitäten in ‚Europa' waren *gesellschafts-* und *machtpolitische* Determinanten und *sozialpsychologische* Grundvoraussetzungen: Die politischen, ökonomischen und sozialen Umbruchsbedingungen des 18. und 19. Jahrhunderts. Die moderne Massenkollektivierung von Bevölkerungsgruppen wurde durch die technischen Möglichkeiten der Neuzeit erst ermöglicht. Durch die Entwicklung moderner Massenmedien, durch die Kommunikations- und Mobilitätsrevolutionen als Basis des Aufbaus moderner staatlicher Verwaltungsapparate und der Einrichtung staatlicher Schulen wurde die Grundlage für die Entstehung moderner Nationalstaaten gelegt (vgl. Walkenhorst 1999: 81ff.). Obgleich sich ‚Nationalbewusstsein' durch unterschiedlichste gesellschaftliche Einflussfaktoren entwickelte und verstärkte (vgl. u.a. Walkenhorst 1999: 85-86; Hroch 2005), spielten für die Identitätskonstruktionen der Nationalstaaten des westlichen Europa die „Herrschaftseliten (...) die entscheidende Rolle" (Walkenhorst 1999: 87). Nationale Identitätskonstruktion war bewusstes, interessengeleitetes, machtpolitisches Handeln. Wichtige identitätsstiftende *machtpolitische* Maßnahmen waren die Unterstützung einer mythologisierenden *Geschichtsschreibung*, die Einführung formaler Symbole wie auch der Bau nationaler Denkmäler, die Schaffung nationaler Feiertage, Kultur- und Bildungsangebote, einer ‚nationalen' Literatur und Kunst - kurz „inhaltlicher (...)" und „historischer Kennzeichen" (Walkenhorst 1999: 90) mit symbolischem Charakter. Eine besondere Relevanz kam in diesem Prozess dem Aufbau nationaler Verwaltungsstrukturen zu, einheitlicher Militärstrukturen und vor allem nationaler Erziehung und Bildung. Die staatliche Konstruktion nationaler Identität durch *politische* Eliten war allerdings in den europäischen Nationenbildungen des 18. bis 20. Jahrhunderts nicht der allein wirksame Prozess. In zahlreichen Fällen kamen ‚akademische' Strömungen kultureller, literarischer oder volkskundlicher Art hinzu, die nationale Idee wurde auch durch die *kulturellen* Eliten geschaffen und verbreitet (vgl. Walkenhorst 1999: 94). Kurz: Unter den spezifischen Rahmenbedingungen des 19. Jahrhunderts wurde aus einer *elitären* Idee im Zuge einer immer stärkeren politischen Einbeziehung der *Gesamtbevölkerung* in den politischen Prozess und der Entstehung einer *Öffentlichkeit* im modernen Sinne ein politisch instrumentalisierbares *gesamtgesellschaftliches Nationalbewusstsein.* Viele der genannten Faktoren der nationalen kollektiven Identitätsformung waren zeitgebundene ökonomische Prozesse und gesellschaftliche Tendenzen. Aus *sozialpyschologischer* Sicht kamen noch weitere Faktoren hinzu: Die Konstruktion ‚neuer' kollektiver Identitäten findet insbesondere in Zeiten gesellschaftlicher Umbrüche und Unsicherheiten oder – so empfundener – (äußerer) Bedrohungen statt. Nach dieser Vorstellung bedarf es eines definierenden Anderen und des Wegbrechens alter Gewissheiten und Identitätsangebote (vgl. auch Anderson 1991, Walkenhorst 1999: 99, 137). Warum dieser Exkurs in die Geschichte? Die Identitätspolitik der EG/EU folgt nach WALKENHORST (1999: 216) weitgehend dem „Muster nationalstaatlicher Identitätskonstruktion"[127]: Die

127 BUSCH/ KRZYZANOWSKI (2007: 107): „(...), the EU and [its] member states fall back on traditional discursive strategies based on nation-state repertoires in their search for European identity".

EG/EU-Identitätspolitik sei, wie die nationalen Identitätsstiftungen des 18. und 19. Jahrhunderts, ein „bewusst vollzogener und politischer Prozess (...), der von den Herrschenden initiiert wurde, um von den Beherrschten ein ausreichendes Maß an Legitimation, Loyalität und Unterstützung zu erreichen" (Walkenhorst 1999: 93). Der Rekurs auf die traditionellen Legitimationsstrategien des Nationalstaats geht davon aus, dass Identitäten ‚von oben' konstruiert werden können, ohne jedoch die Adaptionen und Rekontextualisierungen der geschaffenen sozialen Repräsentationen in der komunikativen Interaktion einzubeziehen:

> „[W]enn europäische Identität lediglich als Überbau nationaler Identitäten konzipiert werden soll, dann wird (...) eine Programmierbarkeit und Planungsfähigkeit der staatlichen bzw. supranationalen Identitätskonstruktion suggeriert, die schlicht inexistent ist" (Walkenhorst 1999: 223-224).

Der historische Kontext ist heute ein ganz anderer. Nach WALKENHORSTs (1999: 103) Ansicht kann deshalb ein Versuch, die nationalen Identitätskonstruktionen auf supranationaler Ebene zu ‚kopieren', nur scheitern. Stellen Globalisierung und Bedeutungsverlust der Nationalstaaten eine ausreichende ‚identitäre Krisensituation' dar, die die Entstehung ‚neuer' Identitäten zulässt? Lässt sich auf *supranationaler* Ebene überhaupt in ähnlicher Form Identität konstruieren wie auf *nationaler* Ebene? Wie lässt sich *Identitätspolitik* auf *suprastaatlicher* Ebene in Beziehung setzen zu regionalen oder nationalen Identitätspolitiken?

Ausgangspunkt des Wunsches nach Schaffung einer ‚europäischen Identität' bzw. Erhöhung der „kollektiv-emotionalen Bindungskraft (...) der Europäischen Union" (Walkenhorst 1999: 134) ist die Feststellung, dass eine solche Identifikation mit der EU/ Europa weitgehend fehle[128]. Dieser Befund zieht sich wie ein roter Faden durch die einschlägige Literatur. STRATH (2000a: 20) betont: „Utopian dreams of community, cohesion and holism which are all contained in the concept of identity are mobilised precisely in situations where there is a lack of such feelings". Belegt wird dies meist unter Verweis auf Eurobarometer-Umfragen und die Wahlbeteiligungen bei Europawahlen. Obgleich BRUTER und RISSE aus diesen Daten durchaus die Entstehung einer europäischen Massen-Identität ableiten, kommen andere Forscher zu genau gegenteiligen Interpretationen. Die Empirie müsse kritisch hinterfragt werden:

> „Die Ergebnisse liefern ein ambivalentes Bild des europäischen Zugehörigkeitsgefühls, das sich wohl aus der Abneigung zum Nationalismus speist, das aber noch auf keine stabile Gemeinschaft, geschweige den Identität schließen lässt" (Walkenhorst 1999: 108).

Die Ursachen hierfür sind vielfältig. WALKENHORST (1999: 135) sieht den Grund dafür, dass „der Europäischen Union (...) die Fähigkeiten und Voraussetzungen zur Stiftung einer kollektiven Unionsidentität weitgehend fehlen" vor allem im politischen System begründet: Es gebe zwar eine „normative(...) politische(...) Idee", es fehle jedoch das „faktische politische Konzept, um die Mehrzahl der Menschen von den vorgestellten oder tatsächlich existierenden Gemeinsamkeiten zu überzeugen". Nicht nur besteht über den anzustrebenden Endzustand, das Ziel des Integrationsprozesses, keine Einigkeit – weder was die *Erweiterung* noch was

128 Zu den einschlägigen empirischen Daten siehe 1.1.

die *Vertiefung* der (politischen) Union betrifft, noch über das angestrebte *politische System* selbst (vgl. Walkenhorst 1999: 136). Auch die zu konstruierenden *Gemeinsamkeiten* sind nach WALKENHORST (1999: 137) noch offen – es bliebe weitgehend bei meist allgemein bleibenden Bezugnahmen auf eine „gemeinsame europäische Geschichte, (…) gemeinsame kulturelle Errungenschaften" und auf „diffuse christlich-abendländische Traditionen" sowie ein „gemeinsames territoriales Gebiet". Problematisch sei für die *Identitätsbildung* auch, dass die EU kein „völkerrechtlich identifizierbares Staatswesen" (Walkenhorst 1999: 138-141) sei, rein formal keine eigene Staatlichkeit besitze, keine eigene Verfassung oder Exekutivgewalt, kein klar umrissenes Staatsgebiet, kein Staatsvolk und auch keine Staatsgewalt im herkömmlichen Sinne – daran hat sich auch nach dem Vertrag von Lissabon (2009), der die EU zumindest zu einer *Rechtspersönlichkeit* macht, wenig geändert. Dies bedeutet für die *Identitätspolitik* der *Europäischen Union*, dass ihr genau jene *staatlichen Strukturen und Institutionen*, die als für die Umsetzung identitärer Konstruktionsprozesse grundlegend angesehen werden und in der Vergangenheit waren – Bildungswesen, Militär, Verwaltung, Medien – zumindest *unmittelbar* fehlen. Auf *nationaler* (oder *regionaler*) Ebene gesteuert, reproduzieren diese Strukturen auch unter Einbeziehung einer *europäischen Dimension* vor allem *nationale* und *regionale* Kollektividentitäten. Die Mitgliedstaaten mögen der EU zahlreiche Kompetenzen übertragen haben, die „Sinnstiftungskompetenz" (Walkenhorst 1999: 202) gehört nicht dazu. Es bedeutet auch, dass die organisationspolitische Einheit EU als *sui generis* von der BürgerInnen schlecht verglichen und eingeordnet werden kann, was Ängste und Unsicherheiten schürt und gleichzeitig durch das Fehlen eines historischen Vorbildes eine Orientierung am „(vermeintlich) Traditionellen, Althergebrachten und Vertrauten" (Walkenhorst 1999: 155) erschwert. Als *Staatenverbund* – weder Bundesstaat noch Staatenbund – der nicht mehr bloß wirtschaftlicher Zweckverband ist, dessen politische Integration allerdings in manchen Gebieten weiter fortgeschritten ist als in anderen, der zahlreiche Kompetenzen besitzt, die tief in die Souveränität der Nationalstaaten eingreifen, aber seine demokratische Legitimation weitgehend aus der nationalen Ebene ableitet, stellt die EU ein nie zuvor dagewesenes, „multidimensionales System" (Walkenhorst 1999: 146) dar, das für die UnionsbürgerInnen in seiner Komplexität schwer fassbar und unübersichtlich ist. Hinzu kommt das vieldiskutierte Demokratiedefizit[129] der Europäischen Union. Dies mag zum Teil eine *Folge* fehlender Kollektividentität sein, die es Gegnern einer Demokratisierung auf EU-Ebene wiederum erleichtert, etwa weitere Kompetenzerweiterungen des EU-Parlamentes mit Verweis auf die geringen Wahlbeteiligungen abzulehnen. Gleichzeitig ist es jedoch als *Ursache* zu bewerten, denn Demokratisierung als ‚identitätsstiftendes Element' trägt nicht nur durch Partzipationsmöglichkeiten und gemein-

129 WALKENHORST (1999:151ff.) nennt hier nicht nur die geringen Kompetenzen des Europäischen Parlamentes, sondern auch die mangelnde Kontrolle der Gesetzgebungskompetenz des Ministerrates durch die nationalen Parlamente und die starke Stellung der Exekutive bei (bundesdeutschen) EU-Gesetzesvorlagen. Dies war auch Ausgangspunkt einer Verfassungsbeschwerde gegen den Vertrag von Lissabon, der 2009 vom BVerfG in Teilen Recht gegeben wurde (vgl. Bundesverfassungsgericht 2010).

same Interessenvertretung zur Herausbildung von Identifikationen bei, sondern ist gerade heute Voraussetzung für die *soziale* Legitimation des ‚Projektes Europa'.

Trotz all dieser Probleme fordert die *Europäische Union* die „Herausbildung eines europäischen Staatsbürgerbewusstseins" und einer „europäischen Identität und Staatsbürgerschaft" (Walkenhorst 1999: 137, 138). Mit welchen Maßnahmen aber versucht sie *Identitätspolitik* umzusetzen? Die *Identitätspolitik* der *Europäischen Union* kann nur im Kontext jener Maßnahmen verstanden werden, die dem *Demokratie- bzw. Legitimationsdefizit* der Europäischen Union entgegenwirken sollen. Sie lässt sich nicht aus den Vertragstexten herauslesen und ergibt sich auch sekundärrechtlich nicht aus ihnen, lediglich in der *Einheitlichen Europäischen Akte* und im *EU-Vertrag* finden sich „identitäre Absichtserklärungen" (Walkenhorst 1999: 157). *Dass* die EU aber ‚identitätskonstitutive Politik' betreibt, belegt nicht nur WALKENHORST (u.a. 1999: 157) an zahlreichen Beispielen bzw. *Politikinhalten* nachdrücklich. Neben den Konzepten ‚*Europa der Bürger*', ‚*Unionsbürgerschaft*' und ‚*Europa der Regionen*' sind insbesondere *Bildungs-*, *Jugend-* und *Medienpolitik* zu nennen. Damit sind zugleich drei *Strategien* angesprochen: ‚Die EU' kann sich über den Bereich der *Öffentlichkeitsarbeit* direkt oder über die *Medien* an die BürgerInnen wenden. Beschlüsse, Entscheidungen, Richtlinien oder Verordnungen hingegen nehmen den *amtlichen Verwaltungsweg*. Für den *Bildungsbereich* ist diese Politikstrategie besonders relevant. Weniger *amtlich* ist eine dritte Strategie: über Mitgliedsorganisationen oder Multiplikatoren werden Projekte oder Programme geplant und gefördert (vgl. Walkenhorst 1999: 159).

Europa der Bürger, Europa der Regionen

Die Ansätze der EU-Identitätspolitik gehen über die nationalen Identitätskonstruktionen des achtzehnten und neunzehnten Jahrhunderts hinaus. Obgleich die ‚klassischen' Politikfelder der Identitätsstiftung durchaus genutzt werden, weichen sowohl die Betonung auf *demokratischen Prozessen* und *Verfahren* als auch die Bezugnahme auf *regionale Wurzeln* als identitätsfördernde Maßnahmen vom ‚Muster' nationaler Identitätsstiftungen ab. Das Konzept ‚Europa der Bürger', das bis in die 1970er Jahre zurückreicht, richtet sich vor allem gegen das von den BürgerInnen empfundene und in der sinkenden Zustimmung zum EU-Projekt zum Ausdruck kommende Legitimations- und Demokratiedefizit der *Europäischen Union*. *Legitimisierung* und *Demokratisierung* sollen insbesondere durch Maßnahmen erreicht werden, von denen die BürgerInnen konkret profitieren, die ‚Europa' sichtbarer und transparenter machen (vgl. Walkenhorst 1999: 163). Im *Maastrichter Vertrag* schlägt sich dies unter anderem im Begriff der *Unionsbürgerschaft* nieder, in zahlreichen europäischen *Bürger-Rechten*. Hinzu kommen als Ziele eine „breitere Wissensvermittlung über den Integrationsprozess über die nationalen Bildungssysteme und die politische Bildung" und die „Stiftung einer europäischen Identität" (Walkenhorst 1999: 160). Das herauszubildende ‚europäische Bewusstsein', von dem im EU-Vertrag die Rede ist, ist jedoch vor allem als politische Identität gedacht, „im Sinne eines modernen Staatsbürgerschaftsmodells" – nicht „klassisch" als „national-ähnlicher Mythos" oder „Gemeinschaftsmythos" – eine „primäre identifikationsstiftende Größe" ist in diesem Zusammenhang die „Demokratie“ (Walkenhorst 1999: 164, 165). Soziale Gemeinschaftsbildung soll durch *formale* Legitimation erreicht werden. Gleichzeitig wird unter Betonung des Subsidiaritätsprinzips versucht, die BürgerInnen auf *regionaler Ebene* anzusprechen, in einem ‚Europa der Regionen‘. Vor dem Hintergrund zunehmenden Regionalbewußtseins und im Rahmen der Globalisierungstendenzen anwachsender Homogenisierungsängste stellt die ‚Darstellung Europas‘ auf regionaler Ebene und die Einbeziehung regionaler Gebietskörperschaften in den politischen Prozess sowohl eine Anknüpfung an die Lebenswirklichkeit der Bürger als auch die Möglichkeit konkreter Solidarität in Aussicht (vgl. Walkenhorst 1999: 184). Die *Vielfalt* der Regionen soll in der *Einheit* der Union bewahrt und gleichzeitig hartnäckige Nationalismen überwunden werden.

Medienpolitik

Medium der *Diffusion von Identitätsangeboten* sind in großen ‚erfundenen‘ Gemeinschaften, „in der Regel die staatlichen Strukturen wie das Bildungs- und Verwaltungssystem, die staatlichen Gesetze und schließlich die Medien“ (Walkenhorst 1999: 44). Diese Teilbereiche greifen ineinander, so dass auch bei einem Fokus auf den *Bildungsbereich* die anderen Bereiche der *Identitätspolitik* nicht ausgeblendet werden können. Das gilt insbesondere für den *Medienbereich*. Keine Form der Identitätspolitik kommt heute ohne die (Massen-)Medien aus: Medien stellen ein „Forum für politische Diskussionen“ dar, ein „Informationsinstrument“, mit dessen Hilfe „für den politischen Diskurs (...) Öffentlichkeit“ hergestellt wird und das „Kritik-, Kontroll-, und Erziehungsfunktionen“ (Walkenhorst 1999: 179) besitzt. Als vierte Macht im Staate dominieren die Medien immer stärker die öffentliche Repräsentation von Politik, Politik wird gleichsam zur Inszenierung ihrer selbst. Deshalb ist *Medienpolitik* in demokratischen Gemeinwesen mit garantierter Pressefreiheit und unabhängigen Medien natürlich nicht im Sinne von Regierungspropaganda misszuverstehen. Dies gilt für die EU in besonderem Maße, da ihr der direkte Zugriff auf nationale Medien fehlt. Die nationale bzw. in föderalen Staaten teils regionale Medienhoheit in der Europäischen Union nennt WALKENHORST (1999: 181) auch als ausschlaggebenden Faktor für das Fehlen einer „echten europäischen Öffentlichkeit“. Dennoch versucht die EU auch über medienpolitische Entscheidungen Identität zu konstruieren. Im Vordergrund steht die Vermittlung europapolitischer Inhalte. Euronews und Arte als europäische Fernsehsender spielen in diesem Kontext ebenso eine Rolle wie eine verstärkte Präsenz im Internet[130]. Von der nicht selten EU-kritischen Berichterstattung der nationalen Medien werden diese ‚bescheidenen‘ Versuche aber oft konterkariert. „Die EU-Medienpolitik“, so stellt WALKENHORST (1999: 183) fest „wird (...) solange nicht erfolgreich sein können, wie die politischen Rahmenbe-

130 Die Rolle ‚neuer Medien‘ im Kontext der europäischen Identitätsstiftung genauer zu erforschen, wäre lohnend (vgl. u.a. Jahn/ Hebecke/ Heyer 2002).

dingungen zur Identitätskonstruktion nicht gegeben sind und in der Hoheit der Mitgliedsstaaten verbleiben“[131].

Geschichts- und Symbolpolitik

Kann man tatsächlich davon sprechen, dass die EU sich nicht nach dem Muster früherer kollektiver Identitätsbildungsprozesse zu richten scheint? Zumindest zwei Tatsachen widersprechen dem: Der Versuch der Konstruktion eines *europäischen Mythos* und die Etablierung einer EU-eigenen *Symbolik*. Die ersten Jahrzehnte der europäischen Integration waren von politischem und wirtschaftlichem Rationalismus geprägt (vgl. Walkenhorst 1999: 191-207). Erst als die Europäische Gemeinschaft in den 1970/80er Jahren an weltpolitischer Bedeutung gewann und zunehmend in einen Legitimationszwang gegenüber den BürgerInnen geriet, begann die „Kreierung und Funktionalisierung eines europäischen Mythos für die Kollektivierung der am Integrationsprozess beteiligten Völker von Seiten der Europäischen Gemeinschaft“ (Walkenhorst 1999: 193). Als „Konstruktionsbausteine(...) einer europäischen Identität“ rückten zunehmend nicht mehr „negativ-historische Erfahrungen“, sondern „positiv-traditionelle Werte“ in den Vordergrund, aus der „Schicksalsgemeinschaft“ wurde eine „Wertegemeinschaft“ (Walkenhorst 1999: 191, 195). War noch in den 1950er Jahren keine Rede von Identität, sondern von der Schaffung der *Grundlagen* des Zusammenschlusses europäischer Völker, so galt eine europäische Identität in den 1970er Jahren als noch zu *entwickeln* und in den 1990er Jahren als zu *stärken*[132]. Als „gemeinschaftstiftendes Gedankengut“ wurden „gemeinsame(...) kulturelle(...) Werte und geistige(...) Errungenschaften Europas (...) bestimmt“: Weltoffenheit, Bürgerrechte und -pflichten, Menschenrechte. Zugleich wird durch die „Historifizierung europäischer Persönlichkeiten“ (Walkenhorst 1999: 196-197), europäische Geschichtsschreibung und den Verweis auf die lange Geschichte des Europa-Gedankens (unter teleologischer Ausrichtung auf den gegenwärtigen Integrationsprozess) der Versuch gemacht, einen gemeinsamen EU-europäischen *Erinnerungsraum* zu schaffen: Ein „einheitliches und vor allem positiv besetztes, geschichtliches Europabild zu konstruieren“ und einen „proto-supranationalistischen (...) Mythos“ (Walkenhorst 1999: 201-202). Politisch wird dies durch Forschungsförderungsmaßnahmen und Symposia umgesetzt. Ein weiterer Baustein staatlicher Identitätskonstruktion ist die Symbolpolitik. Symbole dienen der Komplexitätsreduktion und als Bezugspunkt kollektiver Emotionen, sie lassen abstrakte erfundene Gemeinschaften konkret werden. Die EU hat Symbolpolitik besonders nötig:

> „The European project, trapped between the two original ideal-types of legitimate State formation – the nation-state and empires – is, more than any other political project, needing symbols to assert its own originality, its own specificity, and its ethical meaning“ (Bruter 2005: 80).

131 Zu den rechtlichen Grundlagen, Maßnahmen und Auswirkungen der EU-Medienpolitik siehe WALKENHORST (1999: 178-184).

132 Dies arbeitete WALKENHORST (1999: 195) anhand eines Vergleichs der Vertragspräambeln von 1957 (EWG-Vertrag) und 1992 (Maastricht), und der Erklärung über die europäische Identität von 1973 heraus.

Neben einer Staatsflagge und – hymne zählen zu den üblichen nationalen Symbolen Feiertage und Denkmäler, Hoheitszeichen auf Geldscheinen und Ausweisen. Hinzu kommt die Betonung einer gemeinsamen Kultur: Kunst und Literatur sind hier besonders wichtig. „Die politische Symbolik des europäischen Integrationsprozesses" konstatiert WALKENHORST (1999: 203), ist „von ihrer Form her von nationaler Symbolik kaum zu unterscheiden". Von der Fahne bis zum EU-Führerschein und EU-Paß, vom Euro über den Europatag bis zur Europa-Hymne, von EU-Grenz- und Nummernschildern bis zu gemeinsamen Veranstaltungen (Kulturhauptstadt Europas) besitzt die EU fast sämtliche traditionellen Symbole eines politischen Kollektivs. Lediglich Denkmäler und gemeinsame Traditionen, „die als explizit europäisch identifiziert werden könnten" (Walkenhorst 1999: 205), fehlen. Jene Symbolik, die als Abgrenzungs- und Klassifikationssymbolik entstand, soll in den Dienst einer „universalistischen Gemeinschaftsbildung gestellt werden" (Walkenhorst 1999: 207). BRUTER (2005: 90) nennt auch die Namen einschlägiger Kultur- und Bildungsprogramme: Mit SOKRATES, ERASMUS, LEONARDO und anderen namentlichen Bezügen auf ‚europäische Denker' und ‚europäische Geschichte' würden explizite Bezüge zur griechisch-römischen Antike, zu Renaissance, Humanismus und Aufklärung hergestellt. Insofern sind diese Namens-Symbole eng mit der Konstruktion einer Erinnerungsgemeinschaft verbunden. Zugleich sei aber die Mehrzahl der Symbole, etwa der EURO und die Flagge, zukunftsorientiert und nähmen keinerlei Bezug auf nationale Vorbilder. Die Symbole der EU seien überwiegend Symbole der Einheit und Harmonie, nicht der Gemeinschaft und Vielfalt, sie konkretisierten die Konstruktion gemeinsamer Werte und einer gemeinsamen Zukunft, aber auch einer gemeinsamen Vergangenheit (vgl. Bruter 2005: 97-98). NANZ (2000: 287) nennt die Symbolpolitik der EU ein Paradebeispiel ‚erfundener Tradition'.

Mythologisierung, Symbol-Schaffung und Identitätskonstruktionen sind nicht kontext-frei zu bewerkstelligen. Jeder Konstruktion von kollektiver Identität sind Grenzen gesetzt. Sie muss auf „gesellschaftlichen und ökonomischen Plausibilitäten basieren" (Walkenhorst 1999: 43)[133]. In der Terminologie dieser Arbeit heißt das, ‚Mythologisierungen' müssen auf bereits vorhandene und verbreitete soziale Repräsentationen rekurrieren, können diese allerdings transformieren. Ob die Identitätsangebote angenommen werden lässt sich nur bedingt steuern:

> „people have always appropriated invented traditions and symbols in their own way and so may well make sense out of an entirely different European identity" (Nanz 2000: 288).

Eine umfassende Kontrolle der Identitätsbildung ‚von oben' ist selbst in totalitären Staaten unmöglich, in demokratischen, pluralistischen Gemeinwesen ist der staatliche (und suprastaatliche) Einfluss immer nur einer von vielen – wenn auch nicht zu unterschätzen (vgl. Walkenhorst 1999: 44).

133 „[D]ie Konstruktion von Identität (...) ist (...) kein beliebiger Prozess", kann nicht „beliebig oft, mit beliebig vielen Identitätswechseln und mit beliebig vielen Menschen jederzeit und an jedem Ort (...) wiederholt werden (...). [K]omplexe Gesellschaften (...) stellen (...) keine (...) ad libidum formbare Masse dar(...)" (Walkenhorst 1999: 98-99; vgl. auch Strath 2000a: 23).

Inhalte und Definitionen
Es geht der EU darum, als Basis einer Sozial- und Solidargemeinschaft „ein möglichst stabiles kollektives Band zwischen [den] Mitgliedern zu schaffen, ohne die empfindlichen nationalen Identitäten zu gefährden“ (Walkenhorst 1999: 210):

> „In sum, there is a process of deliberate identity promotion by European institutions that aims at persuading Europeans of their commonness“ (Risse/ Grabowsky 2008: 5).

Aber um welche Ähnlichkeiten geht es? Welche Inhalte und Wertungen transportieren die *sozialen Repräsentationen Europas*, die *im Kontext der EU-Identitätspolitik* (re-)produziert werden? Zunächst einmal keine einheitlichen[134]: Je nach Dokument und Genre, Akteur und Politikfeld, werden teils sehr unterschiedliche *Europa*-Bilder aktualisiert. Zwar existieren inzwischen eine Reihe von Studien, die die Identitätskonstruktionen der EU bzw. einzelner Europa-Politiker in den Blick nehmen – etwa im Kontext der EU-Verfassungsdebatte oder von Politikerreden, in der Kulturpolitik, im Rahmen der EU-‚Außen- und Sicherheitspolitik‘, der Erweiterungsdebatte und auch der Bildungspolitik. All diese Ergebnisse vergleichend zusammenzuführen steht allerdings noch aus. Um zumindest einen schlaglichtartigen Einblick zu gewinnen, sollen einige einschlägige Dokumente der Europäischen Gemeinschaft/ Union fokussiert werden. 1992 legte die *Europäische Kommission* einen Report über die zukünftigen Erweiterungen vor. Vor dem Hintergrund des Endes des Ost-West-Konfliktes beschäftigt sie sich mit der „historical opportunity“, die Integration einer Reihe von ost- und südosteuropäischen Staaten in die „European family“ (Europäische Kommission 1992: Art. 4) zu ermöglichen. Die Gemeinschaft habe sich nie als „closed club“ verstanden und sehe sich in der Verantwortung, zur „unification of the whole of Europe“ (Europäische Kommission 1992: Art. 4) beizutragen. Artikel 7 fokussiert die „limits of Europe“ (Europäische Kommission 1992: Art. 7):

> „Article 237 of the Rome Treaty, and Article O of the Maastricht Treaty, say that ‚*any European state may apply to become a member*‘. The term ‚European‘ *has not been officially defined.* It combines *geographical, historical and cultural elements* which all contribute to the *European identity.* The *shared experience* of *proximity, ideas, values,* and *historical interaction* cannot be condensed into a simple formula, and is *subject to review* by each succeeding generation. The Commission believes that it is *neither possible* nor *opportune* to *establish now the frontiers of the European Union,* whose contours will be shaped over many years to come“ (Europäische Kommission 1992: Art. 7; Hervorhebungen durch Verfasserin).

Der Artikel offenbart eine Vorstellung von europäischer Identität, die im Spannungsfeld zwischen der *Setzung* ‚einer‘ historisch begründeten Identität und einer fast konstruktivistischen Offenhaltung ihrer tatsächlichen Inhalte steht. ‚Die‘ Europäische Identität gründet sich nach Ansicht der Kommission auf nicht näher definierte, geographische, historische und kulturelle Elemente, auf geteilte Erfahrungen, Werte und Ideen, deren Definition jedoch zukünftigen Aushandlungsprozessen anheimgestellt wird. Dennoch wird diese kaum definierte ‚europäische Identität‘ als grundlegendes Kriterium des Beitritts herangezogen. Artikel 8 hebt

134 „Both as politics and ideology, Europe must be seen in the plural, always contested and contradictory (...) something under continuous negotiation and re-negotiation“ (Strath 2000a: 14).

unter Bezug auf den Maastrichter Vertrag die Kriterien hervor, die Beitrittskandidaten erfüllen müssen:

> „A state which applies for membership must therefore *satisfy the three basic conditions of European identity, democratic status*, and *respect of human rights*" (Europäische Kommission 1992: Art.8; Hervorhebungen durch Verfasserin).

Die aktuellste Überarbeitung des EU-Vertrages, der *Lissabon-Vertrag*, wird etwas deutlicher. Es werden die *‚gemeinsamen Werte'* der EuropäerInnen betont:

> „Die *Werte*, auf die sich die Union gründet, sind die Achtung der *Menschenwürde, Freiheit, Demokratie, Gleichheit, Rechtsstaatlichkeit* und die *Wahrung der Menschenrechte* einschließlich der Rechte der Personen, die Minderheiten angehören. Diese *Werte* sind allen Mitgliedstaaten in einer Gesellschaft gemeinsam, die sich durch *Pluralismus, Nichtdiskriminierung, Toleranz, Gerechtigkeit, Solidarität* und die *Gleichheit von Frauen und Männern* auszeichnet" (Europäische Union 2008: 17, Art. 2; Hervorhebungen durch Verfasserin).

Diese werden auf das gemeinsame *‚historische Erbe'* zurückgeführt:

> „SCHÖPFEND aus dem *kulturellen, religiösen* und *humanistischen Erbe* Europas, aus dem sich die unverletzlichen und unveräußerlichen Rechte des Menschen sowie Freiheit, Demokratie, Gleichheit und Rechtsstaatlichkeit als *universelle Werte* entwickelt haben (...)" (Europäische Union 2008: 15, Präambel; Hervorhebungen durch Verfasserin).

Der *Identitäts*begriff taucht in diesem Dokument nur an zwei Stellen auf: In sehr allgemeiner Form in der Präambel im Kontext der Gemeinsamen Außen- und Sicherheitspolitik und in Art.4, 2, in dem die Union sich zur Achtung der die nationalen Identitäten der Mitgliedstaaten verpflichtet (vgl. Europäische Union 2008: 16, Präambel und 18, Art 4, 2). Hier ist allerdings eher die *Staatsidentität* (so man davon sprechen kann) der EU und der Mitgliedsstaaten gemeint, nicht wie auch immer konzeptualisierte *europabezogene Identitäten* der BürgerInnen. NIETHAMMER (vgl. 2000b: 92) sieht einen engen Zusammenhang zwischen dieser, explizit auf *Sicherheit und Verteidigung* ausgerichteten, Staats-Identität und der (indirekten?) Propagierung einer kollektiven europäischen Identität, die sich gegen die ‚Anderen' abschotte, xenophobe Tendenzen habe und sich vor allem gegen Immigranten richte. Die Ambivalenz zwischen universalen (?) Wertebezügen und einer Verteidigungs- und Sicherheits-Identität erkennt auch STRATH. Er geht davon aus, dass der Trend „among those in the European Commission who are concerned with constructing identities" dahin gehe „to emphasise diversity and mutual recognition (‚anything goes')" (Strath 2000a: 21). Gleichzeitig sei jedoch eine „fortification of the perimeter wall against the Others (...)" (Strath 2000a: 21) zu beobachten. Dies sei allerdings eher aus der politischen Praxis abzuleiten, als „applied definition" (Shore 1993: 786). An der Grenzen des neuen ‚Europa' würde das, was nichteuropäisch sei, mit „increasing precision" definiert und damit „as if by default, an ‚official' definition of European" konstruiert: „EC-policy-makers tend to privilege a static, bounded and exclusivist definition of ‚European identity'„ (Shore 1993: 786, 781)[135]. WALKENHORST (1999: 178) wiederum konstatiert, „dass sich die poli-

135 Grundlage dieser Schlussfolgerungen sind unter anderem Interviews mit EG/EU-Akteuren (Shore 1993: 783).

tisch verantwortete Forderung einer europäischen Identität mit den Inhalten der Identitätstheorie und -thematik wenig oder gar nicht auseinandergesetzt hat": Man wisse im Grund nicht, was man tue und wo man hinwolle.

Fazit

Ob die im Rahmen der *Identitätspolitik* konstruierten *Identitätsangebote* von potentiellen zu tatsächlichen *Identitätselementen* werden, in welcher Form Individuen ‚neue' Kategorisierungen und Wertungen in das eigene Identitätsprojekt übernehmen, hängt davon ab, inwiefern diese Identitätsangebote positive Distinktheit, hohes Selbstwertgefühl und den Eindruck der Kontinuität (im Sinne der Identitätsprinzipien BREAKWELLs – siehe hierzu 2.2) vermitteln können. Die Europa-Konstruktionen, die im Kontext der EU-Identitätspolitik aktualisiert, transformiert, (re-)produziert und re-kontextualisiert werden, bewegen sich in einem breiten *Diskursfeld europäischer Identitätsangebote.* Um dieses genauer abzustecken, sollen im Folgenden eine Reihe von Studien vorgestellt werden, die sich mit der Konstruktion von Europa-Bildern in den verschiedensten Zusammenhängen – unter anderem auch im Kontext der EU – befasst haben.

3.2 Imagining Europe – Das Diskursfeld EUropäischer Identitätsangebote

Die *Inhalte*, *Bedeutungen* und *Grenzziehungen*, die mit *Europa*, mit dem *Europäisch-Sein* und den *EuropäerInnen* verbunden werden, haben sich nicht nur im Verlauf der Geschichte immer wieder geändert. Auf welches Raumobjekt, welche Werte und moralischen Vorstellungen, welche Tradition und Geschichte, welche Menschen referiert wird, welche soziale und materielle ‚Realität' auf diese Weise konstruiert wird, ist auch in synchroner Perspektive je nach Produzenten oder Rezipienten der Äußerung, nach Situation, sozialräumlichem Kontext und Interessenlage sehr unterschiedlich. Die *sozialen Repräsentationen* des ‚Kontinents', seiner BewohnerInnen und ihrer ‚typischen Merkmale', die in der sozialen Interaktion in verschiedenen Diskursgemeinschaften (re-)produziert werden, unterliegen einer fortwährenden Transformation. Wenn die *Identitätsangebote* zumindest in Teilbereichen ständig im Wandel begriffen sind, heißt dies auch, dass *europäische Identität(en)* keineswegs einheitlich definiert werden können, sie sind ebenso wie die *sozialen Repräsentationen*, auf die sie zurückgreifen, kontingent und kontextgebunden. Es kann nicht von *‚der'* sozialen Repräsentation Europas gesprochen werden. In der sozialen Kommunikation, im ‚Diskurs' zirkuliert diachron und synchron stets ein Netzwerk miteinander verknüpfter, sich teils überschneidender und teils ausschließender Repräsentationen. Der Fokus der Arbeit liegt auf den aktuell ‚im Diskurs' kursierenden *Europa*-Vorstellungen, auf zeitgenössischen, vor allem mit der *Europäischen Union* verbundenen *Europa*-Bildern. Ohne den Rückgriff auf die diachrone Perspektive ist jedoch nicht auszukommen:

> „Since representations of European nations, and even of European integration, have been circulating in society for a good few centuries now, the study of European integration is certainly not just the study of *new social representations* – it is the study of how new representations are

networked and anchored into existing ones, and, furthermore, how such networks of representations lay the foundations for the construction and reformulation of social identities" (Cinnirella 1996: 261; Hervorhebungen im Original).

Neue Repräsentationen sind immer mit älteren verknüpft, teils in ihnen verankert. Sie sind in intertextuelle Ketten eingebunden, die in manchen Fällen Jahrhunderte zurückreichen, auch wenn dies jenen, die sie heute aktualisieren, nicht immer bewusst sein mag. Aus diesem Grunde lassen sie sich ohne Einbezug ihrer historischen Vorläufer nicht analysieren. *Europäische* Identität wird gleichzeitig ‚von oben' und ‚von unten' konstruiert, durch den Versuch, Europa (neu) zu formen und zu ‚deuten', (neue) *soziale Repräsentationen* zu generieren und zu verbreiten, aber auch durch alltägliche Praktiken, in denen insbesondere die EU-Institutionen als lebensweltlich relevant erfahren werden – und nicht zuletzt im Prozess der komplexen Integration *europabezogener Identitätselemente* in individuelle Identitätsprojekte. *Europabezogene Identitätsangebote* sind zugleich *Ausdruck* und *Rohstoff* individueller und kollektiver Identitätsprozesse. Sie zu untersuchen erlaubt einen Einblick in die aktuellen und zukünftigen Möglichkeiten europäischer Identitätsbildung. Die diskurslinguistische Analyse steht deshalb vor der Aufgabe eine Vielzahl teils verbundener/ teils konkurrierender Repräsentationen herauszuarbeiten und, soweit dies möglich erscheint, auch ihre diachronen und synchronen ‚intertextuellen' Verknüpfungen nachzuvollziehen. Welche Inhalte, Bedeutungen und Grenzziehungen können als der ‚figurative Kern' der einschlägigen Repräsentationen angesehen werden, welche Metaphern, Topoi und Formulierungen bilden den Kern des jeweiligen interpretativen Repertoires? Welche Teile der Europa-Vorstellungen sind es, die Transformationen unterliegen? Auf welche Weise, warum und unter wessen Einfluss finden diese Transformationen statt? Lassen sich institutionalisierte, interessengeleitete Versuche der Einflussnahme erkennen? Wer ‚macht Europa' wie und mit welchen Zielen? Einer Antwort auf diese Fragen näherzukommen ist das Ziel der Absteckung des ‚Diskursfeldes europäischer Identitätsangebote'.

Aus der Vielzahl der Veröffentlichungen, die sich empirisch mit der europäischen Identitätsdebatte auseinandersetzen, können im Folgenden nur einige wenige genauer herausgegriffen werden. Bei der Auswahl wurde einerseits auf die Einbeziehung verschiedenster disziplinärer Perspektiven geachtet – es werden die Ergebnisse zweier geographischer Veröffentlichungen, einer soziologischen, einer sozialpsychologischen und eine linguistisch(-diskursanalytischen) Arbeit vorgestellt. Andererseits sollen die Arbeiten das Feld des europäischen Identitätsdiskurses möglichst breit aufspannen – sowohl in zeitlich-historischer Richtung, als auch hinsichtlich der je untersuchten Kommunikationsfelder. Die darzustellenden theoretisch-methodischen Prämissen der verschiedenen Autoren stehen exemplarisch für die Pluralität möglicher empirischer Herangehensweisen an die europäische Identitätsthematik. Die Einbeziehung von empirischen Arbeiten verschiedenster Disziplinen soll dazu dienen, das Diskursfeld europäischer Identitätsangebote in seiner Breite zumindest abzustecken – es ganz auszumessen wäre selbst unter Einbezug der gesamten vorliegenden empirischen Forschungsliteratur utopisch. Da die eigene Analyse aufgrund der gewählten textorientiert-diskursanalytischen Herangehensweise (siehe 4) eher in die Tiefe als in die Breite gehen wird, bietet sich ein Rückgriff auf explorative Studien an, um den ‚diskursiven Rahmen' (nicht nur) des Analysetextes zu umreißen. Auf Basis dieser Sichtung des Diskursfeldes europäischer Identität kann eine *thematische Matrix europäischer Identitätsangebote* erarbeitet werden, die sich als ‚interpretative Hintergrundfolie' der vertieften Analyse einzelner Textexemplare eignet[136].

HEFFERNAN: Die Bedeutung Europas

Der Geograph Michael HEFFERNAN gibt in *The Meaning of Europe* (1998) und in *The European geographical imagination* (2007c) einen Überblick über die Imagination *Europas* im europäischen geographischen Diskurs. Mit ‚geographischem Diskurs' meint er die Art und Weise, in der Räume, Orte und Völker (meist von Angehörigen einer intellektuellen oder politischen Elite) beschrieben und analysiert werden (vgl. Heffernan 1998: 5). Diese wird seiner Ansicht nach durch ökonomische, soziale, kulturelle und politische Prozesse beeinflusst. Ziel ist eine Darstellung der „series of invented geographies" *Europas* „which have changed over time and across space" (Heffernan 1998: 6). Im Mittelpunkt der Analyse stehen Konstruktionen *Europas* als *politischer* Raum[137].

HEFFERNANS Herangehensweise ist, obgleich er von Diskursen und Narrativen spricht, nicht diskursanalytisch. Vielmehr rezipiert er ‚hermeneutisch' zeitgenössische Primär-, bzw. Originaltexte[138] und basiert seine Ausführungen auf einer Synthese bereits vorliegender Sekundärtexte (vgl. Heffernan 1998: 6). Sein Ziel besteht in einer breit angelegten Beschreibung und Dekonstruktion historischer intellektueller Debatten. Seine Herangehensweise ist die der quellenkritischen Textexegese und erklärt sich durch sein auf ‚große Zusammenhänge' ausgerichteten Erkenntnisinteresse. So arbeitet er eine Reihe von *historischen Narrativen* der europäischen ‚Idee' heraus (vgl. Heffernan 2007: 37):

Die Vorstellung territorial abgegrenzten politischen Raums, hierarchischer räumlicher Organisation und klarer territorialer Grenzen sei erst in der frühen Neuzeit entstanden und dem Mittelalter noch fremd gewesen. Dessen politische Ordnung habe auf „multiple loyalties and complex allegiances operating in an overlapping and essentially aspatial fashion" (Heffernan 1998: 13) beruht. Den Ursprung der *modernen Europa-Bilder* sieht er deshalb in der Renaissance. Für die Zeit vor dem frühen 16. Jahrhundert sei es „difficult to speak of Europe at all (...) for the term had no currency in political debate" (Heffernan 1998: 9):

136 Eine Kautele: Die beschriebenen *europabezogenen Repräsentationen* werden dargestellt, aber, soweit das möglich ist, nicht bewertet. Die eigene Perspektivität und auch die Perspektivität der jeweiligen Autoren ist letztlich nicht hintergehbar, und ohne die implizite Überzeugung, dass es ‚realitätsnähere' Beschreibungen der ‚Wirklichkeit' gibt, wäre (kritische) Wissenschaft sinnlos. Dennoch kann es im Folgenden nicht darum gehen, die ‚Europa-Konstrukte' nach ihrem ‚Wahrheitsgehalt' zu befragen.

137 „Different accounts of Europe as an economic, social and cultural arena could (and should) be produced based on different literatures" (Heffernan 1998: 6).

138 Persönliche Kommunikation während der Hettner Lecture 10 in Heidelberg.

„Europe, like so many of the concepts that which shape our modern consciousness, is overwhelming an invention of the early-modern and modern periods from the 17th to 20th centuries" (Heffernan 2007a: 23).

Für die Zeit *bis 1880* grenzt HEFFERNAN (1998) vier grundlegende Narrative voneinander ab: Das des *christlichen Europa*, das bis ca. 1600 prägend gewesen sei[139], das eines *säkularen Europa*, das in Renaissance und früher Neuzeit entstand, das im 17. und 18. Jahrhundert verbreitete Narrativ eines *kulturell-zivilisatorisch definierten Europa* und schließlich, im 19. Jahrhundert, ein *Europa der Nationen und Nationalstaaten* mit *imperialistischen* Zügen. In einer ergänzenden Veröffentlichung zeigt er die Verbindung des letztgenannten Narrativs mit *biologistisch-rassistisch-geodeterministischen* ‚Diskursen' auf und verweist auf einen weiteren, eher *ökonomisch-technologisch* fundierten Europadiskurs (vgl. Heffernan 2007c). Ab dem späten 19. und im 20. Jahrhundert konstatiert er eine Pluralisierung der Europa-Vorstellungen, die eine klare Abgrenzung von ‚Leitnarrativen' verunmögliche[140]. Paradoxerweise sei in der Zeit nach 1945, als tatsächlich ein ökonomischer und in Teilen auch politischer Integrationsprozess zumindest Westeuropas einsetzte, die Rhetorik der Europadebatte zunächst eher pragmatisch-prosaisch gewesen (vgl. Heffernan 1998: 185-238): Der *ökonomische* Diskurs wurde zum vorherrschenden Narrativ der frühen europäischen Integration. Dieser Prozess sei zunächst „largely devoid of cultural or even political content" (Heffernan 2007a: 31) gewesen und sei im Kontext der quer durch den Kontinent verlaufenden ideologischen Grenze zwischen West und Ost und der nicht-europäischen Supermächte Sowjetunion und USA als eine „manifestation of the final collapse of Europe´s global hegemony" (Heffernan 1998: 185) zu verstehen. Im Westen Europas wurde *Europa* mit Westeuropa assoziiert und im größeren Zusammenhang einer transatlantischen Allianz gesehen. Der *konstituierende Andere* dieses kapitalistischen und liberal-demokratischen Europa war der ‚Ostblock'. Trotz idealistischer Vorstellungen einer europäischen Gemeinschaft kam es zunächst lediglich zu einer immer stärkeren ökonomischen Integration. Die traditionellen nationalistischen Bindungen blieben wichtiger als *Europa*. Erst in den 1980/90er Jahren wurde eine verstärkte politische Integration eingeleitet[141]. Der Zerfall der Nachkriegsordnung in der Zeit um 1990 belebte die Debatte um die (politische) Vereinigung, führte allerdings in vielen Teilen Ost- und Südosteuropas zu einer Wiederbelebung nationalistischer Diskurse.

HEFFERNAN beschreibt nicht nur die historischen Wandlungen der Geographien Europas. Er fokussiert auch aktuelle Europa-Vorstellungen und Utopien. Allerdings überschreibt er seine Ausführungen zur Europadebatte zu Beginn des 21. Jahrhunderts bezeichnenderweise mit „New wine in old bottles" (Heffernan

139 „It was in the course of the seventeenth and early eighteenth century (...) that Christendom slowly entered the limbo of archaic words and Europe emerged as the unchallenged symbol of the largest human loyalty" (Heffernan 1998: 20).

140 Für einen Überblick über die komplexe und polyphone Entwicklung der Europadebatte in der ersten Hälfte des 20. Jahrhunderts und in der Zeit bis zum Ende des Kalten Krieges sei hier weitgehend auf HEFFERNANS (1998: 185-233) Ausführungen verwiesen.

141 Diese Entwicklung sieht er allerdings als „triggered by European business interests and corporate elites who supported a common market and a single currency" (Heffernan 1998: 224).

2007b: 69). Bereits vorhandene *soziale Repräsentationen Europas*, so könnte man interpretieren, werden mit neuen in Bezug gesetzt, es entstehen Netzwerke, die die aktuelle politische Debatte in intertextuelle Bezüge einbetten, die Jahrhunderte zurückreichen können. Dem Ende des Sowjetreiches und der deutschen Wiedervereinigung folgte eine Erweiterung der *Europäischen Union* Richtung Osten. Legitimiert wurde diese Erweiterung unter Rückgriff auf Altbekanntes:

> „Freed from the constraints imposed by the Cold War, it is striking how quickly the discussions about EU enlargement fell back on the foundational narratives discussed" (Heffernan 2007b: 71).

So liege eine Definition, die *Europa* aus den Werten der Aufklärung und der Rechtsstaatlichkeit (letztlich *kulturell-zivilisatorisch*) begründet, den an die beitrittswilligen Länder gestellten Bedingungen von „democratic government, civil liberties and respect for human rights" (Heffernan 2007b: 71) zugrunde. Im Fall der Türkei-Beitrittsdebatte werde zudem wieder auf „the most ancient element in the European mythology, anti-Muslim prejudice" (Heffernan 2007b: 71) zurückgegriffen. Nach HEFFERNAN (2007b: 72) zeigt der Prozess der EU-Erweiterung deutlich, dass sich das Dilemma, dass *Europa* versuche, sich über universelle Werte zu begründen, aber (meist unter Betonung eben jener Werte) jene ethnischen Gruppen, Religionen und Nationen auszuschließen suche, „who are deemed inherently un-European":

> „Today's politicians are still prone to re-cycle most ancient essentialising myths about the region whenever they claim to act in Europe's name" (Heffernan 2007b: 72).

Allerdings sei in der Zeit nach den Anschlägen des 11. September 2001 im Kontext des *war on terror* vor allem in Westeuropa nicht nur die muslimische Welt, sondern auch die USA verstärkt in den Mittelpunkt der Abgrenzungsdebatte gerückt. Politiker in Frankreich und Deutschland und zahlreiche Demonstranten in verschiedenen europäischen Großstädten forderten eine „more assertive and independent European foreign policy to counterbalance the American perspective" (vgl. Heffernan 2007b: 75). Diese Forderungen wurden von Teilen der intellektuellen Elite aufgenommen. So legten HABERMAS und DERRIDA 2003 einen Artikel über die „Wiedergeburt Europas nach dem Krieg" vor (vgl. Heffernan 2007b: 75ff.). In den Großdemonstrationen gegen den Irakkrieg sahen sie ein Anzeichen für eine europäische Öffentlichkeit. Europa sei gekennzeichnet durch kulturelle und politische Besonderheiten, die zu den „building blocks" einer neuen „pan-European identity" (vgl. Heffernan 2007: 76) werden könnten: Die Trennung von Kirche und Staat und damit die weltanschauliche Neutralität des Staates, eine zumindest teilinterventionistische und sozialstaatlich ausgerichtete Wirtschaftspolitik, ein Ethos sozialer Solidarität und die Betonung der individuellen Menschenrechte und des internationalen Rechts (vgl. Heffernan 2007b: 76). Diese ‚europäischen Werte' könnten zur Bildung eines europäischen Verfassungspatriotismus beitragen. HEFFERNAN (vgl. 2007b: 77-79) sieht in diesem Dokument einen bewussten Versuch, die Europäische Union in Abgrenzung zu den Vereinigten Staaten nicht als (übergeordneten) traditionellen Nationalstaat zu konzipieren, der sich gegen *Andere* abgrenze, sondern als kosmopolitische, multiethnische, moderne politische Struktur, deren *Anderer* auch die eigenen kolonialistischen, totalitären und genozidalen Tendenzen der Vergangenheit seien. Sein Fazit bezüglich der *Europa*-Bilder in Zeiten der Europäischen Union ist allerdings eher pessimistisch:

> „[T]he EU has still not developed beyond a relatively narrow economic agenda and has also singularly failed to capture the imagination of the European peoples“ (Heffernan 1998: 233).

Über die Abgrenzungen zwischen den verschiedenen Narrativen hinweg konstatiert HEFFERNAN in der historischen Rückschau eine Tendenz der Europa-Vorstellungen hin zu einer immer stärkeren *Verräumlichung* und *nationalen Vereinnahmung*[142] der Europa-Vorstellungen. Ihren Höhepunkt hätten diese *Territorialisierungs-* und *Nationalisierungsprozesse* in der Zeit des fin de siécle und zu Beginn des 20. Jahrhunderts erreicht (vgl. Heffernan 1998: 49-110). Verbunden mit dieser ‚Geo-Politisierung' der Europa-Konstrukte sei eine ‚Bio-Politisierung' gewesen: eine zunehmende Definition Europas über die ‚europäischen Bevölkerungen' in Abgrenzung gegenüber als *extern konstruierten Anderen.* Seit dem 17. und 18.Jahrhundert werde verstärkt auf die ‚*Europäer*' als Konstituenten der Bedeutung *Europas* rekurriert. In dieser Zeit sei zum ersten Mal die Frage nach der Ostgrenze Europas aufgeworfen worden, die Frage, ob bestimmte Völker noch ‚europäisch' zu nennen seien oder nicht – Fragen, die, so schreibt HEFFERNAN (1998: 27) „have bedevilled the debate about the nature and extent of Europe ever since“. Nicht nur Afrika, Asien und Nord- und Südamerika seien als *constituent others* in die Europa-Vorstellungen der Zeit eingeflossen, vielmehr sei der Ausdruck *Europa* zunehmend *westeuropäisch* besetzt worden. Zugleich stand – unter dem Einfluss der Aufklärung – *Europa* in ‚geographischen Narrativen' immer häufiger für eine kulturelle, ‚*zivilisatorische*' Einheit, für ‚spezifische *Werte*' und Formen von Rationalität, wie „liberty, tolerance, reason, science and industry“ (Heffernan 1998: 24) – hier lässt sich der Bogen spannen bis hin zu aktuellen Vorstellungen einer postmodernen, post-nationalen europäischen Identität. HEFFERNAN schließt seine Ausführungen seinerseits mit einer normativen Setzung: *Europa* müsse, um die immer gegen innere und äußere ‚Andere' gerichteten Narrative seiner Vergangenheit zu überwinden, zu einer vollkommen neuen geographischen Imagination der Welt kommen, die von den *Territorialisierungstendenzen* der letzten 500 Jahre abgehe. Seine *Europa*-Utopie besteht in einer „democratic version of pre-modern Europe, a cosmopolitan Europe of complex, flexible, lightly-held and overlapping allegiances“ (Heffernan 2007b: 86-87), die die „tyranny of space“ überwinde und eingestehe, dass „apparently timeless ethnicities and spatialities are in fact mere inventions“ (Heffernan 1998: 241-242). Es sei an der Zeit ein *konstruktivistisches, reflexives* Europa-Bild zu entwickeln.

HEFFERNAN (vgl. 1998: 45) betont, dass die Narrative, die er beschreibt, selten in Reinform zu finden sein und sich auch historisch keineswegs einfach gegensei-

142 Mit den ‚Freiheitskriegen' begann eine Zeit des Nationalismus als Massenideologie, der zu Beginn allerdings starke Züge eines *Europäismus* trug. Liberale und republikanische Nationalstaaten wurden als die ‚Bausteine' angesehen, aus denen ein (auch ökonomisch) freies und friedliches Europa aufgebaut werden könne. Hier liegt die Wurzel zeitgenössischer Vorstellungen eines *Europas der Nationen* oder *Vaterländer*. Der Wandel zur Konfrontation kam erst in der zweiten Hälfte des 19. Jahrhunderts (vgl. Heffernan 1998: 40-45).

tig abgelöst hätten, vielmehr sei eine Art ‚intellektuelles Palimpsest' *europabezogener geopolitischer Visionen* und *Bedeutungszuweisungen* zu verzeichnen. So sei etwa die Vorstellung eines *christlichen Europa* immer noch aktuell: „it retains a powerful grip on the popular imagination", werde von vielen Menschen noch heute geradezu als „poetically revealed truth" (Heffernan 2007a: 24-25) angesehen: Man denke an die Debatte um den EU-Beitritt der Türkei. Auch die Vorstellung eines *säkularen Europa* werde in Form einer Darstellung Europas als „region in which international law and political regulation were first invented during the Renaissance (...)" (Heffernan 2007a: 25) bis heute aktualisiert. HEFFERNAN (2007a: 26) sieht die *Europäische Union* in diesem Zusammenhang als „simply the latest incarnation of an earlier idea of Europe as the pivot of a world-wide balance of power". Der *kulturell-zivilisatorische* Abgrenzungsdiskurs, der durch das Paradoxon gekennzeichnet ist, dass er einerseits zur Definition Europas auf Rationalismus, Aufklärung und Frieden rekurriert und diese andererseits dazu nutzt „to exclude those deemed unable to live up to, or benefit from, these ideals" (Heffernan 2007a: 27), wirke ebenfalls bis heute fort. Ähnliches gelte für biologisch-rassistisch geprägte Europa-Vorstellungen. Gerade im Umgang mit ‚nicht-europäischen' Einwanderergruppen zeige sich ihre Aktualität (vgl. Heffernan 2007a: 29). Auf die herausgearbeiteten historischen *Europa*-Narrative wird also auch aktuell immer wieder rekurriert. Deutlich zeigen dies die synchron ausgerichtete empirischen Studien, die in den nächsten Abschnitten vorgestellt werden: Die zeitgenössischen *Europa*-Bilder basieren zumeist auf den historisch gewachsenen. Für die Fragestellung dieser Arbeit ist HEFFERNANs Darstellung vor allem deshalb relevant, weil er die Entstehung dieser sozialen Repräsentationen von Europa in spezifischen *historischen* Kontexten verortet. Erst vor dieser Hintergrundfolie lässt sich beurteilen, welche Repräsentationen von *Europa* aktuell *neu* entstehen, ob die Aktualisierungen altbekannter Narrative in den Analysetexten neue Elemente und Motive enthalten oder alte ausblenden.

REUBER et al.: Geopolitische Regionalisierungen EUropas

Wie HEFFERNAN fragten unter anderem REUBER, WOLKERSDORFER und SCHOTT im Rahmen des DFG-Projektes *Europa und die Europäische Union – Geopolitische Leitbilder als ‚strategische Regionalisierungen' in der politischen Diskussion* (2001-2003) nach Konstruktionen Europas als ‚politischer Raum' (vgl. Reuber / Strüver/ Wolkersdorfer 2005: 12). Ihr Interesse galt den aktuellen Reproduktionen und Transformationen der „politischen Vorstellungen über Ein- und Ausgrenzungen in Europa" (Reuber 2006: 27). Das Projekt verortete sich im Kontext der *Politischen Geographie* und des Ansatzes der *Kritischen Geopolitik* (siehe 2.5) und begriff „geopolitische Leitbilder als sprachliche Konstruktionen mit geographisch-territorialen Semantiken und Repräsentationsweisen" (Reuber/ Strüver/ Wolkersdorfer 2005: 8). Ausgangspunkt ist die Annahme, dass mit dem Ende des Kalten Krieges die über Jahrzehnte vergleichsweise stabile ideologisch-bipolare geopolitische Ordnung Europas (und der Welt) und die mit ihr verbundenen geopolitischen Diskurse zusammengebrochen seien. In dieser Situation des Wandels sei ein „signifikanter Anstieg" der Diskussion „geopolitischer Diskurse und Leitbilder über Europa und die Europäische Union" (Schott 2005: 73) zu verzeichnen. Diese *europa-* bzw. *EU*-bezogenen Diskurse werden als *geographische* bzw. *geopolitische Imaginationen* im Sinne „raumbezogener Argumentationen und Repräsentationen" (Reuber 2006: 31) aufgefasst. Ihre Entstehung, Wiederaufnahme und Transformation ist aus Sicht einer sich selbst als kritisch konzeptualisierenden politischen Geographie an spezifische Akteure mit spezifischen Interessen gebunden und als politische und mediale Praxis des Entwurfes territorialer *Identitäten* und *Grenzziehungen* zu verstehen (vgl. Reuber/ Strüver/ Wolkersdorfer 2005: 24; Reuber 2006: 2). Der intentionale Charakter dieser diskursiven Konstruktionen schlägt sich in den Begriffen nieder, mit denen diese geopolitischen *Diskurse* benannt werden: *strategische Regionalisierungen* bzw. *geopolitische Leitbilder.* Die Akteure, die *Europa/* die *EU* sprachlich konstruieren, greifen auf bereits vorhandene Vorstellungen zurück, auf „kollektiv etablierte Leitlinien gesellschaftlichen Denkens (und Argumentierens)" bzw. „hegemoniale Diskurse" (Reuber 2006: 26). Die konstruierten normativen Welt-Ordnungsvorstellungen werden durch ihre politische Umsetzung zu wirkungsmächtigen Formgebern und argumentativen Stützungen ‚realer' Territorialisierungen: Sie „erschaffen und festigen – oft über lange Zeiträume hinweg – die globalen Geographien des Eigenen und des Fremden" (Reuber 2006: 26). Das Projekt verankert den verwendeten Repräsentationsbegriff theoretisch in den *Critical Geopolitics* (wo er jedoch nicht klar definiert wird). Datengrundlage der sowohl diskursanalytisch – die genaue Methodik wird in den vorliegenden Veröffentlichungen nicht weiter spezifiziert – als auch mit statistisch-quantitativen Methoden durchgeführten Untersuchungen sind Artikel über *Europa/* die *Europäische Union* in national bedeutsamen Printmedien und Experteninterviews mit Angehörigen der (außen)politischen Eliten verschiedener europäischer Staaten und der EU[143]. Die aktuelle politische Entwicklung nach 1989 – EU-Erweiterung und -Vertiefung – ist nach Ansicht des Projektteams Hintergrund einer „wahre[n] Flut neuer Europa-Repräsentationen" (Reuber/ Strüver/ Wolkersdorfer 2005: 10). Die Ergebnisse des Projekts wurden in verschiedenen Veröffentlichungen ‚exemplarisch' vorgestellt, so dass ein umfassendes Bild nicht zu zeichnen ist[144]. Doch lassen sich Tendenzen aufzeigen: Die Analysen des Projektes wollen zeigen, *welche* Regionalisierungs- und Abgrenzungsvorstellungen *Europas/* der *EU* von *welchen* Akteuren artikuliert werden. Es soll zudem nachvollzogen werden, mit welchen *Argumenten* diese Repräsentationen abgesichert werden. REUBER (vgl. 2006: 27) betont, dass sich in den durchgeführten Analysen vier wichtige Bereiche von *Diskursfragmenten*[145] der Abgrenzung (und Definition)

143 Zur Datengrundlage siehe REUBER (2006: 27-31) und SCHOTT (2005: 74).

144 Der DFG-Abschlussbericht (2004) liegt nicht in veröffentlichter Form vor (vgl. Reuber/ Strüver/ Wolkersdorfer 2005).

145 Obgleich dies in den vorliegenden Artikeln nicht explizit gemacht wird, scheint das Projekt auf den Ansatz JÄGERs zurückzugreifen. JÄGER (2004: 117) definiert als *Diskursfragmente* die in Texten aktualisierten Elemente eines sozio-historischen *Diskurses* bzw. einen *Text/ Textteil*, der ein bestimmtes Thema behandelt. Er sieht sie als Bestandteile von *Diskurssträngen* (Dis-

der *EU* bzw. *Europas* unterscheiden lassen: (1) *Politische* Diskursfragmente. Sie rekurrieren zur argumentativen Absicherung unter anderem auf europäische Werte, Sicherheit, politische Machtbalance, ein ‚Europa der Vaterländer' oder demokratische Strukturen. (2) *Ökonomische* Diskursfragmente. (3) *Kulturelle* (inklusive historische) Diskursfragmente. (4) *Geodeterministische* Diskursfragmente. Den *Diskursfragmenten* sind jeweils spezifische Argumentationsstränge bzw. Argumentationen zugeordnet. Besonderes Augenmerk verdienen aus REUBERs Sicht die *geodeterministischen* Diskursfragmente, die oft eng mit *kulturell-räumlichen* Europa-Vorstellungen bzw. Argumenten verbunden seien. *Geographische* Argumentationen würden aktualisiert, um bestimmte Regionalisierungen Europas und die mit diesen verbundenen politischen Handlungsstrategien durch den Hinweis auf „scheinbar neutrale(…) Fakten" (Reuber/ Strüver/ Wolkersdorfer 2005: 12) zu legitimieren. Diese räumlich-territorial ausgerichteten Vorstellungen, die sich zum Beispiel auf (angebliche) naturräumliche Zusammenhänge bezögen, gewönnen durch ihre mögliche Aufladung mit zusätzlichen inhaltlichen Dimensionen noch an Wirkmächtigkeit: Raumkategorien dienten als „Projektionsfläche gesellschaftlicher Eigen- und Besonderheiten" (Reuber/ Strüver/ Wolkersdorfer 2005: 12), als Container von *Kultur* (oder Sicherheit oder Bedrohung). Deshalb wären *geodeterministische* ‚Diskurse' oft kaum trennbar von *historisch-kulturellen*. Der *historisch-kulturelle* ‚Europadiskurs' werde aktualisiert, um die inneren Widersprüche und die Vielfalt des Subkontinents durch Abgrenzung gegenüber einer noch andersartigeren Out-Group (USA, Osten) auszublenden. Er stelle zudem ein Argument in der Debatte um den Umgang mit möglichen (bzw. unmöglichen?) zukünftigen EU-Mitgliedern dar: Begründet werden könne dadurch, dass sich deren politische und rechtliche Strukturen an die historisch gewachsenen Strukturen Kern-Europas anpassen müssten, oder auch, dass dies eben unmöglich sei (vgl. Reuber/ Strüver/ Wolkersdorfer 2005: 13-14). Dieser ‚Diskurs' (dem kulturellen Diskursfragment zugeordnet?) ist wohl annähernd gleichzusetzen mit dem von REUBER in einer anderen Veröffentlichung exemplarisch vorgestellten *kulturräumlichen* ‚Diskurs'. Möglicherweise lässt er sich auch als Teil oder spezifische Ausprägung dieses ‚Diskurses' interpretieren. *Kultur-räumliche* Argumentationsstrategien rekurrieren auf eine gemeinsame europäische „Kultur", die meist auf das historische Erbe von Antike und Christentum zurückgeführt wird, im Grunde jedoch eine „Leerformel" darstellt „mit der je nach Bedarf Abgrenzungen konstruiert werden, wo man sie braucht" (Reuber 2006: 29). Die „diskursive Verortung Europas" erfolgt „in Form einer klassischen Kultur-Raum-Kopplung" (Reuber 2006: 29). Neben den oben genannten Bereichen von *Diskursfragmenten* (oft auch als *Diskurse* bezeichnet) gliedert das Projekt auch *Argumentationsstränge* als ‚Diskurse' aus, die der Durchsetzung konkreter politischer Ziele dienen und die, so könnte man die Begriffsverwendung interpretieren, zu den Europa-Vorstellungen sekundäre ‚Stützungsdiskurse' darstellen. REUBER (vgl. 2006: 27) benennt sie zunächst als *Argumentationsstränge*, die bestimmten *Diskursfragmenten*

kursfragmente gleicher Thematik), die sich auf verschiedenen *Diskursebenen* (Orte, von denen aus gesprochen wird) bewegen und den *Gesamtdiskurs* einer Gesellschaft formen zugeordnet sind, im Weiteren aber als *Diskurse*. So ist dem *politischen* Diskursfragment etwa der *Konsolidierungs-* und *Vertiefungsdiskurs* untergeordnet, der die Erweiterungen der EU darüber legitimiert, dass die Union so die politischen und gesellschaftlichen Strukturen der beitretenden Länder in europäischem Sinne beeinflussen könne. Gleichzeitig lassen sich hierunter auch *Sicherheitsdiskurse* fassen (vgl. Reuber/ Strüver/ Wolkersdorfer 2005: 14-16). Auch der *Diskurs der Hegemoniefreiheit*, der die innerhalb der EU herrschende Gleichberechtigung betont, fällt unter den übergeordneten *politischen* Diskurs (vgl. Schott 2005: 74). Diese Argumentationsstränge können zur Stützung sehr unterschiedlicher geopolitischer Raumbilder und Europa-Vorstellungen dienen, stellen aber in sich bereits spezifische inhaltliche Ausrichtungen dar (vgl. Reuber/ Strüver/ Wolkersdorfer 2005: 15). Interessanterweise werden diese Diskurse/ Argumentationsstränge – trotz der Warnung vor der territorialen Falle – durch die Forscher selbst *verortet*: Als geopolitische Regionalisierungen, die an bestimmte nationale Kontexte gebunden seien (vgl. Reuber 2006: 25-28). Was eigentlich an spezifische Akteure innerhalb nationaler Regierungs- und Verwaltungsstrukturen, die politischen Vertreter eines Landes also, gebunden ist, wird als die Regionalisierungen *in* der Tschechischen Republik, Großbritannien, Frankreich etc. deklariert[146]. Leider werden die Begrifflichkeiten in der Beschreibung der Analyseergebnisse nicht einheitlich beziehungsweise missverständlich verwendet: Teile von *Diskursfragmenten* werden als *Argumentationsstränge*, aber auch selbst als *Diskurse* bezeichnet, während als *Diskursfragmente* benannte Vorstellungsbereiche, wie der historisch-kulturelle, auch als *diskursimmanente Argumentationsstrategien* beschrieben werden. Dann wiederum werden sogar *spezifische Ausprägungen einzelner Argumentationsstrategien*, wie der ‚Mittellage-Diskurs' als deutsche Ausprägung des ‚Sicherheitsdiskurses' als *Diskursfragment* bezeichnet (vgl. Reuber/ Strüver/ Wolkersdorfer 2005; Reuber 2006)[147].

Die Fokussierung aktueller geopolitischer Imaginationen Europas ist für die Frage nach möglichen raumbezogenen Identitätsangeboten äußerst relevant. REUBER (2006: 25) hebt nicht ohne Grund die „zentrale Rolle" hervor, die „auch – und gerade – räumliche Strukturen, Symbole und Repräsentationen (...) bei der Schaffung und Abgrenzung gesellschaftlicher Identitäten spielen". Die Empirie des DFG-Projektes deckt die politisch-strategische Steuerung und die Beeinflussung der Entstehung und Transformation (neuer/alter) *sozialer Repräsentationen Europas* auf. Sie zeigt, dass die Akteure diese Vorstellungen im Kontext spezifischer außen- und innenpolitischer Zielsetzungen strategisch und intentional *gebrauchen*. Innerhalb der EU werden aus verschiedenen sozialen und politischen Positionen heraus sehr unterschiedliche und widersprüchliche *Europa-Bilder* pro-

146 Es handelt sich hierbei vermutlich nur um eine metonymische Verwendung der Ländernamen, dennoch sollte gerade ein sprachorientierter Ansatz in derartigen Dingen Vorsicht walten lassen (vgl. Schott 2005: 74ff.).

147 Die Gleichsetzung von *Argumentationsstrategie* und *Diskurs(fragment)* (auch: *Denkfigur* oder *sprachliche Repräsentation* oder *Deutungsangebote*) ist aus Sicht der Verfasserin fragwürdig, da sie analytische Schärfe vermissen und die Abgrenzungen zwischen den herausgearbeiteten *Diskursen* bzw. *Argumentationsstrategien* willkürlich erscheinen lässt. Zudem wird zwischen der Ebene der *Versprachlichung* und der Ebene übergeordneter ‚*Diskurse*' nicht unterschieden.

duziert. Damit verdeutlicht das Projekt die Notwendigkeit der Einbeziehung der Kontexte von sozialer Kommunikation in die Analyse der aktualisierten sozialen Repräsentationen. Leider lassen zumindest die veröffentlicht vorliegenden Artikel kaum theoretisch-methodische Rückschlüsse über die konkrete Konzeptionalisierung und Operationalisierung des *Identitäts-*, des *Repräsentations-*, und des *Diskurs*begriffes zu und verwirren durch den uneinheitlichen Gebrauch wichtiger Konzepte. Wie das Projekt dazu kommt, diese und keine anderen ‚Diskurse' anzunehmen und gegeneinander abzugrenzen, ist aus dem vorliegenden Material methodisch nicht nachvollziehbar. FELGENHAUERs (2007b: 18-19) Einschätzung, dass die „Forschungskonzeption" REUBER/ WOLKERSDORFERs „im Sinne einer tatsächlichen Sprachanalyse (...) kaum näher bestimmt" werde, greift auch hier: Es werden „Beschreibungen von unterstellten Strategien angeboten, Schlagworte zitiert und raumbezogene Sprachpraxis wird primär als Verschleierung verstanden".

QUENZEL: Konstruktionen von Europa

Der Ansatz der Soziologin Gudrun QUENZEL, ‚Konstruktionen von Europa' herauszuarbeiten, basiert ebenfalls auf einem diskursiven Verständnis kollektiver Identität[148]. Sie begründet dies über den Rückgriff auf ANDERSONs Konzept der *imagined community* und LACLAU/ MOUFFEs Konzept der *symbolischen Ordnungen. Identität* definiert sie als „Artikulation einer bestimmten sozialen Selbstbeschreibung", die über „privilegierte Signifikanten"[149] und „spezifische Form[en] der Grenzziehung" (Quenzel 2005: 18) ablaufe. Die Signifikanten erschaffen ihre Signifikate wie *Europa.* QUENZEL (2005: 20) fragt nach den „partiellen Fixierungen", den „Knotenpunkt[en]" der diskursiven Konstruktion „kollektive[r] europäisch[er] Identität", Ziel ihrer Analyse ist es, „den Prozess der Bedeutungsetablierung nachzuzeichnen und zu systematisieren". Individuen bilden demnach ihre Identität durch Anerkennung und Bestätigung der Kategorisierungen der sozialen Welt aus und konstituieren sich als Subjekt „als Folgeerscheinung bestimmter regelgeleiteter Diskurse, die Identität durch intelligible Anrufungen anleiten" (Quenzel 2005: 41). Sie fokussiert die *Identitätsangebote* und *-entwürfe*, die ‚im Diskurs' zur Verfügung stehen. Dabei geht sie davon aus, dass der *Prozess der Konstruktion der Identitätsangebote* ‚europäische Subjekte' erst konstruiere. *Identitätsangebote* sind für QUENZEL (2005: 42) „öffentlich zur Diskussion gestellte(...) Deutungsangebote", die zu „kollektiv geteilten Deutungsvorgaben" werden könnten. Generiert würden sie von individuellen und kollektiven Akteuren, wobei die größte Deutungsmacht den politischen und kulturellen ‚Eliten' zugeschrieben wird. Aus dieser Grundannahme leitet QUENZEL (2005: 44) ab, dass *europäische Identitätsangebote* am sinnvollsten anhand

148 Basis ihres Identitätsbegriffs sind auch soziologische Konzepte, u.a. von HALL und LEPSIUS. Ihr Diskursbegriff rekurriert auf FOUCAULT (vgl. Quenzel 2005: 28ff. und 34ff.).

149 „Ein Signifikant ist im Rahmen kollektiver Identitätsproduktion" ihrer Ansicht nach dann „privilegiert, wenn andere kollektive Identitäten (...) zu zweitrangigen Unterschieden, d.h. durch den privilegierten Signifikanten in Form einer Äquivalenzrelation angeordnet werden" (Quenzel 2005: 18).

der „Beiträge diskursiver Eliten" zu untersuchen seien, jener Akteure, die „Öffentlichkeit herstellen, Themen forcieren, Diskurse initiieren".

Wenden wir uns der empirischen Umsetzung zu. Im Kontext der *Kulturpolitik*[150] der Europäischen Union sucht QUENZEL die Fragen zu beantworten:

> „Wie könnte eine europäische Gesellschaft zu ihren privilegierten Signifikanten kommen? Welche Signifikanten bieten sich an? Und wie definiert sie damit ihre Grenzen?" (Quenzel 2005: 21).

Es geht ihr um die Einflussnahme eines konkreten Politikfeldes innerhalb der Europäischen Union auf die Konstruktion *europäischer Identitätsangebote*. Konkret verfährt QUENZEL (2005: 24) in mehreren analytischen Schritten: In einem ersten, übergeordneten Schritt sichtet sie die „Feuilletons" führender Zeitungen und die „geistes- und sozialwissenschaftliche Literatur"[151] und arbeitet die „im Diskurs angelegten Möglichkeiten europäischer Identitätskonstruktion" heraus. Daraus erschließt sich ihrer Ansicht nach ein Überblick über den ‚europäischen Identitätsdiskurs'. Mit dem auf dieser Basis erstellten Katalog wiederkehrender Elemente ‚im Hinterkopf' wendet sie sich dann der EU-Kulturpolitik zu und fragt, ob diese auf die ganze Breite möglicher Identitätsangebote zurückgreift oder lediglich auf Ausschnitte derselben. Zudem sucht sie nachzuvollziehen, ob die ‚europäischen' Identitätskonstruktionen *nationalen* Mustern folgen, ob sie einheitlich oder widersprüchlich sind (vgl. Quenzel 2005: 24)[152]. Vor allem der erste Analyseschritt, dessen Ziel es ist, „ein Schema von konkurrierenden europäischen Selbstbeschreibungen zu entwickeln, das als Ausgangspunkt und Vergleichsmatrix" dienen kann, ist hier relevant, da es explizit als „Grundlage für weitere Untersuchungen des europäischen Identitätsdiskurses" (Quenzel 2005: 57) angelegt ist.

Basis der empirischen Arbeit QUENZELs (2005: 45) ist die theoretische Annahme, dass „kollektive Identität diskursiv produziert wird und außerdem das Produkt einer Identifikation mit mehreren konfligierenden Identifikationsobjekten bzw. Deutungsangeboten ist". Diese Identifikationsobjekte und Deutungsangebote sollen empirisch erfasst und beschrieben werden. Sie fasst je einen oder mehrere Sätze, Propositionen bzw. Sprechakte als „Aussage(...) über europäische Identität" (Quenzel 2005: 46) auf. Methodisch greift sie auf die *Kritische Diskursanalyse* JÄGERs zurück, indem sie die Aussagen zunächst „aus den ausgewählten Textkorpora heraus[...]lös[t]" und dann „auf die ihnen zugrunde liegenden Regelmäßigkeiten hin (...) untersuch[t]" (Quenzel 2005: 46). Ziel ist es, die „Regeln der Aussagengenerierung herauszuarbeiten und Felder homogener Aussagen zu identifizieren" (Quenzel 2005: 46). Um nicht zirkulär die vordergründigen Evidenzen des Diskurses zu reproduzieren, wird der Kontext miteinbezogen, die institutionellen Praxen, in die die Diskurse eingebettet sind. QUENZEL rekurriert zu

150 Dieses Politikfeld wählt sie aufgrund seiner „Publikumswirksamkeit" und „identitätsstiftenden Funktion in den europäischen Nationalstaaten (...), der hohen Bedeutung, die die Nationalstaaten ihr zuweisen" (Quenzel 2005: 22).

151 Zu Datenmaterial und Stichprobenauswahl siehe QUENZEL (2005: 57).

152 Noch stärker ins Detail geht die dritte Analyseebene, in der QUENZEL (2005: 24) anhand der Fallbeispiele der europäischen Kulturhauptstädte Salamanca und Graz „die tatsächliche Umsetzung und Verbreitung europäischer Identitätsentwürfe untersucht".

diesem Zweck auf die *Konzeption sozialer Felder* von BOURDIEU. Sie geht davon aus, dass gesellschaftliche Akteure mit einem bestimmten symbolischen Kapital ausgestattet sind, das es ihnen erlaubt, spezifische Kategorisierungsschemata in den „symbolischen Klassifizierungskampf" (Quenzel 2005: 48) einzubringen und gegebenenfalls durchzusetzen. Bedeutungen würden über mentale (sprachliche) und gegenständliche Repräsentationen produziert und reproduziert. Die Ähnlichkeiten dieses Ansatzes mit der *Theorie sozialer Repräsentationen* sind frappierend, zumal auch BOURDIEU soziale Gruppen als durch gemeinsame Repräsentationen definiert ansieht. Das jeweilige *soziale Feld* bestimmt, *was* gesagt werden kann und *wer* beitragsberechtigt ist. Ihre eigenen Analysen verortet QUENZEL (2005: 56) im Feld der kulturellen Produktion.

QUENZEL (2005: 98) arbeitet aus den ihr vorliegenden Texten „elf unterschiedliche Grundkonzeptionen europäischer Selbstbeschreibung" heraus. Diese seien im Diskurs allerdings meist eng miteinander verbunden, die analytische Trennung sei vor allem didaktischer Natur. Die **erste** dieser Grundkonzeptionen ist geographisch ausgerichtet, umfasst die ‚geopolitische Imagination' Europa – QUENZEL (2005: 98) spricht von der Grundkonzeption **„Kontinent Europa als geographische und kulturelle Einheit"**. Kulturelle, politische und geographische Bedeutungsdimensionen seien in diesem *Europa-Bild* eng miteinander verwoben. Es werde vor allem getragen von Abgrenzungen gegenüber Anderen, die als Out-Group angesehen werden, den „externen Referenzpunkte[n] für eine Identitätsbildung" (Quenzel 2005: 101). Die bedeutensten dieser Gegenidentitäten stellen der ‚Osten' (je nach historischem Kontext Russland/die Sowjetunion/ das Osmanische Reich/ ‚der Islam') und die USA dar. Besonders hebt QUENZEL die Ausweisung von Übergangsräumen hervor, die die Ambivalenz und Uneindeutigkeit der so definierten Europa-Kategorie kontrollieren helfen sollen: Als Beispiel nennt sie den Balkan, als *internen* Anderen des so definierten Europa. Grundlegendes Argumentationsschema dieser Konzeption sei die kontinuierliche Rechtfertigung und Naturalisierung einer „kulturell-geographischen Grenze zu Asien" (Quenzel 2005: 102). Die Konstituierung eines europäischen Selbst findet aber nicht nur unter Bezug auf *territoriale* Aspekte statt. Eine weitere wichtige Grundkonzeption Europas beruht nach QUENZEL (2005: 105) auf der *Temporalisierung* Europas, auf der Vorstellung einer „einzigartige[n] Entwicklung der wissenschaftlichen Erkenntnis", der „technische[n], landwirtschaftliche[n] und industrielle[n] Ebene" in Europa. Sie überschreibt diese Konzeption mit **„Zivilisation und technischer Fortschritt"** (Quenzel 2005: 105). In ihrem Kontext werde auf einen vermeintlichen europäischen Sonderweg in die Moderne rekurriert. Eine dritte besonders verbreitete Grundkonzeption Europas stelle die des **„christliche[n] Abendlandes"** (Quenzel 2005: 108) dar. *Christentum* und *Europa* seien in einem Prozess, der bereits im frühen Mittelalter eingesetzt habe, jedoch erst an der Wende zur frühen Neuzeit einen ersten Höhepunkt erreicht habe, gleichsam zu *Synonymen* geworden. Das nicht-europäische Christentum, aber auch die osteuropäischen orthodoxen Varianten wurden zunehmend marginalisiert und ausgeblendet. Obgleich dieses Europa-Bild weit in die Geschichte zurückreiche, sei es keineswegs nur von historischem Interesse, sondern werde weiterhin aktualisiert, vor allem auch in weit verbreiteten ‚Diskurspositionen' der kulturellen Abgrenzung gegenüber dem Islam und der Orthodoxie. Interessanterweise rekurriere dieses Europa-Bild nur teilweise auf Religion ‚an sich' und inkludiere die Vorstellung, dass in Europa eine *säkulare* Tradition bestehe. Auch die vierte von QUENZEL konstatierte europäische Selbstbeschreibung greift auf die *Zeitkategorie* und *kulturelle* Verortungen zurück. Es handelt sich um die Vorstellung „einer einheitlichen kulturellen Entwicklung in Europa" bezüglich „Architektur, Musik, Literatur und bildender Kunst" (Quenzel 2005: 113). Die Autorin spricht von einem (Kunst-)Geschichtsbild, das Europa als **„ästhetische Einheit"** (Quenzel 2005: 113) konstruiere. Hierdurch erfolge eine Abgrenzung gegenüber anderen Teilen der Welt, denen nach dieser Auffassung ein andersgearteter – oder gar „geringere[r] (…) künstlerische[r] und kulturelle[r] Reichtum" (Quenzel 2005: 118) zugewiesen werde. Weniger verbreitet als die zuvor genannten Ansätze der Europa-Beschreibung ist nach QUENZEL (2005: 118) die Fassung Europas als „spezifische **Diskussions-** und **Konfliktkultur**", als **„reflexive Wissensgemeinschaft"**. Hier werde auf die als Besonderheit Europas angesehene Entwicklung unabhängiger Städte als ‚Diskussionsraum' bereits während des Hochmittelalters ebenso verwiesen, wie auf die Entstehungsgeschichte der „typisch europäischen" Universität, die eine „spezifische geistig-intellektuelle Entwicklung" (Quenzel 2005: 119) gefördert habe. Das Europa-Bild grenze aber auch ein inhärent *demokratisches* Europa von *autoritären* Gesellschaften mit *hierarchischer* Gesellschaftsstruktur ab. Diese Konzeption finde sich vor allem in den Sozialwissenschaften. Dies gelte auch für eine sechste europäische Selbstverortung, die aber auch häufig in Texten von Politikern aktualisiert werde: *Europa* als Zusammenschluss von Nationalstaaten, als **„Europa der Nationen"** (Quenzel 2005: 120). Der ‚Europabezug' werde als Teil aller europäischen nationalen Identitäten angesehen. Diese Konzeption sei stark vom zeitgenössischen europäischen Integrationsprozess beeinflusst, hier werde „die Besetzung des Europa-Begriffs durch die Europäische Union" (Quenzel 2005: 121) deutlich. Ausgangspunkt sei ein Nationalstaatsverständnis, das die Staaten als Einheiten konzipiere und implizit intern homogenisiere[153]. Es werde hier nicht auf gemeinsame Geschichte oder geteilte Werte rekurriert, auf historische ‚Gesetzmäßigkeiten', die der europäischen Integration gleichsam teleologisch zugrunde lägen, vielmehr sei diese Europa-Konzeption vergleichsweise ‚ergebnisoffen'. Der ‚externe Andere' seien die Nicht-EU-Staaten. Eine siebte Europakonzeption grenze Europa über eine als spezifisch europäisch angesehene **Schichtung der Gesellschaft** in „Arbeiterklasse, (…) Kleinbürgertum, (…) besitzlose Intelligenz und Fachgeschultheit und (…) Besitz- bzw. Bildungsbürgertum" (Quenzel 2005: 123) ab. Die horizontale Gliederung der europäischen Gesellschaft finde sich demnach in dieser Form und Stabilität nirgendwo sonst auf der Welt. Die USA werde als ‚Zweiklassengesellschaft' angesehen, zudem sei *Europa* auch klar von ‚sozialistischen Gesellschaftsmodellen' abzugrenzen. Diese Konzeption, ebenso wie eine achte, die *Europa* an spezifischen „Errungenschaften" wie der **„Arbeitsethik"** (Quenzel 2005: 125) und staatlichen

153 AGNEWs ‚moderne europäische geopolitische Imagination' sieht genau dieses Weltbild als typisch für die europäische Neuzeit an.

Wohlfahrt festmacht, wird von QUENZEL vor allem in der soziologischen und geschichtswissenschaftlichen Literatur verortet. Die ‚Arbeiterbewegung' werde hier ebenso als ‚typisch europäisch' angesehen wie gesellschaftliche Solidarität und der moderne Sozialstaat – vor allem in Abgrenzung zu den USA. Eine neunte Konzeption finde sich über die Wissenschaft hinaus auch und besonders in der Politik: Die Vorstellung von Europa als **Wertegemeinschaft** mit gemeinsamer *politischer Kultur* – exemplarisch stehe hierfür die HABERMASsche Konzeption eines europäischen **Verfassungspatriotismus**. Rekurriert werde auf „Individualität, Freiheit, Rationalität und de[n] Rechtsstaat, vor allem aber die Demokratie und die Menschenrechte" (Quenzel 2005: 128). Diese Vorstellung richte sich in normativer Weise gegen die „Suche nach gemeinsamen historisch-kulturellen Ursprüngen" (Quenzel 2005: 130). Die europäische Wertegemeinschaft werde aber in vielen Texten in der gemeinsamen ‚europäischen Geschichtserfahrung' von Aufklärung, Religionsfreiheit und Säkularisierung verortet – und eine gemeinsame Vergangenheit als Voraussetzung einer gemeinsamen politischen Kultur somit durch die Hintertür wieder eingeführt. Der spezifische Pluralismus der europäischen Moderne fehle nicht nur den islamisch geprägten, sondern auch vielen osteuropäischen Staaten, denen eine *demokratische Tradition* abgesprochen werde. Mit der neunten Konzeption eng verbunden sei eine zehnte, die Europa als „**Kommunikationsgemeinschaft**" (Quenzel 2005: 130) konstruiere. Auch diese ist laut QUENZEL (2005: 130, 131) ein Europa-Bild „der Intellektuellen": Im Zeitalter zunehmender Individualisierung und pluraler Lebensstile seien nicht mehr die Nationen Träger einer europäischen Kultur, sondern „transnationale Netzwerke von Individuen". Wie die zuletzt genannten Konzeptionen ist diese nicht nur *deskriptiv*, sondern in besonderem Maße auch *normativ*. Sie sieht in einer transnationalen Öffentlichkeit eine Voraussetzung für eine europäische Solidarität, ohne Europa als ‚geschlossenen Raum' zu begreifen[154]. Die letzte von QUENZEL (2005: 132) konstatierte Selbstbestimmung beschreibt Europa als **„negative Erinnerungsgemeinschaft"** in Abgrenzung von der eigenen Vergangenheit als ‚Täter'. Auch sie hat ihren Ursprung und ihre Verbreitung vor allem in Politik und Wissenschaft. Die Türkei und Japan, aber auch die USA werden als Andere konstruiert, die sich mit ihrer (kolonialen) Tätervergangenheit nur unzureichend auseinandergesetzt hätten.

Allen Selbstbeschreibungen ist ein Fokus auf Westeuropa als Kern dessen, was als *Europa* gelten soll und kann, gemeinsam. Fast alle grenzen sich vor allem gegen einen islamischen/ orthodoxen Osten und die USA ab. Was an anderer Stelle über die besondere Fruchtbarkeit von *Territorialisierungs-* und *Temporalisierungsstrategien* der Identitätskonstruktion gesagt wurde (siehe 2.5), kann hier empirisch nachvollzogen werden. Die Aktualisierungen der Selbstbeschreibungen, so bilanziert QUENZEL (2005: 271), weisen einen „hohen Abstraktionsgrad" und eine geringe „Konkretisierung der einzelnen Signifikanten" auf. Die ‚nicht-europäischen' Referenzpunkte würden in konkreten Aussagen selten genannt, die Gegenüberstellung erfolge meist implizit. Zumindest explizit stehe weniger Identitätskonstruktion durch ‚Abgrenzung' als innenorientierte Beschreibung durch Rekurs auf

154 Siehe hierzu auch den ‚Wissenschaftsdiskurs' unter 1.1

‚Gemeinsamkeiten' im Mittelpunkt der untersuchten Texte. Interessant ist QUENZELS (2005: 272-275) Feststellung, dass in der *EU-Kulturpolitik* „ein vielschichtiges und widersprüchliches Bild von Europa" entworfen werde, was eine europäische Identität ermögliche, die „sich ihrer Konstruiertheit bewusst sei. Fehlen würde allerdings eine Einbeziehung der Außenwahrnehmung Europas, trotz der Reflexivität des Identitätsbildungsprozesses setze dieser *Europa* als Zentrum.

Wenn QUENZEL (2005: 95, 61) von „differierenden Vorstellungen von kollektiver europäischer Identität" spricht, die „miteinander konkurrieren, interagieren und [sich] überlagern", von „komplexen Systemen artikulierter Differenzen", so lassen sich diese „Europabilder" durchaus als *soziale Repräsentationen* ansprechen. QUENZELS Ansatz ist aus Sicht der Autorin ein wichtiger Ansatzpunkt. Die Fokussierung auf Diskursteilnehmer, die einflussreiche Schnittstellen der europäischen Identitätskonstruktion besetzen, verspricht, wichtige Erkenntnisse bezüglich der ‚Top-down'-Konstruktionsversuche *sozialer Repräsentationen Europas.* Kritisch anzumerken ist jedoch, dass die Methodik QUENZELS intransparent und deswegen schwer nachzuvollziehen ist. Aus Sicht der Autorin wird sie dem von TITSCHER et al. (1998: 197) herausgestellten Gütekriterium diskursanalytischer Arbeit nicht gerecht, dass diese „in ihren Interpretationen und Erklärungen nachvollziehbar sein" sollte, dass „erkennbar [sein muss], wie die ForscherInnen zu den Ergebnissen kommen". Eine diskursanalytische Methodik, die Aussagen *aus ihrem textuellen Zusammenhang löst,* läuft zudem Gefahr die spezifische Eigenheit *strategischen, instrumentalisierenden* und *intentionalen Sprachgebrauchs,* der immer an die *Äußerungssituation* gebunden ist, zu unterschätzen. Daraus resultiert nach Ansicht der Verfasserin auch die weitgehende Gleichordnung *deskriptiver* und *normativer,* ‚nicht-wissenschaftlicher' und ‚wissenschaftlicher' Europa-Konzeptionen in QUENZELS Ansatz. Sie spricht diesen wichtigen Unterschied zwar selbst an, vermischt die Kategorien aber in ihren Beschreibungen. Obgleich der Wissenschaftsdiskurs mit dem politischen Diskurs interagiert, diesen zu beeinflussen sucht und von Politikern oft als Legitimation eigener Positionen genutzt wird, lassen die unterschiedlichen sozialen Settings, in denen diese *Europa*-Konzeptionen zu verorten sind, doch eine stärkere Differenzierung sinnvoll erscheinen. Denn während Deutungsangebote wie das des *Kontinent Europa* als ‚mögliches Identitätselement' schon aufgrund ihrer weiten Verbreitung relevanter sind, sind andere der genannten Identitätskonstruktionen auf elitäre Intellektuellenzirkel beschränkt. Die mangelnde Differenzierung ist aber auch der enormen empirischen Breite von QUENZELS Ansatz geschuldet.

VON BOGDANDY: Zur Ökologie einer europäischen Identität

Die Sozialpsychologin VON BOGDANDY (2003) fragt nach der ‚Ökologie einer europäischen Identität'. Soziale Identitäten seien immer „verankert", in einer sozialen „Umgebung, in der eine Anzahl unterschiedlicher, konkurrierender oder sogar widersprüchlicher Bedeutungsstrukturen existieren" (Bogdandy von 2003: 15). Eben diese Bedeutungsstrukturen, gefasst als *soziale Repräsentationen*, stehen im

Mittelpunkt ihres Erkenntnisinteresses. Ihre Analyse sieht sie als komplementär zu den „zahlreichen" vorliegenden „empirischen Untersuchen über das *individuelle* Gefühl ‚Europäer-zu-sein'" (Bogdandy von 2003: 15). Die Selbst-Kategorisierung als *EuropäerIn* beruhe auf der sozialen Konstruktion der Kategorien „Europa" und „Europäer/ Europäerin", auf diesen Kategorisierungen eingeschriebenen „spezifische[n] Inhalte[n], Bedeutungen und Grenzziehungen" (Bogdandy von 2003: 15).

Der Ort, an dem VON BOGDANDY die Konstruktion dieser Kategorien zu fassen sucht, sind die Massenmedien. Diese versteht sie als „Hauptvehikel für die Verbreitung sozialer Repräsentationen von Europa": sie wiederholten bekannte und lieferten neue Informationen über die Objekte der Repräsentation, hierarchisierten diese und ordneten sie in „mehr oder weniger explizite Wertesysteme" ein, und würden auf diese Weise „die Einstellung in Bezug auf den Gegenstand der sozialen Repräsentation beeinflussen und sogar konstruieren" (Bogdandy von 2003: 85). VON BOGDANDY (2003: 165) geht davon aus, dass die repräsentationellen Felder, die in den großen Tageszeitungen aufgespannt werden, „Grundlagen" oder „Gerüste" darstellen, „auf denen die Individuen ihre europäische Identität ausbilden können". Dies sei aber nicht dahingehend zu interpretieren, dass zwischen den *öffentlichen sozialen Repräsentationen* und den *individuellen Repräsentationen* einzelner Menschen ein gerichteter, einfacher Zusammenhang bestünde. Die Analyse der öffentlichen Repräsentationen für sich genommen lasse keine Rückschlüsse auf die tatsächlichen individuellen Identitätsprozesse zu (vgl. Bogdandy von 2003: 86). Konkret werden vier überregional bedeutsame Tageszeitungen in zwei Ländern den Blick genommen[155]. Ziel ist der binationale *Vergleich* sowie eine Erfassung von *diachronen Veränderungen*. Methodisch greift VON BOGDANDY auf das Verfahren der Lexikalischen Korrespondenzanalyse[156] zurück. Große Mengen an textuellen Rohdaten würden auf diese Weise in eine zunächst vor allem frequenzanalytische Datenmatrix umgewandelt, deren innere Assoziationsbeziehungen (Kollokationen von Worten und Sätzen) untersucht und visuell dargestellt werden können. Ziel sei es, soziale Repräsentationen über das sie auszeichnende ‚Wörterbuch' und eine ‚Landkarte' der Zusammenhänge zwischen den Lexemen darzustellen: So wird aus häufigen Kollokationen von *Europa* mit *Binnenmarkt, Maastricht, Union* – vereinfacht gesagt –eine *politisch* ausgerichtete Repräsentation abgelesen, aus Assoziationen mit *Geschichte, Sprachen, Kultur* ein *historisch-kulturell* ausgerichteter ‚Europadiskurs'. Diese Methode sei besonders gut zur explorativen Analyse von Diskursen geeignet.

Zu welchen Ergebnissen kommt VON BOGDANDYS (2003: 159) Untersuchung? Zum ‚Wörterbuch', zum „semantische[n] Universum" von *Europa* und *Europäer/Innen* sind ihrer Ansicht nach gegenläufige Tendenzen zu verzeichnen. Obgleich die Zahl der Artikel mit *Europabezug* zwischen Beginn und Mitte der 1990er Jahre zugenommen habe, nahm die *Streuung* assoziierter Ausdrücke deutlich ab, und zwar in beiden nationalen Stichproben. VON BOGDANDY (2003: 160)

155 Zwei deutsche und zwei italienische und zwar in zwei Zeiträumen – 1992/1993 und 1997. Genaueres zur Auswahl der Stichproben und ihrer Begründung bei VON BOGDANDY (2003: 93).

156 Zur Erläuterung ihrer Vor- und Nachteile siehe VON BOGDANDY (2003: 88ff.).

konstatiert insgesamt eine „Konzentration der Bedeutungen von und der Assoziationen ‚mit Europa'". Inhaltlich lasse sich eine Verengung des repräsentationalen Feldes auf *politische* Assoziationen feststellen, es komme zu einer „semantischen Präzisierung" der Kategorie *Europa*: „Die politische Repräsentation Europas verdrängt ihre (sic!) historische und kulturelle Repräsentation" (Bogdandy von 2003: 160). Politische Assoziation heiße aber keineswegs immer *Europa = Europäische Union*. Vielmehr sei *Europa* in der deutschen Stichprobe „eine an Umfang und Bedeutung breitere soziale Kategorie als die Europäische Union", während beide Kategorien in der italienischen Stichprobe fast „als Synonyme" (Bogdandy von 2003: 161) benutzt würden. Ein übergeordneter *Trend zur Konvergenz* der Kategorien sei allerdings in beiden Stichproben erkennbar. Die Breite des lexikalischen Feldes, das mit *Europäer/Innen* assoziiert sei, habe im Gegensatz hierzu *zugenommen*. VON BOGDANDY deutet den „gestiegenen lexikalischen Reichtum des Diskurses" als „Suche nach Bedeutungen dieser Kategorie" (Bogdandy von 2003: 162), die aktuell noch eine große Spannbreite und innere Pluralität aufweise. Innerhalb der *EuropäerInnen*-Repräsentation seien ein *innen-* und ein *außenorientierter* Gebrauchskontext zu unterscheiden, in denen die Kategorie „durch Assoziationen definiert" werde und „Grenzen" (Bogdandy von 2003: 162) gesetzt würden. Im Ingroup-Kontext würden „historische, kulturelle und innenpolitische Merkmale" assoziiert: Exemplarisch hierfür stehen *Geschichte, historisch, Westen, Krieg, Marshall-Plan* aber auch *EU-Kommission, Airbus* und *Erweiterung* (vgl. Bogdandy von 2003: 140-141). Im außenorientierten Gebrauchskontext werde auf ‚Andere' Bezug genommen: Unter anderem mit *Muslime, Islam, Serben, Amerikaner* (vgl. Bogdandy von 2003: 147). Durch die „steigende Relevanz der EU-Assoziationen als Kontext für den Gebrauch von „Europäern/ Europäerinnen" (Bogdandy von 2003: 163) habe der innenorientierte Gebrauchskontext im Untersuchungszeitraum an Bedeutung gewonnen. Auch in Bezug auf die *EuropäerInnen*-Repräsentation muss differenziert werden: So blieben in Deutschland sowohl *kulturell-historische* Assoziationen als auch *politische* erhalten, während erstere in der italienischen Stichprobe fast vollständig verdrängt würden[157].

VON BOGDANDY (vgl. 2003: 167) folgert aus ihren Untersuchungen in normativer Weise, dass die Voraussetzung für die Entwicklung europäischer Identitäten auf Ebene der Individuen darin bestünde, eine möglichst *einheitliche* Repräsentation *Europas/* der *EuropäerInnen* zu schaffen.

Im Theorieteil wurde bereits darauf hingewiesen, dass die Selbstverortung dieser Arbeit bezüglich des Zusammenhangs von Identität, sozialer Repräsentation und Diskurs auch VON BOGDANDYs theoretischen Ansatz zum Ausgangspunkt hat. Inwiefern lassen sich ihre Methodik und ihre Ergebnisse für die praktischen Analysen fruchtbar machen? VON BOGDANDY operationalisiert die Erfassung sozialer Repräsentationen im Diskurs weitgehend über Lexeme und ihre Kollokatio-

157 Dies ist insofern interessant, als es den Ergebnissen der in 1.1 referierten Optem-Studie widerspricht, nach der gerade in Südeuropa stark auf *kulturell-historische* Europa-Definitionen rekurriert wird. Möglicherweise drückt sich hier der Unterschied zwischen Medien-Repräsentationen und individuellen Vorstellungen aus.

nen. In ihrer empirischen Arbeit fragt sie danach, „[w]elche Worte, Bilder und Informationen (...) Individuen zur Verfügung (...) stehen (...), wenn sie sich mit ‚Europa' und den ‚Europäern/ Europäerinnen' auseinandersetzen (...)" und sucht die „Struktur", den „Zusammenhang" zwischen diesen „Wörterbüchern" bzw. „lexikalischen Repertoires" (Bogdandy von 2003: 158-159) herauszuarbeiten. Dies stellt einen Schritt in die richtige Richtung dar, greift jedoch zu kurz. Die mangelnde Einbeziehung des kommunikativen Kontextes, die bereits MOSCOVICIS Ansatz vorgeworfen wird, wird hier zum Problem. Unsere Alltagsvorstellungen, die Bedeutungen, die wir *Europa/* den *EuropäerInnen* zumessen, lassen sich nicht auf aus dem jeweiligen Verwendungskontext weitgehend losgelöste Netzwerke von Ausdrücken begrenzen. *Referiert* wird immer erst durch eine/n Zeichen- bzw. Textproduzenten oder -rezipienten. Erst im *Kontext,* unter Einbeziehung des *Ko-Textes* und der relevanten *intertextuellen* Zusammenhänge von Äußerungshandlungen – dass belegen auch die von VON BOGDANDY herausgearbeiteten ‚nationalen' Unterschiede – lässt sich die *strategisch-argumentative Instrumentalisierung sozialer Repräsentationen* erfassen oder ihre *Relativierung* durch den Verweis auf konkurrierende Inhalte und Bedeutungen. VON BOGDANDY (2003: 159) ist sich dieser Mängel bewusst und versteht ihren Ansatz ausdrücklich nur als Einstieg für „detailliertere Einzelstudien". Lexikalische Herangehensweisen könnten „das repräsentationale Feld nur ‚umreißen' und nicht dazu beitragen, Argumentationen zu untersuchen und gegeneinander abzuwägen" (Bogdandy von 2003: 159).

Europäische Identitätskonstruktion aus linguistischer Perspektive

Die Sprachwissenschaftlerin Ruth WODAK hat nicht nur einen eigenen Ansatz zur linguistischen Diskursanalyse vorgelegt (siehe 4.2). Sie und ihre Forschungsgruppe[158] beschäftigen sich auch mit der diskursiven Konstruktion nationaler und europäischer Identität. *Diskurshistorisch* ausgerichtete Studien unterscheiden drei analytische Ebenen: Die der Inhaltserfassung, der Beschreibung diskursiver ‚Strategien' und der Analyse der linguistischen Realisation. Während letztere einander über einzelne ‚Diskursfelder' hinweg ähneln, greift die Inhaltsanalyse auf *diskursfeldspezifische* Theorieansätze und Forschungsergebnisse verschiedenster disziplinärer Provenienz zurück. Zur Fassung ihres inhaltlichen Erkenntnisinteresses bezüglich der diskursiven Konstruktion *kollektiver Identitäten* gehen die Forscher um WODAK von RICOEURS Konzept der *narrativen Identität* aus. Personale wie kollektive Identitäten werden demnach in der Kommunikation in Form von *Narrativen* konstruiert. *Nationen* verstehen WODAK et al. (1999: 16) unter Rückgriff auf ANDERSON (1991) als *imagined communities,* die durch „narratives of national culture" konstruiert werden. Auf HALLS Ansatz der *symbolischen Gemeinschaft* rekurrierend, können sie auch als *Systeme kultureller Repräsentationen* interpretiert werden, als Erzählungen, die spezifischen (diskursiven) Strategien folgen. Kollektive Identitäten werden als *diskursiv* hergestellt angesehen, immer jedoch

158 Die Gruppe *Diskurs-Identität-Politik* an der Universität Wien (vgl. Wodak/ Weiss 2005).

auch als durch *institutionelle Praxen* und *sozioökonomische* Strukturen geprägt. Erfasst werden sie auf der Ebene der symbolischen Repräsentationen von Identität(en) (vgl. Wodak/ Weiss 2004b: 227).

Basis einer groß angelegten empirischen Studie zur Konstruktion *österreichischer* Identität war eine aus der angesprochenen theoretischen Literatur abgeleitete **„matrix of thematic contents"** (Wodak et al. 1999: 30) von ‚Identitätsdiskursen': Dazu gehören (1) die linguistische Konstruktion eines **homo nationalis** (in Abgrenzung zu einem *homo externus*); etwa durch Rekurrenz auf eine nationale Mentalität bzw. Verhaltensdispositionen, auf emotionale Beziehungen zum ‚Vaterland', durch Rückgriff auf biographische Aspekte. (2) Die narrative Konstruktion einer gemeinsamen (politischen) **Vergangenheit**. Dies geschieht durch Herkunfts- und Entstehungsmythen, nationale Heldenfiguren, Rekurrenz auf Zeiten des Erfolges/ der Krise. (3) Die Konstruktion einer **gemeinsamen Kultur**. In diesem Zusammenhang spielen Sprache, Religion und Kunst eine wichtige Rolle, aber auch Wissenschaft und Technologie und nicht zuletzt die Alltagskultur (Essen, Trinken, Kleidung, Sport). (4) Die Konstruktion einer gemeinsamen (politischen) **Gegenwart** und **Zukunft**; rekurriert wird auf Fragen der Staatsbürgerschaft, politische Ziele und Tugenden u.ä.. (5) Die linguistische Konstruktion eines nationalen ‚**Raumes**' (im Englischen bezeichnenderweise national *body*), wobei auf Abgrenzungen, Landschafts-Vorstellungen, aber auch Monumente und Denkmäler Bezug genommen wird (vgl. Wodak et al. 1999: 30-31)[159]. Besondere Relevanz wird der *zeitlichen* und *räumlichen* Verortung nationaler Identität zugesprochen:

> „[T]he discursive construction of national identity revolves around the *three temporal axes of the past, the present and the future*. In this context, origin, continuity/ tradition, transformation, (essentialist) timelessness and anticipation are important ordering criteria. *Spatial, territorial, and local dimensions* (expanse, borders, nature, landscape, physical artefacts and interventions in ‚natural space') are likewise significant in this discursive construction of national identity" (Wodak et al. 1999:26; Hervorhebungen durch Verfasserin).

Der Prozess österreichischer Identitätskonstruktion wird auf verschiedenen sozialen Maßstabsebenen untersucht. Ausgehend von der Vorstellung, dass nationale Identität sich in *sozialen* Praktiken manifestiert, zu denen auch die *diskursive* Praxis gehört, wird ihre Konstruktion im öffentlichen Diskurs (Politik, Medien) ebenso untersucht wie im halb-privaten und privaten Bereich[160]. Die Ergebnisse lassen sich – mit gebotener Vorsicht – auf andere ‚raumbezogene' Identitätsdiskurse übertragen[161]. Obgleich nicht dem ‚Diskursfeld europäischer Identitätsan-

159 Theoretische Basis dieser Matrix sind vor allem die von HALL und KOLAKOWSKI beschriebenen Hauptaspekte der nationalen Identität (vgl. zu diesen Ansätzen Wodak et al. 1999: 23-27).

160 Die Empirie umfasste *Tiefeninterviews*, die *Gesprächsanalyse* von *Fokusgruppendiskussionen* sowie die Analyse von *Politikerreden* und *politischen Werbekampagnen*. Hinzu kamen *Medienanalysen*. Für Genaueres siehe WODAK et al. (1999).

161 „Although our results cannot be generalised in every specific point, they nevertheless demonstrate tendencies in national processes of identification which are observable across contemporary Europe. Consequently, the methodological and theoretical framework of our discourse-historical approach (...) is also applicable to investigations of the discursive construction of national identities other than the Austrian alone" (Wodak et al. 1999: 186).

gebote' zuzurechnen, sollen sie kurz referiert werden, ermöglichen sie doch einen *Vergleich nationaler und supranationaler Identitätskonstruktionsprozesse.*

Im ‚österreichischen Identitätsdiskurs' werden „highly diverse, ambivalent, context-determined discursive identity constructs" (Wodak et al. 1999: 188) aktualisiert. Durch alle untersuchten Genres und Kommunikationssituationen ziehe sich der Versuch, diskursiv intra-nationale *Gemeinsamkeiten* und/ oder *Differenzen* zu Anderen (Nationen) zu konstruieren. Dabei werde in öffentlich-politischen Handlungszusammenhängen eher auf *Assimilations-* und *Vereinheitlichungsstrategien* zurückgegriffen, während *differenzierend-abgrenzende* Konstruktions-Strategien vor allem im privaten oder halb-privaten Bereich anzutreffen seien. In allen analysierten Texten werde Österreich insbesondere über *kulturelle* und weniger über ‚staatsbezogene' Bezüge konstruiert, wobei in den Politikerreden und im offiziellen Handlungsbereich Verweise auf die ‚Hochkultur' vorherrschten, während im Privaten die Alltagskultur eine nicht zu vernachlässigende Rolle spiele. Vor allem im privaten Kontext werde auf eine gemeinsame Mentalität oder einen nationalen Stereotyp und eine gemeinsame ‚Herkunft' rekurriert. Im Gegensatz zu im öffentlichen Raum verorteten Kommunikationshandlungen greifen die Menschen demnach in Privatgesprächen eher auf essentialistische Identitätsvorstellungen zurück (vgl. Wodak et al. 1999: 191). Ähnliches gelte für die Exklusion *Anderer* – in der Öffentlichkeit tabuisiert, gehöre sie doch in privateren Kommunikationssituationen zu den konstitutiven Elementen von Identitätskonstruktionen. Zugleich lassen sich nach WODAK et al. (1999: 187) für zahlreiche Konstruktionen *top-down-Diffusionswege* nachzeichnen: „[P]rovided by the political élites and the various institutions of socialisation", würden sie in anderen Kommunikationskontexten rekontextualisiert und transformiert[162]. Besonders auffällig sei, dass je nach sozialer Funktion des untersuchten Textbeispiels die zur Konstruktion österreichischer Identität eingesetzten (linguistischen) Strategien und ihre linguistische Realisation stark voneinander abwichen – selbst wenn auf sehr ähnliche Themen referiert werde (vgl. Wodak et al. 1999: 188ff.).

Der Fokus der Beschäftigung der WODAKschen Forschungsgruppe mit *europäischen* Identitätsdiskursen ist enger gefasst: Prozesse europäischer Identitätskonstruktion werden anhand „spekulativer, visionärer Reden von prominenten EU-Politikern" (Wodak/ Weiss 2004a: 67), aber auch unter Rückgriff auf die Debatten um die Europäische Verfassung (vgl. Krzyzanowski 2005; Krzyzanowski/ Oberhuber 2007) untersucht. In beiden Fällen zeigt sich nach Ansicht der Autoren eine *neue* Form der Suche des (politischen) ‚Europa' nach seiner „Seele", nach seiner „eigentlichen Identität und Legitimitätsgrundlage", die die „Handlungsebene", das „konstruktive Moment" europäischer Identitätssuche „explizit betont" (Wodak/ Weiss 2004a: 73). Gefragt wurde nach den *Bedeutungen*, die *Europa* von verschiedenen Akteuren zugeschrieben werden, den Antworten auf die Fragen „Wer oder was ist Europa?" und „Was soll Europa werden?" (Wodak/ Weiss 2004a: 71), danach was von Politikern und EU-Bürgern unter dem ‚Europäischen Projekt'

162 Dabei rekurrierten die ‚Normalbürger' besonders auf Politikerreden, aber auch auf Bücher und Artikel von Historikern, Politikwissenschaftlern und Essayisten (Wodak et al. 1999: 189).

verstanden wird. Besonders interessiert, zu welchen Differenzierungen ‚nationale' weltanschauliche, ideologische und historische Kontexte führen. Kann die europäische Identitätsdebatte in ähnlicher Form konzeptualisiert werden, wie die *nation building* – Prozesse der Vergangenheit (vgl. Wodak/ Weiss 2004a: 71)? Bedarf die oben beschriebene ‚thematische Matrix' bei der Beschäftigung mit ‚europäischer Identität' der Erweiterung und Ergänzung? WODAK/ WEISS (2004a: 75) können nach eigenem Bekunden aufzeigen, dass die Prozesse der Konstruktion supranationaler und nationaler Identitäten einander ähneln: Auch auf ‚europäischer Ebene' stünde die Konstruktion von Gleichheit, Ähnlichkeit und Differenz im Mittelpunkt. Supranationalen ‚Identitäten' sei dieselbe „multi-layeredness and sometimes paradoxical nature" (Wodak/ Weiss 2004b: 227) eigen wie nationalen Identitätskonstruktionen[163]. Alle untersuchten visionären Europa-Reden[164] weisen nach WODAK/WEISS drei Grunddimensionen auf und aktualisieren drei Legitimationsstrategien. Sie versuchen *Europa* (1.) ‚Sinn zu verleihen', (2.) es zu ‚organisieren' und (3.) es zu ‚definieren', zu standardisieren, zu ‚umgrenzen' (vgl. Wodak/ Weiss 2002: 9). Dabei werde auf (1.) *Ideen* (Identität, Geschichte, Kultur) oder ein angebliches europäisches ‚*Wesen*', (2.) *Verfahren* (Partizipation, Demokratie, Effizienz) und (politische) *Werte* und (3.) *Grenzen, Normierungen* und *Zugehörigkeiten* rekurriert (vgl. Wodak/ Weiss 2004a: 79).

> „Let us remember that Europe is a *civilization*, that is at one and the same time a *territory*, a *shared history*, a *unified economy*, a *human society* and a *variety of cultures* which together form *one culture*" (Aus einer Rede des französischen Premierministers Lionel Jospin im Mai 2001, zitiert nach WODAK/WEISS (2005: 121); Hervorhebungen durch Verfasserin).

Dieses Zitat vereint die ‚Dimensionen' der Konstruktion europäischer Identität: *Europa* besitze ein gemeinsames *Territorium* und blicke auf eine geteilte *Geschichte* zurück, sei trotz aller Vielfalt eine *Kultur*, weise eine spezifische *Gesellschafts-* und *Wirtschaftsform* auf, kurz: sei eine *Zivilisation*. Besonders die Bezugnahme auf gemeinsame Geschichte und einen europäischen Gründungmythos sei *allen* Reden gemeinsam (vgl. Wodak/ Weiss 2004a: 80). Aber auch, dass Europa eine gemeinsame *Zukunft* habe, betonen fast alle Redner, teils unter erheblicher Emotionalisierung und mit starkem Pathos. Fast ebenso weit verbreitet seien Grenzziehungen gegenüber inneren oder äußeren *Anderen*. Diese würden in den Reden jedoch meist nicht explizit kulturell definiert. Vielmehr werde *Europa*, vielleicht auch aus Gründen der *political correctness*, vor allem von den anderen *global players* USA und Japan abgegrenzt. WODAK/ WEISS (vgl. 2002: 10-16) sprechen auch bezüglich der ‚Konstruktion Europas' von einer Doppelstrategie der *Territorialisierung* und *Temporalisierung*:

163 „Thus, the visions of new European Identities are fragmented, full of ideological dilemmas, context dependent and embedded in historical traditions, sociological self-interpretations and collective memories" (Wodak/ Weiss 2004b: 231).

164 Es wurde ein Korpus von Reden der Politiker Chirac, Jospin, Delor, Prodi, Blair, Schüssel, Fischer und Schröder aus den Jahren 2000/ 2001 sowie das Medienecho auf diese analysiert (siehe Wodak/ Weiss 2004a).

„Talking about Europe, (…), always and necessarily involves two categories: *space and time, territory and history*. (…), the discursive construction of European identities means the construction of a certain *space-time body*“ (Wodak/ Weiss 2002: 10-9; Hervorhebungen durch Verfasserin).

Als typisch ‚europäisch' (wobei *Europa* und *EU* nahezu synonym verwendet würden) deklariert würden *Menschenrechte, Demokratie, Frieden* und ein *sozialverantwortliches Gesellschaftsmodell*: *Europa* sei nicht nur eine *Erinnerungs*gemeinschaft und besitze einen gemeinsamen Erfahrungs*raum*[165], sondern auch eine *Wertegemeinschaft* und eine *ökonomische* und eine *Rechtsgemeinschaft* (vgl. Wodak/ Weiss 2004a: 79-82; Wodak/ Weis 2005: 121). *Verräumlichung* und *Verzeitlichung* als Diskursstrategien der Identitätskonstruktion ließen sich aber nicht im Sinne eines ‚Entweder-Oder' voneinander trennen:

„It is not a question of either-or but of *different emphasis* and *foci*. Accordingly, with regard to the first strategy we want to speak of *predominance of space within time*, with regard to the second of *predominance of time within space*“ (Wodak/ Weiss 2004b: 238; Hervorhebungen durch Verfasserin).

Europa werde aber auch als politisches Programm, stärker noch, als politisches *Konstrukt* dargestellt. Diachron lasse sich eine Verschiebung der Bedeutung *Europas* feststellen: Von einem „cultural meaning to one of civilization and ultimately to a political construct“ (Wodak/ Weiss 2005: 122). Nach Ansicht von WODAK/ WEISS (2005: 122) zeichnen sich die aktuellen Versuche der Identitätskonstruktion durch europäische Politiker vor allem dadurch aus, dass der *Konstruktionsprozess*, die Handlung des ‚Erschaffens' *Europas* nicht mystifiziert werde, sondern dass eine „conscious discursive construction“ stattfinde.

KRYZANOWSKI/ OBERHUBER greifen ebenfalls auf die *diskurshistorische* Herangehensweise zurück. Ihre Forschungen sind Teil eines Forschungsprojektes zur diskursiven (Re-)konstruktion ‚europäischer Identitäten' im Kontext der *European Convention*[166]. Hier hätten sich die Konstruktionshandlungen des „talking Europe, doing Europe“ (Krzyzanowski/ Oberhuber 2007: 17) fokussiert. In die Diskursanalyse einbezogen wurden neben den im Rahmen der Versammlung produzierten Texten auch halb-strukturierte *Interviews* mit Mitgliedern der *European Convention,* mit Stellvertretern der *Europäischen Kommission* und des *Europäischen Parlamentes.* Unterfüttert wurde die Untersuchung mit Kontextdaten aus ethnographischer Beobachtung. Die Genrestreuung sollte Kontextgebundenheit und situative Differenzierung bestimmter Europa-Konstruktionen, deren Re-Kontextualisierung in aufeinander bezogenen Texten und die kontextspezifischen Abweichungen in den argumentativen Strategien und linguistischen Realisationen bestimmter Konstruktionen aufzeigen (vgl. Krzyzanowski/ Oberhuber 2007: 22). Dem Konstruktions*prozess* suchte man sich über eine Reihe von *diskursiven Dimensionen* anzunähern. Diese traten in dieser Studie an die analytische Stelle der WODAKschen *Diskursstrategien* (siehe 4.2). Dabei werden *vertikale* oder *makro-*

165 Der von KOSSELLECK adaptierte Begriff bezieht sich auf gemeinsame Erfahrungen – (in einer ‚räumlichen' Arena erlebte) gemeinsame Geschichte (vgl. Wodak/ Weiss 2004b: 238).

166 Diese ‚europäische verfassungsgebende Versammlung' kam 2002 und 2003 in Brüssel zusammen, um, wie es auf dem EU-Gipfel in Laeken (Belgien) festgelegt worden war, eine Verfassung für die Europäische Union zu entwerfen (vgl. Krzyzanowski 2005: 138).

diskursive ‚Rahmen' von *mikrodiskursiven, horizontalen* „aggregates of arguments" (Krzyzanowski/ Oberhuber 2007: 133) unterschieden. Als alle Diskursbeiträge beeinflussende *Makrodimensionen* werden die Konstruktion von *Konvergenz* aber auch *Divergenz* zwischen den Konzepten *Europa* und *EU* ausgewiesen. Für die Beschreibung der *Mikrodimensionen* wird auf die von WODAK herausgearbeiteten Dimensionen zurückgegriffen: *Europa* Sinn verleihen, *Europa* organisieren, *Europas* Grenzen konstruieren. Diese Dimensionen werden aktualisiert in bestimmten *Topoi*, in *Metaphern* und anderen linguistischen Realisationsformen, vor allem der *Personen/ Raum* und *Zeit-Deixis* (vgl. Krzyzanowski/ Oberhuber 2007: 138-143). KRZYZANOWSKI/ OBERHUBER (vgl. 2007: 127, 189) betonen, dass die *EU* seit Jahren versuche, *Europa* zu rekonzeptualisieren, auch und besonders im Rahmen der *European Convention*. Es ließen sich widerstreitende Tendenzen der Herstellung einer stärkeren konzeptuellen Konvergenz zwischen der *EU* und *Europa* und der Konstruktion größerer Divergenz zwischen beiden Konzepten beobachten. Die *Argumentationsroutinen*, auf die jeweils zurückgegriffen werde, seien sich sehr ähnlich. So werde immer wieder auf den *Identitäts-*, den *Kultur-* und den *Geschichts*-Topos sowie den Topos der *inneren Vielfalt Europas* zurückgegriffen (Mikrodimension: Europa Sinn verleihen), auf die Topoi der *Organisation und Ermöglichung Europas* und der *Konstruktion Europas* (Europa organisieren) und die *Werte-*, *Religions-*, *Geographie*topoi sowie den Topos der *Beziehungen innerhalb Europas* (Grenzen und Standards Europas)[167]. Die herausgearbeiteten Europa-Repräsentationen würden denen der Politikerreden in vielen Aspekten ähneln: *Europa* werde definiert als *Zivilisation*, aber auch als *Kunstwerk*, als Ergebnis von *Design*, das als erfolgreiches *Experiment* der Integration ein Beispiel für die Welt liefern könne. Die Vereinigung *Europas* werde als *moralische Verpflichtung* und *historische Notwendigkeit* dargestellt (vgl. Krzyzanowski 2005: 148, 197, 264). Die ‚Dimensionen' seien nicht *genre*spezifisch, sie würden in Politikerreden ebenso aktualisiert wie in einem semi-offiziellen Interview. Sie seien allerdings *kontext*spezifisch. Beides seien Texte, deren Ziel die Legitimisierung und Re-Konstruierung der politischen und institutionellen ‚Identität' der EU sei (vgl. Krzyzanowski 2005: 149): Visionäre Reden wie auch Interviewtexte dienen der

> „construction and reproduction of a *set of visions of Europe* which may be defined as the ‚mainstream voice'. (...) [T]he mentioned self-understanding is (...) imposed by those who, through their political position, are *able to control and design such issues as communication flows or public images* of EU institutions and politics" (Krzyzanowski 2005: 149-150; Hervorhebungen durch Verfasserin).

Die Europa-Bilder der *europapolitischen Eliten* lägen also den *öffentlichen* Repräsentationen der EU zu Grunde (vgl. Krzyzanowski 2005: 155).

Die diskursanalytische Herangehensweise dieser Arbeit wird von WODAKs Analyseansatz mitbestimmt. Während die meisten der dargestellten empirischen Arbeiten *‚soziale Repräsentationen Europas'* aus ihren Entstehungs- und Verwendungszusammenhängen herauslösen und damit über ihre strategische Instrumentalisierung und ihren übergeordneten Rahmen kaum etwas aussagen (können), analysieren WODAK/ WEISS und KRZYZANOWSKI/ OBERHUBER die ‚Repräsentatio-

167 Für konkrete Beispiele siehe KRZYZANOWSKI/ OBERHUBER (2007: 145-188).

nen', wie von der diskursiven Psychologie gefordert, im *kommunikativen Verwendungszusammenhang* und unter *Hinweis auf den institutionellen Kontext* und die *Intentionen der Textproduzenten*. Sie stellen sie explizit als Teil eines Prozesses der (bewussten) Konstruktion kollektiver Identität dar. Diskursiven Eliten wird eine Schlüsselrolle in der Generierung und Diffusion von Identitätskonstrukten zugesprochen, die dann von anderen Diskursteilnehmern reproduziert, rekontextualisiert und transformiert würden.

EUropäische Identität im Wandel

Die europäische Identitätsdebatte steht über die bisher dargestellten Arbeiten hinaus im Mittelpunkt einer schier unüberschaubaren Zahl von Veröffentlichungen. So erarbeiteten etwa die Historiker KAELBLE und GIESEN (2002: 72) eine Reihe „formative[r] Diskurse" über *Europa*, die aus ihrer Sicht ein „Repertoire von Vorstellungen der europäischen Einheit" darstellen[168]. Der Geograph ANDERSON (2007: 9) arbeitete aus der aktuellen politischen und wissenschaftlichen Debatte um die Zukunft der EU „five competing visions of Europe's territorial future" heraus, die eng mit spezifischen Vorstellungen dessen verbunden seien, was Europa bzw. die EU ‚ausmache'[169]. Der Soziologe DELANTY (1995: viii) legt in seinem Buch *Inventing Europe* eine „historical sociology of the idea of Europe" vor[170]. Gemeinsam ist diesen Veröffentlichungen, dass sie als Hauptakteure der ‚Erfindung Europas', wie auch HEFFERNAN, QUENZEL oder WODAK, intellektuelle und politische ‚Eliten' ansehen – von DELANTY (1995: 6) definiert als „those groups

168 GIESEN (2002: 71, 79) fasst die aktuellen (Eliten-)‚Diskurse' über *Europa* unter der Überschrift „Europa als Erinnerungs- und Sendungsgemeinschaft" zusammen: *Europa als klassizistische Ästhetik*; *Europa als lateinisches Kaisertum*; *Europa als koloniale Mission*; *Europa als Aufklärungsbewegung*; *Europa als Bürgerrechtsbewegung*; *Europa als „Erinnerungsgemeinschaft der Opfer und Täter"*. KAELBLE (vgl. 2002: 91-103) gliedert fünf Formen europäischen Selbstverständnisses aus: eine *Überlegenheitsidentität*, eine *Bedrohtheitsidentität*, eine Betonung der *Unterschiede und Andersartigkeiten* zwischen *Europa* und anderen Kulturen, *Europa* als Vorreiter eines *universellen Modernisierungsprozesses*, eine Definition *Europas* durch *innere Vielfalt*.

169 Vorstellungen europäischer Räumlichkeit haben nach ANDERSON (2007: 10) die Tendenz „to conflate the EU and ‚Europe'". *Territorialität* definiert er als räumliche Strategie der Beeinflussung und Kontrolle von Menschen und Ressourcen *durch* die Kontrolle eines Gebietes. Die Vorstellungen über die Zukunft des ‚europäischen Raumes' bewegen sich demnach im Rahmen dreier ‚Idealtypen' vor Territorialität: ‚nationaler', ‚mittelalterlicher' und ‚imperialistischer' (vgl. Anderson 2007: 9ff.).

170 DELANTY (1995: 3) betrachtet ‚Europa' als umstrittenes Konzept, als „historically fabricated reality of ever-changing forms and dynamics", die von spezifischen Akteuren ‚strategisch' konstruiert werde. Seine Konzeptualisierung der Verbindung zwischen der ‚Idee Europa' und Identität(en) ist den in dieser Arbeit entwickelten Vorstellungen sehr ähnlich: „As an idea Europe is a kind of *regulative idea for identity-building processes*. The idea of Europe is (...) *a focus for collective identities*. (...) The point at issue is the manner in which a society *imagines itself in time and space* with reference to a *cultural model*. (...) (...) I believe it can be seen as a collective or *social representation* encompassing within it a heterogeneity of cultural forms" (Delanty 1995: 4; Hervorhebungen durch Verfasserin).

who claim to be the representatives of society". Allerdings unterscheidet sich die *Bewertung* der Deutungen *Europas*: Während QUENZEL und die Forscher um WODAK diesen zumindest teilweise einen ‚transparenten Konstruktcharakter' bescheinigen, geht DELANTY davon aus, dass sie ‚ideologischen' Charakter besitzen und als *unveränderlich* und *selbstverständlich* dargestellt werden.

Die Sozialpsychologin BREAKWELL hat nicht nur die in dieser Arbeit zugrundegelegte Identitätstheorie entwickelt, sondern auch den Prozess der europäischen Identitätskonstruktion in den Blick genommen. Die *Europäische Union* wird von ihr als *soziale Kategorie* konzeptualisiert, und als solche als mögliches *Identitätselement* (vgl. Breakwell 2004: 32). Die individuelle Selbstdefinition auf Basis dieser Kategorie sei im Augenblick noch problematisch, da ihre Charakteristika und Inhalte sehr verschwommen seien. Sie sei in gewissem Sinne ‚leer', stelle einen „empty signifier" (Risse 2004: 255) dar, da außer einer sehr allgemeinen Vorstellung noch (?) keine *konsensuelle* soziale Repräsentation zur Verfügung stehe bzw. von der EU konstruiert worden sei. Es seien allerdings zahlreiche *gruppenspezifische, instrumentell-zielorientierte* Vorstellungen im Umlauf, die im Sinne *polemischer sozialer Repräsentationen* eingesetzt würden, um partikulare Ziele zu erreichen (vgl. Breakwell 2004: 33-35). Die *EU* (und auch *Europa*) bedeute in ideologischer, territorialer, politischer, religiöser und kultureller Hinsicht für verschiedene Gruppen und Menschen ganz Unterschiedliches (vgl. auch Risse 2004: 253).

Nicht zuletzt aufgrund dieser Tatsache fokussieren zahlreiche Studien auf die Rolle der *Institutionen* der EU und ihrer Mitgliedsstaaten in der Konstruktion ‚europäischer' Identität und werfen so Schlaglichter auf die Trägerschichten und diskursiven Eliten, die die europäische Identitätspolitik bestimmen. Zwischen den ‚Identitäten' der sozialen, politischen und wirtschaftlichen *Eliten* und denen der ‚*Normalbürger*' müsse unterschieden werden. *Erstere* aktualisierten nach empirischen Untersuchungen (vgl. u.a. Wodak 1998; Laffan 2004; Wodak 2004) besonders *Europa*-Vorstellungen, die sich als ‚EU-staatsbürgerlich' oder ‚verfassungspatriotisch' beschreiben lassen und beziehen sich auf ‚liberale Werte' als Merkmale der EU (vgl. Risse 2004: 264). Die ‚Identitäten' der meisten Bürger würden von der Union aber in geringerem Maße beeinflusst und bezögen sich eher auf wahrgenommene *kulturelle, historische* oder *soziale* Gemeinsamkeiten der Europäer[171]. BELLIER/ WILSON (vgl. (Hrsg.) 2000) fragen in ihrer Beiträge verschiedener Fachrichtungen zusammenführenden Anthologie aus *anthropologischer* Perspektive nach der Rolle der EU-*Institutionen* nicht nur im Kontext des *Bauens*, sondern auch des *Imaginierens Europas*: diese bemühten sich „powerful models of European Identity" und „typologies of European features" zu konstruieren, mit dem Ziel, die „imaginings needed for social integration" (Bellier/ Wilson 2000: 3) in der Bevölkerung zu verankern. Die EU sei eine „arena of cultural relations", eine „entity creating and recreating its own culture, its own sets of representations and symbols" (Bellier/ Wilson 2000: 4). DELANTY (1995: 131) spricht von einer zunehmenden *In-*

171 Siehe HERRMANN/ RISSE/ BREWER ((Hrsg.) 2004). Die von VON BOGDANDY und WODAK konstatierte Tendenz zur *Politisierung* kann vor diesem Hintergrund als Spezifität *offizieller* und *öffentlicher* ‚Europa-Diskurse' angenommen werden.

stitutionalisierung der ‚Idee Europa' in der *Europäischen Union*, die durch ihr „contemporary experiment in the construction of a new mega-Europe, conceived as a gigantic exercise in political and economic engineering" aber auch zu einer Gegenbewegung und Wiederbetonung traditioneller Bindungen beitrage. Träger dieser ‚Diskurse' seien nicht die Institutionen ‚an sich', sondern diesen zuordenbare individuelle Akteure als die ‚Architekten, Experten und Ingenieure Europas', die *diskursiven Eliten*, deren Europa-Vorstellungen Vorbildcharakter besäßen, und die die öffentlichen/ offiziellen Darstellungen prägten (vgl. Bellier/ Wilson 2000: 17). Es gelte deshalb, die „effects induced by institutional discourses and agents´ practices on the formation of collective identities" (Bellier/ Wilson 2000: 53) zu untersuchen. Da die *Europäische Union* eine Gemeinschaft von Nationen sei, trügen Instutionen und Akteure in den einzelnen Mitgliedsstaaten „the lion´s share of inventing the models by which European membership, citizenry and identity will evolve" (Bellier/ Wilson 2000: 6). Dies sei einer der Gründe dafür, dass die *sozialen Repräsentationen Europas* nach den historischen Vorlagen der Nationenwerdung geformt würden. Vereinfachend ließen sich zwei grundlegende Europa-Bilder unterscheiden, die in vielfältiger Weise miteinander verknüpft seien: *Europa als ‚political space'* und ein *kulturell definiertes Europa*, letzteres entweder in Form *eines* ‚Kulturraumes' oder im Sinne eines ‚Raumes kultureller Vielfalt'. Diese Europa-Vorstellung integriere soziale, ökonomische und politische ‚Merkmale'. Auf eine *Verbindung* dieser *kulturellen* und *politischen* Vorstellungen werde referiert, wenn vage auf die „European idea" (Abélès 2000: 43) Bezug genommen werde. Damit kommen BELLIER/ WILSON auf *Institutionenebene* zu denselben Kern-Kategorien, die auch in VON BOGDANDYs Untersuchung auf Basis von Printmedien und in BRUTERs empirischen Erhebungen (siehe 1.1) herausgearbeitet wurden. Weniger relevant ist aus ihrer Sicht, zumindest für die Akteure innerhalb der überstaatlichen EU-Institutionen, die *geographische* Abgrenzung:

> „It is not like a nation state, it is not oriented towards a spatial dimension, its limits are more political than geographical, it is evolving in size and philosophy" (Bellier/ Wilson 2000: 16).

Vielmehr diene die Ebene der Nationalstaaten und des (historischen) Partikularismus als *constituent other*: *Europa* ‚ist' der Kontinent des Friedens und das *neue* Europa (die EU) definiert sich gerade gegen die eigene kriegerische Vergangenheit (vgl. Abélès 2000: 43; Bellier/ Wilson 2000: 56):

> „In fact *Europe is a function of the nation-state* (…). As a *strategy of discourse* it is a protean *notion by which the ugly aspects of the nation-state can be rejected* while its *basic ideology* is retained" (Delanty 1995: 157; Hervorhebungen durch Verfasserin).

‚Europäische Identität', so wurde zu Beginn von Kapitel 3.1 festgestellt, heißt zunehmend ‚EU-Identität'. Die EU versucht, so zeigt auch die Empirie, die ‚Idee Europa' mit sich selbst gleichzusetzen und zur selben Zeit zu reifizieren:

> „Power attains its greatest legitimation in the evocation of a resonating name that needs no other legitimation than itself. Today the idea of Europe is taking on the character of such a transcendent and ultimate entity which requires only an act of belief in its legitimacy" (Delanty 1995: 145).

3.3 Zwischenfazit: ‚Die Ordnung der Repräsentationen'

Die beschriebenen empirischen Arbeiten gehen keineswegs alle von einem sozialpsychologischen *Identitätsbegriff* aus. Sie rekurrieren auf soziologische und philosophische Identitätsdefinitionen oder bleiben in ihrer Identitätsdefinition unscharf. In welcher Form die untersuchten *Europa-Bilder* theoretisch konzipiert werden, unterscheidet sich je nach disziplinärem Hintergrund der AutorInnen und spezifischem Erkenntnisinteresse. Ebenso wie die Methodik, die zu ihrer Herausarbeitung herangezogen wird. Dennoch teilen alle Ansätze bestimmte theoretisch-methodische Grundannahmen: Nicht ohne Grund fokussieren fast alle Studien Texte aus *Politik*, *Medien* oder *Wissenschaft*. Akteure – ***diskursive Eliten*** – besetzen ihnen zufolge *Schlüsselrollen* im Produktions- und Diffusionsprozess der hergestellten *Bedeutungen* und *sozialen Repräsentationen*. Intellektuelle und Wissenschaftler mit weitreichender kultureller Deutungsmacht und politische Akteure ‚erfinden' und (re-)konstruieren *Europa*, oft vor dem Hintergrund spezifischer politischer Zielsetzungen oder gesellschaftstheoretischer Utopien. Medien und Bildungseinrichtungen verbreiten und akzentuieren die so entstandenen *Europa-Bilder*. Die Produktion, Diffusion und Transformation von Identitätsangeboten wird überwiegend als Top-Down-Prozess konzeptualisiert, der der Gewinnung, Legitimation und Ausübung (politischer) Macht dient und in dem den weitaus meisten Mitgliedern der Kommunikationsgemeinschaft die neuen sozialen Kategorien ‚vorgegeben' werden. Alle zitierten Wissenschaftler sehen die soziale und materielle ‚Welt' als in der *sozialen Interaktion* bzw. im (sprachlichen) Diskurs *hergestellt* an und fassen *Identität* als dynamisch, nicht-essentialistisch und auf soziale Vorstellungen rekurrierend auf. Aufgrund dieser epistemologischen Ähnlichkeiten lassen sich die Ergebnisse der beschriebenen Studien nach Ansicht der Verfasserin in die sozialpsychologische Terminologie übertragen, die im Theorieteil expliziert wurde: *geographische Imaginationen*, *historische Narrative* der *Bedeutung Europas*, *diskursive Konstrukte Europas* bzw. der *Europäischen Union*, und *geopolitische Leitbilder* lassen sich als *soziale Repräsentationen Europas* ansprechen. Diese *Repräsentationen* sind jedoch differenziert zu betrachten: Die dargestellten Studien arbeiteten die *Europa-Bilder* anhand unterschiedlichster Quellen heraus: Je nach ‚Politikfeld', Textsorte, kommunikativem Kontext und Diskursposition/ Interaktionsrolle der Akteure, durch die die jeweiligen *sozialen Repräsentationen Europas* (re-)produziert werden, können und müssen sie als an ‚elitäre' Personenkreise gebunden oder als in der Kommunikationsgemeinschaft weit verbreitet angenommen werden. Je nach ‚Deutungsmacht' des aktualisierenden Akteurs (oder Mediums) muss nach intentional-strategischen Hintergründen ihrer Aktualisierung ebenso gefragt werden, wie nach der Wahrscheinlichkeit ihrer Diffusion in der Kommunikationsgemeinschaft und unterschiedlichen sozialen Gruppen. Je nach Forschungsinteresse und -gegenstand setzen die jeweiligen Wissenschaftler die Abgrenzungen der Repräsentationen spezifischer oder allgemeiner, setzen inhaltlich unterschiedliche Schlaglichter. Fast alle Beiträge stellen die vorgenommenen *Abgrenzungen* als kritisch hinterfragbar und eher ‚didaktischen Zwängen' geschuldet dar und heben deren enge Verwobenheit und eigentliche

Untrennbarkeit hervor. Kurz: Auch wenn die Ergebnisse einen Überblick über die vorliegenden *sozialen Repräsentationen Europas* liefern, ist eine klare Zuordnung dieser Repräsentationen zu spezifischen sozialen Gruppen kaum möglich. Die Trennlinien zwischen den Repräsentationen verschieben sich je nach Forschungsperspektive und untersuchtem Text. Was lässt sich trotz dieser Kautelen unter Rückgriff auf die vorliegenden empirischen Ergebnisse über das *Diskursfeld europäischer Identitätsangebote* aussagen? Welche besonderen Fragen werden aufgeworfen? Gibt es Repräsentationen, die in allen diskursiven Feldern und Textsorten aktualisiert werden bzw. andere, die in einzelnen Bereichen nicht repräsentiert sind? Lassen sich eventuell ‚figurative Kerne' ausmachen, die in allen Diskursbereichen gleich bleiben, aber auch (regelmäßige) Abwandlungen und Transformationen von Repräsentationen je nach diskursiven Feld/ Genre/ Akteur? Und nicht zuletzt: Welche Hypothesen lassen sich hieraus für die in den Analysetexten zu erwartenden *sozialen Repräsentationen Europas* ableiten (siehe hierzu 5.1)?

In die Vielzahl der im Europadiskurs immer wieder aktualisierten sozialen Repräsentationen soll eine gewisse Ordnung gebracht werden, wenn diese auch notgedrungen artifiziell, hinterfragbar und unscharf bleiben muss. Dazu bieten sich verschiedene Ordnungskriterien an, die alle Vorzüge und Nachteile haben: Kategorisiert man vorwiegend *diachron* nach der *Entstehungszeit* der Europa-Bilder, so betont man die vielfältigen historischen Einflussfaktoren, die die jeweiligen Repräsentationen über die Jahre geprägt und mit Bedeutungen aufgeladen haben. Man droht aber, deren zeitgenössische Aktualisierungen als Rekurrenz auf Althergebrachtes abzutun, obgleich ähnliche ‚Flaschen' (um HEFFERNANs Bild aufzugreifen) doch ‚neuen Wein' enthalten mögen. Wählt man sehr breite und schwer voneinander abzugrenzende ‚Schubladen', wie politisch, historisch, geographisch/ geodeterministisch, kulturell oder ökonomisch, so lassen sich leichter Vergleiche ziehen und Entwicklungstendenzen nachzeichnen, aber es besteht die Gefahr, die Differenzierungen innerhalb der weit ausgreifenden Kategorien zu übersehen. Setzt man hingegen eher enge Kategorien an, so erscheinen auf schmale elitäre Intellektuellen- oder Politikerzirkel und neuere wissenschaftliche Veröffentlichungen beschränkte und teils wohl eher normative Repräsentationen als teils Jahrhunderte alten, in weiten Teilen der Kommunikationsgemeinschaft tief verwurzelten Europa-Bildern gleich geordnet. Um der Vielfalt der in der Literatur herausgearbeiteten *sozialen Repräsentationen Europas* gerecht zu werden und zugleich ein handhabbares Raster für die vorzunehmenden Analysen zu erhalten, muss ein Mittelweg zwischen Differenzierung und Generalisierung beschritten werden. Als Ausgangspunkt bietet sich jene *Matrix thematischer Inhalte* an, die von WODAK et al. (1999) als Basis *nationaler* Identitätsdiskurse angenommen wird. Man könnte schlagwortartig von den *Temporalisierungs-*, *Kulturalisierungs-* und *Territorialisierungsdimensionen* der diskursiven Konstruktion kollektiver Identität sprechen, die im Konstrukt einer psychologischen Identitätsschablone (*Mentalität*) bzw. ebensolcher Negativfolien (die *Anderen*) kulminieren. Zusammen konstruieren sie die Nation als „system of cultural representations" (Wodak et al. 1999: 22). Diese Matrix ist weder unproblematisch noch analytisch überschneidungsfrei: Sie ist generalisierend angelegt, analytische Tiefen- und Trennschärfe fehlt ihr. Der *Kultur*begriff wird im allerweitesten Sinne gebraucht und umfasst Religion und Kunst ebenso wie Technologie und Wissenschaft – klammert aber *politische* Kultur aus. Politische Gemeinsamkeiten werden unter der Temporalisierungsdimension subsumiert. *Territorialisierungen* lassen sich zudem von kulturellen und politischen Vorstellungen nur selten abgrenzen. Auf die Nexus- bzw. Arenenfunktion ‚des Raumes', seine gleichsam metonymische Aktualisierung, um soziale Bezüge ‚auf den Punkt zu bringen', wurde ja bereits hingewiesen. *Ökonomische* Bezüge fehlen in dieser Themenzusammenstellung völlig – will man sie nicht unter kulturellen oder politischen Gesichtspunkten einordnen. Vor diesem Hintergrund stellt sich die grundlegende Frage, ob diese Matrix, die ja zur Analyse *nationaler* Narrative entwickelt wurde, tatsächlich auf die *supranationale* Ebene übertragen werden kann. Es hat den Anschein, als ob die *sozialen Repräsentationen Europas* zwar in Teilbereichen den ‚Konventionen' der Konstruktion nationaler Identität folgen, aber auch auf Themen rekurrieren, die für supranationale Gemeinschaften wie die EU prägend waren und sind – vor allem aus dem Bereich der Ökonomie[172]. Die verschwimmenden Trennlinien der Kategorisierungsmatrix kollektiver Identitätsdiskurse korrespondieren mit den ebenso unscharfen Zuordnungen von *textuellen Europa-Bezügen* zu einzelnen *Europa-Repräsentationen.* Damit wird die Grenze *explorativer* Ansätze zur Erfassung von *europabezogenen sozialen Repräsentationen* deutlich. Sie *verweisen* zwar auf die intertextuelle *Verwobenheit* der ‚Identitätsangebote', müssen sie aber zwangsläufig didaktisch-analytisch voneinander *abgrenzen*, ohne ihre spezifische Verknüpfung im kommunikativen Konstruktionsprozess nachzeichnen zu können. Ihre Leistung und damit der Zweck der unternommenen ‚Ordnung der Repräsentationen' ist es, einen *Überblick* zu schaffen, einen *Vergleichsrahmen*, anhand dessen sich jene Analysen spezifischer Äußerungshandlungen, die genau diese konkreten Konstruktionsprozesse fokussieren, in das Feld ‚europäischer Identitätsangebote' einordnen lassen: vor dem sie interpretierbar sind. Es liegt schon in den epistemologischen und ontologischen Grundannahmen dieser Arbeit begründet, dass jegliche Klassifikation eine diskursiv produzierte ‚Ordnung der Dinge' darstellt. Erweitert um jene Bereiche, die zur Konstruktion *Europas* beitragen, ohne auch für nationale Identitätsdiskurse prägend zu sein, ist die *Identitäts-Themen-Matrix* ein sinnvoller Ausgangspunkt für eine Ordnung des *Diskursfeldes europäischer Identitätsangebote*: Breit genug, um Vergleichbarkeit zu gewährleisten, eng genug, um das Feld in seiner Differenziertheit zumindest ansatzweise abzubilden. Vor dem Hintergrund dieser ‚Dimensionen' kann in der Interpretation der konkreten Analyse nach der *Textsorten-* und *Akteursabhängigkeit*, nach der *historischen* und *aktuellen Verbreitung* der aktualisierten Repräsentationskomplexe gefragt und differenziert werden.

172 „Die Diskurse über nationale Identität (...) zielen inhaltlich vor allem auf die Konstruktion einer gemeinsamen Geschichte, Gegenwart und Zukunft, einer gemeinsamen Kultur, eines nationalen ‚Körpers' sowie (...) eines ‚Homo nationalis'. (...) [D]iese These lässt sich auf supranationale Einheiten mit einigen Differenzierungen übertragen" (Wodak/ Weiss 2004a: 73).

Soziale Repräsentationen Europas nach thematischer Dimension

Verzeitlichung von Politik/ Politisierung von Zeit

Geschichtsbilder und Zukunftsentwürfe sind immer auch Politikum, Politik verortet das eigene Handeln immer auch in einer Matrix aus (konstruierten) *Traditionslinien, gegenwärtigen* politischen Zielen und Aufgabenbereichen einer *imagined community* und einer gemeinsamen *Zukunft*, deren Herausforderungen es sich ‚zu stellen gilt'. Die erfundene Gemeinschaft wird nicht zuletzt durch historische Kontinuität, scheinbar zeitlose Eigenschaften, gemeinsame Ursprünge und (oft teleologisch definierte) Entwicklungslinien hergestellt. *Europa*-Konstrukte, die auf der RePräsentation einer gemeinsamen (politischen) Vergangenheit, Gegenwart und Zukunft beruhen, sind deshalb in den untersuchten Studien durchgängig ausgewiesen, in allen Textsorten aufzufinden und quer durch alle Akteursschichten verbreitet. Als ***figurativer Kern*** (im übertragenen Sinne) lässt sich in diesem Zusammenhang der Bezug auf Vergangenheit, Gegenwart und Zukunft als Kontinuum interpretieren, als ‚chronologischer Kausalzusammenhang' mit einem ‚Anfangspunkt', aber meist offenem Ende. Dieser ***figurative Kern*** lässt sich allerdings von jenem der eher *kulturell* geprägten Vergangenheitsbezüge nicht trennscharf differenzieren: Letztlich sind es die Merkmale und Eigenschaften, die der ‚Gemeinschaft' zugeschrieben werden, und die Art der Ursprünge, auf die rekurriert wird, die den Geschichtsbezug *politisieren* oder *kulturalisieren*, Geschichte und Zukunft durch politische Prozessualität, Wertebezug, ethnische oder andere ‚Gemeinsamkeiten' aufladen: In diesem Bereich finden ***kontextspezifische Transformationen*** statt.

Insgesamt scheinen *politische* Repräsentationen *Europas* – in diesem Falle oft gleichgesetzt mit der *Europäischen Union* – im Vergleich mit *kulturell-historischen* zumindest in Eliten-‚Diskursen' an Relevanz zu gewinnen. Ob diese häufigere Aktualisierung *politischer* Definitionen vor allem der zunehmenden politischen Relevanz der Europäischen Union und damit ihrem verstärkten Eingreifen in die Lebenswelten der einzelnen Bürger geschuldet ist, oder ob die Medien schlicht jene Europa-Vorstellungen verbreiten, die die Politik produziert, ist unklar. Zugleich stellt sich unter Einbezug der in Kap. 1.1 vorgestellten *Umfrageergebnisse* die Frage, ob diese *Politisierung* der Europavorstellungen auch die ‚Köpfe' der EU-BürgerInnen erreicht hat. Die von BRUTER, VON BOGDANDY und auch BELLIER/ WILSON getroffene Grundunterscheidung zwischen *kulturellen* und *politischen* Europa-Vorstellungen mag spiegeln, dass die BürgerInnen und auch die ‚Eliten' durchaus zwischen der *EU* und der *Europa*-Kategorie differenzieren, es könnte sich, kontextabhängig, aber auch im Sinne von WODAK/WEISS um die Aktualisierung unterschiedlicher *Legitimationsstrategien* des ‚Projekts Europa' handeln. Auch Konstrukte, die *Europa*, scheinbar ohne *Kulturalisierung*, *Temporalisierung* oder *Territorialisierung*, über gemeinsame *politische Grundlagen* und *Werte* zu definieren suchen, können sich jedoch (meist) nicht davon lösen, diese über die politische *Tradition* von Aufklärung und Demokratie zu *historisieren* und zugleich zu *verorten* – ‚in Europa'. Geschichte und Raum, Kultur und Politik sind in allen Repräsentationen eng miteinander verknüpft.

Kultur-Zeit
Der Verweis auf eine gemeinsame *europäische* Kultur bzw. kulturelle Gemeinsamkeiten, die *Europa* definieren (Zirkelschlüsse inbegriffen) wird in den dargestellten Studien in einem breiten Feld von *Europa-Repräsentationen* aktualisiert und ist Ausgangspunkt sowohl fast ubiquitär verbreiteter Repräsentationen wie auch zahlreicher Elite-Konstrukte. Viele der hierunter subsumierbaren Konstrukte verweisen auf bestimmte Geschichtsbilder, temporalisieren *Europa* ebenso wie die oben beschriebenen politischen Konstrukte. Letztlich lässt sich ‚Gemeinsamkeit' über ‚Kultur' nur schaffen, wenn diese *verzeitlicht* (im Sinne des oben genannten figurativen Kerns des ‚chronologischen Kausalzusammenhangs') oder *territorialisiert* wird: In diesem Fall ist der ‚figurative Kern' der Repräsentation, wenn man so will, der ‚Raumcontainer', dem kulturelles Schaffen, wissenschaftliche Fortschritte und die Entwicklung spezifischer Werte zugeordnet werden (im Sinne eines ‚kultur-räumlichen Entität').

Kultur in dem in der Kommunikationsgemeinschaft am weitesten verbreiteten Sinne der *bildenden Kunst, Architektur, Musik* und *Literatur* (=‚Hochkultur') ist neben *Wertebezügen* der häufigste Ausgangspunkt dieser *Europa-Konstruktionen.* Auf *Werte* rekurrierende Konstruktionen weisen enge Bezüge zu *politischen* Europavorstellungen auf, inkludieren auch *politische* ‚Wertentscheidungen' wie Demokratie versus Autokratie, offene versus geschlossene Gesellschaft – aber auch Säkularisierung und Laizismus versus ‚Gottesstaat'. Nicht zuletzt fallen auch *religiöse* Bezüge in die Kultur-Kategorie, allerdings scheinen sie immer mehr zum Kürzel für Wertebezüge oder ‚die Kultur' im Allgemeinen zu werden. *Wissenschaftlich-technische Fortschrittsideen* und bestimmte *‚Gesellschaftsformen'* als Abgrenzungskriterien ‚Europas' können ebenfalls dem Kulturbereich zugeordnet werden, sind jedoch eher in Teilen des ‚Wissenschaftsdiskurses' verbreitet.

Verweise auf eine gemeinsame *Sprache*, auf eine von allen Mitgliedern der In-Group geteilte *Alltagskultur*, wie sie von WODAK et al. als zentral für *nationale* Identitätsdiskurse angenommen und aufgezeigt werden, fehlen im Kontext der *europäischen Identitäts-Repräsentationen* weitgehend. Dies mag der vergleichsweise einseitigen Genreausrichtung der Analysen auf den *öffentlichen Handlungsbereich* geschuldet sein. Auch bei WODAK et al. finden sich diese Bezüge vor allem in Gruppengesprächen und qualitativen Interviews (vgl. Wodak et al. 1999). Hinzu kommt die ‚tatsächliche' sprachliche und lebensweltliche Vielfalt *Europas*: Eine gemeinsame Sprache als Fokus der kollektiven Identität verlangt bereits auf Ebene der meisten Nationalstaaten die Exklusion autochthoner Sprachminoritäten wie anderssprachiger Einwanderer und nicht selten die Definition des eigenen Idioms als gemeinsame Sprache, wo verschiedenste Sozio- und Dialekte vorliegen bzw. jenseits der nationalen Grenzen dieselbe Sprache gesprochen wird. Auf europäischer Ebene ließe sich dies, selbst wenn der Wille dazu da wäre, nicht konstruieren. Die durchaus vorhandenen Gemeinsamkeiten der europäischen Alltagskultur wiederum lassen sich kaum zur Abgrenzung *Europas* heranziehen, sie sind meist Teil globaler kultureller Tendenzen in Mode und Kulinarik. Dennoch wäre es natürlich möglich, auf Basis als solcher wahrgenommener Gemeinsamkeiten der Alltagskultur soziale Repräsentationen *Europas* zu entwickeln. Dass dies bisher noch nicht geschehen zu sein scheint und auf dieser Ebene eher die *Vielfalt* betont wird, mag auch etwas über die Trägerschichten der Produktion europäischer Identitätsangebote aussagen. Wenn laut QUENZEL gerade in den Sozialwissenschaften eine soziale Repräsentation *Europas* als *Kommunikationsgemeinschaft*, als transnationales Netzwerk von Individuen konstruiert wird, die ihre pluralen Werthaltungen und Kulturen neben- und gegeneinander stellen und so eine europäische Öffentlichkeit formen, so ist diese Vorstellung (noch?) weitgehend elitär.

Mentalität/ Prototypen

Ein(e) typische(r) EuropäerIn, ein *europäisches Stereotyp* auf einer Ebene mit den Klischeevorstellungen, die von den Deutschen, Griechen oder Engländern bestehen, wird in den vorliegenden Studien nicht konstatiert. Während *mentalitätsbezogene*, einen nationalen Prototyp konstruierende Repräsentationen – und Abgrenzungen gegenüber jenen, die diesem In-Länder-Bild eben nicht entsprechen, den äußeren (und inneren) *Anderen* – in der Konstruktion nationaler Identitäten wie etwa der österreichischen (vgl. Wodak et al. 1999) eine sehr wichtige Rolle spielen, scheinen diesbezügliche Repräsentationen im Kontext des *Diskursfeldes europäischer Identitätsangebote* – zumindest wenn man die vorliegenden Studien als Richtschnur nimmt – zu fehlen. Bezüglich der ‚Mentalitäten', so auf sie rekurriert wird, ist der ***figurative Kern*** der Repräsentation letztlich der Zu-Ordnung erlaubende ‚Raumcontainer', die Arena der sozialen Interaktion: Eigenschaftszuschreibungen bezüglich Individuen können so zu Kollektiveigenschaften ‚generalisiert', *territorialisiert* werden, oder es kann, umgekehrt, von der ‚räumlichen Zuordnung' der Individuen auf ‚ihre' Eigenschaften geschlossen werden. Verbunden ist damit oft die *Personifizierung* oder ‚*Naturalisierung*' des Kollektivs/ Raumes.

Historisch lassen sich derartige Repräsentationen durchaus konstatieren. Man denke an HEFFERNANS *kulturell-zivilisatorisches* Narrativ, in dem *Freiheit, Toleranz, Vernunft* und *Fleiß* als der europäischen Zivilisation eigene Merkmale angesehen wurden. Obgleich diese Ideale der westlichen Aufklärung als *universal* galten, wurden (werden?) sie eben doch als typisch europäisch angesehen, als Abgrenzungskriterien gegenüber wahlweise als irrational, intolerant, autoritätshörig oder faul beschriebenen ‚Asiaten' oder ‚Afrikanern'. Zwar finden sich in einzelnen zeitgenössischen Repräsentationen Allusionen auf angeblich typisch europäische Eigenschaften – etwa *Rationalität* und *Friedensliebe* in den immer noch aktualisierten *kulturell-wertebezogenen* Repräsentationen, oder eine spezifisch europäische *Arbeitsethik*. Insgesamt wird jedoch kein Bild eines *homo europaeicus* gezeichnet. Doch folgt die Konstruktion der *EuropäerInnen*, wie sie VON BOGDANDY in den Fokus rückt, durchaus den Mustern nationaler Identitätsbildung, indem innen- und außenorientierte historische und kulturelle Merkmale angeführt werden, um die Kategorie zu konstruieren.

Raum/ Territorium

Dass *territorialen* Bezügen in *identitätsrelevanten sozialen Repräsentationen* ein besonderer Stellenwert zukommt, wurde bereits aufgezeigt (siehe 2.5). *Territorialisierungen* – etwa in Form von Verweisen auf ein gewissermaßen ‚naturgegebenes' Staatsgebiet und seine (landschaftlichen) Eigenheiten – gehören nicht nur zum

Kernbereich nationaler Identitätsdiskurse[173]. Soziale Repräsentationen, die zur Definition europäischer Spezifika auf räumliche Bezüge zurückgreifen, werden in den herangezogenen Studien als grundlegend für die Konstruktion *Europas* angesehen – wenn auch nicht immer als eigene Kategorie ausgewiesen. Die „Frage des Raumes und der Grenzen" ist immer auch die Frage „wer drinnen bleibt und wer draußen" (Wodak/ Weiss 2004a: 78), die Frage nach der Inklusion bzw. Exklusion von – durch territoriale Kürzel gleichsam metonymisch beschriebenen – Bevölkerungen, ‚Kulturen' oder Werthaltungen. Die Kategorien sind nicht trennbar, der alte geistesgeschichtliche ‚Topos' der Kultur/Raum-Verknüpfung wird meist unhinterfragt aktualisiert – nicht umsonst spricht QUENZEL vom Konstrukt des *Kontinent Europa als geographischer* ***und*** *kultureller Einheit,* sprechen REUBER/ WOLKERSDORFER/ SCHOTT nicht nur von *geodeterministischen Diskursfragmenten* sondern (gleichordnend) auch vom *kultur-räumlichen Diskurs.* Ins Auge fällt im Kontext der in den vorliegenden Studien gebildeten Kategorien, dass *rein* territorialisierende Konstrukte *Europas* – *Europa* über klar umrissene räumliche Grenzen, Landschaften, Monumente definierende Repräsentationen – fehlen. Vielmehr wird das *Territorium* über *kulturelle, politische* oder *ökonomische* Faktoren abgegrenzt: *Europa* wird als *Raum* gemeinsamer politischer Werte, *Raum* gemeinsamer kulturellen Erbes konstruiert. Während REUBER/ STRÜVER/ WOLKERSDORFER (2005) betonen, dass ‚naturräumliche Zusammenhänge' oft als scheinbar neutrales Faktum zur Legitimierung bestimmter politischer Handlungsstrategien herhalten müssten – europabezogene Beispiele aber an dieser Stelle schuldig bleiben – finden sich derartige Konstrukte in den untersuchten Studien kaum. Von einem Narrativ abgesehen: HEFFERNANs historisches Narrativ eines *biologistisch-naturdeterministisch* definierten *Europa.*

Ökonomie

Der Verweis auf die *Ökonomie* als einendes Band *Europas, ökonomische* Gemeinsamkeiten *Europas* bzw. die Definition *Europas* über die *gemeinsamen wirtschaftlichen Interessen* findet sich sowohl in den intellektuell-elitären *Europa-Vorstellungen* der von QUENZEL untersuchten Geistes- und Sozial*wissenschaftler* als auch in besonders ausgeprägter Form in Texten von Europa*politikern.* Kern ist eine (*verzeitlichte* und *verräumlichte*) Vorstellung von ‚Wachstum' und ‚Fortschritt', wobei die *Territorialisierung* die Vorstellung gegenseitiger ökonomischer Abhängigkeit der EuropäerInnen *um-grenzt* und zugleich gegen Konkurrenten *ab-grenzt.* Grundlegend für *Europa,* so lautet die Aussage der Europa-Konstruktion als *Zivilisation* und *technischer Fortschritt,* sei eine in der Geschichte ‚verwurzelte', als einzigartig anzusehende wissenschaftlich-technische Entwicklung des ‚Kontinents'. *Europas* wirtschaftlicher Erfolg, seine lange Zeit anhaltende wirtschaftliche Hegemonie, wird einem *Sonderweg in die Moderne* zugeschrieben, einem besonderen Zusammenkommen ideenhistorischer, mentalitätsgeschichtlicher und technologiehistorischer Entwicklungstendenzen. Dieses Konstrukt be-

173 Siehe hierzu u.a. WODAK et al (1999), AGNEW (2003b), BEREZIN (2003), BEREZIN/ SCHAIN ((Hrsg.) 2003), EDELSON/ LUSTICK (2003) und WODAK/ WEISS (2004b).

ruht auf starken Homogenisierungen – auch innerhalb Europas war die wirtschaftlich-wissenschaftliche Entwicklung immer an gewisse Zentren gebunden, kam es zu oft lang andauernden Diffusionsprozessen – und der Ausblendung außereuropäischer Beiträge zur ‚westlichen' Wissenschaftsgeschichte. Es stellt im Grunde eine Brücke dar zwischen den bereits vorgestellten *kulturell-wertebezogenen* und *politisch-wirtschaftlichen* Europa-Repräsentationen – nur die spezifische *kulturelle* Basis Europas, so die Argumentation, habe die *technologisch-wissenschaftliche* Moderne hervorbringen können. Als typisch für den Wirtschaftsraum *Europa* wird dabei sowohl eine spezifische *Arbeitsethik* angesehen, als auch das Streben nach *sozialer Gerechtigkeit* in Form von Grundwerten gesellschaftlicher *Solidarität*, moderner *Sozialstaatlichkeit* und (vergleichsweise) starken *Arbeiterbewegungen*. Man könnte – in Übertragung der spezifisch deutschen Terminologie – von *sozialer Marktwirtschaft* als dem Kriterium sprechen, mit dessen Hilfe vor allem in der wissenschaftlichen Literatur klare Trennlinien zwischen Europa, den USA und (historisch) den sozialistischen Ländern gezogen wurden und werden. HEFFERNAN verortet die Entstehung eines *ökonomisch-technologisch* ausgerichteten *Europa*-Narrativs im 18. Jahrhundert und sieht die Blütezeit dieses *Europa*-Konstruktes in der Zeit nach dem Zweiten Weltkrieg. Beziehungen im Bereich der Wirtschaft (und Wissenschaft), so der Ausgangsgedanke, könnten zur Basis der europäischen Gemeinsamkeit werden und kulturelle und politische Rivalitäten überwinden.

Fazit

Das aus explorativen Studien herausgearbeitete *Diskursfeld europäischer Identitätsangebote* stellt einen diskursiven Kontext dar, in dem an einzelnen Textexemplaren oder in einem spezifischen sozial-kommunikativen Handlungsbereich gewonnene diskurs- und textanalytische Ergebnisse verortet werden können. Welche der genannten Repräsentationen aktualisiert sind, in welcher Form und in welchen konkreten Zusammenhängen, aber auch auf welche *nicht* rekurriert wird, lässt sich vor dieser Hintergrundfolie interpretieren.

Zugleich machte die Darstellung der empirischen Arbeiten die Vielzahl möglicher methodischer Zugänge zum ‚europäischen Identitätsdiskurs' deutlich. Trotz kritischer Reflektionen bezüglich der jeweils gewählten Herangehensweisen ergänzen sich die unterschiedlichen Ansätze letztlich zu einem Gesamtbild, lassen sich eher als komplementär verstehen als als konkurrierend. Zugleich hat die kritische Würdigung insbesondere eines deutlich gemacht: Die Notwendigkeit, die eigene Methodik, das ‚Instrumentarium' zur Erfassung sozialer Repräsentationen, begründet offenzulegen und so der wissenschaftlichen Debatte und konstruktiven Kritik zugänglich zu machen. Dies zu leisten ist Ziel des folgenden Kapitels.

4 Handlungsorientierte linguistische Diskursanalyse

Seit jenem „fundamental shift in the social sciences“ (Wood/ Kroger 2000: x), der als ‚linguistic turn‘ bezeichnet wird, gehört es zum theoretischen Basiswissen jedes Gesellschaftswissenschaftlers, dass sprachliche Äußerungen Handlungen darstellen, dass sich mit ihnen ‚die Welt verändern lässt‘. In Form von Diskursen (wie immer man diesen schillernden Ausdruck definiert) formt Sprache unsere Welt-Bilder (mit), beeinflusst unsere Wahrnehmungen, unser Denken und Handeln. Gleichzeitig ist es fast schon ein Topos sozialwissenschaftlicher Debatten, die fehlende Operationalisierbarkeit dieser Erkenntnis, die mangelnde Systematizität der Methodik zu beklagen, mit der sich der Prozess der Welt-Konstruktion durch Sprache erfassen lässt. Zahlreiche Ansätze, teils mit elaboriertem theoretischen Unterbau und ausführlichen Analyseanweisungen, wurden in den letzten Jahrzehnten vorgelegt.

Diskursanalyse ist beides – Theorie und Methode. Will man die innere Konsistenz zwischen theoretischem Unterbau und Analysemethoden und eine (halbwegs) einheitliche Begrifflichkeit wahren und zugleich über einen handhabbaren methodischen ‚Werkzeugkasten‘ verfügen, gilt es, ausgehend von Untersuchungsgegenstand und Erkenntnisinteresse, eine Auswahl unter den zur Verfügung stehenden diskursanalytischen Ansätzen zu treffen, ohne sich auf ein festes Analyseraster einzulassen oder den Blick über den theoretischen/ methodischen Tellerrand einzelner Herangehensweisen zu vergessen. Welche Form der Diskursanalyse ermöglicht auf welchen Wegen eine Erfassung des Konstruktionsprozesses *sozialer Repräsentationen Europas*?

Die detaillierte *linguistische Analyse konkreter Textexemplare* ist *nach Erachten der Verfasserin* integraler Bestandteil diskursanalytischer Arbeit. Ohne Rückgriff auf *linguistische* Methoden lässt sich Diskurs demnach nicht analysieren. Aus diesem Grund baut das zu explizierende Analyseraster auf Ansätzen auf, die dem Bereich der *textorientierten Diskursanalyse* zuzuordnen sind. Im Rahmen dieser Herangehensweisen werden *Analysewerkzeuge* bereitgestellt, Möglichkeiten aufgezeigt, *Text-Kontext*-Zusammenhänge herauszuarbeiten. Dies ist insbesondere deshalb wichtig, weil die Konsequenzen aus dem ‚linguistic turn‘ sich in der *Humangeographie* und nicht zuletzt im Kontext der Erforschung von Raumkonstrukten und Identitätskonstruktionen, in der Vergangenheit oft auf die „ontologische Diskussion“ beschränkt haben, während die „methodologische Situation einer solchen Geographie noch unbefriedigend“ (Felgenhauer 2007b: 21) war und – trotz wichtiger Schritte in die richtige Richtung (siehe 4.1) – ist. Die „Geographie“, kritisiert FELGENHAUER (2007b: 19), erschöpfe sich häufig in der „lapidare[n] ontologische[n] Kernaussage“, dass Raum und (raumbezogene) Identität sprachlich konstruiert sei. Sie müsse aber fragen, „wie die sprachliche Praxis, die diese ‚Räume‘ [und Identitäten, Anm. der Verfasserin] erzeugt, untersucht werden kann, anstatt lediglich deren konstitutive Bedeutung hervorzuheben“ (Felgenhauer 2007b: 19). Es bestehe die Neigung zu einer „von ‚geographische[r] Intuition‘ geprägte[n] Interpretation“ (Felgenhauer 2007b: 5, 23) von Texten, die meist „intuitiv“ erfolge und „einem eher essayistischen Narrativ untergeordnet“ werde: es entstünden deshalb „überwiegend historische Beschreibungen anstatt der erhofften textlinguistischen Rekonstruktion der behandelten Geographien“. Dies mag der Tatsache geschuldet sein, dass zumeist nicht auf *diskurslinguistische* sondern auf *diskurstheoretische* und *-analytische* Arbeiten anderer Provenienz, insbesondere auf FOUCAULT und verschiedene soziologische Ansätze Bezug genommen wird. FAIRCLOUGH (1992a: 56) verweist darauf, dass „Foucault´s analysis of discourse does not include discursive and linguistic analysis of real texts“, und dass in dieser Tradition arbeitende Sozialwissenschaftler linguistischen Texteigenschaften gewöhnlich wenig Relevanz zumessen würden (vgl. Fairclough 2003: 12). Versteht man Geographie aber (auch) als „interpretative(...) Wissenschaft der Erzeugung von Repräsentationen“, so muss der Forderung FELGENHAUERS (2007b: 11, 19) nach einer „präzise[n] Sprachzentrierung“, nach „linguistischer Konkretisierung“, nach der Fruchtbarmachung linguistischen Wissens im Rahmen geographischer Forschung nachgekommen werden. Dies beinhaltet eine nachvollziehbare Spezifizierung der angewandten (linguistischen) Methoden und ihre Begründung im Kontext des jeweiligen Forschungsgegenstandes. „Für sprachwissenschaftliche Untersuchungen“, betonen WARNKE/ SPITZMÜLLER (2008a: 5-6), „möchte man nicht auf [die] wiederholbare Gültigkeit analytischer Ergebnisse verzichten“, gerade weil „methodische Gütekriterien der Diskurslinguistik immer einen Rest an Variation des Forschungslayouts besitzen werden“. Um zu validen und reliablen Forschungsergebnissen zu gelangen, ist ein (relativ) einheitliches und intersubjektiv nachvollziehbares Gerüst, ein methodologischer und methodischer *Rahmen* notwendig, ohne dass dieser absolut gesetzt werden könnte (vgl. Warnke/ Spitzmüller 2008a: 8). Obgleich der Bezug auf *konkrete Ansätze* zur begrifflichen Schärfe und zur Nachvollziehbarkeit und Vergleichbarkeit der eigenen Forschungsschritte wie Ergebnisse beiträgt, verschreibt sich die Autorin *zugleich* dem konzeptuellen Pragmatismus, teilt die Meinung von WODAK/ WEISS (2004a: 71), dass es wenig Sinn macht, einen „Katalog kontextlose[r] Propositionen und Verallgemeinerungen auf[zustellen]“. Vielmehr müssen „Fragen der Theorienformation und der Konzeptualisierung eng an die zu untersuchenden Probleme [ge]knüpf[t]“ (Wodak/ Weiss 2004a: 71) werden. Das Analyseraster rekurriert deshalb auf eine ganze Reihe von linguistischen und humangeographischen Ansätzen aus dem Kontext sprachanalytischer Geographie bzw. einer ‚Geographie als Textwissenschaft‘ (vgl. Felgenhauer 2007b: 9ff), nicht jedoch ohne die Auswahl zu *begründen* und die Übernahmen zu *kennzeichnen*.

Ausgehend von einer (selektiven) kritischen Bestandsaufnahme jener sprachanalytischen Methoden, die in der Humangeographie bereits zur Erfassung von ‚RaumSprache‘ und raumbezogenen Identitäten herangezogen wurden, sollen im Folgenden aus verschiedenen Konzepten der linguistischen Diskursanalyse jene

Inhalte und Methoden übernommen werden, die sich für das zu erarbeitende Analyseraster zur Erfassung *raumbezogener sozialer Repräsentationen (Europas)* fruchtbar machen lassen. Einbezogen werden mit der diskurslinguistischen Mehrebenenanalyse (DIMEAN) von WARNKE/ SPITZMÜLLER und dem ebenfalls auf einem Mehrebenen-Modell aufbauenden Ansatz der *Critical Discourse Analysis* nach FAIRCLOUGH zwei diskurslinguistische Ansätze, die sich in der Tradition FOUCAULTs verorten. Der *diskurshistorische Ansatz* (DHA) nach WODAK wiederum – obgleich wie der FAIRCLOUGH'sche Ansatz der *Critical Discourse Analysis* (CDA)[174] zuzuordnen – grenzt sich von FOUCAULT explizit ab, teilt jedoch die *sozial-* und auch *textlinguistischen* Wurzeln der anderen Ansätze. Gemeinsam ist allen Herangehensweisen, dass sie in der jeweiligen empirischen Umsetzung auf Multidisziplinarität setzen und die Verbindung linguistischer Methoden mit je projektspezifischen sozialwissenschaftlichen Theorien und Methoden einfordern.

Es kann an dieser Stelle nicht um eine Gesamtdarstellung der Ansätze gehen, vielmehr müssen diese unter Bezugnahme auf die Herausarbeitung *sozialer Repräsentationen* als *,Identitätsangebote'* betrachtet und für die konkrete Forschungsfrage fruchtbar gemacht werden. Die humangeographischen Ansätze gilt es auf die methodische Erfassung von *Raumbezügen, Territorialisierungen* und *raumbezogenen Identitäten* hin zu befragen.Von WARNKE/ SPITZMÜLLER wird insbesondere das *handlungsorientierte Diskurskonzept*, aber auch das breite methodische Spektrum (selektiv-zielorientiert) zu adaptieren sein. FAIRCLOUGHs CDA wird weniger hinsichtlich seiner *Methoden* fokussiert, als mit Blick auf seine *theoretischen* Überlegungen zur Verbindung von *Diskurstheorie* und *Kritischer Linguistik* und zu Fragen der *Hegemonie, Ideologie, Klassifikation* und *Identität*. Von WODAK soll vor allem das sehr breite *Kontextverständnis* übernommen werden. Im Mittelpunkt *diskurshistorischer* Forschungen stand in den letzten Jahren die *diskursive Konstruktion von kollektiven Identitäten*, so dass sich zudem sehr spezifisch auf die Forschungsfrage dieser Arbeit zugeschnittene linguistisch-methodische Operationalisierungen adaptieren lassen. Die *mehrere Analyseebenen verbindende Herangehensweise*, die allen Ansätzen gemeinsam ist, wird zu einem *analytischen Dreischritt* integriert werden. Abschließend sollen die methodischen Schlussfolgerungen – da die Fähigkeit zur Sprach- und Textanalyse, der Kenntnisstand, vor dem erst der Sinn dieser Analysen begründet werden kann, in den diskurslinguistischen Ansätzen oft vorausgesetzt wird – durch den Rückgriff auf pragmatisch-textlinguistische ,Primärliteratur' für sozialwissenschaftliches Arbeiten zugänglich gemacht werden.

4.1 Raum – Sprache – Identität: Ansätze der Humangeographie

Innerhalb der *Geographie* lassen sich verschiedene Rezeptionswege und -schwerpunkte diskurstheoretischer und diskursanalytischer Ansätze sowie genuin linguistischer Methoden nachzeichnen. Es ist hier nicht der Ort wissenschaftshistorisch die ,konstruktivistische', die diskursive, die ,sprachliche' Wende innerhalb

174 Zur Geschichte des ,Etiketts' CDA siehe u.a. BILLIG (2003: 35ff.) und KELLER (2005:153).

der Disziplin nachzuzeichnen, die inzwischen fast alle Bindestrich-Geographien erreicht hat. Eine konzise Zusammenfassung der wissenschaftlichen Beschäftigung mit *Sprache und Raum*, eine kurze Geschichte der Geographie als ‚Textwissenschaft', der (humangeographischen) Beschäftigung mit *Sprache und Raum* liegt bei SCHLOTTMANN (2005: 96ff) und FELGENHAUER (2007b: 9-28)[175] bereits vor. MATTISSEK/ REUBER (2004) und MATTISSEK (2007) haben den aktuellen Stand der humangeographischen Debatte über *diskurstheoretische* und *diskursanalytische* Ansätze ausführlich dargestellt[176]. Eine aktuelle Zusammenstellung geographischer Arbeiten, die sich unter *diskurstheoretischen/ diskursanalytischen* Prämissen mit *Raumkonstruktionen/ (raumbezogenen) Identitäten* auf verschiedenen Maßstabsebenen befasst haben, findet sich bei MATTISSEK (2008: 27ff).

Vielmehr sollen jene Ansätze, die in der Humangeographie zur Erfassung von *Identitätskonstruktionen* mittels *diskurs-*und *sprachanalytischer Methoden* entwickelt wurden, ein erster Ausgangspunkt der anzustellenden methodischen Überlegungen sein. Das unter Rückgriff auf Herangehensweisen der *linguistischen Diskursanalyse* zu erarbeitetende Analyseraster zur Erfassung *sozialer Repräsentationen* als *Identitätsangebote* soll hiervon integrieren, was im Rahmen des Erkenntnisinteresses dieser Arbeit sinnvoll ist.

Symbolische Repräsentationen

Annika MATTISSEK fokussiert in *Die neoliberale Stadt: Diskursive Repräsentationen im Stadtmarketing deutscher Großstädte* „Stadtimages und städtische(...) Identitäten" (Mattissek 2008: 11). „[S]ymbolische Repräsentationen" (Mattissek 2008: 28) von ‚Raum' sollen diskurstheoretisch fundiert mittels diskursanalytischer Methoden erfasst werden. In Anlehnung an den FOUCAULTschen und PECHEUXschen Diskursbegriff, den FOUCAULTschen Gouvernementalitätsbegriff und das Hegemonie- und Diskurskonzept von LACLAU und MOUFFE erarbeitet sie die Grundlagen einer ‚humangeographischen Diskursanalyse' (vgl. Mattissek 2008: passim). Sie „skizziert" hierzu „einen Methodenmix aus quantitativ-lexikometrischen Verfahren und Wegen der Analyse einzelner Aussagen" (Mattissek 2008:23).

MATTISSEK (2007: 43; 2008: 20, 87) stellt *Raumkonstruktionen* in einen engen Zusammenhang mit *Identitätskonstruktionen* und betont die enge Verbundenheit

175 FELGENHAUER (2007b: 13, 15) geht in diesem Zusammenhang neben der *Sozialgeographie alltäglicher Regionalisisierungen* auf die *Humanistic Geography*, KLÜTERs „Raum als Element sozialer Kommunikation", Alan PREDs und Anssi PAASIs „Sprache und Region als gegenseitige Bedingungen", neuere Ansätze der *Kulturgeographie* und *Politischen Geographie* sowie die Arbeiten BARNES/DUNCANs, GREGORYs und ZIERHOFERs ein.

176 Nach MATTISSEK (2008: 25)und MATTISSEK/ REUBER (2004) lässt sich eine grundlegende Unterscheidung treffen zwischen denjenigen Rezipienten des linguistic turn, die sich mit Sprache bzw. Diskursen befassen und – implizit oder explizit – auf *handlungstheoretische* Grundannahmen bzgl. intentional handelnder Akteure zurückgreifen und jenen, die *diskursive* Effekte in den Mittelpunkt ihres Forschungsinteresses rücken. Siehe zum Forschungsstand auch GLASZE/ PÜTZ (2007).

von raumbezogenen diskursiven Grenzziehungs- und Bedeutungszuschreibungsprozessen und Identitätskonstruktionen mit räumlichem Bezug. *Identität* definiert sie mit LACAN (und LACLAU) (sehr vereinfacht) als inhärent unabgeschlossen. Das Subjekt ist demnach eine Art ‚Leerstelle', ein ‚Mangel', das Individuum identifiziert sich mit immer neuen Identifikationsangeboten. Ohne den theoretischen Hintergrund an dieser Stelle genauer explizieren zu können: MATTISSEK (2007: 40; 2008: 79, 87) übernimmt von LACLAU/ MOUFFE das Konzept der *leeren* bzw. *flottierenden Signifikanten* im Sinne *diskursiver Schlüsselbegriffe*, die unterschiedliche politische Positionen zusammenhalten[177]. *Signifikant* verwendet sie im Kontext der Identität politischer Subjekte praktisch synonym mit *Identitätsangebot*. Über den Bezug auf *Signifikanten/ Identifikationsangebote* versuchen Individuen und soziale Gemeinschaften, den empfundenen Mangel zu stillen, der Bezugspunkt bleibt jedoch fast notwendigerweise vage, unabschließbar:

> „Leere Signifikanten verkörpern also gewissermaßen den kleinsten gemeinsamen Nenner der Elemente, die innerhalb des diskursiven Zusammenhangs (in Bezug auf ein bestimmtes Merkmal, wie etwa Nationalität oder Einwohnerschaft in einer Stadt) enthalten sind" (Mattissek 2008: 80).

Über die diskursive *Etablierung leerer Signifikanten* laufen demnach „Mechanismen der Hegemonialisierung" (Mattissek 2008: 67) ab. „Räumliche Signifikanten" müssten als „Schlüsselsignifikanten" gelten, da sie „aufgrund ihrer weitgehend unhinterfragten Etablierung im gesellschaftlichen (Sprach-)Handeln einen großen Einfluss auf die gesellschaftlich etablierten Lesarten und Deutungsmuster von Wirklichkeit haben," zugleich aber „keinen (...) eindeutigen Inhalt" (Mattissek 2008: 95). Hinzu komme, „dass andere Bezugssysteme häufig mit räumlichen ‚koalieren' und damit ihre diskursive Basis und (...) ihren Einfluss erweitern" (Mattissek 2008: 95-96). Nach MATTISSEK ließe sich ‚Europa' als *leerer* oder *flottierender*[178] *Signifikant* deuten, als *Identifikationsangebot*, das ständigen Umdeutungen unterworfen ist, das eben nicht nur *räumliche* Bezüge aufweist, sondern auch ökonomische, kulturelle und politische Inhalte integriert. Der Versuch der Konstruktion europäischer Identität wäre nach MATTISSEK (2008: 96) aber, den theoretischen Basisannahmen folgend, *nicht* als Handlung intentionaler Akteure zu deuten, sondern als „Ausdruck dessen, dass ab einem bestimmten Zeitpunkt das bestehende diskursive Bezugssystem (...) für eine wachsende Zahl von Partikularinteressen nicht mehr in der Lage war, ihre Bedürfnisse zu befriedigen": MATTISSEK geht in ihrer methodischen Verortung im Rahmen des formalqualitativen Ansatzes der französischen Schule der Diskursanalyse von der Prämisse aus, dass ‚soziale Realität' nicht darüber erfasst werden kann, was Akteure als ‚real definieren', sondern dass auch diese konstruiert sind und richtet ihren Blick deswegen ‚radikal' auf den diskursiven Prozess (vgl. Angermüller 2007:

177 „Ihre Aufgabe ist es, die Äquivalenzrelation zwischen den Elementen des Systems zu verkörpern, d.h. die Abgrenzung nach außen zu symbolisieren und somit durch den gemeinsamen (positiven) Bezugspunkt ein Gemeinschaftsgefühl zu etablieren (...)" (Mattissek 2008: 80).

178 Dieser Begriff trägt der Annahme Rechnung, dass sich die Signifikanten gleichzeitig als Teil mehrerer Äquivalenzketten beschreiben lassen, dass „unterschiedliche(...) Deutungsmuster und Verweissysteme" (Mattissek 2008: 88) im ‚Kampf um Hegemonie' miteinander ‚ringen'.

105ff.; nach Mattissek 2008: 117). Obgleich im Kontext dieser Arbeit ebenfalls davon ausgegangen wird, dass Repräsentationen prinzipiell ‚offen' bleiben und im diskursiven Aushandlungsprozess erfasst werden müssen, wird dieser Schritt nicht vollständig mitvollzogen: Um von *Sprachhandlungen* sprechen zu können (wie dies auch MATTISSEK tut!), muss aus Sicht der Verfasserin von einem diskursiv eingebetteten, diesen Diskurs aber zugleich transformierenden Handelnden ausgegangen werden[179]. Diskursive Eliten und institutionelle wie individuelle Akteure mögen selbst diskursiv konstruiert sein, sie besitzen dennoch Deutungsmacht. Sprachhandlungen lassen sich nur unter Einbeziehung des Kontextes der Äußerung und unter Einbezug ‚strategischen Sprachgebrauchs' seitens der Emittenten sinnvoll analysieren (siehe 2.6):

> „Eine allein korpusbezogen arbeitende, deduktive oder induktive Diskurslinguistik ohne Berücksichtigung der Diskursakteure bis hin zu den ideology brokers (...) scheint (...) nicht sinnvoll zu sein, weil sie der komplexen Morphologie des Diskurses nicht gerecht wird und unterspezifiziert bleiben muss" (Warnke/ Spitzmüller 2008a: 17).

Aufbauend auf ihren *theoretischen* Ausführungen entwickelt MATTISSEK ihre *methodische* Herangehensweise. Sie möchte „sowohl übergreifende diskursive Strukturen als auch die Heterogenität von Bedeutungen und die kontingenten Verbindungen von Text und Kontext sichtbar" (Mattissek 2008: 143) machen. Insbesondere interessiert sie sich für die „Makrostrukturen raumrelevanten gesellschaftlichen Handelns und Sprechens" (Mattissek 2007: 37). Zu diesem Zweck verbindet sie lexikometrische Verfahren der computergestützten Korpusanalyse mit auf einzelne Aussagen und Textsegmente fokussierenden Mikromethoden: Erstere machten „Regelhaftigkeiten des Sprachgebrauchs" (Mattissek 2008: 122) erfassbar, während letztere der Kontextgebundenheit von ‚Äußerungshandlungen' Rechnung trügen. Die computergestützte Korpusanalyse ermöglicht MATTISSEK (2008: 124, 133) zufolge einen „Überblick über charakteristische Worthäufungen und gemeinsame Okkurrenzen (d.h. das gemeinsame Auftreten) von Wortformen", auf deren Basis sich die „großflächigen Strukturen gesellschaftlicher Denk-, Sprech- und Handlungsmuster" rekonstruieren lassen. Die Mikromethoden machen „deren kontingente(...) Einschreibung in unterschiedliche diskursive Kontexte" und damit aus MATTISSEKs (2008: 133) Sicht die „Unberechenbarkeit und Heterogenität des Diskurses" sichtbar.

Der Fokus dieser Arbeit auf textlinguistisch-pragmatische Detailanalysen macht speziell die *Mikromethoden* für die Erfassung *sozialer Repräsentationen Europas* relevant: MATTISSEK nimmt drei Bereiche linguistischer Feinanalyse in den Blick, wobei sie systemlinguistische und funktionale Aspekte zum Ausgangspunkt der Beschreibung macht.

(1) **Sie analysiert *deiktische* Formen**. Dabei weist sie im Rahmen ihres Erkenntnisinteresses insbesondere jenen Ausdrücken „eine herausgehobene Rolle" zu, „durch die eine kollektive Identität (‚wir in (...)') konstruiert wird, durch die

179 Die Ansätze schließen sich nicht aus: Es handelt sich um rein theoretisch-terminologische Differenzen: MATTISSEK (2007: 42) leugnet nicht die *Existenz* der ‚Wirklichkeit' und individueller Identität auf kognitiver Ebene, sondern lediglich deren vor-diskursive Erfassbarkeit.

Abgrenzungsprozesse nach außen konstituiert werden und die häufig mit einem ‚hier' (*in* der Stadt xy) verbunden sind" (Mattissek 2008: 136).

(2) **Sie bestimmt Präsuppositionen bzw. ‚Vorkonstrukte'.** Über diese lassen sich ihrer Meinung nach implizite Wertungen und Positionierungen rekonstruieren, sie ermöglichen den Zugriff auf die sozialen und institutionellen Strukturen, in die eine Aussage eingebettet ist. Als Präsuppositionsauslöser nennt sie mit ANGERMÜLLER insbesondere zwei Formen: „[N]icht-notwendige(...) Relativsätze(...)" und „Nominalisierungen" (Mattissek 2008: 137). Unter letzteren versteht sie „Substantive, die als Kurzform für einen ganzen Satz mit Subjekt und Prädikat stehen und damit einen Transformationsprozess von der Verbform zum Nomen durchlaufen haben" (Mattissek 2008: 137). Diese wirkten abstrahierend und verantwortungsverschleiernd (vgl. Mattissek 2008: 134)[180].

(3) **Sie sucht polyphone Strukturen, die Heterogenität des Diskurses, aufzudecken.** Dabei rücken insbesondere Formen der *Distanzierung*, der *Modalisierung* des Geäußerten in den Blick, die an spezifischen *Konnektoren* (*sondern, vielleicht*) und *Negationen* festmachbar sind. Auch „modale Brüche (...), indirekte Rede, nominalisierte Sätze, assertive oder negierende Partikel, sowie der Gebrauch von Ironie" (Mattissek 2008: 140) können auf polyphone Strukturen hinweisen.

Inwieweit können diese Kategorien übernommen werden? Sowohl *Raum/ Zeit/ Personen-Referenzen* (hier unter *Deiktika* gefasst) als auch *Präsuppositionen* und Fragen der *epistemischen, doxastischen* und *evaluativen Einstellung* (teilweise deckungsgleich mit den beschriebenen ‚polyphonen Strukturen', siehe 4.3) werden im zu erstellenden Analyseraster eine Rolle spielen und werden von MATTISSEK – in anderer Form – bereits für die humangeographische Forschung fruchtbar gemacht. Die ausgewählten Analyse-Kategorien werden jedoch zumindest teilweise nicht umfassend definiert und diskutiert. Sie einzubeziehen macht Sinn, allerdings sollten sie *nach Ansicht der Verfasserin* zumindest in *humangeographischen Texten*, deren Rezipienten möglicherweise das einschlägige linguistische Fachwissen fehlt, genauer expliziert werden. Zudem gilt es, sie in einen weiteren *Analysezusammenhang* zu stellen. So sollen in dieser Arbeit nicht *einzelne Formen* von Präsuppositionen[181] herausgegriffen werden, sondern eine *umfassende Präsuppositionsanalyse* wird als *Teil* einer *pragmatisch-textlinguistischen* Herangehensweise angesehen, in deren Rahmen die *Präsuppositionen* unter anderem im Kontext der Herstellung von *Kohärenz* eine wichtige Rolle spielen. Formen der *Distanzierung*, der *Einstellung* zum Geäußerten können über die Konzepte der *doxastischen, epistemischen, evaluativen Einstellung* gefasst werden und zur Bestimmung der *Textfunktion* die-

180 Diese Schlussfolgerung erscheint im Lichte der Theorie widersprüchlich: Subjekte werden als konstruiert angesehen, intentional handelnde Akteure werden dezidiert nicht in den Blick genommen, zugleich scheint die Sprache insofern als verschleiernd wahrgenommen zu werden, als das, was durch Referenz ‚konstruiert' wird, als von der ‚Wirklichkeit' *abweichend* angenommen wird (*in der Akteure handeln!*).

181 Die Vielzahl an nicht immer in derselben Weise definierten, und noch durch Differenzierungen wie logisch, konversationell, konventionell, pragmatisch, zeichengebunden, textuell u.ä. ergänzbaren Implikaturen, Implizituren, Implikationen, Inferenzen und Präsuppositionen in der linguistischen Literatur setzt eine klare Bezugnahme voraus.

nen. Es handelt sich um wichtige *Bausteine* sprachlichen Geographie-Machens, die jedoch ihre ‚raumkonstruierende Wirkung' erst in ihrem komplexen Zusammenspiel und im Kontext spezifischer Äußerungshandlungen entfalten.

Signifikative Regionalisierungen – Raumsprache

Ausgehend von Benno WERLENs Konzeption einer Sozialgeographie alltäglicher Regionalisierungen, fragt Antje SCHLOTTMANN nach den Mechanismen sprachlicher Grenzziehungen durch Selbst- und Fremdzuschreibung, nach der sprachlichen Erzeugung territorial definierter Identitäten und der sprachlichen Verortung sozialer Entitäten (vgl. Felgenhauer 2007b: 11; Schlottmann 2005). Sie vertritt im Unterschied zu MATTISSEK einen explizit *handlungszentrierten* Ansatz, legt den „Fokus (…) auf die tatsächliche Praxis von intentional fähigen (menschlichen) Akteuren" (Schlottmann 2007: 6). Die einzelne Sprachhandlung finde allerdings immer in spezifischen Situationen statt, der Handelnde sei in einen spezifischen sozio-kulturellen Kontext eingebettet: Ein „kollektives, konventionelles, wenn nicht gar strukturelles Moment" (Schlottmann 2007: 6) sei jeder Äußerung eigen.

SCHLOTTMANN entwickelt vor diesem Hintergrund ein sozialgeographisches Konzept zur wissenschaftlichen Betrachtung ‚sprachlichen Geographie-Machens' und erweitert dieses sprachanalytisch, indem sie Möglichkeiten der Analyse einzelner ‚Elemente sprachlichen Geographie-Machens' herausarbeitet. Zudem befragt sie ihre Überlegungen auf deren gesellschaftliche Relevanz, indem sie sie an sozialtheoretische Perspektiven rückbindet (vgl. Schlottmann 2005: 27). Ihre Ausführungen exemplifiziert sie anhand der sprachlichen Konstruktion von ‚Ost-West-Differenzen in der Berichterstattung zur deutschen Einheit' (vgl. Schlottmann 2005). Analysebasis ist eine *Collage*[182] von Textausschnitten aus in diesem Kontext entstandenen Texten, deren Selektion anhand thematischer Schwerpunkte/ Praxisfelder erfolgte (vgl. Schlottmann 2005: 26).

Räumliche Kategorisierungen bzw. *Verortungen* im Sinne von *Repräsentationen* sind nach SCHLOTTMANN (2005: 46, 49) letztlich unvermeidbar. Mit WERLEN versteht sie ‚Raum' und ‚Region' als sozial konstruiert, aber im gesellschaftlichen ‚Normalverständnis' essentialisiert, mit „quasi-natürlichem Status" (Felgenhauer 2007b: 38) versehen. ‚Forschungsobjekt' der Geographie könne vor diesem Hintergrund nur eine ‚Region in suspenso' im Sinne einer vorläufigen Hypothese, einer reflexiv-offenbleibenden ‚Kategorie' sein (vgl. Schlottmann 2005: 65f.). Genauer gesagt: Das *alltägliche sprachliche Geographie-Machen*, die diskursive Konstruktion *raumbezogener Kategorien*. Humangeographisches Arbeiten müsse demnach die *signifikativen Regionalisierungen*[183], die inhärenten *Kategorisierungs-*

182 „Die gewählte Form der Collage folgt der Ausgangshypothese, daß die selbstverständliche Rede vom Raum kein individuelles Phänomen ist, sondern ihre Regelhaftigkeit sprecher- und themenübergreifend exemplarisch nachzuweisen ist" (Schlottmann 2005: 26-27).

183 Definiert als „Praxis der symbolischen Bezugnahme auf Raum und Räumlichkeit", die „alle Arten der zeichenhaften und kommunikativen Herstellung, Koordinierung und Strukturierung

prozesse der alltagssprachlichen Kommunikation in den Blick nehmen. Die Anschlussmöglichkeit an das Erkenntnisinteresse dieser Arbeit liegt auf der Hand: Hier werden *sozio-kognitive Kategorienbildungsprozesse*, gefasst über das Konzept der *sozialen Repräsentationen,* in den Blick genommen. ‚Europa' wird als ‚Region in suspenso' aufgefasst. Die Verknüpfung dieser *diskursiv* konstruierten Kategorien[184] mit dem *Identitätsbegriff*, ihre Fassung als *Identitätsangebote*, ist bei SCHLOTTMANN (2005: 218ff.) bereits angelegt: Sie greift mit WEICHHART auf die *sozialpsychologische Identitätstheorie* GRAUMANNs zurück und übernimmt dessen Ansatz *raumbezogener Identität*: „[D]ie Identifikation von räumlichen Einheiten" ist „über signifikative Verknüpfungen direkt mit der Identifizierung des ‚Anderen' und damit auch des ‚Eigenen' und seinem Kollektiv (das raumbezogene ‚wir', resp. ‚unser'), also mit der Identifikation" als „dem ‚sich-selbst-mit-Anderen-Identifizieren'" (vgl. Schlottmann 2005: 222) verknüpft. *Signifikative Regionalisierungen* sind demnach *Basis* des Prozesses *individueller Identifikation.* SCHLOTTMANN geht auf den sozio-kognitiven Prozess der ‚signifikativen Verknüpfungen' allerdings nicht genauer ein: Diesen näher zu fassen, unternimmt die vorliegende Arbeit über die Verbindung der *Theorie der sozialen Repräsentationen* mit der *Identitäts-Prozess-Theorie.*

SCHLOTTMANN schlägt eine Reihe *sprachanalytischer* Werkzeuge zur Erfassung von *signifikativen Regionalisierungen* vor. Sie fragt: „Wie funktioniert die sprachliche Praxis der Verräumlichung, Verortung und Vergegenständlichung?" (Schlottmann 2005: 95). Um die „alltäglichen räumlichen Strukturierungsleistungen der Sprache" (Schlottmann 2005: 146) erfassen zu können, greift sie auf Ansätze der *kognitiven Linguistik* und SEARLEs *Sprechakttheorie* zurück. Im Mittelpunkt ihres Interesses stehen drei eng miteinander verbundene sprachliche Elemente *signifikativer Regionalisierungen*: (1) indexikalische Begriffe, (2) Toponyme und (3) Metaphern/ Metonymien (vgl. Schlottmann 2005: 147-176).

Mit ***‚indexikalischen' Ausdrücken*** meint SCHLOTTMANN (2005: 149, 152, 182) *Deiktika*, kontextabhängige „Raumzeithinweise", denen „Eigenschaften (…) symbolisch zugewiesen" werden: ‚Kultur' und ‚Sachverhalte' aller Art würden auf diese Weise ‚verortet': „Raumzeit-Angabe = Gehalt, (dort steht für so)" und so eine „Kultur-Raum-Einheit" suggeriert. Auch über geographische Eigennamen, ***Toponyme*** und ihre alltägliche Verwendung als „Raumzeit-Etikett" findet „eine Objektivierung (‚Reifikation') und eine ‚Verortung' von Sachverhalten" (Schlottmann 2005: 158) statt. Unter Rückgriff auf den LAKOFF/JOHNSONschen Begriff der Konzeptmetapher fasst SCHLOTTMANN (2005: 167, 182) zudem *raumbezogene* ***Metaphern*** ins Auge. *Metaphern* und der verwandten Form der *Metonymie* wird ein ‚welterzeugendes Moment' zugesprochen: *Orientierungsmetaphern* lägen einer *Nah-Fern-Logik* zugrunde, die Nähe mit Ähnlichkeit, Kenntnis und Klarheit, Distanz mit Ferne und Unähnlichkeit verknüpfe, *Container-Metaphern* einer *Innen-*

von Umwelt (…) umfasst (…) und (…) die Frage (…) beherbergt (…), wie von Subjekten durch Akte des Sprechens (bzw. Schreibens) Raumbezüge verwirklicht werden" (Schlottmann 2007: 6).

184 Zur Diskussion des Diskursbegriffes und des Subjektbegriffes bei SCHLOTTMANN sei auf ihre eigenen Ausführungen verwiesen (vgl. Schlottmann 2005: 110, 112, 119-126; 215-216).

Außen-Logik, die *Grenzbildungen* fixiere. Mittels dieser drei Elemente ist aus ihrer Sicht die *identifizierende* Referenz auf und *Strukturierung* von ‚räumliche[n] Kategorien' möglich, die *Orientierung* im Sinne der Konstruktion von *Relationen* von ‚Entitäten im Raum', ihre *Organisation/ Funktionalisierung*. Zudem wirken diese Elemente *Handlungen begründend/ anleitend/ ermöglichend* (vgl. Schlottmann 2005: 176-177). Die genannten sprachlichen Elemente lassen sich, *geographisch* interpretiert, im Sinne einer *Chorologisierung* (‚Identifizierung' und ‚Differenzierung' von unterscheidbaren räumlichen Einheiten über ‚ontologische Konzepte'), einer *Topographisierung* (‚Verortung' von abstrakten Eigenschaften) und einer *Topologisierung* (Herstellung von ‚Nachbarschaftsbeziehungen') verstehen (vgl. Schlottmann 2005: 178). Sie lassen sich nach SCHLOTTMANN (2005: 235) als Ausdruck spezifischer ‚Logiken' mit spezifischen ‚Effekten' interpretieren, die wiederum in „größere(...) Bedeutungszusammenhänge(...) (politisch-normative Handlungsmuster)" eingebettet sind: Die ‚Iterationen' dieser Verknüpfungen spricht sie als *Prinzipien der Verortung* an. Die so konstituierten alltäglich-konventionellen ‚Raumkonzepte' ‚wirken' *essentialisierend*, *containerisierend*, *anthropomorphisierend* und *naturalisierend* (vgl. Schlottmann 2005: 181).

SCHLOTTMANN (2007: 12) legt einen „sprechhandlungszentrierten Ansatz" zur „Erkundung des Verhältnisses von Gesellschaft und Raum" vor, den sie nicht als „Generaltheorie" versteht, sondern als *eine* mögliche Herangehensweise, die sich zur Umsetzung „bestimmte[r] Forschungsansprüche" eigne. Sie selbst konstatiert als Defizit ihres Ansatzes seine „mangelnde Reichweite (...) bezüglich der politischen Dimension sprachlichen Geographie-Machens": Die „Abstraktion", die der In-den-Blick-Nahme der „räumlichen Grammatik der Weltdeutung" inhärent sei, blende die „inhaltlichen Diskurse, in die die Sprechakte notwendig eingebunden sind" (Schlottmann 2007: 17) zunächst einmal aus. Sprachanalyse „setze" die Forschungsarbeit „der Gefahr einer allzu großen Dekontextualisierung aus", lasse sich mit einer „ ideologiekritische[n], engagierte[n] oder gar radikale[n] Geographie nur schwerlich (...) vereinen" (Schlottmann 2007: 18). Folgerichtig fordert sie ergänzend eine *Kontextanalyse*. Zudem könne eine *diskursanalytische Herangehensweise* ihren Ansatz *komplementär ergänzen* und

> „klären, warum und mit welchen Konsequenzen, vor allem aber von welcher diskursiven Position aus und mit welchen (symbolischen) Ressourcen" signifikative Regionalisierungen „kommunikativ in Anschlag gebracht werden" (Schlottmann 2007: 18).

Als problematisch für eine direkte Anschlussfähigkeit zwischen sprach- und diskursanalytischen Ansätzen sieht sie allerdings den abweichenden Subjektbegriff und die damit verbundene Abkehr vom intentionalen Sprecher in diskursanalytischen Arbeiten (der Humangeographie) an (vgl. Schlottmann 2007: 18). Zugleich denkt sie einen Diskursbegriff an, der Diskurs als „eine institutionell verfestigte Redeweise, insofern eine solche Redeweise schon Handeln bestimmt und verfestigt" (Jäger 2001: 82, zitiert nach Schlottmann 2007: 18) versteht. ‚Diskurse' müssten nicht „notwendigerweise“ unter Bezug auf ein „diskursanalytisches (Begriffs)-Instrumentarium(…)“ (Schlottmann 2007: 18) erforscht werden[185].

Im Folgenden wird SCHLOTTMANNs Vorschlag aufgegriffen: Es wird davon ausgegangen, dass sich diskursanalytische, ‚kontextanalytische‘ und sprachpragmatische Methoden nicht nur komplementär ergänzen, sondern *verbinden* lassen: In einer *pragmatisch-textlinguistisch* ausgerichteten *Diskursanalyse*, die, von einem *handlungsorientierten Diskursbegriff* ausgehend, die Ebene der intratextuellen, sprachpragmatischen Analyse mit der Analyse des *akteurs-* und *‚diskurs‘bezogenen Kontextes* verknüpft. Dabei muss der Notwendigkeit der Kontextualisierung von ‚Sprechakten‘ dadurch Rechnung getragen werden, dass nicht mehr einzelne Sprechakte sondern *ganze Texte* betrachtet werden. Diesen Texten wird, BRINKER (2000b; 2001) folgend, eine *Textillokution* bzw. eine *Textfunktion* zugewiesen[186]. Die von SCHLOTTMANN herausgearbeiten Elemente sprachlichen Geographie-Machens sollen in eine *pragmatisch-textlinguistisch* informierte *Gesamt-Textanalyse* und in eine übergreifende *Diskursanalyse* ‚eingebaut‘ werden. Vor allem ihren Fokus auf *(Raum-)Metaphorik* gilt es aufzugreifen.

Zudem gilt es Tilo FELGENHAUERs ‚Erweiterung‘ der SCHLOTTMANNschen Überlegungen einzubeziehen. FELGENHAUER verortet sich explizit in der Tradition der WERLENschen Sozialgeographie und im direkten Anschluss an SCHLOTTMANNs sprachanalytische Konkretisierung des Konzepts der signifikativen Regionalisierungen (vgl. Felgenhauer 2007b: 27). Er fragt insbesondere nach der *argumentativen* Inwertsetzung und Konstruktion ‚signifikativer Regionalisierungen‘[187]. Das von SCHLOTTMANN in den Blick genommene ‚Normalverständnis‘, das die „Wirklichkeitsstrukturierung im Alltag“ anleite, versteht er als „Resultat von (…) Textkohärenz“ (Felgenhauer 2007b: 39). Dieser ‚Textzusammenhang‘ lasse sich unter anderem mittels der „linguistischen Begriffe (…) der anaphorischen Wiederaufnahme, anhand von Argumentationsschemata und mit Hilfe des Inferenz-Begriffes beschreiben“:

> „Begründungszusammenhänge in der Alltagssprache bieten die Möglichkeit, das zitierte Normalverständnis, das ebenso Ergebnis wie Voraussetzung regionalisierender Praxis ist, nicht

185 Sie schlägt eine „strukturationstheoretische ‚Brücke‘ zwischen „(intentionalem) singulärem Sprechakt und Diskurs“: Betone ersteres Konzept „die individuelle, intentionale Seite der Konstruktivität und Performativität von Sprechakten“, hebe „die Diskurstheorie mehr auf die intersubjektive, einschränkende Dimension sprachlichen Handelns ab. (…) Fraglich ist nun, wie diese beiden ‚Ebenen‘ konvergieren. Wenn tatsächlich eine (…) wechselseitige konstitutive Beziehung angenommen wird, und dabei berücksichtigt wird, dass Abgrenzungen von Individuum (Subjekt) und Kollektiv (Gesellschaft) unter diesen Voraussetzungen auch wieder Strukturierungsleistungen sein müssten, dann ist das eine vom anderen allenfalls analytisch zu trennen. Das heißt, dass in der sprachlichen Äußerung der Diskurs (als institutionaliserte Praxis der Welterzeugung) zumindest teilweise angelegt ist und vice versa. (…) Sprechakte konstitutieren und beinhalten Diskurse gleichermaßen“ (Schlottmann 2005: 216-217).

186 „Der Handlungscharakter kommt dem Text als Ganzem zu und wird durch die Textfunktion bezeichnet“ (Brinker 2005: 99).

187 Zu seiner Unterscheidung *expliziter* und *impliziter* Regionalisierungen und den von ihm herausgearbeiteten *‚Raumargumentationen‘* siehe FELGENHAUER (2007b).

nur zu beschreiben, sondern im konkreten Text- und Argumentationszusammenhang zu erklären" (Felgenhauer 2007b: 39).

Obgleich FELGENHAUER (2007b: 8) die Notwendigkeit der *Textorientierung* betont, schränkt er seinen analytischen Blick vor dem Hintergrund seines Erkenntnisinteresses ein: Er möchte „eine Beschreibung des Gebrauchs und eine Erklärung des *semantischen Gehalts* des Toponyms ‚Mitteldeutschland'" liefern. Ausgangsmaterial sind Schriftdokumente, die im Zusammenhang mit einer vom MDR entwickelten Sendereihe zur ‚Geschichte Mitteldeutschlands' stehen und qualitative Leitfadeninterviews mit Redaktionsmitgliedern (vgl. Felgenhauer 2007b: 188ff.). Er nimmt dezidiert nicht die „Ganzheit des Textes" in den Blick, sondern beschränkt sich auf die Analyse der „raumrelationierten Textteile" (Felgenhauer 2007b: 56, 123).

Als „linguistische Grundlagen einer sprachzentrierten Sozialgeographie" (Felgenhauer 2007b: 63) betrachtet er neben *Metapherntheorie* und *Metonymiekonzepten* auch *textlinguistische* Herangehensweisen und *Konversationsimplikaturen*[188]. Nur vor dem Hintergrund dieser Konzepte können seiner Meinung nach *Begründungszusammenhänge* in den Blick genommen werden: Der Kern seiner Erweiterung des SCHLOTTMANNschen Ansatzes besteht in der Fruchtbarmachung des TOULMINschen *Argumentationsmodells* zur Analyse von Alltags-Argumentationen für die sozialgeographische Sprachanalyse (vgl. Felgenhauer 2007b: 90ff.). Argumentieren, so der Ausgangspunkt,

> „bedeutet (...) stets die Rückführung von etwas Strittigem auf Unstrittiges (...). Ausdrücklich Behauptetes wird mit Unhinterfragtem begründet – oder zumindest mit etwas graduell weniger Fragwürdigem" (Felgenhauer 2007a: 27).

Die *Schlussregel*, die die Verknüpfung zwischen der *Behauptung* und den *Prämissen*, die zu ihrer Begründung angeführt werden, herstellt, und ihr *Hintergrund*, ihre *Stützung* (die feldabhängige Letztbegründung) werden in der Alltagskommunikation oft nicht versprachlicht, sind jedoch unter Rückgriff auf das TOULMINsche Schema rekonstruierbar[189]. Mit Hilfe des TOULMIN-Schemas lassen sich deshalb jene *raumbezogenen Annahmen* und *Regionalisierungen* rekonstruieren, die in Argumentationshandlungen *implizit* zugrunde gelegt werden:

> „Was Raum im Alltag bedeutet, hängt maßgeblich davon ab, woraus raumbezogene Aussagen folgen, was aus ihnen folgt und was mit ihnen unvereinbar ist" (Felgenhauer 2007b: 225)[190].

Auch *Metaphern* betrachtet FELGENHAUER (2007b: 67ff) insbesondere bezüglich ihrer Rolle in *Argumentationsprozessen* (siehe hierzu 4.3). Zudem greift FELGENHAUER (2007a: 31) auf die GRICEsche *Theorie der Konversationsimplikaturen* zurück und untersucht „Implikaturen und Inferenzen als Elemente sprachli-

188 Er greift auch auf „die Hermeneutik Gadamers" und „Robert Brandoms rationale Sprachpragmatik" (Felgenhauer 2007b: 35) zurück. BRANDOMs „Konzept des Inferentialismus" liest er – vereinfacht gesagt – dahingehend, dass „Argumentieren" eine „konstitutive Kraft für die sprachliche ‚Welterzeugung'" (Felgenhauer 2007a: 29) entfalte (vgl. auch Bayer 1999).

189 Das TOULMIN-Schema wird an anderer Stelle genau expliziert.

190 Zudem erweitert FELGENHAUER (2007b: 56) SCHLOTTMANNs Ansatz, indem er *Metaphern* mit PIELENZ in ihrer Funktion als ‚argumentative Routinen' betrachtet.

cher Raumbezüge“[191]. Das hier postulierte *Kooperationsprinzip* liegt seiner Feststellung zugrunde, dass jeder sprachlichen Äußerung zunächst einmal *Kohärenz* unterstellt werde (vgl. Felgenhauer 2007a: 34)[192]. Damit nimmt er, unter Bezug auf BRINKER, den *Kohärenz*begriff der *Textlinguistik* auf. Im sprachlichen Alltagshandeln werde „sprachliche[r] Gehalt immer als kohärentes Ganzes präsentiert (Sprecher/Autor) oder diese Kohärenz unterstellt (Hörer/Leser)“: „Kohärenz zu unterstellen“ sei „Teil der Interpretationsvoraussetzung“ (Felgenhauer 2007a: 31, 2007b: 71). *Kohärenz* werde vor allem durch explizite und implizite Wiederaufnahmen ‚erzeugt‘ (vgl. Felgenhauer 2007b: 68ff.)[193]. FELGENHAUER nimmt vor allem auf *grammatische* Bedingungen der Textkohärenz Bezug, die, nach BRINKER, *im Zusammenspiel* mit thematischen Bedingungen Grundlage dafür sein können, dass ein Rezipient *Kohärenz* herstellen kann. Er bezieht dies an anderer Stelle mit ein, indem er auf das *textlinguistische* Konzept der *Themenentfaltung* (vgl. Felgenhauer 2007b: 73-74) zurückgreift[194]. Zu den Grundformen *thematischer Entfaltung* gehört nach BRINKER die *argumentative Themenentfaltung*[195]. An dieser Stelle verknüpfen sich *Argumentationsanalyse*, *Kohärenzkonzept* und die In- den-Blick-Nahme von *Implikaturen/ Inferenzen*:

> „Wird der Begriff der Argumentation (...) um die Konzepte Implikatur, Inferenz und Kohärenz erweitert, ergibt sich ein leistungsfähiger ‚Werkzeugkasten‘ zur Analyse sprachlicher Raumbezugnahmen“ (Felgenhauer 2007a: 31).

FELGENHAUER (2007a: 73) nimmt an, dass „Kohärenz als Wahrheitsproduzent (...) fungiert“. Darauf aufbauend rückt er den *Kohärenzbegriff* in den Kern seines Forschungsdesigns:

> „Wird Kohärenz angenommen und eine bestimmte Struktur von Berechtigungen und Festlegungen, die ein Sprecher eingeht, vorausgesetzt, wird sowohl expliziter als auch impliziter regionalisierender Gehalt systematisch aufzeigbar“ (Felgenhauer 2007b: 77).

Insgesamt fokussiert FELGENHAUER (2007b: 76) „inferentielle(...), d.h. begründungs- und folgerungsorientierte(...) Textzusammenhänge“, um die „sozial etablierten Prämissen“ herauszuarbeiten, denen „Sprecher und Hörer folgen, wenn sie sich regionalisierenden Vokabulars bedienen“. Ihn interessiert der ‚Hintergrundkonsens‘, der sich mit diesen Methoden rekonstruieren lässt, speziell bezüglich „alltäglicher ‚Raum-Logiken‘“ (Felgenhauer 2007b: 195):

191 Konversationsimplikaturen/ Formen des Impliziten werden noch vertieft beschrieben.

192 Zugleich greift er auf DAVIDSONS ‚Kohärenztheorie der Wahrheit und des Wissens‘ zurück (Felgenhauer 2007b: 72).

193 *Kohärenz* wird nicht durch sprachliche Prinzipien *erzeugt*, ist also nicht *textimmanent*, sondern wird letztlich durch den Rezipienten eines Textes *in der Interpretation* hergestellt.

194 Zahlreiche andere ‚*Kohärenzmittel*‘ bezieht er allerdings nicht mit ein – möglicherweise, weil er gerade die Analyse ‚thematischer‘ Zusammenhänge ontologische Grundannahmen seitens des Interpreten voraussetzt, die er für problematisch hält (vgl. Felgenhauer 2007b: 69).

195 Siehe hierzu ausführlich und FELGENHAUERs Ansatz erweiternd 4.3: Hier genüge es darauf zu verweisen, dass die „thematische Orientierung“ eines Textes nach BRINKER (2001: 47) „für die Kohärenzzuschreibung (...) grundlegend(...)“ ist.

> „Sprachliche Raumbezüge werden meistens als Gründe eingesetzt, die selbst nicht der Begründung bedürfen. (...) (...) [Ihre] praktische Etablierung (...) erfolgt nicht etwa vorrangig dadurch, dass man (...) [sie] erklärt, sondern (...), dass man ihn als geklärt behandelt" (Felgenhauer 2007b: 208).

Insbesondere die Verknüpfung von *Metaphern*-und *Argumentationsanalyse*, der Rückgriff auf *textlinguistische* Methoden, die Betonung der Relevanz von *Inferenzen* und der Schwerpunkt auf der *Analyse von Argumentationshandlungen* sind auch Kernpunkte des in dieser Arbeit zu entwickelnden Analyseapparates. FELGENHAUERs Verdienst besteht in der konsequenten Einforderung und Einbeziehung *linguistischer* Methoden als Teil humangeographischer Forschung und in der Weitung des humangeographischen Blicks bezüglich linguistischer Ansätze. Seine Herangehensweise muss jedoch aus Sicht der Verfasserin erweitert werden, teils werden Grundbegriffe dabei auch abweichend definiert:

(1) *Kohärenz* kann aus dem *textlinguistischen* Verständnis der Verfasserin heraus nicht als ‚Wahrheitsproduzent' fungieren, da sie durch den Text-Rezipienten erst *hergestellt* wird, mithin keine *Texteigenschaft* ist. Dies ist letztlich auch FELGENHAUERs Position, der ja davon ausgeht, dass wir aufgrund des *Kooperationsprinzips* Äußerungen Kohärenz *unterstellen*: Erst vor dem Hintergrund meines Weltwissens stelle ich Kohärenz her, doch zugleich prägen jene Texte, die ich rezipiere (und denen ich zunächst einmal unterstelle, sie seien kohärent) mein Weltwissen und meine Deutungsmuster.

(2) Gerade vor dem Hintergrund der Rekonstruktion von *Voraussetzungen*, der Fokussierung des Impliziten und Inferentiellen kann eine Einbeziehung des *Präsuppositions*-Konzepts und der *Präsuppositionsanalyse* die Analyse erweitern und vertiefen. Zwar wird der Begriff von FELGENHAUER (vgl. 2007b: 97) erwähnt, leider jedoch nicht *als eigener Analysebereich* aufgegriffen. Damit wird eine wichtige pragmatisch-textlinguistische Analysemethode im Rahmen der Untersuchung der *Kohärenzkonstruktion* ausgeblendet.

(3) FELGENHAUER schreibt:

> „Argumentieren ist monologisches Handeln – die Struktur eines Argumentes (wie auch die raumbezogenen Voraussetzungen und Konsequenzen) ist zunächst einmal von seinem Kontext unabhängig analysierbar (...)" (Felgenhauer 2007a: 32-33).

Er geht sogar noch einen Schritt weiter:

> „Man kann Argumentationen als Form zunächst kontextfrei verstehen, weil es sich um eine weit verbreitete, wenn nicht universale Form der gesellschaftlichen Interaktion handelt. Deshalb kann auch die Schlüssigkeit von Argumentationen zunächst unter Ausklammerung der Machtfrage verstanden werden" (Felgenhauer 2007a: 33)[196].

TOULMINs Ansatz beruht darauf, dass Schlussregel und Stützung erst feldabhängig, das heißt im *Kontext spezifischer gesellschaftlicher Handlungsbereiche* mit ihren spezifischen ‚Logiken' wirksam werden, beziehungsweise rekonstruierbar sind. Argumentation ist demzufolge *meines Erachtens* ***nicht*** monologisch (was auch immer das konkret bedeuten soll), über den Rückgriff auf *Argumentations-*

196 Was die reine *Form* (im Sinne von *Argumentationsmustern*) betrifft, hat FELGENHAUER Recht, dass dies erweitert wird auf die *Schlüssigkeit* der Argumentation, ihre raumbezogenen Voraussetzungen und Konsequenzen, kann die Verfasserin jedoch nicht nachvollziehen.

muster und bestimmte *Metaphern* im Sinne von Schlusspräsuppositionen (siehe 4.3) ist sie immer schon Teil einer ‚intertextuellen Kette' und somit ***keinesfalls*** kontextfrei analysierbar.

(4) FELGENHAUER bezieht sich an anderer Stelle explizit auf BRINKER:

> „Auf kommunikativer Ebene muss die Funktion des Textes (...) mit einbezogen werden, um den sozialen Charakter der sprachlichen Kategorie Text auszudrücken" (Felgenhauer 2007b: 68-69).

Die Verfasserin rekurriert ebenfalls auf BRINKER, zieht aus der Rezeption der Ansätze jedoch andere Schlüsse: BRINKERS *Textfunktions*begriff bezieht sich auf das *Textganze*, sein Ansatz erlaubt *keine* Analyse von Kohärenzbedingungen, Argumentationen und Implikaturen *ohne Bezug auf den Gesamttext* (siehe 4.3). FELGENHAUER aber schreibt:

> „Übertragen auf die textorientierte Untersuchung heißt das, dass keine ‚Ganzheit des Textes' entfaltet, sondern eine auf raumbezogenes Vokabular abzielende Lesart angewendet werden soll. Konkrete Bezeichnungen für Orte und Regionen, sprachliche Grenzziehungen und der abstraktere metaphorische Gebrauch (...) raumbezogenen Vokabulars erhalten in der Textanalyse Vorrang vor der Ausdeutung des ‚Textes an sich'" (Felgenhauer 2007b: 56).

Diese Vorgehensweise begründet er mit einer Aufgabe des Anspruchs, eine „authentische Repräsentation sozialer Wirklichkeit hervor(...)bringen" (Felgenhauer 2007b: 56) zu wollen. Sie ist sicher auch seinem breiten Forschungsgegenstand geschuldet, der eine Detailanalyse aller vorliegenden Texte kaum zugelassen hätte. In der vorliegenden Studie wird jedoch davon ausgegangen, dass die Entfaltung der ‚Ganzheit des Textes' dazu beitragen kann, den Prozess des sprachlichen Geographie-Machens im Kontext komplexer Äußerungshandlungen, in seiner auch kommunikativen Funktion, besser zu verstehen.

FELGENHAUER (2007a: 34) betont, wie SCHLOTTMANN, die prinzipielle Komplementarität seiner Herangehensweise mit diskursanalytischen Ansätzen. Genau dies ist Ziel dieser Arbeit: Gerade eine *textlinguistische* Herangehensweise bedarf *aus Sicht der Verfasserin* aber der ‚holistischen' Fokussierung *ganzer Texte* und darf Äußerungen nicht ‚aus dem Zusammenhang' reißen. FELGENHAUER greift einzelne *Teile* der pragmatisch-textlinguistischen Analyse nach BRINKER auf, ohne diese im Gesamtzusammenhang übernehmen. Insbesondere die *Textfunktion*, im Kern des BRINKERschen Ansatzes stehend, wird nur beiläufig erwähnt, Möglichkeiten der *Bestimmung* dieses *Handlungsaspektes des Textes* werden nicht expliziert. Die *Implikationen* des Konzeptes für eine sprachpragmatisch arbeitende Geographie stellen sich *aus Sicht der Verfasserin* wie folgt dar: Wird Gesamttexten eine *Funktion* zugewiesen, so lassen sich die in ihnen aktualisierten *sozialen Repräsentationen* (bzw. *signifikativen Regionalisierungen*) nur im *Rahmen des Gesamttextes* interpretieren und ver-orten. Die Theorien und Konzepte der Linguistik, auf die rekurriert wird, müssen zu einem textanalytischen *Gesamtraster* verknüpft werden, was die Möglichkeit der Ausrichtung der Analyse auf bestimmte Erkenntnisinteressen nicht einschränkt[197].

197 Damit soll der forschungspraktische Wert von explorativen, korpuslinguistisch ausgerichteten, einzelne Merkmale in den Blick nehmenden Studien nicht geleugnet werden: Nur müssen diese *Merkmale kompatibel* sein mit ihrer *Herauslösung* aus dem *Textganzen*.

Zu einer handlungsorientierten humangeographischen Diskursanalyse

In humangeographischen Arbeiten wurde bereits auf eine ganze Reihe von linguistischen Konzepten rekurriert, um *symbolische Repräsentationen*, *signifikative Regionalisierungen* oder Ähnliches methodisch erfassen zu können. Von *Präsuppositionen* und *konversationellen Implikaturen* über *Deiktika*, *Toponyme* und *Metaphern*, bis hin zu Formen der *Modalisierung*, zu *Argumentationen*, zur Analyse von *Sprechakten* und *textlinguistischen* Konzepten. Die vorliegenden Ansätze stellen wichtige Schritte hin zu einer *sprachorientierten Humangeographie* dar. Die übernommenen Konzepte werden allerdings in vielen Fällen aus dem Zusammenhang herausgelöst, in dem sie entwickelt wurden, und teils nur selektiv rezipiert. Bisher fehlt aus Sicht der Verfasserin die Integration all dieser Konzepte in ein holistisches, *pragmatisch-textlinguistisches Analyseschema*, fehlt der Schritt zur Fassung von Texten als *Äußerungshandlungen*, denen *im Ganzen* eine *Funktion* zugewiesen werden kann und deren Teile sich deshalb nicht außerhalb des Ko-Textes und Kon-Textes analysieren lassen. Die *Linguistik* darf dabei nicht als eine Art ‚Steinbruch' angesehen werden, dem Methoden nach Gutdünken entnommen werden können, sie muss ein gleichwertiger disziplinärer Partner sein, in dessen Forschungsdebatten es sich ähnlich vertieft einzuarbeiten gilt wie in die geographischen. SCHLOTTMANN denkt einen *handlungsorientierten Diskursbegriff* an, eine Analyse, in der *sprachpragmatische Herangehensweisen* mit *diskursanalytischen* verbunden werden können. Genau eine solche *handlungsorientierte Diskursanalyse* auf Basis pragmatisch-textlinguistischer Methoden soll in den nächsten Kapiteln, unter Rückgriff auf *handlungsorientierte Ansätze der linguistischen Diskursanalyse*, expliziert werden.

4.2 Linguistische Diskursanalyse

Diskursanalyse wurzelt in einem weiten Geflecht philosophischer, linguistischer und sozialwissenschaftlicher Ideen. WOOD/ KROGER bringen die Multidisziplinarität des/r Konzepte(s) auf den Punkt:

> „Discourse analysis originated in branches of philosophy, sociology, linguistics, and literary theory and is currently developed and carried out in a variety of other disciplines as well, prominently in anthropology, communication, education, and psychology. (...) Discourse analysis today is both multi- and interdisciplinary" (Wood/ Kroger 2000: 19).

Neben theoretischen und methodischen Unterschieden werden so grundlegende Konzepte wie *Kontext*, Begrifflichkeiten wie *Diskurs* oder *Text* in verschiedenen Ansätzen teils sehr unterschiedlich definiert (vgl. Wood/ Kroger 2000: 18ff.; Jäger 2004: 120ff.). *Diskurs* ist nicht nur synchron ein polysemer Ausdruck, auch diachron taucht er in einer Vielzahl von Theoriegebäuden auf[198]. Hier ist nicht der Ort, das breite Feld diskursanalytischer Ansätze auch nur überblickshaft abzustecken[199]. Die Grundentscheidung für eine *linguistisch* informierte Diskursanalyse

198 Siehe hierzu die knappe aber doch detailreiche Begriffsgeschichte bei KELLER (2005: 97-120).
199 Siehe u.a. WOOD/ KROGER (2000), KELLER (2004), FAIRCLOUGH/ WODAK (1997).

wurde bereits begründet. Auch innerhalb der *Sprachwissenschaft* stellt die Diskursanalyse aber kein einheitliches Theoriegebäude dar. Vielmehr handelt es sich um ein dynamisches und kontroverses Forschungsfeld, in dem sich zahlreiche verschiedene Herangehensweisen an das Problem linguistisch ‚unterfütterter' Diskursanalyse unterscheiden lassen[200]. Es gilt aus der Vielzahl der Ansätze diejenigen auszuwählen, die für die Beantwortung der hier aufgeworfenen Fragestellungen am besten geeignet erscheinen. Nach Meinung der Autorin sind dies WARNKE/ SPITZMÜLLERs Ansatz einer *diskurslinguistischen Mehrebenenanalyse* (DIMEAN) und die „international erfolgreichste Form linguistischer Diskursanalyse" (Warnke/ Spitzmüller 2008a: 19), die *Critical Discourse Analysis* (CDA), in ihrer spezifischen Ausarbeitung nach Norman FAIRCLOUGH und in ihrer Ausprägung als *historische Diskursanalyse* (DHA) nach Ruth WODAK.

Die zeitgenössischen diskurslinguistischen Ansätze teilen trotz ihrer oft unterschiedlichen gesellschaftstheoretischen Verortung eine ganze Reihe von (forschungsgeschichtlichen) Traditionen und Prämissen. Eine Wurzel der wissenschaftshistorischen Entwicklung der linguistischen Diskursanalyse stellen Sprachtheorie und Sprachphilosophie dar. Neben DE SAUSSUREs Unterscheidung zwischen *langue* und *parole*, über WITTGENSTEINs *Sprachphilosophie* und SEARLEs *Pragmatik* hinaus, gehört AUSTINs *Sprechakttheorie* und die Feststellung „Language is Action" (Wood/ Kroger 2000: 4) zu ihren theoretischen Ausgangspunkten. Sprechen, sich äußern, wird nicht nur als *performativ* angesehen – es ist Teil *sozialer Praktiken*, selbst *soziale Praktik*, formt *soziale Praktiken* und wird von *sozialen Praktiken* geprägt (vgl. Jones/ Norris 2005). Obgleich diese Ideen in den Sozialwissenschaften bereits früh von einzelnen Forschern aufgegriffen wurden waren FOUCAULTs strukturalistische und poststrukturalistische Gesellschaftsanalysen „für die spätere Begriffskonjunktur (...)" des Diskursbegriffs „am folgenreichsten" (Keller 2005: 103). Auch, dass im Diskurs die *Objekte und Subjekte der sozialen ‚Realität' konstruiert* werden, gehört zu den Kernsätzen jedes diskurstheoretisch oder diskursanalytisch ausgerichteten Wissenschaftlers. Die Frage nach dem Stellenwert individuellen Handelns wird in den Ansätzen allerdings sehr unterschiedlich beantwortet. Unumstritten ist, dass *sprachliche Handlungen* immer im *Kontext* interpretiert werden müssen. Was aber unter *Kontext* genau verstanden wird und mit welchen Methoden dieser zu erfassen sei, darüber gehen die Meinungen auseinander. An der Frage, ob sie auch als Konstruktionselement von *gesellschaftlichen Machtverhältnissen* interpretiert werden müssen, scheidet sich die Forschergemeinschaft ebenso (vgl. Warnke/ Spitzmüller 2008: 19). Letztlich liegt dem der Gegensatz zwischen einer deskriptiv und einer präskriptiv-kritisch verstandenen Wissenschaft zugrunde, wobei die ‚Lager' sich gegenseitig Unwissenschaftlichkeit und mangelnde soziale Relevanz vorwerfen. Die drei ausgewählten Ansätze verorten sich in diesem Feld an der Schnittstelle: Sie betonen die Notwendigkeit wissenschaftlicher *Selbstreflexivität* und die Unmöglichkeit der *eigenen* Diskursivität zu entkommen: „weswegen es die CDA vorzieht, explizit statt implizit zu werten" (Warnke/ Spitzmüller 2008a: 20). Die Verfasserin teilt diese Verortung, aber

200 Siehe FAIRCLOUGH/ WODAK (1997). Differenzierteren Einblick erlaubt ROJO (2001).

auch den kritischen Impetus von WARNKE/ SPITZMÜLLER (2008a: 21), die vor der „Gefahr der Epiphänomenalisierung von Sprache warnen", davor, die Sprache auf eine „Spur von sozialen Strukturen" zu verkürzen und „pragmatische Aspekte von Kommunikation aus[zu](...)blende[n]". Die *Versprachlichung* selbst muss, in ihrem *Kontext, Inhalt der Analyse* sein. Vor diesem Hintergrund wird die „Strukturierung kognitiver Schemata in Äußerungsroutinen" – im konkreten Fall *(raumbezogener) sozialer Repräsentationen Europas* – in dieser Arbeit „nicht mit dem Ziel der Gesellschaftkritik" in den Blick genommen, sondern zur „Beschreibung der Wissensarchitekturen selbst" (Warnke/ Spitzmüller 2008a: 22).

Linguistisch-diskursanalytische Arbeit, wie sie *hier* verstanden werden soll, zeichnet sich aus durch (1) die Annahme einer dialektischen Verknüpfung von *Sprachhandlungen* und *‚Diskurs'*, also von indivueller *‚Agency'*, die auf ‚den' *Diskurs* rekurriert und diesen zugleich re-produziert[201]; (2) ein sehr umfassendes *Kontextverständnis*, dass u.a. die multidisziplinäre Einbeziehung theoretischer Ansätze zum Forschungsgegenstand umfasst; (3) eine *selbstreflexive* Perspektive und (4) die Betonung der *pragmatischen* Aspekte von Sprache.

Der Fragenkatalog, der am Ende dieses Kapitels entwickelt werden soll (siehe 4.4), wird auf die drei diskurslinguistischen Ansätze und ergänzend auf textlinguistisch-pragmatische Forschungsliteratur rekurrieren. Diese werden innerhalb des Forschungsprozesses als unverzichtbares *Pendant* zur theoretischen Fundierung der Forschungsfrage nach *(raumbezogenen) Identitäten* bzw. *sozialen Repräsentationen* angesehen. Die linguistische Diskursanalyse hat sich als *sprachwissenschaftliche Teildisziplin* inzwischen etabliert und bedarf keiner Apologien mehr. Ihre „praktische Operationalisierung" der Erforschung der sprachlichen Konstruktion von Wissensbeständen wird „(...) von Nachbarwissenschaften im multidisziplinären Projekt der Diskursanalyse immer wieder erfragt" (Warnke/ Spitzmüller 2008a: 23). Diesem Interesse kommen linguistisch-diskursanalytische Ansätze aus der Überzeugung heraus entgegen, dass die *Linguistik* eine *Sozialwissenschaft* ist. FAIRCLOUGH (1992a: 226; 2003: 1) betont, dass die Methodik der *Critical Discourse Analysis* darauf *ausgerichtet* sei, von Wissenschaftlern anderer Disziplinen zur Beantwortung fachspezifischer Forschungsfragen verwendet zu werden. ‚Die' linguistische Diskursanalyse darf aus Sicht der Verfasserin jedoch nicht auf den Status eines Methodenlieferanten für sozialwissenschaftliche Forschungsprojekte reduziert werden, sondern muss als disziplinärer ‚Partner' auf Augenhöhe wahrgenommen werden.

Linguistische Diskursanalyse ist letztlich nur ein *Teil* diskursanalytischen Arbeitens. Der „diskursanalytische(...) Gegenstand im Allgemeinen" ist weiter als „der diskurslinguistische im Besonderen": neben der *sprachlichen* Ebene umfasst ‚der Diskurs' auch *nicht-sprachliche* „Diskursdimensionen" etwa „visuelle Kommunikate, Raumstrukturierungen und Handlungen von Diskursakteuren" (Warnke/ Spitzmüller 2008a: 8). Je nach Forschungsgegenstand können demnach die „Interdependenzen verschiedener Diskursdimensionen" nur im „multidisziplinären Methodensetting analysiert" (Warnke/ Spitzmüller 2008a: 9) werden. Diese Fest-

201 WARNKE/ SPITZMÜLLER (2008a: 16) sprechen von der „Rolle der Handelnden selbst, ihrer diskursiven Geprägtheit und ihren diskursiven Prägungen von Wissensbeständen".

stellung impliziert, dass sich der einzelne Forscher immer darüber klar sein muss, was gerade erfasst wird (und was nicht): So sollen etwa in der vorliegenden Arbeit keine Bildanalysen vorgenommen werden, trotz der Relevanz visueller Kommunikation im Kontext der Konstruktion von *Europa*-Bildern, da der Schwerpunkt auf der Darlegung ***linguistisch***-diskursanalytischer Operationalisierungsmöglichkeiten des theoretischen Ansatzes liegt. Methoden der qualitativen und quantitativen Sozialforschung, die durchaus zur Erhellung des Forschungsgegenstandes hätten beitragen können, werden aufgrund dessen bewusst nicht einbezogen[202].

KELLER (2005: 107) unterscheidet ‚holzschnittartig' „sprachwissenschaftlich basierte *discourse analysis*" als ‚Sprachgebrauchsforschung' und *„poststrukturalistisch-diskurstheoretische(...) Perspektiven* von Foucault u.a." in ihrem Fokus auf die „gesellschaftliche Meso- und Makroebene des Sprachgebrauchs"[203]. Dem entspricht WARNKE/ SPITZMÜLLERs (2008a: 14-15) Differenzierung in eine *sprachbezogene* und eine *wissensbezogene* Diskursanalyse in der Linguistik: Werde bei ersterer Diskursanalyse als „erweiterte Textlinguistik" aufgefasst, die ***Diskurs*** als eine „Gebrauchsformation, (...) eine Art der Verwendung von Sprache" verstehe und als „Textverbund" untersuche, sehe die *wissensbezogene* Diskursanalyse „Sprachanalyse" als Basis von Aussagen über „zeittypische Formationen des Sprechens und Denkens über die Welt", über „Wissensformationen" an und analysiere ‚Diskurs' als „sprachdeterminierende[s] Formationssystem". Diese sehr vereinfachte Unterscheidung lässt sich kaum aufrecht erhalten: Nicht nur greifen sprachwissenschaftliche Ansätze teils explizit auf FOUCAULT zurück, auch diskurstheoretische informierte Arbeiten rekurrieren, wie am humangeographischen Beispiel gezeigt wurde, vermehrt auf diskurs*linguistische* Methoden. Die Diskurslinguistik nach WARNKE/ SPITZMÜLLER betont die Verknüpfbarkeit beider Ansätze:

> „Der Diskurs realisiert sich unter anderem qua Sprache in ihrer textuellen Positivität und ist eine Praktik der Welterfassung. Sprache ist insofern ein substantieller Baustein jedes Diskurses, aber es gibt ein Mehr des Diskurses, das nicht hinter der Sprache liegt, sondern mit ihr zusammen den Diskurs konstituiert", Sprache ist „Teil sozialer Praktiken der Wissensgenese und Wissensformation" (Warnke/ Spitzmüller 2008a: 16).

Dieses Diskursverständnis teilen FAIRCLOUGH und WODAK. Insbesondere die Herangehensweise der Diskurshistoriker baut, wie WARNKE/ SPITZMÜLLERS (2008a:16, 17) Ansatz, auf einem „handlungsorientierten Diskurskonzept(...)" auf, die „Kategorie der sprachlichen Handlung" wird explizit mit der des Diskurses verbunden:

> „Akteure gebrauchen Sprache in der Kontextualisierung jeweiliger Wissensbestände, um Wissen wiederum zu generieren, zu reformulieren, zu affirmieren etc" (Warnke/ Spitzmüller 2008a: 16).

„Diskursivität" wird demnach durch „das Netz der Bezüge zwischen Einzeltexten hergestellt" (Warnke 2000:220).

202 Siehe für ein Beispiel der Verknüpfung ethnomethodologischer Ansätze mit jenen der linguistischen Diskursanalyse Kap. 3.2.

203 Einen Überblick über *Diskurstheorien* und *Kritische Diskursforschung* gibt KELLER (2005).

Mehrebenenanalyse: WARNKEs Diskurslinguistik nach FOUCAULT

WARNKEs *Diskurslinguistik nach Foucault* und das auf diesem Ansatz aufbauende analytische Mehrebenenmodell DIMEAN von WARNKE/ SPITZMÜLLER setzen sich zum Ziel, „nachvollziehbare Ebenen diskurslinguistischer Analyse zu differenzieren" (Warnke/ Spitzmüller 2008a: 8). Sie suchen die *Methodologie*[204] und *Methodik* der linguistischen Diskursanalyse zu explizieren und zu vereinheitlichen. Noch immer stehe „die theoretische Mobilisierung der Diskurslinguistik in einem bedauerlichen Missverhältnis zu ihrer mangelnden methodologischen Begründung und vor allem ihren fehlenden methodischen Allgemeingültigkeiten" (Warnke/ Spitzmüller 2008a: 3). Es handele sich um „plurale bis idiosynkratische Verfahrensweise[n]" (Warnke/ Spitzmüller 2008a: 4), im Kontext einer Vielzahl von Ansätzen, die teils fast inkommensurabel nebeneinander stünden und sich untereinander kaum austauschten. „[V]alide(…) und reliable(…) Forschungsergebnisse" ließen sich jedoch nur auf der Basis einer „Qualitätssicherung (…) diskurslinguistische[r] Methoden" (Warnke/ Spitzmüller 2008a: 8, 2008b: VII) erzielen.

Einen Versuch der *praktischen Operationalisierung* in Form eines ‚Layouts' legten WARNKE/ SPITZMÜLLER (2008a) mit der *diskurslinguistischen Mehrebenenanalyse* (DIMEAN) vor. Ihr Vorschlag versteht sich als selektiv adaptierbar[205]. Theoretischer Ausgangspunkt ist FOUCAULT: Es gelte (1) die „diskursiven Determinanten" in den Blick zu nehmen, die „Aussagen in ein Feld der symbolischen Koexistenz stellen", (2) die „Brüche in der Positivierung von Wissen" aufzuzeigen, (3) „Bedeutung" nicht im „Zeichenträger", sondern „in kulturell gebundenem, verstehensrelevantem Wissen" (Warnke/ Spitzmüller 2008a: 7) zu untersuchen. (4) Grundannahme ist, dass es ‚keine Sprache hinter dem Gebrauch gibt'. Drei (analytische) Ebenen werden in den Blick genommen: Die *intratextuelle* Ebene, die Ebene der *Akteure* und die *transtextuelle* Ebene.

***Intratextuelle Ebene**: Text*

Erster Schritt des diskursanalytischen Arbeitens sei die ‚holistische' Erstlektüre. Dem Leser bzw. Forscher wird „Referenzkompetenz" (Warnke/ Spitzmüller 2008a: 25) zugewiesen. Auf der intratextuellen Ebene, der Ebene der eigentlichen Textanalyse, werden drei Unterebenen unterschieden:

- **Wortorientierte Analyse**[206]: Im Rahmen der Analyse der Lexik werden einzelne Ausdrücke, aber auch Phraseologismen, Kollokationen und Idiome, in den Blick genommen.
- **Propositionsorientierte Analyse**[207]: Im Rahmen der Aussagenanalyse, der der „Satzeinheit als Referenz-Prädikationspaar" (Warnke/ Spitzmüller

204 Jene Entscheidungen, die „Aussagen darüber" machen „welche linguistischen Methoden und methodischen Haltungen (…) dem Gegenstand ‚Diskurs' entsprechen" (Warnke/ Spitzmüller 2008a: 8).

205 „Das Mehrebenenmodell ermöglicht für konkrete empirische Untersuchungen die Auswahl relevanter Gegenstandsbereiche bei gleichzeitiger Benennbarkeit dessen, was nicht im Fokus des Interesses liegt" (Warnke/ Spitzmüller 2008a: 24).

206 Für Genaueres siehe WARNKE/ SPITZMÜLLER (2008a: 25-26).

207 Zu den Analysekategorien siehe WARNKE/ SPITZMÜLLER (2008a: 26-29).

2008a: 26) beziehungsweise der thematischen Mikrostruktur des Textes werden unter anderem die Syntax, aber auch rhetorische Figuren, Metaphern, die soziale, expressive und deontische Bedeutung von Ausdrücken, und nicht zuletzt Präsuppositionen[208], Implikaturen und Sprechakte analysiert.

- **Textorientierte Analyse**: Fokussiert wird die thematische Meso- und Makrostruktur von Texten. Neben Fragen der Themenentfaltung, Textfunktion und Textsorte stehen Metaphernfelder, lexikalische Felder und Oppositionslinien im Mittelpunkt des Interesses. Nach WARNKE/ SPITZMÜLLER gehört auch die visuelle Textstruktur zu jenen Eigenschaften, die in die linguistische Analyse einbezogen werden sollten, z.B. Layout, Design, Typographie, Text-Bild-Beziehungen und Textträger.

***Akteure und Diskurshandlungen**: Kontext I*

Auf dieser Ebene verorten sich drei weitere Analyseschritte:

- **Interaktionsrollen**: Wer ist der Autor des analysierten Textes? Wer die antizipierten Adressaten[209]?
- **Diskurspositionen**: Hier wird eine Klassifizierung und Beschreibung jener (diskursiv etablierten) Sprach- und Diskursgemeinschaften vorgenommen, die mit dem Text in Verbindung stehen. Lassen sich „zentrale(...) Akteure und Diskursgemeinschaften" im Sinne von „Ideology Brokers" (Warnke/ Spitzmüller 2008a: 35) herausarbeiten? In welcher Form wird Definitionsmacht ausgehandelt? Analysiert werden zum Beispiel „Autoritätverweise, Betonung[en] der eigenen Expertise, sprachliche Abwertungsstrategien" aber auch „semantische Kämpfe" (Warnke/ Spitzmüller 2008a: 35). Welche Akteure sind beteiligt, wie positionieren sie sich, welchen Zugang haben sie? Lassen sich Formen diskursiver Vertikalität bestimmen (Experte/ Laie)?
- **Medialität**: In welchem Medium ist der Text verortet, welcher Kommunikationsform und welchem Kommunikationsbereich kann er zugeordnet werden, weist er ein spezifisches Textmuster auf?

Auf Ebene der Akteure vollzieht sich nach WARNKE/ SPITZMÜLLER (2008a: 38) die Verknüpfung der trans- und der intratextuellen Ebene: Es wird „durch Diskursregeln gefiltert, was in den Diskurs eingeht" (nach FOUCAULT: Kontrolle, Selektion, Organisation, Kanalisierung) und über „Mechanismen der Diskursprägung gefiltert, was aus dem Diskurs in einen singulären Text eingeht".

***Transtextuelle Ebene**: Kontext II*

Die transtextuelle Ebene kontextualisiert einzelne Aussagen, wird aber auch hergestellt durch die diskursprägenden einzelnen Aussagen im Sinne ‚diskursiver Ereignisse'. Was auf dieser Ebene in die Analyse eingeht, hängt nach WARNKE/

208 Mit Blick auf ihre Relevanz für die Kohärenzherstellung (Warnke/ Spitzmüller 2008a: 28).

209 Es lassen sich etwa Vertexter und konkret markierter Autor differenzieren, welche wiederum vom Animator (der Instanz der Äußerung) zu unterscheiden sind. Zugleich lassen sich von den eigentlichen Adressaten Mithörer und nicht autorisierte Empfänger unterscheiden (vgl. Warnke/ Spitzmüller 2008a: 33-34).

SPITZMÜLLER nicht zuletzt von der Forschungsfrage ab. Als Minimalprogramm einer Analyse der transtextuellen Ebene nehmen sie folgende Kategorien an:

- **Intertextualität**: Rekonstruktion des Geflechts der Zitate und Verweise, auf die ein Text auf Wortebene, Propositionsebene und Textebene eingebunden ist.
- **Schemata**: Als Wissensstrukturierungen, die unter anderem über eine schemaorientierte Analyse der Lexik in den Blick genommen werden.
- **Diskurssemantische Grundfiguren:** Damit sind bestimmte diskurstypische Aussagentraditionen angesprochen, die „die Art und Weise der Thematisierung bestimmter Gegenstände und die damit verbundenen Haltungen in Textverbünden" (Warnke/ Spitzmüller 2008a: 40) kennzeichnen.
- **Topoi**: Kontextabstrakte und kontextspezifische Topoi bzw. Argumentationsmuster ‚fassen' das kollektive Wissen einer Sprachgemeinschaft oder spezifischer Gruppen zu spezifischen Zeitpunkten.
- **Sozialsymbolik**: Darunter werden„in bestimmten sozialen Gemeinschaften konventionalisierte Indizierungen spezifischer Zeichen- bzw. Registerwahlen" (Warnke/ Spitzmüller 2008a: 41) gefasst. Hinzu kommen ‚kollektive Symbole' wie Metaphern, Synekdochen u.ä.
- **Indexikalische Ordnungen**: Diese sind als Ordungssysteme sozialsymbolischer Werte zu verstehen. Ein Beispiel wären Szenesprachen, die die „Zugehörigkeit zu bestimmten sozialen Kollektiven sprachlich regeln" (Warnke/ Spitzmüller 2008a: 42).
- **Historizität**: Diskursausschnitte müssen immer auch in ihrer Genese, in ihrer diachronen Perspektive in den Blick genommen werden.
- **Ideologien und Mentalitäten**: In diesem Zusammenhang geht es darum, die Summe der Annahmen zu rekonstruieren, auf die die Mitglieder eines sozialen Kollektivs in der diskursiven Wirklichkeitskonstruktion zurückgreifen und auch die Gewohnheiten und Dispositionen des Denkens und Fühlens sozialer Gruppen in die Analyse einzubeziehen.
- **Allgemeine gesellschaftliche und politische Debatten**: Mediale Wirklichkeitskonstitutionen als Analysebereich[210].

Fazit

WARNKE/SPITZMÜLLERS diskurslinguistische Mehrebenenanalyse bietet sich aufgrund ihrer theoretischen Perspektive und der Integration eines umfassenden methodischen Repertoires als Ausgangspunkt für die Erstellung eines Fragenkatalogs zur Erfassung und Situierung *raumbezogener sozialer Repräsentationen* an. Die ***theoretische Basis*** des Ansatzes erlaubt es, die Erfassung sozialer Repräsentationen ‚im Diskurs' mit einem Fokus auf jene ‚diskursiven Eliten' zu verbinden, die diese aktiv zu gestalten suchen: Sprachhandlungsbegriff und Diskurs werden verknüpft, es wird ein *handlungsorientiertes* Diskurskonzept entworfen, das sich dennoch am FOUCAULTschen Diskursbegriff orientiert. Zugleich integriert die Diskurslinguistik *sprach- und wissensorientierte*, *deskriptive* und *kritische* Traditionen der sprachwissenschaftlichen Beschäftigung mit ‚Diskurs': Die durch Rück-

210 Für den gesamten Abschnitt siehe WARNKE/ SPITZMÜLLER (2008a: 23-44).

griffe auf eine Vielzahl linguistischer Konzepte untermauerte *Sprachanalyse* wird als conditio sine qua non der In-den-Blick-Nahme der Generierung und (Re)-Produktion von *Wissensformationen* angesehen, die Perspektivität der Forschung unterstrichen, ohne ‚Gesellschaftskritik' zu deren Existenzgrundlage zu erklären. Die drei Analysefoki „Sprache, Wissen und Akteure" (Warnke/ Spitzmüller 2008a: 17) müssen aus Sicht der Verfasserin auch bezüglich der diskursiven Konstruktion *(‚europabezogener') sozialer Repräsentationen als Identitätsangebote* im Mittelpunkt stehen. Auf ***methodischer Ebene*** wird eine breite Palette von Analyseelementen vorgestellt, deren selektive Übernahme dem jeweiligen konkreten Forschungsimpetus anheimgestellt wird. In der Operationalisierung wird bezüglich der einzelnen Elemente auf intratextueller und Akteursebene, aber auch auf ‚intertextueller' Ebene, je auf spezifische *linguistische Konzepte* rekurriert: Die Begriffe werden klar *definiert*, die Konzepte in ihrer *Funktion* für die Diskursanalyse begründet (siehe auch 4.3). In *Anknüpfung* an die humangeographischen Ansätze und in deren *kritischer Erweiterung*, ist vor allem die holistische Text-Perspektive der Diskurslinguistik zu betonen: Der Text *als Ganzes* wird unter expliziter Einbeziehung der „bekannten textlinguistischen Beschreibungsverfahren" (Warnke/ Spitzmüller 2008a: 30) in den Blick genommen. Eng verbunden mit der *Textlinguistik* ist die linguistische *Pragmatik*: So werden „Präsuppositionen und Implikaturen" einbezogen „deren Analyse gerade geeignet ist, um Diskurskontexte erkennbar zu machen" (Warnke/ Spitzmüller 2008a: 28). Der Ansatz lässt sich für die Verknüpfung der Analyseebenen *Sprache-Wissen-Akteure* im Kontext der Erfassung *raumbezogener sozialer Repräsentationen* fruchtbar machen und umreißt einen ‚analytischen und linguistischen Werkzeugkasten'. Darauf wird im Rahmen der Vorstellung des pragmatisch-textlinguistischen Analyseinstrumentariums und des ‚Fragenkatalogs'zu rekurrieren sein (4.3 und 4.4).

Critical Discourse Analysis nach Norman F*AIRCLOUGH*

Der von Norman FAIRCLOUGH entwickelte Ansatz innerhalb der *Critical Discourse Analysis* (CDA) ist als *Sozialwissenschaft* konzipiert und sieht die interdisziplinäre Zusammenarbeit mit *anderen* Sozialwissenschaften als integralen Bestandteil des Forschungsprozesses an. In der *Critical Discourse Analysis* wird *Diskurs* als ‚Äußerungen im Kontext' definiert, als *soziale Praktik*. Dies impliziert, dass zwischen einem bestimmten *diskursiven Ereignis*[211] und seinem situativen, institutionellen und sozialen Kontext ein dialektisches Verhältnis besteht. Die Beschäftigung mit Fragen der *Identitätskonstruktion* ist nach FAIRCLOUGH (1992a) dem Kernbereich der CDA zuzuordnen. Die CDA interessiert sich insbesondere für die für *‚Identitätsdiskurse'* grundlegende Frage nach der diskursiven Produktion/ Reproduktion von Andersartigkeit und Gleichheit, für die Abgrenzung zwischen *Selbst* und *Anderen*, um die Konstituierung von *imagined communities* (vgl. Chouliaraki/ Fairclough 1999:

211 Definiert als „instance of language use, analysed as text, discursive practice, social practice" (Titscher et al. 1998: 182).

96). Im Fokus der *CDA* stehen also Fragen der (Selbst- und Fremd-)Klassifikation, der Einordnung und Abgrenzung[212].

Zusammenführung von ‚sprach'- und ‚sozialwissenschaftlicher' Diskursanalyse
FOUCAULTS Ansatz ist die wichtigste (gesellschafts-)theoretische Wurzel der CDA nach Norman FAIRCLOUGH. Sein Ziel ist es, aus linguistischer Sicht methodisch fundierte Formen der Textanalyse mit sozialwissenschaftlichen Theorien der *Diskursanalyse* so zu verbinden, dass diese für Sozialwissenschaftler wirklich ‚anwendbar' werden (vgl. Fairclough 1992a: 1). FAIRCLOUGH (1992a: 2) zufolge hat der vielbeschworene ‚linguistic turn' in den Sozialtheorien bisher kaum dazu geführt, dass in deren Rahmen operationalisierbare Theorien bzw. Methoden der Textanalyse entwickelt oder rezipiert worden wären. Gleichzeitig hätten viele Linguisten die soziale Gebundenheit von Sprache erkannt, doch mangele es ihnen an einer genügenden Reflexion sozialtheoretischer Fragestellungen[213]. Erst eine Verbindung des FOUCAULTschen Konzepts mit linguistisch orientierten Theorien könne die Fragen der zeitgenössischen Sozialwissenschaften wirklich beantworten helfen[214].

‚Innerlinguistisch' greift FAIRCLOUGH zur theoretischen Fundierung seines Ansatzes vor allem auf die multifunktionale Theorie der Sprache nach HALLIDAY zurück. Jeder Text produziert/ reproduziert und transformiert demnach „Identitäten, Beziehungen und Wissen" (Titscher et al. 1998: 183). Er definiert seinen Diskursbegriff zunächst aus *sprachwissenschaftlicher* Perspektive. Für Linguisten sei *Diskurs* ein Begriff für „extended samples of either spoken or written language" (Fairclough 1992a: 3), letztlich referiere er auf „language use in speech and writing" (Fairclough/ Wodak 1997: 258). Diesen „text-and-interaction view of discourse" verknüpft er mit dem *‚sozialwissenschaftlichen'* Diskursbegriff FOUCAULTS, der „different ways of structuring areas of knowledge and social practice" (Fairclough 1992a: 3) bezeichne.

FAIRCLOUGH übernimmt FOUCAULTS „major theoretical insights about discourse" (Fairclough 1992a: 39): Zum einen, dass *Diskurse* sozial konstitutiv sind, die Objekte und *Subjekte* des sozialen Lebens *produzieren, reproduzieren und transformieren* und *Regeln* folgen, die in den *diskursiven Formationen* verankert und an spezifische Beziehungen zwischen Institutionen, ökonomischen und sozia-

212 FAIRCLOUGH (2003: 88) nähert sich der Frage von „equivalence and difference" unter anderem in einer Rezeption von LACLAU/ MOUFFE, die der von MATTISSEK ähnelt: *Hegemonie* basiere auf einer *Logik der Andersartigkeit* und einer *Logik der Gleichheit*: „These are respectively tendencies towards creating and proliferating differences between objects, entities, groups of people, etc. and collapsing or ‚subverting' differences by representing objects, entities, groups of people etc. as equivalent to each other" (Chouliaraki/ Fairclough 1999: 120).

213 Diese Ansicht wird auch von anderen diskursanalytisch arbeitenden Linguisten geteilt. Kritisiert wird die Tatsache, dass viele Sozialwissenschaftler zwar durchaus Texte analysieren, nicht jedoch mit linguistischen Methoden. So schreibt JÄGER (2004: 19): „Während die Linguistik und ihre Vertreter in der Regel glaubten, ohne Inhalte operieren zu können, sticht (...) beim Nachbarfach Soziologie ein anderes Phänomen hervor: die immer wieder zu beobachtende Beschäftigung mit Texten, die meist unter Verzicht auf jegliche linguistische Methodologie und Theorie interpretiert werden".

214 Es sei auf CHOULIARAKI /FAIRCLOUGH (1999) verwiesen, die die Zusammenhänge zwischen verschiedenen Sozialtheoretikern und der Forschungsagenda der CDA beleuchten.

len Prozessen, Verhaltensweisen, Normensystemen, Techniken, Klassifikationstypen und Charakterisierungsweisen gebunden sind (vgl. Fairclough 1992a: 42). Zum anderen FOUCAULTS Konzept des *Macht/ Wissen-Nexus,* das auf die fundamentale Bedeutung von *Diskurs* bzw. *Sprache* für die „social processes of modern society" (Fairclough 1992a: 50) verweise. Ausgehend von FOUCAULT konzeptualisiert die CDA Diskurse als sozial *konstitutiv*, als *interdiskursiv* und *intertextuell* gebunden. *Macht*, ihre Praktiken und Technologien, werden als in wichtigen Teilen diskursiv vermittelt/ erschaffen angesehen. Umgekehrt ist jede Art von Diskurs als politisch zu verstehen, als *Ort* und *Ziel* von Machtkämpfen. FOUCAULTs Ansatz weist aber aus Sicht FAIRCLOUGHs (1992a: 56) erhebliche Mängel auf: „Foucault´s analysis of discourse does not include discursive and linguistic analysis of real texts". FOUCAULTs Ansatz sei in der Sozialwissenschaft vielfach übernommen worden, aber meistenteils in „analys[e]s of a rather abstract sort that (...)[were] not anchored in close analysis of particular texts"(Fairclough/ Wodak 1997: 261). Obwohl sich eine *Kritische Diskursanalyse* nicht in bloßen Textanalysen erschöpfe, seien diese doch notwendig, um die theoretisch-abstrakten Annahmen FOUCAULTs und anderer Poststrukturalisten über die diskursive Grundlegung des Sozialen zu *beweisen* und konkret aufzuzeigen:

> „Without detailed analysis, one cannot really *show* that language is doing the work one may theoretically ascribe to it. To put the point contentiously, it is time social theorists and researchers delivered on their promissory notes about the importance of language and discourse in (...) social life" (Fairclough 2003: 204; Hervorhebungen im Original).

Eine textorientierte[215] Diskursanalyse, die „real instances of people doing or saying or writing things" (Fairclough 1992a: 57) fokussiere, blende ‚tatsächliche Handlungen' hingegen nicht aus. Diskursanalyse, so verstanden, greift auf *linguistische Methoden* zurück, geht aber auch über *‚linguistische' Erkenntnisinteressen* hinaus. Sie

> „is concerned not with specifying what sentences are possible or ‚grammatical', but with specifying sociohistorically variable ‚discursive formations'(...), systems of rules which make it possible for certain statements but not others to occur at particular times, places, and institutional locations" (Fairclough 1992a: 40).

Den *Diskursbegriff* verwendet FAIRCLOUGH in seinen Texten im übergeordneten Sinne als „language use conceived as social practice", aber auch für einen „way of signifying experience from a particular perspective" (Titscher et al. 1998: 182-183) – zum Beispiel im Sinne ‚des neoliberalen Diskurses' – und als

> „way[...] of representing aspects of the world – the processes, relations and structures of the material world, the ‚mental' world of thoughts, feelings and beliefs and so forth, and the social world" (Fairclough 2003: 124)[216].

215 Für FAIRCLOUGH sind *Texte* Teile von *Diskursen*, sie beinhalten Aktualisierungen der *Regeln*, die in der spezifischen *Ordnung der Diskurse* niedergelegt sind, in die ein *Text* eingeordnet werden kann.

216 Diesem ‚dreifaltigen' Diskursbegriff ordnet FAIRCLOUGH (2003: 24) den der Ordnung der Diskurse über. Diese wird verstanden als die Gesamtheit der diskursiven Praktiken bestimmter Gesellschaften/ Institutionen und der Beziehungen zwischen ihnen: „An order of discourse is a network of social practices in its language aspect. (...) orders of discourse can be seen as the social organization and control of linguistic variations".

Erkenntnisinteressen
Als *soziale Praktik* ist *Sprechen* bzw. der *Diskurs* für die CDA immer eng verbunden mit Fragen nach *Macht/ Wissen* und *Ideologie* (vgl. u.a. Titscher et al. 1998: 180). Der Ansatz hebt sich in dieser Hinsicht von einer stärker deskriptiv arbeitenden Diskurslinguistik, wie WARNKE/ SPITZMÜLLER sie vertreten, ab. Es ist sein explizites Ziel, „den Menschen die ihnen meist nicht bewusste gegenseitige Beeinflussung von Sprache und sozialer Struktur deutlich zu machen" (Titscher et al. 1008: 181)[217]. Welche Machtbeziehungen konstituieren einen bestimmten Diskurs bzw. werden durch diesen konstituiert? Welche Ideologien kommen zum tragen und wie wirken sie? Die konkreten Zusammenhänge zwischen beiden Sphären können immer nur in einem spezifischen *historischen Kontext* herausgearbeitet werden, für je einen bestimmten, situativ, zeitlich und institutionell gebundenen Diskurs. Der Zusammenhang zwischen einem bestimmten *Text* (als Aktualisierung eines *Diskurses*) und der Gesellschaft(-sstruktur) wird, ähnlich wie bei WARNKE/ SPITZMÜLLER, als hochkomplex und indirekt angesehen. FAIRCLOUGH verortet seinen Ansatz der *Critical Discourse Analysis* in den Denktraditionen der marxistischen Ideologiekritik. Er greift auf das *Hegemonie*konzept[218] GRAMSCIS ebenso zurück wie auf die *Ideologie*theorien ALTHUSSERS und BAKTHINS (vgl. Fairclough/ Wodak 1997: 258). Die Durchsetzung der *Hegemonie* ist demnach eng an *Institutionen* gebunden. Diese tragen und verbreiten bestimmte Formen *sozialer Praktiken* – darunter *Diskurse*. *Ideologien* sind für ihn *soziale Praktiken* und *Diskurse*, die die Strukturen und Praktiken des sozialen Lebens *normalisieren*[219]. Sie sind eng verbunden mit dem, was in einer Gesellschaft als ‚common sense', als gesunder Menschenverstand, gilt. Ihre ‚soziale Wirksamkeit' beruht auf ihrer immer neuen Artikulation und Reartikulation in der *sozialen Interaktion*. Die konzeptuelle Ähnlichkeit zur *Theorie der sozialen Repräsentationen* ist augenfällig. FAIRCLOUGH gebraucht *Ideologie* allerdings überwiegend *wertend*, für *falsche* (durch gesellschaftliche Machtverhältnisse verzerrte) Vorstellungen[220]. *Diskurse* versteht er als (analysierbaren) Teil der Praktiken des Machterhalts der herrschenden Klasse, aber auch der ‚Praktiken des Widerstands'. Für die CDA lasse sich daraus ableiten, dass diskursive Praktiken als „material forms of ideology" (Fairclough 1992a: 87) analysiert werden könnten. Die ‚ideologischen Staatsapparate', Institutionen wie *Schule* oder *Medien* werden als die ‚Orte' angesehen, in deren Strukturen der (ideologische) (Klassen-)Kampf eingebettet sei (vgl. Fairclough/

217 „CDA sees itself not as a dispassionate and objective social science, but as engaged and committed" (Fairclough/ Wodak 1997: 258).

218 „Hegemony is leadership as much as domination across the economic, political, cultural and ideological domains of a society" (Fairclough 1992a: 92; Hervorhebungen durch Verfasserin).

219 Definiert als „conception[s] of the world that are implicitly manifest in art, in law, in economic activity and in the manifestations of individual and economic life" (Fairclough 1992a: 92). *Ideologie* ist als wissenschaftlicher Begriff natürlich ebenso polysem wie *Identität* oder *Diskurs* (vgl. hierzu den theoriehistorischen Abriss bei Eagleton 1993).

220 Obgleich er sich auch auf BAKTHIN und VOLOSINOV bezieht, die „jeden Sprachgebrauch als ideologisch" (Titscher et al. 1998: 180) ansehen und linguistische Zeichen als das Material, aus dem sich Ideologien aufbauen lassen: „Jeder Sprachgebrauch, jede Bedeutungszuweisung ist in [...] Deutungskämpfe involviert" (Keller 2005: 106).

Wodak 1997: 261)[221]. Dieses FAIRCLOUGHs Ansatz zugrundeliegende, letztlich (neo-)marxistische Ideologieverständnis wird von anderen Diskursanalytikern allerdings kritisiert:

> „Th[e] polarization between ideology and knowledge, between false and true beliefs, has dominated the theory of ideology until today, not only Marxism and Neo-Marxism, including the work of Gramsci, Althusser and Stuart Hall, but also that of Durkheim and Mannheim in the sociology of knowledge, as well as that carried out in contemporary Critical Discourse Analysis. Ideologies in this tradition are inherently bad (...), whereas our own ideas have nothing to do with ideology (...)" (Dijk van/ Neff-Van Aertselaer/ Pütz 2004: xiii).

Ideologien im Sinne der der CDA und soziale Repräsentationen lassen sich zusammenbringen, wenn auf die Arbeitsdefinition rekurriert wird, die VAN DIJK entwickelt hat: Ideologien sind demnach *soziale Kognitionen*, die innerhalb einer bestimmten sozialen Gruppe für wahr gehalten werden. Von Wissen unterscheidet sie die Größe dieser Gruppe: „knowledge is shared by a cultural (epistemic) community (...), whereas ideologies are associated with different groups within the same culture(...), and are not taken for granted outside the group" (Dijk van/ Neff-Van Aertselaer/ Pütz 2004: xvi). Werden spezifische Ideologien/ soziale Repräsentationen tatsächlich zum gesellschaftlichen Konsens, dann werden sie naturalisiert: zu unhinterfragtem ‚common sense' über einzelne soziale Gruppen hinaus – zu Wissen.

Diskursanalyse – so verstanden – fokussiert Fragen der diskursiven Schaffung von von Subjekten und Objekten, Fragen der Repräsentation. Sie sucht die Konstituierung sozialer ‚Realitäten' im Kontext gesellschaftlicher Machtverhältnisse zu verorten. Es geht um den sozialen Aspekt der Schaffung von Wissen und Identitäten: Um die Frage, welche *soziale Repräsentation* sich durchsetzt. Mit Fragen der *Deutungsmacht* eng verbunden ist die *Klassifikation* von ‚Entitäten' aller Art (vgl. Chouliaraki/ Fairclough 1999: 120). Zugleich beschäftigt sich die CDA mit der *Legitimation* bestimmter sozialer Handlungen und Ordnungen. Im Text können Formen von *Wissen*, bestimmte *Klassifikationen*, *Identitäten* oder *Handlungen legitimiert* werden, indem beispielsweise auf *Autoritäten* oder auf *Wertesysteme* verwiesen wird, über *Mythopoesis* (*Beispiele* oder *Anekdoten)* oder *Rationalisierung* (vgl. Chouliaraki/ Fairclough 1999: 98). Diese Forschungsfragen leiten sich aus der Grundfrage ab, auf welche Weise einige ‚Diskurse' andere dominieren beziehungsweise marginalisieren, inwiefern eine soziale Praktik innerhalb des Netzwerkes sozialer Praktiken andere beeinflussen und kontrollieren kann. Man könnte auch fragen: Wie setzen sich bestimmte *soziale Repräsentationen* in der Kommunikationsgemeinschaft gegenüber anderen durch? Dabei geht es immer auch um *Macht*. Und es geht um *Hybridisierung* und *Rekontextualisierung*, denn

> „the movement of a discourse or genre from one practice into another entails its recontextualisation within the latter, i.e. a new articulation of the elements into which it is incorporated, a new hybridity" (Chouliaraki/ Fairclough 1999: 93, 94).

221 Dies schließt sich an das Erkenntnisinteresse dieser Arbeit an, die ja mit Veröffentlichungen zur politischen Bildung gerade die Schnittstelle zwischen Schule und Medien fokussiert.

Methodenfrage

Ganz im Gegensatz zu WARNKE/ SPITZMÜLLER, die einen methodischen Minimalkonsens der linguistischen Diskursanalyse einfordern, möchten FAIRCLOUGH/ CHOULIARAKI vor dem Hintergrund der zahlreichen möglichen Forschungsgegenstände die Methodenfrage offenhalten:

> „Given our emphasis on the mutually informing development of theory and method, *we do not support calls for stabilising a method for CDA* (...). While such a stabilisation would have institutional and especially pedagogical advantages, it would compromise the developing capacity of CDA to shed light on the dialectic of the semiotic and the social in a wide variety of social practices *by bringing to bear shifting sets of theoretical resources and shifting operationalisations of them*" (Chouliaraki/ Fairclough 1999: 17; Hervorhebungen durch Verfasserin).

Analyseapparat

FAIRCLOUGH entwirft wie WARNKE/ SPITZMÜLLER ein dreidimensionales Schema zur Analyse von Diskursen. Dabei untersucht er Diskurse als *Texte*, als *diskursive Praktiken* und als *soziale Praktiken*. Die verschiedenen Ebenen der Analyse sind ineinander eingebettet, und nur ihre Verschränkung erlaubt eine vollständige Analyse ‚des' jeweiligen ‚Diskurses'.

- **Textuelle Ebene/ Deskription**: Kern der Herangehensweise ist eine differenzierte linguistische Analyse. *Textinhalte* und *Textform*[222] müssen in den Blick genommen werden. Analyseeinheiten sind *Semantik*, *Vokabular/ Lexik*, *Grammatik* und übergreifende *Textorganisation* (Kohärenz).
- **Diskursive Praxis/ Interpretation**: Auf dieser Ebene geht es um die sozio-kognitiven[223] Prozesse der Textproduktion und Textinterpretation. Es gilt das Weltwissen, internalisierte soziale Strukturen, Normen und Konventionen zu erfassen, die bei der Produktion und Interpretation von Texten aktiviert werden. Insbesondere *kontextspezifische Einschränkungen* im Rückgriff auf das Weltwissen und in der *Konstituierung des Weltwissens* ‚im Akteur' möchte die CDA erfassen (vgl. Fairclough 1992a: 80). Es steht die *soziale Interaktion* mittels Texten im Fokus. Erfasst werden sollen: (1) Interdiskursivität bzw. Intertextualität – mit *welchen* anderen Texten steht der interpretierte Text in *welcher* Beziehung? (2) Wie produzieren/ interpretieren die einzelnen Teilnehmer an einer kommunikativen Interaktion Texte? In welcher Beziehung steht ein konkretes diskursives Ereignis zu den *Ordnungen der Diskurse*?

Wie WARNKE/ SPITZMÜLLERS Akteursebene stellt die Ebene der *diskursiven Praxis* ein Bindeglied zwischen der *Textebene* und der Ebene der *sozialen Praktiken* dar, lässt sich aber kaum scharf von diesen abgrenzen.

222 „Inhalte werden immer über bestimmte Formen realisiert, unterschiedliche Inhalte implizieren auch unterschiedliche Formen und umgekehrt. Die Form ist also Teil des Inhalts" (Titscher et al. 1998: 185).

223 FAIRCLOUGH (1989: 24) nennt in diesem Zusammenhang den Begriff der „members resources (MR) which people have in their heads and draw upon when they produce or interpret texts – including their knowledge of language, representations of the natural and social world they inhabit, values, beliefs, assumptions, and so on".

- **Soziale Praktiken/ Erklärung**: Damit ist bei FAIRCLOUGH der soziale und gesamtgesellschaftliche, der institutionelle und biographische, der situationale Kontext eines Textes gemeint. Diese Kontexte sind immer mit Machtfragen verknüpft: „Macht und Ideologien können auf jeder der kontextuellen Ebenen wirken" (Titscher et al. 1998: 186).

Fazit

Auf der *analytisch-methodischen* Ebene lässt sich FAIRCLOUGHs Dreischritt mit jenem von WARNKE/ SPITZMÜLLER zusammenführen: Was diese als intratextuelle Ebene bezeichnen, ist hier als textuelle Ebene ausgewiesen, beinhaltet aber mehr oder weniger dieselben Analyseelemente. Wie WARNKE/ SPITZMÜLLER geht FAIRCLOUGH von einer ‚Handlungsebene' aus, die den Text mit der Ebene der sozialen Praktiken (der transtextuellen oder ‚Diskurs'-Ebene) verknüpft: Er spricht von *diskursiver Praxis*. Die Grenzlinien zwischen Akteursebene und transtextueller Ebene und den Ebenen der diskursiven und sozialen Praxis verlaufen aber anders: Intertextualität, Schemata, indexikalische Ordnungen – all dies wird bei FAIRCLOUGH der *diskursiven Praxis* zugeschlagen, während er jene Elemente, die bei WARNKE/ SPITZMÜLLER auf der Akteursebene in den Blick genommen werden, der Ebene der *sozialen Praktiken*, der Erklärungsebene, dem ‚Kontext' zuschlägt: Interaktionsrollen, Diskurspositionen, Medialität. Die Analyseelemente, auf die rekurriert wird, sind sich jedoch sehr ähnlich, beide Ansätze betonen, dass die Trennung der einzelnen Analyseebenen analytisch-forschungspraktisch begründet ist, nicht durch den Forschungsgegenstand selbst. FAIRCLOUGH gliedert im Grunde nach *Text – Intertexten – Kontexten*, *WARNKE/ SPITZMÜLLER* nach *Sprache, Akteuren* und *‚Wissen'*.

Das Konzept der *sozialen Repräsentationen* lässt sich mit dem *Ideologie*konzept übereinbringen, das FAIRCLOUGH entwickelt[224]. Demnach wäre es ein spezifischer *Forschungsgegenstand* der linguistischen Diskursanalyse, *soziale Repräsentationen* in ihrer Genese, Diffusion und (Re-)Produktion zu fokussieren, nach *Klassifikationen*, *Raum-Zeit-Bezügen* und ihrer *Legitimation* zu fragen, nach den Prozessen, in denen *Deutungsmacht* ausgehandelt wird – und nicht zuletzt nach der diskursiven Konstruktion von *Identitäten.* FAIRCLOUGH geht zudem davon aus, dass *Institutionen*, gerade *Schulen* und *Medien,* zur Herausbildung von *Weltmodellen* beitragen. Die Terminologie FAIRCLOUGHs ist teilweise verwirrend und soll in dieser Arbeit nicht übernommen werden. Seine Methoden ähneln denen WARNKE/ SPITZMÜLLERs, werden dort aber aus Sicht der Verfasserin konziser und unter stärkerem Rückbezug auf andere linguistische Teildisziplinen gefasst. Auch die weniger gesellschaftskritische, *deskriptivere* Haltung der DIMEAN entspricht dem hier vertretenen Ansatz eher. Doch formuliert FAIRCLOUGH aus sprachwissenschaftlicher Perspektive in seiner Auseinandersetzung mit FOUCAULT eine Reihe wichtiger Ausgangs- und Kritikpunkte an dessen diskurstheoretischem Konzept. WARNKE/ SPITZMÜLLER, die ja FAIRCLOUGH rezipiert haben und die die deutschsprachige Diskurslinguistik explizit an die international verbreiteten Formen der CDA anbinden möchten (Warnke/ Spitzmüller 2008a: 19-20), gehen im-

224 Und welches hier unter Rückgriff auf VAN DIJK kritisch erweitert wurde.

plizit von ähnlichen Kritikpunkten aus. Es erschien deshalb sinnvoll, diese *explizit zu machen*. Dies auch deshalb, weil sprachhandlungs- und textlastiges diskursanalytisches Arbeiten vom Mainstream der deutschsprachigen Humangeographie, wie MATTISSEKs ‚State of the Art'-Artikel (Mattissek 2007) zeigt, trotz des SCHLOTTMANNschen Ansatzes noch immer als quasi unvereinbar angesehen zu werden scheint.

Diskurshistorischer Ansatz nach Ruth WODAK

Ruth WODAKs diskurs-historische Methode teilt viele der genannten Grundansätze der FAIRCLOUGHschen CDA. Die Ansätze unterscheiden sich vor allem in der Konzeptionalisierung des Zusammenhangs zwischen Sprache und Gesellschaft. Während FAIRCLOUGH auf die multifunktionale Theorie der Sprache nach HALLIDAY zurückgreift, nimmt WODAK eine soziokognitive Ebene als Vermittlungsinstanz an. Nach WODAKs Einschätzung werden über sozialpsychologische Wirkmechanismen kognitive *Schemata* „zur Strukturierung und Wahrnehmung der Realität" (Titscher et al. 1998: 190) geformt, die beim Sprechen/ Schreiben je nach Situation, Kontext, Adressatengruppe und Thematik aktiviert werden und über die Form des realisierten Textes bestimmen. Auf dieser Basis werden spezifische Versprachlichungsformen auf Text-, Satz-, und Wortebene in Bezug gesetzt zu Argumentationsstrategien bzw. -techniken. Viele sprachliche Realisierungsformen und Argumentationsstrategien sind demnach nicht an bestimmte Diskurse/ Inhalte gebunden, sondern in der menschlichen Kommunikation fast ubiquitär verbreitet – im jeweils analysierten Text werden sie allerdings für die Verbalisierung/ Verschriftlichung konkreter Inhalte genutzt. Auf der Inhaltsebene fokussiert die Analyse besonders den historischen und intertextuellen Kontext und das Setting der jeweiligen Äußerung (vgl. Titscher et a. 1998: 194-195).

Theoretischer Hintergrund

Wie alle Formen der *Critical Discourse Analysis* sieht sich die *Wiener Schule der Diskursanalyse* bzw. der *diskurs-historische Ansatz* in der Tradition kritisch-dialektischer und zugleich phänomenologisch-hermeneutischer Theoriebildung und versteht *Sprachwissenschaft* als *Sozialwissenschaft*, linguistische Textanalysen als wichtigen Bestandteil von „social analysis" (Wodak et al. 1999: Series Preface): sie versteht sich als *diskurssoziolinguistische* Forschung (vgl. Matouschek/ Wodak/ Januschek 1995: 45). Dabei wird *nicht* auf FOUCAULTs Diskurstheorie zurückgegriffen. WODAK et al. grenzen sich vom Poststrukturalismus explizit ab:

> „Die Diskursanalyse steht also – unserer Definition und auch unserer Forschungsintention nach – nicht in der poststrukturalistischen Tradition von M. Foucault etwa, vielmehr ist sie einer hermeneutisch-interpretativen, wie auch von der cognitive science beeinflussten Richtung verhaftet (…)" (Wodak et al. 1990: 53).

Vor allem die ihrer Ansicht nach zu weit reichende Abwendung vom intentional handelnden (und verantwortlichen) Subjekt in der postmodernen Tradition wird scharf kritisiert:

> „Wenn wir (...) davon sprechen, dass der Diskurs sozial konstitutiv ist, dann stellen wir uns damit nicht in die poststrukturalistische und postmoderne Tradition (etwa von Lyotard und Derrida), die den ‚Tod des Subjekts' verkündet und (...) den Diskurs zum personifizierten Akteur erhebt, der die SprecherInnen einer Sprachgemeinschaft gewissermaßen spricht, so dass sie für das, was sie gleichsam als Marionetten des Diskurses äußern, nicht zur Verantwortung gezogen werden können (...)" (Wodak et al. 1998: 42-43).

Die Diskurshistoriker verorten sich gesellschaftstheoretisch stattdessen in der philosophischen und soziologischen Tradition der *Kritischen Theorie* und der *Frankfurter Schule* (vgl. auch Warnke/ Spitzmüller 2008a: 20).

Die ‚linguistischen' Wurzeln des diskurshistorischen Ansatzes liegen in der Tradition der *klassischen Rhetorik*, der *Text-* und *Soziolinguistik* und der *linguistischen Pragmatik* (vgl. Weiss/ Wodak 2003: 11). Als linguistisch-methodischen Forschungshintergrund geben die Diskurshistoriker verschiedene „Paradigmata der Sozio- und Textlinguistik" an:

> „[D]ie Theorie des sprachlichen Handelns im weitesten Sinne, die Soziolinguistik, wie sie in Wien weiterentwickelt worden ist, die linguistische Vorurteilsforschung (...) sowie die Entwicklungen in der linguistischen Argumentations- und Erzählforschung" (Wodak et al. 1990: 33).

Unter *Theorie sprachlichen Handelns* subsumieren WODAK et al. neben *Sprechakttheorie* und *linguistischer Pragmatik* auch jene mikroanalytischen Ansätze wie die *Konversationsanalyse*, die sich der Analyse von Äußerungen (bzw. natürlicher, gesprochener Sprache) in der Interaktion verschrieben haben, ohne jedoch den Schritt zur Sozialanalyse zu vollziehen (vgl. Wodak et al. 1990: 41-43; Wood/ Kroger 2000: 21). *Linguistische Pragmatik* und *Konversationsanalyse* liefern methodische Werkzeuge (*Präsuppositionsanalyse*, *Illokutionsanalyse*, turn-taking-Analysen) zur Umsetzung diskursanalytischer Fragestellungen. Stärker als FAIRCLOUGH und WARNKE/ SPITZMÜLLER greifen WODAK und ihre MitarbeiterInnen auf die *soziolinguistische* Tradition BERNSTEINs zurück. *Sprechen* ist für sie nicht nur gesellschaftliches *Handeln*, sondern wird auch durch gesellschaftliche Strukturen und *soziologische Variablen* beeinflusst. Soziologische Theoriebildungen mit einzubeziehen, gehört zu den Grundsätzen der empirischen Forschung im Rahmen der diskurshistorischen Forschung. Ein Alleinstellungsmerkmal der Diskursanalyse WODAK`scher Prägung besteht zudem in ihrem Rückgriff auf kognitiv-sozialpsychologische Theorieansätze. Die Analyse der linguistischen Dimension der Textproduktion wird durch die Frage danach ergänzt, „wer, wann, wo, mit wem welche Sprache spricht" (Wodak et al. 1990: 47). Um dies erfassen zu können, müssten die kognitive[225] und die sozio-psychologische[226] Dimension der Textplanung einbezogen werden. Verbinden lassen sich die Dimensionen unter anderem in der Analyse spezifischer *Argumentationsstrategien*. Theorien der Ar-

225 Erfassbar über Konzepte wie *Frames*, *Schemata*, *Pläne*, *Scripts* (vgl. Wodak et al. 1990: 47ff.).

226 „Die sozialpsychologische Dimension reflektiert unterschiedliche Realitätsbewältigungsstrategien, die verschiedene Sprecher im Laufe ihrer Sozialisation erlernen. Darunter werden sowohl makrosoziologische Determinanten wie die je spezifische Kultur, Schicht- und Geschlechtszugehörigkeit, Sprechsituationen usw. erfasst, als auch individuelle Einflussfaktoren wie Affektivität, Persönlichkeit, Psycho-Pathogenese etc." (Wodak et al. 1990: 46).

gumentationsforschung und die Methoden zur Analyse von Alltagsargumentationen gehören deshalb zum wichtigsten Handwerkszeug des Diskurshistorikers[227].

Diskurs-historische Methode

Diskurs-historisch nennt sich der Ansatz, um den Fokus auf den (historischen) Kontext herauszuheben, der den in diesem Zusammenhang vorgenommenen Analysen zugrunde liegt, aber auch, um ihre häufig *diachrone*, Diskurse über gewisse Zeiträume hinweg analysierende Herangehensweise zu unterstreichen. Für die Einbettung der Texte in ihren jeweiligen historischen Kontext sei historisches Fachwissen vonnöten, die in den analysierten Texten „referierten und berichteten Fakten" müssten mit (historischen) „Quellen verglichen und überprüft" (Wodak et al. 1990: 57) werden. Um *Allusionen* und *Präsuppositionen* erkennen und in ihrer Funktion analysieren zu können, sei ein historisch-diskursiver Ansatz notwendig, der sich dem *zeitgenössischen Welt- und Sprachwissen* anzunähern suche. Folgende methodologische Verfahren und Prinzipien gelte es deshalb in jeder diskursanalytischen Arbeit zu beachten:

> „möglichst genaues Erfassen von Setting und Kontext (...); (...) möglichst genaue Textbeschreibung auf allen sprachlichen Ebenen mit Rücksicht auf Textsortenspezifika (...); (...) Konfrontation des Äußerungsinhaltes mit den bekannten historischen Ereignissen und Fakten (dem aktuellen Forschungsstand entsprechend) (...); (...) Konfrontation des Berichteten mit den tatsächlichen Ereignissen oder referierten Berichten (...); (...) Interpretation der Texte durch andere Fachwissenschaftler und - wissenschaftlerinnen (Historiker, Psychologen, Soziologen) (...); (...) Unterscheidung mehrerer Analyseebenen: allgemeine setting-bedingte Muster (etwa. Zeitung, Auseinandersetzung, Politikersprache usw.); Vergangenheitsdiskurs, Wir-Diskurs (Herstellung von Ingroup und Outgroup), Vorurteilsdiskurs" (Wodak et al. 1990: 57).

Die diskursive Produktion von sozialer Realität durch *spezifische Textexemplare* als Teil *übergeordneter gesellschaftlicher Diskurse* wird in Beziehung gesetzt zu ‚Fakten', ‚tatsächlichen Ereignissen' und ‚wissenschaftlichen' Ergebnissen zur Thematik. Obgleich dies nicht explizit gesagt wird, ist ein solcher Ansatz nur unter Annahme einer extra-diskursiven Wirklichkeit sinnvoll – bzw. wenn zumindest der Kontext der untersuchten Äußerung aus analytischen Gründen zunächst einmal (didaktisch) als extra-diskursiv gesetzt wird. Der diskurshistorische Ansatz (und die CDA im Allgemeinen) werden deshalb nicht nur von Seiten eher diskurstheoretisch ausgerichteter Forscher kritisiert. Definiert man Wissen als sozial geteilte Vorstellungen, so gibt es eigentlich lediglich verschiedene Versionen der ‚Realität'. Der diskurshistorische Ansatz leugnet nicht die soziale Konstruiertheit der (gesellschaftlichen) Objekte/ Subjekte, er geht allerdings davon aus, dass sich ideologische, auf Schließung bedachte Diskurse von reflektierteren, sich selbst als dynamisch und offen bleibend betrachtenden Diskursen abgrenzen lassen. Nur so kann für den eigenen Ansatz eine emanzipatorisch-kritische Wirkung in Anspruch genommen werden. Stehen Rassismus, Antisemitismus, Vorurteile im Forschungsfokus müsse es möglich sein, rassistische, antisemitische Diskurse nicht

227 Für eine ausführlichere Diskussion siehe MATOUSCHEK/ WODAK/ JANUSCHEK (1995), WODAK et al. (1999), WODAK/ WEISS (2004a; 2004b; 2005).

nur zu *beschreiben* und zu *erklären*, sondern auch zu *dekonstruieren* – und nicht nur als *ideologisch*, sondern auch als *falsch* zu entlarven.

Diskursbegriff, soziale Funktion und Akteursfrage

Diskurse werden im Kontext des DHA als *Sprache im Kontext* verstanden – andere Formen der Zeichennutzung, wie etwa Bilder, werden aber ebenfalls unter den Diskursbegriff subsumiert (vgl. Wodak et al. 1999: Series Preface)[228]. Auch der DHA nimmt ein dialektisches Verhältnis zwischen *Diskursen* und *sozialen ‚Realitäten‘ und ihren Praktiken* an. Als Träger der Diskurse, Produzenten der Bedeutungen werden *soziale Akteure* angesehen:

> „Through discourses, *social actors* constitute objects of knowledge, situations and social roles as well as identities and interpersonal relations between different social groups and those who interact with them" (Wodak et al. 1999: 8; Hervorhebungen durch Verfasserin).

Zwar konstituieren sich diese Akteure diskursiv selbst – ihre Identität(en), sozialen Beziehungen, sozialen Rollen und Weltbilder – dennoch wird dem (strategisch handelnden) Individuum eine völlig andere Rolle zugewiesen als in vielen auf FOUCAULT rekurrierenden Strängen der Diskursanalyse[229]. Die Diskurshistoriker beziehen sich in ihrem Akteursbegriff vor allem auf BOURDIEU und vertreten

> „einen ‚weichen, relativen Determinismus‘, der der gesellschaftlichen und materiellen Bedingtheit sowie sozialisatorischen Prägung individuellen Handelns Rechnung zu tragen bemüht ist, ohne jedoch gleich jeglichen individuellen Handlungsspielraum in Abrede zu stellen (...)" (Wodak 1998: 74).

Diskurse dienen (den Akteuren) nach Ansicht der Diskurshistoriker (zur Aktualisierung) so genannter *sozialer Makrofunktionen*, wie der Produktion/ Konstruktion der gesellschaftlichen Bedingungen, der Erhaltung, Reproduktion, Legitimation, Wiederherstellung oder Relativierung, aber auch der Dekonstruktion, Transformation oder Zerstörung des (sozialen) status quo. Diesen sozialen *Makrofunktionen* werden spezifische diskursive *Strategien* zugeordnet (schon der Terminus *Strategie* lässt auf ein handlungsorientiertes, intentionales Element der Produktion

228 Konkret bestimmen MATOUSCHEK/ WODAK/ JANUSCHEK (1995: 45) Diskurs(e) als „die Summe institutionalisierter und interpersoneller ‚Texte‘ und Dialoge, und diese wiederum als konkrete bedeutungstragende soziale Handlungen, als Einzelfälle einer sozio-kulturellen, politischen und ideologischen Praxis, die gesellschaftliche Systeme und Strukturen bestimmen", als „Medien, in denen Bedeutung bzw. Bedeutungskorrelationen (Ideologien) erst prozesshaft durch Individuen produziert werden".

229 Der Linguist JÄGER (2004: 24), dessen Arbeiten in der Geographie stark rezipiert werden, geht davon aus, dass „man (...) sich" zwar „(...) von der Idee eines diskurs-konstituierenden Subjekts befreien (...) müsse", damit könne aber „nicht gemeint sein, dass Diskurse eine Existenz hätten, die man sich als quasi unabhängig vom Vorhandensein der Subjekte vorstellen könnte". Der Soziologe KELLER (2005: 204) nimmt in seinem Ansatz ebenfalls einen sozialen Akteur an: „Soziale Akteure greifen in ihrer diskursiven Praxis die in Gestalt von Diskursen verfügbaren Regeln und Ressourcen der Deutungsproduktion auf oder reagieren als Adressaten darauf". Er hält an der Annahme „konstituierender Bewusstseinsleistungen" fest, betont aber, dass „[d]ie gedankliche Konstitution und Sinnstiftung (...) nur (...) auf der Basis eines gesellschaftlichen Typisierungsvorrates [möglich sei], der den einzelnen Subjektes vorgängig existiert und in permanenten Kommunikationsvorgängen vermittelt wird" (Keller 2005: 216).

diskursiver Ereignisse schließen). *Diskursstrategien* können konstruktiv, transformatorisch oder demontierend sein:

> „Zu den sozialen Wirkungen diskursiver Praxis gehört es, über sprachliche Repräsentation in den unterschiedlichen dialogischen Kontexten bestimmte Gruppen zu bilden und, darauf aufbauend, bestimmte Dominanz- und Machtverhältnisse zwischen den Interagierenden (...) zu etablieren, zu reproduzieren und zu verschleiern" (vgl. Wodak 1998: 43).

Diskurs und soziale ‚Realität': der Kontextbegriff

Um die „interconnectedness of discursive practices and extra-linguistic social structures" (Wodak et al. 1999: 9) erfassen zu können, bedienen sich die Vertreter der Wiener Schule einer multidisziplinären, multitheoretischen und multimethodischen analytischen Herangehensweise, die sie mit dem Begriff der *Triangulation* umschreiben (vgl. Wodak et al. 1999: 9). Nur eine weit über die Linguistik hinausgreifende Einbeziehung unterschiedlichster Sozialwissenschaften ermöglicht demnach eine umfassende Erfassung nicht nur des linguistischen Ko-Texts und der unmitttelbaren interaktiven Prozesse, sondern auch des *Kontextes*. Dieser *Kontext* wird in der DHS über „extralinguistische Variablen" erfasst, die „Textplanung und Textverstehen" (Wodak et al. 1990: 53) beeinflussen, etwa „Alter, Geschlecht, Schicht et cetera" (Wodak/ Weiss 2004a: 67). Diese werden nicht als statisch, sondern als „historisch(...), kulturell geformt(...) und gesellschaftlich bestimmt(...)" (Wodak et al. 1990: 53) angesehen. Ergänzend wird auf das Kontextverständnis der *linguistischen Pragmatik* rekurriert, das neben dem Sprecher und dem Hörer das kommunikative Setting mit einbezieht: Ohne diese Grundlage wären die Konzepte der *Präsupposition* und der *Implikatur* sinnlos (vgl. Wodak/ Weiss 2004a: 68). *Kontext* umfasst demnach die „außersprachlichen soziologischen Merkmale und institutionellen Rahmenbedingen der jeweiligen Äußerungssituation (...)" (Wodak 1998: 47). Eine *kognitive Vermittlung* im Sinne VAN DIJKS – der Kontext wird nur über das Kontextverständnis der Interaktanten relevant – wird in jüngeren Veröffentlichungen theoretisch für schlüssig gehalten, erscheine aber noch zu wenig ausformuliert (vgl. Wodak/ Weiss 2004a: 68). Zum *Kontext* gehören also das Setting/ die kommunikative Situation der untersuchten Äußerung ebenso wie das Medium, das Vorwissen und die Biographie sowie die Sprecherpositionen und Statusrollen der Textproduzenten ebenso wie die Adressaten, der historische Hintergrund und die kulturelle Verortung. Hinzu kommen die intertextuellen/ interdiskursiven Bezüge der untersuchten Äußerung. Was in diesem Zusammenhang je genau analytisch zu erfassen ist, hängt von der jeweiligen Fragestellung ab. WODAK/ WEISS (2004a: 68) gehen deshalb davon aus, dass „man vielfältige theoretische Ansätze benötigt, um die jeweils spezifischen Kontexte zu analysieren und mit den Texten in Zusammenhang bringen zu können". Während die Ebene des linguistischen Ko-texts vergleichsweise einfach über linguistische Verfahren erfassbar ist, erfordert bereits die Ebene der intertextuellen und interdiskursiven Zusammenhänge, besonders aber die Ebenen der soziologischen/ institutionellen Einflussfaktoren und -variablen bzw. der soziopolitischen und historischen Kontexte, den Rückgriff auf theoretische Konzepte verschiedener Reichweite (Weiss/ Wodak 2003: 22-23). Nach KELLER (2005: 155) ist das *Kontext*konzept der CDA eine Besonderheit dieser Richtung der Diskursanalyse, die sich aus ihrer „forschungspraktische[n] sprachwissenschaftliche[n] Orientierung" erkläre. Im Gegensatz zu anderen Ansätzen werde hier zwischen *Diskursen* und *ihren Kontexten* differenziert. Erst dadurch werde es möglich, die Relationen zwischen beiden Bereichen in den Blick zu nehmen – für die CDA gebe es durchaus ‚etwas außerhalb des Diskurses' (vgl. Keller 2004: 29). In den Analysen werde der *Kontext* gleichsam außerhalb des *Diskurses* gesetzt. Dies sei nicht unproblematisch: „die CDA (...) müsste (...), wenn sie nicht hinter erreichte zentrale Positionen der Diskurstheorie zurückfallen" wolle, „genauer klären, inwieweit die erwähnten Kontexte ihrerseits diskursiv konstituiert sind. Letztlich könn[t]en sie wohl allenfalls in Bezug auf den untersuchten Diskurs als ‚nicht-diskursiv' oder ‚diskursextern' bestimmt werden" (Keller 2005: 155). WEISS/ WODAK stellen allerdings explizit fest, dass sie *nicht* von einer Unterscheidbarkeit von *Kontext* (in Form sozialer Strukturen) und *Diskurs* (symbolischen Praktiken) ausgehen, sondern lediglich auf *analytischer* Ebene, didaktisch, zwischen diesen Ebenen differenzieren:

> "[F]rom an ontological perspective microcontext *equals* macrocontext. For analytical purposes it is however useful to distinguish between microlevel and macrolevel" (Weiss/ Wodak 2003: 10; Hervorhebungen im Original).

Analyseebenen

Die Vorgehensweise unterscheidet sich von der FAIRCLOUGHs wie der WARNKE/ SPITZMÜLLERs. Sie lässt sich nicht außerhalb des Bezuges auf ein konkretes Forschungsprojekt beschreiben. Die diskurshistorische Analyse unterscheidet **drei** eng miteinander verknüpfte **Analysedimensionen:** Die Ebene der *Inhalte*, die Ebene der *Strategien* und die Ebene der *linguistischen Realisation*. Diese gilt es, unter konkreter Hinwendung zur Analyse kollektiver Identität(en), genauer in den Blick zu nehmen (vgl. für den gesamten Abschnitt Wodak et al. 1999: 7-30). „Dimensions of identity research" (Weiss/ Wodak 2003: 13) und Fragen der diskursiven *Kategorienkonstitution* (Antisemitismus, Rassismus, Genderfragen) gehörten von Anfang an zu den Hauptforschungsgebieten der Diskushistoriker. Im Kontext der *Identitätskonstruktion* wird zudem nach den *diskursiven Eliten* gefragt, die *Identitätsdiskurse* (strategisch) beeinflussen und steuern:

> „For CDA, language is not powerful on its own – it gains power by the use powerful people make of it (...) language indexes power, expresses power, is involved where there is contention over and a challenge to power. (...) Language provides a finely tuned vehicle for differences of power in hierarchical social structures" (Weiss/ Wodak 2003: 14-15).

Zunächst zur ***Analyse der Inhalte und Themen***. Auf der *Inhaltsebene* der Analyse, der *Kontext-Ebene*, lässt sich die diskurshistorische Herangehensweise aufgrund ihrer (expliziten) theoretischen Offenheit nur projektspezifisch beschreiben – in jedem einzelnen Fall wird auf andere Theoretiker, andere sozialwissenschaftliche

Ansätze zurückgegriffen, um die sozialen Kontexte der untersuchten Äußerungen beschreiben und analysieren zu können[230].

Trotz dieser Kautelen lassen sich einige der Ergebnisse, die MATOUSCHEK/ WODAK/ JANOUSCHEK (1995: 49-58) in ihren Analysen zu *Rassismusdiskursen* gewonnen haben, durchaus für die vorliegende Arbeit fruchtbar machen, ja eng mit den theoretischen Vorüberlegungen der ersten Kapitel verknüpfen, da *Diskurse der Differenz* und der *Gruppenbildung*, kurz: *Wir-Diskurse*, generalisierbare Eigenschaften zu besitzen scheinen. Sie alle beruhen auf *sozialen Kategorisierungen* (und *Evaluierungen*), meist in Form von *Merkmalsbündeln*, die der Ingroup oder Outgroup zugeschrieben werden. Sprachlich erfolgt diese *Typisierung* und *Kategorisierung* durch *Benennung* und *Etikettierung*, verbunden mit expliziten und impliziten *Evaluierungen*, sowie durch *Prädikationen* und *Assertionen* bzgl. der Eigenschaften und Verhaltensweisen der Outgroup und Ingroup. Zusätzlich zur inhaltlichen Gruppenbildung (Wir-Sie-Diskurs) wird bezüglich der Eigengruppe zudem nach *Homogenisierung* gestrebt (Wir-Diskurs)[231]. Die *Eigengruppe* wird *positiv* dargestellt, etwa durch die Selbstzuschreibung positiver Eigenschaften (*self-assessment*), den Bezug auf ‚*allgemein gültige Normen*' oder den Verweis auf die Vorurteilsfreiheit der eigenen Argumentation (*Disclaimer*). Bestimmte Fragestellungen liegen *jeder* Beschäftigung mit ein- und ausgrenzenden Diskursen zugrunde: (1) Die Frage nach den benannten sozialen *Akteuren* und der Form der Bezugnahme auf diese, (2) die Frage nach den *Attributen*, den Charakteristika, die diesen Akteuren zugeschrieben werden, (3) die Frage nach der *argumentativen Legitimierung/ Rechtfertigung* der vorgenommenen *sozialen Kategorisierungen* und (4) die Frage nach dem Standpunkt, der *Perspektive*, aus der heraus diese Benennungen, Zuschreibungen und Argumentationen geäußert werden sowie (5) die Frage nach der *Explizität* bzw. *Implizität* der betreffenden Eingrenzungs- und Abgrenzungsdiskurse (vgl. Wodak 2001: 145-146).

Als theoretische Grundlage der Untersuchung der Konstruktion nationaler (und supranationaler) kollektiver Identität(en) wählen WODAK et al. sowohl allgemeine *Identitätstheorien* als auch spezifischere *Theorien zur Definition und Genese nationaler Identität(en)*. Hierzu gehören etwa die (philosophische) Identitätstheorie RICOEURs und sein Konzept der *narrativen Identität*, HALLs Konzepte der kulturellen Identität und der Nation als *System kultureller Repräsentationen*, ANDERSONs Vorstellung der Nation als *gedachte Gemeinschaft* und BOURDIEUs Konzeptualisierung nationaler Identität als *Habitus* (vgl. Wodak et al. 1999: 10ff.). (Nationale) Identität im Sinne der ‚sozialen Identität' des Individuums drücke sich in den diskursiven Praktiken der betreffenden Personen *aus* und werde *geprägt* durch „state, political, institutional, media and everyday social practices, and the material and social conditions which emerge as their results, to which the individual is subjected" (Wodak et al. 1999: 29). In diesen *sozialen* (auch *diskursiven*)

230 Für Beispiele siehe NOWAK/ WODAK/ DE CILLIA (1990), WODAK et al. (1990), WODAK/ MATOUSCHEK (1993), MATOUSCHEK/ WODAK (1995), MATOUSCHEK/ WODAK/ JANUSCHEK (1995), WODAK/ REISIGL (1999), WEISS/ WODAK (2000) und WODAK/ WEISS (2005).

231 Sprachlich realisiert etwa durch Personalpronomina (*wir*), Anonymisierung (*man*) oder Generalisierung (*alle*) oder durch vage Bezeichnungen (*die Ausländer*).

Praktiken, vor allem jenen der *diskursiven Eliten* in der staatlichen Bürokratie, der Politik, den Medien und anderen Institutionen (wie Schulen und Hochschulen, Kirchen u.a.), werden, so könnte man in der Terminologie dieser Arbeit sagen, *soziale Repräsentationen* (nationaler) Identität konstruiert, transformiert und reproduziert. Zwischen Elite-Diskursen und Alltagsdiskursen bestehe aber kein Einbahnstraßenverhältnis, sondern ein gleichsam zirkuläres. Gerade Fragen der *Rekontextualisierung* von *Identitätsnarrativen* (lies: *sozialen Repräsentationen*) in verschiedenen kommunikativen Kontexten gehören zum Kern des Forschungsinteresses des DHA:

> „Narratives of identity are proposed by politicians, in speeches and other documents, and by other institutional discourses, like schoolbooks. However, narratives of identity are also constructed by groups and individuals. Power comes into play when one narrative is chosen out of the many competing and possible ones. The complex dialectics between the top-down and the bottom-up perspectives are of specific interest for our research" (Wodak 2002: 145).

Auf *Inhaltsebene* nennen WODAK et al. in ihrer Studie zur *österreichischen* Identität die bereits bekannte ‚thematische Matrix' des *homo nationalis (externus)*, einer *gemeinsamen politischen Vergangenheit, Gegenwart und Zukunft*, einer *gemeinsamen Kultur* und eines nationalen *‚Körpers'* bzw. *Territoriums.* In ihrer Studie zur Erfassung *europäischer Identitätskonstruktionen* beziehen sich WODAK/ WEISS (2004a: 73; vgl. auch Wodak 2001: 134) explizit auf ihre Arbeiten zu *nationalen Identitäten* und listen eine Reihe von Übereinstimmungen zwischen ihrer Konzeptualisierung nationaler und supranationaler Identität auf: Beide Formen der *imagined community* würden „diskursiv hergestellt und durch institutionelle Praxen sowie durch sozioökonomische Strukturen definiert", beide Formen der Identitätskonstruktion würden auf Homogenisierungsstrategien (nach innen) und Dissimilierungsstrategien (nach außen) beruhen, Kategorien der Gleichheit, Ähnlichkeit und Differenz in (oft dichotomisierender Weise) konstituieren. Auch die *thematische Matrix* lasse sich weitgehend auf die *Europa-Ebene* übertragen. WODAK/ WEISS (2004a: 73-75) nehmen darüber hinaus an, dass staatsnationale und kulturnationale (bzw. supra-nationale) Vorstellungen (bzw. Identitätsbezüge) auf europäischer Ebene in ähnlicher Weise wie auf nationaler Ebene je nach Gruppenzugehörigkeit und Öffentlichkeitsgrad des untersuchten Textes variieren sollten – verkürzt gesagt: Je privater der Rahmen, desto essentialistischer die Bezüge. Hauptunterschied zu den nationalen Identitätskonstruktionen sei der „constructive aspect" (Wodak/ Weiss 2005: 122), die bewusste diskursive Konstruktion und eine insgesamt stärkere Betonung des Aspekts einer gemeinsamen politischen Gegenwart und vor allem Zukunft im ‚Europadiskurs'. Zeitgenössische nationale wie supranationale Versuche der Identitätskonstruktion durch diskursive Eliten werden als Bestandteil eines populistischen Versuches der Politik interpretiert, dem Globalisierungsphänomen durch neue Welt-Bilder zu begegnen. Auch vor diesem Hintergrund ist die Feststellung zu verstehen, dass im *Europa*-Diskurs Identitätsfragen und Selbstreflektion in den letzten Jahren an Bedeutung zunehmen (vgl. Wodak/ Weiss 2004b: 226).

Die *Kontextanalyse* habe neben der Erfassung des historisch-politisch-räumlichen Kontextes (etwa durch Politikwissenschaftler, Historiker und Soziologen) der analysierten Texte deren intertextuelle und interdiskursive Einbettung

nachzuvollziehen, wozu die *Rekontextualisierung* von *Argumenten, Topoi, Themen* und *Sprechakten* durch verschiedene soziale Akteure in verschiedenen Genres und Öffentlichkeiten gehöre. Wie, so könne man eine konkrete Frage formulieren, findet eine konkrete Aktualisierung einer *sozialen Repräsentation Europas* ihren Weg von der Ebene der Bildungspolitik der Europäischen Union über die nationale und die bundesstaatliche Ebene in die politische Bildung? Welche Veränderungen/ Abweichungen lassen sich auf diesem Wege erkennen (wie etwa „systematically different grammatical ways" (Wodak/ Weiss 2005: 128) der Realisierung)? Was bleibt gleich?
Kommen wir zur ***Analyse der Makrostrategie, Strategien*** und ***Argumentationsmuster***. Unter *Strategien* verstehen die Diskurshistoriker Pläne bezüglich des eigenen Vorgehens bzw. Handelns, die der Erreichung von Zielen (psychologischer, politischer u.a. Art) dienen und dabei mehr oder weniger genau/ elaboriert, mehr oder weniger automatisch oder bewusst/ intentional ablaufen können (vgl. Wodak et al. 1998: 73-74; Wodak 2002: 152). Diese werden auf *mentaler* Ebene angesiedelt. Sie lassen sich mit *Schemata* vergleichen, die in (sprachlichen) Handlungen aktualisiert werden. WODAK et al. unterscheiden ***Makrostrategien***, die mit den genannten soziologischen ***Makrofunktionen*** eng verbunden sind und der diskursiven Konstruktion (nicht nur) kollektiver Identität zugrunde liegen. Zudem verwenden sie den Strategiebegriff, um bestimmte ***Klassen linguistischer Realisationsformen*** zusammenzufassen – etwa linguistische Mittel, mit denen referiert wird, als *Referenz- oder Nominationsstrategien* oder linguistische Mittel, die der Prädikation dienen, als *Prädikationsstrategien*. Zum dritten unterscheiden sie – nach ihrer Funktion im Diskurs bzw. dem Inhalt der jeweiligen Argumentation – ***Argumentationsstrategien***[232].

Auf ‚oberster Hierarchiestufe' der genannten Strategieebenen stehen vier *diskursive Makrostrategien*: *Konstruktive Strategien, Strategien der Bewahrung/ Erhaltung* bzw. *Legitimation/ Rechtfertigung, Strategien der Transformation* und *Strategien der Destruktion/ Demontage*. *Konstruktive* Strategien dienen der ‚Schaffung von Identitäten' durch die Etablierung einer In-Group und von „Unifikation, Identifikation, Solidarität" (Wodak 1998: 76). Auch die Konstruktion von sowie die Abgrenzung gegenüber Out-Groups fällt in diese Kategorie. *Bewahrende* Strategien kommen vor allem dann zum Einsatz, wenn die (eigene) Identität als bedroht wahrgenommen wird (etwa durch Einwanderung oder gesellschaftliche Veränderungen). Zu *rechtfertigenden* Strategien werden sie immer dann, wenn (historische) Handlungen oder Ereignisse von der In-Group als Bedrohung für die ‚eigene Identität' interpretiert werden. *Transformatorische* Strategien dienen der Veränderung (etablierter) Identität(en). Sofern keine Alternative zu den etablierten Identitätselementen geliefert wird, sondern lediglich die bestehende Identität dekonstruiert wird, spricht man von *destruktiven* oder *demontierenden* Strategien.

Neben diesen nach ihrer *Perspektive auf das Diskursthema* unterscheidbaren *Makrostrategien* werden weitere grundlegende *diskursive Strategien* (nicht nur)

232 Strategien wie die Diskurshistoriker sie verstehen sind im Grunde *immer* Argumentationsstrategien, sie können auf allen Ebenen der linguistischen Analyse aktualisiert sein, sie treten oft gleichzeitig auf, überschneiden sich und nehmen aufeinander Bezug.

der Identitätskonstruktion, sondern jeder positiven *Selbst*repräsentation und negativen Repräsentation von *anderen* genannt: (1) *Referentielle* Strategien (2) *Prädikative* Strategien, (3) *Argumentative* Strategien, (4) Strategien der *Diskursrepräsentation* und der *Perspektivierung*[233] und (5) *Verstärkungs-* und *Abschwächungsstrategien*[234] (vgl. Wodak 2001: 146). Übersetzen lassen sich die Strategien in einfachen Worten als Strategien der Bezugnahme auf Selbst bzw. Eigengruppe/ Andere, der Eigenschaftszuweisung, der Begründung und Rechtfertigung dieser Form der Bezugnahme/ Charakterisierung, der Verschleierung/ Leugnung/ Übertragung bzw. Herausstellung der Verantwortung für die geäußerte Meinung und einer spezifischen Darstellung des angenommenen Wahrheitswertes der Aussagen. Diese Strategiekategorien beruhen im Gegensatz zu den diskursiven Makrostrategien auf *linguistischen* Kriterien, auf der Zusammenfassung bestimmter *sprachlicher Realisationsformen*. Gerade die referentielle Bezugnahme auf soziale Akteure aller Art und die prädikative Eigenschaftszuschreibung ist im Kontext der Identitätskonstruktion hochrelevant, geht es doch um nichts anderes als *soziale Kategorisierungen*. Mit *Kategorisierung* bezeichnen REISIGL/ WODAK (2001: 47) in Anlehnung an VAN LEEUWEN *Referenzen* bzw. *Repräsentationen*, die darauf beruhen, sozialen Akteuren „identities, functions and positive or negative evaluations they share with others" zuzuschreiben. Wichtig ist in diesem Zusammenhang, ob bestimmte soziale Akteure im Diskurs *überhaupt* auftauchen. Werden sie in den linguistischen Repräsentationen *inkludiert* oder *exkludiert*? Exklusion kann vollkommene *Suppression* bedeuten, aber auch *„backgrounding"* – z.B. durch *Passivierung* (vgl. Reisigl/ Wodak 2001: 47).

Untergeordnete Strategien, die Einzigartigkeit, Einheit, Autonomie, Unabhängigkeit, Kontinuität oder Diskontinuität, Heteronomie präsupponieren oder betonen, lassen sich jeweils den *sozialen Makrostrategien* und grundlegenden *linguistisch definierten diskursiven Strategien* zuordnen: als *funktional* definierte lokale Strategien. Als Basis jeder Identitätskonstruktion wird die linguistische Konstruktion von *Gemeinsamkeiten*, *Ähnlichkeiten* und *Differenzen* angenommen. So lassen sich grundsätzlich *Assimilationsstrategien* (Betonung von Gleichheit durch Herstellung temporaler, interpersonaler oder territorialer Similarität oder Homogenität) und *Dissimilationsstrategien* (Betonung von Differenzen) unterscheiden. Neben *Assimilations/Inklusions*-Strategien gibt es darunter aber auch Strategien der *Singularisierung*, *Autonomisierung*, *Kontinuation* etc., denen sich wiederum Untergruppen von noch konkreteren Strategien zuordnen lassen. So ordnen WODAK et al. eine Strategie der *Präsupposition/ Betonung innernationaler Gleichheit/ Ähnlichkeit* einer allgemeineren *Assimilations/ Inklusionstrategie* unter.

233 Hiermit sind Strategien gemeint, mit deren Hilfe die Sprecher ihre Haltung zum Diskurs anzeigen: „speakers express their involvement in discourse and position their point of view in the discursive flux" (Reisigl/ Wodak 2001: 81).

234 Abschwächungs- und Verstärkungsstrategien werden angewandt „to qualify and modify the epistemic status of a proposition, the degree of certainty, and to modify the speakers' or writers' expressiveness as well as the persuasive impact on the hearers and readers" (Reisigl/ Wodak 2001: 81). Hierzu sei auf das Kapitel zur Textlinguistik, besonders auf das Konzept der *thematischen Einstellung* von BRINKER, verwiesen.

Mit diesen *lokalen Strategien* eng verbunden sind spezifische *Argumentationsmuster*. Bestimmte *Argumentationsmuster*, die teilweise schon aus der antiken Rhetorik bekannt sind, werden als typisch für manipulative, mehr überredende als überzeugende Abgrenzungs- und Ausgrenzungsdiskurse angenommen. So das *argumentum ad baculum* (Drohung mit Sanktionen: *Obama – ein Risiko für unser Land*), das *argumentum ad hominem* (Angriff auf den Charakter der Antagonisten – *Obama ist ein Sozialist*), das *argumentum ad populum* (Bezug auf die Emotionen, Vor-Urteile oder Denkweisen einer bestimmten Sozialgruppe) oder das *argumentum ad verecundiam* (Argumentation mit Autoritäten) u.a.m. (vgl. Reisigl/ Wodak 2001: 71ff.). *Argumentationstopoi* werden als spezifische, typische Schlussregeln und Stützungen im TOULMINschen Sinne definiert.

Den *Strategien*, *Mustern* oder *Topoi* lassen sich im WODAKschen Schema wiederum *sprachliche Realisierungsmittel* zuordnen. So kann eine rechtfertigende *Singualisierungsstrategie* zur *Präsupposition/ Betonung (nationaler) Einzigartigkeit* auf *Vergleichstopoi* zurückgreifen, und sich in Lexemen mit *singularisierender Semantik*, *Hyperbeln* oder *Miranda-Ausdrücken* äußern. Die Zuordnungsverhältnisse sind keineswegs als exklusiv zu verstehen. Nur im Kontext der untersuchten Äußerung kann entschieden werden, welchem *Topos* eine *Trope* eventuell zugeordnet werden kann und welcher *Strategie* sich das *Argumentationsmuster* unterordnen lässt. Gleichzeitig treten verschiedene Diskursstrategien im „konkreten diskursiven Ereignis häufig mehr oder weniger simultan und verquickt" auf – gerade dies macht aus Sicht von WODAK et al. (1998: 76) „ihre analytische Trennung für die konkrete Betrachtung des Materials um so wichtiger".

Die *Strategien* wurden zum Teil im Zusammenhang mit bereits vorliegenden Studien zu rassistischen und antisemitistischen Diskursen entwickelt. Typische Strategie-Topos-Realisierung-Verknüpfungen wurden dabei weniger vor der Untersuchung postuliert als vielmehr in der Analyse selbst gewonnen, sie sind kein „a priori vorgefasstes kategoriales Prokrustesbett (...)" sondern „ein wesentliches, analytisch gewonnenes Ergebnis der (...) Fallstudien" (Wodak 1998: 77). Auch deshalb erscheint es wenig sinnvoll, die in verschiedenen Arbeiten vorgelegten ausführlichen Zusammenstellungen von *Strategien*, *Topoi* und *Realisationsformen* (vgl. Wodak et al. 1990: 352-355; Wodak 1998: 79-93) ausführlich vorzustellen. Vielmehr gilt es, aus den theoretischen Vorarbeiten heraus, einen Erwartungshorizont bezüglich der Strategien der Konstruktion europäischer Identität zu entwickeln und in den Analysen einer kritischen Überprüfung (und möglicherweise Erweiterung/ Verengung) zu unterziehen.

Einige der im Kontext von *Differenz/ Identitätsdiskursen* zu erwartenden *Strategien* sollen beschrieben werden, weil über ihr *Fehlen* ebenso wie über ihre mögliche *Aktualisierung* in analysierten Texten Aussagen über das Ausmaß ermöglicht werden, in dem der Diskurs der europäischen Identität als *Diskurs der Differenz* beschreibbar ist, der auf die Strategien und sprachlichen Mittel bereits etablierter *Abgrenzungsdiskurse* zurückgreift. Grundlegend für *Identitäts-* und *Differenzdiskurse* sind nach Ansicht des DHA die bereits erwähnten *Assimilations-* und *Dissimilationsstrategien*, die *Wir*-Diskursen (und *Sie*-Diskursen) zugrunde liegen. Dazu gehören unter anderem *solidarisierende* und *ausgrenzende Argumentations-*

strategien, die *einfache Dichotomien* herzustellen suchen. Diese Strategien bilden die Basis für Rechtfertigungen des eigenen oder Verurteilungen ‚fremden' Verhaltens oder von (zugeschriebenen) Ingroup/ Outgroup-Eigenschaften. Eine in der sozialen Kategorisierung oft angewandte Strategie ist demnach die der Schuld- bzw. Verantwortungszuschreibung, die mittels *Schwarz-Weiß-Malerei, Sündenbock-Strategien, Opfer-Täter-Umkehr, Diffamierung und Abwertung gegnerischer Standpunkte oder des Gegners selbst, Übertreibungen, Verharmlosungen* oder *Verleugnungen* sucht, die Fremdgruppe sozial zu stigmatisieren und die Eigengruppe möglichst positiv darzustellen. Die eigene Argumentation wird dabei oft als *rational* dargestellt, als *vorurteilsfrei* und durch die Zuschreibung positiver Attribute an sich selbst/ die Eigengruppe (*self-assessment*) und die Wiedergabe allgemeingültiger positiver Normen (*norm-respect*) gestützt (vgl. Wodak et al. 1990: 352-355; Matouschek/ Wodak/ Januschek 1995: 52-54).

Die ***sprachliche Realisierung*** der diskursiven Konstruktion (kollektiver) Identität umfasst eine breite Palette linguistischer Formen. Die linguistische Analyse fokussiert unter Rückbezug auf den theoretischen Überbau besonders „die lexikalischen Einheiten und syntaktischen Mittel, die Unifikation, Einheit, Gleichheit, Differenz, Einzigartigkeit, Ursprung, Kontinuität, Wandel/ Wende, Autonomie, Heteronomie usw. zum Ausdruck bringen" (Wodak 1998: 94). Die nationale und supranationale Identitätsthematik weist breite Überschneidungsbereiche mit Diskursen der Differenz (*Rassismus, Antisemitismus*) auf, was sich in ähnlichen Repertoires der *Versprachlichung* auf Wort-, Satz- und Textebene niederschlägt.

Von besonderer Bedeutung für die sprachliche Konstruktion von Identität sind aus Sicht der Diskurshistoriker ***Personenreferenzen*** (Gattungsnamen; Personalpronomina u.ä.), ***Ortsreferenzen*** (Toponyme/ Geonyme, Lokaladverbien und Ortsreferenz über Personen (*bei uns/ bei denen*)) und ***Zeitreferenzen*** (temporale Präpositionen, Temporaladverbien, temporale Konjunktionen[235], substantivische Zeitangaben u.a.). Eine Sonderstellung unter diesen Ausdrücken wird der Verwendung des ***Personalpronomens***, besonders dem (innere) Gleichheit implizierenden ‚*Wir*' eingeräumt. Dabei kann nicht nur zwischen einem *hörer-/sprecherinklusiven* und einem *hörer-/sprecherexklusiven* ‚*Wir*' unterschieden werden, das Personalpronomen kann auch zahlreiche andere Funktionen erfüllen, etwa als *Autorenplural/ pluralis majestatis* bzw. *pluralis modestiae*, als *paternalistisches Wir* (*so, jetzt wollen wir schlafen gehen*) oder als *historisches Wir* (*Wir haben Krieg geführt*) (vgl. Wodak 1998: 99-102). Letztere Verwendungsformen lassen sich zugleich auch als *metonymischer* Gebrauch des *Wir* beschreiben. Diese linguistischen Realisationsformen lassen sich unter dem Oberbegriff der ***referentiellen Strategien*** zusammenfassen – und basieren meist auf *sozialen Kategorisierungen*. REISIGL/ WODAK (2001: 46) greifen in diesem Zusammenhang auf Forschungen Theo VAN LEEUWENS zurück, der eine Systematik der „representation of social actors in discourse" entwickelt hat. Als wichtige ***Referenzstrategien*** nennen sie unter

235 Hier fassen WODAK et al. den Begriff der *Referenz* weit: Konjunktionen setzen natürlich zunächst einmal *Propositionen* in ein Verhältnis zueinander, relevant sind also weniger die Konjunktionen selbst als die durch sie in spezifischer Weise verknüpften Propositionen.

anderem die ***Kollektivierung*** (*wir-sie-Volk-Klasse*), die ***Verräumlichung*** (*Toponyme* als *Metonyme* oder *Personifikationen*, *Anthroponyme*, die auf eine Person referieren, indem sie auf ihren Lebensraum zurückgreifen), ***Verkörperlichung*** (***Somatisation***, d.h. Referenz über körperliche Merkmale). Hinzu kommen ***Kulturalisation*** (Ethnifizierung, Referenz über Religion oder ‚Zivilisationsgrad'), ***Ökonomisierung*** (Professionalisierung, Besitzstandsbezug, ideologischer Bezug) und ***Politisierung*** (Referenz über Nationenzugehörigkeit, Klassenzugehörigkeit, Parteizugehörigkeit) (vgl. Reisigl/ Wodak 2001: 48ff.). Es handelt sich um ‚Referenzausdrücke', die mit einer bestimmten ‚Wertungspragmatik' einhergehen – die oft nur aus dem Äußerungskontext erschlossen werden kann[236]. Insofern ist in der referentiellen Strategie in vielen Fällen bereits eine *Prädikation*, eine Zuschreibung von Eigenschaften, enthalten:

> „Because of the descriptive quality of such referential categorisations, linguistic identification is already related to strategic predication and thus very often involves evaluation" (Reisigl/Wodak 2001: 46).

Durch ***Prädikation*** und ***Assertion*** werden Personen und sozialen Gruppen bestimmte Eigenschaften zugeschrieben (d.h. durch prädikative Strategien, die als Behauptungen geäußert werden). Aufbauend auf der *Kategorisierung* und *Typisierung* werden die sozialen Kategorien hierdurch *evaluiert* und *inhaltlich* bestimmt. Im Kontext von Differenz- und Identitätsdiskursen erfolgt dies häufig über dichotomisierende Beschreibungen. Man könnte von den ***Attributen*** sprechen, die bestimmten Akteuren zugesprochen werden. Ebenso prägend für Identitätsdiskurse ist aus Sicht WODAKs (2001: 140) die ***Umdeutung*** von Ausdrücken (eine *Dekontextualisierung* mit anschließender *Rekontextualisierung*), die für die eigene Gruppe vereinnahmt werden und so zur Solidarisierung der In-Group und ihrer positiven Selbstdarstellung genutzt werden können. ***Prädikative Strategien*** finden sich nicht nur auf Wortebene[237], hier lassen sich aber einige besonders wichtige Formen der Spezifizierung und Charakterisierung von Personen, sozialen Ereignissen, Handlungen und Dingen verorten. ***Tropen*** wie die ***Metonymie***, die ***Synekdoche***[238] und die ***Personifikation***[239] sind wichtiger Bestandteil von Diskursen der

236 In vielen Fällen ist die Wertungspragmatik als usuell anzusehen: *Schlitzauge* ist auch ohne Einbeziehung des Äußerungskontextes als negativ wertender Ausdruck zu erkennen.

237 Zu den Realisationsformen prädikativer Strategien vgl. REISIGL/ WODAK (2001: 54-55; Hervorhebungen durch Verfasserin): „Among other things, predicational strategies are mainly realised by specific forms of *reference* (...), by *attributes* (...), by *predicates* or *predicative nouns/ adjectives, pronouns*, by *collocations*, by explicit *comparisons, similes, metaphors* and other *rhetorical figures* (...) and by more or less implicit *allusions, evocations* and *presuppositions/ implications*".

238 In *Metonymien* „benutzen wir eine Entität, um uns auf eine andere zu beziehen. (...) Die Metonymie hat in erster Linie die Aufgabe, eine Beziehung herzustellen, so dass wir eine Entität nutzen können, damit diese für eine andere Entität steht (...)" (Lakoff/ Johnson 1998: 47). Die *Synekdoche* wird als Sonderfall der Metonymie bestimmt. Klare Abgrenzungen fallen in diesem Zusammenhang schwer, weil die linguistischen Unterscheidungen meist auf unterschiedlichen ontologischen Kategorisierungen der in Bezug gesetzten Entitäten beruhen.

239 *Personifikationen* werden von REISIGL/ WODAK (2001: 58; vgl. auch LAKOFF/ JOHNSON 1998) als Sonderform der *Metapher* angesehen, die „bring together and link two semantic fields, one with the semantic feature (-human), the other bearing the semantic feature (+human)".

Identität/ Differenz. Mit ihrer Hilfe lässt sich „sprachlich die Gleichheit von Personen herstellen" (Wodak 1998: 95): Wenn *Wir* wahlweise *Papst, Weltmeister* oder *Olympiasieger* werden, oder *ganz Deutschland* seine Nationalmannschaft *bejubelt,* findet eine innere Homogenisierung der sozialen Kategorie ‚Deutsche' statt. Zudem vermögen es Metonymien und Synekdochen, „verantwortliche AkteurInnen verschwinden zu lassen oder bewußtseinsmäßig in den Hintergrund zu stellen" (Wodak 1998: 95) – handelt *Brüssel* oder *schließt Europa die Grenzen,* so bleiben die handelnden politischen Akteure und ihre Interessen zunächst einmal ‚ausgeblendet'. Es findet eine Hypostasierung abstrakter Entitäten als Akteure statt – etwa durch die „anthropomorphisierte(..) Nation" (Wodak 1998: 95) (siehe 4.1). ***Metaphern*** und ihre argumentatorische Indienststellung spielen im Kontext rassistischer und anderer Abgrenzungsdiskurse eine entscheidende Rolle (vgl. auch Pielenz 1993; Pörksen 2000: 169-202). Der Metapher wird ein Sonderstatus zugewiesen, indem betont wird, dass es sich häufig um *kollektive Symbole* handelt, um *kulturelle Stereotype,* die „in the form of metaphorical and synecdochic symbols" auftreten, die „are immediately understood by the members of the same speech community" (Reisigl/ Wodak 2001: 26)[240]. Der Hinweis auf die Fundierung identitätsbezogener Attributionen in „collective-symbolic concepts" (Reisigl/ Wodak 2001: 58) weist darauf hin, dass auf *Konzeptmetaphern* im Sinne LAKOFF/ JOHNSONs Bezug genommen wird (siehe auch 4.1.). Explizite Bezüge zu kognitiven Metapherntheorien werden jedoch nicht hergestellt, die *Metapher* wird als *Tropus,* als *rhetorisches Mittel* definiert. ***Vagheiten*** der Argumentation, eine weitere linguistische Realisationsform, können zum einen auf ***unklaren, generalisierenden Referenzen*** (*Europa hat sich schon immer durch die Fähigkeit ausgezeichnet, sich ständig weiter zu entwickeln* (Hoecker 2006: 2)) beruhen. Von Individuen und sozialen Gruppen innerhalb einer größeren sozialen Gruppe wird auf Gesamtgesellschaften oder ganze Kulturen geschlossen, bzw. diese Großgruppen werden als Entität mit Agenscharakter hypostasiert. Im ersteren Fall spricht man von einer ***sukzessiven Generalisierung***, im letzteren von einer ***absoluten Generalisierung***. Noch ‚prägnanter' ist der Gebrauch ***generischer Bezeichnungen für Menschengruppen***, die gleichsam die Assoziation mit dem ‚prototypischen' *Europäer, Deutschen* oder *Juden* hervorrufen (als Vor-Urteile aktivieren) (vgl. Wodak et al. 1990: 139-140). Zum anderen können Passivkonstruktionen das Agens eines Satzes (*Die Festung Europa wird gesichert*) tilgen oder es wird eine unpersönliche Sprecherperspektive (*man/ es muss*) gewählt. Letztere Beispiele stellen eine Sonderform der ***Vagheit*** dar – die ***Anonymisierung***. Sie ermöglicht es, gesellschaftlich tabuisierte (politisch inkorrekte) Meinungen zu äußern und dabei den eigenen Standpunkt zu verschleiern, andererseits auch Bedrohungen/ Ereignisse zu ‚mystifizieren'. ***Vagheit***

240 REISIGL/ WODAK (2001: 59) betonen: „Racialising, nationalising and ethnicising metaphors of spatiality are primarily ordered around the symbolically and evaluatively loaded binary oppositions of ‚internal' versus ‚external' or ‚internality' versus ‚externality', of ‚height/top' and ‚up' versus ‚bottom' and ‚low/ down', of ‚foundations/profundity/ground' versus ‚bottomlessness', of ‚superficiality' and ‚flatness' versus ‚depth', of ‚centre' versus ‚periphery/ margin' as well as of ‚boundary/limit' and ‚extension/expansion' and ‚spreading'„. Sie sind „very often recruited from naturalisation (...) from meteorologisations, geologisations and biologisations".

beschreibt eine Realisierungsform von ***Strategien***, die durch unterschiedlichste linguistische Formen und Strukturen aktualisiert werden kann und nicht nur auf Ausdrucks-, sondern auch auf Satz- oder Textebene realisiert sein kann.

Auch auf *Satzebene* stellt die diskurshistorische Forschung eine Reihe linguistischer Realisationsformen in den Analysemittelpunkt: ***Rhetorische Fragen*** erzeugen einen quasi-dialogischen Text, sie nehmen (oft nur scheinbar) mögliche Einwände vorweg, ermöglichen die Überspielung von Brüchen der Argumentation und erfüllen meist eine persuasive Funktion. ***Zitate*** können auf Textebene (Geschichten und Erzählungen) ebenso vorkommen wie auf Satzebene oder Wortebene. Sie erlauben es, Behauptungen ‚aufzustellen', ohne die volle Verantwortung für das Gesagte übernehmen zu müssen, stützen die Argumentation, speziell wenn auf ‚anerkannte Autoritäten' Bezug genommen wird und verleihen dem Text in vielen Fällen einen quasi-objektiven und quasi-rationalen Charakter. ***Anspielungen*** können in vielerlei Form vorliegen – es kann sich um *Zitate* handeln, um den formalen *Textaufbau*, um eine bestimmte *Wortwahl*. Obgleich sie der Satzebene zuzuordnen sind, sind sie ohne die Kenntnis ihres diskursiven und textuellen Umfeldes nicht nur nicht analysierbar, sondern kaum erkennbar. Oft beruhen Anspielungen auf den Konnotationen bestimmter Ausdrücke, auf ihren ‚mitgemeinten' affektiv-evaluativen Bedeutungen.

Auf *Textebene* greifen WODAK und ihre Mitarbeiter auf die Ergebnisse der zeitgenössischen Textlinguistik zurück, ohne jedoch deren Analysemethodiken in zusammenhängender Form zu übernehmen. Die auf der Textebene aktualisierte Versprachlichungsform ***Brüche der Textkohärenz*** lässt sich in der Analyse nur bei genauer Kenntnis des Kontextes erkennen – möglicherweise handelt es sich um einen Bruch, der durch ***Präsuppositionen*** ‚geheilt' werden kann, die für den zeitgenössischen oder einer bestimmten sozialen Gruppe zuzuordnenden Adressaten/ Sender zum (spezifischen) Weltwissen gehören, für den Analysierenden jedoch nicht. Für die Diskurshistoriker handelt es sich um ein geläufiges Merkmal von Diskursen der Differenz, dass Argumente aus den verschiedensten Zusammenhängen *unverbunden* nebeneinander gestellt werden. Unter ***Diskursrepräsentation*** verstehen die Diskurshistoriker Fragen nach dem Modus (indirekte oder direkte Rede), nach der Erhaltung der Grenzen der ‚Diskurse', etwa durch Konjunktive und Anführungszeichen und nach der ***Stilistizität*** und ***Situationalität*** der Diskurswiedergabe. ***Geschichten*** *und* ***Erzählungen*** dienen dazu, die Argumentation durch exemplarische Darstellungen zu rationalisieren und induktiv zu stützen, wobei im Rahmen von Differenzdiskursen häufig Erzählungen über einzelne Personen auf die betreffende Gruppe verallgemeinert werden. Das heißt, eng mit diesen *Geschichten und Erzählungen* verbunden ist die Realisationsform der ***Generalisierungen*** *und* ***Gleichsetzungen***. Bei dieser „wichtigste[n] sprachlichen Realisierungsform von gruppendefinierenden Argumentationsstrategien" (Wodak et al. 1990: 357) werden Aussagen über Personen, Gruppen oder Erfahrungen verallgemeinert, diese damit intern homogenisiert – und Vorurteile konstituiert. Über ***Vergleiche und Analogien*** (auch dies ***prädikative Strategien***) werden reale und fiktive Ereignisse ebenso wie Subjekte/ Objekte gleichsam zusammengezogen, in einen ‚a ist wie b – Zusammenhang' gesetzt. Ebenso wie bei ***irrealen Szenarien***

(Wenn die EU ihre Ostgrenzen nicht schützen würde, dann...), das heißt Hypothesen, die letztlich nicht prüfbar sind, soll die eigene Argumentation gestützt werden, ohne dass die Form der Stützung beleg- oder widerlegbar wäre. ***Evokationen*** sind eine Form textueller *Anspielung*, sie realisieren Textmerkmale, die mit bestimmten Genres oder anderen Texten assoziiert werden bzw. für diese typisch zu nennen sind (etwa an Märchen, Kriminalromane u.ä.) und inszenieren damit den Gesamttext in einer bestimmten Form und oft mit spezifischer Wirkungsabsicht: Wird über politische Planungen in einer Weise berichtet, die an das Genre Märchen erinnert, so werden damit Merkmale des Märchens (fiktiv, Kindergeschichte) auf den berichteten Inhalt übertragen.

Fazit

Der diskurshistorische Ansatz bietet sich zur Verknüpfung mit den theoretischen Reflexionen zu *Repräsentationen* und *Identitäten* an, weil er über die *Offenheit* der *Diskurslinguistik* und der FAIRCLOUGHschen CDA für sozialwissenschaftliche Fragestellungen noch hinausgeht. Die DHA ist nicht nur potentiell, sondern *inhärent* multi- und interdisziplinär angelegt, sieht ihr Alleinstellungsmerkmal in der „fruchtbaren Vernetzung unterschiedlicher wissenschaftlicher Zugänge" (Titscher et al. 1998: 194) je nach spezifischem Erkenntnisinteresse. Gerade die Tatsache, dass sie theoretisch wie methodisch „eklektizistisch und unsystematisch" sei, ist ihre „Stärke" (Wodak/ Weiss 2004a: 70): *Theoriefragen* können demnach immer erst *vor dem Hintergrund bestimmter Forschungsfragen* sinnvoll beantwortet werden. In jedem spezifischen Fall jedoch muss die theoretische Basis der verwendeten Begrifflichkeiten/ analytischen Werkzeuge explizit gemacht werden. Je nach Kontext sollen jene Theorien und Erkenntnisse einbezogen werden, die im betreffenden (meist multidisziplinären) Forschungsfeld entwickelt wurden, um eine Thematik zu konzeptualisieren. Diesen Anspruch hat die vorliegende Arbeit übernommen und ihm insofern Rechnung getragen, als nicht nur sozialpsychologische, soziologische und geographische Theorieansätze zu Fragen der (kollektiven bzw. raumbezogenen) Identität einbezogen werden, sondern auch eine Vielzahl aus verschiedensten Disziplinen stammender Erkenntnisse zur Thematik der europäischen Identitätskonstruktion rezipiert wurden. Zudem werden die *empirischen* Ergebnisse verschiedenster Disziplinen/ ForscherInnen zu ‚*Europa*-Bildern' reflektiert. In diesem Sinne lassen sich weite Teile der Arbeit im Sinne WODAKS als Teil der Diskursanalyse, als *Analyse der Inhalte und Themen* fassen.

Identitätsfragen stehen im Forschungsfokus von Ruth WODAKS eigenen Forschungen. In der Identitätsbildung sieht sie ein zentrales Element des diskursiven Prozesses (vgl. Wodak et al. 1999: 8). In den vorgelegten Arbeiten werden theoretisch-methodisch reflektiert jene *diskursiven Strategien* konkret empirisch herausgearbeitet, die *nationalen* Identitätskonstruktionen zugrunde liegen. Die entwickelten Analysestrategien werden – kritisch hinterfragt – in erweiterter Form in die Analyse des Prozesses des *Imagining Europe* eingebracht (vgl. Wodak 2002: 1) (siehe 3.2). Der Fokus liegt nicht nur auf der Konstruktion sozialer Identitäten in der Kommunikation, sondern vor allem auch auf der *Rolle diskursiver Eliten* in der Konstruktion von *Identitätsmodellen*. Die in den vorgelegten Analysen gewonnenen Erkenntnisse dienen – kritisch hinterfragt – in dieser Arbeit dazu, das *Diskursfeld europäischer Identitätsangebote* abzustecken (vgl. 3.3). Sie liefern aber auch hilfreiche theoretische und methodische Handreichungen, die bereits auf die Analyse von Identitätsdiskursen zugespitzt sind.

Problematisch ist aus Sicht der Verfasserin die in der Terminologie aufscheinende starke Funktionalisierung der Sprachanalyse im Sinne einer Gesellschaftsanalyse. Merkmale auf Wort-, Satz-, und Textebene werden vorwiegend als *linguistische Realisationen* (mentaler) *Strategien* in den Blick genommen, stehen aber (zumindest explizit) nicht im Kontext einer *holistischen Textanalyse*. Die mental verorteten *Strategien*, die im DHA die Verbindung zwischen Text und Diskurs, Sprache und Gesellschaft konzeptualisieren, mögen interpretativ nützliche Tools darstellen, sind aber letztlich weder klar zu fassen noch klar voneinander abzugrenzen[241]. Obgleich der breite *Kontextbegriff* ebenso adaptiert werden soll wie einzelne *Analyseelemente*, ist das Gesamt-Schema aus Sicht der Verfasserin sowohl *unterspezifiziert* (da es auf einen linguistisch-methodischen Minimalkonsens und damit „die wiederholbare Gültigkeit analytischer Ergebnisse" (Warnke/ Spitzmüller 2008a: 6) verzichtet) als auch *übergenerierend* (bezüglich der ‚Strategiesammlungen').

Bezüglich der expliziten *Handlungsorientierung* lässt sich der DHA allerdings gut mit *Diskurslinguistik* und CDA nach FAIRCLOUGH verknüpfen. Was den eng mit dem Akteursbegriff verknüpften kritischen Impetus betrifft (Stichwort: Verantwortung), ist BILLIG zuzustimmen:

> „[T]he analysis of ideology must, and should, be based on ideological presuppositions itself" (Billig 2003: 36).

Die linguistische Diskursanalyse *definiert* sich, hierin folgt die Verfasserin WARNKE/ SPITZMÜLLER, *nicht* über ihre Gesellschaftskritik. Zugleich aber muss und darf, gerade wenn *aktuelle* Abgrenzungsdiskurse in den Blick genommen werden, auf Perspektivität und Kritik nicht verzichtet werden.

241 Das Konzept der kognitiv verankerten, auf verschiedenen Ebenen angesiedelten Strategien (Makrostrategien, Strategien, Argumentationsmuster) als Brücke zwischen der Inhaltsebene des Diskurses und der linguistischen Realisation ist in seiner analytischen Umsetzung nicht unproblematisch. Als Ergebnis der Forschungen zur nationalen Identitätskonstruktion und zu Abgrenzungsprozessen ganz allgemein beschrieben und auf Forschungen zur europäischen Identitätskonstruktion übertragen, stellen sie Kategorisierungsversuche dar, mit deren Hilfe die Komplexität und Vieldeutigkeit diskursiven Handelns in eine Ordnung gebracht werden soll. Im Grunde lassen sich so viele derartige Strategien ausweisen, wie der Analysierende möchte, ihre Abgrenzung untereinander bleibt schwer greifbar. Wie genau unterscheiden sich *Singularisierung* und *Autonomisierung* (vgl. Wodak et al. 1999: 38)? Viele Topoi oder ‚Gemeinplätze' werden bereits seit der Antike in der rhetorischen Tradition ausgewiesen und haben ihren analytischen Mehrwert, da es sich tatsächlich um wiederkehrende, themenunabhängige Argumentationsmuster handelt, doch was soll man von Topoi wie dem Identitäts- und dem Kulturtopos halten, was diesen Topoi jeweils zuordnen?

Linguistische Diskursanalyse: Offene Fragen und kritische Stimmen

Mit Hilfe der Ansätze der *linguistischen Diskursanalyse* lässt sich die diskursive Konstruktion von sozialen Repräsentationen konzeptualisieren. Sie liefern einen *methodischen* ‚Werkzeugkasten' für die Erfassung sozialer Repräsentationen bzw. Identitätsangebote. Sowohl über die theoretischen *Prämissen*, als auch über die Frage ihrer *Operationalisierbarkeit* über die vorgestellten analytischen Tools wird jedoch außerhalb wie innerhalb des Paradigmas kontrovers diskutiert. Insbesondere die Triade *Diskurs-Kognition-sozialer Kontext* steht im Zentrum der Debatte.

Die Vertreter der linguistischen *Konversationsanalyse* gehören zu den vehementesten Kritikern der Diskursanalyse. Diese Textanalysemethode geht davon aus, dass alle Schlussfolgerungen *innerhalb* des Textes begründet werden *müssen* und nur textimmanent begründet werden *können*. Konkret: Es sei nötig aufzuzeigen, welche Einflüsse „für das Verhalten der Interagierenden nachweisbar relevant" (Titscher et al. 197) sind, und dies lasse sich nur beweisen, wenn sie im Text implizit oder explizit thematisiert würden. Wenn dies nicht geschehe, ließen sich die Ergebnisse der Diskursanalyse nicht an die Daten zurück binden, die der Analyse zugrunde lägen, und riskierten, selbst als ideologisch eingestuft zu werden. Die Vertreter der Diskursanalyse verweisen allerdings darauf, dass sich die einen Text bestimmenden Faktoren nicht nur mit *linguistischen* Methoden gewinnen ließen, sondern auch mit *sozialwissenschaftlichen* Methoden: Sie sehen den Text als Teil sozialer Interaktion an. Im Grunde geht es um die Frage nach den kausalen (?) Relationen zwischen *Kontext* und *Text*. Aus ganz anderer Perspektive – nämlich der Diskurstheorie – kritisiert KELLER (2005: 156) die Kontexterfassung der CDA: Seiner Meinung nach „fällt die Frage des ‚Wissens' und der institutionell-diskursiven Strukturierung der Macht-Wissen-Regime, die im Zentrum von Foucaults Vorhaben stand (...), [t]rotz der Erweiterung um sozialwissenschaftliche Theoriebezüge (...), aus dem Blick (...) der CDA. Sie verlässt (...) nicht ihre Herkunft in der sprachwissenschaftlichen Tradition". Er beklagt also eine unzureichende theoretisch-methodische Beschäftigung mit der *soziologisch-institutionellen* Ebene. Auch innerhalb der CDA wird in diesem Zusammenhang von Forschern wie CHILTON und VAN DIJK ein konzeptuelles und analytisches Defizit konstatiert. Trotz der grundlegenden Rolle des Kontextes in der Diskursanalyse bleibe das Konzept unscharf:

> „The notion of context used (...) is however quite vague and intuitive, and based on the concept of a social ‚environment' or ‚situation' of language use. Such situations would involve categories such as Setting (Time, Place etc.), Participants in various roles, Actions, and Cognitions (aims, knowledge, opinions etc.)" (Dijk van 2005: 74).

Soziale Strukturen, Rollen, Handlungen, zeitliches und räumliches Setting, betont VAN DIJK, beeinflussten den Diskurs jedoch keinesfalls direkt, ebenso wenig, wie der Diskurs direkt auf die soziale Realität zurückwirken könne. Vielmehr würde der *Kontext* immer nur über die *Zwischeninstanz* seiner *Relevanz für die beteiligten Akteure* wirksam und relevant: Zum Verständnis der Relation zwischen sozialen Situationen und Diskursen sei ein ‚mentales Interface' nötig: „both the definition of the communicative situation as well as the relevance of its properties for discourse production is not only interactionally but also mentally accomplished" (Dijk van 2005: 75). CHILTON betont vor diesem Hintergrund die Notwendigkeit der Öffnung der CDA gegenüber Modellen der Kognitionswissenschaften und der Psychologie. VAN DIJK führt in seinem soziokognitiv ausgerichteten Ansatz der Diskursanalyse folgerichtig das Konzept eines mentalen Modells der Kommunikationssituation ein. Die wichtigste Komponente dieses Kontextmodells stellt für ihn *Wissen* dar (von ihm allgemein definiert als die geteilten Vorstellungen einer Gemeinschaft). Die sozialen Akteure greifen in der diskursiven Interaktion in ihren Kontextmodellen nach dieser Vorstellung auf Wissen zurück, das sich verschiedenen Ebenen (der personalen und interpersonalen Ebene, der Mikro- und Makro-Gruppenebene) zuordnen lässt. Dieses Wissen, das je als *sozial geteilt* angenommen wird, kann und wird meist nicht explizit gemacht, sondern *präsupponiert* – und wer Strittiges für sozial Anerkanntes ausgeben möchte, setzt es ebenfalls voraus. Es existiert also in der Kognition wie auch auf sozialer Ebene:

> „Cognition is a necessary interface between society and discourse, (…) the cognitive structures we deal with are at ***the same time*** social, as is the case for knowledge, attitudes, ideologies, norms and values. Indeed, these social cognitions are primarily defined in terms of beliefs shared by members of groups and communities" (Dijk van 2005:87; Hervorhebungen im Original).

Bei der *Wissenskomponente* der *Kontextmodelle* handelt es sich– so definiert – um *soziale Repräsentationen*, auf die der Einzelne in seinen Äußerungen rekurriert. VAN DIJK (2005:88) weist den ‚symbolischen' Eliten eine Schlüsselrolle in der Prägung dieser Komponente zu.

Durch die konsequente Bezugnahme auf sozialpsychologische, kognitionswissenschaftliche und sozialwissenschaftliche Theorien und Methoden begegnen (zumindest einzelne) Vertreter der *CDA* der kritischen Frage nach dem Zusammenhang zwischen Text und Kontext. Ihre Antworten unterstreichen das Ziel dieser Arbeit, Sozialpsychologie, Diskursanalyse und Sozialwissenschaft fruchtbar miteinander zu verbinden.

Die CDA wird jedoch nicht nur auf der Ebene der *Text-Kontext-Debatte* kritisiert, sondern auch von *kognitiven* Linguisten, die sich in besonderem Maße mit Aspekten des Textverstehens und der Textproduktion auseinandersetzen. So geht zum Beispiel O´HALLORAN davon aus, dass in der CDA (v.a. FAIRCLOUGHs) die neueren Erkenntnisse der Kognitionsforschung ungenügend rezipiert worden seien. Texte würden oft überinterpretiert, während der ‚normale' Leser bzw. Rezipient sie ganz anders interpretiere (vgl. O´Halloran 2003: 3). Leser/ Rezipienten lassen sich seiner Meinung nach wesentlich weniger manipulieren, als dies die CDA behauptet. Was im Text keine Erwähnung finde, nenne die CDA oft bereits manipulativ, ideologisch, obwohl es doch problemlos aus dem jeweiligen Zusammenhang zu inferieren sei. So würden Nominalisierungen *Prozesse* nicht automatisch zu *Entitäten* machen, ebenso wenig wie *passivischer* Satzbau die *Akteure* vollständig aus dem Bild dränge. Um sagen zu können, wie genau ein Text von verschiedenen Rezipienten interpretiert werde, müsse die kognitiv ausgerichtete Textverstehensforschung herangezogen werden. CHILTON (2005: 41) schlägt in dieselbe Kerbe, wenn er der CDA vorwirft, ohne weitere Überprüfung davon auszugehen, dass „people are easily hoodwinked by powerful verbalisers". Ergebnisse der Kognitionswissenschaften würden darauf hinweisen, dass die Menschen einen kritischen Instinkt besäßen, eine Art „module for CDA“ (Chilton 2005: 43). Ob sie dieses allerdings nutzen, hänge vor allem von ihrem Vorwissen, ihren Überzeugungen und dem politischen und sozioökonomischen Kontext ab. Diese Kritik ist sicher gerechtfertigt, auch wenn sie aus praktischen Gründen kaum Folgen haben kann. Um jeweils die genaue Textinterpretation bestimmter sozialer Akteure nachzeichnen zu können, müsste man schon in deren ‚Köpfe hineinschauen‘ können. Die Interpretation eines Textes durch den Diskursanalytiker versteht sich *immer* nur als Näherungswert/ Möglichkeit. Die Rezeption von Texten ist nicht ohne Grund eines der methodisch am schwierigsten zu erfassenden Themen der linguistischen Forschung.

Einen besonderen Gegner hat die CDA in WIDDOWSON, der „kritisiert, dass Diskurs ebenso vage wie derzeit in Mode“ (Titscher et al. 1998: 197) sei. CDA sei „ideologische Interpretation und somit keine Analyse“, aufgrund ihrer „vorurteilshaften Voreingenommenheit“ sei „das Aufzeigen mehrerer Interpretationen“ (Titscher et al. 1998: 197) eines Textes nicht mehr möglich, dies jedoch würde Analysen auszeichnen. STUBBS argumentiert ähnlich, wenn er meint, dass die Analysten der CDA im Grunde Bedeutungen in Texte hineinlesen würden (vgl. Chouliaraki/ Fairclough 1999: 67). Auch KELLER (2005: 155) warnt: „[D]ie empirische Umsetzung (...) bleibt (...) hinter der eigenen theoretischen Grundlegung zurück und erweckt häufig den Eindruck einer vor-urteilenden Betrachtung der empirischen Daten, die das sucht, was sie schon zu kennen glaubt“. Nach CHOULIARAKI/ FAIRCLOUGHS Meinung handelt es sich hierbei um ein Mißverständnis des Ansatzes, der die ‚Closure‘ der Bedeutungen eines Textes gerade ausschließe und die eigene Position klar expliziere, also gar nicht ideologisch wirken könne. Die Kritik ist dennoch nicht ganz von der Hand zu weisen, denn wie jede wissenschaftliche Methode neigt die CDA zur Setzung von Normen, zur Wertung von Aussagen. Es kann nur an jedem einzelnen Anwender liegen, seine eigene ideologische Eingebundenheit aufzuzeigen und damit ‚unschädlich‘ zu machen‘.

Auf das Selbstverständnis der Kritischen Diskursanalyse zielt auch CHILTONS Kritik ‚aus den eigenen Reihen‘. CDA versteht sich – in welcher Ausprägung auch immer – als emanzipatorisch und demystifizierend, will politisch relevant sein. Vor diesem Hintergrund rüttelt CHILTONS (2005: 21) Frage „whether CDA has any credible efficacy, on its own terms, as an instrument of social justice“, ob die Analysen der Forscher überhaupt „genuine social effects“ nach sich zögen, an den Grundfesten des Paradigmas. Für ihn liegt die Antwort in der konsequenten Einbeziehung *soziokognitiver* Variablen in die Analysen. Nur so könne sich die CDA von der deskriptiven Ebene lösen und auch Erklärungen für das diskursive Verhalten liefern, die über Verweise auf den sozioökonomischen Kontext hinausgingen. Die Forschungen der CDA könnten zwar zum *Verständnis* sozialer Phänomene beitragen, nur sehr marginal allerdings zu ihrer Änderung. Möglicherweise könne sie nicht mehr erreichen als „any politically aware person“ (Chilton 2005: 46).

Diskurslinguistik, CDA und DHA: Handlungsorientierte linguistische Diskursanalyse

Handlungsorientierung: Zum Diskurskonzept

Diskurslinguistik, *CDA* nach FAIRCLOUGH und *diskurshistorischer Ansatz* teilen ein ***handlungsorientiertes Diskurskonzept***, das für diese Arbeit übernommen wird. Sprachgebrauch beziehungsweise Sprachhandeln wird als *soziale Praktik* der Welterfassung, Wissensgenese und Wissensformation begriffen. *Diskurs* bezeichnet nicht nur eine ‚*Summe*' von ‚*Texten*' als konkrete, bedeutungstragende soziale *Handlungen*, sondern auch „ein Mehr" (Warnke/ Spitzmüller 2008a: 16). Er *realisiert* sich in Texten, ist aber auch eine sozio-kulturelle, politische, letztlich ‚ideologische' Praxis, die soziale Strukturen und ‚Wissensarchitekturen' zugleich umfasst und prägt (vgl. Matouschek/ Wodak/ Januschek 1995: 45; Fairclough 1992a: 3)[242]: *Diskurs* wird hier, FAIRCLOUGH folgend, als *Sprachgebrauch als soziale Praxis* definiert. Damit wird einerseits die *Handlungskomponente* der sprachlichen Weltkonstruktion betont, andererseits der *Einbettung* konkreter Äußerungen in *sprachprägende Formationssysteme* Rechnung getragen. Dieses *linguistische Diskurskonzept* hat den Vorteil, dass es *pragmatische* Aspekte der *Kommunikation* nicht ausblendet, zugleich aber die Ebene der *Regelhaftigkeiten* und ‚überindividuellen Strukturen' einbezieht[243].

Sprechen und *Wissen, Handlung* und *Struktur* verschränken sich in den *Akteuren*, den „Handelnden im Diskurs": Diese „gebrauchen Sprache *in der Kontextualisierung jeweiliger Wissenbestände*, um Wissen zu generieren, zu reformulieren, zu affirmieren (…)" (Warnke/ Spitzmüller 2008a: 16), *werden* diskursiv von Wissensbeständen *geprägt* und *prägen* diese zugleich. Konzepte, die die *mentale* Repräsentation von Ereignissen, Objekten und Subjekten, aber auch die *kognitive Grundlegung* von Handlungsabläufen betreffen, spielen eine wichtige Rolle in den Ansätzen: Sie alle lassen sich, wie das Konzept der *sozialen Repräsentation*, an der Schnittstelle zwischen individuellem ‚Denken' und Gesellschaft verorten, als *sozio-*

242 Zugleich wird *Sprache* in allen drei Ansätzen nur als ein *Teil* ‚des Diskurses' bestimmt. *Diskursanalytisches Arbeiten* umfasst demnach *potentiell* multidisziplinär generierte „text-, bild- und raumbezogene Methoden", im Einzelfall sind es jedoch „spezifische Erkenntnisziele", die „eine spezifische Methodenwahl nahe legen" (Warnke/ Spitzmüller 2008a: 14). So *fokussiert* diese Arbeit auf die (Re-)Produktion und Diffusion von sozialen Repräsentationen *Europas* in der *Sprache*, ohne jedoch die Relevanz von *Visualisierungen*, von *Erinnerungsorten* u.ä. zu leugnen. Alle drei Ansätze nehmen *außerdem* (zumindest analytisch) eine „Grenze(…) zum Nicht-Diskursiven" (Warnke/ Spitzmüller 2008a: 11) an. WARNKE/ SPITZMÜLLER (2008a: 11) gehen davon aus, dass „Versuche der diskursanalytischen Rekonstruktion von Aussagen- und/oder Wissensformationen (…) grundsätzlich nicht das ‚nackte Leben' (…) berühren". FAIRCLOUGH differenziert zwischen *institutionalisierten Ergebnissen früherer diskursiver Konstituierung anderer Subjekte/ Objekte* bzw. der *materiellen Realität*. WODAK/ WEISS gehen vor diesem Hintergrund von (wissenschaftlichen) ‚Fakten' als Hintergrundfolie der Analyse aus, auf die man sich beziehen könne.

243 FAIRCLOUGH folgend wird *Diskurs*, ‚*nicht-theoretisch*' auch zur Referenz auf spezifische thematische Ausschnitte der gesellschaftlichen Kommunikation verwendet: etwa ‚Europa-Diskurs', ‚Wissenschaftsdiskurs' – in der Bedeutung von ‚das Sprechen/ die Diskussion *über etwas* oder *in einem bestimmten Auschnitt der Kommunikationsgemeinschaft.*

kognitive Konzepte. Zwar mag auf diese (weitgehend) nur ver-mittels Sprache ein analytischer Zugriff möglich sein, doch wird die Relevanz der kognitiven Ebene nicht geleugnet. WARNKE/ SPITZMÜLLER, FAIRCLOUGH und WODAK gehen *explizit* davon aus, dass *soziale Akteure intentional handeln*. Ein *Handeln*, für das sie folgerichtig auch die *Verantwortung* tragen.

Eng mit diesem *handlungsorientierten Diskurskonzept* und dem damit einhergehenden *Akteursverständnis* verbunden ist die Betonung der Relevanz von Diskursakteuren im Sinne *diskursiver Eliten* und *ideology brokers*[244]. Im Rahmen dieser Arbeit handelt es sich um ein komplexes Zusammenspiel von *Wissenschaftlern, Politikern* und *Administratoren*: auf der Ebene der Europäischen Union, der Kultusministerkonferenz, der baden-württembergischen Bildungspolitik und -verwaltung sowie im (politischen) *Bildungsbereich*. Diese Diskursakteure werden aus forschungspraktischen und erkenntnisorientierten Gründen *generalisierend* auf *institutioneller* Ebene fokussiert[245].

Textorientierung – holistisches Textverständnis

Zugleich leitet sich aus einem handlungsorientierten Diskursverständnis aus Sicht der Verfasserin analytisch eine *holistische Textorientierung* ab. Die Relevanz korpusbasierter linguistischer Verfahren wird keineswegs bestritten. Im Gegenteil: Detaillierte pragmatisch-textlinguistische Verfahren und explorative Korpuslinguistik ergänzen sich zu einer Annäherung an ‚die' jeweilige Wissensformation. Es sollte allerdings bewusst gehalten werden, dass manche Konzepte, so etwa das der *Textfunktion* und *Kohärenz*, nur bei In-den-Blick-Nahme der *Gesamttexte* sinnvoll anzuwenden sind.

FAIRCLOUGH legt seinen Fokus auf *Detailanalysen* konkreter Einzeltexte. Nach WARNKE/ SPITZMÜLLER (2008: 24) stellen Kategorien der textorientierten Analyse, neben der Wort- und Propositionsebene, einen wichtigen Bestandteil der intratextuellen Analyse dar, auch im Rahmen der Auswertung von Korpusdaten. Die diskurshistorische Herangehensweise setzt auf vergleichende und generalisierende Analysen von *Korpora*, dennoch wird die Relevanz *textlinguistischer* und *pragmatischer* Analyseelemente betont. Im Kontext dieser Arbeit sind beide Perspektiven relevant: Es soll in exemplarischer Form ein Einzeltext, eine konkrete Äußerungs-

244 Im WARNKE/ SPITZMÜLLERschen (2008a: 34) Sinne „zentrale[r] Akteure und Diskursgemeinschaften, denen im jeweiligen Diskursfeld Autorität und Deutungsmacht zugesprochen wird". *Diskursgemeinschaft* meint „dynamische, vernetzte Gebilde (...), denen die Sprecher sich selbst zurechnen (...). [Sie] sind damit auch als Resultate (gleichermaßen dynamischer) Identitätszuschreibungen zu sehen, deren sprachliche Aushandlung soziolinguistisch beschrieben werden kann".

245 Eine Erfassung auf individueller Ebene besitzt, wie dies etwa KRZYZANOWSKI/ OBERHUBER (2007) bezüglich der Identitätskonstruktion im EU-Verfassungkonvent durch die Fokussierung einiger Mitglieder des EU-Konvents gezeigt haben, hohen analytischen Mehrwert, da sie detailliert individuelle Entscheidungsprozesse und Verortungen aufzeigen kann. Allerdings stellt sich die Frage der Generalisierbarkeit: Wie die Auswahl einer Karte mit einem bestimmten Maßstab auch, richtet sich die fokussierte Ebene nach Erkenntnisinteresse und Funktion. Die Funktion *hier* besteht in der Kontextualisierung von Analysen, die Texte der politischen Bildung in den Blick nehmen, deshalb ist die *institutionelle* Ebene ausreichend ‚trennscharf'.

handlung detailliert und ‚ganzheitlich' analysiert werden. Damit werden zugleich die zahlreichen, eher explorativ vorgehenden, bereits vorliegenden Studien vertieft (vgl. 3.2). Jene empirischen Erkenntnisse zur Konstruktion der Kategorie ‚*Europa*', die anhand umfangreicherer Korpora und mit verschiedensten Methoden gewonnen wurden, liefern einen wichtigen *Interpretationsrahmen* für die Untersuchung.

Identitäts-Diskurse
Die Verknüpfung von linguistischer Diskursanalyse und Sozialpsychologie ermöglicht die Unterfütterung der sozialpsychologischen Theorien durch eine Erfassung der Identitätskonstruktions-Prozesse *als* und *im* Diskurs. Sie trägt der von verschiedenen Vertretern der linguistischen Diskursanalyse erhobenen Forderung Rechnung, die Diskursanalyse stärker gegenüber psychologischen und kognitiven Theorien und Methodiken zu öffnen. Obgleich gerade der diskurshistorische Ansatz als Schritt in die richtige Richtung verstanden werden kann, bemängelt CHILTON noch 2005, dass die CDA trotz ihrer Interdisziplinarität die psychologische und kognitionswissenschaftliche Literatur, gerade zu Fragen der sozialen Kategorisierung, bisher zu wenig rezipiert und in die eigenen Analysen einbezogen habe: „CDA, despite some interest in (mental) representations, has by and large not paid attention to the human mind" (Chilton 2005: 22). Während die Sozialpsychologie die Frage nach den konkreten Formen der Genese, Reproduktion und Transformation sozialer Kategorien und Repräsentationen in der gesellschaftlichen Interaktion nicht beantworten kann und deshalb des Rückgriffs auf die *Diskursanalyse* bedarf (siehe 2.6), fehlt (dem Mainstream) der Diskursanalyse eine ausreichende Konzeptualisierung der Verbindung zwischen Diskurs und sozialer ‚Realität'. Nur durch die Einbeziehung der kognitiven Dimension kann man sich den komplexen dialektischen Relationen zwischen Diskursen und sozialen Objekten, Prozessen und Identitäten annähern. Dreh- und Angelpunkt ist das Denken und Sprechen des Einzelnen in der sozialen Interaktion[246]. Wie in der *Theorie der sozialen Repräsentationen* wird hier angenommen, dass die Konstruktion der ‚Realität' bzw. *sozialer Repräsentationen* im Zusammenspiel von *mentaler* und *diskursiver* Ebene stattfindet. Soziale Kategorien in ihrer Relevanz für Identitätsbildungsprozesse lassen sich über die Theorien und Methoden der Sozialpsychologie konzeptualisieren und beschreiben. Diskursanalytische Herangehensweisen ermöglichen es aufzuzeigen, wie ihre Konstruktion in der Interaktion konkret funktioniert:

> „CDA draws attention to the existence of stereotyped categorisations in daily talk, elite talk and texts. CDA also shows how language users categorise behaviour, actions and attributes (…)" (Chilton 2005: 24).

246 „The argument is straightforward. Discourse, that is to say language in use, is produced by human individuals interacting with one another. Language can only be produced and interpreted by human brains (…). If language is produced and interpreted by human brains, then it interacts on any account of language with other cognitive capacities (…) if language use (discourse) is (…) connected to the ‚construction' of knowledge about social objects, identities, processes etc., then that construction can only be taking place in the minds of (interacting) individuals" (Chilton 2005: 23).

Eine Frage der Perspektive
Bevor die methodische Fruchtbarmachung der Ansätze für die Erfassung *sozialer Repräsentationen Europas* konkretisiert wird, sei noch ein Exkurs zur Frage Deskription versus Präskription, zur Frage wertender Forschung und zum emanzipatorisch-sozialkritischen Impetus diskursanalytischen Arbeitens eingeschoben. Bezüglich der *Selbstreflexivität* sind sich alle drei Ansätze einig: Warum der Forscher ein Thema auswählt, wie er sich zu diesem stellt, kurz: die *Diskursivität* des eigenen analytischen Arbeitens muss bewusst gehalten werden. Ich stimme dem zu. Allerdings ist auch der im letzten Unterkapitel angesprochenen Kritik zuzustimmen, wie sie von WARNKE/ SPITZMÜLLER (2008a: 21) unterstrichen wird: „Hinsichtlich vieler Arbeiten aus dem Umkreis der Kritischen Diskursanalyse ist (...) zu sagen, dass dieser Anspruch in der Praxis nicht umgesetzt wird". Sie laufen deshalb „Gefahr, ein aufgrund präferierter sozialer Modelle vorderhand angenommenes Resultat auf die Daten zu projizieren".

FAIRCLOUGH und WODAK verstehen ihre Arbeiten (nicht umsonst werden beide Ansätze unter dem Dach der ***Critical** Discourse Analysis* subsumiert) dezidiert als *gesellschaftskritisch*. WARNKE/ SPITZMÜLLER warnen hingegen davor, Machtanalysen, so wichtig sie seien, als Hauptaufgabe festzuschreiben: Auch deskriptiv angelegte Arbeiten über die Generierung von Wissensformationen hätten ihren Platz in der Diskurslinguistik. FELDER (2009: 38) fordert eine „konsequente(...) Trennung zwischen Beschreibungsebene (bezogen auf die sprachliche Darstellung (...)) und Beurteilungsebene (in Bezug auf den politischen Inhalt (...))".

Dies ist der geeignete Ort, die eigene Perspektive und Haltung (knapp) offenzulegen: Über die In-den-Blick-Nahme von *diskursiven Eliten* und insbesondere der *EU-Identitätspolitik* werden machtanalytische Aspekte in der vorliegenden Arbeit konsequent einbezogen. Es geht *nicht* darum, exemplarisch „den Repressions- und Herrschaftscharakter der modernen, fortgeschrittenen Industriegesellschaft" ‚aufzudecken', wie WARNKE/ SPITZMÜLLER (2008a: 20) die Zielsetzung zahlreicher kritisch-diskursanalytischer Arbeiten umschreiben. Es geht um die Darstellung eines *ambivalenten*, teils sehr *bewussten*, Konstruktionsprozesses sozialer Kategorien mit politischen Obertönen. Beschreibung und Wertung sollen, soweit dies möglich ist[247], klar getrennt werden. Auch wenn die sozialen Repräsentationen Europas als diskursive Konstrukte vor allem *beschrieben* werden sollen, kann ich, selbstreflexiv, nicht umhin, einige dieser Konstrukte, *obgleich ich mir ihrer Konstruiertheit bewusst bin*, wahrer-zu-nehmen als andere. Auch *ich* identifiziere mich mit *Europa* und verbinde damit aufgrund meiner Sozialisation vor allem spezifische (politische) Werte, ein individualistisches Menschenbild, die Emanzipation der Frau und, ja, Rom und Athen. Auch ich neige dazu, mein Europa-Bild in privaten Kommunikationskontexten zu essentialisieren. Zugleich ist mir bewusst, dass ‚Kulturen' und ‚Räume' keine Container darstellen, dass das, was mir als ‚typisch europäisch' erscheint, nur Ausschnitte kontextspezifischer Re-Präsentationen sind. Ich bin, kurz gesagt, dazu fähig, meine Vorstellungen zu hinterfragen. Insofern diese Arbeit dazu beitragen kann, diesen Reflektionsprozess

247 Da bereits die theoretische Brille und die methodische Herangehensweise bestimmte Wertungen implizieren, ist eine Trennung realiter nicht vollständig möglich, aber als Ideal anzustreben.

auch für den Bildungsbereich einzufordern, ist sie als kritische Wissenschaft zu verstehen.

Text im Kontext: Drei Analyseschritte
WARNKE/ SPITZMÜLLER, FAIRCLOUGH und WODAK und ihre Mitarbeiter suchen dem linguistisch informierten Sozialwissenschaftler jeweils *Leitfäden* an die Hand zu geben, die die diskursanalytische Forschung theoretisch-methodisch fundieren und bis zu einem gewissen Grad *intersubjektiv vergleichbar* machen sollen. WARNKE/ SPITZMÜLLER legen ein *Analyselayout* vor, das sich im Rahmen einer sich als sprachwissenschaftliche Teildisziplin verstehenden *Diskurslinguistik* verortet, machen aber dessen interdisziplinäre Anschlussfähigkeit deutlich. FAIRCLOUGH entwirft sein *allgemeiner* bleibendes Schema explizit als Handlungsanleitung für linguistisch interessierte Sozialwissenschaftler. Stärker als bei WARNKE/ SPITZMÜLLER stehen *Macht- und Ideologiefragen* im Mittelpunkt der Analyse. In beiden Fällen wird betont, dass die vorgelegten ‚Analyseraster' immer auf die jeweiligen sprach- und sozialwissenschaftlichen Fragestellungen und Erkenntnisinteressen zugespitzt werden müssten. Der *diskurshistorische* Ansatz geht in der disziplinären Öffnung noch weiter: Diskursanalyse wird als *inhärent* multidisziplinäres Projekt verstanden, in dem sich die heranzuziehenden linguistischen Methoden nicht unabhängig von Theoretisierung und Forschungsstand der jeweiligen Thematik außerhalb der Sprachwissenschaften bestimmen lassen, in dem die Linguistik ebenso auf Theorien und Methoden anderer Sozialwissenschaften zurückgreift, wie sie diesen ihre eigenen Ansätze zur Verfügung stellt. Die Ausgestaltung der Analyseebenen, die man verkürzt als Kontextebene, sozio-kognitive Ebene der Strategien und Textebene bezeichnen könnte, ist von vornherein themenspezifisch.

Alle drei Ansätze trennen in ihren Analyseschemata didaktisch verschiedene Analyseebenen, die sich in der konkreten Analyse verschränken, dialektisch aufeinander zurückwirken und immer wieder aufeinander bezogen werden müssen. Alle drei Ansätze gehen, vereinfacht gesagt, von einer *Text - Intertext - Kontext* - Trias aus. Während über die (intra)textuelle Ebene, die Ebene der linguistischen Realisationen, weitgehend konzeptuelle Einigkeit besteht, lassen sich auf Ebene der Erfassung des Kontextes bzw. ‚des Diskurses' Abweichungen herausarbeiten, die eine Entscheidung erfordern: Wie sollen diese Analyseebenen in den Fragenkatalog integriert werden?

Alle Analyseschemata gehen von der grundlegenden Bedeutung der Erfassung des *Kontextes* bzw. der *soziokulturellen Praktiken* aus, in die das jeweils zu analysierende Textexemplar eingebettet ist. WARNKE/ SPITZMÜLLER differenzieren zwischen einem ‚akteursgebundenen' (engeren?) Kontext und einem (weiteren?) ‚Wissens'-Kontext, den sie ‚Diskurs' nennen und dem sie u.a. Topoi, Mentalitäten – und die intertextuelle Einbettung – zuordnen. FAIRCLOUGH differenziert zwischen der Interpretation des Textes als kommunikativem, *diskursivem Ereignis* und der Erklärung des Textes als *sozialer Praxis*. WODAK inkludiert eine sozio-kognitive Zwischenebene (Strategien). Sie fasst *Kontext* sehr weit und bezieht den thematisch einschlägigen wissenschaftlichen Diskurs dezidiert in die Analyse mit ein. Der *Minimalkonsens* besteht in der In-den-Blick-Nahme des kommunikativen Settings, also der Kommunikationsform, der Medialität und des kommunikativen Handlungsbereichs, der Interaktionsrollen und der Diskurspositionen. Hinzu kommt die Fokussierung der *intertextuellen Einbettung* und der *Einbettung in ‚Wissensformationen'*, wie sie in Mentalitäten und Ideologien, Topoi, diachronen Zusammenhängen und aktuellen Debatten bestehen.

Für das Analyseraster der vorliegenden Arbeit werden der WARNKE/ SPITZMÜLLERsche und der WODAKsche Ansatz verbunden: Auf ‚übergeordneter' Ebene wird, in Anlehung an den diskurshistorischen Ansatz, der ‚Kontext' bzw. der ‚Diskurs' durch Rückgriff auf ***sozialwissenschaftliche Theorien*** und ***Forschungsergebnisse*** umrissen. Auf einer zweiten Ebene sollen der ***zeitgeschichtliche Kontext*** des Analysetextes und der ***akteursgebundene Kontext*** (Interaktionsrollen, Diskurspositionen, Medialität) fokussiert werden.

Auf ***textueller*** Ebene wird weitgehend dem WARNKE/ SPITZMÜLLERschen Schema gefolgt. Dabei sollen *text-, propositions-* und *wortorientierte Analyseelemente,* funktionalen Kriterien folgend, nicht getrennt voneinander, sondern in ihrer spezifischen, engen Wechselwirkung erfasst werden. Aus diesem Grund werden an dieser Stelle *Topoi* einbezogen, die sich kaum von der Argumentationsanalyse getrennt herausarbeiten lassen. *Sprechakte* werden als eigene Kategorie *nicht* in den Blick genommen, im Rahmen der textorientierten Analyse wird auf die In-den-Blick-Nahme der *visuellen Textstruktur* verzichtet.

Aufbauend auf der Textanalyse soll der Versuch unternommen werden, die Ergebnisse auf die WODAKschen *Strategien* zurückzubeziehen. Lassen sich im europäischen Identitätsdiskurs ähnliche *Assimilations-* und *Dissimilations*-Strategien herausarbeiten wie in anderen kollektiven Identitätsdiskursen? Im Grunde lässt sich dieser Schritt bereits der Analyse von **Intertextualität** zuordnen.

Jene Ebene, die WARNKE/ SPITZMÜLLER als *diskursorientiert* bezeichnen, wird hier über die Analyse der **Intertextualität** in den Blick genommen. Dabei werden weniger die einzelnen Analyseelemente abgehandelt, die WARNKE/ SPITZMÜLLER nennen. Vielmehr sollen, neben Formen *referentieller* und *typologischer Intertextualität*, die Bezüge zwischen dem Analysetext und dem *Diskursfeld europäischer Identitätsangebote* (siehe 3.2) und dem *Wissenschaftsdiskurs* zu europäischer Identität (siehe 1.1) herausgearbeitet werden. Über diesen Schritt lassen sich WARNKE/ SPITZMÜLLERs *allgemeine gesellschaftliche und politische Debatten* ebenso erfassen wie *Ideologien* und *Mentalitäten*, die *Historizität* ‚des Diskurses' ebenso wie die *Schemata.*

Methodischer ‚Werkzeugkasten'

Ist WODAK et al. zuzustimmen, die sich explizit gegen den Versuch einer *Vereinheitlichung* diskurslinguistischen Arbeitens wehren, oder WARNKE/ SPITZMÜLLER (2008A: 24, 4), die einen Minimalkonsens als Basis der Qualitätssicherung und Intersubjektivität annehmen, zugleich aber betonen, dass eine völlige Festschreibung aufgrund der „Multidimensionalität von Diskursen", aufgrund ihrer „komplexe[n] Morphologie" ohnehin unmöglich sei? Welche (linguistischen) Methoden sollen übernommen werden, welche nicht?

Ein starres, kontextunspezifisches Analysemodell läuft, in WARNKE/ SPITZMÜLLERs Worten, Gefahr, entweder *übergenerierend* oder *unterspezifiziert* zu sein:

Entweder es vereinfacht und liefert wenig Resultate oder es ist so komplex und vielschichtig angelegt, dass, bezüglich des konkreten Untersuchungstextes wie des Erkenntnisinteresses, ‚irrelevante' Aspekte inkludiert werden. Es kann nur eine Orientierungshilfe für die systematische Suche gegeben werden, die zu annähernd vergleichbaren, intersubjektiv nachvollziehbaren und wiederholbaren Ergebnissen führt. Wichtig ist die Offenlegung der eigenen Analysekategorien, die Explizierung der Konzepte, auf die rekurriert wird, durch ihre genaue Definition und den Hinweis auf ihre ‚Verortung' in der Forschungsliteratur.

Wie aber lassen sich die weiteren Analyseschritte gliedern? Bereits in einer nicht auf sozialwissenschaftliche Fragestellungen ausgerichteten linguistischen Analyse stellt sich die Frage, ob die Vorgehensweise sich an *systemlinguistischen* Kategorien bzw. Beschreibungsebenen (der *Form*) orientieren (z.B. Semantik, Syntax, Morphologie) oder eher nach *funktionalen* Kategorien vorgehen sollte (z.B. jene sprachlichen Mittel zusammen untersuchen, die der *Steigerung*, der *Persuasion* u.ä. dienen). Kommen sozialwissenschaftlich-diskursanalytische Erkenntnisinteressen hinzu, steigt die Relevanz der *funktionalen* Kategorien, die ja letztlich in der sozialkommunikativen Funktion des Textexemplars bzw. seiner Teile kulminieren. Es lässt sich – wie dies bei WARNKE/ SPITZMÜLLER der Fall ist – auch eine Gliederung der Analyse nach *diskursanalytischen Kategorien* vornehmen.

Im Folgenden sollen *jene Analyseelemente* genauer in den Blick genommen werden, die in den zu erarbeitenden *Fragenkatalog* inkludiert werden sollen. Zugleich wird ihre Auswahl aus dem Erkenntnisinteresse der Arbeit heraus *begründet.*

4.3 Pragmatisch-textlinguistische Zugänge: Der ‚Werkzeugkoffer' des Diskursanalytikers

Aufbauend auf einem *handlungsorientierten Diskurskonzept* soll ein *Fragenkatalog* zur Erfassung *sozialer Repräsentationen Europas* in spezifischen, als Textgesamtheit in den Blick genommenen Einzeltexten erarbeitet werden. Diese *Texte* werden, im Sinne der *linguistischen Pragmatik* und auch einer *pragmatisch* ausgerichteten *Textlinguistik*, als *soziale (Äußerungs-)Handlungen* verstanden. Zugleich werden sie, aus *diskurslinguistischer Perspektive*, sowohl als *spezifische Realisierungen* als auch *generierende Elemente* ‚des Diskurses' konzeptualisiert. *Soziale Repräsentationen* werden im Text von *Akteuren* unter Rückgriff auf ‚soziales Wissen'[248] *aktualisiert*, zugleich re-*kontextualisiert*, *transformiert*, *mit-geschaffen*. Dieser *Rückgriff* etabliert die *intertextuellen Ketten*, in die ein Text einzuordnen ist, wobei sich immer nur ein Bruchteil des Text-Netzes rekonstruieren lässt, in das ein Text eingeknüpft ist.

248 Hierunter fallen neben *sozialen Repräsentationen*, deren Definition dem linguistischen *Schema*-Begriff sehr nahe steht („Form der Repräsentation von generalisiertem, soziokulturell bestimmtem Wissen, das als Orientierung bei der Interpretation und zur Organisation von Erfahrungen dient" (Bußmann (Hrsg.) 2002: 583)), auch *Topoi* (Argumentationsroutinen), *Textsortenwissen* u.v.a.m. sowie jene ‚übergeordneten' Elemente der ‚diskursorientierten Analyse' die WARNKE/ SPITZMÜLLER als Ideologien, Mentalitäten, gesellschaftliche/ politische Debatten u.ä. fassen.

In Ergänzung zu explorativ angelegten Korpusanalysen soll ein ‚Analyseraster' erarbeitet werden, das den jeweiligen Text als „sprachliche und zugleich kommunikative Einheit" (Brinker 1997: 17) in den Blick nimmt. Grundlegend für das Text-Verständnis ist dessen Einordnung in übergeordnete kontextuelle und diskursive Zusammenhänge. Erst in der konkreten Äußerungssituation aber, im spezifischen Zusammenhang eines einzelnen Textes, können viele linguistische ‚Analyseelemente' sinnvoll und *in ihrer Vernetzung mit anderen Elementen* erfasst werden. *Propositionen* sollen nicht aus dem Zusammenhang herausgelöst analysiert, *Argumentationen* nicht von Ko-und Kontext abstrahiert untersucht werden[249]. Die Frage lautet: Welche *sozialen Repräsentationen Europas* werden in einem Textexemplar aktualisiert, in welchem Verhältnis stehen sie zum Textthema, zur Textfunktion? Neben der Erfassung sozialer Repräsentationen ‚im Diskurs' (die eine Vielzahl derartiger Detailanalysen voraussetzen würde und, *generalisierend*, auch über explorative Verfahren möglich ist) rückt hier ihre spezifische Aktualisierung und Etablierung in der konkreten Äußerungssituation in den Blick.

Die folgenden ‚Vertiefungen' zu jenen Konzepten der Linguistik, auf die in der linguistischen Diskursanalyse rekurriert wird und die für den Fragenkatalog übernommen werden sollen, stellen diese für ‚Nicht-Linguisten' in einen Zusammenhang, verorten und definieren sie. Dabei wird von ihrer Fassung in den oben genannten Ansätzen teils abgewichen.

Es ist zu beachten, dass die genannten Verfahren in den Ansätzen teils auf verschiedenen Ebenen verortet werden: So werden *Argumentationsroutinen* bei WARNKE/ SPITZMÜLLER der *diskursorientierten Analyse* zugeschlagen, die *Themenentfaltung* (und damit die *Argumentation*) jedoch der *textorientierten Analyse. Präsuppositionen* und *Metaphern* werden der *propositionsorientierten Analyse* zugeordnet, sind für die *Argumentation* und die Frage der *Kohärenz* jedoch grundlegend: Bereits an diesen Beispielen wird deutlich, dass es sich um eine *analytisch-didaktische Trennung* handelt, die in der *konkreten Analyse* so nicht umsetzbar ist: Diskurs- und Textanalysen gleichen stets einem Netz, das man an an einem Punkt anfasst, mit dem zahlreiche (und je nach Text andere) Punkte eng verwoben sind.

Linguistische Pragmatik

Pragmatik[250] bezeichnet verschiedenste Inhalte: Es gibt eine europäische und eine anglo-amerikanische, eine philosophisch/ logische und eine linguistisch orientierte *Pragmatik*. Für die Ziele dieser Arbeit genügt es, wenn unter *Pragmatik* im Sin-

249 Es ist FELDER (2000b: 39) zuzustimmen, der schreibt: „Entscheidend sind (...) die Wissensrahmen, die durch vielfältigen sprachlichen Input beeinflusst werden. Schließlich sind im Wissensrahmen sowohl über den Kotext (...) als auch über den Kontext (auch außertextueller Kontext in Form von Weltwissen) die nicht explizierten und referierten Leerstellen (...) der Ereigniskonzeptualisierung zu füllen. Je nach ‚Füllung' findet die Konzeptualisierung spezifisch perspektiviert statt". „[D]iskursiv handlungsleitende Konzepte" können demnach „selbstredend nicht über Einzelsatzanalysen ermittelt werden".

250 Zum Begriff und Abgrenzung zur *Semantik* und *Soziolinguistik* siehe LEVINSON (1994: 1-54).

ne von LINKE/ NUSSBAUMER/ PORTMANN (1996: 177) eine Untersuchung des Sprachgebrauchs verstanden wird, die Frage danach, „was im Sprachgebrauch die Form und/ oder die Interpretation sprachlicher Äußerungen regelhaft beeinflusst kraft der Tatsache, dass Sprache in einer Situation und zur Kommunikation, zum sprachlichen Handeln mit anderen, gebraucht wird". Die *linguistische Pragmatik* fokussiert, wie Gesagtes, Mitgeteiltes und Gemeintes miteinander zusammenhängen. Das sprachlich Formulierte (das Gesagte) entspricht nicht der Proposition (der Aussage) eines Satzes/ Textes (dem Mitgeteilten), die Proposition (Aussage über die Welt) erhält erst im Kontext eine soziale Bedeutung, eine kommunikative Funktion (das Gemeinte). Wichtige Bereiche der *Pragmatik* sind die *Sprechakttheorie*, die Beschäftigung mit *Konversationsmaximen* und *konversationellen Implikaturen*, aber auch die *Präsuppositionsforschung*. Bei all diesen Teilbereichen handelt es sich um breite, kontroverse Forschungsfelder, deren Inhalte und Fallstricke nicht einmal ansatzweise referiert werden können. Im Folgenden gilt es deshalb, jene Fragestellungen und Methoden anzusprechen, die für die Erfassung *sozialer Repräsentationen Europas* relevant sind[251].

Beschäftigt man sich mit den *sozialen Repräsentationen*, den *sozialen Wissensbeständen*, die ein Textexemplar aktualisiert, re-präsentiert, re-produziert, transformiert und re-kontextualisiert, sind jene Bereiche der Wissensrepräsentation von besonderem Interesse, die im Text voraus-gesetzt werden, die der Emittent mit-sagt und mit-meint, von denen er annimmt, dass sie mit-gehört und mitverstanden werden (vgl. Linke/ Nussbaumer/ Portmann 1996: 177-180). VAN DIJK (2003: 93) versteht unter *sozialen Repräsentationen* jene sozialen Wissensbestände, die, je nach Gruppenspezifizität, entweder in jeder Kommunikation innerhalb einer sozialen Großgruppe oder nur in/ bei bestimmten gruppentypischen Situationen/ Themen *voraus-gesetzt* werden können. In der linguistischen Literatur werden verschiedene Formen des Impliziten unterschieden. Zu den Formen *pragmatischer Inferenz,* jenen Inferenzen, die auf kontextuellen Annahmen beruhen, gehören vor allem *Präsuppositionen* und *(konversationelle) Implikaturen.*

Präsuppositionen (Voraus-Setzungen) bezeichnen, vereinfacht gesagt, jene Propositionen, die für wahr gehalten werden müssen, damit eine Äußerung Sinn macht. Grundsätzlich werden in der Literatur zwei Formen von *Präsuppositionen* unterschieden. *Zeichengebundene* oder *semantisch/ strukturelle Präsuppositionen.* werden durch bestimmte sprachliche Formen ausgelöst (‚Präsuppositionsauslöser'), die im Sprachsystem angelegt sind – sie sind deshalb als weitgehend kontextunabhängig anzusehen. Zu den wichtigsten *zeichengebundenen Präsuppositionen* gehören die *Existenzpräsuppositionen* (*referentielle Präsuppositionen*) – ausgelöst durch *definite* und *referentiell gebrauchte Nominalphrasen.* Sofern diese referierenden Ausdrücke attributiv erweitert werden, wird in der Regel auch das Attribut *präsupponiert.* Hinzu kommen *semantische Präsuppositionen* im engeren Sinne, die auf der Bedeutung von Lexemen oder komplexeren Ausdrücken beruhen. Dazu zählen bestimmte *faktive* (*epistemische* oder *emotive*) *Verben* oder adjektivische Konstruktio-

251 Weiterführend siehe LEVINSON (1994), LINKE/ NUSSBAUMER/ PORTMANN (1996: 173-202, 231-237), LINKE/ NUSSBAUMER (2000), MEIBAUER (2001).

nen, die so genannte *faktive Präsuppositionen* auslösen, das heißt, es wird die Faktizität (Wahrheit) der abhängigen Nebensätze voraus-gesetzt. Im Gegensatz dazu präsupponieren *nicht-faktive Verben* die ‚Falschheit' der eingebetteten/ abhängigen Sätze bzw. Propositionen. Andere Ausdrücke, wie etwa *implikative Verben, Verben der Zustandsveränderung* oder *Iterativa* setzen aufgrund ihrer semantischen Eigenschaften bestimmte Sachverhalte voraus, sie werden deshalb unter dem Überbegriff der *lexikalischen Präsuppositionen* zusammengefasst. Besonders häufig treten *irreale Konditionalsätze* als Präsuppositionsauslöser auf, sie lösen *kontrafaktische Präsuppositionen* aus. Hinzu kommen Präsuppositionen, die durch *Spaltsätze*, bestimmte Formen von *Fragesätzen* u.ä. ausgelöst werden. Eine Gesamtschau möglicher *Präsuppositionsauslöser* zu geben, ist an dieser Stelle weder möglich noch sinnvoll[252].

Während *semantisch-strukturelle Präsuppositionen* weitgehend unabhängig vom Kontext einer Äußerung verstanden und analysiert werden können, beruhen die *pragmatischen Präsuppositionen* nicht auf Zeichen oder Strukturen, sondern auf „durch den Text vorausgesetzte[n] (und meist problemlos mitverstandene[n]) Wissensbestände[n] und Alltagserfahrungen" (Linke/ Nussbaumer/ Portmann 1996: 232). Sie beziehen sich auf das gemeinsame ‚*Weltwissen*' von Emittent und Rezipient, das notwendige Voraussetzung für die (vom Rezipienten zu leistende) Konstruktion der *Kohärenz* eines Textes ist: Sie sind *nicht zeichengebunden*, sondern *gebrauchsgebunden*. Als Sonderform der pragmatischen Präsupposition beschreibt BURKHARD die *textuelle Präsupposition*. Er versteht darunter die

> „implizite Mitbehauptung ideologisch-weltanschaulicher oder strategischer Prämissen (...), die sich aus dem Kontext ergeben und ohne deren Voraussetzung die betreffende Äußerung keinen Sinn ergäbe (...). Textuelle Präsuppositionen sind also die Sätze, die wahr sein bzw. für wahr gehalten werden müssen, damit das tatsächlich Gesagte als sinnvolle, in sich kohärente Äußerung erscheint (...)" (Burkhard 2002: 98).

Mit Hilfe der *Präsuppositionsanalyse* lassen sich jene sozialen Wissensbestände rekonstruieren, die bei der Konstitution von *Textkohärenz*, das heißt bei der Herstellung des *inneren Zusammenhanges* eines Textes durch den Rezipienten, eine grundlegende Rolle spielen[253]. Der Textrezipient muss, um Präsuppositionen zu rekonstruieren, bestimmte Schlüsse ziehen, Bedeutungen *inferieren*. Ebenso muss der Diskursanalytiker vorgehen: Unter Einbeziehung des Kontextes rekonstruie-

252 Siehe u.a. LINKE/ NUSSBAUMER (1988), LEVINSON (1994) und MEIBAUER (2001).

253 Es wird auf das BRINKERsche Kohärenzkonzept (vgl. 2001: 21) Bezug genommen, das grammatikalische *und* thematische Strukturelemente des Textes als Beschreibungsebenen von *Kohärenz* annimmt. BRINKER (1997: 18) geht von einem umfassenden Kohärenzkonzept aus, das sich nach verschiedenen Aspekten („grammatisch, thematisch, pragmatisch, kognitiv; explizit, implizit usw.") differenzieren lässt. BUßMANN ((Hrsg.) 2002: 351) teilt diesen Kohärenzbegriff, der den Begriff der ‚Kohäsion' (der Signalisierung von Kohärenz durch lexikalisch-grammatische Erscheinungen) mit umfasst, und definiert Kohärenz als den „semantisch-kognitive[n] Sinnzusammenhang eines Textes", als „Basis und Produkt der Verarbeitungsprozesse bei der Textproduktion und Textverarbeitung". Texte sind damit als „Anweisung zu einer praktisch und emotional befriedigenden Sinnkonstruktion" zu verstehen.

ren, welche Aussagen der Emittent/ Rezipient für wahr halten muss, damit eine Äußerung Sinn macht[254]:

> „Beim Schlussverfahren, das dem Auffinden von Präsuppositionen zugrunde liegt, geht es darum, vom Sprechenden als bekannt Vorausgesetzes zu erkennen und zu benutzen, etwa, um den Zusammenhang von Elementen der Äußerung untereinander zu verstehen. Die Präsuppositionen betreffen im Normalfall Wissensbestände, die bekannt sind (...) oder zumindest als bekannt (...) unterstellt werden. Das eigentlich Interessante und Neue wird mitgeteilt" (Linke/ Nussbaumer/ Portmann 1996: 198).

Konversationelle Implikaturen stellen die zweite wichtige Form pragmatischer Inferenz dar. Vereinfacht[255] lässt sich sagen: Im Kontext der Implikaturtheorie, die von GRICE begründet wurde, wird davon ausgegangen, dass alle Kommunikationsteilnehmer *üblicherweise* bestimmten Richtlinien für effizienten und wirkungsvollen Sprachgebrauch folgen, die als *GRICEsche Konversationsmaximen* bekannt geworden sind. Nach dem *Kooperationsprinzip*[256] unterstellen Kommunikationsteilnehmer *üblicherweise*, dass andere Kommunikationsteilnehmer die *Maximen* der *Qualität*, der *Quantität*, der *Relevanz* und der *Art und Weise*[257] befolgen. Werden diese Maximen scheinbar gebrochen, so suchen wir nach einer Möglichkeit, das Gesagte dennoch im Sinne der Kooperationsmaxime zu verstehen: Wir rekonstruieren Bedingungen, unter denen eine Äußerung ‚Sinn macht'. Diese Form der Inferenz nennt GRICE *konversationelle Implikatur.* Konversationelle Implikaturen können sich aus der Annahme ergeben, der andere beachte die Maximen (Der Satz *Die Fahne ist weiß* impliziert in den meisten Situationen konversationell, dass dies die einzige Farbe der Fahne ist – denn sonst würde der Sprecher die Maxime der Quantität brechen, würde er andere Farben unerwähnt lassen), man spricht dann von ***generalisierten*** *konversationellen Implikaturen.* Interessanter sind jedoch jene Schlüsse, die sich aus absichtlichen/ offensichtlichen *Brüchen* der Maximen ergeben. Sie sind Resultat von Umdeutungsverfahren- und Interpretationsverfahren des Gesagten, die der Rezipient einsetzt, um das Gesagte im jeweiligen Kontext doch noch als Teil kooperativer Kommunikation verstehen zu können (vgl. Linke/ Nussbaumer/ Portmann 1996: 198).

Gerade im Kontext *diskursiver Identitätskonstruktion* spielen Voraus-Setzungen, spielt implizit Mit-Gemeintes eine nicht zu unterschätzende Rolle. WARNKE/ SPITZMÜLLER (2008a: 28) betonen, dass „ergänzbare Inhalte (Implikaturen) und voraussetzbare Inhalte (Präsuppositionen)" als „pragmatische(...) Infe-

254 Die breite Diskussion über die Abgrenzung von *Präsuppositionen* gegenüber anderen Formen des Impliziten und so genannte *Präsuppositionstests* kann nicht nachgezeichnet werden. Für die Zwecke dieser Arbeit genügt, dass *Präsuppositionen* unter *Negation* konstant bleiben (vgl. weiterführend Levinson 1994; Linke/ Nussbaumer 1988 und 2000).

255 Zur Diskussion siehe die kritische Würdigung des Konzepts durch LEVINSON (1994: 100-168).

256 „Mache deinen Beitrag zur Kommunikation so, wie er an derjenigen Stelle entsprechend dem akzeptierten Zweck oder der Richtung des Redewechsels, an dem Du beteiligt bist [der Kommunikationssituation, Anm. der Verfasserin], erforderlich ist" (Bußman (Hrsg.) 2002: 379).

257 Maxime der Quantität: „Mache deinen Beitrag zur Kommunikation so informativ wie erforderlich"; Maxime der Qualität: „Versuche deinen Beitrag zur Kommunikation so zu machen, dass er wahr ist"; Maxime der Relation/ Relevanz: „Mache deinen Beitrag relevant"; Maxime der Modalität/ Art und Weise: „Sei klar und deutlich" (Bußman (Hrsg.) 2002: 379).

renzen im Sinne der Erschließung impliziter Aussagen aus einer gegebenen Information (...) gerade geeignet" sind „Diskurskontexte erkennbar zu machen". Untersucht man Diskurse der *Differenz* und der *Ähnlichkeit*, *Ingroup-* und *Outgroup-Kategorisierungen*, so sind jene sozialen Wissensbestände interessant, die in der (persuasiven? ideologischen?) Kommunikation *präsupponiert* werden – entweder, weil sie in der Kommunikationsgemeinschaft zum Allgemein‚wissen' gehören, weil auf als ‚common sense' anerkannte soziale Repräsentationen rekurriert wird, oder weil ein Präsupponieren dieses Wissens in manipulativer Weise nur *suggeriert*, dass es allgemein bekannt und anerkannt sei. Nur, wer die Präsuppositionen rekonstruieren kann und teilt, gehört zu ‚uns', zur Ingroup. In Zeiten der political correctness, der Tabuisierung von Rassismus und Antisemitismus[258], so zeigen WODAKs Untersuchungen, werden Vorurteile oder abwertende Meinungen oft nicht explizit versprachlicht. Sie sind lediglich aus den impliziten Bedeutungen der Äußerungen rekonstruierbar, vor allem im öffentlichen Handlungsbereich (vgl. 3.2). *Konversationelle Implikaturen* müssen ebenso Beachtung finden, sind sie doch eine grundlegende Eigenschaft sozialer Kommunikation: Sie erlauben „abweichende Meinung zu signalisieren (...), ohne die soziale Form allzu offensichtlich zu verletzen" (Linke/ Nussbaumer/ Portmann 1996: 200). Beide Formen pragmatischer Inferenz spielen eine wichtige Rolle im Kontext der *Kohärenzherstellung* (vgl. auch Warnke/ Spitzmüller 2008a: 28).

Textlinguistik

Was ist ein Text? Was macht einen Text zum Text?

Unter dem Ausdruck *Text* wird in verschiedenen linguistischen und diskursanalytischen, kommunikationswissenschaftlichen und semiotischen Traditionen sehr Unterschiedliches verstanden (vgl. Brinker 2001: 10ff.): „the answer to what a text is must always be theory-dependent" (Wodak 2008: 7). Unter dem Begriff *Text* wird hier, aufbauend auf einer pragmatisch orientierten Textlinguistik, eine ***komplexe sprachliche Handlung*** verstanden, mit der eine ***Funktion*** bzw. ***kommunikative Absicht*** verbunden ist (vgl. Brinker 2001: 15ff., 58)[259]. Der diskursanalytische Textbegriff, in dem ein *Text* als ***spezifische und konkrete Realisation*** eines ***Diskurses*** verstanden wird, bezeichnet denselben Sachverhalt lediglich aus einer anderen Perspektive (vgl. 4.2). Sowohl grundlegende Werke zur linguistischen Textanalyse als auch die überwiegende Mehrzahl der Diskursanalytiker rekurrieren auf die *textlinguistische* Basisdefinition dessen, was einen Text ausmacht: Auf DE BEAUGRANDE/ DRESSLERs Textualitätskriterien der *Kohärenz* und *Kohäsion, Intentionalität* , *Akzeptabilität, Informativität, Situationalität* und *Intertextualität*[260]. Wie sieht eine *lingu-*

258 Zur ‚Tabuisierung' bestimmter sprachlicher Realisationsformen siehe MAYER (2002: 191-210).

259 „Der Terminus Text bezeichnet eine begrenzte Folge von sprachlichen Zeichen, die in sich kohärent ist und die als Ganzes eine erkennbare kommunikative Funktion signalisiert" (Brinker 2001: 17). Zum linguistischen Textbegriff allgemein siehe BRINKER (2001: 10-20).

260 Siehe u.a. DE BEAUGRANDE/ DRESSLER (1981) und WODAK (2008: 7-10). Nach BUßMANN ((Hrsg.) 2002: 694, 683) ist „das wesentliche und letztlich einzige Kriterium der ‚Texthaftig-

istische Textanalyse aus, die *pragmatisch* orientiert ist? Die folgenden Ausführungen beziehen sich weitgehend auf das Grundlagenwerk Klaus BRINKERS (2001).

Analyse der Textstruktur

Unter der *Textstruktur* versteht man ein „Gefüge von Relationen, die zwischen Sätzen bzw. den Propositionen als den unmittelbaren Strukturelementen des Textes bestehen und die den inneren Zusammenhang, die Kohärenz des Textes bewirken" (Brinker 2001: 21). Sie lässt sich auf der *grammatischen* und auf der *thematischen* Ebene beschreiben. Einerseits muss die Analyse die für den Textzusammenhang relevanten syntaktisch-semantischen Beziehungen fokussieren, die *expliziten* (Rekurrenz, Substitution, Proformen) und *impliziten* Wiederaufnahmestrukturen. Diese verknüpfen die einzelnen Sätze eines Textes miteinander und liegen auf diese Weise der Konstruktion von *Kohärenz* zugrunde. Mit *expliziter* Wiederaufnahme sind referenzidentische[261] sprachliche Ausdrücke in aufeinanderfolgenden Sätzen gemeint. Damit wird auf Weltwissen oder Handlungswissen[262] Bezug genommen, das der Emittent als beim Adressaten bekannt voraussetzt oder aber auf Zusammenhänge, die innertextlich aufgebaut werden (z.B., dass *unsere Bundeskanzlerin* und *Angela Merkel* ‚referenzidentisch' sind). Weitere ‚*Kohäsionsmittel*' sind der Gebrauch des unbestimmten/ bestimmten Artikels (*Textdeixis, Vorwissensdeixis*), der Gebrauch von *situationsdeiktischen* Ausdrücken (*hier, dort, da*), elliptische Satzformen, Formen der expliziten Textverknüpfung (*hierzu unten mehr, im folgenden*), die consecutio temporum und Konnektive wie Konjunktionen und Pronominaladverbien. *Implizite* Wiederaufnahmen beruhen auf einem anderen Bereich des gemeinsamen Weltwissens und Handlungswissens[263], sie setzen voraus, dass der Rezipient mit dem Emittenten bestimmte Vorstellungen über *semantische Kontiguitätsverhältnisse* zwischen Ausdrücken (die *ontologisch*, *logisch* oder *kulturell* begründet sein können) teilt. Vereinfacht gesagt: Man nimmt einen Text als kohärent wahr, wenn man die Objekte, auf die referiert wird, in Bezug zueinander setzen kann –*Universität, Professor, Student, Klausur; Frage, Antwort* oder *Blitz, Donner*[264]. Diese Kontiguitätsverhält-

keit' die Kohärenz, der inhaltliche Sinnzusammenhang", *Text* lässt sich fassen als „Schnittstelle in einem intertextuellen Kommunikationsprozess bzw. als Kommunikationsform von individuellem und sozialem Wissen".

261 Gemeint sind Ausdrücke, die auf das gleiche ‚außersprachliche Objekt', die gleiche Person, den gleichen Gegenstand oder Sachverhalt oder die gleiche Handlung bezogen sind: die vom Emittenten verwendet werden, um auf dasselbe ‚außersprachliche Objekt' zu referieren.

262 Hier wird Bezug genommen auf die Arbeitsdefinitionen zu verschiedenen außersprachlichen Wissensbeständen, mit denen NUSSBAUMER/ LINKE/ PORTMANN (1996: 226ff.) operieren.

263 Die Frage, welche Bedeutungen sprachlich gebunden sind (semantisch), stärker konventionalisiert, welche ‚kontingenter', kontextspezifischer, ist schwer zu beantworten – auch *konversationelle Implikaturen* können konventionalisiert sein (*Haben Sie eine Uhr? Es ist 12.30 Uhr*), auch die Semantik eines Ausdrucks ist kontextabhängig (*Europa* ist ein gutes Beispiel!). Klare Trennlinien lassen sich nicht ziehen.

264 An dieser Schnittstelle lässt sich auch das *Isotopiekonzept* verorten, das auf semantischen Textverknüpfungen beruht – über Satzgrenzen und Wortklassenzugehörigkeiten hinweg. Obgleich nicht unumstritten (vgl. Linke/ Nussbaumer/ Portmann 1996: 230-231), ist es zur ers-

nisse versucht die Linguistik analytisch über Begriffe wie *Schema*, *Frame* und *Script* zu fassen[265], sie lassen sich an der Schnittstelle zwischen grammatischer und thematischer Ebene verorten.

Die *thematische* Ebene kann als ‚übergeordnet' betrachtet werden, grammatische ‚Elemente' sind nicht unbedingt notwendig:

> „Grammatische Verknüpfungssignale können für das Textverstehen sogar weitgehend entbehrlich sein, wenn der Rezipient über ein ausreichendes thematisches und kontextuelles Hintergrundwissen verfügt" (Brinker 2001: 44).

Kohärenz beruht vor allem auf dem Rückgriff auf bestimmte *konzeptuelle Deutungsmuster*[266], mit deren Hilfe wir unsere ‚Welt' strukturieren – diesen entsprechen textuelle Vernetzungmuster. So fasst man unter dem Begriff der *Koordinierung* beispielsweise räumliche, situative oder sachlich-thematische Vernetzungen zusammen, die auf der Ebene der Referenz (der sozial konstruierten Welt) eine gemeinsame koordinierende Perspektive besitzen: Die erwähnten *frames* und *scripts*. Hinzu kommen die Vernetzungsmuster der *Chronologisierung* und der *Konklusivität* (Kausalbeziehung). All diese Zusammenhänge sind *kontingent* und beruhen letztlich auf geteilten *sozialen Repräsentationen*.

Ein weiterer wichtiger Schritt in der Erfassung der Relevanz außersprachlicher Wissensbestände für die „Kohärenzzuschreibung" (Brinker 2001:47) ist die bereits beschriebene *Präsuppositionsanalyse*. Die Rekonstruktion nicht im Text realisierter ‚gedanklicher Zwischenschritte', deren Einbeziehung erst sinnvolle Zusammenhänge ergibt – ob durch den jeweiligen Rezipienten oder den Diskursanalytiker – ergänzt das Explizite um das Implizite und macht so den Text oft erst ver-

ten thematischen Exploration von Texten sehr geeignet. Mit der Methode des *Isotopietests* wird eine „Wiederkehr von Wörtern desselben Bedeutungs- bzw. Erfahrungsbereichs in einem Text" (Bußmann (Hrsg.) 2002: 322) ermittelt, so dass die thematische Komplexität eines Textes ersichtlich wird. Vereinfacht kann von der Herausarbeitung *dominanter Referenzträger* gesprochen werden, womit der Tatsache Rechnung getragen wird, dass die Zuordnung von *Semen* letztlich, trotz Konventionalisierung, kontextspezifisch ist.

265 Der *Schema*begriff ist ein Überbegriff zu *Frame* und *Script*. *Frame* wird definiert als „Prinzip der Organisation, das die subjektive Beteiligung der Teilnehmer an sozialen Ereignissen bestimmt. (…) Es „schafft eine (…) Orientierung für die Teilnehmer, auf die hin sie ihre Erwartung ausbilden und ihre Handlungen interpretieren" (Bußmann (Hrsg.) 2002: 224). LINKE / NUSSBAUMER/ PORTMANN (1996: 240) fassen darunter „vorgefertigte Sets von koordinierten Objekten und Sachverhalten". Unter dem *Script*-Begriff werden „Form[en] der Wissensrepräsentation" verstanden, die ein „‚mentales Drehbuch'", einen „standardisierten Handlungsablauf inklusive der Requisiten und beteiligten Aktanten" (Bußmann (Hrsg.) 2002: 588) umfassen. Die in der Linguistik verwendeten *frame* oder *script*-Konzepte beziehen sich auf *bestimmte Formen* von Weltmodellen, der *Schema*-Begriff kommt, wie bereits ausgeführt, dem der *sozialen Repräsentation* am nächsten. Zu Deutungsmustern und ihren möglichen psychologisch-linguistischen Fassungen siehe auch KONERDING (2008).

266 Damit sind „relativ eng gefasste(…) Wissenbest[ä]nd[e]" gemeint, die „sowohl als Teilbereich als auch als Voraussetzung unseres Weltwissens betrachtet werden" können, „Interpretationsmuster, die unsere alltägliche (und meist unbewusste) Wahrnehmung von ‚Welt' steuern bzw. strukturieren und die es uns erlauben, verschiedene Tatbestände, Sachverhalte oder Ereignisse als in einer bestimmten Art und Weise aufeinander bezogen zu verstehen" (Linke/ Nussbaumer/ Portmann 1996: 228). Hierunter fallen *koordinative*, *temporale* und *kausale* Beziehungen.

ständlich. Allerdings nur dann, wenn Emittent und Rezipient auf zumindest ähnliche Weltmodelle rekurrieren.

Was eine Folge von Sätzen allerdings letztlich zum Text macht, ist die *thematische* Orientierung, die „kommunikative Konzentration auf einen einheitlichen Gegenstand" (Figge, zitiert nach Brinker 2001: 46-47). „Das Vorhandensein eines Textthemas (...)" ist eine „wichtige Voraussetzung dafür, dass wir eine Reihe von Sätzen als kohärent empfinden" (Linke/ Nussbaumer/ Portmann 1996: 237). Schon vorlinguistisch und nur mit unserem ‚gesunden Menschenverstand' sind wir normalerweise in der Lage, den Kern eines Textes, sein *Thema*, wichtige Inhalte, zu erfassen und zu beschreiben. Wie aber lässt sich das Textthema linguistisch-analytisch erfassen? Als Einstieg empfiehlt sich die so genannte *Thema-Rhema-Analyse* (vgl. Linke/ Nussbaumer/ Portmann 1996: 238; Brinker 2001: 49ff.). Ausgehend vom ‚Mitteilungswert' einer Aussage wird ein Satz bzw. sein Inhalt in das *Thema* – ‚das, über das etwas gesagt wird', den ‚Ausgangspunkt der Aussage', und das *Rhema* – den ‚Kern der Aussage' bzw. ‚das, was darüber ausgesagt wird', zerlegt (vgl. Brinker 2001: 49). Diese Analyse hat den textanalytischen Nutzwert, die *Struktur des Referenzbezugs* in einem Text erfassbar zu machen (vgl. Linke/ Nussbaumer/ Portmann 1996: 238). Insbesondere in leicht abgewandelter Form, als *Analyse der dominanten Referenzträger* und *ihrer Bezugnahme* aufeinander, bietet es sich für den *ersten Einstieg* in die Textanalyse an. BRINKER fasst den *Themabegriff* jedoch weiter, als *Kern des Textinhalts* und entwickelt eine eigene, gut operationalisierbare *analytische Vorgehensweise*, die im folgenden Unterkapitel genauer behandelt werden soll.

Textthema und thematische Entfaltung

Grundlage des BRINKERschen Ansatzes ist die Annahme, dass Texte einen „thematischen Kern (...) haben, der nach bestimmten (letztlich (...) kommunikativ gesteuerten) Prinzipien zum Gesamtinhalt des Textes entfaltet wird" (Brinker 2001: 55). Der *Textinhalt* wird definiert als „auf einen oder mehrere Gegenstände (d.h. Personen, Sachverhalte, Ereignisse, Handlungen, Vorstellungen usw.) bezogene[r] Gedankengang eines Textes" (Brinker 2001: 56). BRINKER (2001: 55-61) geht davon aus, dass sich die *inhaltlich-propositionalen Aspekte* eines Textes grundsätzlich über eine Erfassung der *Isotopieebenen* oder der *dominierenden Referenzträger* und der mit ihnen verbundenen *Prädikationen* erfassen lassen. Besondere Relevanz für die textlinguistische Analyse weist er darüber hinaus der Verknüpfung der thematisierten Sachverhalte, ihrer ‚In-Beziehung-Setzung' zu – der *thematischen Entfaltung*:

> „Die Entfaltung des Themas zum Gesamtinhalt des Textes kann als Verknüpfung bzw. Kombination relationaler, logisch-semantisch definierter Kategorien beschrieben werden, welche die internen Beziehungen der in den einzelnen Textteilen (...) ausgedrückten Teilinhalte bzw. Teilthemen zum thematischen Kern des Textes (...) angeben" (Brinker 2001: 61).

Zu derartigen Kategorien, also typischen Formen der Verknüpfung, zählen etwa die *Spezifizierung (Aufgliederung)*, die *Situierung (Einordnung)* oder die *Begründung (Explikation)*[267].

In jeder Kommunikations- bzw. Sprachgemeinschaft existieren nach BRINKERs Modell bestimmte *Grundformen der Textstruktur*, deren Kenntnis zum „Alltagswissen der Sprachteilhaber gehört" und für die „jeweils bestimmte semantisch-thematische Kategorien bzw. Verbindungen zwischen Kategorien (...) charakteristisch sind" (Brinker 2001: 64). Wichtige Vertextungsmuster sind die *deskriptive* (beschreibende), die *explikative* (erklärende) und die *argumentative* (begründende) sowie die *narrative* (erzählende) Themenentfaltung. Da die *erzählende* Themenentfaltung eher für Alltagserzählungen und literarische Texte typisch ist (vgl. Brinker 2001: 69) und ihre Verwendung deshalb im Kontext der Analyse von wissenschaftlich-didaktischen Artikeln nicht zu erwarten steht, wird im Folgenden auf ihre Beschreibung verzichtet[268]. Im Folgenden sollen zudem *argumentative* und *explikative* Themenentfaltung zusammengefasst werden. Von ***deskriptiver Themenentfaltung*** kann gesprochen werden, wenn in einem Text das Thema in seinen Teilthemen dargestellt wird (*Spezifizierung*) und in Raum und Zeit eingeordnet wird (*Situierung*). So werden beispielsweise der Ablauf eines Ereignisses, die Akteure bzw. handelnden Personen, Zeit und Ort eines Geschehens u.ä.m. genannt. Besondere Ausprägungen erfährt die deskriptive Themenentfaltung beispielweise je danach, ob ein *einmaliger* oder ein *regelhafter* (wiederholbarer) *Vorgang* beschrieben wird, oder ob ein *Gegenstand* bzw. *Lebewesen* beschrieben wird. So orientiert sich die Anordnung der *Propositionen* (im Allgemeinen) im Falle von Nachrichten oder Berichten am zeitlichen Ablauf des Geschehens, auf grammatischer Ebene dominieren *Vergangenheitstempora* sowie *Lokal-* und *Temporalbestimmungen*. In Lehrbüchern, Gebrauchsanweisungen oder Bedienungsanleitungen bestimmt ebenfalls das zeitliche Nacheinander die Gliederung der Propositionen, es dominieren *Handlungsverben*, *Infinitive* im absoluten Gebrauch, oder der *Vorgangspassiv*. Gegenstandbeschreibungen beruhen hingegen v.a. auf Ganzes-Enthaltenseinsbeziehungen und durchgehenden Wiederaufnahmestrukturen (vgl. Brinker 2001: 65-70). Kurz zusammengefasst: Die deskriptive Themenentfaltung ist typisch bzw. charakteristisch für informative und instruktive, aber auch normative Textsorten. Mit ihrer Hilfe wird die *Informationsbasis* eines Textes gelegt, weshalb sie auch in Teilabschnitten *appellativer* Texte die Vertextung bestimmt.

Die ***argumentative Themenentfaltung***, zu deren Ausprägungsformen auch die ***explikative Themenentfaltung*** zählt, beruht darauf, dass, vereinfacht gesagt, strittige *Propositionen* auf weniger strittige *Propositionen* zurückgeführt werden. Um diese Form der In-Beziehung-Setzung von *Propositionen* genauer zu be-

267 Es sei in diesem Zusammenhang an die bereits beschriebenen konzeptuellen Deutungsmuster im Sinne von NUSSBAUMER/ LINKE/ PORTMANN erinnert – folgt man der vorliegenden linguistischen Literatur, so scheint es sich hier um (wohl psychologisch bedingte) grundlegende Strukturierungsmuster der ‚Realität' zu handeln.

268 Das Vertextungsmuster *Narration* kann in anderen Analysezusammenhängen, wenn etwa qualitative Interviews oder Gruppengespräche ausgewertet werden, durchaus von Bedeutung sein. Siehe deshalb u.a. GÜLICH/ HAUSENDORF (2000) und SANDIG (2006: 357ff.).

schreiben, greift BRINKER auf das Argumentationsmodell des englischen Philosophen TOULMIN zurück, das so genannte *Toulmin-Schema*. TOULMIN entwickelte eine *pragmatische* Argumentationstheorie[269]. Er kritisierte die Argumentationsmodelle der formalen Logik, in denen die Gültigkeit eines Argumentes allein aus der Befolgung einer bestimmten *Form* (z.B. des Syllogismus) abgeleitet wurde. Das praktische, alltägliche Argumentieren, und damit die Argumentationspraxis in Recht, Politik und meist auch Wissenschaft sei nicht „kontextinvariant", sondern „kontextsensitiv" (Pielenz 1993: 18). Schon die Versprachlichung von Argumenten unterscheide sich je nach kommunikativem Kontext (vgl. Toulmin 1958: 94). TOULMIN entwirft ein allgemeines Strukturschema zur Darstellung und Analyse von Argumentationshandlungen. Er geht davon aus, dass „[e]in Argument (...) der Übergang von etwas Bekanntem, Gegebenen (Daten) zu etwas Neuem (Konklusion)" (Bayer 1999: 145-146) ist. Eine *Behauptung* bzw. *These*, deren Geltungsanspruch umstritten ist (die *Konklusion*, bei TOULMIN ‚claim') wird durch das Anführen von *Daten* (Tatsachen, die der Begründung dienen, bzw. *Prämissen*, alltagssprachlich die *Argumente*, die die *These* untermauern sollen) begründet. Für den Schritt von den *Daten* zur *Konklusion* bedarf es der Rechtfertigung durch eine *Schlussregel* (bei TOULMIN *warrant*). Diese Regeln bzw. Prinzipien werden im Normalfall in der Alltagsargumentation nicht versprachlicht, es sei denn, die Legitimität der Schlussfolgerung wird angezweifelt[270]. In der Alltagsargumentation wird häufig die *Wahrscheinlichkeit* angeben, mit der sich eine These auf bestimmte Prämissen zurückführen lässt, oder Umstände genannt, unter denen sie nicht gilt (*es sei denn, außer*): TOULMIN führt, um die „Einschränkung, die die Stärke der Schlussregel modifiziert" (Pielenz 1993: 24), in seinem Modell erfassen zu können, den Begriff des *rebuttal*, der *Ausnahmebedingungen* ein. Gleichzeitig kann der Emittent über die Verwendung bestimmter *Modaloperatoren* wie *wahrscheinlich, vermutlich* u.ä. den Wahrscheinlichkeitsgrad des Geltens der Konklusion angeben (*qualifier*). Die Zulässigkeit der *Schlussregel* beruht wiederum auf einer *Stützung (backing)*. Dabei „handelt [es] sich (...) um Aussagen, die die besonderen inhaltlichen Standards des betreffenden Argumentationsbereichs (Handlungsbereichs) ausdrücken (Verweis auf Gesetze, Normen, Regeln des Verhaltens und Geltens u.ä.)" (Brinker 2001: 75). Sie besitzen einen „kategorisch abgesicherten Faktenstatus" (Pielenz 1993: 24), allerdings handelt es sich oft ‚schlicht' um ein „anerkannte[s] Bewertungsprinzip der Alltagswelt" (Brinker 2001: 78). Alltagssprachliche, aber auch wissenschaftliche Argumentation lässt sich mit TOULMINs Schema deshalb so gut erfassen, weil es die „diskursive Minimalausstattung einer jeden Argumentation" (Pielenz 1993: 30) beschreibt. Während die *Form* des Ar-

269 TOULMINs inzwischen klassisch zu nennende Theorie kann hier nur vereinfacht dargestellt werden. Siehe einführend NUSSBAUMER/ LINKE/ PORTMANN (1996: 242ff.) und BRINKER (2001: 74ff.), vertiefend TOULMIN (1958), ÖHLSCHLÄGER (1979), BAYER (1999) und PIELENZ (2003).

270 *Propositionen* mit Schlussregelcharakter können aufgrund ihrer Funktion in der Argumentationshandlung von den *Propositionen* unterschieden werden, die Behauptungen bzw. Daten darstellen. Bei Schlussregeln handelt es sich um allgemeinere hypothetische Aussagen, die folgende Formen annehmen können: „(I) Wenn D, dann C.; (II) Ein Datum von der Art D berechtigt, Behauptungen von der Art C aufzustellen; (III) Ist D gegeben, kann C gefolgert werden" (Pielenz 1993: 24).

gumentierens weitgehend unabhängig vom Kontext der Kommunikation ist, gilt dies nicht für Schlussregel und Stützung, für die Rationalität, die Stichhaltigkeit der Argumentation. Zur Stützung wird rekurriert auf „verschiedene Klassen sozialer Wissensforen" (Pielenz 1993: 32). In der Wissenschaft können dies, je nach Disziplin, unterschiedliche logische Standards sein, theorieabhängig und aus epistemologischen Grundentscheidungen abgeleitet. In der Alltagskommunikation können Erfahrungen, Traditionen, religiös bestimmte Normen und Werte oder der Gruppenkonsens bestimmen, was letztlich als ‚wahr' erachtet wird (vgl. Pielenz 1993: 31ff.; Bayer 1999: 146). Ob die Stützung vom Rezipienten anerkannt wird, hängt „vom verhandelten Inhalt ab (...), der (...) den (...) Standards der jeweiligen Arena der Auseinandersetzung verpflichtet ist" (Pielenz 1993: 32). Auch *Schlussregel* und *Stützung* stellen Prämissen dar, aus denen sich die Konklusion ableiten lässt – allerdings Prämissen mit einer besonderen Form und Funktion, sie werden,

> „in alltagssprachlichen Argumenten häufig stillschweigend vorausgesetzt; wohl deshalb, weil Sprecher annehmen – oder in manipulativer Absicht unterstellen –, dass alle Gesprächsteilnehmer die vorausgesetzten Gesetzmäßigkeiten kennen und akzeptieren" (Bayer 1999: 146).

Im Rahmen des Erkenntnisinteresses dieser Arbeit ist es „die als konsensuell präsupponierte Wertebasis, aus der nicht nur die (mögliche) Stützung abgeleitet ist, sondern auf der die gesamte Argumentation letztlich beruht" (Pielenz 1993: 80), die besonders interessant ist. Hier ‚verstecken sich' die letztlich ‚ideologischen' Grundannahmen, die den jeweiligen Abgrenzungen und Bestimmungen *Europas* zu Grunde liegen. Über die Rekonstruktion der Schlussregeln und Stützungen lassen sie sich offenlegen. Im Rahmen der *explikativen*, *erklärenden* Themenentfaltung lassen sich die beschriebenen Sachverhalte in zu erklärende – das *Explanandum* – und erklärende Sachverhalte – das *Explanans* – unterteilen, wobei ersteres aus letzterem logisch abgeleitet wird. So werden auf *induktivem* Wege oder auf *deduktivem* Wege die dargestellten *Propositionen* in einen *Erklärungszusammenhang* gebracht. Dies ist das (idealtypische) Grundmuster wissenschaftlicher Texte. Es dominieren *Konjunktionen*, *Adverbien* und *Präpositionen*, die *Kausalbeziehungen* signalisieren. Das Explanandum lässt sich als Konklusion fassen, das Explanans als Daten. Auch hier ist feldabhängig, was als *Explanans* anerkannt wird. In den Sozialwissenschaften werden wissenschaftliche Erklärungen anders legitimiert als in den Naturwissenschaften. Die Explikation kann deshalb unter die argumentative Themenentfaltung subsumiert werden.

Argumentationsanalytische Methoden und ihre argumentationstheoretische Fundierung sind für die Erfassung der Konstruktion sozialer Repräsentationen *Europas* grundlegend. Diskurse der Differenz und Gleichheit begründen ihre Aussagen über die Inklusion oder Exklusion bestimmter Länder, Regionen oder Bevölkerungsgruppen, über Eigenschaften dieser ‚Objekte' in je spezifischer Weise und greifen in diesem Zusammenhang auf je spezifische Rechtfertigungsinstanzen und Wertegrundlagen der Argumentation zurück. Über ihre Bedeutung im Rahmen der Analyse der thematischen Entfaltung eines Textes hinaus, ist die Argumentationsanalyse einer der wichtigsten Schritte der Beschäftigung mit *Europa*-

Bildern. Im Anschluss an die Darstellung der textlinguistischen Analyseverfahren soll sie deswegen nochmals gesondert fokussiert werden.

Neben den *Grundformen* der Themenentfaltung lassen sich ergänzend so genannte *Realisationsformen* unterscheiden. So können deskriptive Texte *sach-* oder *meinungsbetont* sein, Argumentationen können *rational-überzeugend* oder aber *persuasiv-überredend* vorgehen (vgl. Brinker 2001: 149). Welcher dieser *Realisationsformen* sich die *Themenentfaltung* zuordnen lässt, beruht unter anderem auf der *thematischen Einstellung* (siehe unten), aber auch auf der Art der *Daten*, die ins Feld geführt werden, den *Argumentationsmustern*, auf die zurückgegriffen wird, Formen der *Präsupposition* u.a.m.

Zwischen populärwissenschaftlichen oder wissenschaftlichen Texten, deren Funktion aus Sicht der Kommunikationsgemeinschaft im Erklären vom Zusammenhängen liegt, und Politikerreden, Zeitungskommentaren und anderen Textsorten mit vorwiegend persuasiver Funktion, liegt der eigentliche Unterschied nicht in der *Themenentfaltung*, der *Verknüpfung der Propositionen*, sondern in der *kommunikativen Funktion*, die damit verbunden ist. Werden Texte als kommunikative *Handlungen* angesehen, so muss ihrer *sozialen Funktion* in der Analyse ein besonderer Stellenwert eingeräumt werden. Wenden wir uns deshalb im Folgenden der Vorgehensweise bei der Analyse der *Textfunktion* zu.

Welche ***Textfunktionen*** *lassen sich unterscheiden?*

BRINKER (2001: 84) entwickelt seinen Textfunktionsbegriff vor dem Hintergrund der „handlungstheoretisch fundierte[n]" Grundannahme, dass soziale Akteure – die *Emittenten* – im Kommunikationsprozess mittels Texten und Äußerungen in zielgerichteter, intentionaler Weise versuchen, auf andere soziale Akteure – die *Rezipienten* – einzuwirken. *Äußerungen* jeder Art lassen sich deshalb als *kommunikatives Handeln* ansprechen, welches wiederum einen wichtigen Teilbereich innerhalb des *sozialen Handelns* darstellt. In vielen Fällen sind sie konventionalisiert: Die „Kommunikationspartner besitzen (…) ein gemeinsames Wissen" über die „Regeln", nach denen „bestimmte sprachliche Handlungen in Kommunikationssituationen ausgeführt werden können" (Brinker 2001: 86).

Aufbauend auf AUSTINs (1962) Überlegungen in *How To Do Things With Words* entwickelte SEARLE (1971; 1982) mit der *Sprechakttheorie* ein Sprechhandlungskonzept[271]. Verkürzt und vereinfacht lassen sich sprachliche *Äußerungen* nach dieser Theorie als *Sprechakte* ansprechen, die sich *analytisch* in einzelne *Teilakte* aufgliedern lassen. Der *lokutionäre Akt* umfasst den *Äußerungsakt* (Laute von sich geben, Schreibwerkzeuge verwenden und dabei *abstrakte Muster* des Sprachsystems realisieren) und den so genannten *propositionalen Akt*, d.h. die sprachliche Bezugnahme auf und Aussage über die ‚Dinge in der Welt'. Man referiert aber nicht nur auf ‚etwas', sondern spricht immer *mit* jemandem oder *wendet sich an* jemanden und zwar mit einer ganz bestimmten Intention. Dieser Teilakt

271 Zu den sprachphilosophischen Wurzeln, der Forschungsgeschichte und der aktuellen Forschungsdiskussion der *Sprechakttheorie* siehe neben SEARLE (1971; 1982) und AUSTIN (1962) vor allem LEVINSON (1994: 227-282) und MEIBAUER (2001).

wird als *Illokution* oder *illokutionärer* Akt bezeichnet. Man kann auch von der (kommunikativen) Funktion, dem Handlungswert des Sprechaktes sprechen. Die Wirkung dieses Aktes, die beabsichtigte Reaktion, den Zweck, nennen AUSTIN und SEARLE die *Perlokution* oder den *perlokutionären Akt.* Die Theorie der Sprechakte beschreibt Sprechhandlungen auf *Satzebene.* Unterschieden werden in der Literatur im Allgemeinen *repräsentative* (Anspruch auf wahre Darstellung der Welt), *direktive* (Forderungen, Befehle), *kommissive* (Eingehen von Verpflichtungen, Versprechen), *expressive* (Aufrechterhalten sozialer Kontakte, Gruß, Dank, Entschuldigung) und *deklarative* Sprechakte (diese sind an soziale/ institutionelle Rollen gebunden, beispielsweise *taufen, verurteilen*) (vgl. für den Abschnitt Linke / Nussbaumer/ Portmann 1996: 186ff.)[272].

Die pragmatische Textlinguistik baut in ihrer Beschäftigung mit Fragen der Textfunktion auf der *Sprechakttheorie* auf, erweitert den Gedanken der sprachlichen Handlung aber auf komplexere Äußerungen - *Texte.* Der Begriff der Textfunktion entspricht der *Illokution* eines Textes. BRINKER (2001: 83-84) fasst unter diesem Begriff die „dominierende Kommunikationsfunktion" eines Textes, den „Zweck, den ein Text im Rahmen einer Kommunikationssituation erfüllt". Ähnlich wie einzelne Sprechakte ist sie in ihrer sprachlichen Realisierung weitgehend konventionalisiert:

> „Textfunktion" meint „die im Text mit bestimmten, konventionell geltenden, d.h. in der Kommunikationsgemeinschaft verbindlich festgelegten Mitteln ausgedrückte Kommunikationsabsicht des Textproduzenten oder (...) Emittenten (...)" (Brinker 2000b: 175-176).

Textfunktion meint weder die Wirkung, die ein Text auf die Rezipienten ausübt, noch beschreibt sie die ‚wahren' Absichten des Emittenten. Sie lässt sich auch *nicht* aus den *Illokutionen* der einzelnen im Text aktualisierten Sprechakte additiv ableiten[273]: Der Handlungscharakter kommt dem Text als Ganzem zu.

Analog zu den Sprechaktkategorien unterscheidet BRINKER (2001: 108) fünf *textuelle Grundfunktionen.* In Texten mit *Informationsfunktion* gibt der Emittent „dem Adressaten zu verstehen, dass er ihm Wissen vermitteln (...) will". Texte besitzen *Appellfunktion,* wenn der Emittent dem Adressaten zu verstehen gibt, „dass er ihn dazu bewegen will, eine bestimmte Einstellung einer Sache gegenüber einzunehmen (Meinungsbeeinflussung) und/oder eine bestimmte Handlung zu vollziehen (Verhaltensbeeinflussung)" (Brinker 2000b: 176). Außerdem nennt BRINKER

272 Die *Sprechaktanalyse* auf *Satzebene* kann im Rahmen der Textanalyse ebenfalls umgesetzt werden. Dies würde eine Analyse der *Illokutionsstruktur* umfassen. Obgleich Vertreter einer *illokutionär ausgerichteten Textanalyse* wie MOTSCH ((Hrsg. 1997) und VIEHWEGER (Motsch/ Viehweger 1981) durchaus gute Argumente vorbringen (zur Diskussion vgl. Braun 2007: 72-73), wird BRINKER gefolgt, der einen *holistischen Standpunkt* einnimmt und dem *Text als Ganzes Handlungscharakter* zuweist. Einzelne Sprechakte werden in diesem Konzept über die *Indikatoren der Textfunktion* indirekt erfasst.

273 „So wenig, wie sich die Gesamtbedeutung eines Textes additiv als Summe der Satzbedeutungen bestimmen lässt, (...) lässt sich die Textfunktion als eine Summe von Satz-Illokutionen verstehen. (...)". Es ist „davon auszugehen, dass einzelne Textsegmente (...) zwar im Dienste dieser Funktion stehen und auch zur Signalisierung der jeweiligen Funktion beitragen, sie jedoch nicht im einzelnen selber realisieren" (Linke / Nussbaumer/ Portmann 1996: 245-246).

die *Obligationsfunktion* (Eingehen von Verpflichtungen), die *Kontaktfunktion* (personale Beziehung zum Adressaten) und die *Deklarationsfunktion* (mit dem Text wird eine neue soziale Realität geschaffen) als *textuelle Grundfunktionen* (vgl. Brinker 2000b; 2001). Da bezüglich des im Rahmen dieser Arbeit zu analysierenden Textes aufgrund seines kommunikativen Settings und der Textsorte davon ausgegangen werden kann, dass es sich nicht um einen obligierenden, deklarativen oder auf persönlichen Kontakt ausgerichteten Text handelt, sollen im Folgenden vor allem die *Informations-* und die *Appellfunktion* genauer betrachtet werden.

Nach welchen Kriterien lassen sich Texte bestimmten textuellen Grundfunktionen zuordnen? Wie lässt sich die Textfunktion bestimmen? BRINKER stellt einen Ansatz zur *textfunktionalen Analyse* vor, der auf einer Reihe von *Indikatoren der Textfunktion* beruht. Damit sind „sprachliche und nichtsprachliche Merkmale von Texten" gemeint, „die direkt oder indirekt auf bestimmte Kategorien oder kategoriale Zusammenhänge hinweisen, diese sozusagen anzeigen" (Brinker 2000b: 179). Die Textfunktion lässt sich nicht nur aus *textuellen*, sondern auch aus *kontextuellen* Indikatoren ableiten, die sprachlicher oder nicht-sprachlicher Art sein können[274]. Grundsätzlich unterscheidet er drei Grundtypen von Indikatoren:

> (1) „Sprachliche Formen und Strukturen, mit denen der Emittent die Art des intendierten kommunikativen Kontakts dem Rezipienten gegenüber *explizit* zum Ausdruck bringt", (2) „Sprachliche Formen und Strukturen, mit denen der Emittent – explizit oder implizit – seine *Einstellung zum Textinhalt*, insbesondere zum Textthema ausdrückt" und (3) „*Kontextuelle* Indikatoren wie der situative, insbesondere der institutionelle Rahmen des Textes bzw. der gesellschaftliche Handlungsbereich, dem der Text zugeordnet ist, das vorausgesetzte Hintergrundwissen (...) usw." (vgl. Brinker 2001: 100-101; Hervorhebungen durch Verfasserin).

Bestimmte grammatische Einheiten und Strukturen, wie explizit performative Formeln, bestimmte Satztypen- und muster, Modi, Adverbien und Partikelwörter[275] indizieren die *Textfunktion* direkt. Hinzu kommen als *textuelle Indikatoren* die Art des *Textthemas* und die *Auswahl und Anordnung der Teilthemen*, die Wahl des *thematischen Entfaltungsmusters* und die „sprachlich-stilistische Ausformung der Themen und Muster" (Brinker 2000b: 180). Für die Einstellung zu Textinhalt und –thema führt BRINKER den Terminus der ***thematischen Einstellung***[276] ein. In dieses Konzept fließt ein, welchen *Wahrheits-* oder *Wahrscheinlichkeitsgrad* der Emittent dem Textinhalt zubilligt (*wissen, zweifeln*), welchen *Sicherheitsgrad* seines Wissens er signalisiert (*tatsächlich, vielleicht*) – man spricht in diesem Zusammenhang von der ***epistemischen*** bzw. ***doxastischen*** *Einstellung* – , ob er den Textinhalt *wertet* (die ***evaluative Einstellung***), *interessant* findet (***motivationale/ intentionale/ expektative/ normative*** *Einstellung*) oder ob ihn das Textthema emotional berührt (psychische Haltung – ***emotive*** *Einstellung*). Nichtsprachliche textuelle Indikatoren wären etwa graphische oder bildliche Darstellungen. Wichtiger als alle textuellen Indikatoren sind für die Analyse der Textfunktion die *kontextuellen*. Damit ist die „Einordnung des Textes in umfassendere sprachliche Zu-

274 Einen Überblick gibt BRINKER (2000b; 2001).

275 BRINKER (2000: 179; 2001: 100-101) greift auf die *Illokutionsindikatoren* der Sprechakttheorie zurück.

276 Mit Hilfe dieses Konzeptes lassen sich die von REISIGL/ WODAK genannten Strategien der Diskursrepräsentation bzw. Abschwächung/ Verstärkung neu fassen (siehe 4.2).

sammenhänge“ ebenso angesprochen wie seine „mediale und situative Einbettung“ (Brinker 2000b: 180) und der institutionelle Rahmen, in dem er aktualisiert wird. Die ***Kontextindikatoren*** entscheiden letztlich über die Textfunktion – v.a. in den Fällen, in denen die textuellen Indikatoren nicht eindeutig sind. Das Konzept wird einsichtiger und verständlicher, wenn man es auf die einzelnen *textuellen Grundfunktionen* herunterbricht. Zunächst zur ***Informationsfunktion***: Explizit performative Formeln bzw. Verben, die auf eine Informationsfunktion des Textes hinweisen, sind etwa *informieren* oder *unterrichten.*Von der thematischen Einstellung her dominieren Angaben zum *Sicherheitsgrad*, zu den *Wahrscheinlichkeitswerten* des dargebotenen Wissens. Dies kann an explizierenden Paraphrasen (*wissen, der Fall sein; wahrscheinlich sein, nicht zutreffen*) ebenso festgemacht werden, wie an Quellenangaben oder den verwendeten *Modalverben* (*sollen, wollen*) oder *Modalwörtern* (*offenbar, vermutlich*). In manchen vorwiegend informativ ausgerichteten Textsorten finden sich jedoch auch Hinweise auf die *evaluative Einstellung* des Emittenten, finden sich Wertungen – etwa in *Gutachten* oder *Rezensionen. Information* kann auch Mitteilung einer Stellungnahme bedeuten, Meinungskundgabe. BRINKER spricht in diesem Zusammenhang von vorherrschender *Meinungsbetonung* oder *Sachbetonung*:

> „Ob eine wertende Aussage neben ihrer informativen Funktion auch noch (oder primär) eine appellative Funktion hat, ergibt sich aus dem Kontext bzw. der Textsorte, der der betreffende Text angehört“ (Brinker 2001: 111)[277].

Appellative* Texte** lassen sich hingegen u.a. an folgenden grammatischen Indikatoren festmachen: Imperativsätzen, Infinitivkonstruktion, Interrogativsätzen, Satzmustern mit *sollen* oder *müssen* + Infinitiv oder *haben/ sein* + *zu* + Infinitiv (vgl. Brinker 2001: 112-115). Die ***Appellfunktion ist oft mit einer *normativen* thematischen Einstellung verbunden (*möchten, dass; wünschen, dass*). Die evaluative Einstellung ist in diesem Kontext darauf ausgerichtet, dass „der Rezipient“ die „Sichtweise, die „(positive oder negative) Bewertung des Sachverhalts übernimmt (und sich entsprechend verhält)“ (Brinker 2001: 115). *Appellative* Texte entfalten ihr Thema häufig in *argumentativer* Art und Weise.

Die pragmatisch orientierte Textlinguistik geht davon aus, dass Texte als Ganzes bestimmte kommunikative und soziale Funktion erfüllen, dass ihre Funktion als Gesamttext über die Einzelfunktionen der in ihnen enthaltenen Sprechakte hinausgeht. Jene *Europa-Bilder*, die in den Texten (re-)produziert, transformiert oder de-konstruiert werden, lassen sich erst in diesem Kon-Text vollständig beschreiben: In welche übergeordneten Textthemen sind sie eingebettet bzw. inwiefern tragen sie zum Gesamtthema – und zur Gesamtfunktion – des Textes bei?

277 Dies lässt sich manipulativ einsetzen: Die textuellen Indikatoren legen dann eine *Informationsfunktion* nahe, allerdings wird die *Meinungskundgabe* als Vermittlung *sicheren Wissens* dargestellt. Teilweise lässt sich über die (oft indirekt signalisierte) evaluative Einstellung ein Text als *appellativ* bzw. *persuasiv* erkennen. Hier zeigt sich allerdings eine Problematik des BRINKERschen Konzepts: Texte, in denen Meinungen dargestellt werden, mögen nicht direkt signalisieren, dass der Rezipient zur Meinungsänderung bewegt werden soll, dennoch sind sie appellativ intendiert. Nach den kontextuellen Indikatoren sind sie deshalb auch oft als *appellative Texte* einzuordnen.

Werden soziale Repräsentationen *beschrieben*, werden sie *argumentativ untermauert* oder *auseinander genommen*, wird *Meinung ‚gemacht'* oder *Information* geliefert (was nicht immer klar zu trennen ist)? Sind sie für den Emittenten *emotional* besetzt oder *neutral*, werden sie *gewertet*? Kommt den Texten in diesem Zusammenhang eine *informative* oder eine *appellative Funktion* zu? Stellen bestimmte *Europa-Bilder* eventuell (unhinterfragte?) Prämissen in Argumentationshandlungen dar oder lassen sie sich aus den Schlussregeln herauslesen, die aus der Argumentation implizit rekonstruiert werden können? Gerade um letztere Fragen analytisch erfassen zu können, lohnt eine detaillierte Darstellung der Argumentationsanalyse.

Argumentationstheorie und -analyse

Interessiert man sich für soziale Repräsentationen *Europas*, so ist besonders relevant, in welcher Form die sozialen Repräsentationen *argumentativ gestützt* oder *dekonstruiert* werden. Warum? Grundlage des Argumentierens sind *Behauptungen*. Werden in der Kommunikation *Behauptungen* aufgestellt, in Form „assertive[r] Sprachhandlungen", findet zugleich eine „Faktizitätsherstellung in Form von Sachverhaltskonstitution und der Konstituierung von Kausalitäten" (Felder 2009: 37) statt. *Wer* die Behauptung aufstellt, *wo* sie medial situiert ist, spielt für die Akzeptanz des Behaupteten, neben der argumentativen Grundlegung, eine Schlüsselrolle. Was FELDER (2009: 40) bezüglich der Medien schreibt, nämlich, dass dort verortete Behauptungen „qua institutionelle [sic!] Autorität als wirklich deklariert (Realitätsstiftung) und von vielen Rezipienten auch so wahrgenommen (Wirklichkeitsveränderung im individuellen Gedächtnis)" werden, lässt sich in ähnlicher Form auf Institutionen wie die Schule und die Texte *diskursiver Eliten* übertragen. Behauptungen beruhen jedoch, ob dies versprachlicht wird oder nicht, auf Schlussfolgerungen, sind auf diese Weise mit anderen Behauptungen verknüpft. Wie BAYER (1999: 42) in seinen Ausführungen zum Zusammenhang zwischen *Argumentation* und *Erkenntnis* betont, *konstruieren* wir nicht nur die *Objekte*, die Teil unserer *Weltbilder* sind, sondern *fassen* sie zu *Kategorien* zusammen und machen uns Gedanken über die *Beziehungen* zwischen ihnen – wir *verallgemeinern*, machen handlungsorientierte *Voraussagen, erklären* Ereignisse – anhand von *Schlussfolgerungen*: „Wir können Weltbilder als innere Modelle der Außenwelt nur entwickeln, wenn wir in jedem Augenblick Schlüsse ziehen". Schlüsse werden nicht (nur) in den Köpfen einzelner Menschen gezogen, Behauptungen werden in der sozialen Interaktion abgesichert, ausgetauscht, entwickelt, verworfen oder bestätigt – wir „organisieren [unsere] Weltbilder in ständiger Kommunikation miteinander" (Bayer 1999: 49). Ob man bestimmte soziale Repräsentationen akzeptiert hängt von den Argumentationen ab, auf denen sie beruhen (vgl. Bayer 1999: 46). Der Mensch ist in seinem Denken und Erkennen abhängig von Schlussfolgerungen, vom „Übergang von etwas, das wir schon wissen oder zu wissen glauben, zu etwas Neuem" (Bayer 1999: 16). Die sprachliche Ausformulierung derartiger Schlüsse, um „Behauptungen zu begründen oder zu widerlegen, um etwas zu erklären oder vorauszusagen, um uns zu rechtfertigen oder um Regeln für das soziale Zusammenleben plausibel zu machen" (Bayer 1999: 16), bezeichnen wir als *Argumentation*. *Argumentationen* sind sprachliche Handlungen, in denen wir ein oder mehrere *Argument(e)* äußern, die wiederum, wie bereits gezeigt wurde, aus einer *Konklusion* und den zugeordneten *Prämissen* (und eventuell Schlussregeln u.ä.) bestehen. Sie sind der „sprachliche(...) Ausdruck reflektierter Übergänge von Prämissen zu Konklusionen" (Bayer 1999: 50). Dabei beruhen *Alltagsargumentationen*, ebenso wie die ihnen zugrunde liegenden *Alltagsschlüsse*, oft weniger auf den strengen Regeln der Logik als vielmehr auf *Assoziationen* und *Analogien*, weniger auf reflektierter Analyse als auf *Intuitionen*[278]. *Emotionen* und *soziale Beziehungen* beeinflussen unsere Alltagsvernunft. Auch lassen wir uns in unseren Schlussmechanismen von der ‚*Sprache*' manipulieren, greifen auf *Slogans* und *Redensarten* zurück, auf Schlussfolgerungs-Schablonen aller Art – auf die besondere Rolle die in diesem Zusammenhang Sprachbilder, d.h. *Metaphern* spielen, wird noch gesondert einzugehen sein. *Vorurteile* fließen in vielen Argumentationen bereits in die Prämissen ein (vgl. Reisigl/ Wodak 2001: 55). Die Schlussregeln im Sinne TOULMINs beziehen ihre Stützung in vielen Alltagsargumentationen daraus, dass es sich, wie BRINKER (2001: 78) es nennt, um „anerkannte Bewertungsprinzip[ien] der Alltagswelt" handelt. Diese Prinzipien sind definitionsgemäß kulturell kontingent und zumindest teilweise gruppenspezifisch, beruhen auf einem gesellschaftlichen Konsens, der über die Zeiten und an verschiedenen Orten unterschiedliche Formen annehmen kann.

Obgleich TOULMINs Schema in der Argumentationsanalyse fast ubiquitäre Verbreitung gefunden hat (vgl. Pielenz 1993: 38) und in allen Lehrwerken der Linguistik (neben der antiken Rhetorik) den Ausgangspunkt der Beschäftigung mit Argumentation darstellt, ist es nicht unkritisiert geblieben[279]. ÖHLSCHLÄGER und unter Bezugnahme auf ihn auch PIELENZ monieren vor allem, dass in der Analyse tatsächlicher Textexemplare die von TOULMIN so klar getrennten Propositionsarten des *Datums*[280], der *Schlussregel*[281] und der *Stützung*[282] keineswegs so einfach unterscheiden lassen, wie in konstruierten Beispielen. In ÖHLSCHLÄGERs Argumentationsansatz werden *Schlussregel* und *Stützung* deswegen durch das Konzept der *Schlusspräsupposition* oder „pragmatischen Handlungspräsupposition" (Pielenz 1993: 55) ersetzt. Er geht davon aus, dass, wer etwas behauptet, „mit seiner Behauptungshandlung dafür garantiert (...), dass die Bedingung(en) erfüllt ist/sind, die erfüllt sein muß/müssen, damit der entsprechenden Behauptung überhaupt ein Wahrheitswert zukommen kann" (Pielenz 1993: 48)[283]. Der Argu-

278 Vergleiche zur Alltagsargumentation BAYER (1999: 18-31).

279 Es wird kritisiert, er habe die formale Logik als „Zerrbild" (Pielenz 1993: 40) dargestellt.

280 Im Sinne „spezifischer Tatsacheninformationen", von „Fakten, auf die man sich als Grundlage für die Conclusion beruft" (Pielenz 1993: 42, 43).

281 Im Sinne einer Aussage mit „allgemeinem, regelhaftem Charakter", als „(‚inference-licences'), (...) generelle, hypothetische Aussagen, die als Brücken den logischen Schritt legitimieren" (Pielenz 1993: 42-43).

282 Definiert „als ultimative, in den Arenen der Einzeldisziplinen verankerte Instanz" (Pielenz 1993: 45).

283 Das heißt nicht, dass die Proposition tatsächlich wahr ist oder auch nur für wahr gehalten wird – lediglich, dass mit der Behauptungshandlung dieser Anschein erweckt wird.

mentierende geht mit der Behauptung die Verpflichtung auf bestimmte Voraus-Setzungen, *Präsuppositionen*, ein. Er *präsupponiert* (meist werden die Voraus-Setzungen nicht explizit gemacht) die Legitimität des Schlusses vom Datum auf die Conclusion, schließt vom „Argument [Datum, Anm. der Verfasserin] auf die Konklusion aufgrund der Schlußpräsupposition" (Öhlschläger 1979: 99). Diese ist feldabhängig bzw. kontextsensitiv, denn

> „Entscheidend dafür, ob eine Argumentationshandlung gelungen ist oder nicht, ist, ob die betreffende Schlusspräsupposition in der jeweiligen Kommunikationssituation, für die an der Kommunikation Beteiligten, in der jeweiligen Lebensform usw. wahr ist oder nicht, nicht, ob die Schlusspräsupposition in einem absoluten Sinne wahr ist oder nicht – was auch immer das heißen mag (...)" (Öhlschläger 1979: 125-126).

Analysiert man Argumentationen, so lassen sich Propositionen nicht per se, sondern nur nach ihrer Funktion innerhalb der betreffenden Argumentationshandlung beschreiben. Innerhalb eines komplexen Textes können dieselben Propositionen sowohl Daten/ Argumente als auch Konklusionen und ‚explizierte' Schlussregeln darstellen. Welche Teile der Argumentation explizit gemacht werden, welche nicht, in welcher Reihenfolge Argumentationsteile auftreten, kurz: die Formulierung der Argumentation ist für die Analyse von entscheidender Bedeutung.

Mit der *Argumentationsanalyse* eng verbunden ist die Herausarbeitung wiederkehrender *Argumentationsroutinen*, von ‚Gemeinplätzen' der Argumentation: Die In-den-Blick-Nahme der *Topoi*[284]. Die *Toposanalyse* gehört zu den „zentralen Gegenständen der Diskurslinguistik" (Warnke/ Spitzmüller 2008: 41). Es lassen sich *kontextabstrakte* und *kontextspezifische* Topoi unterscheiden: Während erstere als „kollektives Wissen einer Sprachgemeinschaft" betrachtet werden können, lassen sich letztere als „Teil des sozialen Wissens öffentlich handelnder Gruppen zu einem Themenbereich in bestimmten Zeitspannen" (Warnke/ Spitzmüller 2008: 41) verstehen. Die kontextabstrakten Topoi umfassen „plausible Schlussmuster" (Kolmer/ Rob-Santer 2002: 151-152), die zum Teil bereits in der antiken Rhetorik beschrieben wurden. Dort werden unter anderem *a persona*-Topoi (personenbezogen) von *a re*-Topoi (sachbezogen) unterschieden. Als *Einordnungsschemata* werden *Topoi* bezeichnet, die ihre Prämissen ‚aus der Definition', aus der ‚Gattung/ Art' oder aus ‚Teil-Ganzes-Bezügen'[285] ableiten. Topoi, die „Begründungszusammenhänge als Ausgangspunkt für Argumentationen" (Kolmer/ Rob-Santer 2002: 182) nehmen, lassen sich als *Kausalschemata* beschreiben – hier

284 *Topoi* lassen sich nach BORNSCHEUER bzw. KOPPERSCHMIDT (hier zitiert nach PIELENZ (1993: 121)) als „im argumentativen Verfahren gehandhabte Denkmuster" definieren, als „der Gesichtspunkt, der zu weiteren Argumenten führt". Genauer handelt es sich „sowohl" um „die allgemeinsten Formprinzipien möglicher Argumente (...) wie die zu Motiven, Denkformen, Themen, Argumenten, Klischees, loci communes, Stereotypen usw. stablisierten materialen Gehalte" (Pielenz 1993: 122). Es lassen sich *formale* und *materiale Topoi* unterscheiden, erstere umfasst „formal bestimmte Suchkategorien zwecks argumentativer Problemerörterung", zweitere die „sprachlich formelhaft instatiierten Topoi" (Pielenz 1993: 123). *Topoi* zeichnen sich nach BORNSCHEUERs Begriffsbestimmung durch *Habitualität*, *Potentialität*, *Intentionalität* und *Symbolizität* aus (vgl. Pielenz 1993: 123ff.).

285 Hierzu gehört auch das *argumentum ad populum*, die Übertragung einer Einschätzung bezüglich eines Kollektivs auf dessen Mitglieder.

wird u.a. auf die Kategorien Ursache-Wirkung, Grund-Folge und Mittel-Zweck rekurriert[286]. Desweiteren sind *Vergleichsschemata* verbreitet: Hierzu zählt das *argumentum per analogiam*[287], der dieses umkehrende Topos der Verschiedenheit und das Argumentationsmuster ‚aus dem Mehr oder Minder'. Ebenfalls usuell in der Sprachgemeinschaft verbreitet sind *Gegensatzschemata*, die auf direkten, relativen, alternativen oder unvereinbaren Gegensätzen aufbauen können. Die Prämissen können auch in *Beispielen* bestehen, in diesem Fall spricht man von *Beispielsschemata*. Einen Sonderfall stellt der Verweis auf Autorität bzw. Expertenmeinung (*argumentum ab auctoritate*) dar[288]. Während diese Topoi tatsächlich ‚Gemeinplätze' darstellen, sind *kontextspezifische Topoi* auf bestimmte Kontexte und soziale Gruppen beschränkt. So arbeitet WENGELER im Kontext des Einwanderungsdiskurses etwa *Gefahren-Topoi, Nutzen-Topoi* und *Belastungs-Topoi*, einen *Realitäts-Topos*, ein *Kultur-Topos* und ein *Missbrauchs-Topos* heraus (vgl. Wengeler 2005: 234ff.). Zugleich sind bestimmte *kontextabstrakte Topoi* in spezifischer Häufigkeit und Zusammenstellung laut WODAK et al. typisch für bestimmte ‚Diskurse': Für *Identitätsdiskurse* nennen sie unter anderem *Vergleichstopoi*, *adhominem-Argumentationen*, *Autoritätstopoi*, den *Topos der ‚Geschichte als Lehrerin'*, *Beispielstopoi* und das *argumentum ad baculum*, den Bedrohungs-Topos (vgl. Wodak et al. 1999: 36ff.). *Topoi-Analyse* lässt Rückschlüsse zu auf „die Struktur gesellschaftlicher Einbildungskraft", auf „das soziale Selbstverständnis einer Epoche" (Pielenz 1993: 131) oder Diskursgemeinschaft. Nach KONERDING (2008: 129) handelt es sich bei der klassischen Topik um „Reflexe der Wissensrahmen sortal dominanter oder alltagstaxonomisch prominenter Konzepte"[289]. Formale bzw. materiale Topoi lassen sich als „allgemein gültige Deutungsrahmen" bestimmen, die in Form von „speziellen Deutungsmustern" (Konerding 2008: 133) aktualisiert werden können. Es sei in diesem Zusammenhang an MOSCOVICIs Betonung der Relevanz von ‚archetypischen Themata' für die Erfassung *sozialer Repräsentationen* erinnert. Dazu gehören seiner Ansicht nach auch die Topoi: sie liegen diskursiven Schematisierungen und argumentativen ‚Sprachspielen' zu Grunde, bilden wichtige *Schlüssel* zur Interpretation von Kategorisierungen und sind eine grundlegende Basis *sozialer Repräsentationen* (vgl. Moscovici 2001: 183).

Aussagen, Behauptungen, Topoi – um es noch einmal zu betonen: Diesen Analyseelementen kann nicht

> „aus sich heraus ein Sinn zugeschrieben werden (...), sondern nur dadurch, dass sie als Teiltexte eines ‚ganzen' Textes erst zu Bedeutung gelangen und rezipiert werden. (...) Mit der Be-

286 In diesem Kontext lassen sich auch Fehlschlüsse nach dem Motto *post hoc ergo propter hoc* und der so genannte *naturalistische Fehlschluss* einordnen, bei dem ‚Bewertungen' und ‚Fakten' vermischt werden (vgl. Kolmer/ Rob-Santer 2002: 188-189).

287 Hierbei werden „Größen (...) bzw. Handlungen oder Eigenschaften (...), die gleich oder einander sehr ähnlich sind, in Beziehung (...) gesetzt (...). Dann wird auf eine Gleichheit oder große Ähnlichkeit in einer weiteren Hinsicht geschlossen" (Kolmer/ Rob-Santer 2002: 190).

288 Siehe KOLMER/ ROB-SANTER (2002: 147-208).

289 *Konzept* meint „ganzheitlich organisierte Bewusstseinsgehalte bzw. Wisseneinheiten" (Konerding 2008: 127).

zugnahme auf Textausschnitte ist der Gesamttext stets virtuell im Hintergrund bedeutungskonstitutiv aktiv" (Felder 2009: 41).

Kurz: Ihre Interpretation setzt letztlich eine holistisch angelegte, detaillierte Textanalyse voraus.

Metaphorik

Der Metaphernanalyse wird ein eigenes Unterkapitel eingeräumt, um der besonderen Bedeutung der *Metaphorik* für die *Argumentation* Rechnung zu tragen und der besonderen Rolle gerecht zu werden, die Metaphern in der Konstruktion von *Europa*-Bildern spielen. Zudem können *Metaphern*, wie die *Topoi*, als ‚archetypische Themata' im Sinne MOSCOVICIs aufgefasst werden[290]. *Metaphern* in Alltagssprache und Wissenschaft kreieren ‚Realität', sie blenden bestimmte Aspekte von Sachverhalten aus und fügen andere hinzu, sie ermöglichen neue, kreative Einblicke in Zusammenhänge ebenso wie das Verbergen oder Verschleiern von Unliebsamem. Sie verknüpfen Bekanntes und Unbekanntes und liefern so fehlende Erfahrungsgrundlagen, ‚visualisieren das Nicht-Vorhandene'. Sie beeinflussen Handlungsverläufe, regen Gefühle an, formen ‚Prämissen', interpretieren und werten, wirken persuasiv, indem sie Komplexes vereinfachen und Abstraktes veranschaulichen" (vgl. Hoinle 1999: 81). Nicht zuletzt dienen sie der *Identifikation*, dem „Aufbau und [der] Bestätigung eines Weltbildes" – und der *Integration*, der „Formung von Loyalität", der „Gemeinschaftsbildung" und der „Sinnstiftung" (Hoinle 1999: 82-83). Gleichzeitig sind Sprachbilder nie unumstritten, oft sogar umkämpft, sie werden transformiert und neu besetzt, werden kritisiert, es werden Gegenentwürfe in den Raum gestellt. Jene Metaphorik in den Blick zu nehmen, die der Konstruktion europäischer Identitätselemente eigen ist, lohnt also.

Grundsätzlich lassen sich *kognitiv-konstruktivistische* und *traditionelle* Metapherntheorien unterscheiden. Beide Arten des Metaphernverständnisses sollten

290 *Metaphorik, Topoi, Deutungsschemata*: Die Kognition-Diskurs-Debatte ist nicht auf die Sozialpsychologie beschränkt: Handelt es sich hierbei um Strukturen des *Denkens*, die der *Sprache* zugrunde liegen? Von linguistischen Realisierungen, von Lexemmetaphern, die Konzeptmetaphern aktualisieren, zu sprechen, legt dies nahe. Wenn aber nur über Sprache der Rückgriff auf das Denken möglich ist, welchen analytischen, welchen Erklärungswert besitzen solche Konzepte? Auf die Komplexität der dialektischen Verbundenheit von Kognition und Diskurs wurde bereits hingewiesen (siehe 2.6). Die umrissene Verortung der Verfasserin kann hier bekräftigt werden: Es wird davon ausgegangen, dass es sich bei diesen Konzepten um ‚interpretative Annäherungen' handelt, die der Beschreibung dienen und deren Konstruktcharakter stets bewusst gehalten werden muss. Gerade in den genannten Konzepten verschränkt sich Sprache und Denken in einem dialektischen Prozess. Kurz: Es handelt sich aus Sicht der Verfasserin um wertvolle analytische ‚Tools', deren Interpretation immer wieder reflektiert werden muss. Ihre Aktualisierung in Texten stellt keine ‚neutrale Abbildung' des Denkens dar, aber auch keinen ‚Beweis' für eine diskursive Steuerung des Denkens. Sie kann ‚strategischen' Zielen dienen und muss immer im Kontext analysiert werden, wobei jede Analyse nur eine *mögliche* Interpretation darstellt.

differenziert betrachtet werden[291]. Analysiert man Metaphern vor dem Hintergrund eines ‚rhetorischen Metaphernansatzes und betrachtet sie vor allem als ‚Stilmittel', so versteht man sie im Grunde als „von der Norm abweichenden suggestiven Sprachgebrauch“ (Pielenz 1993: 59). Es handelt sich aus dieser Perspektive um einen ‚uneigentlichen Sprachgebrauch', in dem die Metapher einen *Vergleich* oder einen *Ersatz* (Substitution) für die *eigentliche* Bedeutung darstellt, der durch *wörtliche Paraphrasierungen* ersetzt werden kann. Diese Sicht entwickelte sich in der antiken Rhetorik und wirkt in traditionellen Metapherntheorien bis heute fort. Sie setzt beim Emittenten einen „hohen Grad an Intentionalität“ voraus, er wird als „Akteur“ konzipiert, der „sich seiner Sprache bewusst ist und sie zielgerichtet einzusetzen vermag“ (Hülsse 2003: 26). *Kognitive* bzw. *konstruktivistische* oder *interaktionistische Metapherntheorien* (die bekanntesten Ansätze sind die von BLACK und LAKOFF/ JOHNSON) hingegen gehen davon aus, dass Metaphern keinen uneigentlichen Sprachgebrauch, sondern ein Basisphänomen unserer Sprache darstellen. WARNKE/ SPITZMÜLLER (2008b: 28) weisen „Metaphern als kognitive[n] Grundoperationen eine wichtige Rolle in der deklarativen Erfassung von Wirklichkeit“ zu. Deshalb gehören sie zum ‚Kernbestand' der diskurslinguistisch analysierten Phänomene. Metaphern sind auf der kognitiven Ebene verortete ‚konzeptuelle Instrumente' unseres Denkens, sie strukturieren nicht nur unsere *Sprache*, sondern auch unsere *Kognition* – wir leben und denken in Metaphern. (Geteilte) Metaphern sind demnach die Bausteine der sozialen Realität einer jeden sozialen Gruppe (vgl. Pielenz 1993: 64, 68; Lakoff/ Johnson 1998). Der Sprachwissenschaftler LAKOFF und der Philosoph JOHNSON gehen davon aus, dass unser Wahrnehmen, Denken (und Handeln) von einem *„Konzeptsystem“* (Lakoff/ Johnson 1998: 11) angeleitet wird, von mentalen (diskursiv konstruierten) *Weltmodellen.* Dieses Konzeptsystem ist ihrer Ansicht nach zum größten Teil metaphorisch angelegt. Als *Konzeptmetapher* bezeichnet man eine kontextfreie Abstraktionsform, die durch konkrete metaphorische Ausdrücke realisiert wird (*Lexemmetaphern*). Die Metaphern unserer Alltagskommunikation realisieren demnach übergeordnete mentale Konzepte. So können wir davon sprechen, dass die *Verfassung ein großer Schritt für Europa* oder ein *Meilenstein* sei, dass es ein *Europa der unterschiedlichen Geschwindigkeiten* geben müsse, dass der Verfassungsprozess eine *Baustelle* sei oder die *Fundamente* einer politischen Union lege – und konzeptualisieren die politische Entwicklung der EU als *Fortbewegung* (Reise, Weg) in Raum und Zeit bzw. Europa/ die EU als *Gebäude. Abstraktes* wird meist über *Konkreteres, Nichtphysisches* oft in Begriffen des *Physischen* erfasst. Zum einen kann ein Konzept „von einem anderen Konzept her metaphorisch strukturiert w[e]rd[en]“ (ARGUMENTATION als KRIEG, ZEIT als GELD). Zum anderen können ganze „Systeme von Konzepten in ihrer wechselseitigen Bezogenheit organisiert“ (Lakoff/ Johnson 1998: 22) sein – oft über räumliche Beziehungen: GLÜCKLICH SEIN, GESUND

291 WARNKE/ SPITZMÜLLER betonen: „Ungeachtet der Unterscheidung zwischen substitutionstheoretischer und interaktionstheoretischer Beschreibung sind Metaphern als ‚widersprüchliche Prädikationen oder kalkulierte Absurditäten' (...) nicht auf Wortebene selbst beschreibbar, sondern (...) als propositionale Phänomene in kontextueller Einbindung“ (Warnke/ Spitzmüller 2008a: 28) zu analysieren.

SEIN, WACH SEIN, MACHT AUSÜBEN ist OBEN – TRAURIG SEIN, SCHLAFEN, KRANK SEIN, DOMINIERT WERDEN ist UNTEN. INNEN sind WIR und AUßEN sind DIE ANDEREN. ***Konzeptmetaphern*** haben zum Teil Ursprünge in körperlichen Erfahrungen – so wie die in allen Kommunikationsgemeinschaften (wenn auch durchaus differenziert) sehr verbreiteten Metaphern der räumlichen Orientierung[292]. Zahlreich sind auch *ontologische Metaphern*: Wir konzeptualisieren Unscharfes, Uneindeutiges als Entität, als Materie, als physisches Objekt, Substanz oder Gefäß[293] – in manchen Fällen als *Person* (Personifikationen)[294]. Die Ursprünge der Konzeptverknüpfungen liegen aber auch in sozial geteilten, kulturell geprägten Vorstellungen. Eine Konzeptmetapher artikuliert immer einen „Erfahrungsausschnitt einer Kulturgemeinschaft" (Pielenz 1993: 87)[295]. LAKOFF/ JOHNSON verweisen auf die grundlegende Wichtigkeit von Metaphern im Rahmen der *Kategorisierung*: Demnach kategorisieren wir Dinge, Ereignisse aber auch Personen und Gruppen nach Prototypen, nach der ‚Familienähnlichkeit', den definierenden Eigenschaften, die sie mit ‚typischen Vertretern' gemeinsam haben (vgl. Lakoff/ Johnson 1998: 145).

Auf welche Metaphern eine Kommunikationsgemeinschaft oder soziale Gruppe zurückgreift, um beispielsweise die POLITISCHE ENTWICKLUNG oder OST-ERWEITERUNG DER EU oder EUROPA selbst zu konzeptualisieren, hat Folgen: Jede Metapher hebt bestimmte Aspekte eines Gegenstandes/ Vorganges hervor und blendet andere aus. Der *Bildspender* bzw. der Bestandteil einer Metapher, dessen Struktur abgebildet oder *projiziert* wird, ist der *Herkunftsbereich*, der Teil, auf den abgebildet wird, heißt *Zielbereich*. Beide treten in *Interaktion* miteinander, die *Implikationen*, die sich aus dem Herkunftsbereich ergeben, werden auf den Zielbereich übertragen (vgl. Pielenz 1993: 81ff.). Betrachtet man die EU als CLUB, so impliziert dies, dass es eine *Clubsatzung* bzw. *Regeln* gibt, an die *Mitglieder* sich zu halten haben, und Neumitglieder müssen sich diesen anpassen. Konzeptualisiert man die EU als FESTUNG, so steckt in dem Bild die Vorstellung einer von äußeren Feinden bedrohten Schutzgemeinschaft:

292 LAKOFF/ JOHNSON (1998: 26) betonen: „Die meisten unserer basalen Konzepte werden nach einer oder mehreren Metaphern der räumlichen Orientierung organisiert". „Die Raumkonzepte des Menschen umfassen (...) Orientierungen wie OBEN-UNTEN, VORNE-HINTEN, INNEN-AUSSEN, NAH-FERN, usw. Genau diese Orientierungen brauchen wir für unsere kontinuierlichen alltäglichen körperlichen Funktionsabläufe, und dieser Umstand macht – für uns – diese Raumkonzepte wichtiger als andere mögliche Strukturierungen des Raumes" (Lakoff/ Johnson 1998: 70-71). Siehe auch die Ausführungen SCHLOTTMANNS (2005) (siehe 4.1).

293 LAKOFF/ JOHNSON (1998: 35-36) schreiben, dass „wir künstliche Grenzen setzen, die physische Phänomene zu Einzelgebilden machen, wie wir das auch sind: Entitäten, die durch eine Oberfläche begrenzt sind". Andererseits „bilden unsere Erfahrungen mit physischen Objekten (...) die Grundlage für eine enorme Vielfalt ontologischer Metaphern, d.h. für bestimmte Sichtweisen von Ereignissen, Aktivitäten, Emotionen, Ideen usw. als Entitäten und Materien".

294 Ebenso wie die Personifikation sehen LAKOFF/ JOHNSON (1998: 46) die Metonymie als der Metapher sehr ähnlich an. Hier benutzen wir eine „Entität, um uns auf eine andere, damit zusammenhängende zu beziehen". Unser Denken ist nicht nur metaphorisch sondern auch metonymisch strukturiert, wir denken in Teil-Ganzes-Beziehungen, „konzeptualisieren (...) eine Sache mittels ihrer Beziehung zu einer anderen Sache" (Lakoff/ Johnson 1998: 50).

295 Natürlich sind die physischen Erfahrungen ebensowenig inkontingent, denn „alle Erfahrung ereignet sich vielmehr im (...) Kosmos kultureller Vorgaben" (Lakoff/ Johnson 1998: 71).

> „Indem in einer Metapher die beteiligten Begriffe fusionieren, beschreiben sie die Wirklichkeit neu" (Pielenz 1993: 103).

Es lässt sich von den realisierten *Lexemmetaphern* auf die *Konzeptmetaphern*, die Weltmodelle, die sozialen Repräsentationen schließen, die in einem Sprachkollektiv, einer sozialen Gruppe Verbreitung finden. Diese (mentalen) Konzepte wirken sich auf das sprachliche und soziale Handeln aus. Bestimmte Aspekte der jeweiligen Konzeptmetapher werden, so sie vom Sprachkollektiv präferiert/ favorisiert werden, konventionalisiert und usualisiert. Über diese lexikalisierten, festen Metaphern denken wir beim Sprechen kaum noch nach, sie liegen „kaum noch bemerkt (...) unserem sprachlichen Handeln wirkungsvoll" (Pielenz 1993: 103) zugrunde. *Konzeptmetaphern* stehen nicht für sich allein, sie bilden ganze *Metaphernnetze* aus, die in „unsere Alltagssprache und Kultur eingesenkt" (Pielenz 1993: 97) sind. Nicht nur sind die „Wertesysteme kohärent mit den wichtigsten Orientierungsmetaphern einer Zeitgeistkultur" (Lakoff/ Johnson 1998: 33), auch die Metaphern einer Kommunikationsgemeinschaft sind üblicherweise miteinander bzw. zueinander kohärent. An Kommunikationsgemeinschaften gebunden, sind diese Metaphernnetze keineswegs statisch oder kulturell kontextfrei. Nimmt man die ‚soziale Verteilung konzeptueller Metaphern' in den Blick, so werden Differenzierung zwischen verschiedenen sozialen Gruppen sichtbar. Der „kollektive[n] Denkstruktur sozialer Gruppen" (Pielenz 1993: 99) liegen [zum Teil] verschiedene Konzeptmetaphern zugrunde:

> „Letztlich sind es die Teilhaber eines zeitlich und räumlich fixierbaren Sprachgefüges, die den heterogenen und vielschichtigen Schatz ihrer Metapherntypen als Ausdruck je sozialer Zugehörigkeit via Verwendung veröffentlichen und kulturellen Wandel in Gestalt neuer Metaphern notieren" (Pielenz 1993: 99).

Versteht man *Metaphern* in diesem Sinne als Realisierungen mentaler *Konzeptmetaphern,* die sich zu metaphorischen *Konzeptsystemen* fügen, so kommt ihnen im Denken eine Schlüsselrolle zu. Sie wirken wie *konzeptuelle Filter*, sie kodieren den Blick. Mit ihnen verbinden sich „system[s] of associated commonplaces" bzw. „Implikationssystem[e]", die als „fuzzy set[s] (...) prototypische[r] Aussagen" (Pielenz 1993: 101) verstanden werden müssen. Es geht nicht um ‚tatsächliche' Eigenschaften bestimmter Objekte, sondern um das, was von den Teilhabern einer Sprachgemeinschaft mit diesen üblicherweise assoziiert wird, um Stereotypen[296]. So assoziieren wir mit einer Familie (meist) emotionale Wärme und Geborgenheit, Zusammengehörigkeit, Solidarität und Loyalität, eine naturgegebene Gemeinschaft, zu der man nicht durch Entscheidungen sondern qua Geburt gehört. Konzeptualisieren wir EUROPA bzw. die EU als FAMILIE, so wird die Europäische Union implizit als Solidargemeinschaft mit gemeinsamer Abstammung angesehen, deren Zusammenhalt keinen Kosten-Nutzen-Erwägungen unterliegt, sondern gleichsam naturgegeben ist. Verwandtschafts- und damit Dominanz- und Abhängigkeitsverhältnisse gehören (üblicherweise) nicht zu den projizierten As-

296 „Jedwede Metapher verkörpert ein Bündel zunächst unterirdischer Geltungsansprüche, die als implizite oder stille Meinungsnormen entweder gruppenspezifisch oder gesamtgesellschaftlich wirksam sind und im Streitfalle zu Tage treten" (Pielenz 1993: 131).

pekten, ebensowenig Familienstreitigkeiten, Scheidungen u.ä.. Gleichzeitig wird der Willensaspekt, die aktive politische Arbeit an der Erweiterung, der Aspekt des wirtschaftlichen Nutzens weitgehend ausgeblendet. Sieht man die Metapher als sinnvolle Beschreibung der EU/ EUROPAS an, so „erkennt (...) [man] stillschweigend (...) [ihren] gesamten Implikationshorizont nach dem Muster eines iterativen Modus ponens an" (Pielenz 1993: 108):

> „Metaphern sind also (...) die Bausteine unserer Weltsicht, sie verdingen sich als Konstituenten unserer vielfältigen sozialen Wirklichkeiten. Sie verkörpern kognitive Strukturen, deren Funktion darin besteht, den in den Blick genommenen Weltausschnitt kategorisieren zu können" (Pielenz 1993: 103).

Auf diesen wahrnehmungssteuernden, verhaltensprägenden, wirklichkeitskonstruierenden und handlungsauslösenden Eigenschaften bzw. Wirkungen von (Konzept-)Metaphern und ihren sozialisierenden, antizipativen, persuasiven und aktiven (Sprach-)Funktionen (vgl. Hoinle 1999: 83) beruht ihre besondere Rolle in der *Argumentation*. Metaphern sind *Inventarien*, *Verfügungsräume* oder *Bündel* von *Schlussregeln* – beziehungsweise *Schlusspräsuppositionen*. PIELENZ (1993: 109) schreibt, Metaphern seien „inferenzfähige Vignetten unseres Alltagswissens". Was ist damit gemeint? In der Terminologie der Argumentationstheorie kann man sagen, dass, wer eine Metapher realisiert und damit eine Konzeptmetapher aktualisiert – ähnlich einer Behauptung – einen *Geltungsanspruch* aufstellt. Es wird *behauptet*, dass das „aktualisierte Inventarium von Implikationen gültig ist" (Pielenz 1993: 108). Behauptet man, dass die EU-Erweiterung lediglich die Zusammenführung von etwas ist, das eigentlich zusammengehört, aber lange aus unglücklichen Umständen getrennt gewesen ist, dass sie eine historische Notwendigkeit' ist[297], so kann unter Umständen die EUROPA als FAMILIE-Metapher als ‚Schlusspräsupposition' rekonstruiert werden. Zugleich behauptet man allein durch die Aktualisierung der Metapher die formulierte Proposition. Die *Schlusspräsupposition* wirkt auch *handlungslegitimierend* – etwa bezüglich der Solidarität innerhalb der EU und bezüglich der Entscheidungskriterien für die Aufnahme von Neumitgliedern. Es ist dieser „implizite Schlussregelcharakter konzeptueller Metaphern (...) über welchen Metaphern in unserer alltäglichen Argumentationspraxis als eine Rechtfertigungsinstanz wirksam werden" (Pielenz 1993: 57-58). *Metaphern* lassen sich quasi als *Topoi* verstehen[298]. Das jedem Teilnehmer einer Kommunikationsgemeinschaft geläufige Netz von Konzeptmetaphern bietet argumentative Routinen, liefert „plausible(...) und handhabbare(...) Implikationspaket[e]" (Pielenz 1993: 135). Metaphern stellen „Objektivität heischende Miniaturmodelle unseres Alltagswissens" (Pielenz 1993: 116) dar. Aus den jeweils aktualisierten Metaphern lässt sich viel lernen über historische und aktuelle Mentalitäten, über je verbreitete

297 Einfache Anführungszeichen werden hier verwendet, um zu kennzeichnen, dass eine *Proposition* verschriftlicht wurde.

298 PIELENZ (1993: 119) meint, „dass sowohl dem Topos als auch der Metapher eine argumentationsstabilisierende Rechtfertigungsdimension eigen ist, die sich in einem Denkkollektiv konstitutiv vermittelt".

Denkmuster und historische Erfahrungshorizonte[299]. Jene ‚Metaphern, in denen wir leben', steuern und filtern Wahrnehmung, tragen zur Konstruktion unserer sozialen ‚Realität' bei, legitimieren unsere Argumentationen und Handlungen. Eine synchrone oder diachrone Analyse *konzeptueller Metaphern* bietet Einblick in die *mentalen, kognitiven* bzw. *kulturellen Modelle* einer Gruppe. Kulturelles Wissen lässt sich verstehen als „Schatz von einer sozialen Gruppe intersubjektiv geteilte[r] Präsuppositionen über die Welt, die in abstrahierten kognitiven Schemata repräsentiert sind" (Pielenz 1993: 163). Zusammengefasst: In der Argumentation *präsupponieren* wir, sofern wir die *Schlussregel* bzw. *Stützung* nicht implizit machen, dass der Schluss von den Prämissen auf die Konklusion legitim ist. *Konzept*-Metaphern als „unquestioned, seemingly self-evident, prototypical notions about the ‚order of things' that form the basis of our normal categorial systems" (Musolff 2000: 34-35) können als Schlussregeln genutzt werden, als anerkannte Bewertungsprinzipien der Alltagswelt. Aus jenem Wissen und jenen Schlussregeln, die in einer Kommunikationsgemeinschaft – weil sozial weitgehend geteilt – präsupponiert werden können (oder zumindest, da präsupponiert, suggerieren, dass sie konsensuell geteilt werden), lassen sich in der Analyse Schlüsse über die Weltmodelle, die *sozialen Repräsentationen* einer Kommunikationsgemeinschaft ziehen. Hier lässt sich die Theorie der sozialen Repräsentationen nahtlos anschließen. Konzeptuelle Metaphern liefern Einblicke in die sozialen Repräsentationen einer Kommunikationsgemeinschaft, stellen deren Kürzel dar. Ihrer Analyse muss deshalb im Zusammenhang mit der Erfassung sozialer Repräsentationen *Europas* besonders breiter Raum gewährt werden. Die Einsicht in die mental-kognitiven Wurzeln der Metaphorik darf jedoch nicht dazu führen, dass in der Analyse der *persuasive* Gebrauch bestimmter Sprachbilder nicht als teilweise durchaus *intentional*, als *wohlüberlegte Strategie* angesehen werden kann – oder dass die Macht der Metaphern im und über das Denken überschätzt wird (vgl. Musolff 2000: 36). MUSOLFF (vgl. 2000: 206-207) betont, dass der Textproduzent stets die Wahl zwischen verschiedenen ‚Sprachbildern' habe und diese intentional ‚anpassen' und über die Kontextualisierung unterschiedlich persuasiv ‚inwertsetzen' könne. Metaphern ‚zwingen' uns demnach nicht zu bestimmtem Denken, sondern liefern eher ‚Perspektiven', die wir akzeptieren, aber auch ablehnen können. Eine andere Meinung vertritt der Politikwissenschaftler HÜLSSE (2003: 32, 34), aus Perspektive eines „diskursive[n] Metaphernansatz[es]": „Sprecher" hätten „nur sehr begrenzt Kontrolle über ihren Metapherngebrauch", da „wer an einem bestimmten Diskurs teilnimmt (…) automatisch wie notwendig auf die von diesem Diskurs bereitgestellten Metaphern" zurückgreife. Als Argumente hierfür führt er die große Zahl konventioneller, habitualisierter Metaphern ins Feld, und die Tatsache, dass Kognition sich lediglich über Sprache – im Diskurs – wissenschaftlich untersuchen

299 „Kommunikativ wirkt eine Metapher, indem sie die Teilhabe des Einzelnen an der Sprachgemeinschaft befördert und innerhalb der Gemeinschaft *Identität, Kommunikation, Konsensbildung* und *Solidarisierung* begleitet. Pragmatisch wirkt sie, indem sie *kollektiv konstituierte und gebilligte Leitvorstellungen und Heurismen bereitstellt* und *bestätigt*, die das Individuum im Sinne *herrschender Meinungen* zu sozial verträglichem *Handeln* motivieren" (Pielenz 1993: 160; Hervorhebungen durch Verfasserin).

lasse. Er geht davon aus, dass „der Diskurs fest mit bestimmten Metaphern verknüpft ist“ und es „den Diskursteilnehmern“ deswegen „gar nicht möglich“ sei „außerhalb dieser Metaphern zu kommunizieren und eine andere Realität als die damit erzeugte zu sehen“ (Hülsse 2003: 37). So ganz verabschiedet sich aber auch HÜLSSE (2003: 40-41) nicht vom ‚Akteur‘, dieser habe zwar „nur wenig Eigenes zu melden“, sei aber „Autor (...) der Struktur“, er könne den Diskurs „reproduzier[en] und nuancier[en]“ und sei „nicht vollständig (...) determiniert“. Diese Arbeit teilt MUSOLFFs Ansicht: Weder LAKOFF/ JOHNSON noch PIELENZ verleugnen die *soziale Komponente* konzeptueller Metaphorik, die *kulturelle* Dimension des Denkens in Metaphern wird sogar betont. Gleichzeitig sehen sie Spielraum für individuelle Realisationsentscheidungen der Emittenten. Wie soziale Repräsentationen werden Metaphern als mental-diskursive ‚Zwitter‘ angesehen und gleichzeitig dem individuellen wie dem sozialen Bereich zugeordnet. Kurz: Metaphern sind meist sozial vermittelt, werden aber auch im individuellen Sprachgebrauch und Denken hervorgebracht, sie steuern zu einem gewissen Grad Denken und Sprechen (worüber wir aber *reflektieren* können), können aber auch intentional und strategisch Verwendung finden – je nach Äußerungskontext.

Mit Hilfe von Metaphern lassen sich komplexe, abstrakte und komplizierte Zusammenhänge vereinfacht ‚vor Augen stellen‘. HOINLE (1999: 8) spricht sogar von einer zunehmenden „Metaphorisierung des Politischen“, von der zunehmenden (intentionalen) persuasiven Inwertsetzung „sprachlicher Denkbilder, welche aufgrund ihres Tiefeneffektes im Gedächtnis des einzelnen und der soziokulturellen Gemeinschaft haften bleiben und zu weiteren Assoziationen anregen“. Nicht nur in der Sprach- (und Literatur)wissenschaft, Soziologie, Kommunikationswissenschaft, Philosophie, Psychologie und Theologie hat die Metapher (deshalb) momentan Konjunktur (vgl. Hoinle 1999: 13-15). Auch Veröffentlichungen, die sich für die Konstruktion *europäischer Identität* interessieren, fokussieren Metaphern. Eine Auswahl der Ergebnisse, die auf diesem Wege erzielt wurden, öffnet den Blick für die Fruchtbarkeit der Metaphernanalyse im Rahmen diskursiver (Politik-)Analysen. Der Germanist MUSOLFF (vgl. 2000: 2) fokussiert jene Metaphern, mit deren Hilfe die öffentliche Debatte über *Europa* in der BRD und in Großbritannien strukturiert wird. Er geht davon aus, dass gerade *Metaphern* dazu beitragen, die komplexen und komplizierten sozio-ökonomischen Zusammenhänge der europäischen Politik für den ‚Normalbürger‘ verständlich zu machen, zu vereinfachen und zu konkretisieren. Auf welche Metaphernbereiche zurückgegriffen werde, reflektiere die Einstellungen der Medien und der Politik zu bestimmten Themen der EU-Politik. Gleichzeitig beeinflussten die verwendeten Metaphern „the way in which the public conceives of Europe as a political entity“ (Musolff 2000: 4). Seine auf dem konstruktivistischen Metaphernkonzept basierende Analyse eines relativ großen Korpus[300] nennt als besonders wichtige Konzeptmetaphern(bereiche) der Europa-Debatte die WEGmetaphorik/ BEWEGUNGSmetaphorik und REISEmetaphorik, die KONSTRUKTIONSmetaphorik (Europa als

300 Zusammengestellt vom *Institut für Deutsche Sprache* in Mannheim, basierend auf britischen und deutschen Zeitungen und Zeitschriften (vgl. Musolff 2000: 2ff.).

Haus, Maschine, Modell), die GRUPPENmetaphorik (Europa als *Club, Feudalhierarchie, Familie* u.ä.), die ORGANISMUSmetaphorik, die Metaphorik der KONFRONTATION und des WETTBEWERBS (*Krieg* und *Sport*) und die THEATER/FILMmetaphorik (vgl. Musolff 2000: passim). Rainer HÜLSSE beschäftigt sich mit Metaphern der EU-Erweiterung als Konstruktionen europäischer Identität. Metaphern, die den abstrakten Vorgang der *EU-Erweiterung*, die Vorstellungen bezüglich der Abgrenzung und Beschreibung *Europas*/ der *EU* in das Alltagsdenken hineinholen, indem sie sie über alltägliche Phänomene strukturieren, „konstruieren" seiner Ansicht nach Selbstverständlichkeiten" (Hülsse 2003: 9). In seiner Analyse des deutschen Erweiterungsdiskurses erfasst er einschlägige Lexemmetaphern und ordnet sie „konzeptuellen Bildschemata" bzw. „Bildfeldern" (Hülsse 2003: 57) zu. Er sucht aber auch, Aussagen über die Auswirkungen der betreffenden Metaphern zu machen. Die aktualisierten Lexemmetaphern lassen sich überwiegend den *Bildfeldern* (bzw. *Konzeptmetaphern*) HAUS, WEG, BEZIEHUNGEN und ORGANISMUS zuordnen. Die Erweiterungsfrage, diesen Schluss zieht er aus seinen Analysen, wird ‚als Identitätsfrage' gestellt – und zwar *Europas*, nicht nur der *EU*: Der „Erweiterungsdiskurs (...) konstruiert *europäische* Identität" (Hülsse 2003: 12, 139). HÜLSSE versteht hierunter eine sozial (diskursiv) konstruierte *kollektive Identität*. Das „Abstraktum" der europäischen „Identität" werde durch die Metaphern „konkretisiert" (Hülsse 2003: 143). Insbesondere dienen etwa *Weg*- bzw. *Raummetaphern*, aber auch *Nachbarschafts*metaphern dazu, über ***Distanz***- und ***Nähe***vorstellungen ‚lokale Identität bzw. Differenz'herzustellen. *Naturalisierende* und *biologisierende* Metaphern schaffen ‚natürliche Identität' über ***Essentialisierung***. Hierunter fällt, neben der ORGANISMUSmetaphorik (STAATEN als ORGANISMEN), die FAMILIENmetaphorik und die CLUBmetaphorik. ‚Soziale Identität (und Differenz) wiederum werde über ***hierarchisierende*** Metaphern konstruiert, die sich in fast allen Bildfeldern finden lassen, ‚affektive Identität' durch ***emotionalisierende***[301] Metaphern wie die FAMILIENmetaphorik, teils aber auch die CLUB – und HAUSmetaphorik – und (im negativen, differenzierenden Sinne) auch die FESTUNGS- und KRANKHEITSmetaphorik. Der Erweiterungsdiskurs schafft nach HÜLSSEs Analysen zwei europäische Identitäten – eine, die ein *künstliches* Produkt darstellt, eine europäische *Gesellschaft*, und eine, die als *naturgegeben*, als *Gemeinschaft* konzeptualisiert ist. Sie stellt aber kein Entweder-Oder dar, keine Binäropposition, sondern vielmehr ein Kontinuum von maximaler Differenz bis zu maximaler Identität (vgl. Hülsse 2003: 145ff., 159ff.). Gerade die Beitrittskandidaten werden als mehr oder weniger zu *Europa* gehörig konstruiert. Während die ostmitteleuropäischen Staaten zur *Familie gehören* und nach Europa *heimkehren* bzw. ins *europäische Haus* einziehen, ihr *Weg* also zur EU-Mitgliedschaft führt und *Europa* durch ihren Beitritt nun wieder *zusammenwächst* – , während sie als ‚naturgegeben' zu Europa gehörig angesehen werden – ist der *Weg* der Türkei

301 HÜLSSE (2003: 171) nennt *Distanzierung, Essentialisierung, Emotionalisierung* und *Hierarchisierung* „sprachliche Mechanismen" – wobei er nicht expliziert, auf welcher Ebene er diese Mechanismen ansiedelt. Sie scheinen WODAKs *diskursiven Strategien* zu ähneln, die ja durch *Versprachlichungen* realisiert werden, doch diese werden explizit *mental* verortet, was dem diskursiven Ansatz HÜLSSEs widersprechen würde.

noch *lang*, sie *steht* erst *am Anfang*. Die Metaphern reflektieren die hierarchische Beziehung zwischen der dominanten EU und den Beitrittsstaaten als Bittstellern. Sie zeigen aus HÜLSSEs Sicht deutlich, dass als Grundvoraussetzung des Beitritts gesetzt wird, die Staaten müssten ‚europäisch' sein. HÜLSSE stellt zudem die auch diese Arbeit bewegende Frage „wie durch Sprache Differenz und Identität konstruiert wird": sie werden seiner Ansicht nach „nicht nur durch das erzeugt, *was* gesagt wird, sondern auch und vor allem dadurch, *wie* es gesagt wird" (Hülsse 2003: 171; Hervorhebungen im Original). Er geht aber davon aus, dass die „Rekonstruktion argumentativer Zusammenhänge oder Narrativ[e]" bei der Analyse von „Identitätskonstruktionen (…) nur begrenzt nützlich" sei, da „Identität und Differenz (…) auch (…) gewissermaßen beiläufig" (Hülsse 2003: 171) konstruiert werde. Damit legt er zwar seinen Finger in die Wunde vieler Diskursanalysen, die der *Versprachlichung* selbst geringen Stellenwert zumessen. Es stellt sich aber die Frage, inwiefern aus dem Textzusammenhang herausgelöste und damit auch ihrer argumentativen und thematischen Einbettung beraubte Metaphern sinnvoll auf ihre Rolle in Identitätskonstruktionsprozessen hin analysiert werden können: Die Analyse jener Metaphorik, mit deren Hilfe die ‚Eigenschaften' und ‚Beziehungen' *Europas* konzeptualisiert werden, ist ein wichtiger Schritt in der Erfassung der Konstruktion potentieller Identitätselemente bzw. sozialer Repräsentationen. Sie muss im engen Zusammenspiel mit der pragmatisch-textlinguistischen und der Argumentations-Analyse stattfinden. Erst dieser Rahmen weist der Metapher im Kontext des Identitätskonstruktionsprozesses ihren Platz zu.

Verbalstrategien

Im Folgenden sollen weitere *Analyseelemente*, die für die Erfassung *sozialer Repräsentationen Europas* eine Schlüsselrolle spielen, aus didaktisch-analytischen Gründen nach *funktionalen Kriterien* unter dem Oberbegriff der *Verbalstrategien* zusammengeführt werden. Damit wird auf eine Kategorie der *Politolinguistik* rekurriert, die sprachliche Strategien subsumiert, die „dem Ziel des Sprechers dienen, beim Hörer Übereinstimmung zu erzielen" (Haider 1998: 22). SALAMUN (1988: 14) versteht darunter „sprachliche[…] Überredungs- und Beeinflussungsverfahren, bei denen emotive, appraisive (=bewertende) und präskriptive (=auffordernde bzw. vorschreibende) Bedeutungskomponenten eine zentrale Rolle spielen"[302]. So verstandene *Verbalstrategien* lassen sich konzeptuell anschließen an das Strategiekonzept REISIGL/ WODAKs[303]. Sie lassen sich den unterschiedlichsten *systemlinguistischen/ formallinguistischen* Kategorien zuordnen, haben jedoch eine Gemeinsamkeit: Sie können herangezogen werden, um die Frage zu beantworten, mit welchen linguis-

302 Diese seien „nicht auf die Politik beschränkt (…), sondern (…) können (…) auch in anderen Bereichen menschlichen Handelns, wo es um das Beeinflussen von Einstellungen und Verhaltensweisen geht (…), angetroffen werden" (Salamun 1988: 14).

303 Anders als bei WODAK wird der *Strategie*begriff hier aus *didaktischen* Gründen gewählt und betont die *Funktion* bestimmter sprachlicher Mittel in der Kommunikation, ohne Aussagen über deren *Intentionalität* oder *mentale Grundlegung* zu machen.

tischen Mitteln, intentional oder unbewusst, versucht wird, bestimmte *Europa*-Bilder zu prägen und zu vermitteln und mit spezifischen sozialen Repräsentationen *Europas* eine Wertungskomponente zu verknüpfen[304]. Als *Verbalstrategien* in diesem Sinne lassen sich die von den Diskurshistorikern um Ruth WODAK dargestellten *referentiellen* und *prädikativen* Strategien der Selbst- und Fremdkonstruktion verstehen (siehe 4.2). Dazu gehören ***Identifikationsformeln***, die „auf suggestive Weise dazu einladen, sich mit Personen, Gruppen oder Parteien zu identifizieren" (Salamun 1988: 15), Formen der sozialen Kategorisierung durch Personen-, Gruppen-, Orts- oder Zeitreferenz[305]. Die für ‚Identitätsdiskurse' wichtigsten, ‚Referenzstrategien' sind Formen der *Kollektivierung*, *Verräumlichung* und *Kulturation*. ***Referenzausdrücke***, die mit einer bestimmten *Wertungspragmatik* einhergehen, beinhalten oft bereits *prädikative* Strategien (*Eigenschaftszuweisungen*): „Prädiziert wird (...) nicht allein durch den Prädikationsteil eines Satzes" (Bellmann 1996: 11). BELLMANN (1996: 11) geht in seinem *Nominationskonzept* davon aus, dass bestimmte Ausdrücke von Mitgliedern der Kommunikationsgemeinschaft „intentions- und einstellungsgemäß ausgewählt" werden, um zu werten und Stellung zu beziehen. In Ergänzung zum *Referenz*-Begriff, der „die mit lexikalischen (...) Mitteln ausgedrückte Bezugnahme auf ein Objekt, von dem die Rede sein soll" beschreibt[306], definiert er ***Nomination*** als „präzisierende, zumeist auch Stellung beziehende, wertende Form der Ausdrucksverwendung", als „Referenz plus – vor allem – Wertungspragmatik" (Bellmann 1996: 11)[307]. In ähnlicher Form, ebenfalls *funktional* orientiert, doch erweitert um die Komponente der *Deontik*, der Erzeugung von *Handlungsbereitschaft*, kann Worten aus dem Bereich (politisch-)persuasiver[308] Kommunikation eine triadische Struktur zugewiesen werden – als *Designator* (Bezeichung, Zu- und Absprechung von Eigenschaften), als *Appraisor* (Wertung und Erzeugung von Vorlieben/ Abneigungen) und als *Preskriptor* (Aufforderung, Erzeugung von Handlungsbereitschaft) (vgl. Girnth 2002: 18). BURKHARDT (1988: 341) spricht von einem „pragmatischen Wissen

304 Die bereits explizierten sprachlichen ‚Strategien' der *Präsupposition* und der *Metapher* gehören ebenfalls zu den so definierten ‚Verbalstrategien'. Aufgrund ihrer besonderen Relevanz wurde ihnen jedoch breiterer Raum gewidmet.

305 Wobei Ort und Zeit oft die Arenen beschreiben, in denen sich Gruppen/ Personen bewegen, als Kürzel für diese genutzt werden, und diese in Raum und Zeit situieren. Unter den Begriff der Identifikationsformeln lässt sich insbesondere die Verwendung von Personalpronomina, Formen der Deixis, und die explizite Berufung auf gemeinsames Vorwissen fassen.

306 Referenz ist nach BELLMANN (1996: 11) dann geglückt, „wenn der Partner versteht, von welchem Objekt ich rede". Damit ist keine Aussage über die ‚tatsächliche Existenz' eines Objektes oder ihren ontologischen Status verbunden. FELDER (2009b: 35) bestimmt Referenz als „an prototypischen Verwendungen orientiertes semiotisches Common sense-Wissen".

307 REISIGL/ WODAK (2001: 55) fassen dies durch den Begriff der *Konnotation*, durch eine zur *Denotation* hinzutretende deontisch-evaluative Bedeutung. Dahinter steht die Unterscheidung zwischen einem „kognitiven, referentiellen Bedeutungsaspekt" und einer „affektiven/ assoziativen/ okkasionellen Bedeutung" (Bußmann (Hrsg.) 2002: 368).

308 In der von KOPPERSCHMIDT entwickelten *Theorie der Persuasiven Kommunikation* werden persuasive Kommunikationsakte als jene Kommunikationsakte definiert, in denen versucht wird, mittels argumentativer Überzeugung des Kommunikationspartners „Konsens (...) über ihre handlungsleitenden Ziele anzustreben" (Girnth 2002: 19).

über die situationelle Anwendbarkeit des betreffenden Wortes (...) und gewissen bei allen Sprechern einer Sprachgemeinschaft oder größeren Gruppe von Sprechern gleichen Wertungen und affektiven Einstellungen (...) [und] Assoziationen". Auf konkrete Äußerungskontexte beziehungsweise ‚den Diskurs' bezogen, lässt sich die Aktualisierung verschiedener *Nominationen* als Bestandteil eines „semantischen Kampfes" (Felder 2009: 27) verstehen[309].

(Bewusste oder unbewusste) Versuche in der Kommunikation bestimmte Nominationen ‚durchzusetzen', die **Deutungsmacht** über einen bestimmten ‚Weltausschnitt' zu gewinnen, werden in der Politolinguistik unter dem Etikett des ***‚Begriffe Besetzens'*** subsumiert (vgl. Girnth 2002: 62-63). WARNKE/ SPITZMÜLLER (2008a: 28) nehmen derartige ‚Kämpfe um Wörter' im Rahmen der *propositionsorientierten Analyse* als „soziale, expressive und deontische Bedeutung" von „Ausdrücken" in den Blick, als „kontextuell, in der Regel propositional konstruierte Bedeutungen". Da der angesprochene Sachverhalt von verschiedenen Linguisten terminologisch unterschiedlich gefasst wird[310] soll im Folgenden der terminologischen Stringenz wegen GIRNTH gefolgt werden: Demnach lassen sich *Nominationskonkurrenz* und *denotative* Lesarten-Konkurrenz von einer *evaluativen* Lesarten-Konkurrenz unterscheiden. ***Nominationskonkurrenz*** meint *Bezeichnungskonkurrenz*, es wird auf das ‚gleiche Referenzobjekt' mit unterschiedlichen Ausdrücken referiert[311], es handelt sich um eine *ausdrucksseitige* Lesartenkonkurrenz (vgl. Girnth 2002: 63ff.). *Freiheit*, *Gerechtigkeit* und *sozial* ‚bedeuten' je nach politisch-weltanschaulichem Standpunkt sehr Unterschiedliches, mit diesen Ausdrücken wird auf sehr unterschiedliche Sachverhalte referiert. Es handelt sich bei dem Versuch, diese allseits positiv konnotierten *Symbolwörter* zu ‚vereinnahmen', um ***denotative*** oder *deskriptive* ***Bedeutungskonkurrenz*** oder *ideologische Polysemie*. *Pazifismus* aber mag für den einen ein *Fahnenwort*, für den anderen ein *Stigmawort* sein. In diesem Fall spricht man von ***evaluativer Lesarten-Konkurrenz*** oder ***deontischer Bedeutungskonkurrenz***: Es unterscheidet sich die Bewertung des Ausdrucks und ihre „Sollens-Bedeutung" (Warnke/ Spitzmüller 2008a: 28), die „in der semantischen Merkmalsstruktur (...) enthaltene Handlungsanweisung" (Girnth 2002: 67). Neben diesen begrifflichen Unterscheidungen bezüglich der ‚Art' des ‚semantischen Kampfes' lassen sich *Strategien* der Erlangung von Deutungshoheit und der Vereinnah-

309 Laut FELDER (2009b: 29) weisen „solche konkurrierenden Benennungen nicht nur ein großes Bedeutungspotenzial auf, sie sind von grundsätzlicher Relevanz, da sie die Lebenssachverhalte bereits mitkonstituieren, die sie zu diskutieren vorgeben. (...) Die Durchsetzung spezifischer Termini (...)" stellt „so gesehen den Versuch dar, die Welt bzw. einen Weltausschnitt spezifisch perspektiviert wahrzunehmen".

310 Grundsätzlich lassen sich in der Semantik drei Bedeutungsebenen unterscheiden: die *deskriptive/ propositionale*, die *soziale* und die *expressive*: *Deskriptive Bedeutungen* dienen der „Beschreibung von Referenten und Situationen", *soziale* der „Anzeige sozialer Beziehungen und [dem] Vollzug spezifischer sozialer Interaktionen" und *expressive* dem „unmittelbaren Ausdruck persönlicher Gefühle, Empfindungen, Bewertungen, Einstellungen" (Löbner 2003: 48). Weiterführend sei verwiesen auf GIRNTH (2002: 63).

311 Ein Beispiel: *Antifaschistischer Schutzwall* versus *Mauer*. „Die Reduzierung dieser Wörter auf eine ausdrucksseitige Differenz greift allerdings nur, wenn man Referenzidentität mit begrifflicher Identität auf der Inhaltsebene gleichsetzt (...)" (Girnth 2002: 63).

mung der Definitionen im Sinne der eigenen Interessen undVorstellungen differenzieren. Gerade vor dem Hintergrund der Frage, im Rahmen welcher Strategien die sozialen Repräsentationen von *Europa* mit *Inhalten* und *Wertungen* aufgeladen werden, sind diese höchst relevant: Hervorgehoben werden muss insbesondere die Rolle von ***Kontextualisierungen***, das heißt des „Gebrauch[s] des" betreffenden Ausdrucks „in spezifischen Kontexten, die seine Bedeutung prägen sollen" (Girnth 2002: 66). Es lassen sich *denotative, evaluative* oder *deontische Kontextualisierungen*[312] unterscheiden. Wird *Europa/ EU* immer wieder in Kontexte gesetzt, die sich auf den christlichen Glauben beziehen, so soll möglicherweise erreicht werden, dass als das Referenzobjekt von *Europa/ EU* nur Staaten mit christlicher Glaubensmehrheit angesehen werden. Werden immer wieder emotional-evaluativ aufgeladene Ausdrücke wie *Freiheit, Demokratie, Frieden* im Kontext mit Europa verwendet, so soll sich deren positive Wertung auf Europa übertragen.

Kontextualisierungen lassen sich auch auf Ebene des Satzes/ der Äußerungseinheit beschreiben (‚Konzepte besetzen'): So betont FELDER (2009: 32, 34) auf syntagmatischer Ebene den „enorme[n] Stellenwert" der „Kookkurrenzen"[313] und „Kollokationen"[314], die teilweise habitualisiert, konventionalisiert und stereotypisiert werden und über deren Analyse „Deutungsmuster transparent gemacht werden" können. Auf übergeordneter Ebene spricht er von „Sachverhaltskonstituierung/ Sachverhaltsklassifizierung als Sachverhaltsfestsetzung mit allgemeinem Faktizitätsanspruch", „Sachverhaltsverknüpfung in Wissensrahmen" und „Sachverhaltsbewertung" (Felder 2009: 35-36)[315]. *Sachverhalts-* und *Ereigniskonzeptualisierungen* lassen sich unter Rückgriff auf ein komplexes linguistisches Analyseinstrumentarium herausarbeiten, das Beziehungen zwischen Propositionen herstellt: Erfasst werden muss in diesem Zusammenhang *die Syntax* (etwa Subjekt- oder Attributivsatz, Adverbiale, Präpositionalphrasen, Konjunktionaladverbien, Konjunktionen, Präpositionen u.v.a.m.) ebenso wie Referenzbezüge und Prädikationen (vgl. Felder 2009: 39-40).

Zurück zur Ausdrucksebene: *Ausdrücke* können zudem durch die Strategie der ***Exemplifizierungsakte*** näher bestimmt werden. Diese stellen „eine direkte Beziehung zwischen einem außersprachlichen Referenzobjekt" (Girnth 2002: 67)[316]

312 Es wird versucht, solche Bedeutungskomponenten hinzuzufügen/ auszublenden, die „begrifflicher Natur sind und Eigenschaften des Denotats (des außersprachlichen Gegenstandes oder Referenzobjekts) repräsentieren" (denotative Kontextualisierung), die „ das Referenzobjekt werten" (evaluative Kontextualisierung) oder die „Sollens- oder Nicht-Sollens-Aussagen kodifizieren" (deontische Kontextualisierung) (Girnth 2002: 51).

313 Verstanden als „das gemeinsame Vorhandensein von mindestens zwei Wörtern in einem Kontext von fest definierter Größe, die frequent und/ oder überzufällig oft nahe zusammen in einem Textkorpus vorkommen" (Felder 2009b: 32).

314 Definiert als „verfestigte Zeichenkombinationen" (Felder 2009b: 32).

315 Über diese „Analysekategorien" lassen sich nach FELDER (2009b: 35) „handlungsleitende Konzepte", „welche die Textproduzenten bei der Vermittlung von gesellschaftlich relevanten Sachverhalten unbewusst verwenden oder bewusst durchzusetzen versuchen" ermitteln. Diese werden „über die Ermittlung von Begriffen bzw. Konzepten in Form von Verbünden verknüpfter und vernetzter Sachverhalte als inhaltsseitigen Korrelata der Ausdrucksseite" erfasst.

316 Das natürlich ebenfalls sprachlich konstruiert wird.

und einem Ausdruck her und treten meist in der Form *Das ist x* auf: *Europa, das heißt Frieden, Demokratie, Menschenrechte;* „**Europa** ist ein **Zukunftsprojekt**" (Hoecker 2006: 2). Einen weiteren einschlägigen Sprachhandlungstyp stellt die ***Definition als explizite Bedeutungsfixierung*** dar, die dem Ausdruck „bereits konventionalisierte oder aber neue inhaltliche Merkmale explizit zuordnet" (Girnth 2002: 68). HAIDER (1998: 22-23) spricht von „Suggestivdefinitionen", die die „Wortbedeutung möglichst einseitig zu monopolisieren" suchen. Die Grenze zur *Exemplifizierung* ist naturgemäß fließend. Von GIRNTH nicht genannt, aber in diesem Zusammenhang ebenfalls relevant sind Formen der ***„essentialistischen Wortverwendung"***, bei der vorgeblich „bestimmte Entitäten (...) hinter sprachlichen Einheiten (...) stehen" und „die ‚wahre' Bedeutung, das ‚Wesen' eines Begriffes, eines Wortes" (Haider 1998: 23) erfasst wird. Dies geschieht vor allem durch die Versprachlichung in Form *definiter Nominalphrasen*, die in vielen Fällen mit *Existenzpräsuppositionen* einhergehen. Im Kontext der Forschungsfragen dieser Arbeit hervorzuheben ist das strategische Mittel der ***Eigengruppenreferenz***: Der eigenen In-Group wird die ‚Verwendunghoheit' über bestimmte Begriffe zu-, gleichzeitig der Out-Group jede Deutungshoheit abgesprochen (vgl. Girnth 2002: 68)[317].

Symbolwort, Fahnenwort, Stigmawort – im letzten Abschnitt wurden bereits einige Begriffe eingeführt, die der Definition harren. In der (Polito)-Linguistik finden sich zahlreiche Versuche *Wortschatz-Typologien* zu entwerfen, die das *Lexikon* – nicht nur der Persuasion – in eine überschaubare Ordnung bringen sollen. Diese Typologien richten sich teilweise nach Kommunikationsbereichen (*Alltags-* versus *Fachwortschatz, Sprache der Politik, Institutionensprache, Ideologiesprache* u.v.m.), und häufig nach der *Funktion* der verwendeten Ausdrücke. Es handelt sich um *pragmatische* Typologien der Ausdrucksverwendung. Da die Beschreibung und Analyse der genannten Verbalstrategien mittels klar definierter Begrifflichkeiten vorgenommen werden muss, sollen an dieser Stelle einige grundlegende Unterscheidungen eingeführt werden[318]. WARNKE/ SPITZMÜLLER (vgl. 2008a: 25-26) nehmen auf Ebene der *wortorientierten* Analyse als *Minimalbestand* einer diskursanalytischen Untersuchung die Untersuchung von *Schlüsselwörtern*[319], *Stigmawörtern*[320], *Namen* (insbesondere Toponymen) und *Ad-hoc-Bildungen* an. Dies soll erweitert werden: Besonders relevant ist im ‚Identitätskontext' das sogenannte *Ideologievokabular*, womit Ausdrücke gemeint sind, deren Bedeutung durch die „in einer Gesellschaft oder (politischen) Gruppe zugrunde liegenden Deutungen und Wertungen sozialer Tatsachen" (Girnth 2002: 50) determiniert werden. *Sym-*

317 Als grundlegende Strategie im ‚Kampf um Wörter' nennt GIRNTH (2002: 69) zudem den Sprachhandlungstyp der *Metaphorisierung*.

318 Weiterführend siehe u.a. DIECKMANN (1975), BURKHARDT (1988) und GIRNTH (2002).

319 Definiert als „Worteinheiten, die das Selbstverständnis und die Ideale einer Gruppe/ Epoche ausdrücken, die diskursbestimmend sind, deren kontextuelle und konnotative Bedeutung dominant ist und die Bedeutungsvielfalt aufweisen" (Warnke/ Spitzmüller 2008a: 26).

320 Diese werden verwendet zur „pejorativen Kennzeichnung von Konzepten differenter Gruppen/ Epochen, mit ihnen werden (...) Personen, Gegenstände, Sachverhalte (...) stigmatisiert (...), verbunden damit ist die Funktion der positiven Selbstzuschreibung durch Abwertung einer Alterität" (Warnke/ Spitzmüller 2008a: 26).

bolwörter (oder Wortgruppen), die „die komplexe Wirklichkeit vereinfachend, (...) verdichtend darstellen und (...) reduzieren“, werden in der linguistischen Literatur auch als *hochaggregierte Symbole, Leitvokabeln* oder *Schlüsselwörter* bezeichnet: „Ihre Semantik erlaubt Rückschlüsse auf das Denken und Handeln einer Sprachgemeinschaft“ (Girnth 2002: 52). Dem *Symbolwort* ähnlich, aber mehr in der politischen Aktualität verortet, ist das *Schlagwort*[321]. *Symbolwörter* lassen sich „auf Grund ihrer evaluativen semantischen Merkmale“ (Girnth 2002: 53) nochmals unterteilen, in positiv konnotierte *Miranda*[322] und negativ konnotierte *Anti-Miranda. Miranda* und ihre Gegenstücke spielen eine nicht zu unterschätzende Rolle in der diskursiven Konstruktion von Identität, In-Group und Out-Group, denn sie

> „erwecken Bewunderung, sprechen die Gesinnung an, stabilisieren die Loyalität gegenüber dem Staat oder einer bestimmten gesellschaftlichen Gruppe und stärken das Zusammengehörigkeitsgefühl. (...) Sie repräsentieren die einer Gesellschaft gemeinsamen Überzeugungen und Werthaltungen (...)“ (Girnth 2002: 53).

Werden derartige Ausdrücke in der Kommunikation abgrenzend gebraucht, so spricht man von *Fahnen-* oder *Stigmawörtern. Fahnenwörter* referieren auf die Eigengruppe, auf Referenzobjekte des „eigenen ideologischen Systems“, *Stigmaworte* hingegen auf Referenzobjekte fremder sozialer Konstruktionen und werden von den jeweils Anderen, „als nicht geeignete Interpretationsvokabeln der eigenen sozialen Realität betrachtet“ (Girnth 2002: 54). Interessant ist der Versuch, *Europa* in diese Terminologie einzuordnen. Einerseits handelt es sich um einen *Namen*, ein *Toponym*, ein „Mittel der Raumerfassung und begrifflichen Raumbesetzung“ (Warnke/ Spitzmüller 2008a: 26). Zugleich kann *Europa* als *Schlüsselwort* betrachtet werden, das als *Mirandum* Verwendung findet (als ‚Symbol‘ für Freiheit, Demokratie, Menschenrechte) und/ oder durch spezifische Strategien des ‚Begriffe Besetzens‘ als solches konstituiert wird[323]. *Europa* kann auch *negativ konnotiert* sein, etwa innerhalb der Kommunikation islamistischer Fundamentalisten, aber auch, zur Referenz auf die EU verwendet, bei EU-Skeptikern. In der Analyse müssen jene referentiellen und prädikativen Strategien in den Blick genommen werden, mit denen versucht wird, den Ausdruck *Europa* mit Bedeutung (inklusive Wertung) aufzuladen.

In den letzten Absätzen war insbesondere die Rede von *Verbalstrategien*, die auf dem Gebrauch bestimmter *Ausdrücke* beruhen. Vor diesem Hintergrund muss auch die Bildung, die ‚Neuerzeugung‘ von Lexemen in den Blick genommen werden – eine Frage, die systemlinguistisch der Morphologie zugeordnet werden kann. Wortbildung, die Schaffung von Neologismen, kann identitätsstiftend wirken und

321 „In den Schlagwörtern werden Programme kondensiert, sie erheben Relatives zum Absoluten, reduzieren das Komplizierte auf das Typische, Überschaubare, Einfach-Gegensätzliche und bilden dadurch bipolare Wortschatzstrukturen aus; sie bringen das Abstrakt-Ferne sprachlich nahe und geben der Meinungssprache ihre emotionellen Obertöne“ (Dieckmann 1975: 103).

322 Definiert als „ideologiegebundene[r] sprachliche[r] Ausdruck, der für die Mitglieder einer Sprachgemeinschaft positive Evaluation besitzt“ (Girnth 2002: 53).

323 *Europa* als Mirandum zu bestimmen wird durch DELANTYs (1995: 145) Feststellung untermauert: „Power attains its greatest legitimation in the evocation of a resonating name that needs no other legitimation than itself. Today the idea of Europe is taking on the character of such a transcendent and ultimate entity which requires only an act of belief in its legitimacy“.

spielt vor allem in der Abgrenzung politischer Gruppen untereinander eine wichtige Rolle, aber auch allgemein in *Abgrenzungsprozessen*: Ausdrücke (und Mehr-Wort-Einheiten) lassen sich nicht nur *besetzen*, sondern auch *prägen*: Man denke nur an Determinativkomposita wie *Europamüdigkeit, Europaskepsis, Europagegner.*

Die bisher genannten *Verbalstrategien* verbinden zwar referentielle *und* prädikative Elemente, doch bewegen sie sich größtenteils auf der Ebene der ‚Worte' (*lexikalische* Ebene) und der Wortbildung (morphologische Ebene). Die *syntaktische* Ebene, etwa prädizierende Adverbialkonstruktionen u.ä., kann von dieser allerdings kaum klar getrennt werden. Es gibt jedoch Verbalstrategien, die sich **vor allem** auf ***syntaktischer*** Ebene verorten lassen: Obgleich die Linguistik der klassischen Relativitätsthese im Sinne einer Determinierung der Weltsicht durch das jeweilige Sprachsystem eine deutliche Absage erteilt, geht sie doch davon aus, dass unsere „Wahrnehmung" und unser „Weltbild durch das Sprachsystem beeinflusst, wenn auch nicht determiniert werden können" (Zimmermann 1988: 373). Die Ursache hierfür liegt laut ZIMMERMANN (1988: 373) in der „Prototypizität sprachlicher Strukturen und Bedeutungen": Wir verbinden sowohl mit Satzstrukturen als auch mit Ausdrücken meist ‚typische' Interpretationen und Bedeutungsinhalte, die „gegenüber weniger typischen privilegiert sind". Besonders in der ‚Gruppen'-Referenz („Wer/was sind wir bzw. die anderen?" und der Verantwortungszuschreibung (über Satzstrukturen) sieht ZIMMERMANN (1988: 375) sprachliche Mechanismen, die unsere Welt-Bilder beeinflussen[324]. Im Deutschen gehen wir ‚normalerweise' von einer ‚prototypischen' (Haupt-)Satzstruktur aus (vgl. Zimmermann 1988: 378):

Formal	Subjekt	Prädikat
Inhaltlich	Agens	Aktion/ Patiens
Informationsstruktur	Thema (Topic) ‚gegeben'	Rhema (Comment) ‚neu'
Emittentensicht	als wahr gesetzt	als wahr behauptet
Rezipientensicht	für wahr gehalten	als Behauptung erkennbar

Als Teil welchen *Satzgliedes* – ob zum Beispiel als *Subjekt* (‚Satzgegenstand'), *Prädikat* (‚Satzaussage') oder *Objekt* (‚Satzergänzung') ein Ausdruck bestimmt werden kann und in welcher *semantischen Rolle* (Bedeutungsfunktion eines Satzteils im Rahmen des Satzganzen – etwa *Agens* oder *Patiens*) – bestimmt unser Textver-

324 Nicht aber determinieren, denn wir sind zur Reflexion fähig. „Ganz gegen unsere Erfahrung lässt sich kaum eine Realität etablieren, in nur teilweiser Übereinstimmung fast jede" (Zimmermann 1988: 375). FELDER (2009b: 19) schreibt, dass man von „semiotischer Gefangenschaft" sprechen kann, weil wir „im Diskurs nicht jede sprachliche Äußerung auf der Metaebene hinsichtlich der ausgewählten Wörter reflektieren und problematisieren können". Über sprachliche Gebilde lässt sich demnach ‚Perspektivität', lassen sich ‚Tendenzen' vermitteln (bzw. werden vermittelt). „Wissensbestände und Erfahrungen werden in kommunikativen Formulierungsroutinen reproduziert und dadurch teilweise zu ‚kollektiven' Wissenbeständen bzw. Erfahrungsmustern verdichtet – genauer gesagt, sie werden als kollektiv gültig eingeschätzt" (Felder 2009b: 13).

ständnis mit. Darauf baut das Prinzip der ***„unbefragte[n] attributive[n] Wahrheit“*** (Zimmermann 1988: 378) auf:

> „Bei unreflektierter Perzeption“ werden nicht nur „Subjekte tendeziell als Agenten“ angenommen, sondern auch als „bekannt, als wahr (...), Objekte und Satzergänzungen dagegen als Patienten und neu Behauptetes“ (Zimmermann 1988: 378).

Wird das Subjekt durch ein Attribut erweitert, wird auch das Attribut tendenziell als gegeben, als ‚wahr‘ angenommen. Letztlich handelt es sich hierbei um eine Präsupposition – definit gebrauchte Nominalphrasen präsupponieren Existenz, die attributiven Erweiterungen werden ebenfalls voraus-gesetzt. In welcher *semantischen Rolle* Handlungsteilnehmer genannt werden, bestimmt bis zu einem gewissen Grad unsere Interpretationen von Sätzen. Der Subjekt-Position wird im Normalverständnis die ‚Verantwortung‘ für eine Handlung/ einen Sachverhalt zugeschrieben: Passivierungen (Tilgungen des Agens, *Deagentivierung*) und *Pseudo-Agentivierungen*[325] sind kommunikative ‚Strategien‘, die diese Tatsache ‚ausnutzen‘. Derartige *syntaktische Verbalstrategien* tragen beispielsweise zu *Essentialisierungsprozessen* bei, in denen ‚Räumen‘ ein Entitäts- und Akteurscharakter zugeschrieben wird.

Auch die von WARNKE/ SPITZMÜLLER (2008a: 27) im Kontext der *propositionsorientierten Analyse* genannten *rhetorischen Figuren* tragen zur „kommunikativen Zielerreichung“ bei[326], sie sind als „in die Propositionen eingebettete(...) sprachliche Muster beschreibbar“ und mit WODAK et al. (1999: 36ff) als ‚Realisationsformen‘ im Rahmen bestimmter Argumentationsschemata und ‚Strategien‘.

Intertextualität

Intertextualität ist nicht nur ein *Textualitätskriterium*, das sich „durch Abhängigkeiten zwischen Produktion bzw. Rezeption eines gegebenen Textes und dem Wissen der Kommunikationsteilnehmer über andere Texte“ (Beaugrande de/ Dressler 1981: 188) konstituiert. Es handelt sich auch um eine wichtige Analysekategorie der Diskurslinguistik auf ‚diskursorientierter‘ Ebene: „Diskursivität[[327]] wird (...) durch das Netz der Bezüge zwischen Einzeltexten hergestellt“ (Warnke 2000: 220) – durch *intertextuelle* Bezüge. Zugleich handelt es sich um einen innerhalb der Linguistik kontrovers diskutierten Begriff (vgl. Tegtmeyer 1997; Warnke 2000): Grundsätzlich geht es um die *unterschiedlichen Beziehungen*, die zwischen verschiedenen Texten bestehen/ hergestellt werden und die Textsortenkompetenz der Sprachteilnehmer. Dabei lassen sich *referentielle* und *typologische Intertextua-*

325 In diesen Fällen ist die Subjekt-Position durch nominalisierte *Prozesse/ Handlungen/ essentialisierte Abstrakta* besetzt *(Nominalisierung)* – oder die ‚eigentlichen Objekte‘ werden zu ‚Subjekten‘. *Passivierung* kann als Form der *Deagentivierung* angesprochen werden (hierzu gehören der Gebrauch von *es* als Pseudoaktant oder eine Häufung von *Indefinitpronomen* und *vagen Bezugnahmen*).

326 Als Einführung sei (für den linguistischen Laien) KOLMER/ ROB SANTER (2002) empfohlen. Ob der Vielzahl derartiger Figuren sei auf eine Aufzählung verzichtet.

327 Definiert als „kommunikative[r] Zusammenhalt einer Vielzahl singulärer Vertextungen (...) als seriell organisierte und anonyme kommunikative Praxis“, als „über den Einzeltext hinausgehende Ebene parallel verlaufender Handlungsintentionen“ (Warnke 2000: 220).

lität unterscheiden: Unter *referentieller Intertextualität* versteht man die direkte oder indirekte Bezugnahme auf andere Texte in Form von Zitaten und Paraphrasierungen beziehungsweise Reformulierungen[328], die jeweils unmarkiert oder durch Quellenangaben und Kenntlichmachung der Übernahme markiert sein kann. Insbesondere unmarkierte Übernahmen lassen sich oft nur schwer rekonstruieren (vgl. Heinemann 1997: 33). Dennoch ist die Explizitmachung intertextueller Relationen ein wichtiger Bestandteil der diskursanalytischen Arbeit. Konkret: Lassen sich die im jeweils analysierten Text aktualisierten *raum-* bzw. *europabezogenen Referenzen/* spezifischen *Prädikationen* in anderen Texten ebenfalls nachweisen? Wo nach diesen anderen Texten zu suchen ist, lässt sich jeweils nur aus dem Kontext ableiten. *Intertextualität* ist keineswegs auf ‚Textbausteine' beschränkt, die wiederholt und rekontextualisiert werden, auch auf konzeptueller Ebene, etwa bezüglich *Topoi* und *Konzeptmetaphern*, lässt sie sich rekonstruieren. Die Frage, welche *sozialen Repräsentationen Europas* in einem spezifischen Textexemplar aktualisiert werden, verortet dieses Textexemplar in *intertextuellen Ketten*, im Diskurs. Selbst wenn sich der konkrete Bezug auf andere Texte nicht nachzeichnen lässt, kann auf diese Weise eine *Einordnung* des Textexemplars im Rahmen des *Diskursfeldes europäischer Identitätsangebote* vorgenommen werden. Auch FELDER (2009: 41) betont die Relevanz der Analyse der „Wiederaufnahme konzeptueller Deutungsmuster". Insbesondere *Autoritätstopoi*, die „anscheinend diskursiven Aushandlungsverfahren enthoben sind und sich nicht mehr in dem üblichem Maße um Gültigkeit bemühen müssen", stellen eine „Sedimentierung" von „intertextuellen Verweisen" (Felder 2009: 43) dar. Er streicht die Rolle der „sozialen Stellung und (…) [der] Macht des Akteurs", der diese Deutungsmuster prägt, als „wichtige[n] Faktor"[329] dafür heraus, warum manche „Formulierungen (…) zum stereotypen Muster avancieren" (Felder 2009: 42), andere nicht.

Typologische Intertextualität verweist auf die *Textsortengeprägtheit* eines konkreten Textexemplars, die dessen spezifische Funktion und Versprachlichungsformen beeinflusst. Dass dies im Analysezusammenhang relevant ist, belegen nicht nur die Ausführungen von WODAK et al. zur Genrespezifik einzelner Versprachlichungsformen im Identitätsdiskurs (vgl. 3.2), sondern auch die im Rahmen der Absteckung des *Diskursfeldes europäischer Identitätsangebote* festgestellten ‚typischen Unterschiede' der Aktualisierungen von *Europa*-Bildern in verschiedenen Textsorten (vgl. 3.3): In einem wissenschaftlichen Artikel werden *andere* ‚Europa-Bilder' *anders* versprachlicht als in einer politischen Rede oder in einem privaten Gespräch[330].

328 STEYER (1997: 87) fasst unter *Reformulierung* „alle Ausdrucksreferenzen, bei denen ein explizites Bezugsobjekt (…) rekonstruierbar ist", also „komprimierende und berichtende Wiedergaben (…), die (…) als Referenz gekennzeichnet sind und Originalelemente verwenden".

329 Als Erklärung reicht dieser Faktor nicht aus: „Auch dem Sprachanalytiker fehlen mitunter plausible Erklärungen, warum bestimmten Verbindungen eine solch hochfrequente Karriere beschieden ist" (Felder 2009b: 42).

330 Intertextualität beschränkt sich nicht auf Texte, sondern bezieht auch „andere(…) Symbolisierungsformen" (Warnke/ Spitzmüller 2008a: 40) mit ein, insbesondere die „Ebene der Text-Bild-Beziehungen" (Felder 2009b: 43). Die Relevanz derartiger Zusammenhänge wird hier zur Kenntnis genommen, die Analysen fokussieren aber auf die *sprachliche* Ebene.

4.4 Synthese: Fragenkatalog zur diskursanalytischen Erfassung raumbezogener sozialer Repräsentationen

Die folgende Synthese stellt eher einen Rahmen als einen Leitfaden dar. Reihenfolge und Schwerpunkte der ‚Abarbeitung' müssen sich am spezifischen Erkenntnisinteresse und an den Besonderheiten des konkreten Textexemplars orientieren. Die ‚Analyseschritte' werden auf das Erkenntnisinteresse dieser Arbeit zugespitzt, lassen sich aber in ihrem Kern auch für andere Forschungsfragen adaptieren. Es muss jedoch betont werden, dass sie in ihrer spezifischen Ausgestaltung wie in der Rekurrenz auf BRINKER (2001: 19-20) auf die Analyse *schriftkonstituierter, monologischer Texte* ausgerichtet sind und bei Fokussierung von *dialogischer* Kommunikation entsprechend abgewandelt werden müssten.

KONTEXTANALYSE

Wie man diese Analyseebene auch terminologisch fasst: Grundlage jeder linguistischen Diskursanalyse ist eine detaillierte Betrachtung der *Rahmenbedingungen*, in denen ein zu untersuchender Kommunikationsbeitrag verortet ist. Am Anfang der diskursanalytischen Erfassung der Konstruktion von *raumbezogenen sozialen Repräsentationen* im einzelnen Textexemplar muss die ***Kontextanalyse*** stehen. Auf diese wird während der Analyse der *textuellen/ intratextuellen Ebene* immer wieder rekurriert, nur vor ihrem Hintergrund lassen sich Funktion und Bedeutung spezifischer Versprachlichungsformen interpretieren.

Die ***Kontextanalyse*** beinhaltet *zwei* große Bereiche:

Theorien und Methoden

Zum einen die interdisziplinär ausgerichtete und ebenso integrative wie notwendigerweise eklektizistische Einbeziehung jener ***theoretischen Ansätze***, die in den je relevanten Wissenschaftsdisziplinen bezüglich des betreffenden Themenkomplexes entwickelt wurden.

Konkret: Im Falle der vorliegenden Arbeit wurde diesem Anspruch durch die detaillierte Darlegung der *theoretischen* Grundlagen des verwendeten ***Identitäts-***, ***Repräsentations-*** und ***Diskursbegriffs*** Rechnung getragen. Damit werden die Forderungen der Vertreter der linguistischen Diskursanalyse nach (1), der Einbeziehung von *Theorien* verschiedener Reichweite (vgl. Weiss/ Wodak 2003: 22-23) und (2), einer Klärung der verwendeten *Terminologie* bzw. der *analytischen Kategorien,* speziell im Falle von wissenschaftlichen Begriffen mit sehr unterschiedlichen Definitionen in verschiedenen Disziplinen, erfüllt. Desweiteren wird (3) die Voraussetzung der *genauen Spezifikation* der *konzeptuellen Tools* (vgl. Weiss/ Wodak 2003: 8-9) umgesetzt – der ***methodischen Herangehensweise.***

Diese Schritte erfolgten im Theorieteil dieser Arbeit (Kap. 2) und im Rahmen der Vorstellung der einbezogenen *diskursanalytischen Ansätze* und *linguistischen Methoden* (Kap. 4).

Zum anderen umfasst die ***Kontextanalyse*** den weiteren *historischen* ebenso wie den engeren *situativen* Kontext der jeweiligen sprachlichen Handlung. Hierbei lassen sich wiederum verschiedene Ebenen unterscheiden:

Zeitgeschichtlicher Kontext

Hier gilt es, den Stand des ‚Wissenschaftsdiskurses' zur Frage europäischer Identität einzubeziehen. Einen Überblick gibt die Einführung in die (europäische) Identitätsdebatte (Kap. 1 und Kap. 3 sowie Teile von Kap. 5.1).

Akteursorientierter Kontext

In der akteursorientierten Analyse wird der situative Kontext des Analysetextes genauer in den Blick genommen:

*Welche **Interaktionsrollen** lassen sich bestimmen?*
Wer ist **Emittent** (Autor, Vertexter, Animator) des Textes? Wer sind die **antizipierten Adressaten**?
*Welche **Diskurspositionen** lassen sich bestimmen?*
Wie lässt sich der Emittent bezüglich seiner Stellung in der sozialen Stratifizierung bzw. in ‚der' Diskursgemeinschaft verorten? Gehört er (bei Personen eventuell über die *institutionelle Einbindung*) zur ‚diskursiven Elite' bzw. zu den *ideology brokers*? Spricht er als ‚*Experte*' oder ‚*Laie*'?
*Welche Aussagen lassen sich bezüglich der **Medialität** des Textes machen?*
In welchem *Medium*[331] ist der Text verortet? Welchem *Kommunikationsbereich* bzw. *kommunikativen Handlungsbereich* (privat/ öffentlich/ offiziell) lässt sich der Text zuordnen? Welcher *Kommunikationsform* (Art und Weise der Kommunikation: monologisch vs. dialogisch, phonisch vs. graphisch u.a.m.; stilistische Register/ Varietäten)? Welcher *Textsorte*[332]? Welche Schlüsse lassen sich aus der *Medialität* auf *Diskurspositionen* und *Interaktionsrollen* ableiten?

Konkret: Der im Forschungsfokus stehenden Text aus einer Veröffentlichung zur politischen Bildung in Baden-Württemberg kann bei Kenntnis der Rolle der *(politischen) Bildungseinrichtungen* in Bund und Ländern der Bundesrepublik Deutschland sinnvoll analysiert werden. In welchen Beziehungen stehen diese Einrichtungen und ihre Veröffentlichungen zur *Bildungs-* und *Identitätspolitik* der Europäischen Union und des Bundes/ der Länder, zu Kompetenzvorgaben und Bildungsplänen für die schulische Ausbildung? Welchen Einfluss haben *politische* und *administrative Akteure*? Welchen Aufgaben dient, welche allgemeinen *Adres-*

331 Im Sinne von „Hilfsmittel zur Herstellung, Übertragung und Speicherung von Zeichen" (Warnke/ Spitzmüller 2008a: 37).

332 „Textsorten sind konventionell geltende Muster für komplexe sprachliche Handlungen und lassen sich als jeweils typische Verbindungen von kontextuellen (situativen), kommunikativ-funktionalen und strukturellen (grammatischen und thematischen) Merkmalen beschreiben. Sie haben sich in der Sprachgemeinschaft historisch entwickelt und gehören zum Alltagswissen der Sprachteilhaber; sie besitzen zwar eine normierende Wirkung, erleichtern aber zugleich den kommunikativen Umgang, indem sie den Kommunizierenden mehr oder weniger feste Orientierung für die Produktion und Rezeption von Texten geben" (Brinker 2005: 144).

saten hat die Zeitschrift *Deutschland & Europa*? Soweit dies nachvollziehbar ist: *Wer* bzw. *was* entscheidet über die *inhaltlichen Schwerpunkte* der jeweiligen Veröffentlichung? *Wer* schreibt aus *welchen* Gründen und vor welchem *fachlich-politischen* Hintergrund Artikel für diese Zeitschrift? Diese Fragen werden in Kap. 5 fokussiert.

TEXTUELLE ANALYSE

Vorüberlegungen

Vor dem Hintergrund einer genauen Erfassung der *Rahmenbedingungen* der analysierten Äußerungshandlung gilt es, sich dem *analysierten Text* selbst zuzuwenden. Eine sprachwissenschaftliche Analyse muss zwischen der *Struktur* und der *kommunikativen Funktion* eines Textes unterscheiden. BRINKER grenzt deshalb die Ebenen der *Kontextanalyse*, der Analyse der *Textfunktion* und der Analyse der *Textstruktur* voneinander ab. Zwischen den Kategorien ist jedoch lediglich didaktisch eine (vorläufige) Trennung möglich[333]: So lässt sich die *Textfunktion* nicht nur an kontextuellen, sondern auch an *textuellen* Indikatoren festmachen. Die *Form* muss, je nach Äußerungskontext, spezifische Ausprägungen annehmen, um kommunikativ ‚wirksam' werden zu können. Obgleich die *Deskription* des vorhandenen *Sprachmaterials* soweit als möglich von seiner *Interpretation* abgegrenzt werden sollte, beinhaltet die *Textanalyse* gerade in einer konkret durchgeführten *Diksursanalyse* meist schon *interpretative Aussagen* und *erklärende Rückbezüge* auf den *Kontext*. Analysiert wird durch die Brille der *Kontext-Kenntnisse*, der theoretischen Prämissen einschlägiger Theorien. Zudem *fokussiert* das Erkenntnisinteresse den *linguistischen Blick* – nicht jede Auffälligkeit der Syntax muss erfasst, nicht jede morphologische Besonderheit in der Analyse aufgeführt werden, wenn diese für das Forschungsinteresse irrelevant ist. Die Fragestellungen, die im Folgenden präsentiert werden, verstehen sich als *Orientierungshilfen*, die es ermöglichen sollen, zu intersubjektiv nachvollziehbaren Ergebnissen zu gelangen. Der Unterschied zwischen strukturellen und funktionalen Fragestellungen wird deshalb so explizit wie möglich gemacht. Der Analyseapparat stellt kein statisches Gebilde dar, das es in der Analyse ‚abzuhandeln' gilt, vielmehr gleicht das analytische Vorgehen dem hermeneutischen Zirkel – während der Analyse und Interpretation neu gewonnene Erkenntnisse lenken den Blick möglicherweise in bestimmte Richtungen.

Aus Sicht der Autorin stellt ein *pragmatisch-textlinguistisch orientierter Analyseapparat*, dessen Schwerpunkte auf die speziellen Fragestellungen der *diskursiven Identitätskonstruktion* hin ausgerichtet werden, den gangbarsten und transparentesten Weg dar, diskursiv verortete *soziale Repräsentationen Europas* zu analysie-

333 „Die einzelnen Beschreibungsebenen und -aspekte sind bei der Textanalyse zwar genau zu unterscheiden, nicht aber voneinander zu isolieren. Zwischen situativem bzw. medialem Kontext, kommunikativer Funktion (...), thematischem Aufbau und sprachlich-grammatischer Strukturierung von Texten bestehen komplexe Beziehungen. (...) grammatische(...) Einheiten und Strukturen (...) müssen in ihrer indikatorischen Funktion gesehen werden, d.h., sie sind im Hinblick auf die kommunikativ-funktionalen und thematischen Konzepte des Textes zu untersuchen. Dabei ist zu beachten, dass es hier kaum feste Zuordnungen gibt (...)" (Brinker 2001: 151-152).

ren. Der Rückbezug auf eine funktionale Ebene der ‚Strategien', wie sie WODAK und die Vertreter der Wiener Schule annehmen, ist *ex post* sinnvoll. Die dadurch erreichte (kontextspezifische) ‚Interpretation' verschiedenster linguistischer Versprachlichungsformen als ‚Ausdruck' von Denk- und Verhaltensmustern führt nicht nur zu einer besseren Vergleichbarkeit verschiedener Identitäts- und Differenzdiskurse, Aus- und Abgrenzungsdiskurse, sondern schlägt auch eine Brücke von der linguistischen Analyse zu einschlägigen sozialpsychologischen und kognitionswissenschaftlichen Erkenntnissen. Im Kontext der Analyse, die im Rahmen dieser Arbeit vorgenommen werden wird, soll jedoch, um der Gefahr einer ‚Vorkategorisierung' des analysierten Materials zu begegnen, auf die Strategien erst *nach* der eigentlichen linguistischen Analyse eingegangen werden.

Textthema, Textgliederung, Themenentfaltung & thematische Einstellung

Das *Textthema* ist nicht eigentlicher Gegenstand einer auf die Herausarbeitung *sozialer Repräsentationen* ausgerichteten Analyse – *Europa-Bilder* lassen sich in den verschiedensten Genres und Texten, in der Alltagskommunikation wie in der Politikerrede finden. In den meisten zitierten empirischen Studien und auch hier wurde jedoch eine thematische Vorauswahl getroffen. Die jeweiligen Analysetexte wurden aufgrund der Tatsache ausgewählt, dass sie *Europa*, die *EuropäerInnen* oder *Europäisch-Sein* im weitesten Sinne thematisieren. Diese Vorauswahl erklärt sich aus dem jeweiligen Erkenntnisinteresse. Sucht man diachron oder synchron die *Europa*-Vorstellungen bestimmter sozial, institutionell, räumlich oder anderweitig abgegrenzter Gruppen zu erfassen und hat die betreffende Gruppe gerade aufgrund ihrer spezifischen (Macht-)Stellung im ‚Europadiskurs' als (be-)forschungsrelevant ausgewählt, so ist es nachvollziehbar, *jene Texte* zu analysieren, mit denen diese *Europa*-Vorstellungen ‚verbreitet werden sollen'. Damit verbunden ist die Annahme, dass die (Re-)Produktion, Distribution und Rezeption von *sozialen Repräsentationen* von *diskursiven Eliten* dominiert wird. Daher ist es sinnvoll, Texte zu analysieren, die von ‚Schlüsselakteuren' der ‚Identitätsproduktion' in Politik, Medien und Bildungseinrichtungen produziert und distribuiert werden und eine Vielzahl von Rezipienten erreichen. Ganz pragmatisch: *Europa*-Vorstellungen lassen sich besonders gut in Texten mit einschlägigem *Thema* erfassen, weil sie dort gehäuft auftreten und aufgrund ihrer textuellen Einbettung auch (bei allen Kautelen) Aussagen über (Be-)*Wertungen* durch den Emittenten, über ihre argumentative/ kommunikative *Funktion* u.ä. möglich sind[334]. Zugleich stellen die Bestimmung des *Textthemas* und eine *inhaltliche Gliederung* des Textes notwendige Voraussetzungen für weitere linguistische Analysen dar.

334 Natürlich ist in der Analyse eigentlich eine breite Genrestreuung wünschenswert – groß angelegte Forschungsprojekte wie das WODAKsche zur österreichischen Identität weisen auf textsortenspezifische Unterschiede der Aktualisierung sozialer Repräsentationen hin. *Europa*-Vorstellungen nach ihren spezifischen Re-Kontextualisierungen in Privatgesprächen oder in anderen thematischen Kontexten zu untersuchen, wäre ein wichtiger ergänzender Schritt zum Verständnis ihrer sozialen (Re-Produktion).

*Welches **Thema**/ welche **Themen** lassen sich im analysierten Text herausarbeiten?* Lassen sich eventuell ***Teilthemen*** unterscheiden, die einem übergeordneten Textthema untergeordnet sind? Lässt sich eine ***Makroproposition*** (eine ***Textaussage***) angeben? Eine erste Annäherung ist über *dominante Referenzträger* und ihre *Beziehungen* untereinander möglich. Wie bereits gesagt, werden in den analysierten Texten thematische Bezüge auf ‚den Europadiskurs' aufgrund der Textauswahl dominieren. ‚*Europa*' ist entweder selbst Textthema oder zumindest Teilthema im Dienst eines übergeordneten Textthemas.

*Wie lässt sich der Text **inhaltlich gliedern**?* Ist der Text eher linear aufgebaut, oder werden Propositionen oder Themen wiederholt? Welche kommunikative Funktion ist damit verknüpft – hat, zum Beispiel, die Wiederholung eine didaktische oder persuasive Funktion? Lassen sich aus der inhaltlichen Gliederung bereits Schlüsse auf die *Art der Themenentfaltung* ziehen?

*Welche Art(en) der **Themenentfaltung** ist (sind) im Text festzustellen, wie werden sie **realisiert**? Welche Einstellung bringt der Emittent gegenüber seinem Textthema zum Ausdruck (**thematische Einstellung**)?*
Wird – im Falle *argumentativer* Themenentfaltung – für oder wider bestimmte soziale Repräsentationen argumentiert, geschieht dies *persuasiv-überredend* oder *rational-überzeugend*?
Herrscht – bei *deskriptiver* Themenentfaltung – *Meinungsbetonung* oder *Sachbetonung* vor?
Finden sich Indikatoren, die Auskunft über die Wahrheit/ Wahrscheinlichkeit des Textinhaltes bzw. den Sicherheitsgrad des Wissens – die ***epistemische* bzw. *doxastische*** Einstellung – geben? Wird der Grad des Interesses (die ***motivationale/ präferentielle/ intentionale/expektative*** oder ***normative*** Einstellung) zum Textthema oder die ***psychische Haltung*** zu Textthema/ Textinhalt textuell signalisiert? Lässt sich eine ***evaluative*** Einstellung herausarbeiten? Wie lassen sich diese Einstellungen auf *soziale Repräsentationen Europas* beziehen?

Die *thematische Einstellung* stellt einen Hinweis auf die ***Textfunktion*** dar. Bestimmte Einstellungen sind oft mit spezifischen Textfunktionen verbunden (beispielsweise weisen evaluative oder emotive Einstellungen auf eine primär *appellative* Textfunktion hin). Es handelt es sich aber nicht um 1:1-Beziehungen, häufig wirkt die thematische Einstellung im Zusammenhang mit anderen Indikatoren der Textfunktion eher „funktionspräzisierend(...) bzw. funktionsmodifizierend(...)" (Brinker 2000: 180).

Handelt es sich um eine ***deskriptive Themenentfaltung***, muss die Form der raumzeitlichen Einordnung, der Spezifizierung (Aufgliederung) und Situierung (Einordnung) der einzelnen Teilthemen (Komponenten) nachgezeichnet werden. Wird ein einmaliger Vorgang beschrieben? Handelt es sich um einen als regelhaft/ generalisierbar dargestellten Vorgang? Bezeichnet das Thema ein Lebewesen/ einen Gegenstand? In welcher Form sind die Teilthemen miteinander verknüpft?

Falls eines der Teilthemen oder das übergeordnete Thema *Europa* ist, in welchem Bezug steht dieses dann zu den anderen Teilthemen?

Handelt es sich um eine ***argumentative Themenentfaltung*** muss die *Argumentation analysiert* werden.

*Auf welche Art und Weise wird **argumentiert**?*
Bezüglich der einzelnen ‚Argumente' bzw. Argumentationshandlungen, die sich mit Hilfe des Toulmin-Schemas erfassen lassen:
*Welche **Daten** werden genannt, wie werden diese formuliert?* Enthalten sie, möglicherweise in Form von ***Präsuppositionen, Prämissen***, die eigentlich selbst argumentativ begründet werden müssten? Wird wertend oder sachlich referiert? Werden die Daten mit Hilfe rhetorischer Figuren oder Verbalstrategien formuliert?
*Wird auf bestimmte verbreitete **Argumentationsmuster/ Topoi** zurückgegriffen?*
*Lassen sich anhand des Toulmin-Schemas die **nicht-explizierten Kategorien** (Schlussregel/Stützung bzw. Schlusspräsupposition) rekonstruieren?*
Auch hier, so lässt sich vermuten, können in der Analyse soziale Repräsentationen *Europas* ‚auftauchen': Als nicht explizite, zu rekonstruierende Vorstellungen, die Schlussfolgerungen zugrunde liegen und diese (feldabhängig) legitimieren.
*Lassen sich **(Konzept-)Metaphern** herausarbeiten, die der Argumentation zugrunde liegen*, möglicherweise entsprechende Schlusspräsuppositionen bereitstellen und so zur ‚Schlüssigkeit' der Argumentation beitragen? Besonders metaphorische Bezüge auf die *EU/ Europa/* die *EuropäerInnen* und die *europäische* (politische) Entwicklung (aber auch auf die jeweiligen ‚Anderen') sind hier von Interesse.
Lassen sich die auftretenden Metaphern jenen Bereichen zuordnen, die in der Literatur über die ***Metaphorik*** des ***Europa-Diskurses*** bereits dargestellt wurden oder lassen sich Abweichungen feststellen?

Implizites

Neben der *thematischen Orientierung* müssen auch andere für die ***Kohärenzzuschreibung*** grundlegende Analysekategorien in den Blick genommen werden.
*Werden (Kausal-) Zusammenhänge voraus-gesetzt bzw. **präsupponiert** (Logik der Setzungen) oder werden sie explizit verbalisiert?*
*Welche Formen **pragmatischer Inferenz – Präsuppositionen, konversationelle Implikaturen** u.ä. – lassen sich konstatieren?*
Werden eventuell bestimmte *Europa*-Bilder gar nicht expliziert, sondern lassen sich lediglich durch ***Rekonstruktion der (pragmatischen) Präsuppositionen*** herausarbeiten?
Anders gefragt: *Auf welchen **Präsuppositionen** und Implikaturen **beruhen** die **aktualisierten Europa**-Repräsentationen?*

Verbalstrategien

In einem weiteren Analyseschritt müssen die ***(Verbal-)strategien*** herausgearbeitet werden, mit deren Hilfe die Emittenten (intentional oder unbewusst) versuchen,

ihre Adressaten von bestimmten *Europa-Repräsentationen* zu überzeugen oder diese *sozialen Repräsentationen* inhaltlich/ evaluativ/ deontisch zu ‚füllen'.
Welche ***referentiellen Strategien*** des Verweises auf *Europa* bzw. ***prädikativen Strategien*** der Eigenschaftszuschreibung lassen sich herausarbeiten? Wird der Ausdruck *Europa* oder auch andere Ausdrücke in besonderer Weise (ideologisch) ***‚besetzt'*** (kontextualisiert, exemplifiziert, definiert, essentialisiert, methaphorisiert)? Auf welche Art und Weise wird auf das ‚Referenzobjekt' *EU/ Europa/* die *EuropäerInnen* in den Analysetexten **(wertend) Bezug genommen**, z.B. mittels ***Nominationen***? Lassen sich ***lexikalische Besonderheiten*** herausarbeiten, und in welchem Bezug stehen sie zur Kategorie ‚*Europa/ EuropäerIn*'? Kann *Europa* oder ein anderer Ausdruck im Text als *Schlüsselwort, Mirandum* o.ä.m. angesprochen werden? Werden diese oder verwandte Lexeme zum Ausgangspunkt von ***Wortneubildungen?*** Lassen sich auf ***syntaktischer Ebene*** Strategien konstatieren, die *Europa/* die *EuropäerInnen* zum Beispiel ***essentialisieren, pseudo-agentivieren, passivieren, deagentivieren*** oder in anderer Form das Weltbild der Rezipienten „in eine bestimmte Richtung lenken" (Zimmermann 1988: 383)?

Textfunktion

Abschließend kann die Frage nach der ***Textfunktion*** beantwortet werden. Hierbei ist einerseits nach den *kontextuellen Indikatoren* der Textfunktion (Medium, Kommunikationssituation, institutioneller Rahmen) zu fragen, die oft schon vor Beginn der eigentlichen linguistischen Analyse eine Hypothese bezüglich der Textillokution ermöglichen. Andererseits finden sich möglicherweise *direkte textuelle Indikatoren* der Textfunktion, die den „intendierten kommunikativen Kontakt (...) explizit zum Ausdruck bringen" (Brinker 2001: 100). In den meisten Fällen wird jedoch zur Herausarbeitung der Textfunktion neben den kontextuellen auf *indirekte textuelle Indikatoren* zurückgegriffen werden müssen: Welche Schlüsse über die ***Textfunktion*** lassen sich aus der ***Art des Textthemas*** und der ***Art der Themenentfaltung***, aber auch aus der damit verbundenen ***thematischen Einstellung*** ziehen? *Handelt es sich um einen* ***appellativen*** *oder einen* ***informativen*** *Text* (oder lassen sich eventuell Brüche zwischen den textuellen und den kontextuellen Hinweisen auf die Art der Textfunktion aufzeigen?)? *In welchem* ***Bezug*** *stehen Appell oder Information* ***zu sozialen Repräsentationen Europas*** – sollen die Rezipienten z.B. von einem bestimmten *Europa*-Bild überzeugt werden oder werden verschiedene *Europa*-Bilder informierend gleichwertig nebeneinander beschrieben?

INTERTEXTE

Die Analyse der ***Intertextualität*** rückt an den Schluss. Entscheidende Vorarbeiten für die Intertextanalyse werden im Rahmen der Kontextanalyse geleistet. Die umfassende Kontextanalyse ist Voraussetzung für die Darstellung der Einbettung des Analysetextes in das ‚Diskursfeld europäischer Identitätsangebote'. Sie ermöglicht auch eine Hypothesenbildung bezüglich der konkreten Bezugstexte des Analysetextes: Im Falle dieser Arbeit handelt es sich dabei um Texte aus dem Bereich der *EU-Identitäts-* und *Bildungspolitik* und ihrer *bundesdeutschen* und *baden-württembergischen Umsetzung*, aber auch um die Texte des *Wissenschaftsdiskurses* zur *europäischen Identitätsfrage*. Auch eine *Nicht-Bezugnahme* auf diese Texte wäre ein wichtiges Analyseergebnis.

*In welche **intertextuellen Beziehungen** ist der Text eingebunden?*
Über welche ***Formen der Intertextualität*** (typologische Intertextualität, markierte/ unmarkierte referentielle Intertextualität, Wiederkehr von konzeptuellen Deutungsmustern) werden diese Beziehungen hergestellt? Welche ***Funktionen*** können den intertextuellen Bezügen zugewiesen werden?
*Lassen sich eventuell ‚Diffusionswege' **europabezogener sozialer Repräsentationen** nachzeichnen?*

Interpretation
Erst nach erfolgter *linguistischer Detailanalyse* und *Intertextanalyse* ist es möglich, die Fäden zusammenzuziehen.

Die ***Ergebnisse der Analyse*** müssen ***zusammengefasst*** werden.
Jetzt ist der Zeitpunkt, sich ***funktionalen diskursiven Strategien*** zuzuwenden: Lassen sich jene Strategien, die von Diskurshistorikern als grundlegende Eigenschaften von ***Abgrenzungs***- und ***Differenz***- bzw. ***Identitätsdiskursen*** herausgearbeitet wurden, auch im analysierten Text, auch im Kontext der *europäischen Identitätskonstruktion* feststellen? Lassen sich eventuell ***Abweichungen*** von nationalen Identitäts-/Differenz-/Abgrenzungsdiskursen feststellen?

Die *sozialen Repräsentationen Europas,* die im Analysetext (und über seine Bezugstexte) herausgearbeitet werden konnten, sind *zusammenfassend zu beschreiben* und zu *interpretieren*. Sie müssen an dieser Stelle in ihrer textspezifischen ***Vernetztheit*** und ***Komplexität*** dargestellt werden.
Darauf aufbauend kann geklärt werden, inwiefern sie sich an die von WODAK et al. übernommene ***thematische Matrix von Identitätsdiskursen*** zurückbinden lassen. Genauer: *Wie lassen sie sich bezüglich der **thematischen Dimensionen sozialer Repräsentationen Europas** (siehe 3.3) verorten?* Gibt es auffällige *Abweichungen* von dem, was aufgrund der bereits vorliegenden Analysen textsorten- und kontextspezifisch zu erwarten gewesen wäre? Wie werden ‚bekannte' Repräsentationen reproduziert, transformiert, eventuell dekonstruiert? Lassen sich spezifische sprachliche Formen der Aktualisierung von *Europa*-Bildern oder die (Nicht-)Aktualisierung bestimmter sozialer Repräsentationen möglicherweise aus dem Kontext erklären?

Auf der *Interpretation* aufbauend kann eine ***(spekulative) Generalisierung*** gewagt werden: Möglicherweise lassen sich aus den Analyseergebnissen ***Hypothesen*** bezüglich der Art und Funktion der im jeweiligen kommunikativen Handlungsbereich/ Kontext (hier dem der politischen Bildung) insgesamt aktualisierten und *(europabezogenen) Identitätsangebote* ableiten. Diese könnten den forschungslei tenden Ausgangspunkt weiterer Analysen bilden.

5 Operationalisierung: Identitäts-Bildung

Der gewählten diskurslinguistischen Herangehensweise, insbesondere der diskurshistorischen Methode, ist die Maßgabe inhärent, dass sich theoretische und methodische Grundlagen und Tools nur im Kontext des je fokussierten *Untersuchungsgegenstandes* beschreiben lassen: Vor dem Hintergrund einer spezifischen *Forschungsfrage*. Zudem ist, um die *Operationalisierbarkeit* und *Praxistauglichkeit* des Ansatzes aufzuzeigen, eine Umsetzung in die *Forschungspraxis* unerlässlich: eine exemplarische Anwendung des *Analyserasters*.

Im Folgenden wird das *Analyseraster* anhand der fokussierten Forschungsfrage *erprobt*. Da Theorie, Methode und Forschungsgegenstand aufs engste verwoben sind, beginnt diese Umsetzung nicht erst im *Analyseteil*. Vielmehr durchdringt sie bereits die Herausarbeitung von *Theorie* und *Methode*. Zudem finden sich aus Gründen der logischen Stringenz Teile der *Kontextanalyse* und der *Intertextanalye* in anderen Abschnitten der Arbeit. Nach WODAKs Definition könnte man den *gesamten Theorie*-und *Methodenteil* als Teil der ***Kontextanalyse*** betrachten, ebenso die Darstellung des *Wissenschaftsdiskurses* zur europäischen Identitätsthematik im einführenden Kapitel. Insbesondere ist in diesem Zusammenhang das Kapitel *Repräsentationen Europas* zu nennen, in dem das *Diskursfeld europäischer Identitätsangebote* aufgespannt und in den Rahmen *europäischer Identitätspolitik* gestellt wird und so eine erste Grundlage für die *Intertextanalyse* gelegt wird.

Auf die *Textanalyse* hinführend umfasst der erste Teil des folgenden Kapitels die Analyse des (engeren) *‚zeitgeschichlichen‘* und *‚akteursorientierten‘* Kontextes. Darauf aufbauend folgt die detallierte *Analyse eines ausgewählten Textexemplars*, auf die sich auch die spezifische *Intertextanalyse* beziehen wird. *Kontextanalyse* wie *Intertextanalyse* sind darauf angelegt, dieser *einen* Analyse *weitere* hinzuzufügen, um ein *breiteres Bild* von den im Rahmen ‚der (politischen) Bildung‘ reproduzierten *sozialen Repräsentationen Europas* zu erhalten.

Das Umsetzungsbeispiel wurde bereits spezifiziert: Sozialpsychologische und linguistisch-diskursanalytische Theorien weisen bestimmten Texten und den in ihnen aktualisierten *sozialen Repräsentationen* aufgrund ihrer *kontextuellen Einbettung* bzw. der *diskursiven Deutungsmacht* ihrer *Emittenten* eine erhöhte Relevanz für individuelle Identitätsbildungsprozesse zu. Den *Bildungssystemen* wird eine Schlüsselrolle als ‚Identitätsbildner‘ zugewiesen. Deshalb wird das *‚Politikfeld‘ Bildung* in den Blick genommen. Innerhalb dieses Bereiches wird der Fokus auf die *politische Bildung* gelegt. Noch konkreter: Auf einen *Einzeltext* in einem *aus-*

gewählten Heft der von der *baden-württembergischen Landeszentrale für politische Bildung* herausgegebenen Zeitschrift *Deutschland & Europa*.

Die hier vorgenommene Textanalyse versteht sich als erster Schritt: Größere Breite würde geringere analytische Tiefenschärfe bedeuten[335]. Ziel ist es innerhalb eines *sehr engen Rahmens*, der jedoch eine *tiefergehende, ausführliche Textanalyse* ermöglicht, *Schlaglichter* zu setzen. Neben die bereits vorliegenden eher explorativ in die Breite ausgerichteten empirischen Arbeiten zur europäischen Identitätsthematik, müssen *Detailanalysen* treten, die deren Ergebnisse in konkreten Textexemplaren verankern und so dem Postulat der linguistischen Pragmatik Rechnung tragen, dass die Bedeutung sprachlicher Äußerungen nicht oder nur mit den Erkenntnisverlusten und inhärenten Unschärfen jeder Generalisierung von ihrem spezifischen Kontext und den an der Kommunikation beteiligten Akteure abstrahiert werden kann.

5.1 Kontextanalyse: EUropäische (Identitäts-)Bildung

Der in der Zeitschrift *Deutschland & Europa* erschienene Analysetext lässt sich im Spannungsfeld zwischen politischer Bildungsarbeit und schulischer Umsetzung verorten. Soll er kontextuell eingebettet werden, so müssen, neben der Frage nach dem allgemeinen Zusammenhang zwischen *Bildung, Schule* und *Identität* und der *EU-Bildungspolitik*, zwei große institutionelle Teilbereiche des Bildungssystems der BRD in den Blick genommen werden: Zum einen jene *Institution* und jene *Bildungs-Akteure*, an die sich der Analysetext wendet, in dem er seine *Adressaten* findet, in deren Rahmen er *Verwendung* finden soll – die *Schule* und die *Lehrenden*. Damit einher geht eine Betrachtung der ‚Konstruktion europäischer Identität' in einschlägigen *Curricula*, einschließlich der Vorgaben der *nationalen Ebene*, auf die diese rekurrieren. Zum anderen die Rolle der *politischen Bildung* in der BRD im Kontext der *Europa-Bildung*.

335 Grundsätzlich wäre es, um die Rolle des *Bildungssektors* im Kontext der *europäischen Identitätspolitik* angemessen und möglichst umfassend zu erfassen, notwendig, neben bildungspolitischen Verlautbarungen verschiedenster Maßstabsebenen auch Bildungspläne, Schulbücher u.a.m. mit diskursanalytischen Methoden zu untersuchen und zu vergleichen, ‚abgehaltene Schulstunden' ebenso einzubeziehen wie Bildungs-Projekte mit europäischem Impetus, Institutionen der Grundbildung ebenso wie Hochschulen und berufsbildende Einrichtungen.

Bildung, Identität(en) und Europa[336]

Staatlich reglementierte Formen der Wissensvermittlung, der Bildung[337] und Erziehung stellen auch in der westlichen Welt – zumindest in Form des allgemeinen Schulbesuchs – eine vergleichsweise junge Entwicklung dar (vgl. Baumert 2002: 100ff). Warum haben sie sich im Zuge der Entwicklung von der Agrar- über die industrielle und die post-industrielle hin zur Wissens-Gesellschaft fast ubiquitär verbreitet? Zum ersten, weil eine aus ökonomischen wie politischen Gründen auf wissenschaftlichen ‚Fortschritt' und Wissensvorsprung ausgerichtete meritokratische Gesellschaft mit komplexer Arbeitsteilung auf die Ausbildung, Selektion und Zertifikation (hochqualifizierter) Absolventen angewiesen ist (vgl. Meusburger 1998: 11ff.). Zum zweiten, weil in einer zunehmend globalisierten und für den Einzelnen immer komplizierter erscheinenden Welt die zur Partizipation in der Gesellschaft grundlegenden Kompetenzen und das notwendige Orientierungswissen kaum außerhalb institutionalisierter Lehr-Lern-Prozesse zu vermitteln wäre (vgl. Baumert 2002). Zum dritten, weil im Kontext zunehmender sozialer und weltanschaulicher Pluralität und auf ‚immer abstrakteren' Maßstabsebenen entstehender *erfundener Gemeinschaften* nur (weitgehend) zentral gesteuerte Sozialisationsinstanzen noch die Vermittlung der für grundlegend gehaltenen sozialen, ethischen und politischen Werte und Normen gewährleisten können. Schulische Bildung und Sozialisation spielen im Kontext der Integration Heranwachsender in die Gesellschaft heute eine tragende Rolle (vgl. Wellendorf 1979; Rolff 1997, Tillmann 2000). Aufgrund dieser Tatsache leisten die Bildungssysteme nicht zuletzt im Kontext der Vermittlung von *Identitätsangeboten*, als Ort der *Genese, Verbrei-*

336 Die Kontextualisierung der Analysetexte basiert zumindest in Teilen auf einer Literaturschau. Es werden einschlägige Veröffentlichungen aus Bildungswissenschaften, Soziologie, Politikwissenschaften u.a.m. herangezogen, um den Nexus von Bildung und (europäischer) Identität näher zu bestimmen. Dies wirft jedoch die grundsätzliche Frage nach der Abgrenzung zwischen dem zu *analysierenden* Text und den Texten auf, die herangezogen werden, diesen zu *kontextualisieren*: Ausgehend von der Prämisse, dass über ‚den Diskurs' soziale Realität erst konstruiert wird, ist eine klare Trennung zwischen Forschungsobjekt und Forschung nicht möglich. Jeder thematisch einschlägige Text trägt zum *Europa-Diskurs* bei, ob er als ‚wissenschaftlicher' Text gekennzeichnet werden kann oder nicht. Was unterscheidet jene Texte, auf die zur Untermauerung wissenschaftlicher Hypothesen Bezug genommen wird, von jenen, die Objekt der Forschung, der Dekonstruktion werden? Diese Frage stellt sich umso dringlicher, wenn jene wissenschaftlichen Texte, die zur Kontextualisierung herangezogen werden, ihrerseits analysierenswerte *soziale Repräsentationen Europas* enthalten und nicht selten eine *pädagogisch-normative* Perspektive einnehmen, gleichzeitig aber auch der Analysetext selbst sich intertexuell im wissenschaftlichen Diskurs verortet. Kontext und Text sind verortet im selben Diskursfeld europäischer Identitätsangebote. Die geschilderte Problematik kann nicht aufgelöst, sie muss allerdings bewusst gehalten werden.

337 Dem *Bildungs*begriff eignet in der sozialwissenschaftlichen wie pädagogischen und politischen Debatte eine ähnlich große ideologische Polysemie wie dem Identitätsbegriff. Einen kurzen Überblick über die Bildungsbegriffe seit 1800 gibt MASSING (1999). Im Folgenden soll unter Bildung der „Besitz von Bildungsgütern" und zugleich der „Vorgang der Vermittlung und Selbst-Aneignung" (Massing 1999: 34) verstanden werden.

tung und Rezeption möglicher Identitätskonstruktionen und der *pädagogischen Begleitung von Identitätsbildungsprozessen* einen wichtigen Beitrag.

Identitätsbildung ist grundlegendes Ziel und Basis-Aufgabe (schulischen) Bildungs-Handelns. Im Mittelpunkt steht zunächst die individuelle Identität des/r Einzelnen in ihren Bezügen zu sozialen Gruppen aller Art. Relevant sind neben raumbezogenen Identitätsangeboten alle potentiellen Identitätselemente – im Bereich der geschlechtlichen bzw. sexuellen Identität ebenso wie im Kontext wie auch immer definierter religiöser, ethnischer, schichten- und altersspezifischer oder anderer Identifikationsmöglichkeiten (vgl. u.a. Pollard 1997a; 1997b). Insbesondere politische Sozialisation

> „vollzieht sich (...) sowohl als ‚kulturelle Übertragung' politischer Maßstäbe und Überzeugungen, durch die Gesellschaften ihre Kontinuität (...) zu sichern versuchen, als auch aufgrund des individuellen Bedürfnisses nach zusammenhängender Gestaltung der eigenen Lebensgeschichte mit erkennbarem Sinn innerhalb einer sich verändernden Lebens- und Umwelt" (Kotte 2007: 397).

In der Schule werden die ‚Diskurse', in denen *soziale Repräsentationen* konstruiert und aktualisiert werden, indirekt und direkt *thematisiert*, *kontextualisiert* und – bewusst oder unbewusst – durch Bezugspersonen wie Lehrende und peer group *vermittelt*.

Auf die Bedeutung der schulischen Bildung bzw. Wissensvermittlung im Kontext der Integration und inneren Homogenisierung von *imagined communities*, insbesondere im Zuge der Nationalstaatsbildungen des 19. und 20. Jahrhunderts, aber auch im Zusammenhang mit Autonomiebestrebungen von Minderheiten, verweisen zahlreiche historische und soziologische Forschungen, aber auch Veröffentlichungen aus Pädagogik und Geographie[338]. Betont der Politologe Benedict ANDERSON (1991) die Rolle neuer sozialer Kommunikationsformen wie volkssprachlicher Literatur und Print-Medien im Kontext der Nationen-Werdung, so weist der Historiker Miroslav HROCH (2005: 99) der „Schule unter den (...) Faktoren (...) soziale[r] Kommunikation eine ganz besondere Rolle" zu. Sie schafft als „Hauptinstrument der Alphabetisierung die Grundvoraussetzungen für ein festes Kommunikationsnetz" und ist „ein wichtiges Instrument der moralischen Erziehung und staatlichen Disziplinierung" (Hroch 2005: 99). Die Schule ist eine Institution, in der „identitätsstiftende Informationen an breite Bevölkerungsschichten" weitergegeben und „Identitätsangebote vermittelt" (Hroch 2005: 99) werden. Im historischen Prozess der europäischen Nationalstaatsbildungen weist HROCH (2005: 101) den „nationalerzieherischen Fächer[n] wie Geschichte, Literatur oder Geographie" eine wichtige Rolle zu. Schulen waren und sind *Identitätsinstitutionen* in dem Sinne, dass sie die SchülerInnen mit jenen *sozialen Repräsentationen des Eigenen und des Fremden* in Kontakt bringen, die von Seiten des Staates bzw. der jeweiligen Lehrerschaft vorgegeben und vertreten werden. *Bildungspolitik* wird deshalb „in allen Staaten zu den unverzichtbaren Essentialen der politischen Souveränität wie der ethnischen und nationalen Identität gerechnet" (Mickel 1974: 19). Weil soziale Kategorisierungen in besonderem Maße auf Basis von „Informationen von wichtigen Bezugspersonen" internalisiert und „durch Bezugsgruppen bestimmt" werden, ist „Schule als Austragungsort von Hegemonie" zu betrach-

338 Weiterführend u.a. MEUSBURGER (1998: 15-17), SCHREINER (1997: 71f.), HROCH (2005: 102).

ten[339] und das „Curriculum als politischer Text" (Jobst 2004: 126, 102). Die Schule „vermittelt den Schülern (...) Einsichten und Deutungsmuster, mit denen sich die Heranwachsenden in der Welt orientieren" (Jobst 2004: 101). Sie ist ein Ort an dem *ausgewählte* Wissensbestände weitgehend ent-kontextualisiert (und damit enthistorisiert) und partikularisiert vermittelt werden (vgl. Apple 1999: passim; Tillmann 2000: 179f.)[340].

Vor dem Hintergrund des im Rahmen dieser Arbeit ausgewählten Analysetextes interessiert vor allem das „Korpus formalen Schulwissens, welches geplant ist und sich in verschiedenen Materialien und Texten niederschlägt" (Jobst 2004: 102). Welche *Identitätsangebote*, welche *sozialen Repräsentationen Europas* werden an LehrerInnen und deren SchülerInnen herangetragen? Was wird aus *pädagogischer* Perspektive überhaupt unter *(europäischer) Identität* verstanden?

Die zeitgenössische Pädagogik versteht *Identität* als „kommunikatives Konstrukt", das „das Weltbild und die Lebensform, die den Rahmen des Praxis eines (oder mehrerer) Menschen bilde[t] und absteck[t], den Rahmen und Horizont seines (oder ihres) Denkens, Urteilens, Wollens und Fühlens" (Eberstadt/ Kuznetsov 2008: 19-21) subsumiert. *Identitätsbildung* vollzieht sich in der Auseinandersetzung mit einer pluralen Wirklichkeit, ist ein *Lernprozess* und als solcher aus Perspektive der Bildungswissenschaften mit der Ausbildung von „Bewertungs- und Entscheidungsfähigkeiten" und einer kritischen „Werturteilsfähigkeit" (Eberstadt/ Kuznetsov 2008: 42) eng verknüpft. *Bewusstseinsbildung* bedeutet Aus-Bildung von Identifizierungen, von Kategorisierungen, die Zugehörigkeit implizieren: Schule versuche in den sich „manifestierenden europäischen, nationalen und regionalen Bewusstseinsinhalten (...) Verhaltenserwartungen, Pflichten und Rechte an die Schüler" heranzutragen, weise diesen gleichzeitig ihren „Platz (...) in Europa, in ihrer Nation oder Region" (Jobst 2004: 129) zu. Die Vermittlung *raumbezogener Identifikationsangebote* in den Schulen könne allerdings keineswegs in jedem Falle als *top-down-Prozess* der Implementierung bestimmter *Identitätsinhalte/ -wertungen* verstanden werden. Es müsse vielmehr gefragt werden, welche Sozialperspektive, welche Funktion und Deutung mit dem räumlichen Identifikationsobjekt jeweils verknüpft werde: Geht es um Abgrenzung, Dominanz und Stärke, um einen (*europäischen*) Nationalismus, der das jeweils ‚Andere' negativ stereotypisiert? Oder steht Solidarität im Vordergrund, ein Patriotismus, dessen Ziel eine stabile und gemeinschaftsorientierte Form des Zusammenlebens ist? Wird zur Reflexion und Relativierung der Zugehörigkeit angeregt? Werden verschiedene Raumbezüge in inkludierender, exkludierender oder einseitig dominanter Weise in Bezug zueinander gesetzt? Schule könne zu *Europäismus* und *Euro-Zentrismus* erziehen, zu einem *europäischen Patriotismus* oder zu einem *reflektierenden Europa-Bewusstsein* (vgl. Jobst 2004: 146)[341]. *Begleitet* Schule Identitäts-

339 Vgl. auch FAIRCLOUGHs Ansatz (Kap. 4.2)

340 Zur allgemeinen Rolle von Bildungsinstitutionen im Kontext der Verbreitung von Macht/ Wissen und Ideologie vgl. u.a. KARABEL ((Hrsg.) 1976), GIROUX (1981) und APPLE (1999).

341 JOBST (2004: 139ff.) weist verschiedene Qualitäten *raumbezogener Identifikationen* den Stufen der KOHLBERGschen Moralentwicklungstheorie zu.

bildungsprozesse oder *leitet* sie sie *an*? Gibt die Schule „Hilfestellungen zur Identitätsfindung", oder vermittelt sie „Muster der Identitätsstiftung" (Kotte 2007: 397)?

Dies sind Grundfragen schulischer Bildungs- und Sozialisationsarbeit: Soll ein *Wissenskanon* vermittelt werden oder *Kompetenzen* hinsichtlich eines reflektierten, kritischen *Wissenserwerbs*? In der pluralistischen Gesellschaft wird das „bisherige Bildungsdenken (…) im Rahmen der (…) abendländischen (…) Kultur und (…) Bildungstradition" in Form einer „Verständigung über die eigene Kultur und Geschichte" (Goßmann 1997a: 11) in einer zunehmend multikulturellen und multitraditionalen Lebenswelt von Individuen und sozialen Gruppen, zunehmend in Frage gestellt. In der Folge wird danach gestrebt, die SchülerInnen mittels *kompetenzorientierter* Standards mit kulturellen Basiskompetenzen und verschiedenen Rationalitätsformen, mit Modi der Weltbegegnung vertraut zu machen – ohne ganz auf ein kanonisches Orientierungswissen verzichten zu können (vgl. Baumert 2000).

Ein Teil der Bildungswissenschaftler – und mit ihnen Teile von Politik und Gesellschaft – erwartet vom Bildungssystem die Diffusion neuer *Identitätsangebote*, von *erfundenen Traditionen* auf übergeordneter Stufe und damit eine *Re-Homogenisierung* der Gesellschaft als *europäischer* Gesellschaft ebenso wie die Assimilation der ‚Anderen': Nur aus einem „Raum eigener Beheimatung" heraus könne eine „gewachsene und gefestigte Identität" sich der „Pluralität in ihrer ganzen Vielfalt stellen" (Goßmann 1997a: 12). Dem Bildungssystem komme eine Schlüsselposition für die Tradierung von Werten zu (vgl. Nieke 2008: 233). Pädagogen betonen aber auch, dass *Identität* als nie endender Prozess der *Selbstfindung* verstanden werden sollte. Schule und Bildung sollten Identitätsprozesse als „offene(…) Such- und Klärungsprozeße" begleiten, „Identitätshilfe" leisten und „Identitätslernen" (Goßmann 1997a: 12, 13) fördern, ohne (allzu weitgehende) normative Ansprüche zu erheben. Die Herausbildung individueller Identität in ihren sozialen Bezügen soll in „Auseinandersetzung mit einer pluralen und differenzierten Wirklichkeit" stattfinden, die die „kritische Eigenständigkeit" (Goßmann 1997a: 13) des Identitätsbildungsprozesses betont und es den SchülerInnen ermöglicht, offene und flexible, Identitäten auszubilden und die grundsätzliche Unabschließbarkeit der Identitätsprozesse auszuhalten. Kurz: Die SchülerInnen sollen befähigt werden, aus den je nach Situation vorhandenen Rollenensembles, Deutungsmustern der Realität und Identitätsangeboten „selbst die Wahl und Entscheidung [zu] treffen (…)" und die damit verbundenen „Unsicherheiten und Risiken" (Goßmann 1997a: 14) zu erkennen und zu bewältigen. Gemeinsam ist beiden Perspektiven der Verweis auf den Bedürfnis gerade junger Menschen nach Gruppenzugehörigkeit und Wir-Gefühl (vgl. Goßmann 1997a, 1997b; Larsson 1997).

Die *europäische* Dimension schulischer *Identitäts-Bildung* rückte in den letzten Jahren zunehmend in den Fokus der bildungswissenschaftlichen und fachdidaktischen Forschung[342]. Parallel zu den beiden konstatierten Grundhaltungen pädagogischer Reflexion zur Identitäts-Bildung lassen sich, etwas polarisierend zwei Forschungsperspektiven herausarbeiten: Zum einen Arbeiten, die auf Basis

342 Den bislang ambitioniertesten Überblick geben die drei von SCHLEICHER/ WEBER ((Hrsg.) 2002a, 2002b, 2002c) herausgegebenen Bände der *Zeitgeschichte Europäischer Bildung*.

weitgehend festgelegter Vorstellungen von *Europa/* der *EU* normativ *‚europäische‘* Lerninhalte postulieren und deren Umsetzungsmöglichkeiten diskutieren. So werden ‚typisch europäische‘ Persönlichkeitsmerkmale konstatiert, ‚Kategorien der europäischen Selbstvergewisserung‘ ausgewiesen oder es ist die Rede von „Kristallisationen einer kulturellen Identität aus bildungswissenschaftlicher Perpektive“ (Nieke 2008: 241). Selbst wenn die zu vermittelnden Inhalte kritisch beleuchtet werden, wird das Ziel einer europäischen Bewusstseinsvermittlung nicht in Frage gestellt. KESIDOUs Ansatz ist ‚typisch‘: „Es ist *selbstverständlich*“, konstatiert sie,

> „dass im Hinblick auf die Entwicklung eines europäischen Bewusstseins und einer europäischen Identität dem Bildungswesen (...) eine wesentliche Aufgabe zukommt. Folgende Ziele *sind dabei zu verfolgen*: 1. *Kritische* Auseinandersetzung mit der europäischen Kultur, ihrer jeweiligen nationalen Eigenart und ihren darin begründeten Grundzügen (...), 2. *Vermittlung der Europaidee*, die ein ‚europäisches Haus‘ wachsen lassen soll: ‚*The aim is the formation of a* ***‚homo europaeus***‘ (...)“ (Kesidou 1999: 28-29; Hervorhebungen durch Verfasserin).

Daneben stehen *kritisch* orientierte Forschungen, die analytisch die Inhalte der Vermittlung ‚europäischen Bewusstsseins‘ bzw. die *Europabilder* herausarbeiten, die in bildungspolitischen Vorgaben, Curricula und Lehrwerken aktualisiert werden (vgl. Eberstadt/ Kuznetsov 2008: 32). Das Ziel ‚europäischer Bildung‘ wird – ob *deskriptiv-zuschreibend* oder *normativ-setzend* – in der Entwicklung einer *europäischen (EU-)Öffentlichkeit* als Basis einer *europäischen (EU-) Solidarität* gesehen, die für die *demokratische Legitimation* supranationaler Strukturen grundlegend sei. Europäische Identitäts-Bildung wird in diesem Kontext zu einem Kürzel, eu einem Synonym für die Schaffung eines (ab-grenz-baren) europäischen Demos. Auch der Politikwissenschaftler HETTLAGE (2002: 383-384, 406) geht davon aus, dass die EU „Eurosozialisation“ zu betreiben sucht und in einem „dauerhafte[n] Vermittlungs- und Lernprozess“ die „Erziehung der jeweiligen Bevölkerung zur Identifikation mit und zur Legitimation von gemeinsamem Handeln“: Dem „Bildungssystem“ komme eine Rolle als „Geburtshelfer“ *europäischer Identität* zu.

'Europäische' Bildungspolitik[343] *und ihre Umsetzung in der BRD*[344]

> „We are not making a coalition of states but are uniting people (Europäische Kommission 2006: 3).

Zwei „Weg[e] nach Europa" habe man bereits beschritten, stellt HETTLAGE (2002: 374) fest: Den der sektoralen Integration und den der zunehmenden Vertiefung durch die Wirtschafts- und Währungsunion. Nun sei ein „dritter Anlauf nach Europa (...) an der Zeitenwende überfällig. Er müsse bei der Neukonzipierung der Ausbildungsmaterialien (...) ansetzen" (Hettlage 2002: 397). Das Ziel einer „universalistischen Kristallisation des sozialen Verhaltens jenseits des Staates" könne nur über eine „europäische Diskursgemeinschaft" erreicht werden, bei deren Schaffung „eine (...) gut durchdachte Bildungspolitik eine zentrale Rolle" (Hettlage 2002: 384) spiele[345].

Hier liegt laut MICKEL (2007: 635) der „zentrale(...) europapolitische(...) Integrationsfokus" unserer Zeit: Die EU ziele darauf ab, „die geistigen Orientierungen der Menschen in der Gesellschaft" zu transformieren, die „im Wesentlichen über die Bildungspolitik qua Schul- und Erwachsenenbildung weiter gegeben" würden. Die EU sucht über bildungspolitische Maßnahmen Identifikation zu stiften. So heißt es in einer Rückschau auf die Entwicklungen der EU-Bildungspolitik:

> „Education also opens up the most effective routes to explore the richness of European diversity and to develop a sense of belonging to Europe as a vital part of the individual's sense of identity" (Europäische Kommission 2006: 39).

Im Mittelpunkt der bildungspolitischen Maßnahmen steht „die Internationalisierung bzw. Europäisierung der nationalen Bildungssysteme" (Walkenhorst 1999: 171). Die EU-*Bildungspolitik* dient keineswegs nur der *Identitätsstiftung*. Die *Europäische Kommission* „als Initiatorin der Gemeinschaftspolitiken im Hinblick auf die supranationale Bildungspolitik" (Walkenhorst 1999: 171) verfolgt *mehrere*

343 Eng verbunden mit der *Bildungspolitik* ist die *Jugendpolitik* der Europäischen Union. Es handelt sich weniger um eine „eigenständige Gemeinschaftspolitik" (Walkenhorst 1999: 174) als um einen Teilbereich der Bildungspolitik (vgl. Walkenhorst 1999: 175ff.).

344 Auch die ,deutsche Identität' ist natürlich als Hintergrundfolie der Aktualisierung und Rezeption *europäischer* Identitätsangebote in der Bundesrepublik Deutschland zu begreifen. Eine große Zahl an Veröffentlichungen beschäftigt sich mit der Identität der ,Deutschen' – wobei in vielen Fällen auch der Bezug zu *europäischer Identität* hergestellt wird (vgl. Hilton et al. 1996; Banchoff 1999; Einfalt (Hrsg.) 2002; Colegrove 2005; Woever 2005). Deutschland ist als Sonderfall anzusehen, da die deutsche Nationalidentität – im Gegensatz etwa zu der Frankreichs oder Großbritanniens – nach Faschismus, Holocaust und Zweitem Weltkrieg einer „profound reconstruction" (Marcussen 1999: 340) unterzogen wurde, speziell im Kontext politischer und intellektueller ,Diskurse'. Von Anfang an spielte die *europäische Integration* in diesem Zusammenhang eine wesentliche Rolle: „dedication to European unity" war (und ist) ein Mittel der „redemption for past German sins" (Marcussen 1999: 340).

345 Ein *normativer* Impetus ist durchaus auch in den Politikwissenschaften zu finden.

Strategien: Die Bildungspolitik steht vor allem unter *ökonomischen* Vorzeichen[346]: „Bildungspolitik (...)“ ist „Hilfspolitik für Beschäftigungs-, Sozial-, Struktur- und Regionalpolitik“ (Janssen 1991: 57). Die *identitätsstiftenden* Elemente der EU-Bildungspolitik sind Teil eines größeren bildungsintegrativen Überbaus, in dem insgesamt eine „kompetitive arbeitsmarktbezogene Bildungspolitik“ (Weber 2002b: 482) vorherrscht. Die wichtige Rolle, die den Bildungssystemen in der ökonomischen Entwicklung zugewiesen wird, hat zur Hinwendung der Gemeinschaften zur Bildungsthematik beigetragen und zeigt sich im Kontext der *Lissabon-Strategie*, die die EU zum wettbewerbsfähigsten und dynamischsten wissensgestützten Wirtschaftsraum der Welt machen soll (vgl. Europäische Kommission 2006: 21; KMK 2008: 3; Becker/ Primova 2009: 12ff.). Walkenhorst (1999: 173) bemängelt, die Bildungspolitik sei zu oft ein bloßer „Annex der EG-Wirtschaftspolitik“, was sich „auf die positive Identifizierung mit dem europäischen Integrationsprozess kontraproduktiv“ ausgewirkt habe. Bildung ist *auch* ein *demokratisches Grundrecht*, soll zur gesellschaftlichen Partizipationsfähigkeit beitragen. Damit eng verbunden ist aus Sicht der EU ihre Aufgabe, die BürgerInnen zu einer *europäischen Staatsbürgerschaft* zu erziehen, ihnen die ‚*geteilten Werte*‘ der Demokratie und Chancengleichheit zu vermitteln und die gegenseitige Abhängigkeit der EuropäerInnen nahezubringen.

Bildung ist für die EU im besonderen Maße ein „identitätsstiftende[s] Instrument“, das die „formale“ wie die „soziale Legitimation“ (Walkenhorst 1999: 422) zur europäischen Integration erhöhen soll:

> „Die Mitgliedstaaten der Gemeinschaft verfügen über gemeinsame Werte (wie Menschenrechte, Bürgerpflichten und Weltoffenheit), die durch allgemeine und berufliche Bildung an die kommenden Generationen weitervermittelt werden (...). In der schnelllebigen und turbulenten heutigen Welt müssen diese kulturellen Werte (...) bekräftigt und bestärkt werden wie auch die Grundlage für die Herausbildung einer europäischen Identität und Staatsbürgerschaft bilden“ (Kommission der Europäischen Gemeinschaften (Hrsg.) 1993: 172).

Im Kontext der „Erziehung junger Menschen“ soll ein „staatsbürgerlich[es] Bewusstsein“ geweckt werden, das „neben (...) nationalen, regionalen und lokalen Bindungen auch ein Gefühl der Zugehörigkeit zur Gemeinschaft beinhaltet“ (Kommission der Europäischen Gemeinschaften (Hrsg.) 1989: 6).

Bildungspolitik ist eines der ‚klassischen‘ Gebiete der politischen Identitätskonstruktion und spielt im Rahmen der EU-*Identitätspolitik* eine Schlüsselrolle: „Identitätsmanagement ohne europäische Bildung“ (Hettlage 2002: 391) ist unmöglich. Wohl auch aufgrund ihres „strategischen und nur hintergründig erwähnten Hauptziele[s]“, der „Identitätsbildung“ gilt die EG- bzw. EU-*Bildungspolitik* als „einer der am kontroversesten diskutierten Politikbereiche des Integrationsprozesses“ (Walkenhorst 1999: 167). Dabei sind der Einflussnahme von EU-Seite Grenzen gesetzt: Als sektorielle Politik ist die *Bildungspolitik* auf EU-Ebene zwar Ziel von Förder- und allgemeinen Koordinierungsmaßnahmen,

346 „Education policy is now at the heart of this Europe of knowledge that we are building (...)“: Bildung sei „prerequisite for Europe's economic and social success and intellectual influence in the world“ (Europäische Kommission 2006: 5).

„Harmonisierungsmaßnahmen von nationalen Politiken“ sind in diesem Bereich jedoch (eigentlich) explizit „ausgeschlossen“ (Weber 2002: 279)[347]. Die Verträge wurden jedoch ‚extensiv‘ ausgelegt, es kam zu einer, wie BECKER/ PRIMOVA (2009: 30-32) es nennen, „indirekte[n] Europäisierung (…) der Bildungspolitik“. Die institutionellen[348] und rechtlich-administrativen Grundlagen der EU-Bildungspolitik sowie ihre historische Entwicklung wurde in zahlreichen Veröffentlichungen ausführlich dargestellt, so dass an dieser Stelle nur ein Abriss unter Fokus auf die *identitätsstiftenden Ziele* und *Inhalte* gegeben und für weiterführende Informationen auf die Literatur verwiesen wird[349].

Historische Entwicklung
In der einschlägigen Literatur wird die ‚*europäische Bildungspolitik*‘ in drei Phasen unterteilt (vgl. Hellmann 1997; Walkenhorst 2002: 318ff.): In der ***Anfangsphase*** bis in die 1960er Jahre wurden nur sehr allgemeine Grundsätze der Berufsausbildung thematisiert, es ging – ganz im Sinne des Primats der *wirtschaftlichen* Zusammenarbeit – vor allem um Fragen der gegenseitigen Anerkennung von Berufsausbildungen und Studienleistungen. Erst Ende der 1960er lässt sich auf europäischer Ebene eine vertiefte Beschäftigung mit der Bildungsthematik konstatieren. HELLMANN (1997: 60ff) spricht von der ***Konsolidierungsphase*** europäischer Bildungspolitik. Die Europäische Kommission[350] (2006: 23) nennt die Zeit zwischen 1969 und 1984 die „founding years“ der gemeinschaftlichen Bildungspolitik. Erst nach 1985, insbesondere nach Verabschiedung der Einheitlichen Europä-

347 Unterstrichen wurde dies durch das Urteil des Bundesverfassungsgerichtes zum *Vertrag von Lissabon* 2009, das den *Bildungsbereich* einem ‚integrationsfesten Souveränitätskern‘ zuweist, an den sich „der europäische Integrationsprozess und die deutsche Europapolitik (…) vorsichtig herantasten müssen“ (vgl. Becker 2009: 26).

348 Auf EU-Ebene sind folgende Akteure an der Entwicklung und Umsetzung bildungspolitischer Vorgaben beteiligt: Der *Europäische Rat* der EU (Leitlinien) und der (Minister-)Rat der EU als *Legislativorgan*. Beides sind *intergouvernementale* Gremien. Die *Europäische Kommission* als ‚Regierung der EU‘ mit ihren Generaldirektionen (Ministerien) und das *Europäische Parlament* als beratendes und kontrollierendes Organ. Der *Europäischen Gerichtshof* (EuGH) – der in bildungspolitischen Streitfragen entscheiden muss. Der *Ausschuss der Regionen*. Nicht zu unterschätzen ist der Einfluss der „Sozialpartner(…) und Interessenvertretungen, Ausbilder, Lehrende[n] und Lernende[n], Bildungsexperten und (…) Träger“ von „Berufsbildungseinrichtungen“ (Eberstadt/ Kuznetsov 2008: 48; vgl. auch Becker/ Primova 2009: 24-29). Auf Ebene der *EU-Kommission* werden Kultur-, Bildungs- und Jugendpolitik als ein Politikbereich zusammengefasst (vgl. Europäische Gemeinschaften, Generaldirektion Kommunikation der Europäischen Kommission 1995-2009a). Die *Zuständigkeit* für den Bereich *Bildung* liegt bei der *Generaldirektion ‚Bildung und Kultur‘* (vgl. Giering 2006).

349 Zusammenfassungen der Bildungspolitik der EU legten WALKENHORST (1999), JOBST (2004), KOTTE (2007) und BECKER/ PRIMOVA (2009) vor, zu einzelnen Aspekten siehe SCHLEICHER/ WEBER ((Hrsg.) 2002c) und CREMER/ SCHMUCK ((Hrsg.) 1991). Eine ausführliche Darstellung aus Sicht der *Europäischen Union* liefert der Band *The history of European cooperation in education and training. Europe in the making - an example* (Europäische Kommission 2006).

350 Eigentlicher Autor der Veröffentlichung ist Luce Pépin, früherer Leiter der *Eurydice European Unit* (vgl. Europäische Kommission 2006) – des der EU-Kommission unterstellten Informationsnetzes zum Bildungswesen in Europa.

ischen Akte 1986, begann eine ***aktive EU-Bildungspolitik*** (vgl. auch Walkenhorst 1999: 179). Zwischen 1986 und 1992 wurden zahlreiche Bildungsprogramme auf den Weg gebracht, auch das Konzept eines ‚Europas der Bürger', das die Rolle der Bildung besonders herausstellte, gewann an Bedeutung. Zudem erweiterte der *Europäische Gerichtshof* die Kompetenzen der Gemeinschaft im Bildungsbereich durch eine sehr breite Auslegung der existierenden Verträge (vgl. auch Europäische Kommission 2006: 25-26)[351]. Die erhöhte Relevanz des Politikfeldes Bildung führte im Maastrichter Vertrag zur ersten *vertraglichen* Festschreibung bildungspolitischer Ziele[352]. Neben neuen Förderprogrammen rückte speziell nach 2000 die Vorbereitung der nachfolgenden Generationen auf die *Wissensgesellschaft* in den Vordergrund (vgl. Becker/ Primova 2009: 4): Bildungspolitik fokussierte zunehmend auf die Entwicklung der europäischen *Humanressourcen*, auf lebenslanges Lernen[353].

Welche *konkreten* bildungspolitischen Rahmenbedingungen für eine ‚europäische Bildung' und die Vermittlung eines ‚europäischen Bewusstseins' setzt die *Europäische Union*[354] (bzw. ihre Vorläufer-Gemeinschaften), wie wurden diese von der bundesrepublikanischen Kultusministerkonferenz (KMK) umgesetzt?[355]

Auf proklamatorisch-bildungspolitischer Ebene liegen eine ganze Reihe von Dokumenten vor, die den europäischen Bildungsauftrag der Schulen genauer bestimmen. Während die *Europäische Union* in diesem Zusammenhang nur Empfehlungen geben und allgemeine Rahmenbedingungen setzen kann, ist in der *Bundesrepublik Deutschland* die Ständige Konferenz der Kultusminister (KMK) für konkretere Umsetzungsvorgaben zuständig. Die tatsächliche Umsetzung obliegt jedoch aufgrund der Kultushoheit der Länder den Lehrplankommissionen der einzelnen *Bundesländer*. Im Folgenden sollen zunächst die Beschlüsse auf ***EU-Ebene*** genauer in den Blick genommen werden.

„Education was belatedely included in the scope of European integration", konstatiert die Europäische Kommission (2006: 5). Bildungspolitik als Kern nationaler

351 Siehe hierzu auch BECKER/ PRIMOVA (2009: 4, 30-31), die die EU-Bildngspolitik vor dem Maastricht-Vertrag als eigene, erste Phase zusammenfassen.

352 Nach BECKER/ PRIMOVA (2009: 24) ging es den Mitgliedsstaaten bei dieser „Konkretisisierung der Zuständigkeitsverteilung" auch darum, der „Instrumentalisierung der unklaren Rechtsgrundlagen" durch die Kommission und das EuGH entgegenzuwirken.

353 Niedergelegt wurden diese Ziele unter anderem in der Lissabon-Strategie, „education and training" bilden den Kern der „economic and social strategy for 2010" (Europäische Kommission 2006: 18) der EU.

354 Auch der Europarat thematisierte eine europäische kollektive Identität, unter anderem in der 1989 veröffentlichten Empfehlung der parlamentarischen Versammlung des Europarates zur europäischen Dimension im Bildungswesen. Hier wird die europäische Dimension als eine Dimension im Kontext verschiedenenmaßstäbiger raumbezogener Bindungen beschrieben (vgl. Kesidou 1999: 33). Zudem wird das durch die Bildungssysteme ‚zu vermittelnde Europa' explizit unabhängig von spezifischen europäischen Institutionen verstanden: als „extending to the whole of the continent" (zitiert nach Jobst 2004: 70).

355 Hier kann nur ein Abriss des institutionell-strukturell-rechtlichen Kontexts gegeben werden – für genauere Analysen sowie Abdrucke der einschlägigen Dokumente sei auf die Literatur verwiesen (vgl. Kesidou 1999; Jobst 2004; Kotte 2007; Eberstadt/ Kutznetsov 2008).

Zuständigkeiten und Identitätspolitiken war lange Zeit „taboo at Community level“, in zahlreichen Mitgliedsstaaten herrschte eine „extreme sensitivity (...) about the idea of extending Community action to cover this area“ (Europäische Kommission 2006: 22)[356]. Die *Europäische Union* war nach den konstituierenden Grundlagenverträgen für Fragen der Allgemeinbildung explizit *nicht* zuständig, auch nicht für die „Selbstthematisierung Europas in der Bildung“ (Nieke 2008: 229), ihre Kompetenz beschränkte sich auf „allgemeine Grundsätze der Berufsausbildung“ (Kotte 2007: 85). Allerdings enthielten die Römischen Verträge von 1957 „the seeds of future Community involvement in education“ (Europäische Kommission 2006: 22):

> „Indeed, how would it be possible to ‚create an ever closer Union among the peoples of Europe‘ (...) while completely ignoring the role of education“ (Europäische Kommission 2006: 22)?

Eine verstärkte bildungspolitische Kooperation wurde in den Folgejahren, insbesondere vor dem Hintergrund der ‚Bildungsexpansion‘, der großen Bildungsreformen und der wirtschaftlichen Krise der frühen 1970er Jahre, bereits angedacht. Schon 1969 gingen die Gemeinschaften davon aus, dass der Bildungsbereich den Schlüssel dazu darstelle, Europa als „an exceptional centre of development, progress and culture“ (Europäische Kommission 2006: 23) zu ‚erhalten‘. Nach einem ersten Treffen der im Rat vereinigten Bildungsminister im Jahre 1971 wurde unter der administrativen Ägide der EU-Kommission ein Komitee für Bildungsfragen eingesetzt. 1973 erarbeitete eine Expertengruppe in dessen Auftrag ein Grundsatzpapier, das „in (...) ausgewogener und differenzierter Weise nahezu sämtliche Argumentationsgrundlagen“ enthielt, „derer sich unterschiedliche Gremien und Organe der Europäischen Gemeinschaft respektive Europäischen Union nachfolgend bedienten, um eine ‚europäische Dimension‘ im Bildungssystem zu erörtern“ (Kotte 2007: 89): Erweiterte EG-Kompetenzen bzgl. der Allgemeinbildung wurden nicht nur aus *ökonomischen* Gründen gefordert, sondern auch vor dem Hintergrund einer Aus-Bildung gemeinsamer *Grundwerte* und einer ‚europäischen‘ *kulturellen Identität*. Dem Bildungswesen wurde damit bereits vor fast 40 Jahren sowohl „eine legitimatorische Funktion“ als auch eine „identitätsstiftende Aufgabe“ (Kotte 2007: 87) im Rahmen des Integrationsprozesses zugewiesen. KOTTE (2007: 88-89) betont, dass sich schon in diesem Dokument die Paradoxien und Probleme zeigen, die die Identitäts- und Bildungspolitik der EU bis heute prägen: die Spannung zwischen einer explizit *nicht* eurozentrischen, Vielfalt betonenden, bzgl. nationaler Klischees und Mythen *dekonstruktiven* Schul-Bildung und der gleichzeitigen *Setzung* von in die Vergangenheit projizierten ‚europäischen Gemeinsamkeiten‘ als kulturelles Erbe und aktuelle Realität und der Besetzung des *Europa*-Begriffs im Sinne der EG bzw. des westlichen Teils des Kontinents. Zum Zeitpunkt der ersten Erweiterungsrunde fand dann eine *Institutionalisierung* von Bildungspolitik auf Gemeinschaftsebene statt (vgl. Becker/ Primova 2009: 6). Die Kommission „included a specific directorate for education and training (in the Directorate-General responsible for research and science) in its departments“ (Eu-

356 Zu den bildungspolitischen Beschlüssen des Europarates siehe u.a. KOTTE (2007).

ropäische Kommission 2006: 23)[357]. Ein erstes *Aktionsprogramm im Bildungsbereich* wurde 1976 beschlossen: Es stellte die „erste verbindliche Grundlage der EG-Bildungspolitik dar(...)" (Walkenhorst 1999: 320). Inhaltlich blieb es, von allgemeinen Aussagen zur Wichtigkeit einer ‚europäischen Dimension' abgesehen, weitgehend auf strukturelle Regelungen beschränkt. Auf dieses Aktionsprogramm Bezug nehmend setzte (in der Bundesrepublik Deutschland) die *Kultusministerkonferenz* (KMK) schon 1978 die Schaffung „europäische[n] Bewusstsein[s] als pädagogischen Auftrag der Schule" (Walkenhorst 1999: 168) fest. Auf EU-Ebene wurde ein Informationsnetzwerk für das Bildunsgwesen ins Leben gerufen, erste Austauschprogramme aufgebaut. Eine weiterführende Umsetzung des Programms scheiterte an der Tatsache, dass es als Resolution des Europäischen Rates rechtlich nicht bindend war, und an der allgemeinen institutionellen Krise der Gemeinschaften, „that paralysed cooperation for three years (from 1978 to 1980)" (Europäische Kommission 2006: 24)[358].

Der so genannte ‚Stuttgarter Gipfel' 1983 und die *Feierliche Erklärung der Europäischen Gemeinschaft* und die Ratstagung in Fontainebleau 1984 gelten als ‚Wendepunkt' und ‚Durchbruch' hin zu einer *Politisierung der Union* und zu einer *EG/EU-Identitätspolitik* (vgl. Walkenhorst 2002: 320; Kotte 2007: 91). Die Beschlüsse des Europäischen Rates

> „underlined the need to improve Member States' knowledge of each other and information on the history and culture of Europe in order to promote a European consciousness and the identity and image of Europe among its citizens in the world" (Europäische Kommission 2006: 131).

Die Bildungspolitik galt als ein Schlüssel-Politikfeld im Rahmen der Mitte der 1980er Jahre immer stärker in den Mittelpunkt rückenden Versuche, die Institutionen der Gemeinschaft durch größere Bürgernähe zu legitimieren (siehe 3.1)[359]. Trotz der Tatsache, dass Bildung in den bis dato ratifizierten Vertragswerken der Gemeinschaften nicht explizit erwähnt wurde, weiteten diese ihre Kompetenzen aus, eine Vorgehensweise, die auch durch Urteile des Europäischen Gerichtshofes, der die bestehenden Vertragsparagraphen sehr weit auslegte, ermöglicht wurde (vgl. Europäische Kommission 2006: 25, 103). Mit der *Einheitlichen Europäischen Akte* von 1986 begann die Phase ***aktiver*** gemeinschaftlicher Bildungspolitik. Die ‚europäische Dimension im Bildungswesen' wurde als „unverzichtbarer Bestandteil der Bildungspolitik" (Jobst 2004: 69) der einzelnen Mitgliedsstaaten festgeschrieben. Die 1980er Jahre waren nach WALKENHORST (2002: 320-321) von einer „regelrechten Regelungs- und Planungseuphorie" geprägt, in dieser Zeit lasse sich eine starke „Aufwertung der Bildungspolitik auf Gemeinschaftsebene" feststellen.

357 Nach 1981 wurde die Bildungspolitik dem „Directorate-General for Employment, Social Affairs and Education" zugeschlagen, 1993 wurde das Generaldirektorat für Bildung, Ausbildung und Jugend ins Leben gerufen, 1999 schließlich das Generaldirektorat für Bildung und Kultur (Europäische Kommission 2006: 24, 107).

358 Die Bildungs-Frage war einer ihrer Auslöser (vgl. Europäische Kommission 2006: 132).

359 Der Adoninno-Report zu einem ‚Europa der Bürger' schlägt vor „to visualise European achievements and shared heritage" (Europäische Kommission 2006: 132) im Rahmen von Unterrichtsmaterialien, eines Europatages u.a..

Zugleich sei für die 1980er Jahre ein „Informationsdefizit auf Lehrer- wie auf Schülerseite" zu konstatieren: „[D]ie Option zum Europathema im Unterricht" sei „von den Lehrenden kaum angenommen" (Walkenhorst 1999: 168) worden.

Vor diesem Hintergrund muss die im Jahre 1988 vom EG-Ministerrat erarbeitete *Entschließung des Rates und der im Rat vereinigten Minister für Bildung zur europäischen Dimension des Bildungswesens*[360] interpretiert werden. Explizit werden als Ziele einer europäischen Bildungspolitik die ‚Stärkung einer europäischen Identität' und die Vermittlung ‚europäischer Kultur' und ‚europäischer Werte' genannt (vgl. hierzu Jobst 2004: 70; Europäische Kommission 2006: 132). Förderungsmaßnahmen hinsichtlich des Informationsaustausches zwischen den nationalen Bildungssystemen sollten dazu beitragen. Von den Mitgliedstaaten wurde eine „ausdrückliche Einbeziehung der europäischen Dimension in die Lehrpläne aller dafür geeigneten Fächer (...), die Erstellung von entsprechendem Lehrmaterial" (Kesidou 1999: 33) und die Einbeziehung dieser europäischen Dimension in die Lehreraus- und -fortbildung gefordert. Allerdings wird das *Subsidiaritätsprinzip* betont: „Die inhaltliche Schwerpunktsetzung verbleibt (...) bei den Mitgliedstaaten; die Europäische Gemeinschaft kann nur unterstützend tätig werden" (Kotte 2007: 97). Für die Umsetzung wird mit der Betonung der *Menschen- und Bürgerrechte*, der Entwicklung der *Demokratie* ein breiter „Rahmen" (Kotte 2007: 97) gesetzt: Ein klar umrissenes politisches oder kulturelles Identitätsangebot lässt sich aus dem Dokument nicht herauslesen.

Der *Vertrag über die Europäische Union* von 1992 (*Maastrichter Vertrag*) ist der erste EWG/ EU-*Vertrag*, der sich spezifisch mit der Bildung befasst (vgl. Europäische Kommission 2006: 27). Zugleich „änderte die Europäische Kommission ihre zunehmend kritisierte bildungspolitische Strategie der eigenmächtigen Kompetenzausweitung" (Walkenhorst 1999: 169). Die Entscheidungskompetenz im Bildungsbereich wird in Artikel 126 des Maastrichter Vertrages unmissverständlich den einzelnen Mitgliedsstaaten zugewiesen, die allein für die Lerninhalte und die Gestaltung des Bildungssystems verantwortlich sein sollen (vgl. Europäische Kommission 2006: 27). Unter dieser Prämisse wird die „Entwicklung einer ‚europäischen Dimension im Bildungswesen' als ausdrückliches Ziel genannt. In den Folgeverträgen änderte sich an dieser vertragsrechtlichen Grundlage der EU-Bildungspolitik nichts mehr[361]. Auch heute noch besteht nur eine geringe „Regelungskompetenz" der EU, *Bildungsfragen* sind noch immer eine „einzelstaatli-

360 Auf Basis dieser Entschließung wurde die KMK-Empfehlung ‚Europa im Unterricht' von 1978 im Jahre 1990 fortgeschrieben. Da 2008 eine weitere, aktuelle Fortschreibung erfolgte, soll auf diese KMK-Vorgabe weiter unten vertieft und *vergleichend* eingegangen werden: die Empfehlung von 1990 liegt den 2004 neu vorgelegten baden-württembergischen Bildungsplänen zugrunde und ist intertextueller Bezugspunkt des 2006 erschienenen Analysetextes.

361 Article 126 (391) 1. Zum genauen Wortlaut vgl. Europäische Kommission (2006: 150). Im Amsterdamer Vertrag von 1999 wurden die Inhalte des Artikels nicht geändert, lediglich die Nummerierung wurde umgestellt: Aus Artikel 126 wurde Artikel 149. Auch in den Folgeverträgen wurde der Artikel nicht abgeändert. Die „wichtigste institutionelle Änderung" im *Vertrag von Lissabon* ist die „gleichberechtigte Mitentscheidung des Europäischen Parlamentes (...) im Gesetzgebungsverfahren zum Erlass von Förderprogrammen im Bereich der allgemeinen Bildung" (Becker/ Primova 2009: 15).

che(...) Prärogative" (Mickel 2007: 635-636). Über die Bildungsartikel und „Entscheidungen des EuGH" versucht die EU-Politik jedoch, den „bildungspolitischen Hebel bei (...) Grundsatzfragen anzusetzen" (Mickel 2007: 637)[362].

Europäische Dimension

Die *europäische Dimension der Bildung*, auf die in den Beschlüssen immer wieder Bezug genommen wird, wird sehr unterschiedlich definiert. Neben *identitätspolitischen* Zielen inkludiert sie insbesondere *arbeitsmarktbezogene* und Elemente der *politischen Bildung*:

> „Initially, the main priority was to increase *teachers' and pupils' knowledge of Europe* and to give them the opportunity to develop an *awareness of Europe* and a reasonable knowledge and understanding of the geographical, historical and political aspects of the European Community (...). The European dimension to education was then given a broader definition. Four clear objectives were (...) identified (...), which gave rise to *concrete action to reinforce the sense of a European identity among young people*, prepare them to *participate in the economic and social development of the Community* and to drive the European Union forward, encourage them to be *aware of the advantages and challenges presented by the Community*, and improve their knowledge of the historical, cultural, economic and social aspects of the Community and its Member States" (Europäische Kommission 2006: 132; Hervorhebungen durch Verfasserin).

EBERSTADT/KUTZNETSOV (2008: 48) halten den Begriff für „diffus": „eine klare Definition [sei] nicht ohne weiteres möglich". Die ‚europäische Dimension' umfasse eine „objektiv-administrative Ebene", das ‚Faktenwissen' um die Institutionen, Aufgaben, Hintergründe und Ziele der EU bzw. des Integrationsprozesses, und eine „subjektiv-mentale Ebene" (Eberstadt/ Kutznetsov 2008: 48), die der Vermittlung eines ‚europäischen' Gemeinschaftsgefühls. Laut MICKEL (1993: 76) lassen sich unter ‚europäische Dimension' *politische, entwicklungsoffene Elemente* ebenso fassen wie eine *historische* und *geographische Dimension*, beide seien jedoch auf die Herausbildung einer *gemeinsamen Identität* und eines *europäischen Bewusstseins* ausgerichtet.

Europäische Identität – aber welche?

Während die *allgemeinen Ziele* der EU-Identitätspolitik qua Bildungspolitik relativ klar umrissen sind, ist der Grad der *inhaltlichen* Vorgaben der EU im Bildungsbereich in der Forschung umstritten. Nach KOTTE (2007: 109, 106) schwanken die Vorgaben auf EU-Ebene zwischen der Betonung einer Vermittlung „kritische[r] Reflexionsfähigkeit" und der Ausweisung europäischer Qualitäten im Sinne der Setzung einer „affirmativen Basisdisposition". Es gebe im Bildungsbereich instrumentalisierende „utilitaristische Tendenzen im Hinblick auf politische Ziele (...)": „Forderungen nach der Vermittlung einer vorformulierten Identität durch die Betonung einer in die Geschichte zurückverlagerten Einheit des Kontinents, durch die die Europäische Gemeinschaft legitimiert werden soll" (Kotte 2007: 451). In anderen Dokumenten trete der „identifikatorische Ansatz" zurück, rücke die „Vielfalt innerhalb Europas (...) als Ausgangspunkt" von „Lernprozessen" in

362 „[H]äufig transformierte der Gerichtshof ursprünglich ‚weiche' Handlungsempfehlungen und Vereinbarungen in verbindliches Gemeinschaftsrecht" (Becker/ Primova 2009: 31).

den Vordergrund, um in „einem kritischen Diskurs (...) den Charakter dessen, was Europa ausmacht, bestimmen zu lassen" (Kotte 2007: 451, 107.

Während KOTTE (2007:108) konstatiert, in den Dokumenten würden „grundsätzliche Elemente einer zu vermittelnden europäischen Identität vorformuliert", wird nach WALKENHORST (1999: 177) die bildungspolitische Zielsetzung einer europäischen Identität kaum präzisiert: „[D]as eigentliche Ziel ‚europäischer Identität'" sei unklar, der Identitätsbegriff werde oft als „diffuser Einheitsbegriff für Friedenserziehung, Toleranz und Verständigung benutzt (...)":

> „Europäische Identität generiert somit auf der (...) (politischen) Seite zur normativen, (...) und regelmäßig eingeforderten Zielgröße und auf der (...) (pädagogisch-psychologischen) Seite zur realitäts- und wissenschaftsfernen Leerformel" (Walkenhorst 1999: 178).

Über die allgemeine Forderung nach einer *europäischen Dimension der Bildung* hinaus greift die EU in die *Curricula* der Mitgliedsstaaten nicht ein: Die Umsetzung findet auf der ***nationalen***, in föderalen Staaten wie der Bundesrepublik Deutschland auf der Ebene der ***Bundesländer*** statt.

Der ursprünglich 1978 erarbeitete Beschluss der Kultusministerkonferenz, ‚Europa im Unterricht', wurde *1990* und *2008* überarbeitet. Er stellt den Ausgangspunkt der Umsetzung der ‚europäischen Dimension' in den Lehrplänen der Länder dar und umreißt „die Elemente und Leitlinien des europäischen Bildungsauftrages der Schulen" (o.A. 1991: 351; KMK 2008: 2). Deshalb muss er genauer betrachtet werden. Dabei wird die für die Analyse relevante Fassung aus dem Jahre 1990 im Mittelpunkt stehen. Die Ausführungen des Beschlusses gehen von der „politische Ausgangslage[n]" (o.A. 1991: 351) aus. Die „Europäer" hätten sich vor dem Hintergrund „zweier Weltkriege" und der „Ost-West-Konfrontation auf ihre gemeinsamen Grundlagen" besonnen, und im „Bewusstsein ihrer Zusammengehörigkeit neue Wege" (o.A. 1991: 351) beschritten. Der Einigungsprozess habe 1990 auch „Mittel- und Osteuropa ergriffen" (o.A. 1991: 351). Als institutionell-organisationeller Träger des „Aufbauwerk[es]" wird neben der *Europäischen Gemeinschaft*, deren „Ziel (...) die Schaffung einer Europäischen Union" sei, auch der *Europarat* genannt. Aufgabe beider Organsiationen sei es, „die Ideale und Grundsätze (...), die das gemeinsame europäische Erbe bilden", zu schützen, aber auch „wirtschaftlichen und sozialen Fortschritt zu fördern" und über Abstimmung der betreffenden Politikfelder eine Angleichung des Lebensstandards zu erreichen (vgl. o.A. 1991: 352). Unter dem Begriff der „europäischen Dimension" wird „Europa (...) als ein geographischer Begriff", aber auch „als gemeinsames historisches Erbe, eine gemeinsame kulturelle Tradition und in zunehmende, Maße eine gemeinsame Lebenswirklichkeit" (o.A. 1991: 351) gefasst. Gleichzeitig wird betont, dass es gelte, die „kulturellen Eigenarten" und die „gesellschaftliche(...) Vielfalt (...) Europa[s]" (o.A. 1991: 352) zu erhalten. Der Blick wird über *Europa* hinaus auf die Welt, insbesondere die „Dritte(...) Welt" gerichtet, im Sinne einer „weltweit[en] Zusammenarbeit und friedlichen Interessen[...]-ausgleich[s]" (o.A. 1991: 352). Das „Zusammenwachsen Europas" erfordere „Toleranz und Solidarität", lege den „Europäern(...) Verantwortung (...) für Freiheit, Frieden, Gerechtigkeit und sozialen Ausgleich" (o.A. 1991: 352) auf. Die *Neufas-*

sung von 2008 übernimmt in vielen Bereichen fast wörtlich die Formulierungen von 1990, betont aber, dass sich die „Bedeutung Europas in der Welt deutlich erhöht" habe (KMK 2008: 2). Zudem wird auf neuere politische Entwicklungen Bezug genommen: Die Begründung der *Europäischen Union*, den *Maastrichter Vertrag* bzw. den *Lissabonner Vertrag* (vgl. KMK 2008: 3-4). Interessanterweise wird aus der *Toleranz* von 1990 im Jahre 2008 „wertgebundene Toleranz" (vgl. KMK 2008: 5). *Westeuropa*, die *Europäische Gemeinschaft* bzw. *Union* werden in beiden Fassungen implizit gleichgesetzt mit *Europa:* Fast durchgehend ist von *Europa* und *Europäern* die Rede, wo von der *EU* und *ihren BürgerInnen* gesprochen werden müsste. Zudem wird der wirtschaftliche Integrationsprozess, der vor allem von den politischen Eliten getragen wurde, zur *Besinnung* der *Europäer* auf ihre gemeinsamen Wurzeln ‚umdeklariert'. Als gemeinsame Grundlagen werden eine (voraus-gesetzte) gemeinsame *Geschichte* und gemeinsame *Werte* genannt, aber auch gemeinsame *wirtschaftliche, soziale* und *politische* Interessen: Frieden und Fortschritt.

„Europäisches Bewusstsein" wird als „pädagogischer Auftrag" festgeschrieben: In der „heranwachsenen Generation" soll „ein Bewusstsein europäischer Zusammengehörigkeit" (o.A. 1991: 353; KMK 2008: 5) entstehen. Zugleich sollen die SchülerInnen die Alltagsrelevanz ‚Europas' (der EU) kennenlernen. Ziel ist die Vermittlung von „Kenntnissen und Einsichten" (o.A. 1991: 353), in der pädagogischen Terminologie von 2008 die Ausbildung „europaorientierter Kompetenzen" (KMK 2008: 5).

Inhaltlich sollen die SchülerInnen sich mit den geographischen, politischen und sozialen Strukturen Europas und mit der Geschichte Europas (unter Bezug auf die Entstehung europäischer – politischer – Werte) auseinandersetzen. Zudem sollen sie die Geschichte des europäischen Gedankens und des europäischen Integrationsprozesses sowie die Arbeitsweise und die Aufgaben der EU-Institutionen kennenlernen. Sie sollen lernen, gesamteuropäisch zu denken: Sie sollen „erkennen", dass „wirtschaftliche(…), ökologische(…), soziale(…) und politische(…) Probleme" (o.A. 1991: 353) nur gemeinsam gelöst werden können.

Während in der Fassung von 1990 die „Grundwerte des staatlichen, gesellschaftlichen und individuellen Lebens (…) in ihrer Beziehung zum Leben in der europäischen Völker- und Staatengemeinschaft" (o.A. 1991: 353; KMK 2008: 5) den Inhalten *nachgestellt* wurden, rückten sie 2008 im Zuge der allgemeinen Kompetenzorientierung *vor* die Inhalte. Es wird betont, dass die Auseinandersetzung mit den Inhalten vor allem dem Erreichen der Kompetenzziele dienen solle, insbesondere in der „Auseinandersetzung mit zentralen Aspekten und Inhalten der europäischen Geschichte und des europäischen Einigungsprozesses" (KMK 2008: 6). Im Kern und in der Formulierung bleiben die ‚Werte' gleich: „Anerkennung des Gemeinsamen" bei „gleichzeitiger Bejahung der europäischen Vielfalt", „Aufgeschlossenheit" bei Bewahrung der „eigenen kulturellen Identität", die Fähigkeit zur innereuropäischen Kompromissfindung, das „Eintreten für Freiheit, Demokratie, Menschenrechte, Gerechtigkeit, wirtschaftliche Sicherheit und Frieden" (o.A. 1991: 353) sowie – und dies wird 2008 ergänzt, die „Absicht" den Integrationsprozess „mitzugestalten" (KMK 2008: 5). „Ziel der pädagogischen Arbeit", so wird festgeschrieben, „muss es sein, in den jungen Menschen das Bewusstsein einer europäischen Identität zu wecken“ (o.A. 1991: 354; KMK 2008: 7). Die europäische Dimension wird über gemeinsame – politische – Werte definiert, aber auch durch Bezug auf eine gemeinsame Geschichte und Kultur, bleibt dabei aber wenig konkret.

Die „Erschließung der europäischen Dimension“ wird in „alle[n] Lernfelder[n] der Schule“ geleistet, als Aufgabe „alle[r] Fächer und Lernbereiche“ angesehen, insbesondere aber als „verpflichtender Bestandteil der Fächer Geschichte und Politische Bildung sowie der Fächer mit geographischen, wirtschafts- und rechtskundlichen Inhalten“ (o.A. 1991: 354; KMK 2008: 8). Das Fach *Erdkunde* soll „Grundkenntnisse über den Raum Europa“ als „Kultur-, Umwelt- und Wirtschaftsraum“ (o.A. 1991: 354; KMK 2008: 8) vermitteln. In *Geschichte* sollen die „Herkunft der europäischen Völker und Staaten und die Ursprünge der ihren Weg bestimmenden politisch-sozialen, weltanschaulichen und religiösen Bewegungen, Machtkämpfe, Ideen und Kulturschöpfungen“ (o.A. 1991: 354; KMK 2008: 8) in den Blick genommen werden. Im Fach *Sozialkunde* stehen die „politischen, gesellschaftlichen und wirtschaftlichen Abläufe und Ordungssysteme, ihre Werte, Normen und Realitäten“ (o.A. 1991: 353; KMK 2008: 8) im Vordergrund und in den *wirtschafts-und rechtskundlichen* Fächern „die ökonomischen und rechtlichen Grundlagen des Zusammenwachsens Europas“[363] und die Befähigung zur „Teilhabe am sozialen und wirtschaftlichen Geschehen“ (o.A. 1991: 354). Aber auch von den Fremdsprachen und allen weiteren Fächern werden „aktive Beiträge zur Förderung des europäischen Bewusstseins“ (KMK 2008: 9) gefordert. Die Umsetzungsverantwortung tragen die *Bildungspläne* der einzelnen Bundesländer. Die ‚europäische Dimension‘ soll auch in Lehreraus- und -weiterbildung eine Rolle spielen (vgl. KMK 2008: 10).

Eine Infragestellung europäischer Identität(en), eine kritische Auseinandersetzung mit den vorgegebenen Werten und kulturellen Vorstellungen oder gar eine eigene, vergleichende und konstruktive Herangehensweise wird von der Kultusministerkonferenz nicht eingefordert. Formulierungen wie *Anerkennung des Gemeinsamen*, *Besinnung auf die gemeinsamen Grundlagen* und *Bewusstsein einer europäischen Identität* setzen ein bereits existierendes ‚Gemeinsames‘ voraus, eine bereits vorhandene ‚Identität‘, statt beides als Ziel eines (de-)konstruktivistischen Bildungs- und Erziehungsprozesses zu begreifen. Bleibt zu fragen, in welcher Form die zugleich essentialistische wie auch relativ inhaltsleere ‚europäische Identität‘, deren Ausbildung als Bildungs- und Erziehungsziel festgelegt wird, auf Ebene der *Bundesländer*, in den *Bildungsplänen*, spezifiziert wird.

363 Im Jahre 2008 wird daraus: „insbesondere der Europäischen Union“ (KMK 2008: 8).

Schule und EUropäische Identität

> „‚Europäisches Bewusstsein', ‚europäische Identität', ‚Identifikation mit Europa', ‚Entwicklung eines europäischen Wir-Gefühls' umschreiben ein- und dasselbe Lernziel, nämlich (...) nichts Geringeres als (...) die Erweiterung der Selbst – und Fremdwahrnehmung auf der Grundlage der Wahrnehmungskategorie ‚national' hin zu einer allen gemeinsamen Selbstwahrnehmung und -definition als Europäer" (Walkenhorst 1999: 177).

Die *Europa-Bildung* in der Schule ist Teil einer – umfassend und fächerübergreifend zu verstehenden – *politischen Bildung* beziehungsweise *politischen Sozialisation* der SchülerInnen:

> „[I]n demokratischen Gesellschaften hat die Schule als einzelne Institution wie das Bildungssystem insgesamt die Aufgabe, einen Beitrag zur Herausbildung einer demokratischen politischen Kultur zu leisten und Jugendliche auf Teilnahme in Politik und Gesellschaft vorzubereiten" (Massing 2007: 62).

Dabei ist es Aufgabe *aller* Unterrichtsfächer, demokratische und zivilgesellschaftliche Kompetenzen zu fördern, insbesondere aber der Gesellschaftskunde, der Geschichte und der Geographie (vgl. Massing 2007: 62). Dies muss keineswegs eine „künstliche Politisierung [und] Indienstnahme für sachfremde Zwecke" (Sander 2007b: 256) umfassen, vielmehr wird, aufbauend auf Wolfgang KLAFKIS *Allgemeinbildungskonzept*, die Beschäftigung mit den Schlüsselproblemen, die für eine Epoche typisch sind, in den Mittelpunkt schulischer Wissensvermittlung gerückt (vgl. Sander 2007b: 258). Als eines der Schlüsselthemen unserer Zeit weist SANDER (2007b: 259) die „Transnationalisierung von Politik" aus. „[E]uropabezogenes Lernen" (Rappenglück 2007: 456) spielt eine besondere Rolle. Obwohl eine zunehmende „Europäisierung des Alltags" (Sander 2007b: 256) zu beobachten sei, seien – nicht nur bei Jugendlichen – „mangelndes Wissen über Europa und ambivalente Einstellungen zu Europa" zu konstatieren: Gerade die nachwachsende Generation sehe die Folgen des Integrationsprozesses als „Selbstverständlichkeit" an und besäße kaum eine „affektive und kognitive Bindung" (Rappenglück 2007:456-457) an *Europa* oder die *Europäische Union*.

‚Europäische Bildung' umfasst nach dieser Lesart insbesondere die Bildung und Erziehung *über* Europa, aber auch *für* Europa (vgl. Rappenglück 2007: 457)[364]. Die Bildungssysteme der EU-Mitgliedstaaten sollen die „Vermittlung der geografisch-geschichtlichen Aspekte des politischen Systems" der EU leisten und „auf das Leben in einem zunehmend komplexen Europa" (Rappenglück 2007: 458) vorbereiten – im gesellschaftlichen, politischen und ökonomischen Sinne. Der Begriff der europäischen Dimension, so wurde aus den Zielstellungen der EU-Bildungpolitik und der KMK-Empfehlung deutlich, integriert so disparate Interessen wie ein ‚fit machen' für einen europaweiten Arbeitsmarkt und „interkulturelle Toleranzerziehung", kognitive Wissens- und Informationsvermittlung über die EU und Europa und nicht zuletzt die Vermittlung „emotionale[r] Zugänge" (Rappenglück 2007: 459-460). Sie umfasst die „Vermittlung europäischer Werte" aber auch der „Alltagsrelevanz (...), Zukunftsbedeutung" und der Notwendigkeit „der

364 Auch in der wissenschaftlichen Literatur oft unreflektiert gleichgesetzt mit der EU

politischen Beteiligung an der Einigung Europas“ (Rappenglück 2007: 459-463). Dies lässt sich in der Schule kaum auf ein einzelnes Schulfach reduzieren. Die Schulfächer der politischen Bildung, der Geschichte und der Erdkunde greifen die Europa-Thematik aus unterschiedlichen Perspektiven auf (vgl. Nieke 2008: 228ff.).

Europabezogene Bildung verortet sich in einem Spannungsfeld: Wie in der politischen Bildung insgesamt gilt eine grundsätzliche ‚Wissenschaftsorientierung'. Die „EU (...)“ ist ein „hochkomplexes, dynamisches und kontrovers diskutiertes Politikfeld der Politikwissenschaft und der politischen Bildung“, deshalb muss sowohl die Europäische Union, ihre Institutionen und Entscheidungsprozesse, als auch „[k]ontroverse politikwissenschaftliche Positionen über den Politikgegenstand ‚Europa', Europabilder und Konzeptionen (...) in der Bildungsarbeit ambivalent dargestellt werden“ (Rappenglück 2007: 456, 461). Ziel ist die Erziehung und Aus-Bildung zu kritischen EU-BürgerInnen, die auf Basis einer multiperspektivischen Auseinandersetzung mit der Thematik zu reflektierter Urteilsbildung befähigt werden sollen. Diese idealistische pädagogische Grundhaltung wird jedoch gebrochen durch eine klar pro-europäische bzw. pro-EU Perspektive sowohl auf Ebene der wissenschaftlichen und didaktischen Reflexion, als auch, wie zu zeigen sein wird, auf Ebene der Bildungspläne.

EBERSTADT/ KUZNETSOV (2008: 53) weisen auf die Gefahr der politischen Indoktrination hin: Es sei wichtig, weder *Werbung* für *Europa* zu betreiben noch „Europa als festgesetztes Ziel [zu] deklarier[en]“. Die Gefahr der Funktionalisierung der Unterrichtsinhalte auf die europäische Dimension hin dürfe nicht unterschätzt werden (vgl. Eberstadt/ Kuznetsov 2008: 58). KOTTE (2007: 459) konstatiert eine ausgeprägte Ambivalenz der *didaktischen Literatur* bezüglich der „Frage des unterrichtlichen Umgangs mit der europäischen Identität“ beziehungsweise der Rolle der Bildung und Erziehung in diesem Zusammenhang[365]. Er betont, dass die „Stiftung europäischer Identität“ aus demokratisch-pädagogischer Sicht „abzulehnen“ (Kotte 2007: 459) sei:

> „Sofern eine derartige Bestrebung von einer bereits definierten europäischen Identität ausgeht und eine Vermittlung derselben intendiert, ist eine Kollision mit dem Überwältigungsverbot des Beutelsbacher Konsenses vorprogrammiert“ (Kotte 2007: 459).

365 Beispiele dieser ambivalenten Haltung lassen sich viele nennen. So konstatiert NIEKE (2008: 234), dass die von ihm genannten „Kristallisationen einer kulturellen Identität Europas (...) als Ergebnis eines Überblicks über die Diskurse zum Thema der Selbstvergewisserung darüber, was Europa sei“, verstanden werden müssten. Dennoch stellen sie für ihn die Grundlage einer „Thematisierung einer (...) wertorientierten europäischen Selbstvergewisserung“ im Unterricht als „Bestandteil einer zeitgemäßen Allgemeinbildung“ (Nieke 2008: 239-240) dar. Ein ähnlicher Spagat zwischen *konstruktivistischem* Denken, *normativen* Setzungen und *funktionaler* Basis ist auch bei WINKLER (2006a: 10) zu beobachten: Für sie ist „ein Mindestmaß an kollektiver Identität“ Grundlage der „Akzeptanz künftiger EU-Politik“. Zwar sei *Europa* letztlich ein (empirisches? normatives?) Konstrukt, gleichzeitig sei dieses als Identifikationsgrundlage notwendig. Trotz der konstruktivistischen Grundhaltung schreibt sie von „Felder[n] europäischer Gemeinsamkeiten“ und „gemeinsamen europäischen Kultursträngen“ (Winkler 2006a: 10-11). Und RAPPENGLÜCK (2007: 461) schreibt in einem wissenschaftlichen Aufsatz, der die Erziehung zur *Mündigkeit* in den Vordergrund stellt, die SchülerInnen sollten die „supranationale Vernetzung (...) als zukunftsweisendes Modell“ kennenlernen.

Werde aber „Europa als möglicher identitärer Bezugsrahmen diskursiv erörtet" und stünde die Aufgabe im Mittelpunkt, „angesichts einer Fülle von Identitätsangeboten Orientierungshilfen bereitzustellen" (Kotte 2007: 459), entspräche dies eher der Grundausrichtung demokratischer politischer Bildungsarbeit.

Die Trennlinie verläuft keineswegs so klar wie vermutet. In zahlreichen Veröffentlichungen wird der *Konstruktionscharakter* von *Europa-Bildern* herausgestellt, *zugleich* aber ihre *grundlegende Berechtigung* nicht in Frage gestellt. Wissenschaftler wie Pädagogen „wehr[en] sich" einerseits „gegen vereinfachte (...) Deutungen", greifen aber „selbst" auf diese „zurück(...), um Versatzstücke europäischer Identität zu benennen" (Kotte 2007: 401).

Die „von oben initiierte(...) Europäisierung" (Jobst 2007: 89) im Bildungsbereich erweist sich auch auf der *Umsetzungsebene* als problematisch. Von LehrerInnenseite wird der offensichtliche politisch-legitimatorische Hintergrund der Vermittlung ‚europabezogener' Themen im Unterricht kritisiert – man habe, so schreibt WALKENHORST (1999: 169), den „Anschein eines Werbefeldzuges der Gemeinschaft in den Klassenzimmern der Mitgliedstaaten nicht verbergen können". Die Kritik setzt aber noch an einem anderen Punkt an, der der beschriebenen Problematik zwischen Identitätstiftung und kritischer Reflexion von Identitätsangeboten eigentlich widerspricht: Dass eine klare Bestimmung jener *sozialen Repräsentationen Europas*, die die Schule vermitteln soll, zumindest auf Ebene der EU-Politik nicht stattgefunden habe und die Vorgaben und Empfehlungen sich deshalb auf sehr allgemeiner Ebene bewegen würden: „die Frage (...), mit welchem Europa sich die Schüler identifizieren sollen (...) [werde] völlig offengelassen" (Walkenhorst 1999: 169). Einerseits werden uneinheitliche oder *fehlende* Vorgaben moniert, andererseits spiegeln sich die aktuellen sozialwissenschaftlichen konstruktivistisch-ideologiekritischen Debatten in der Pädagogik und es wird gewarnt vor *zuviel* normativen Setzungen, der Gefahr der Indoktrination.

Umgesetzt wird ‚europäische Bildung' auf Ebene der Bundesländer – in den Lehrplänen und in den Klassenzimmern, in Lehrwerken und Unterrichtsmaterialien. *Pädagogen* – jene, die an der Ausarbeitung von Bildungsstandards und Lehrplänen beteiligt sind, ebenso wie jene, die den Unterricht gestalten, spielen die „wichtigste und entscheidenste Rolle bei der Integration der Europäischen Dimension im Bildungswesen" (Eberstadt/ Kutznetsov 2008: 48):

> „Die ‚gate keeper', die (...) entscheiden, wie viel Europa wirklich im Fachunterricht und in der Schule (...) stattfindet, sind (...) die Lehrerinnen und Lehrer" (Geyr von et al. 2007: 331).

Doch „[d]er emphatisch-gesinnungsetischen (sic!) Prägung einer europaorientierten politischen Bildung, die sich auch heute noch in offiziellen Dokumenten findet", stehe „eine schulische Realität gegenüber, in der Lehrerinnen und Lehrer dazu neigen, dem Thema *Europa* soweit als möglich auszuweichen" (Breit/ Massing 2004: 165). Sehr viele LehrerInnen fühlten sich von der komplexen Thematik überfordert. Meist tauche *Europa* nur „implizit – eben unspektakulär" (Rappenglück 2007: 463) im Unterricht auf. WALKENHORST (1999: 169) moniert, „dass den hehren Ansprüchen (...) die Wirklichkeit in Form von hartnäckigen Nationalismen, zahlreichen Unzulänglichkeiten auf EU-Ebene und verbreiteten Unsicherheiten im Umgang mit dem Thema ‚Europa' im Unterricht entgegensteht": Den Lehrenden sei oft nicht klar, *was* sie vermitteln sollten, da „Europa kein fester Besitz, sondern ein *ungesicherter Auftrag*" (Eberstadt/ Kutznetsov 2008: 53) sei.

Vermitteln die Schulen wenig ‚europäisches Bewusstsein', weil es den Lehrern an Wissen fehlt oder klare Vorgaben fehlen? Vermitteln sie in indoktrinierender Form ‚Europa' eben doch, als sei es ein ‚fester Besitz'? Oder fehlt es an Rahmenregelungen und Umsetzungsmöglichkeiten bezüglich einer durchaus didaktisch-idealistisch gewollten Orientierung auf einen (de-)konstruktivistischen, kritisch-reflexiven Umgang mit der Thematik? Welche Vorgaben lassen sich ermitteln? Eine ganze Reihe von Forschern sucht die Frage nach der inhaltlich-wertenden Spezifizierung *Europas*/ der *EU* und der Vermittlung ‚*europäischen Bewusstseins*' in der Schule auf Basis der Analyse von *Lehrplänen* zu beantworten. Was lässt sich über die ‚europäische Dimension' und die identitätsstiftenden Inhalte in den (bundesrepublikanischen, genauer vor allem *baden-württembergischen*) Curricula sagen?

Ausgehend von grundlegenden Bildungs- und Erziehungszielen stellen in allen Staaten mit einem modernen Schul- und Bildungssystem die *offiziellen Lehrpläne* das wichtigste inhaltliche Lenkungselement dar. Sie sind Ausdruck der in der Gesellschaft erwünschten und anerkannten Bildungsvorstellungen und kodifizieren in der Regel Unterrichtsinhalte, -ziele und zum Teil auch -methoden. Trotz des aktuellen ‚Paradigmenwechsels' im Bildungsbereich –von inputorientierten Katalogen hin zu Bildungsstandards und Kompetenzen[366] – lässt sich unter *Curriculum* immer noch der „Umfang des Wissens" fassen, das „sich eine nachfolgende Generation zum Leben in der jeweiligen Gesellschaft anzueignen" (Jobst 2004: 10) hat. Dieses stellt eine idealisierte Zielvorgabe dar, deren tatsächliche Umsetzung im komplexen Unterrichtsgeschehen nicht immer gelingt. Sie werden in staatlichen Kommissionen auf Basis bildungspolitischer Entscheidungen entwickelt[367], den LehrerInnen in Aus- und Fortbildung vermittelt und bilden letztlich auf der unterrichtlichen Mikroebene den Ausgangspunkt von Unterrichtsplanung und Unterrichtsrealität. Funktional gesehen legitimieren sie bildungspolitische Entscheidungen, indem sie sie „als wissenschaftlich fundiert und für jedermann nachvollziehbar (...) präsentieren", stellen „Rahmen und Handlungsanweisung" (Jobst 2004: 120) für den Unterricht dar. Wichtiger ist ihre dritte Funktion. Lehrpläne sind eine „kanonische Festlegung bestimmter Inhalte zum Bestandserhalt der Gesellschaft" und damit „Selbstthematisierung[en]" (Jobst 2004: 121) und „Identitätsentwürfe von Gesellschaften" (Künzli/ Hopmann 1998: 27). Lehrpläne präzisieren und kodifizieren Bildungsvorstellungen einer Gesellschaft: Sie stellen ein politisches Steuerungselement dar, das der „kulturelle[n] Selektion, Tradierung und Diskursregelung" (Jobst 2004: 117) dient. Ihre ‚identitätsstiftende Kraft' beruht auf der Strukturierung der (Lern-) Inhalte: Ihrer Ein-Ordnung und Klassifikation im Rahmen des gesamten vermittelten Wissens, ihrer An-Ordnung bzw.

366 Für einen Überblick und weiterführend sei verwiesen auf JOBST (2004: 110-124).

367 Im konkreten Fall *Baden-Württemberg* werden die Bildungspläne im *Landesinstitut für Schulentwicklung* entwickelt, der „vom Kultusministerium beauftragte[n] Institution für die Umsetzung von gegebenen Themen in den Unterricht", hier wird „ihre Einführung geplant und die Kontrolle und Qualitätssicherung realisiert" (Geyr von et al. 2007: 30).

Reihenfolge und ihrer Auswahl (vgl. Künzli/ Hopmann 1998: 28-29). Mit der Frage nach der curricularen Umsetzung der *Europa*-Thematik ist also die „inhaltliche Dimension der europa-bezogenen Lehr-Lern-Situation angesprochen" (Eberstadt/ Kutznetsov 2008: 54).

In einer ganzen Reihe von Lehrplananalysen wird die Umsetzung der ‚europäischen Dimension' beleuchtet. Ausgangspunkt sind teilweise Ländervergleiche, teilweise einzelne Schulfächer[368]. Solveig JOBST (2004) vergleicht tschechische und sächsische Lehrpläne bezüglich ihrer Verortung schulischer Identitäts-Bildung „[z]wischen Region und Europa". Für JOBST (2004: 289) stellen Lehrpläne „Identitätsentwürf[e]" einer Gesellschaft dar. Bezüglich raumbezogener Identifikationen geht sie davon aus, dass Unterricht *Raumobjekte* als Entitäten und *Identifikationsbezüge* im Bewusstsein der Kinder verankert, wobei der *Grad der Reflexivität* bezüglich der diesen Raumobjekten zugeschriebenen Inhalte und Wertungen sehr unterschiedlich sein kann. Besonders interessiert sie die Relation, in die die verschiedenen raumbezogenen Identifikationen gesetzt werden. Welche Kategorien des Objektbezugs werden gewählt und wie inklusiv oder exklusiv sind diese? (vgl. Jobst 2004: 134-135, 147). Gemeinsam ist den von ihr untersuchten Curricula, dass sie im Sinne einer allmählichen „Dezentralisierung des egozentrischen Weltbildes der Kinder" Raumbezüge und Identifikationsstrukturen von einer kleinräumigen „kategoriale[n] Strukturierung der unmittelbaren Umwelt" (Jobst 2004: 289) her aufbauen und stufenweise neue Maßstabsebenen in den Blick nehmen. Die „regional-lebensweltliche Verbundenheit (...)" stellt dabei das „Fundament für eine Identifikation mit einem geographisch und politisch fest umrissenen Raum" (Jobst 2004: 289) dar, auf dem subnational-regionale, nationale und supranationale Identifikationen *integrativ* aufbauen. Die „Kategorisierung der Räume" erfolge auf allen Ebenen nach ähnlichen Merkmalen, nach „kulturelle[n], gesellschaftliche[n], politische[n] und wirtschaftliche[n] Bewußtseinsinhalte[n] sowie [der] Natur" (Jobst 2004: 293). Das ‚Raumobjekt' *Europa* werde vor allem *sozial-politisch* und *‚kulturell'* kategorisiert. Insgesamt strebten die Curricula mittels der „Herstellung neuer handlungsrelevanter Orientierungsmuster und Zugehörigkeiten" die „Reproduktion" der „sozial-politische[n] Ordnungssysteme" (Jobst 2004: 301) an. Die LehrerInnen würden kaum zur Vermittlung eines *‚reflektierten Europabewusstseins'* angehalten. Die „Identifikationsangebote" beziehungsweise „Selbstvergewisserungen", die in den Lehrplänen beschrieben würden, bezögen sich immer noch vor allem auf die „nationale(...) bzw. regionale(...) Eigengruppe" (Jobst 2004: 294, 301). Die Ergebnisse dieser Lehrplananalyse werden durch eine ebenfalls von JOBST (2007: 91-92) durchgeführte Studie auf Basis von Lehrerinterviews erhärtet: „Europa" spielt demnach „(...) vor allem dann eine zentrale Rolle (...) wenn gleichzeitig die eigene Nation im Mittelpunkt steht". Die „eigene Nation (...)" sei „zentrales Bezugswissen, wenn es (...) um Europa geht", „Europa [ergibt] nur einen Sinn im Zusammenhang mit der nationalen Eigengruppe".

368 GEYR et al. (2007) legten zudem eine vergleichende Studie vor, die im Auftrag der Europäischen Kommission die ‚europäische Dimension' in den Lehrplänen bzw. Bildungsplänen der deutschen Bundesländer und in einschlägigen Lehrwerken in den Blick nimmt.

Auch Kesidou (vgl. 1999: 176-177) kritisiert in ihrer vergleichenden Analyse griechischer und baden-württembergischer Lehrpläne, dass die EU aus *nationalstaatlicher* Perspektive heraus behandelt würde und die Bezugnahme auf ‚Europa' als ‚*Kulturgemeinschaft*' ebenso fehle wie eine idealistische, *wertebezogene* Komponente. Kotte nimmt nur ein Unterrichtsfach in den Blick, das jedoch im Kontext des Analysetextes besonders relevant ist – den *Geschichtsunterricht*: Der Begriff der „‚europäischen Identität'" sei *der* „zentrale(...) Begriff innerhalb der politischen, pädagogischen (...) Diskussion über historische und aktuelle Aspekte des Phänomens ‚Europa'" (Kotte 2007: 397), die Umsetzung sei aber bereits auf Ebene der amtlichen Vorgaben mangelhaft. Noch immer dominiere der ‚nationale Bezugsrahmen'. Gerade im Geschichtsunterricht gehe es, wenn Europa thematisiert werde, mehr um die Herausstellung „bedeutsame[r] Beiträge der eigenen Nation zur europäischen Entwicklung", um die Darstellung der Eigengruppe, als um Gemeinsamkeiten. Noch immer werde „Europa" überwiegend mit „Westeuropa" (Kotte 2007: 398) gleichgesetzt – eine Nachwirkung des Ost-West-Konfliktes. Der Kernpunkt seiner Analyse liegt jedoch woanders: Er arbeitet ein Spannungsfeld zwischen der (auch politischen) Konstruktion von Identitätsangeboten und der Erziehung zur Mündigkeit heraus. Die Aufgespanntheit der *politischen Vorgaben* zwischen der Betonung von Vielfalt und Pluralismus und der Spezifizierung ‚typisch europäischer' Werte und Kultur setze sich auf Ebene der *Curricula* fort. Dem fachdidaktisch-pädagogischen Wunsch nach der Einbeziehung eines wissenschaftlichen Meta-Diskurses in den Geschichtsunterricht, der die Dekonstruktion von *Images, Geschichtsmythen* und *Heterostereotypen* (vgl. Kotte 2007: 413-417) und eben auch von *Europavorstellungen* und „Europäischen (Einheits-)Mythen" (Kotte 2007: 419) in den Vordergrund rücke, stünde entgegen, dass im Sinne einer „Identitätsofferte(...) ‚europäisches Bewusstsein' und ‚europäische Identität'" durch das Bildungssystem und die Medien an „Bürger und (...) Schülerinnen und Schüler (...) herangetragen" (Kotte 2007: 398) werde[369]. Dieser Versuch der Herstellung ‚neuer Mythen' widerspräche jedoch den Grundlagen demokratischer (politischer) Bildung und beinhalte die „Gefahr(...) der hegemonialen Verkürzung, der geographisch-kulturellen Verengung, der teleologischen Vereinseitigung und der glorifizierenden Darstellung der Geschichte Europas" (Kotte 2007: 446). Auch im baden-württembergischen Bildungsplan von 2004 arbeitet er die angesprochene Ambivalenz heraus. Die Herausbildung europäischer Identität werde insbesondere für den Geschichtsunterricht als wichtige Aufgabe angesehen. Es solle „Identitätsstiftung" (Kotte 2007: 202) betrieben werden. Zugleich werde die „Standort- und Zeitgebundenheit des (...) Denkens" explizit herausgestellt und über den Hinweis auf eine „Beschäftigung mit unterschiedlichen Europa-Konzeptionen" und die Möglichkeit der „Erörtung verschiedener historischer Europabilder" (Kotte 2007: 201, 196) eine kritische, dekonstruktive Behandlung der

369 „In der Mehrzahl der Lehrpläne dient die Herausstellung des kulturellen Erbes und der historischen Gemeinsamkeiten der Legitimierung einer europäischen Identität, die sich auf Traditionslinien einer Wertegemeinschaft gründet, deren Verwirklichung implizit im europäischen Integrationsprozess, konkret in dessen Basis, der Europäischen Union, gesehen wird" (Kotte 2007: 207).

Thematik zumindest ermöglicht. Die Geschichtsbildungspläne von *Baden-Württemberg* vereinen nach KOTTE (2007: 205) die Möglichkeit zur kritischen Herangehensweise mit der gleichzeitigen Deklaration einer ungebrochenen Traditionslinie „naturgegeben[en] europäische[n] Bewusstsein[s]" und der „Zwangsläufigkeit des gegenwärtigen europäischen Integrationsprozesses", dem „quasinatürlicher Charakter" zugewiesen werde.

Fokussieren wir den baden-württembergischen Bildungsplan von 2004, einen *explizit* genannten *Inter-Text* des *Analysetextes*, etwas genauer: Welche Kompetenzen sollen die SchülerInnen bezüglich *Europa*/ der *EU* erwerben? Welche *Europa-Bilder* werden aktualisiert?[370] Bereits in der *Einführung* in den Bildungsplan wird auf das „wirtschaftliche und politische Zusammenwachsen der Welt" hingewiesen, das die Menschen in Beziehung zu neuen „Regelungseinheiten" setze – unter anderem zu *Europa* (synonym mit *EU* gebraucht) – „zu denen sich eine Loyalität erst bilden" (Hentig von 2004: 10) müsse. „Europa" gehöre deshalb zu den „zentralen Themen und Aufgaben der Schule" (Hentig von 2004: 20). *Identitätsbildung* als schulische Aufgabe oder gar eine wie auch immer geartete Weckung eines „Bewusstsein[s] einer europäischen Identität" (o.A. 1991: 354), wie sie die KMK fordert, wird in VON HENTIGS (2004: 20) Einführung nicht erwähnt, er betont aber, dass die „Übung der jungen Menschen in der Rolle des Bürgers unserer Republik, des entstehenden Europa, der zukünftigen Weltgemeinschaft" Teil des *politischen* Bildungsauftrages der Schule sei. Die Beziehung der SchülerInnen zu diesem ‚Raum' bzw. dieser ‚Idee' erscheint als der weiterhin *dominanten nationale* Ebene untergeordnet:

> „Schülerinnen und Schüler weiten ihren Blick über die Nachbarschaft, die Stadt, die Republik hinaus zu Nachbarländern, zu Europa, zur Welt – sie gewinnen mit der weltbürgerlichen Freiheit einen Sinn für die Besonderheit ihres eigenen Volkes, ihrer eigenen Sprache, ihres eigenen Landes" (Hentig von 2004: 14)[371].

Den eigentlichen Beschreibungen der methodischen und fachlichen Kompetenzziele der einzelnen Fächer sind jeweils *Leitgedanken* vorangestellt, die die Ziele

370 Da sich *Deutschland & Europa* schwerpunktmäßig an LehrerInnen der Sekundarstufe II an *Gymnasien* richtet und im Kontext der gewählten Themenhefte insbesondere LehrerInnen gesellschaftswissenschaftlicher Fächer angesprochen werden, soll sich der Fokus vor allem auf die Fächer *Geographie*, *Geschichte* und *Gemeinschaftskunde* an Gymnasien richten. Es kann an dieser Stelle weder um eine ausführliche Lehrplan- noch um eine diskurslinguistische Analyse gehen: Vielmehr soll als Hintergrundfolie der Analyse eine knappe Zusammenfassung gegeben werden. Es ist wichtig sich darüber im Klaren zu sein, dass sich die *neuen baden-württembergischen Bildungspläne* vor dem Hintergrund der kompetenz- und outputorientierten Reformen der letzten Jahre nicht mehr als auf Vollständigkeit angelegte *Unterichtsinhaltslisten* verstehen, sondern einen Rahmen von den SchülerInnen zu erreichender Kompetenzen setzen, der viele Entscheidungsmöglichkeiten auf die schulische Ebene und auf die Mikroebene des Unterrichts verlagert. Die schulische und pädagogische Autonomie erschwert Aussagen darüber, inwieweit die ‚europäische Dimension' tatsächlich umgesetzt wird (vgl. Geyr von et al. 2007: 35).

371 Diese Aussage lässt sich in Beziehung setzen zur Forderung der Kultusministerkonferenz nach der Vermittlung „kulturübergreifender Aufgeschlossenheit, die die eigene kulturelle Identität bewahrt" (o.A. 1991: 353).

und Hintergründen der zu erwerbenden Kompetenzen beschreiben. Der Bezug auf *Europa* als gemeinsamer Kulturraum ist als wiederkehrender Topos zu erkennen. So betonen die Leitgedanken und Kompetenzziele fast aller *Sprachen* die Bedeutung der betreffenden Sprache (und Literatur) im Kontext ‚europäischen Kulturerbes'. Zugleich wird die Rolle der jeweiligen *Nation* herausgestellt (vgl. u.a. Ministerium für Kultus 2004: 128ff., 140, 470). Interessanterweise fehlen Verweise auf die europäische Dimension in den *Deutsch* und *Englisch*-Bildungsplänen. Bezüglich der modernen Fremdsprachen wird die Relevanz der Kenntnis dieser Sprachen im Kultur- und Wirtschaftsraum Europa und in einer globalisierten Welt herausgestellt (vgl. Ministerium für Kultus 2004: 104, 488, 470ff.). Die Umsetzung der ‚europäischen Dimension' in den *alt*-und *neusprachlichen* Bildungsplänen schließt eng an die KMK-Vorgaben an und macht sich deren Feststellung, dass „[f]ür die Erschließung der kulturellen Welt Europas (…) die Sprachen eine zentrale Bedeutung" haben und die Forderung, dass die SchülerInnen sich der „Vielsprachigkeit in Europa" (o.A. 1991: 354, 353) bewusst sein sollten, zu eigen. Im Fach *Wirtschaft* werden die ökonomischen Aspekte des EU-Integrationsprozesses fokussiert (vgl. Ministerium für Kultus 2004: 451-454), in *Gemeinschaftskunde* hingegen stehen unter der Überschrift ‚Zukunft Europas und der Europäischen Union' die Geschichte und die Ziele des Einigungsprozesses im Vordergrund, die Kenntnis der Institutionen und Arbeitsweisen der EU und der Beitrag der EU zur Friedenssicherung in Europa und der Welt. Auch im Rahmen der Themenkomplexe der demokratischen Partizipation und der Sozialstaatlichkeit wird auf die europäische Ebene Bezug genommen (vgl. Ministerium für Kultus 2004: 263-264). Damit wird die KMK-Vorgabe umgesetzt, dass diese Fächer vor allem „zur Teilhabe am sozialen und wirtschaftlichen Geschehen in Europa" (o.A. 1991: 354) befähigen sollen. Die Thematisierung *Europas* bzw. der *EU* im Rahmen des Bildungsplanes *Geographie* beschränkt sich fast vollständig auf die Orientierung in Europa, das Kennenlernen europäischer Natur-, Wirtschafts- und Lebensräume (vgl. Ministerium für Kultus 2004: 240). Der Bildungsplan setzt buchstabengetreu *jene* Aufgaben um, die dem Erdkundeunterricht im Rahmen der ‚europäischen Dimension' durch die Kultusministerkonferenz zugewiesen werden, ohne die Möglichkeiten einzubeziehen, die in der Umsetzung auch kritischer und (de-)konstruktivistischer Ansätze der fachwissenschaftlichen Diskussion im Unterricht lägen. *Europäische Identität* kommt in den baden-württembergischen Bildungsplänen für das Gymnasium *explizit* nur im Kontext des Bildungsplanes *Geschichte* vor, den ja KOTTE schon analysiert hat. Bereits in den Leitgedanken heißt es:

> „Hohe Bedeutung kommt (…) der Herausbildung der europäischen Identität zu, ihr soll bei der Behandlung aller historischen Epochen besondere Aufmerksamkeit gewidmet werden. Der Geschichtsunterricht regt zu selbstständigem Denken und Handeln an. Er ist aber nicht nur Arbeits- und Denkunterricht, sondern ermöglicht auch emotionale Zugänge" (Ministerium für Kultus 2004: 216).

Insbesondere sollen die SchülerInnen die Bedeutung des *kulturellen Austauschs* für die „Identitätsbildung in einer von Mobilität gekennzeichneten europäischen Gesellschaft" (Ministerium für Kultus 2004: 217) erkennen. Der „Prozess der Identitätsfindung" soll einerseits offen gehalten werden, er soll vor allem durch die

„Beschäftigung mit der Vielfalt kultureller und staatlicher Entwicklungen in Europa“ (Ministerium für Kultus 2004: 219) unterstützt werden. Unter der Überschrift „Formen der Identitätsbildung“ heißt es:

> Die „Schülerinnen und Schüler können am Beispiel von Sagen, Mythen und Religion verschiedene Formen der Identitätsbildung in der Geschichte beschreiben und deren Funktion darstellen; erkennen, dass die europäische Identität auf eine lange zurückreichende Geschichte zurückgreifen kann“ (Ministerium für Kultus 2004: 225).

Bereits im zweiten Teil des Zitats wird allerdings voraus-gesetzt, dass es *die* europäische Identität bereits gibt. Auch *Bausteine dieser Identität* werden genauer umrissen und damit der Forderung der KMK nach der Darstellung der „Entwicklung des europäischen, Rechts-, Staats-, und Freiheitsdenkens“ ebenso Genüge getan wie der Vorgabe der Vermittlung von Einsichten über „die Entwicklungslinien, Merkmale und Zeugnisse einer (…) gemeinsamen europäischen Kultur“ (o.A. 1991: 354, 353): Unter der Überschrift „Vielfalt und Einheit Europas“ ist von *„Antiken Wurzeln Europas“* die Rede, die SchülerInnen sollen die „Bedeutung der antiken Philosophie, Kunst und Wissenschaft für die Entwicklung der europäischen Kultur“ kennen und die Bedeutung des römischen Rechts für die ‚europäische‘ Rechts- und Gesellschaftsordnung. Im Rahmen des Themas *„Formierung Europas im Mittelalter“* sollen die SchülerInnen erkennen, „inwiefern das karolingische Imperium ein Bezugspunkt des Europa-Gedankens sein kann“. Sie sollen die Rolle der Kirche im „zivilisatorischen Fortschritt“ und für die daraus abgeleiteten „gemeinsamen Wertvorstellungen in Europa“ und die „Bedeutung (…) der Kreuzzüge (...) für die Formierung Europas beurteilen“ (Ministerium für Kultus 2004: 225-226) können. Die Entwicklung der „abendländischen Rationalität in ihrer Bedeutung für die Entwicklung des modernen Europa“ in Renaissance und Humanismus soll als Kern des *„Aufbruch[s] Europas in die Moderne“* erkannt werden. Darauf aufbauend wird die „Aufklärung als umfassende[r] geistige[r] Aufbruch in Europa“ und „Grundlage moderner Staats- und Gesellschaftsvorstellungen“ (Ministerium für Kultus 2004: 225-226) thematisiert. Am Ende der 10ten Klasse sollen die SchülerInnen die Kompetenz erworben haben, „die Frage der europäischen Identität problemorientiert [zu] erläutern sowie Vielfalt und Einheit Europas bilanzierend dar[zu]stellen“ (Ministerium für Kultus 2004: 225-226). In der Kursstufe wird dann der „Prozess der europäischen Einigung“ (Ministerium für Kultus 2004: 228) genauer ins Auge gefasst, in diesem Kontext sollen die jungen Erwachsenen „die Entstehung gesamteuropäischer Ideen auf kulturellem und politischem Gebiet im 20. Jahrhundert erklären und verschiedene Ausprägungen des Europagedankens erläutern“ (Ministerium für Kultus 2004: 232).

Die GEYR-Studie betont, dass vor allem ökonomische Überlegungen bei der Umsetzung der ‚europäischen Dimension‘ in baden-württembergischen Curricula eine Rolle gespielt hätten (vgl. Geyr et al. 2007: 35). Insbesondere hinsichtlich der der Mehrsprachigkeit zugewiesenen Relevanz ist dem zuzustimmen. Zumindest bezüglich des Gymnasial-Bildungsplanes von 2004 kann jedoch auch ohne tiefergehende Analyse von einer starken Bezugnahme auf ein gemeinsames europäisches *kulturelles Erbe* und gemeinsame *(politische) Werte* insbesondere im Rahmen des Sprach- und Geschichtsunterrichts gesprochen werden, auf eine gemeinsame *politische Gegenwart* und *Zukunft* im Gemeinschaftskundeunterricht und auf die Betonung wirtschaftlicher Verflechtungen im Wirtschaftsunterricht. Inwiefern im Geographieunterricht europäische Gemeinsamkeiten herausgearbeitet werden, hängt von der Umsetzung der Bildungsplanvorgaben durch die LehrerInnen ab – als eigenes Ziel wird ein wie auch immer geartetes Bewusstsein europäischer Gemeinsamkeit nicht ausgewiesen, und auch die Betrachtung von Räumen, Prozessen und Entwicklungen *in* Europa erscheint aufgrund ihrer exemplarischen Herangehensweise (vgl. Ministerium für Kultus 2004: 245, 247) nicht dazu geeignet, den Raum als *Einheit* kennenzulernen. Die von KOTTE bezüglich des Faches Geschichte herausgearbeitete Ambivalenz des Bildungsplanes lässt sich in den anderen Fächern kaum erkennen. Im Geschichts-Bildungsplan ist ein Spannungsfeld zu konstatieren zwischen der Aufzählung und damit Setzung einer ganzen Reihe von Bestimmungsfaktoren ‚gemeinsamen' Erbes und ‚gemeinsamer' Werte, die sich kurz gesagt aus Antike, Christentum und Humanismus/ Renaissance/ Aufklärung speisen und der Tatsache, dass die SchülerInnen diese nicht nur *kennen* sondern *beurteilen können* sollen sowie dem expliziten Hinweis auf eine *kritische* Auseinandersetzung mit Identitätsbildungsprozessen, Mythen und Erzählungen. Derselbe Widerspruch drückt sich aus zwischen der Anmahnung *affektiver* Zugänge in den Leitgedanken und einem Fazit zum Themenbereich *Vielfalt und Einheit Europas* – das Kompetenzziel ist die ‚problemorientierte Erläuterung der Frage europäischer Identität' – das mehr auf rational-kritische Auseinandersetzung als auf Identitätsstiftung ausgerichtet scheint. In keinem anderen Fach wird explizit auf die Herausbildung europäischer Identität Bezug genommen. Allerdings wird eine *gemeinsame Geschichte und Kultur* in den meisten anderen Bezugnahmen auf Europa schlicht vorausgesetzt: Auf *das* „gemeinsame(…) europäische(…) Erbe", *die* „verbindenden Elemente *der* europäischen Kultur", „Geschichte und Kultur Europas", „die (…) europäische Kulturtradition" (Ministerium für Kultus 2004: 499, 489, 496, 494) wird rekurriert, meist um die Bedeutung der jeweiligen Fakultas im Kontext der ‚europäischen Dimension' herauszustreichen. Damit folgt der Bildungsplan dem Vorbild des KMK-Beschlusses, auch dort ist von einer „gemeinsamen europäischen Kultur" und dem „Gemeinsamen" (o.A. 1991: 353) die Rede, ohne dass dieses näher bestimmt würde. Auch, dass die nationale Ebene immer noch die dominante Bezugsebene darstellt, spiegelt den KMK-Beschluss. Es bleibt kritisch zu fragen, inwiefern die bereits 1990 genannten und in der Fassung des KMK-Beschlusses von 2008 dann besonders hervorgehobenen *Grundwerte bzw. europabezogenen Kompetenzziele* tatsächlich umgesetzt werden: Trotz der *Kompetenzorientierung* des Bildungsplanes tauchen sie dort zumindest *explizit* nicht auf, vielmehr stehen die inhaltlichen Elemente der ‚europäischen Dimension' im Vordergrund. Zwar wird Erziehung zur Achtung der Menschenrechte und zu Toleranz und kultureller Kompetenz gefordert (vgl. Ministerium für Kultus 2004: 76, 228ff., 259), ein Bezug zu Europa wird allerdings nicht hergestellt. Was sich hier ausdrückt ist wohl ein Grundproblem der Definition *Europas* bzw. der *EU* über politische und soziale Grundwerte: Diese sind, gerade weil sie als universell gültig angesehen und vermittelt werden sollen[372], wenig geeignet, ‚europäisches Bewusstsein' zu erzeugen.

‚Europäische Identität' wird in dem einschlägigen Themenheft aus *Deutschland & Europa* nicht ohne Grund fast ausschließlich durch *Historiker* und unter *historischer Perspektive* in den Blick genommen: Auch im zugrundeliegenden Bildungsplan wird der pädagogische Auftrag der Schulen zur Herausbildung eines ‚europäischen Bewusstseins' explizit nur im Fach Geschichte aufgenommen. Während zumindest im Rahmen des Faches Geschichte eine gewisse Ambivalenz beobachtbar ist, werden die ‚europäischen Gemeinsamkeiten' in den meisten Fällen voraus-gesetzt und nicht weiter thematisiert. Hier hätte im Rahmen eines einschlägigen Themenheftes durchaus die Chance bestanden, die Perspektiven anderer Fächer einzubeziehen und in diesem Rahmen aktuelle (de-)konstruktivistische Debatten aus der Pädagogik und den Fachdidaktiken aufzugreifen.

Die Ausführungen sollten eines deutlich gemacht haben: Noch immer sind die „Bildungssysteme (…) vorrangig nationale Systeme" (Walkenhorst 2002: 324). Ein gemeinsamer ‚europäischer' Bildungsraum hat sich bisher eher im Hochschul- als im Primar- und Sekundarschulbereich etabliert. Diese Tatsache ist vor allem dem „systemische[n](…) Beharrungsvermögen des Bildungswesens" (Walkenhorst 2002: 327) zuzuschreiben. Eine Möglichkeit, den Prozess zu akzelerieren, sind natürlich kurzfristig erarbeitbare und aktuell zur Verfügung stehende Lehr- und Lernmaterialien (vgl. Geyr von et al. 2007: 333) Die vorhandenen Lehrwerke scheinen diesen Anspruch ganz überwiegend nicht zu erfüllen[373]. Zwar wird die objektiv-administrative Ebene, die Ebene der *Wissensvermittlung*, gut umgesetzt, die subjektiv-mentale Ebene, *Wertevermittlung* und *Identitätsbildung*, wird in den vorliegenden Lehrwerken weitgehend vernachlässigt (vgl. Geyr von et al. 2007: 320). Insbesondere bezüglich Baden-Württembergs betont die GEYR-Studie deshalb den durchaus gewünschten Rückgriff auf ‚externe Materialquellen'. „Die Lehrpläne" seien „lediglich als Stichworte zu verstehen und die Realisierung (…) mit vielen zusätzlichen aktuellen (…) Materialien" (Geyr von et al. 2007: 34) sei grundlegend. An diesem Punkt setzen die Aktivitäten der *institutionalisierten politischen Bildung* ein: die MultiplikatorInnen in den Schulen und die SchülerInnen gehören mit zu den wichtigsten Zielgruppen der *politischen Bildungsarbeit*.

372 Kompetenzziel in Gemeinschaftskunde: „Generationen von Menschenrechten unterscheiden und ihren universalen Geltungsanspruch darstellen" (Ministerium für Kultus 2004: 262).

373 So ist das Urteil einer Studie über die Umsetzung der ‚europäischen Dimension' in bundesrepublikanischen Lehrwerken äußerst kritisch und schwankt zwischen „die europäische Dimension [ist] in diesem Lehrwerk kaum bemerkbar" und „Europa ist (…) nur ein kleineres Thema" (Geyr von et al. 2007: 297, 293). Selbst wenn das Thema Europa ausführlich behandelt wird, heißt das Fazit oft: „Der Auftrag der Wertevermittlung beziehungsweise Unterstützung der Lernenden, Einstellungen zu europäischen Werten zu entwickeln und sich die Identitätsfrage zu stellen, ist in diesem Schulbuch nicht erfüllt (Geyr von et al. 2007: 291).

Politische Bildung

Politische Bildungsarbeit dient, ganz allgemein gesagt, der

> „politische[n] Sozialisation, also de[m] Erwerb jener Werthaltungen, Einstellungen, Überzeugungen, Wissensbestände und Handlungsdispositionen, die für die Stabilität der politischen Ordnung einer Gesellschaft für erforderlich betrachtet werden" (Sander 2007a: 13).

Dabei geht es nicht nur um die Vermittlung von politischem Orientierungswissen, sondern auch um Meinungsbildung und die Schaffung von kognitiven wie affektiven Handlungsvoraussetzungen. Hierunter lässt sich die „individuelle wie kollektive Dimension [der] Bewusstwerdungs- und Bewusstseinsprozesse" subsumieren, in denen „Grundloyalitäten und Identifikationen" (Kotte 2007: 397) ausgebildet werden. Die „Grundfunktion" politischer Bildung ist die „Bestandssicherung der politischen Ordnung" (Detjen 2007: 5). Die „geistigen Grundlagen des Gemeinwesens" sollen „im Bewusstsein der Menschen" (Detjen 207: 6) verankert werden. Je nach politischem System und ideologischer Ausrichtung eines Staates oder einer politischen Gruppe rückt die Funktion der „Herrschaftslegitimation" in den Vordergrund oder die Erziehung zur „Mündigkeit" (Sander 2007a: 13, 15-16), zur reflexiven Analyse und Selbstverortung als Basis von Partizipation. Obgleich die Erziehung und Aus-Bildung zum eigenständigen (politischen) Denken nach SANDER (2007a: 17, 20) das „für eine demokratische politische Bildung einzig mögliche – aber auch nur in demokratischen Gesellschaften durchsetzbare (...) Denkmuster" darstellt, spielen auch in demokratischen Systemen „Züge und Argumentationsweisen" der Legitimation und Naturalisierung des politischen Systems und der ‚Weltverbesserung' in „Dokumenten zur demokratischen politischen Bildung" eine Rolle. Auch in demokratischen Staaten bestehe das Ziel darin, im Rahmen der politischen Sozialisation die Menschen zu „funktionierenden Mitgliedern des Gemeinwesens" zu erziehen und so die gegebene „Herrschaftsordnung zu legitimieren" (Detjen 2007:5, 6) – auch wenn dies ganz andere Ziele (politisches Urteilsvermögen, Partizipationsfähigkeit) umfasse als die Erziehung von Untertanen in einem Obrigkeitsstaat oder die ideologische Indoktrination in einem totalitären System.

In der Bundesrepublik Deutschland hat sich seit dem Zweiten Weltkrieg ein „umfangreiches, komplexes und kompliziertes Geflecht an Institutionen, Organisationen und Trägern politischer Bildung" (Massing 2007: 62) entwickelt, in dem die Schulen und die öffentlich getragenen außerschulischen Bildungsinstitutionen wie die Bundeszentrale und die Landeszentralen für politische Bildung eine Schlüsselrolle spielen. Zahlreiche private Träger wirken an der politischen Bildungsarbeit mit. Adressaten sind nicht nur Jugendliche, angesprochen und informiert werden sollen auch Erwachsene. Vor dem Hintergrund der Etablierung der Politikwissenschaften als universitäre Disziplin hat sich die politische Bildung, speziell seit den 1970er Jahren, zunehmend *professionalisiert* und eine eigene Didaktik entwickelt (vgl. Sander 2007a: 18ff.). Im Zuge der Bildungsreformen der letzten Jahre erfolgte eine Hinwendung zum „Deutungslernen" zum „problemorientierten Unterricht" und zur „Aneignungsperspektive", zur „Kultur der Differenz" und zur „schüleraktivierenden Lernkultur" (Sander 2007a: 40). Es sollen weniger *Inhalte*, sondern vielmehr *Kompetenzen* vermittelt werden: „[P]olitische Urteilsfähigkeit"; „[P]olitische Handlungsfähigkeit" und die für die selbstständige Aneignung (politischen) Wissens notwendigen „methodische[n] Fähigkeiten" (Sander 2007a: 41)[374].

Die Grundlagen politischer Bildungsarbeit in der Bundesrepublik Deutschland wurden 1976 im so genannten *Beutelsbacher Konsens* festgeschrieben (als Ergebnis einer Fachtagung der Landeszentrale für politische Bildung Baden-Württemberg). Es gilt ein „Überwältigungsverbot", Meinungen dürfen nicht *gemacht* werden, vielmehr ist *selbstständige Urteilsfähigkeit* das erklärte Ziel: Klar grenzt man sich von Methoden der „Indoktrination" (Sander 2007a: 18) ab. „[W]as in Wissenschaft und Politik kontrovers ist, muss auch im Unterricht kontrovers erscheinen" (Sander 2007a: 18) – dies wird als „Kontroversitätsgebot (auch: Authentizitätsgebot)" (Detjen 2007: 189) bezeichnet. Deshalb müssen „unterschiedliche Standpunkte (...) Optionen, (...) Alternativen" (Detjen 2007: 188) erörtert werden. Die Adressaten sollen befähigt werden, die politische Situation und ihre eigene Interessenlage zu analysieren und Einfluss auf Entscheidungsprozesse zu nehmen. Das Selbstverständnis der staatlichen, außerschulischen politischen Bildung legten die Leiter der Bundes- und Landeszentralen für politische Bildung in einer öffentlichen Erklärung mit dem Titel *Demokratie braucht politische Bildung* dar, die als *Münchner Manifest* bekannt wurde: Ziel politischer Bildungsarbeit ist demnach die Festigung demokratischer Einstellungen und Verhaltensweisen, die Vermittlung von persönlicher und gesellschaftlicher Orientierung. Auch *Identitätsfragen* sind Teil politischer Bildungsbemühungen. Ziel ist der „Aufbau sozialer Identitäten (...) ohne (...) Vergleiche mit anderen", die „Beseitigung von Vorurteilen und Feindbildern" (Detjen 2007: 263). DETJEN (2007: 263) räumt allerdings ein, dass „die Erfolgsaussichten" eines solchen „Versuches (...) ungewiss" seien. All dies sind zunächst einmal idealtypische Grundsätze: Formen der Setzung, der Diffusion bestimmter, politisch ‚gewollter' *sozialer Repräsentationen* lassen sich nicht immer vermeiden. Schon die Selektion des Themas beinhaltet eine Vorentscheidung. Dennoch bilden diese Ansprüche der politischen Bildung an sich selbst eine Hintergrundfolie für den Analysetext: *Soziale Repräsentationen Europas* werden in der Wissenschaft *sehr* kontrovers diskutiert – ist dies auch in der *politischen Bildung* der Fall? Die im Rahmen der *schulischen* Europa-Bildung gemachten Aussagen zeichnen ein ambivalentes Bild zwischen (de-)konstruktivistischem Anspruch und oft wenig reflexiver Bildungsplan- und Unterrichtsrealität. Bilden die Texte und Materialien der *Landeszentrale für politische Bildung in Baden-Württemberg* bzw. der Zeitschrift *Deutschland & Europa* zur europäischen Identität hier eine Ausnahme?

Landeszentrale für politische Bildung Baden-Württemberg

Die dem Bundesministerium des Inneren nachgeordnete Bundeszentrale für politische Bildung und die in den einzelnen Bundesländern der BRD teils an Fachministerien, teils an die Staatskanzleien angeschlossenen *Landeszentralen* bilden im Kontext der bundesdeutschen politischen Bildungsarbeit die wichtigste „Schnitt-

374 Zur *Geschichte* pol. Bildung und Politikdidaktik in der BRD vgl. DETJEN (2007: 13-208).

stelle zwischen Staat, Politik, Bildungsinstitutionen, Wissenschaft und Medien" (Massing 2007: 73). Als überparteiliche Bildungs-Institutionen haben sie die Aufgabe, das „Gedankengut der freiheitlich-demokratischen Grundordnung (...) [zu] verbreiten und zu festigen, sowie das politische Engagement (...) zu fördern" (Massing 2007: 73). Dabei kommt ihnen im Kontext der Jugend- und Erwachsenenbildung vor allem eine subsidiäre Funktion bezüglich anderer Träger politischer Bildungsarbeit zu, insbesondere der Schulen. Die Bundes- und Landeszentralen organisieren auch Bildungsmaßnahmen wie Seminare. Im Rahmen ihrer Publikationstätigkeit (Bücher, Zeitschriften, Unterrichtsmaterialien und -handreichungen) richten sie sich an unterschiedlichste Adressatengruppen: von SchülerInnen und Jugendlichen über die BürgerInnen allgemein bis hin zu LehrerInnen.

Herausgeber der Zeitschrift *Deutschland & Europa* ist die *Landeszentrale für politische Bildung Baden-Württemberg* (LpB). Als „Einrichtung des Landes Baden-Württemberg im Geschäftsbereich des Staatsministeriums" (Landeszentrale für politische Bildung Baden-Württemberg 2009c)[375], und als „die zentrale Dienstleistungs- und Service-Einrichtung für die politische Bildung in Baden-Württemberg" (LpB Baden-Württemberg 2009c), ist sie Teil des föderal aufgebauten Bildungssystems der Bundesrepublik Deutschland und damit als *institutionelle* Ergänzung zum Schulwesen zu verstehen. Ziel der LpB ist die Förderung und Vertiefung der politischen Bildung in Baden-Württemberg. Basis ihrer politischen Bildungsarbeit sind die gesetzlichen Vorgaben des Bundes und der Länder. Obgleich alle BürgerInnen Baden-Württembergs zur Zielgruppe der LpB gehören, stellt die Demokratie- und Werterziehung Jugendlicher einen Schwerpunkt der politischen Bildungsarbeit dar (vgl. LpB Baden-Württemberg 2006: passim). Politische Bildung von Jugendlichen findet auch und vor allem in den *Schulen* statt, so dass gerade die *Lehrenden* als MultiplikatorInnen und VermittlerInnen eine wichtige Adressatengruppe der Publikationen wie der Veranstaltungen der LpB darstellen.

Der Abteilung 4 der LpB Baden-Württemberg, *Medien,* sind neben der Redaktion der Zeitschrift *Deutschland & Europa* auch die Redaktionen der Landeskundlichen Schriftenreihe *Politik und Unterricht* und der Didaktischen Reihe *Der Bürger im Staat* sowie der Bereich *Neue Medien* zugeordnet. Alle genannten Zeitschriften richten sich vorwiegend nicht an die BürgerInnen im Allgemeinen, sondern an *MultiplikatorInnen* der politischen Bildung, vor allem an *LehrerInnen.* Sie liefern Materialien und Texte für den Unterricht und themenbezogene Hintergrundinformationen für die Lehrenden. Vor diesem Hintergrund stehen sie in einem engen Zusammenhang mit den *Bildungsplänen* des Landes Baden-Württemberg.

Die Zeitschrift Deutschland & Europa

Die Zeitschrift *Deutschland & Europa*, beziehungsweise ein spezifischer *Beitrag* aus einem der Hefte, wurde deshalb als Analyseobjekt herausgegriffen, weil in dieser Reihe 2006 ein Themenheft erschien, das sich ganz konkret mit der Frage der *europäischen Identität* befasste. Die Beiträge konstruieren nicht nur *Europa-Bilder*, sie reflektieren auch auf der didaktisch-methodischen und fachwissenschaftlichen

375 Im Folgenden auch in Verweisen als LpB abgekürzt.

Metaebene die Konstruktion ,europäischer Identität' im Unterricht. Die Reihe *Deutschland & Europa*, deren Schwerpunktsetzung auf *EU/ Europa*-Themen bereits im Titel zum Ausdruck kommt, richtet sich vor allem an Lehrende und Lernende ab etwa 14 Jahren, insbesondere an Gymnasien. Inhaltlicher Aufbau und Adressaten werden auf der Homepage der Reihe wie folgt zusammengefasst:

> „Die Reihe ,DEUTSCHLAND & EUROPA' richtet sich in erster Linie an Lehrkräfte der Unterrichtsfächer Gemeinschaftskunde, Geschichte, Geographie, Deutsch, Kunst und Wirtschaft aller Schularten. In dieser Reihe erscheinen vor allem Themenhefte. Diese enthalten wissenschaftlich orientierte Aufsätze sowie Materialien für den Einsatz im Unterricht. Ab dem Heft 51 werden zusätzlich methodisch-didaktische Anregungen für die Hand der Lehrerinnen und Lehrer zum kostenlosen Download angeboten. D&E (...) orientiert sich insbesondere an fächerverbindenden Fragestellungen und will dazu motivieren. Sowohl die Aufsätze als auch die Materialien richten sich zwar zunächst an Unterrichtende, ermöglichen es älteren Schülerinnen und Schülern aber auch, sich einen ersten Zugang zur Thematik zu verschaffen und mit den Literaturangaben und Internetverweisen darüber hinaus zu forschen" (LpB Baden-Württemberg 2009g).

An anderer Stelle werden inhaltliche Schwerpunkt und Zielgruppenorientierung noch genauer gefasst:

> „,Deutschland & Europa' richtet sich als didaktisch motivierte Europazeitschrift zunächst einmal an die Lehrerinnen und Lehrer an allen Schularten in Baden-Württemberg (...). Aufgrund der Komplexität des Gegenstandes finden sich zwar die meisten Anwendungsmöglichkeiten in der Sekundarstufe II der Gymnasien, auch am Ende der Sekundarstufe I, also z. B. ab den Klassen 8 oder 9 der Gymnasien, Realschulen und Hauptschulen lassen sich Teile der Hefte sinnvoll einsetzen. Dabei reicht der Einsatz von den gesellschaftswissenschaftlichen Fächern über den Fremdsprachenunterricht bis hin zu den Religionen bzw. dem Fach Ethik, wie uns in letzter Zeit verstärkt gespiegelt wurde" (Kalb 2007c: 62).

,Europäische Identität': ein Themenheft

Das Heft, dem der Text entnommen wurde, der im Mittelpunkt einer vertieften diskurslinguistischen Analyse stehen soll, erschien im Jahre 2006: *Europäische Identität – Historische Stationen europäischer Identitätsfindung*. Im Inhaltsverzeichnis ist bezeichnenderweise die Rede von *historischen Wurzeln* europäischer Identitätsfindung (vgl. LpB Baden-Württemberg 2006b: 1)[376]. Es handelte sich um das zweite Themenheft einer ganzen Reihe, die Europa bzw. die EU in den Jahren 2006 bis 2008 aus verschiedenen Perspektiven in den Blick nahmen[377]. Expliziter Anlass der Fokussierung ,europäischer Identität' war die Übernahme des Vorsitzes im Europäischen Rat durch die Bundesrepublik Deutschland im Jahre 2007 vor dem Hintergrund eines ins Stocken geratenen Integrationsprozesses (vgl. Kalb

376 Es handelt sich möglicherweise um den ursprünglich geplanten Titel des Themenheftes. Die Tatsache, dass im vorangehenden Themenheft in der Vorankündigung nur der Obertitel „Europäische Identität" (vgl. LpB Baden-Württemberg 2006a: 61) genannt wird, scheint diese Annahme zu stützen.

377 Voran ging *EU- quo vadis?* (LpB Baden-Württemberg 2006a), unmittelbar danach erschien der Band *Identitätskonflikte in Europa* (LpB Baden-Württemberg 2007a), an den sich *EU- von der Wirtschafts- zur Sozialunion* (LpB Baden-Württemberg 2007b), *Außen- und Sicherheitspolitik in Europa* (LpB Baden-Württemberg 2008a) und *Die EU – auf dem Weg zur Bürgerunion* (LpB Baden-Württemberg 2008b) anschlossen.

2006a: 3). Wichtiger Anknüpfungspunkt für die behandelten Themen ist der baden-württembergische *Bildungsplan 2004*, in dem nach Ansicht des Chefredakteurs KALB (2006a: 3) „in allen Schularten dem Thema ‚Europa' breiter Raum für einen kritischen Diskurs gegeben" wird. Dies lässt sich auch an den einzelnen Beiträgen des Heftes festmachen, die in ihrer Zusammenstellung den Bildungsplan von 2004 spiegeln, genauer: die Kompetenzziele des Faches Geschichte. Bereits die weitgehende Beschränkung des Themenheftes auf historische Themen, der Schwerpunkt auf *historischen Stationen* bzw. *Wurzeln* könnte der Tatsache geschuldet sein, dass die Aufgabe der ‚europäischen Bewusstseinsbildung' auch im Bildungsplan nur im Kontext des Faches Geschichte explizit gemacht wird. Die spezifische Themenauswahl baut auf dem Geschichts-‚Curriculum' auf: Die Rolle des Geschichtsunterrichts, die schulische Vermittlung eines ‚europäischen Geschichtsbildes' wird in einem einführenden Teil in den Artikeln *Europäisches Geschichtsbild als Bildungsauftrag* (Horstmann 2006) und *Europäische Identität im problemorientierten Geschichtsunterricht* (Wolf 2006a) sogar ausdrücklich thematisiert. Der Hauptteil des Heftes widmet sich historischen ‚Stationen europäischer Identität' in ihrem Bezug und Beitrag zu einem aktuellen und zukünftigen ‚Europabewusstsein'. Unter dieser Perspektive werden die griechische und römische Antike, das Mittelalter, die frühe Neuzeit und besonders die Zeit der Aufklärung betrachtet: *Griechische Antike und europäische Identität* (Schipperges 2006), *Römische Antike – Wiege des modernen Europa?* (Winkler 2006b), *Die Bedeutung der Pilger für die Entstehung einer europäischen Identität* (Ohler 2006), *Entwicklung demokratischer Strukturen im Mittelalter* (Wolf 2006b), *Das Eigene und das Fremde – Die Entstehung des Europabewusstseins in der frühen Neuzeit* (Grießinger 2006), *Europas Zukunft gestalten: Zurück zur Aufklärung?* (Tatsch 2006). Diese Themen rekurrieren auf die im Bildungsplan unter ‚Vielfalt und Einheit Europas' genannten Bereiche: die ‚antiken Wurzeln Europas', die ‚Formierung Europas im Mittelalter', den ‚Aufbruch Europas in die Moderne' sowie die ‚Aufklärung'. Die im Zusammenhang mit dem Thema ‚Formen der Identitätsbildung' eingeforderte Auseinandersetzung mit der *Formierung* von Identitäten wird insbesondere in GRIEßINGERs Artikel aufgenommen[378]. Diese (ansatzweise) Problematisierung und auch der in den Leitgedanken des Faches Geschichte formulierte Verweis des Bildungsplanes auf das Ziel eigenständigen Denkens und Reflektierens wird durch den vorangestellen Gliederungspunkt „Gibt es eine europäische Identität?" (LpB Baden-Württemberg 2006b: 1) aufgegriffen. Karin WINKLER (2006a) setzt sich hier unter dem Titel *Europäische Identität – Ein Konstrukt?* kritisch mit dem *Identitäts-* und dem *Europa*begriff und dem sozial-konstruktiven Charakter ‚europäischer Selbstbeschreibungen' auseinander. An den Blick in die Vergangenheit

378 Die Beiträge von HORSTMANN, WOLF, SCHIPPERGES, OHLER und GRIEßINGER gehen zumindest in Teilen auf Vorträge zurück, die sie im September 2006 auf dem 46. Deutschen Historikertag in der Themensitzung *Europäische Identität im Geschichtsunterricht* hielten (vgl. Kaelb 2006a: 3). Siehe auch die Website des Historikertages (Frei o.J.). Redaktionsschluss des Themenheftes war November 2006 (LpB Baden-Württemberg 2006b: Vorsatzblatt). Die Möglichkeit des Rückgriffs auf diese Vorträge mag die Schwerpunktsetzungen des Themenheftes auch ‚praktisch' begründet haben.

schließen sich unter der Überschrift „Doing European" (LpB Baden-Württemberg 2006b: 1) synchron ausgerichtete Aufsätze zur Türkei-Beitrittsdebatte – *Die Türkei-Debatte: Auf der Suche nach einer europäischen Identität* (Kalb 2006b) – und zur ‚europäischen Identität' von SchülerInnen (vgl. Storz 2006) an. Der Artikel zur Türkei-Debatte lässt sich insofern in den historischen Kontext des Gesamtheftes einordnen, als die Frage nach dem Türkei-Beitritt ganz spezifisch (wenn auch kritisch-dialektisch) vor dem Hintergrund der „Wertedebatte" und des ‚europäischen' historischen „Erbe[s]" (Kalb 2006b: 50) gestellt wird. Ziel des Themenheftes ist, wie die beiden einleitenden und der abschließende Artikel zeigen, neben einem Überblick über die historischen Hintergründe der Identitätsdebatte auch die Beantwortung der Frage, welche Rolle den Schulen, den LehrerInnen und SchülerInnen im europäischen Integrationsprozess zukommt. Die Artikel liefern vor allem Hintergrundinformationen für die Lehrenden, werden jedoch ergänzt durch eine Reihe von Materialien (Texten, Abbildungen) für die Vertiefung des Themas im Unterricht, zusätzliche Materialien lassen sich zudem im Internet abrufen (vgl. LpB Baden-Württemberg 2009i). Vorangestellt sind dem Heft, wie jedem Themenheft der Reihe *Deutschland & Europa*, ein *Vorwort* des Herausgebers Lothar FRICK, des Direktors der Landeszentrale für politische Bildung Baden-Württemberg, und ein *Geleitwort* des Ministeriums für Kultus, Jugend und Sport von Dr. Markus HOECKER (vgl. Frick 2006; Hoecker 2006). Diese kurzen Texte sind besonders interessant, weil hier (politische) Zielsetzungen benannt werden: So betont etwa FRICK in seiner Einleitung nicht nur den *funktionalen* Hintergrund der Ausbildung einer ‚europäischen Identität' – Stabilität des politischen Gebildes EU und Solidarität zwischen seinen BürgerInnen – sondern auch, dass jeder Identität auch Ab-Grenzung inhärent sei. *Identität* wird mit ‚europäischen Werten' verknüpft, deren historischen Entstehungszusammenhängen nachzugehen sei. Zugleich wird europäische Identität als Ergänzung bestehender (nationaler) raumbezogener Identifikationen bestimmt (vgl. Frick 2006: 2). Das Geleitwort von HOECKER wird Gegenstand der Textanalyse sein, deshalb soll inhaltlich nicht vorgegriffen werden. Die AutorInnen der Beiträge des Themenheftes sind durchweg GeschichtslehrerInnen, Studienräte oder Oberstudienräte, von denen viele zusätzlich Funktionsstellen als Fach- oder Abteilungsleiter an baden-württembergischen Gymnasien, als Fachleiter/-betreuer/-berater an Seminaren für Didaktik und Lehrerbildung oder Regierungspräsidien wahrnehmen (vgl. LpB Baden-Württemberg 2006b: 63).

Hypothesen bezüglich sozialer Repräsentationen Europas im Kontext der Identitäts-Bildung

Die Darstellung der EU-Bildungspolitik in ihrer bundesdeutschen und baden-württembergischen Umsetzung, der institutionellen Einbettung der politischen Bildungsarbeit und der Zeitschrift *Deutschland & Europa* beziehungsweise des ausgewählten Themenheftes, stellt nur einen weiteren Baustein im Rahmen der *Kontextanalyse* dar. Zusammen mit dem ‚*Wissenschaftsdiskurs*' zur europäischen Identitätsthematik und der Darstellung des *Diskursfeldes europäischer Identitäts-*

angebote stellt sie den Versuch dar, der Komplexität der *intertextuellen* Ketten, der Vielfalt der historischen, politischen und institutionellen Einbettungen gerecht zu werden, die es bei der Analyse *jedes* Textexemplars idealerweise einzubeziehen gilt: Diese möglichst umfassende Kontextualisierung ist es, die eine *Textanalyse* erst zu einer *(handlungsorientierten) Diskursanalyse* macht. Dennoch gilt, wie bezüglich der Textanalyse selbst, das Diktum der Nicht-Abschließbarkeit: So wie es keine vollständige und abgeschlossene Textanalyse, weniger noch eine umfassende Intertextanalyse geben kann, kann auch die Kontextanalyse nie Vollständigkeit reklamieren – denn: „Irgendwie hängt alles mit allem zusammen" (Steyer 1997). Dennoch soll auf Basis der sich als ‚Annäherung' verstehenden Auseinandersetzung mit dem diskursiven Kontext der Versuch der Hypothesengenerierung gewagt werden: Was kann aus dem bisher Gesagten bezüglich der im Analysetext ‚zu erwartenden' *sozialen Repräsentationen Europas* abgeleitet werden?

Die Zeitschrift *Deutschland & Europa* lässt sich an der Schnittstelle zwischen politisch-administrativem und wissenschaftlichem ‚kommunikativen Handlungsbereich' verorten. Funktion und Intention der Veröffentlichung ist die (reflexive) Popularisierung von Forschungsinhalten. Zugleich ist die Herausbildung ‚europäischen Bewusstseins' bindende Zielvorgabe pädagogischer und insbesondere auch politischer Bildungsarbeit in der Bundesrepublik Deutschland. Nichtsdestotrotz erfordern das ‚Authentizitätsgebot' und das ‚Überwältigungsverbot' politischer Bildungsarbeit den Einbezug einschlägiger wissenschaftlicher Kontroversen und damit auch konstruktivistischer Strömungen und verbietet eine einseitige ‚Vermittlung' von Identitätsangeboten. Dass dieses Spannungsfeld zu Ambivalenzen führt, wurde bereits auf Bildungsplanebene deutlich, es steht zu erwarten, dass sich diese Ambivalenzen im fokussierten Textmaterial nachzeichnen lassen. Dies gilt umso mehr, als trotz der relativen *Vagheit* der *politischen* Vorgaben auf der Inhaltsebene der *Lehrpläne* und ‚*Unterrichtsinformationen*' eine *Konkretisierung* der *Europa-Bilder* nicht vermieden werden kann. Dies mag für den ausgewählten Analysetext, der als ‚Geleitwort' als Paratext zu den anderen Beiträgen des Themenheftes eingeordnet werden kann und stärker politisch-administrativ situiert ist, weniger zutreffen – für seine direkten Intertexte ist es anzunehmen. Es steht zu erwarten, dass die AutorInnen zu vermitteln suchen zwischen politischen und wissenschaftlichen Elite-Diskursen ‚über *Europa*' und in der Kommunikationsgemeinschaft weit verbreiteten *sozialen Repräsentationen Europas* – im Sinne einer Anknüpfung an die Lebenswelt der Adressaten. Vor dem Hintergrund der Thematik des Themenheftes ist die Fokussierung ‚temporalisierender', insbesondere auf die Vergangenheit und ihre gegenwärtig-zukünftige Relevanz bezogener ‚Konstrukte von Europa' zu erwarten. Wie im Kontext der ‚Ordnung der Repräsentationen' dargelegt, stellt aber gerade der ‚chronologische Kausalzusammenhang' einen Repräsentations-Kern dar, der sich mit kulturellen, politischen und ökonomischen Merkmalszuweisungen ‚aufladen' lässt und zudem in enger Wechselwirkung mit territorialisierenden Vorstellungen steht: Raum-Zeit-Kultur nicht zusammenzudenken scheint im Alltagsdiskurs kaum möglich. Zugleich lässt sich im Lichte des umrissenen Kontextes die Hypothese aufstellen, dass in Themenheft wie Analysetext vermutlich eher *Assimilationsstrategien*, ‚*innenorientierte*' Identitätsangebote aktualisiert werden. Der Rückgriff auf *explizit* abgrenzende Diskurse hat nicht nur kein Beispiel in den politisch-administrativen Prätexten, sondern wiederspräche auch dem wissenschaftlichen Anspruch der Veröffentlichung.

5.2 Pragmatisch-textlinguistische Analyse

Begründung der Textauswahl

Jene sozialen Repräsentationen *Europas*, die in *einem* Analysetext aktualisiert werden, lassen sich nicht generalisieren – weder bezüglich des Themenheftes, noch der Gesamtzeitschrift und noch viel weniger bezüglich politischer Bildungsarbeit in Baden-Württemberg und darüber hinaus[379]. Regelmäßigkeiten dieser Art herauszuarbeiten, würde die Analyse einer ganzen Reihe von Texten erfordern, die vor dem erarbeiteten kontextuellen Hintergrund auch sinnvoll und möglich ist – allerdings nicht der Intention dieser Arbeit entspricht. Die Analyseergebnisse sind demzufolge gleichsam *Puzzleteile*, die im Kontext des Diskursfeldes europäischer Identitätsangebote und der politischen Vorgaben und Zielsetzungen interpretiert werden müssen: Das spezifische Setting einer konkreten Äußerungshandlung bestimmt ihre Ausprägung. Warum wurde das ‚Geleitwort des Ministeriums' von Dr. Markus HOECKER als Analysetext ausgewählt?

- Der Text verortet sich an der Schnittstelle zwischen Politik/ Verwaltung und politischer Bildung, im Spannungsfeld zwischen politisch-administrativen Zielsetzungen und wissenschaftlichem Anspruch.
- Der Text ‚verklammert' deshalb die Beiträge des Themenbandes mit dem Bildungsplan und dem KMK-Beschluss, insbesondere weil der Autor[380] Dr. HOECKER im baden-württembergischen Kultusministerium zum betreffenden Zeitpunkt jenes Referat leitete, das für die Zusammenarbeit mit der KMK zuständig ist.
- Es kann aufgrund der ‚Textsorte' Geleitwort vermutet werden, dass der Text sich nicht nur auf die Beiträge des Themenheftes intertextuell bezieht, sondern auch deren (gesellschaftliche?) Funktion beziehungsweise Relevanz in den Blick nimmt.
- Ein forschungspraktischer Grund: Die Artikel des Themenheftes umfassen im Schnitt acht doppelspaltig bedruckte Seiten, inklusive zahlreicher Abbildungen und Materialiensammlungen. Auch die zusätzlichen didaktischen Hinweise im Internet gehören im weiteren Sinne zur Textgesamtheit. Eine Detailanalyse, die all dies einbeziehen würde, wäre zwar ergiebig, für eine *exemplarische* Analyse steht der Aufwand jedoch in keinem Verhältnis zum Ertrag.

379 Wie WARNKE/ SPITZMÜLLER (2008a: 10) betonen: „Eine an spezifischen medialen Realisationen von Sprache ausgerichtete Analyse von Diskursen erlaubt es nicht, gültige Aussagen über den Diskurs an sich zu treffen".

380 Ob HOECKER tatsächlich der *Vertexter* des Analysetextes ist, ihn selbst geschrieben hat, oder ob er diese Aufgabe an einen Mitarbeiter delegiert hat, ist aus den vorliegenden Materialien nicht ermittelbar. Der Begriff des Autors wird dieser Tatsache gerecht, da er sich explizit auf die markierte *Autorschaft* (Prinzipal) bezieht.

Textgrundlage
„Geleitwort des Ministeriums

Europa ist ein Zukunftsprojekt. Das umfasst mehr als seine Friedensordnung, seine politischen Institutionen und seine wirtschaftliche und soziale Ordnung. Dazu bedarf es auch der ständigen Selbstvergewisserung über seine Wurzeln. Im Kern geht es darum, dass die europäische Identität und Selbstbestimmung immer wieder von neuem auf dem Prüfstand steht. So war es schon immer in der Geschichte Europas. Insofern ist das neue Heft, das „Deutschland & Europa" unter dem Titel Europäische Identität – historische Stationen europäischer Identitätsfindung vorlegt, ein sehr ehrgeiziges Unterfangen. Identität setzt Selbstvergewisserung über die eigenen Wurzeln zwingend voraus. Wer Identität stiften oder bewahren will, muss sich zunächst der eigenen Wurzeln bewusst werden.

Europa hat sich schon immer durch die Fähigkeit ausgezeichnet, sich ständig weiter zu entwickeln. Man kann durchaus noch weiter gehen und von einem permanenten Erneuerungsprozess sprechen. Das zeigt der Blick in die europäische Geschichte. Dazu braucht es ein gehöriges Maß an Innovationskraft, denn Selbstvergewisserung und die Bereitschaft zur Weiterentwicklung stehen in einem natürlichen Spannungsverhältnis. Europa und seine kulturelle Identität leben von der ständigen Konfrontation mit dem Neuen, dem Anderen, dem Fremden. Was Europa auszeichnet, das ist, dass es die Wiege des moralischen Universalismus ist. Aber die europäische Identität kommt ohne eine geographische und ohne eine historische Dimension nicht aus. Das führen uns die Beiträge in dem vorliegenden Heft eindrucksvoll vor Augen.

„Anders als in den USA, die sich (bislang) eher an pragmatischen Erwägungen orientierten, muss in Europa immer alles geistig-ideell fundiert sein", schrieb die Historikerin Ute Frevert 2004 in einem Aufsatz mit dem Titel Braucht Europa eine kulturelle Identität? „Das Problem ist nur, dass das Reich der Ideen, Werte und Ideale generell konfliktgeladen ist. Konsens ist hier schwer zu erzielen."

Wenn wir uns Europa aus der historischen Perspektive nähern, braucht uns vor diesem Befund gewiss nicht Bange zu sein. Im Gegenteil: Der Wertekanon, der mit den Beiträgen in dem nunmehr vorliegenden neuen Heft aufscheint, soll vielmehr zur Selbstvergewisserung beitragen, mit der eine abgewogene Identitätsfindung erst sinnvoll und möglich wird" (Hoecker 2006: 2).

Situierung des Analysetextes
Der zur Analyse ausgewählte Text hebt sich durch seine *Verortung* bzw. Funktion im Kontext des Heftes von anderen Texten des Themenheftes ab. Analysiert wurde das ‚Geleitwort des Ministeriums', verfasst von Dr. Markus HOECKER. Es handelt sich, um zunächst die ***Kommunikationsform*** zu bestimmen, um einen *schriftlichen* Text, der, zusammen mit einem Vorwort des Herausgebers, den ‚wissenschaftlich-didaktischen' Artikeln des Themenheftes vorangestellt ist und dieses eröffnet (Hoecker 2006: 2). Der Text lässt sich demnach an der Schnittstelle zwischen *öffentlichem* und *offiziellem* ***Handlungsbereich*** einordnen: *Öffentlich*, da er in einem Presseerzeugnis abgedruckt ist, das nicht nur in Zeitschriftenform, son-

dern auch über das Internet frei für alle Interessierten zugänglich ist. *Offiziell* (aber nicht-bindend) insofern, als zum ersten dem institutionellen Herausgeber der Zeitschrift, der *Landeszentrale für politische Bildung Baden-Württemberg*, offizieller Status zukommt. Zum zweiten schreibt Dr. Markus HOECKER explizit als *Vertreter* des Ministeriums für Kultus, Jugend und Sport. Handlungsbereich, institutionelles und mediales Setting rücken HOECKER in die Diskursposition eines *ideology brokers*, eines Diskursakteurs, dem bezüglich der aktualisierten Thematik Autorität zugesprochen wird. Ohne an dieser Stelle in die Diskussion des ***Textsorten***begriffs einsteigen zu wollen (vgl. Adamzik (Hrsg.) 2000): Das *Geleitwort* lässt sich als eine Sonderform des *Vorwortes* ansehen, wird aber üblicherweise nicht von demselben Emittenten verfasst wie der Text/ die Texte, auf die es Bezug nimmt. In ROLFs (1993: 197) funktionaler, an Sprachhandlungstypen orientierter Klassifikation werden Geleitworte den *assertiven* Textsorten zugeordnet, genauer den *disputierenden*[381]: Die *Wissensvermittlung*, die Aufstellung von *Behauptungen* und das *Argumentieren* gehören demnach zum textsortenspezifisch typischerweise aktualisierten übergeordneten Handlungsschema. *Geleitworte* gehören zu den Textsorten „expositorischer Art" und sind „Musterbeispiele für Intertextualität" (Rolf 1993: 197): Sie sind „makrostrukturell an [eine] ‚Trägertextsorte' gebunden" (Timm 1996: 459). Sie „dienen (…) dazu, ein besseres, umfassenderes, tieferes Verständis der Bezugstexte zu ermöglichen" (Rolf 1993: 197) und thematisieren die „erwartbare Themengestaltung" (Timm 1996: 459) der Texte, auf die sie sich beziehen. Ihre Funktion ist es „Erwartungshaltungen zu wecken" und die „spezifische Intention (Rezeptionsabsicht) zu steuern" (Timm 1996: 459). ***Adressaten*** des Textes sind in erster Linie baden-württembergische LehrerInnen, insbesondere, aufgrund der thematischen Ausrichtung des Themenheftes, GeschichtslehrerInnen. Hinzu kommen ältere SchülerInnen und, wenn auch nicht explizit, die lesende Allgemeinheit. Der ***Autor***, Oberregierungsrat Dr. Markus HOECKER, promovierte 1996 im Bereich Politische Soziologie/ Politikwissenschaften (vgl. Hoecker 2005). Er ist zum Zeitpunkt der Veröffentlichung wie auch dieser Analyse Leiter des zum Ministerium für Kultus, Jugend und Sport Baden-Württemberg gehörenden Referates 32 ‚Grundsatzfragen und Qualitätsmanagement allgemein bildender Schulen, Kultusministerkonferenz' (vgl. Ministerium für Kultus, Jugend und Sport Baden-Württemberg 2009). Zugleich ist er Mitglied des *Beirates* der Zeitschrift *Deutschland & Europa* (vgl. LpB Baden-Württemberg 2006b: Vorlegeblatt). Der Thematik ‚Europa in der Schule' ist er insofern verbunden, als er 2005

381 Laut ROLF (1993: 172) dienen die *assertiven* Textsorten der „Informationsvermittlung", ihre Funktion besteht darin, dass „der Textadressat etwas bestimmtes zur Kenntnis nehmen, wissen oder glauben soll": Der „potentielle Textadressat" soll „einen bestimmten Propositionszusammenhang (…) zum Gegenstand seiner epistemisch-doxastischen bzw. kognitiven Einstellungen machen". Die *darstellenden* assertiven Textsorten „steuern" das „assertive Kommunikationsziel „in einer Weise an, bei der es schwerpunktmäßig darum geht, dass und wie ein bestimmter Inhalt vermittelt wird" (Rolf 1993: 174). *Disputierende* Textsorten wiederum, als Untergruppe der *darstellenden* Textsorten, „dienen dazu, ein bestimmtes theoretisches Problem in einem mehr oder weniger großen Umfang und unter Einbeziehung eines mehr oder weniger umgreifenden Zusammenhangs zu erörtern" (Rolf 1993: 194).

im Auftrag des Kultusministeriums für die Organisation des Bildungkongresses ‚Bildung für Europa' in Karlsruhe verantwortlich zeichnete (vgl. Ministerium für Kultus, Jugend und Sport Baden-Württemberg 2005: 11). Das HOECKER der *Vertexter* ist, wird angenommen, kann jedoch nicht sicher belegt werden – möglicherweise delegierte er den Schreibauftrag an einen Mitarbeiter. Der Beitrag verortet sich in einem *wissenschaftlich-didaktisch* ausgerichteten Band, ist jedoch kein wissenschaftlicher Text, sondern als ‚Geleitwort des Ministeriums' dem *politisch-administrativen* Bereich zuzuordnen: Hier schreibt ein Mitglied des Kultusministeriums, Teil einer administrativen Weisungskette. Da Dr. HOECKER für die Zusammenarbeit zwischen dem baden-württembergischen Kultusministerium und der Kultusministerkonferenz zuständig ist, kann zumindest die Hypothese aufgestellt werden, dass er den im KMK-Beschluss ‚Europa in der Schule' formulierten pädagogischen *Auftrag* der Schule zur *europäischen Bewusstseinbildung* beizutragen, aufgrund seiner *institutionellen Situierung* umzusetzen verpflichtet ist.

Aus politisch-institutionellem Setting, kommunikativem Handlungsbereich und medialer Situierung als *kontextuellen* Indikatoren und der *Textsorten*zuordnung kann bereits eine vorläufige Hypothese bezüglich der *Textfunktion* abgeleitet werden: Der Text dient der Einführung in die Thematik des Themenheftes, aber auch der Rezeptionssteuerung, die *Funktion* der Beiträge des Themenheftes soll mittels des Beitrages aus Sicht des Ministeriums näher bestimmt werden. Der Schnittstellencharakter der institutionell-medialen Situierung legt eine gewisse Ambivalenz zwischen *Informationsfunktion* und *Appellfunktion* nahe: Einerseits zeichnen sich ‚wissenschaftliche' Texte überwiegend durch eine informative Funktion aus, andererseits kann aus der ‚politisch-administrativen' Einbettung heraus aufgrund des Anspruchs an die Adressaten, die baden-württembergischen LehrerInnen, ihrem ‚pädagogischen Auftrag' im Kontext der ‚europäischen Bewusstseinsbildung' nachzukommen, auch eine appellative Ausrichtung begründet werden. Die *Textsortenzuordnung* ‚Geleitwort' lässt zwar eine *argumentative Themenentfaltung* vermuten, besitzt aber keine festgelegte ‚kommunikative Grundfunktion': Es kann über die ‚Trägertexte' informiert werden, jedoch auch eine bestimmte Form der Rezeption nahegelegt werden.

Texthema

Thema des Textes ist die Darlegung der Relevanz historischer Bezüge im Kontext der aktuellen Ausbildung bzw. Findung von europäischer Identität und damit, spezifischer, auch der Relevanz des Themenheftes. Dies lässt sich durch eine Untersuchung der *dominanten Referenzträger* untermauern:

Dominierende Referenzträger sind mit Abstand ***Europa/ europäisch***[382] und ***Identität*** zusammen mit auf diesen Lexemen beruhenden Determinativkomposita und bedeutungsverwandten Wörtern. Das Lexem *Europa* wird 9x genannt, (3[383],

382 Streng genommen dienen die *Adjektive* nicht nicht als Referenzträger, sie modifizieren aber das Nomen, dem sie beigefügt sind, welches wiederum als Referenzträger angesprochen werden kann.

383 In Klammern wird jeweils auf die *Textzeile* verwiesen.

7, 8, 13, 17, 19, 24, 25, 28)[384], *europäisch* 5x (6, 8, 9, 15, 20), *Identität* wird 6x aktualisiert (6, 8, 10, 11, 18, 20), 2x das die prozessuale Komponente betonende Determinativkompositum *Identitätsfindung* (9, 31), die bedeutungsverwandten Lexeme *Selbstbestimmung* (6) und *Selbstvergewisserung* (10, 31) werden insgesamt 3x genannt. *Selbstvergewisserung* wird als Voraussetzung von *Identität* näher bestimmt (10). In den überaus meisten Fällen handelt es sich dabei um *Kollokationen* von auf die beiden Bedeutungsbereiche verweisenden Lexemen: Es geht um *europäische Identität* (6, 8-9, 24), *Europa und seine (...) Identität* (20-21), *europäische Identitätsfindung* (9) und *europäische* (...) *Selbstbestimmung* (5).

Der Bedeutungsbereich ‚**Geschichte/ Vergangenheit**' wird abgedeckt durch die Lexeme *Geschichte* (2x, als *Geschichte Europas*, 7 und *europäische Geschichte*, 15) und *historisch* (in *historische Stationen europäischer Identitätsfindung*, 9; *historische Dimension (...) europäischer Identität*, 20-21; *historischen Perspektive*, 28). Hinzu kommt die bedeutungsverwandte Organismusmetapher *Wurzeln* (*seine Wurzeln*, 5; *eigenen Wurzeln*, 10, 11), über die es sich zu vergewissern und *bewusst zu werden* (11) gelte.

Gerade der *Blick in die europäische Geschichte* (15), die *Selbstvergewisserung über seine Wurzeln* (5) aber dient dem Ziel, *Europa* als *Zukunftsprojekt* (1) zu ermöglichen (*dazu bedarf es*, 2) – dies wird in der Argumentationsanalyse noch näher darzulegen sein. Das Bedeutungsfeld ‚**Prozess/Zukunft**' umfasst neben *Zukunftsprojekt* (1) auch die Nominalphrase *permanenten Erneuerungsprozess* (14-15), *Innovationskraft* (16), *Weiterentwicklung* (17), *dem Neuen* (18), sowie das Verb *entwickeln* (14) und die temporale Adverbiale *immer wieder* in Verbindung mit *von neuem* (6).

Hinzu kommen jene Referenzträger, die sich auf das **Themenheft** beziehen (*Beiträge* 21, 29-30; *Heft* 30, 8; die Zeitschrift (*„Deutschland und Europa"*, 8); und ihr Titel *Europäische Identität – historische Stationen europäischer Identitätsfindung*, 8-9) und den Bezug zum kommunikativen Setting des Geleitwortes herstellen.

Textgliederung/ Aufbau des Textes[385]

Mit dem Einstiegssatz geht der Autor in medias res. Der Text wird von der Behauptung eingeleitet, dass *Europa (...) ein Zukunftsprojekt ist* (3). Dass es sich hierbei aus Sicht des Verfassers auch um ein politisch-ökonomisches Projekt handelt, ist aus dem die einleitende Assertion spezifizierenden Verweis auf *seine Friedensordnung* (...), *politischen Institutionen* und *seine wirtschaftliche und soziale Ordnung* (3-4) ableitbar[386]. Wichtig ist das *mehr* (3), das das *Zukunftsprojekt* (...)

384 Hinzu kommen auf *Europa* bezogene Personalpronomina wie *seine* (5x: 3, 4, 5, 21) und *es* (19).

385 Vorgriffe auf die Präsuppositions- und Argumentationsanalyse lassen sich nicht vermeiden: Ein Text gleicht einem Netz: Fasst man ihn an einem Punkt an, ergibt sich ein ganzes Netz (lat. *textus*) von Verknüpfungen.

386 Diese Dimensionen werden nicht näher spezifiziert, nähere Kenntnisse werden beim Rezipienten vorausgesetzt. Interpretiert man sie jedoch unter Rückgriff auf das Weltwissen, so kann angenommen werden, dass mit *Europa* hier zumindest *auch* auf die *EU* referiert wird, denn sie ist es, die durch politische Institutionen und eine wirtschaftliche und soziale Ordnung gekennzeichnet ist. Der genaue Bezug bleibt aber (absichtlich?) unklar.

umfasst (3), und das damit eine weitere Spezifikation der einleitenden Assertion darstellt. Dieses *mehr* (3) besteht in der *ständigen Selbstvergewisserung* (5), der immer wieder stattfindenen Überprüfung der *europäischen Identität und Selbstbestimmung* (6). Was zunächst für die Gegenwart und Zukunft angesprochen wird, gilt auch für die Geschichte: Der Prozess der Selbstreflexion habe *schon immer* (7) stattgefunden. Deshalb, so meint HOECKER, sei die Fokussierung des Themas *Europäische Identität – historische Stationen europäischer Identitätsfindung* (9-10) im Rahmen eines Deutschland & Europa-Themenheftes ein *ehrgeiziges Unterfangen* (9). Die bereits in diesem Titel angelegte historische Perspektive ist es, mit deren Hilfe diese Selbstbestimmung zu leisten ist: *(Europäische) Identität* (6), Identitätsstiftung oder Bewahrung (vgl. 11) macht demnach die *Selbstvergewisserung* (10) und Bewusstwerdung (vgl. 11) über die *eigenen Wurzeln* (10, 11) erforderlich, ja setzt diese *zwingend voraus* (10). Die fast identische Proposition ‚Identität muss sich aus der Geschichte herleiten' wird in drei verschiedenen Sätzen (4-5,10, 10-11) wiederholend versprachlicht und betont.

Man könnte den ersten Abschnitt folgendermaßen zusammenfassen: Europäische Identität muss durch den Rückbezug auf die Wurzeln Europas in einem ständigen Prozess der Selbstvergewisserung immer neu hergestellt werden. Die thematische Entfaltung lässt sich zumindest im *ersten Teil* dieses Abschnitt als *deskriptiv* beschreiben: die Proposition ‚Europa ist ein Zukunftsprojekt' wird spezifiziert.

Im zweiten Abschnitt des Textes (12-22) werden die *Wurzeln* (5, 10, 11) *Europas* näher bestimmt. Zunächst wird behauptet, ‚dass Europa sich ständig erneuert, entwickelt'. Belegt wird dies durch einen verbreiteten Topos, den der ‚Geschichte als Lehrerin': *Das zeigt der Blick in die europäische Geschichte* (15)[387]. Qualifizierend wird allerdings eingeräumt: Hinzu kommen muss *Innovationskraft* (16), ohne diese kann (historische) Selbstvergewisserung auch in Gegensatz zur Erneuerung treten. Logisch lässt sich allerdings schlussfolgern, dass Europa diese Innovationskraft besitzt, denn sonst könnte es ja keinem *permanenten Erneuerungsprozess* (14-15) unterliegen. Man könnte hier auch einen versteckten Appell annehmen: Auch in Zukunft soll diese Innovationskraft vorhanden sein. Daran anschließend wird eine ganze Reihe von Behauptungen aufgestellt: dass *Europa und seine kulturelle Identität (...) von der ständigen Konfrontation mit dem Anderen, dem Neuen, dem Fremden (...) leben* (17-19), *dass [Europa] die Wiege des moralischen Universalismus ist* (19-20). Über die Konjunktion *aber* (20)[388] und ihre kontrastive Semantik wird dieser Behauptung noch eine dritte Proposition *gegenübergestellt*: ‚Dass europäische Identität eine historische und eine geographische Dimension braucht'. Das, nicht näher bestimmte, *Partikulare* (Geschichte, Geographie) wird dem *Universellen* (den Werten) entgegengesetzt. Diese dritte These wird ‚belegt' durch Verweis auf die Beiträge des Heftes, die *das (...) eindrucksvoll vor Augen (...) führen* (21-22). Vereinfacht gefasst: Europa hat sich schon immer

387 Damit wird *Geschichte* zugleich als etwas beschrieben, das sozusagen selbsterklärend ist, ihre Existenz in der Einzahl wird präsupponiert, sie ist hier nicht gefasst als etwas Konstruiertes, dem unterschiedliche Bedeutungen zugewiesen werden können. Darauf wird in der Argumentationsanalyse noch einzugehen sein.

388 *Aber* impliziert konventionell einen Gegensatz.

erneuert und besitzt die Innovationsfähigkeit, sein Selbstbild auch in Zukunft immer wieder zu transformieren, wobei es sich vor allem auch in der Auseinandersetzung mit Neuem und Fremdem entwickelt. In Europa ist der moralische Universalismus entstanden, dennoch kann seine Identität nicht allein durch universelle Werte gefasst werden, sondern muss über historische und geographische Bezüge bestimmt werden.

Getrennt durch einen Absatz, inhaltlich als Verknüpfung zwischen diesem *Textabschnitt* und dem *Fazit* anzusehen, wird im Anschluss an diese Feststellung (in den Zeilen 23 bis 27) die Historikerin Ute FREVERT zitiert und damit an die Problematisierung eines reinen Wertebezugs angeknüpft: Der Bezug auf den *moralischen Universalismus* (20) wird insofern problematisiert, als *geistig-ideell(e)* (24) Fundamente, *Ideen, Werte und Ideale* (26) als einem ständigen Aushandlungsprozess unterliegend dargestellt werden: Über sie sei nur *schwer* ein *Konsens (…) zu erzielen* (27), die Auseinandersetzung sei *konfliktgeladen* (26-27). Während FREVERT diese Problematisierung jedoch nicht auflöst (zumindest nicht in den zitierten Ausführungen) und auch der Titel ihres zitierten Aufsatzes in Frageform gefasst ist (*Braucht Europa eine kulturelle Identität?,* 25-26), ist sie für HOECKER Ausgangspunkt für sein Fazit, den Abschnitt von Zeile 28 bis 32.

FREVERTs Ausführungen werden in diesem Abschnitt durch die Nominalphrase *dieser Befund* (29-30) wieder aufgenommen. Es wird nochmals der Topos der ‚Geschichte als Lehrerin' aufgegriffen: Durch die Einnahme einer historischen Perspektive kann dieses Problem gelöst werden: Denn *mit den Beiträgen in dem (…) Heft* (…) *scheint* ein *Wertekanon auf*(…) (30): Es *braucht uns* deshalb, wie HOECKER emotiv aufgeladen formuliert, *gewiss nicht Bange zu sein* (28-29): Die Geschichte ‚liefert' einen Wertekanon, der dann, so könnte man interpretieren, den Konsens ermöglicht. Der abschließende Satz formuliert über das Modalverb *soll* in *telelogischer* Verwendung[389] den Bezug auf das „unter dem entsprechenden Ideal Notwendige" (Zifonun et al 1997c: 1891): Notwendig ist demnach der *Beitrag* zur *Selbstvergewisserung* (30-31), denn diese, dies ist die abschließende Behauptung, macht *eine abgewogene Identitätsfindung erst sinnvoll und möglich* (32). Kurz: Das vorliegende Themenheft soll (und kann) über den in den Beiträgen historisch begründeten Wertekanon zu europäischer Identitätsfindung beitragen.

Zusammenfassend lässt sich der Aufbau als sprunghaft, die einzelnen Propositionen als teils unverbunden beschreiben. Deklarativ-, also Aussagesätze herrschen vor, einfache Sätze und Sätze mit Nebensätzen ersten Grades dominieren. Konjunktionen und Subjunktionen sind im Vergleich mit Formen der impliziten und expliziten Wiederaufnahme als grammatische ‚Kohärenzbildner' selten: Die neutrale Subjunktion *dass* (6, 19, 26) ist am häufigsten. Hinzu kommt die restriktive Subjunktion *insofern* (7), an einer Stelle die kausale Konjunktion *denn* (16), die adversative Konjunktion *aber* (20), die konditionale Subjunktion *wenn* (28). Behauptungen werden aufgestellt, aber kaum verknüpft oder begründet: *Kausale* Konjunktionen und Subjunktionen fehlen fast vollständig. Die Behauptungen werden ‚in den Raum gestellt', folgen (weitgehend) einer *Logik der Setzungen*. Dies

389 Das Vollverb *beitragen* (31) nennt das Handlungsziel.

genauer zu explizieren ist Ziel eines nächsten Analyseschrittes, in dem die *Themenentfaltung* genauer in den Blick genommen werden soll. Notwendige Vorarbeit dazu ist jedoch, die *thematische Einstellung* und verschiedene *Verbalstrategien* zu fokussieren, um die *Argumentationsweise* bewerten zu können.

Thematische Einstellung

Eine ganze Reihe von lexikalisch-grammatischen Indikatoren weisen auf eine *normative* thematische Einstellung hin: Das adverbial gebrauchte Adjektiv *zwingend* (10) (streng genommen Partizip I des Verbs *zwingen*); das normativ gebrauchte Modalverb *muss* (11, 24). Hinzu kommt der fast durchgehend gebrauchte Indikativ Präsens – *ist* (3, 7, 19), *umfasst* (3), *bedarf* (4), *geht* (5), *setzt voraus* (10), *zeigt* (15), *kommt* (20) u.v.m., der zum Bezug auf als allgemeingültig Angenommenes verwendet wird (unbegrenzte Gegenwart) (vgl. Duden-Grammatik 2005: Art. 722, 512): als handele es sich um eine Art Gesetzmäßigkeit. Die Formulierung *So war es schon immer* (7) versprachlicht dies konkret. Die Neigung des Emittenten zu *apodiktischen Setzungen*, die in der Argumentationsanalyse und in der Präsuppositionsanalyse noch genauer in den Blick genommen werden soll, weist in eine ähnliche Richtung. Das teleologisch verwendete *soll (...) beitragen* (30-31) verweist, eng mit der normativen Einstellung verbunden, auch auf eine *intentionale* Einstellung. Hier wird nicht nur ‚normiert', sondern auch eine Intention verfolgt. Die Phrasen *kommt (...) nicht aus* (20-21) und *braucht (...) zu sein* (Grad des Interesses), lassen zudem Rückschlüsse auf eine *motivationale Einstellung* zu: Normative, intentionale und motivationale Einstellungen greifen eng ineinander und lassen sich zusammenfassen als Einstellungen, die „die Interessen (Bedürfnisse, Wünsche, Präferenzen) des Emittenten selbst bezeichnen" (Brinker 2005: 120). Andere Indikatoren verweisen auf eine *evaluative* Einstellung: Die Adjektive *ehrgeiziges* (9), *eindrucksvoll* (26-27), *sinnvoll* (31), *möglich* (32) sowie der *emotive* Obertöne einbringende Phraseologismus *braucht (...) gewiss*[390] *nicht Bange sein* (28-29). Der Emittent signalisiert „seine psychische Haltung gegenüber dem Textinhalt bzw. dem Textthema" (Brinker 2000b: 180).

Die *Bewertung* der zu konstatierenden thematischen Einstellungen, insbesondere in ihrer Indikatorrolle für die Textfunktion, soll unter Einbezug der Themenentfaltung und deshalb im Anschluss an die Argumentationsanalyse vorgenommen werden.

Verbalstrategien

Präsuppositionen

Die mit Abstand auffälligste Form von Voraus-Setzungen im Analysetext sind die zahlreichen ‚***Existenzpräsuppositionen***', die sich überwiegend an referierend gebrauchten *definiten Nominalphrasen* festmachen lassen: ***Europa***[391] *ist ein Zukunftsprojekt* (3), *dazu bedarf es auch der ständigen Selbstvergewisserung über seine* ***Wurzeln*** (5), ***Europa*** *hat sich schon immer durch die Fähigkeit ausgezeichnet* (13),

390 *Gewiss* ist auch ein Indikator für die *epistemisch-doxastische Einstellung*.

391 Ein definiter Artikel fehlt in diesem Fall, da es sich um ein Toponym handelt.

Das zeigt ***der Blick*** *in* ***die europäische Geschichte*** (15)[392], ***Europa*** *und seine* ***kulturelle Identität*** (18), *aber* ***die europäische Identität*** (20), ***Der Wertekanon****, der (...)* (29). Die Existenz der genannten Abstrakta (so man *Europa* so nennen möchte) wird präsupponiert, ein Konsens über ihre inhaltliche Bestimmung und Bewertung in der Sprechergemeinschaft, wie die definiten Kennzeichnungen zeigen, angenommen bzw. suggeriert: Sie werden gleichsam als ‚Entitäten' etabliert, die sich klar abgrenzen lassen. Hinzu kommt ***Was Europa auszeichnet, das*** *ist, dass (...)* (19)[393]. Der vorangestellte Attributsatz zu *das* wird in der Form ‚als wahr gesetzt', als man von einer ‚unbefragten attributiven Wahrheit' sprechen kann: ‚Europa zeichnet sich durch etwas aus': ‚Europa kann über Eigenschaften bestimmt werden'. Im Rahmen des Erkenntnisinteresses dieser Arbeit ist dies insbesondere deshalb relevant, weil einerseits *Europa*, andererseits *europäische Identiät* und *seine kulturelle Identität* auf diese Weise voraus-gesetzt werden, zugleich aber auch *Europas* Bestimmbarkeit und die Bestimmungsfaktoren der *Identität*: Die *Wurzeln* bzw. die *Geschichte* und der *Wertekanon*. Der Analysetext enthält, zumindest in einer möglichen Lesart, auch eine Reihe von *pragmatischen Präsuppositionen* bzw. *konversationellen Implikaturen*. Dies wird insbesondere bei dem Versuch deutlich, die Argumentation zu rekonstruieren und soll deshalb im Kontext der Argumentationsanalyse fokussiert werden.

Referentielle und prädikative Strategien

Die genannten Ausdrücke werden nicht nur als existent gesetzt, es werden ihnen explizit Eigenschaften zugewiesen: *Europa* (3) wird qua Prädikation näher bestimmt, es *ist ein Zukunftsprojekt* (3). Im Rahmen der methodischen Überlegungen wurde die Frage aufgeworfen, ob *Europa* als *Symbolwort* betrachtet werden kann, das in der Sprachgemeinschaft allgemein (oder doch zumindest im europäischen Identitätsdiskurs) positiv konnotiert ist, so dass die unterschiedlichen Bedeutungen, die dem Ausdruck in verschiedenen Äußerungskontexten von verschiedenen Emittenten beigelegt werden, unter dem Begriff der *denotativen Bedeutungskonkurrenz* fassbar sind. Oder kann man, vor dem Hintergrund der Tatsache, dass *Europa* gerade für EU-Gegner oder Skeptiker ja auch mit Bürokratie, Überregulierung, Bürgerferne, Demokratiedefizit u.a.m. assoziiert ist, von *evaluativer Lesarten-Konkurrenz* ausgehen? In jedem Fall wird im Analysetext *Europa* (3) einerseits ***explizit bedeutungsfixiert*** bzw. ***exemplifiziert***: Es *ist ein Zukunftsprojekt* (3). Schon der Ausdruck *Projekt* beinhaltet sowohl prozessuale als auch agentive Züge: Als „‚geplante oder bereits begonnene Unternehmung (...) (groß angelegtes) Vorhaben"' (Duden Wörterbuch 2007: 1323)[394] paraphrasierbar, zu-

392 *Der Blick* wird vorausgesetzt und damit, als ‚unbefragte attributive Wahrheit' auch die attributiv verwendete Präpositionalphrase *in die europäische Geschichte* präsupponiert.

393 Auch hier wird eigentlich das Demonstrativpronomen, die definite Nominalphrase *das* existenz-präsupponiert, der Attributsatz über das Phänomen der ‚unbefragten attributiven Wahrheit' aber mit-vorausgesetzt.

394 Auf den Duden zurückzugreifen um Bedeutungen zumindest annähernd bestimmen zu können, ist vor dem Hintergrund pragmatischer und diskursanalytischer Ansätze nicht unproblematisch. Forschungspraktisch führt jedoch kaum ein Weg daran vorbei. Diese Herange-

dem als Determinativkompositum durch *Zukunft* näher bestimmt, weist die Aktualisierung des Ausdrucks darauf hin, dass es sich (1) um etwas im Werden Begriffenes handelt und (2), dass *Europa* durch Handlungen entsteht bzw. entstehen wird[395]. Das *Zukunftsprojekt* wird im Text durch eine Konstruktion nach dem Muster „x *umfasst mehr als* y" spezifiziert: Expliziert wird, dass das *Zukunftsprojekt* (1), die *Friedensordnung* (Europas) (2), die *politischen Institutionen* (Europas) und (3), die *wirtschaftliche und soziale Ordnung* Europas umfasst und, hinzukommend, *mehr. Mehr* ist als Adverb zu bestimmen, das einen größeren Umfang ausdrückt (vgl. Duden Wörterbuch 2007: 1129). Sowohl über das Adverb *dazu*, das semantisch als ‚zusätzlich (zu diesem)' (vgl. Duden Wörterbuch 2007: 379) bestimmt werden kann, als auch über das Adverb *auch* in der Bedeutung ‚außerdem, zudem, überdies' (vgl. Duden Wörterbuch 2007: 185) verknüpft, wird jenes, was dem Umfang (des Zukunftsprojektes) noch hinzugefügt werden muss, im Folgesatz näher bestimmt: Dass *es* auch der *Selbstvergewisserung (...) bedarf* (5), dass es *im Kern* um *europäische Identität* (...) *geht* (5-6) – beziehungsweise um den Prozess ihrer Bestimmung. Das *Zukunftsprojekt Europa* wird definiert durch den *Prozess der Identitätsfindung*. Eine weitere Bestimmung der Inhalte dieser Identitäts(findung) erfolgt dann argumentativ – worauf noch einzugehen sein wird.

Zudem lassen sich die Assertionen *Was Europa auszeichnet, das ist, dass es die Wiege des moralischen Universalismus ist* (19-20) und *Europa hat sich schon immer durch die Fähigkeit ausgezeichnet, sich ständig weiter zu entwickeln* (13-14) zumindest als ‚***pseudodefinitorische***' Zuweisung von Eigenschaften verstehen: *Europa = Entwicklung, Europa = moralischer Universalismus. Auszeichnen* wird in den Bedeutungen „‚aus einer Menge positiv herausheben"' bzw , „sich hervortun" und sich „dadurch von allen übrigen (...) unterscheiden"' (Duden Wörterbuch 2007: 233) aktualisiert: *Europa* besitzt nicht nur die Eigenschaften, sich *ständig weiter zu entwickeln* (13-14) und die *Wiege des moralischen Universalismus* (19-20) zu sein, eben diese Eigenschaften grenzen es von anderen (*dem Fremden*, 19 ?) ab. Überspitzt formuliert: Geht man davon aus, dass über das Toponym *Europa* auf einen ‚Raum' und seine ‚Bewohner' (auf die *metonymische* Verwendung von *Europa* wird noch einzugehen sein) referiert wird, so wird anderen ‚Räumen' bzw. deren Bewohnern implizit abgesprochen, dass sie sich erneuern und *entwickeln* (14).

Nehmen wir noch eine weitere Strategie des ‚***Begriffe Besetzens***' in den Blick, durch deren Einsatz *Europa* in diesem Text Bedeutung zugewiesen wird. Bezüglich der ‚Techniken' der ***Kontextualisierung*** (Gebrauch in spezifischen Kontexten, die die Bedeutung prägen) kann auf die Feststellung der dominanten Referenzträger in der Bestimmung des Textthemas verwiesen werden: *Europa* und auch *europäische Identität* stehen im Kontext zahlreicher auf die ‚***Vergangenheit/ Geschichte***' verweisender Ausdrücke aber auch im Kontext einer ganzen Reihe von Aus-

hensweise ist insofern zu rechtfertigen, als der Duden nicht *normativ-präskriptiv* Wortbedeutungen angibt, sondern in der Sprachgemeinschaft *konventionalisierte* Bedeutungszuweisungen aus zahlreichen Belegen ableitet, deskriptiv arbeitet (vgl. Duden Wörterbuch 2007: 13).

395 Die *Semantik* des ‚*Europa*' genauer bestimmenden Ausdrucks widerspricht damit der gleichzeitigen *Existenzpräsupposition* bezüglich der definiten Nominalphrase *Europa*.

drücken aus dem Bedeutungsfeld *,**Prozess/ Zukunft**'*. Hinzu kommen Referenzträger, die auf *Moral* und *Werte* verweisen. Dies kann als ***denontative Kontextualisierung*** gefasst werden: Es werden „relationale Beziehungen" aufgebaut, die bezüglich des Ausdrucks *Europa* „denotative(...) Merkmal[e] (...) etablieren" (Girnth 2002: 66). Man könnte, so man davon ausgeht, dass *Entwicklung, Erneuerung* und *Innovationskraft* und *Moral, Werte* und *Wurzeln* (zur aktualisierten Organismusmetaphorik wird noch zu kommen sein) in der Sprachgemeinschaft als fast generell *positiv* konnotierte Ausdrücke anzusehen sind, auch von einer ***evaluativen Kontextualisierung*** ausgehen: Die positive Wertung, die mit diesen Ausdrücken verbunden ist, wird/ soll auf *Europa* übertragen (werden).

Metaphorik

An dieser Stelle kann die Analyse der *Metaphorik* des Analysetextes angeschlossen werden, ihre Rolle in der Argumentation wird in der Argumentationsanalyse noch näher zu bestimmen sein. Im Text werden vor allem bereits usualisierte, fast schon lexikalisierte Metaphern aktualisiert: Die ***Wurzeln*** (5, 10,11), über die es sich selbst zu vergewissern gilt, die Assertion, dass *Europa und seine kulturelle Identitäten (...) von der ständigen Konfrontation mit dem Anderen, dem Neuen, dem Fremden (...)* ***leben*** (18), der fast schon als Vergleich versprachlichte Hinweis auf *Europa* als die ***Wiege*** *des moralischen Universalismus* (19), die visuelle Metaphorik. Sowohl *Wurzeln* als auch (von etw.) *leben* lassen sich dem weiten Bereich der ***Organismusmetaphorik*** zuordnen. Beide Metaphern sind weitgehend konventionalisiert: So wird die Bedeutung im Duden bestimmt als „‚worauf etwas als Ursprung, Ursache zurückzuführen ist'" (Duden Wörterbuch 2007: 1953). Man *muss* sich also seiner *Ursprünge*[396] *bewusst* (11) werden. Man könnte eine zugrundeliegende Konzeptmetapher EUROPA als GEWÄCHS annehmen, die im Sinne der Lexemmetapher ‚Europa hat Wurzeln' (das *seine* in *seine Wurzeln* (5) nimmt *Europa* als Proform wieder auf) aktualisiert wird. *Europa* wird naturalisiert, es wird „wie ein Organismus strukturiert vorgestellt" (Schlottmann 2005: 181). Eng verbunden damit (gleichsam ein Metaphernnetz bildend) ist die Konzeptmetapher GESCHICHTE als GEWÄCHS, im Sinne der Lexemmetapher ‚historisch Entstandenes als Wurzeln'. Geht man mit PIELENZ (1993: 101) davon aus, dass damit auch „systems of associated commonplaces" aktiviert werden, können folgende mögliche Assoziationen abgeleitet werden: Dass (1) *Europas* Ursprünge es sind, die es (metaphorisch gesprochen) sicher ‚verankern' und ihm Nahrung zuführen, das heißt Europa ist ohne seine Ursprünge nicht lebensfähig; (2) dass *Europas* ‚Wachstum' als natürlicher Prozess anzusehen ist; (3) dass die Ursprünge, ob Ereignisse oder Mentalitäten, bereits angelegt sind und Geschichte in ihren Bedeutungen objektiv erfassbar ist und nicht in bestimmten Kontexten konstruiert wird. Hinzu kommt eine allgemein positive Konnotation der (metaphorischen) *Wurzeln*, die in Lexemen wie *Wurzeln schlagen*, *verwurzelt sein* aber auch den negati-

396 Auch dies eine (verblasste) Naturmetapher in dem Sinne des Hervorspringens einer Quelle (vgl. Duden Etymologie 1989: 774).

ven Gegenbeispielen *Entwurzelung, wurzellos* anklingt[397]. ***Von etw. leben*** ist im Duden in der Bedeutung „„sich von etw. ernähren (…) seinen Lebenunterhalt von etw. bestreiten"' (Duden Wörterbuch 2007: 1057) aufgeführt, und wird im Analysetext im Sinne von ,existiert durch, ist entstanden durch und bleibt auch erhalten durch' aktualisiert[398]. Nicht nur wird wieder auf die konzeptuelle Metapher EUROPA als ORGANISMUS rekurriert. Es wird die Assoziation geweckt, dass *Europa* bzw. seine *kulturelle Identität* aufhören würden zu existieren (*sterben*), wenn die Konfrontation mit *dem Neuen, dem Anderen, dem Fremden* (18-19) wegfiele. In diesem Zusammenhang ist interessant, dass von *Konfrontation* die Rede ist, nicht ein neutraleres *Beschäftigung mit (…)* oder eine positive Fassung wie *Integration neuer Ideen.* Für *Konfrontation* nennt der Duden zwei konventionalisierte Bedeutungen: „„Gegenüberstellung nicht übereinstimmender (…) Meinungen, Sachverhalte"' und „„Auseinandersetzung zwischen Gegnern"' (Duden Wörterbuch 2007: 988). Das *Neue, Andere, Fremde* wird als Gegner, als nicht übereinstimmend (mit Europa) konzeptualisiert. Die Reihung kann entweder als ,Aufbauschung' gelesen werden: wenn man *das Andere* in der Bedeutung „„etwas Neues gegenüber dem Bisherigen"' (Duden Wörterbuch 2007: 136) liest und *das Fremde* (Nominalisierung des Adjektivs *fremd*) als „„ungewohnt"' (Duden Wörterbuch 2007: 611) bestimmt. Anders gelesen hat es einen impliziten Steigerungscharakter: Während *das Neue* (eine Nominalisierung des Adjektivs *neu*) einfach „„bisher noch nicht bekannt gewesen"' (Duden Wörterbuch 2007: 1205) ist, ist *das Andere* (eigentlich ein Indefinitpronomen) per definitionem different vom *Eigenen* (,„gibt an, dass ein Wesen oder Ding nicht identisch ist mit dem, dem es gegenübergestellt wird"', „„nicht gleich, verschieden"') und *das Fremde* kann als „„nicht dem eigenen Land oder Volk" (Duden Wörterbuch 2007: 136) zuzuordnen' gefasst werden. *Europa* braucht also (um zu über-leben) einen Gegensatz. Auch der Gebrauch von ***Wiege***, um den *Ort* zu kennzeichnen, an dem etwas entstanden ist, hat als ,übertragene Bedeutung' unter Verweis auf das Beispiel „W[iege] der Menschheit" (Duden Wörterbuch 2007: 1930) bereits Eingang in Wörterbücher gefunden. Geht man trotz der Usualisierung davon aus, dass *systems of associated commonplaces* aktiviert werden, lässt sich interpretieren, dass über den ,Frame' Kindheit/ Kinderzimmer auch Assoziationen wie Geborgenheit, Sicherheit, Schutz, Heimat geweckt werden. Ein weiteres usualisierte Metaphernfeld, das ,ins Auge fällt', weil es an mehreren Stellen des Textes in verschiedenen Lexemmetaphern aktualisiert wird, ist das der Visualität: So ***zeigt der Blick*** (15) etwas, die *Beiträge (…)* ***führen*** *[etwas] eindrucksvoll* ***vor Augen*** (21-22), *wir (…)*

397 Liest man *Wurzeln* auch räumlich als Heimat – *hier sind meine Wurzeln* – so kann von einer stark positiven Wertung ausgegangen werden: SCHLOTTMANN (2007: 15) spricht von der Wertung von „Heimat" als „Vorrang der Sesshaftigkeit": „„Deplazierung, Exil oder Migration gilt als ,pathologisch'", es sei eine „„Eigentlichkeit' der festen Verortung (…) als ,normales' oder ,natürliches' menschliches Prinzip" zu konstatieren.

398 Man könnte sie auf die von LAKOFF/ JOHNSON (1998: 59) als grundlegend bezeichnete Konzeptmetapher IDEEN sind NAHRUNG zurückführen: Der ORGANISMUS *Europa lebt* also von IDEEN, da diese als NAHRUNG vorgestellt werden können.

nähern[399] *(...) uns Europa aus der* ***historischen Perspektive*** (28) und es ist die Rede davon, dass *der Wertekanon (...)* ***aufscheint*** (30). Die zugrundeliegende Konzeptmetapher ist VERSTEHEN ist SEHEN; Der DISKURS ist ein LICHT-MEDIUM (vgl. Lakoff/ Johnson 1998: 62). Die Assoziationen, die dadurch aktiviert werden, sind die der Objektivität und (ungefilterten) Wahrheit des Beschriebenen (‚mit eigenen Augen sehen'), des primären Sinneseindrucks, dem zumindest im ‚Alltagsdenken' noch immer höchste Beweiskraft zugeschrieben wird. Das, auf das Bezug genommen wird, wird als selbsterklärend, unmittelbar eingängig, nicht anders interpretierbar dargestellt: die *Geschichte*, *Europa*, der *Wertekanon*[400]. Insofern stützen diese Lexemmetaphern den durch die Existenzpräsuppositionen (den essentialisierenden Wortgebrauch) und die definite Markierung bereits angelegten Eindruck der klaren Bestimmbarkeit (europäischer Identität).

Wir und Uns

Im Rahmen der *referentiellen Strategien* sind zudem die an mehreren Stellen im Text zu findenden Personalpronomen *wir* (28) bzw. *uns* (21, 2x 28) zu nennen. Dieser Befund lässt sich auf zwei Arten interpretieren: Zum einen als „konventionalisiertes Argumentationsverfahren" im Sinne MAUTNERS (1998: 179), das auf sprachlicher Ebene Gruppenzugehörigkeit signalisiert. Dabei gewinnt das *wir* seine integrierende, ja singularisierende Wirkung der *referentiellen Assimilierung* nicht erst aus gemeinsamen Bezugspunkten im Rahmen der Deixis, sondern in erster Linie im Kontext der kategorialen Abgrenzung nach außen, es wird ein binäres Klassifikationsmuster aktualisiert: Indem die Welt dichotomisierend in ein ‚wir' und ein ‚sie' eingeteilt wird, trägt das *Wir* „den impliziten Gegensatz zum ‚Nicht-Wir' schon in sich" (Mautner 1998: 177). *Wir* und *uns* können im vorliegenden Text im engeren Sinne als Referenz auf den Autor und seine potentiellen Leser verstanden werden, im weiteren Sinne könnte man *wir in Europa* lesen. Wer konkret angesprochen wird, bleibt vage: Dies öffnet den Text für eine Vielzahl von Interpretationen. Es könnte sich, zum anderen, auch um ein ‚wir' handeln, wie es typisch für *wissenschaftliche* Texte ist: Ein *in anderer Form* nicht minder inkludierendes *wir*, das dem Gesagten den Anschein der Objektivität[401] verleiht, die Ich-Perspektive vermeidet und eine Form der Deagentivierung darstellt, eine „Distanzierungsstrategie" (Mautner 1998: 188). Diese Lesart wird durch andere, in eine ähnliche Richtung zeigende Hinweise gestützt, die im Folgenden referiert werden sollen: Bevor ‚wir' damit zu einer weiteren Verbalstrategie kommen, *den De- und Pseudoagentivierungen*, noch ein Interpretationsversuch. Möglicherweise kann das *wir*, das *uns*, sowohl als Wissenschaftlichkeitsanzeiger als auch als inkludierendes *wir* im Sinne der Referenz auf die *LeserInnen* als *EuropäerInnen* bzw. die *EuropäerInnen* im allgemeinen gelesen werden. Gerade in der Möglichkeit der „oszillie-

399 Die ebenfalls stark usualisierte, lexikalisierte Metapher (sich) *nähern* aktualisiert, im Sinne einer Orientierungsmetapher, auch die Nah-Fern-Metaphorik.

400 Hier im Sinne ontologischer Metaphern als ENTITÄTEN strukturiert, die wahr-genommen werden können.

401 Siehe hierzu MAUTNER (1998: 188).

renden Referenz“, betont MAUTNER (1998: 185), liegt das „Potential für persuasive Manöver“.

Deagentivierung und Pseudoagentivierung
Es werden verschiedene Formen der *Deagentivierung* und *Pseudoagentivierung* aktualisiert. Im Analysetext ist an zahlreichen Stellen unklar, wer handelt: Einerseits liegt das an nominalisierenden Formulierungen wie: *Der Wertekanon, der (...) aufscheint, soll (...) zur* ***Selbstvergewisserung*** *beitragen, mit der eine (...)* ***Identitätsfindung*** (...) (30-31); *Identität setzt* ***Selbstvergewisserung*** *über die eigenen Wurzeln zwingend voraus* (10); (...) *dass die europäische Identität und* ***Selbstbestimmung*** *immer wieder von neuem auf dem* ***Prüfstand*** *steht* (6-7); *das zeigt der* ***Blick*** *in die europäische Geschichte* (15). *Sich selbst vergewissern, Identität finden, sich selbst bestimmen, (etw.) prüfen* bzw. *auf den Prüfstand stellen, blicken:* Verbal formuliert fiele sofort ins Auge, dass es sich (um eine traditionelle Klassifizierung zu bemühen) um *Handlungsverben*, um *agentive Verben* handelt. Wer aber soll sich seiner selbst *vergewissern*? Wer *prüft, bestimmt, blickt*? Beziehungsweise, und dies ist in diesem Falle besonders interessant: Wer soll *Identität finden*? Die Vermeidung einer klaren Benennung von Handelnden ist, auf primär lexikalischer Ebene, noch mehrfach im Text zu beobachten. So wird durch den Gebrauch des Pronomens *wer* (10)[402] eine genaue Benennung vermieden. *Wer* also *will (...)Identität stiften oder bewahren? Wer(...) muss sich (...)der eigenen Wurzeln bewusst werden* (11)? Es ist in diesem Zusammenhang interessant, dass im Text nicht nur auf die *Ausbildung* von Identität (10, 31) rekurriert wird, sondern auch die *Stiftung* und *Bewahrung* von *Identität* (siehe 10-12).

Mehrere Antworten auf die aufgeworfene Frage nach dem Akteur der Identitätsbildung (und damit eng zusammenhängend nach dem aktualisierten Identitätsbegriff) lassen sich aus dem Text heraus begründen, zumal den genannten Strategien der *Deagentivierung* solche der *Pseudoagentivierung* gegenüberzustellen sind: *Europa und seine kulturelle Identität* ***leben*** *(...)* (17-18), *Europa hat sich schon immer durch die Fähigkeit ausgezeichnet, sich ständig weiter zu* ***entwickeln*** (14) – Europa wird als *Agens* etabliert: Es steht in der prototypischen Subjekt/Agens-Position. Je nachdem, wie man *Europa* versteht, wird das essentialisierende Abstraktum *Europa* (das *Zukunftsprojekt*) zum Handlungsträger und so *anthropomorphisiert*. Oder es handelt sich um einen metonymischen Gebrauch, *Europa* steht als ‚Raumcontainer‘ für seine Einwohner. Wird mit *Europa* tatsächlich auf die EU referiert, so könnte der Ausdruck auch metonymisch für Institutionen der EU gebraucht sein. An dieser Stelle verbindet sich die Frage nach den Akteuren, besser, nach der semantischen Rolle des Agens (was nicht gleichzusetzen ist), mit dem Analysebereich ***Metonymien***, die, folgt man LAKOFF/ JOHNSON (1998: 50), ja ebenso als Gedanken und Handlungen organisierende Konzepte angesprochen werden können wie Metaphern und „nach der gleichen Systematik (...) funktionieren“. Im Kontext sind mehrere Rekonstruktionen denkbar und nachvollziehbar, *wer* hier *welche Form von Identität* ausbilden, stiften oder bewah-

402 Es könnte auch im Sinne von *wer auch immer* als Indefinitpronomen gelesen werden.

ren soll, wobei gerade die Ambiguität in ihrer breiten Interpretierbarkeit die Möglichkeit eröffnet, letztlich verschiedene Möglichkeiten anzusprechen:

(1) Versteht man *Europa* tatsächlich als Abstraktum, dann kann europäische Identität entweder als ‚Staatsidentität' der EU oder als wie auch immer genauer zu bestimmende gemeinsame ‚zivilisatorische Merkmale' oder *broadly defined cultural category* (vgl. Delanty/ Rumford 2005) dieser ‚Entität' (ob man sie nun als ‚Raumobjekt' ansieht oder als politisches Projekt) gefasst werden. *Wer* diese bestimmt, bleibt aber unklar, oder besser: Gerade weil ein Abstraktum als Handlungsträger etabliert wird, ist es möglich, die Akteure auszublenden und den Text so für eine Vielzahl von Interpretationen zu öffnen. Die umrissene Lesart wird durch den wiederholten Verweis auf die *kulturelle Identität* (18, 25-26) *Europas* gestützt.

(2) Versteht man *Europa* im Sinne einer Metonymie als Kürzel für die EuropäerInnen (die damit sozusagen referentiell assimiliert und als *ähnlich/ gleich* gesetzt werden), könnte man auch von der Identität der EuropäerInnen sprechen (ob individuell oder kollektiv). Diese Lesart wird gestützt durch die direkte Ansprache der Rezipienten (*wir, uns*) und die Tatsache, dass das Heft und seine Beiträge (siehe letzter Absatz) ja letztlich nur dann Sinn machen, wenn es darum geht, bei den *Rezipienten* zur *Selbstvergewisserung bei[zu]tragen* (30-31).

Um nochmals auf *Deagentivierungstendenzen* bzw. unklare, generalisierende Referenzen zurückzukommen: Der Text bleibt insofern *vage*, als auch an anderen Stellen unklar bleibt, wer handelt. So kann das Indefinitpronomen *es* (4, 5, 16) als ‚Pseudoaktant' bestimmt werden, als unpersönliches *es*, das kein Substantiv vertritt, aber ein formales Subjekt oder Objekt darstellt (vgl. Duden-Grammatik 2005: 830). Im Falle von *es bedarf der (...) Selbstvergewisserung über seine Wurzeln* (4-5) wird durch den Gebrauch dieses Indefinitpronomens vermieden, den Akteur der Selbstvergewisserung zu benennen. Auch das Indefinitpronomen *man* (14) lässt sich in diesem Zusammenhang nennen, ihm kommt jedoch eine spezielle Funktion zu: *Man kann (...) noch weiter gehen* (...) *und sprechen* (14-15). *Man* dient zu einer „Verallgemeinerung von Meinungen, Intentionen oder Urteilen" (Zifonun et al. 1997: 939): Nicht die Meinung eines einzelnen, des Autors, wird wiedergegeben, so wird suggeriert, sondern eine allgemein verbreitete Ansicht.

Zusammenfassend: Die Vagheiten geben der Interpretation der Frage, *wer Identität* ausbilden soll, *wer* sich seiner *selbst vergewissern* soll, einen breiten Raum. Möglicherweise um *beides* anzusprechen: Europäische Identität im Sinne einer kulturellen Kategorie und die persönliche/ kollektive Identität einzelner Individuen bzw. ‚der' EuropäerInnen, den top-down und den bottom-up Prozess. Dies wäre vor dem Hintergrund der Tatsache schlüssig, dass beide Identitätsdefinitionen, teils explizit, meist implizit, in verschiedenen Beiträgen des Heftes anklingen. Zugleich tritt der Autor über Deagentivierungsstrategien sozusagen zurück, stellt seine Assertionen als allgemeingültig dar: Über das Pronomen *wer* und das Indefinitpronomen *man*, den Pseudoaktanten *es* und durch den Gebrauch des ‚objektiven Wir'. Die Argumentationsanalye, so wird zu zeigen sein, stützt diese Einschätzung: Die Tatsache, dass viele *Behauptungen* aufgestellt werden, ohne (zumindest textimmanent) *begründet* zu werden, weist in diese Richtung – die Gültigkeit, so wird suggeriert, muss nicht begründet werden, da sie *unstrittig* ist bzw. durch eine *argumentatio ab auctoritatem* gestützt wird. Zugleich aber tritt der Emittent im inkludierenden *Wir* persönlich an die Rezipienten heran, stellt *Gemeinschaft* her. Überspitzt formuliert: *Wir* EuropäerInnen können/ sollen über den Blick in die Geschichte Identität finden. Hierin wie im metonymischen Gebrauch von *Europa* steckt eine Form der *referentiellen Assimilierung*, der Setzung von Gleichheit innerhalb der Kategorie *wir* bzw. *EuropäerInnen*.

Alltägliches Geographie-Machen

Beleuchtet man die bisherigen Ergebnisse im Lichte der SCHLOTTMANNschen Ausführungen zu sprachlichen Elementen des ‚alltäglichen Geographie-Machens', können einige Schlüsse gezogen werden. In der Tat wird *Europa* im Analysetext als ‚Entität' konzeptualisiert, und damit ‚ontologisiert' und ‚essentialisiert', als „beobachterunabhängig" und „unverhandelbar" (Schlottmann 2005: 181) begriffen. Zudem erfolgt über die EUROPA als ORGANISMUS-Metapher zugleich eine *Naturalisierung* und eine *Anthropomorphisierung*, die „räumliche Einheit"[403] wird „als intentional handelnde[s] Subjekt(...) vorgestellt" (Schlottmann 2005: 181). Zumindest an zwei Stellen (*in Europa*, 24 und über die Metapher *Wiege*, 19) wird *Europa* auch als Behälter, als *Container* gedacht. Die *signifikative Regionalisierung* ermöglicht eine *Identifizierung* (die über die Verwendung eines Toponyms und die Metaphorik hinaus auch durch die Existenzpräsuppositionen gestützt wird), und zugleich die Zuweisung von Eigenschaften (*Topographisierung*), was in diesem Fall ebenfalls zusätzlich durch eine Existenzpräsupposition (der *Auszeichnung*) und durch Strategien der Kontextualisierung und expliziten Definition/ Exemplifizierung gestützt wird. Es wird eine *Kultur-Raum-Einheit Europa* etabliert, die sehr klar *abgegrenzt* wird (durch das, was sie *auszeichnet*, durch die Gegenüberstellung *des Neuen, des Anderen, des Fremden*). Hinzu kommt der metonymische Gebrauch im Sinne der *EuropäerInnen*.

Themenentfaltung: Argumentation

Argumentationsanalyse

Die Themenentfaltung ist argumentativ[404]. Allerdings handelt es sich nur zum Teil um eine Argumentationskette, in der *Thesen begründet* werden: Es werden zahlreiche *Behauptungen* aufgestellt, ohne dass sie durch *Daten* belegt würden. Die Zusammenhänge sind (aus dem Text heraus) *nicht* unmittelbar einleuchtend, die Rekonstruktion der Argumentation versteht sich vor diesem Hintergrund als Diskussionsvorschlag:

403 Die Frage ist, ob über das Toponym tatsächlich *in allen Fällen* auf einen ‚Raum' referiert wird, ob *Europa* eher als *Abstraktum* angesprochen werden muss, oder metonymisch für seine BewohnerInnen steht. Zumindest an einer Textstelle ist der Bezug klar: *in Europa* (24).

404 Der erste Teil des ersten Abschnittes lässt sich auch als *deskriptiv* (*meinungsbetont*) beschreiben: Ein Thema (‚Europa als Zukunftsprojekt') wird spezifiziert. Es handelt sich aus Sicht der Verfasserin um eine (sehr kurze) *Einbettung*, also um eine Form der kontextuellen Einordung der Argumentation: „sie restringiert somit die Argumentationsmöglichkeiten und erhält dadurch (...) eine die Argumentation ‚stützende' Funktion" (Brinker 2001: 82).

Die den Text eröffnende Assertion *Europa ist ein Zukunftsprojekt* (3) stellt nicht nur eine explizite Definition *Europas* dar, sondern auch ein Behauptung: ‚Europa ist ein Zukunftsprojekt'. Dem folgt mit der spezifizierenden Proposition ‚Dieses Zukunftsprojekt Europa umfasst eine Friedensordnung, seine politischen Institutionen und seine wirtschaftliche und soziale Ordnung und noch etwas darüber Hinausgehendes' (3-4) eine zweite Behauptung, die ebenfalls nicht begründet wird. Auch die zweite Spezifikation ‚Das Zukunftsprojekt (Europa) bedarf (auch) der immer neuen Selbstvergewisserung über seine Wurzeln' (4-5) stellt eine (normative[405]) Behauptung dar. Die diese Proposition umformulierende spezifizierende Behauptung ‚Europäische Identität stand schon immer auf den Prüfstand' (5-7) wird vordergründig belegt durch: *So war es schon immer in der Geschichte Europas* (7) im Sinne von ‚Das war schon immer so'. Im Grunde handelt es sich jedoch um eine *Wiederholung* der Behauptung in allgemeinerer Form. Daran schließt sich die Behauptung an: ‚Identität beruht auf Selbstvergewisserung' (vgl. 10). Man kann jetzt (re)konstruieren: ‚Europa bedarf *deshalb* der Selbstvergewisserung über die eigenen Wurzeln, *weil* es dann Identität ausbilden kann'. Was eigentlich gemeint ist, wäre dann: ‚Europa bedarf der Ausbildung von Identität'. Dies wird jedoch nicht versprachlicht, sondern durch eine Aneinanderreihung von Behauptungen nahegelegt. Im abschließenden Satz des ersten Abschnitts wird dann die Behauptung aufgestellt: ‚Wer Identität stiften/bewahren will, muss sich seiner Wurzeln bewusst werden' (10-13)[406]. Wurde zunächst der Ausdruck der *Selbstvergewisserung* (*der* es ja *bedarf*) mit dem der *Identität* verknüpft, so wird er nun über den Ausdruck der *Bewusstwerdung* wieder aufgenommen (der noch stärker etwas bereits Vorhandenes impliziert, dessen man sich eben *bewusst werden* kann): Im Grunde handelt es sich um eine Wiederholung der vorangegangenen Proposition, die allerdings ergänzt wird: Identitäts*stiftung* und *-bewahrung* beruht *nicht nur* auf *Selbstvergewisserung*, diese kann *auch* als Bewusstwerdung über die *eigenen Wurzeln* spezifiziert werden. Ableiten lässt sich: *Europa* bedarf der *Selbstvergewisserung* über seine Wurzeln, um *Identität* auszubilden, aber auch um sie zu *stiften* und zu *bewahren.* Auch dies wird nicht explikativ dargelegt, sondern muss aus den Behauptungen gleichsam herausgelesen werden. Verklammert sind die einzelnen Behauptungen vor allem durch die *Rekurrenz* (‚Kohäsionsmittel') von *Selbstvergewisserung*, *Identität*, *Wurzeln* und *Europa* und vage bleibende implizite Wiederaufnahmen wie *Das* (3), *Dazu* (4), *es* (5). Die Proposition ‚dass es sich bei dem Themenheft um ein ehrgeiziges Unterfangen handelt' (vgl. 7-9) bezieht sich auf die in den vorangegangenen Propositionen explizierte ständige Überprüfung und Selbstvergewisserung über die Wurzeln/ von Identität: Diese können als Prä-

405 Nach COLMER/ ROB-SANTER (2002: 170ff.) , die zwischen normativen und faktischen Aussagen unterscheiden. Diese normativen Aussagen sind „einer objektiven Überprüfung nicht in jenem Maße zugänglich wie die faktischen Aussagen. Die Aufgabe normativer Aussagen besteht darin, dem Gesprächspartner oder Adressaten etwas vorzuschreiben, zu verbieten, zu befehlen usw. oder etwas als moralisch gut/ böse, gerechtfertigt/ ungerechtfertigt usw. hinzustellen" (Kolmer/ Rob-Santer 2002: 170ff.).

406 Die Organismusmetapher *Wurzeln* weist über bloße Geschichtskenntnisse hinaus, sie verweist auf eine affektive, gleichsam natürlich gewachsene, vor-bestehende Verbindung.

missen verstanden werden, die diese These belegen. Die Schlussregel wäre in diesem Fall: ‚Wenn europäische Identität ständig auf dem Prüfstand steht, dann ist das Heft ein ehrgeiziges Unterfangen': Etwas Dynamisches zu beschreiben ist schwieriger, als etwas Statisches zu beschreiben.

Auch im zweiten Abschnitt finden sich unverbundene Behauptungen, allerdings ist die argumentative Entfaltung hier offensichtlicher. Es wird behauptet: ‚Europa entwickelt/ erneuert sich ständig' (versprachlicht in den Zeilen 13-17). Der Zusammenhang zum ersten Abschnitt wird (so könnte man rekonstruieren) durch (partielle) Rekurrenz hergestellt, ***ständige***(...), *immer wieder von* ***neuem*** (5, 6) werden durch ***ständig*** *weiter entwickel(t),* ***permanenter Erneuerungsprozess*** (13-15) wieder aufgenommen. Gleichsam mit übertragen wird der Bezugspunkt: Was sich *ständig entwickelt,* ist die *Selbstvergewisserung,* was sich *permanent erneuert,* ist die *Bestimmung* der *europäischen Identität.* Die Begründung dieser Behauptung führt wiederum die *Geschichte* ins Feld: ‚Die Geschichte beweist die Behauptung' (vgl. Zeile 15). Die Schlussregel könnte so aussehen: ‚Wenn (der Blick in) die Geschichte die Behauptung verifiziert, dann erneuert sich Europa (bzw. seine Identität) ständig'. *Die Geschichte* wird als Autorität angesprochen, auf die man sich berufen kann. Zwar ist es der *Blick in die (...) Geschichte* (Zeile 15), der die Erkenntnis belegen soll, dennoch wird diese damit nicht nur (in der Einzahl) als existent *präsupponiert* und so essentialisiert, sondern auch suggeriert, dass sich aus ihr Begründungen ableiten lassen. Der „topos of history as a teacher" (Wodak et al 1999: 36) scheint aktualisiert und kann als hinter der konkreten Schlussregel stehende Stützung[407] angenommen werden. Die nachfolgende Proposition macht nur Sinn, wenn man, wie rekonstruiert, davon ausgeht, dass der angesprochene Erneuerungsprozess, die Entwicklungsfähigkeit, sich auf den ständigen Prozess der *Selbstbestimmung* über die eigenen *Wurzeln* bezieht: Es wird behauptet (und auch das *braucht* (15) lässt sich, ebenso wie das *bedarf* im ersten Abschnitt, als Beleg für eine *normative* Aussage werten): ‚Innovationskraft ist nötig, weil Selbstvergewisserung und Bereitschaft zur Weiterentwicklung in einem natürlichen Spannungsverhältnis stehen' (16-17). Dies ist unlogisch, denn wenn die Selbstbestimmung im ständigen Wandel ist, wieso sollte sie zu ihrer Weiterentwicklung in einem Spannungsverhältnis stehen? Logisch wird die Behauptung nur, wenn man die Tatsache einbezieht, dass die *Wurzel*-Metapher und der Ausdruck der *Bewusstwerdung,* bei allem historischen Wandel aufgrund ihrer Semantik doch eher auf etwas Gleichbleibendes referieren: Zwar, so könnte man paraphrasieren, gibt es einen ständigen Prozess der Selbstvergewisserung, die *Inhalte* jedoch, auf die Bezug genommen wird, sind in gewisser Weise gleichbleibend, weshalb Innovationskraft nötig ist, um sie neu zu bewerten. Es handelt sich, so muss betont werden, um *eine* Lesart des Textes, andere sind ebenso möglich: Der Text ist für verschiedene Interpretationen offen. Man könnte z.B. auch Erneuerung und Entwicklung als eher allgemeine Prozesse bestimmen, die in Europa immer abliefen und noch ablaufen. Dies könnte dann als ein Hinweis auf die *Innovationskraft Eu-*

407 Diese Kategorien werden aus didaktischen Gründen herangezogen. Im Grunde lassen sie sich analytisch nicht trennen und fallen beide unter den Begriff der *Schlusspräsupposition.*

ropas gedeutet werden: Gerade dadurch schafft *Europa* es, den Prozess der *Selbstvergewisserung* aufrecht zu erhalten. Dass dieser Prozess *schon immer* ablief (vgl. 7) ‚beweist' dann die *Innovationskraft Europas.*

Im Folgenden werden zwei weitere Behauptungen aufgestellt, die jedoch nicht belegt werden: ‚dass Europa bzw. seine kulturelle Identität sich in der Auseinandersetzung mit dem Anderen bestimmen' (17-18)[408] und ‚dass Europa die Wiege des moralischen Universalismus ist' (19-20). Letzterer wird die These *entgegengesetzt* (durch *aber*), ‚dass europäische Identität den Rückgriff auf eine geographische und eine historische Dimension braucht'. Begründet wird dies durch den Verweis auf die Beiträge des Heftes (21-22), womit zwei Argumentationsroutinen aktualisiert werden: Zum einen der ‚Topos der Wissenschaftlichkeit' als Sonderfall einer *argumentatio ab auctoritatem* – es handelt sich um eine im weiteren Sinne wissenschaftliche Veröffentlichung und deshalb ist den Inhalten Glauben zu schenken (Schlussregel: ‚Wenn uns die Beiträge dies eindrucksvoll vor Augen führen, kommt Europa nicht ohne eine historische und geographische Dimension aus'). Hinzu kommt der ‚Topos der Geschichte als Lehrerin'. Zusammen stellen diese Topoi die Stützung dar: Die Schlussregel macht nur Sinn, wenn aus den im Heft dargelegten *historischen* Beispielen *überhaupt* auf Gegenwart und Zukunft geschlossen werden kann.

Zwischen den zweiten und den abschließenden Abschnitt schiebt sich ein Absatz, in dem über ein *Autoritätszitat*, den Verweis auf die Historikerin Ute Frevert, zwei weitere, miteinander verbundene Behauptungen aufgestellt werden, die weiter belegen sollen, dass es neben dem Bezug auf Werte (moralischer Universalismus) auch des Einbezugs der historischen und geographischen Dimension bedarf: Die Behauptung ‚Europa wird [von wem genau bleibt unklar, aber Erwägungen bedürfen eines Akteurs] meist über die geistig-ideelle Ebene fundiert' (vgl. 24) und die Behauptung ‚Ideen/ Werte sind immer im Prozess der Aushandlung begriffen' (vgl. 26-27). Da es sich um ein Zitat handelt, kann eine *argumentatio ab auctoritatem* angenommen werden, die diese beiden Behauptungen stützt. Zusammengenommen können die beiden Behauptungen als Daten zur These ‚dass Europa eine historische und geographische Dimension braucht', bestimmt werden. Schlussregel: ‚Wenn Ideen/Werte immer im Prozess der Aushandlung begriffen sind, dann bedarf europäische Identität einer historischen und geographischen Dimension'. Diese macht jedoch nur dann Sinn, wenn man annimmt, dass sich Identität entweder (nur) über (gemeinsame) Werte oder den Verweis auf Geschichte bzw. Geographie herstellen lässt. Andere mögliche Bezüge werden ausge-

408 Es ließe sich ein Zusammenhang herstellen, wenn man die *Innovationskraft* eben aus dieser *Konfrontation* mit *dem Neuen, Fremden, Anderen* ableitet. Versprachlicht wird dies nicht, man könnte die Verbindung möglicherweise über das Weltwissen (Kenntnis der einschlägigen Literatur?) im Sinne einer pragmatischen Präsupposition knüpfen. In diesem Fall ließe sich auch die Bestimmung *Europas* als *Wiege des moralischen Universalismus* möglicherweise als Resultat der Auseinandersetzung mit *dem Neuen, Fremden, Anderen* verstehen. Aus dem Text belegen lässt sich keine dieser Annahmen, außer man geht davon aus, dass die Maxime der Relevanz verletzt wird, wenn die Behauptungen unverbunden nebeneinanderstehen und deshalb Kohärenz hergestellt werden muss.

blendet. Zudem steht dahinter noch eine weitere Setzung: Dass *europäische Identität* in irgendeiner Weise bestimmt werden *muss*.

Die ersten Propositionen des letzten Textabschnittes, in *wenn p-dann q*-Form (allerdings ohne das *dann*) versprachlicht, nehmen Bezug auf die beiden zuvor aufgestellten Behauptungen: ‚Dieser Befund [‚dass Ideen und Werte ständig ausgehandelt werden'] muss uns nicht ängstigen' *wenn* zutrifft ‚dass wir auf Europas Geschichte Bezug nehmen'. Insofern ist der zweite Teilsatz, der Hauptsatz, als These anzusprechen, deren Datum/ Begründung im durch die konditionale Subjunktion *wenn* eingeleiteten Nebensatz versprachlicht wird: Die Schlussregel wird hier explizit formuliert. Die Stützung ist dieselbe, auf die schon mehrfach Bezug genommen wurde: Nur wenn man die *Geschichte als Lehrerin* annimmt, ist diese Schlußfolgerung nachvollziehbar. Durch *(i)m Gegenteil/ vielmehr*[409] (29, 30) kontrastiv-verstärkend verknüpft, schließen sich die Propositionen an: ‚Die Beiträge liefern einen Wertekanon', ‚Der Wertekanon soll zur Selbstvergewisserung beitragen' und ‚Selbstvergewisserung macht abwägende Identitätsfindung erst sinnvoll und möglich' (29-32). Der Kontrast wird zum *Bange sein* aufgebaut: ‚Nein, uns muss ganz und gar nicht Bange sein'. Die Verstärkung bezieht sich auf die Aussage, dass uns eben *nicht Bange* sein muss. Die These ‚Dieser Befund [‚dass Ideen und Werte ständig ausgehandelt werden'] muss uns nicht ängstigen' wird untermauert, indem das Datum ‚dass wir auf Europas Geschichte Bezug nehmen' spezifiziert wird: Der Geschichtsbezug findet in den Beiträgen des Heftes statt und diese liefern einen Wertekanon. Uns muss *nicht Bange* sein, da die *Beiträge* des Heftes eines *Wertekanon* liefern. Die abschließende Proposition greift die zu Beginn des Textes aufgestellte Behauptung nochmals auf, ‚dass Identität auf Selbstvergewisserung beruht'. Verklammert werden die Behauptungen dadurch, dass über das teleologisch gebrauchte Modalverb *soll* ein Ziel genannt wird: ‚Der Wertekanon soll zur Selbstvergewisserung beitragen'. Uns muss also *nicht Bange sein*, denn die *Geschichte*, genauer die *Beiträge*, liefern einen *Wertekanon*, dieser trägt zur *Selbstvergewisserung* bei und ermöglicht *Identitätsfindung*. Dass Identitätsfindung ein *erstrebenswertes Ziel* ist, wird vorausgesetzt, nicht begründet. Greift man auf den einleitenden Paragraphen zurück, könnte man sagen, es handelt sich um eine *normative Vorgabe* (*es bedarf*, 4-5): Sie ist deshalb erstrebenswert, weil sie *Europa* zum *Zukunftsprojekt* (was es aber eigentlich schon ist) macht. Der Argumentationsgang ist jedoch unlogisch: Der *Befund* wird nicht widerlegt, sondern durch *braucht uns (...) gewiss nicht Bange sein* (28-29) lediglich *emotiv* geglättet, wobei durch das Adverb *gewiss* betont wird, dass der Emittent das Geäußerte für sehr sicher (Duden Wörterbuch 2007: 692) hält. Diese emotionalisierte Betonung von sicherem Wissen kann aber die Tatsache nicht ausblenden, dass einerseits über ein *Autoritätszitat* behauptet wird, dass Werte/ Ideen nichts Fixes sind, sondern sozial ausgehandelt werden, andererseits aber das Gegenteil, nämlich, dass die *Geschich-*

409 „Drückt aus, dass eine Aussage einer vorausgegangenen (...) entgegengesetzt wird, diese berichtigt und präzisiert: *im Gegenteil; genauer; richtiger gesagt*" (Duden Wörterbuch 2007: 1848).

te einen *Wertekanon*[410] liefern kann. Auflösen lässt sich dies allerdings dann, wenn man annimmt, dass *appelliert* wird: *Ja*, alles wird ausgehandelt, aber wir wollen/ sollen uns auf die Geschichte beziehen und daraus unsere Werte ableiten, denn sonst (so könnte man interpretieren) müsste uns ja vor dem *Befund* eventuell doch *Bange sein*. Der offene Prozess soll, in dieser Lesart, über eine Setzung abgeschlossen werden. Auch dann bleibt jedoch der Bruch erhalten, dass über den Inhalt des Werte-Musters erst einmal entschieden werden müsste (so alles sozial ausgehandelt ist), aber über die definite Fassung und die visuelle Metapher (*der Wertekanon, der (...) aufscheint*, 29-30) ein bereits klar umgrenzter Kanon suggeriert wird.

Insgesamt zeichnet sich der Argumentationsgang durch eine Reihe logischer Brüche und unklarer Bezüge zwischen apodiktisch aufgestellten Behauptungen aus, die durch den Verweis auf *Autoritäten* und den Bezug auf *Emotionen* nur oberflächlich geheilt werden.

Argumentationsmuster

Die *Topoi*, auf die im Text rekurriert wird, seien nochmals zusammengefasst. Im Grunde lassen sich alle Argumentationsmuster auf ein Grundmuster zurückführen: Den Autoritätstopos, die *argumentatio ab auctoritatem*. Der Bezug auf (der Blick in) die *Geschichte* lässt sich hier einordnen, ob man rekonstruiert, dass tatsächlich die *Geschichte* als Autorität angesprochen wird, oder ob man, über einen Umweg, die *Arbeit von Historikern* (den *Blick in die Geschichte*) als Autorität annimmt. Auch der Verweis auf die *Beiträge* des *Heft*es, die das Behauptete *vor Augen führen* ist als Autoritätszitat zu werten. Letzteres Muster wurde zudem als ‚Topos der Wissenschaftlichkeit' beschrieben: Der Produktionsrahmen der Texte bzw. ihrer Inhalte, der akademische Hintergrund der Autoren wird zum Beweis für deren Richtigkeit. Offensichtlicher ist der *Autoritätsbezug* im Rahmen des *Zitates*: Die Historikerin Ute FREVERT wird direkt als Autorität ins Feld geführt, die Tatsache, dass die Behauptungen, der *Befund*, wie HOECKER es nennt, einem wissenschaftlichen Artikel entstammen, belegt ihren ‚Wahrheitswert'. Während letztere Form des Autoritätstopos als typisch für wissenschaftliche Texte allgemein angesehen werden kann (will der Emittent die Verortbarkeit seines Textes in diesem Bereich signalisieren?), haben die anderen Aktualisierungen eines gemeinsam: Es wird verwiesen auf etwas außerhalb des Textes selbst liegendes, die Beweisführung wird auf die intertextuelle Ebene, ‚den Diskurs' ausgelagert.

Fragen der Kohärenz:
Pragmatische Präsuppositionen – Argumentation über intertextuelle Bezüge

Der Analysetext, so wurde gezeigt, stellt in weiten Teilen eine Behauptung nach der anderen auf, Begründungen sind nur zum Teil versprachlicht und in den Fällen, in denen sie versprachlicht werden, handelt es sich oft selbst um Behauptun-

410 Das Determinativkompositum *Wertekanon* bestimmt *Kanon* (‚Gesamtheit der für einen bestimmten Bereich geltenden Regeln und Vereinbarungen', ‚Leitfaden für jmds. Verhalten'; kanonisch: ‚als Richtschnur, klassisches Muster dienend' (vgl. Duden Wörterbuch 2007: 925) über *Werte* genauer: Man könnte paraphrasieren: ‚Klassisches Muster von Werten'.

gen, die an eine außerhalb des Textes stehende Autorität anknüpfen. Er folgt einer *Logik der Setzungen* und nicht einer *Logik der Explikation*. Hier soll die *Textstruktur* unter *Kohärenzperspektive* nochmals genauer in den den Blick genommen werden. Auf Ebene der syntaktisch-semantischen Beziehungen stellt sich der Text zunächst als kohärent dar: Sowohl Formen der expliziten Wiederaufnahme wie *Rekurrenzen* und *Proformen* (*Europa* 3, 7, 13, 17, 19, 28 und die Proformen *seine* 2x 3, 5, 18, *es*[411] 16, 19; *Identität* 6, 8, 10, 11, 18, 20; *europäische Identität* 6, 8, 20; *Identitätsfindung* 9, 31; *Geschichte* 7, 15; *Wurzeln* 5, 10, 11; *Selbstvergewisserung* 5, 10, 16, 31) als auch der impliziten Wiederaufnahme (z.B. *Wurzeln, Geschichte* und *historische* (9, 21)[412] lassen sich herausarbeiten. Zur Textverknüpfung trägt auch das (fast) durchlaufende Tempus (*Präsens, Perfekt*) und eine ganze Reihe von Konnektiven bei (siehe oben). Auf der thematischen Ebene, das zeigt die Argumentationsanalyse, ist es schwieriger Kohärenz herzustellen. Die Behauptungen, die aufgestellt werden, lassen sich in vielen Fällen nur dann in einen Zusammenhang bringen, wenn man, wie FELGENHAUER dies angedeutet hat, davon ausgeht, dass der Text allgemein als kohärent interpretiert wird. Die Kohärenz ‚muss' in diesem Fall über den Rückbezug auf das Weltwissen (oder eine Art ‚suggeriertes Weltwissen') über ***pragmatische*** bzw. ***textuelle/ ideologische Präsuppositionen*** hergestellt werden (vgl. Linke/ Nussbaumer 1988; Burkhardt 2002: 98). In der Analyse wurde bereits der Versuch unternommen, diese zumindest teilweise zu rekonstruieren. In der ***Intertextanalyse*** bzw. in der Zusammenfassung wird hierauf noch vertiefend zurückzukommen sein. Vereinfacht gesagt: Es wird Bezug genommen auf jene *sozialen Repräsentationen Europas, die Europa* bzw. *europäische Identität* über ‚historische Gemeinsamkeiten', ‚gemeinsame Werte' und den Bezug auf eine ‚geographische Dimension' bestimmen. Zwar erfolgt zugleich eine Art ‚Lippenbekenntnis' bezüglich der Konstruiertheit und Wandelbarkeit dieser ‚Inhalte', dies ändert aber nichts daran, dass trotzdem eine Schließung angestrebt wird. Der Text ist als ‚extrem intertextuell angelegt' bzw. ‚interdiskursiv' anzusprechen: Die aufgestellten Behauptungen rekurrieren

(1) auf ‚Autoritäten' wie Ute FREVERT und die Verfasser der Textbeiträge im Themenheft, also *Historiker. Dort,* so die versprachlichten Begründungen, finden sich die Belege für die Thesen.

(2) auf ‚den Europadiskurs' bzw. aktualisieren Versatzstücke dieses Diskurses, die nicht mehr begründet werden *müssen*, weil die ***zugrunde liegenden sozialen Repräsentationen***, so wird nahegelegt, Allgemeingut sind.

Auch die *‚inhaltliche Füllung'* der sehr vage gebrauchten Ausdrücke *Identität, Wurzeln* und *Werte* wird näher zu bestimmen sein: sie wird den Textbeiträgen des Heftes ‚überlassen'. Zumindest teilweise ist dieser Befund textsortentypisch: *Geleitworte* sind eine „Textsorte-in-Relation" (Timm 1996: 459), auch ihre Kürze steht der ausführlichen Explikation der aufgestellten Behauptungen entgegen.

411 Falls dieses *es* nicht als Pseudoaktant zu bestimmen ist.
412 Die Kohäsionsmittel werden nur *exemplarisch* aufgeführt.

Textfunktion und Realisationsform der argumentativen Themenentfaltung
Kann die *Realisationsform* der *argumentativen Themenentfaltung* vor diesem Hintergrund als *persuasiv-überredend* eingeordnet werden? Um diese Frage zu beantworten, muss auf die ***thematische Einstellung*** zurückgekommen werden: Die Mischung aus ***Interessensbekundungen*** und ***Wertungen***, die sich aus den Indikatoren der thematischen Einstellung ableiten lässt, ermöglicht es, die argumentative Themenentfaltung als *persuasiv-überredend* genauer zu bestimmen. Erhärtet wird diese Einschätzung durch die Ergebnisse der *Präsuppositionsanalyse* und die Erläuterungen zur *Textkohärenz*. Sie lässt sich zudem als Indikator der Textfunktion werten: Die *thematische Einstellung* sowie die *Art der Themenentfaltung* und ihre *Realisationsform* (argumentative Themenentfaltung, persuasiv-überredend umgesetzt) als *textuelle Indikatoren* weisen eher auf einen *appellativen* Text hin, in dem zwar kein Appell explizit ausformuliert wird, implizit jedoch, als indirekte Aufforderung, sich über den Blick in die Geschichte der eigenen Wurzeln und des europäischen Wertekanons selbst zu vergewissern und darauf die eigene Identitätsfindung aufzubauen, doch *appelliert* wird. Oder überspitzt: Übernimm ‚meine' Sicht auf *Europa*, es gibt *ein Europa*, *eine* (gemeinsame) *europäische Geschichte*, es gibt einen *Wertekanon. Finde Identität* über den Rückgriff auf diesen. Finden sich im Beitrag noch weitere textuelle Indikatoren, die Aufschluss über die Textfunktion geben können? Zumindest das *gewiss* (29) als Hinweis auf eine epistemisch-doxastische thematische Einstellung und die Quellenangabe bzw. das Autoritätszitat (23-27) zur Herausstellung der „Sicherheit" des „Wissens" signalisieren nach BRINKER (2001: 108) eine *Informationsfunktion*. Die evaluative Einstellung könnte auch als Wertung/ Meinungskundgabe ohne Handlungsbeeinflussungsabsicht verstanden werden, eventuell eine meinungsbetont-informative Funktion nahelegen. Insbesondere die Verknüpfung der evaluativen mit normativen (und emotiven) Komponenten der thematischen Einstellung sprechen aber eher gegen diese Annahme. Die signalisierte Textfunktion bleibt letztlich ambivalent, so ambivalent, könnte man sagen, wie die des Bildungsplanes, auf den das Themenheft Bezug nimmt. Sie ist damit auch Ausdruck einer ambivalenten *Intention*, die sich aus dem Kontext ableiten lässt: Einerseits gilt es, Inhalte urteilsfrei zur Aneignung zu vermitteln, andererseits stellen curriculare Vorgaben selbst schon ‚Identitätskonstrukte' dar, bestimmen politisch-administrative Vorgaben die umzusetzenden ‚pädagogischen Aufgaben'.

5.3 Intertexte

Typologische Intertextualität: Das ‚Geleitwort' als ‚Textsorte-in-Relation'
Die in der Analyse herausgearbeiteten *referentiell - intertextuellen* Bezüge der Argumentation des Analysetextes auf andere Texte, auf ‚den Diskurs' gewissermaßen, der die aufgestellten Behauptungen ‚begründet' beziehungsweise eine Explikation ‚redundant macht', sind ihrerseits als Hinweis auf Intertextualität zu klassifizieren: auf *typologische Intertextualität*. Der für die Textsorte ‚Geleitwort' typische Charakter eines Textes-in-Relation, eines „Musterbeispiel[s] für Intertextua-

lität“ (Rolf 1993: 197) prägt den Analysetext. Er ist „makrostrukturell an“ seine „‚Trägertextsorte‘“, in diesem Falle wissenschaftlich-didaktische Zeitschriftenartikel, „gebunden“ (Timm 1996: 459). *Zeitschriftenaufsätze* gehören nach ROLFS (1993: 196) funktionaler Klassifikation ebenfalls zu den assertiven, darstellenden, disputierenden Textsorten: Es wird *informiert*, ein *Problem* wird *erörtert*. Der Analysetext thematisiert die Bezugstexte in sehr spezifischer Weise: Es wird die „Erwartungshaltung(...)“ geweckt, dass diese begründen, weshalb europäische Identität *nicht ohne eine geographische und ohne eine historische Dimension* (20-21) auskommt und versucht, die „spezifische Intention (Rezeptionsabsicht)“ dahingehend „zu steuern“ (Timm 1996: 459), als die Rezipienten aus den Beiträgen einen *Wertekanon* (29) heraus-lesen sollen, der zu ihrer (?) *Selbstvergewisserung* (30) als EuropäerInnen (?) *beitragen* (31) und ihnen (?) *abgewogene Identitätsfindung* (31) ermöglichen soll. Insofern dient der Analysetext keineswegs nur dazu, dass potentielle Textadressaten den Textgegenstand ‚zum Gegenstand ihrer *epistemisch-doxastischen* Einstellungen machen‘ (die Aussagen über den Sicherheitsgrad der Informationen ‚übernehmen‘) – sie werden zugleich aufgefordert, die *evaluative, normativ-intentionale* und *emotive* Einstellung ‚mit‘ zu übernehmen.

‚Konsens ist hier schwer zu erzielen‘: Über direkte Autoritätszitate

HOECKER bezieht sich in einem explizit markierten, wörtlichen Zitat unter Nennung der konkreten Textquelle auf einen ‚Befund‘ aus einem Artikel der Historikerin Ute FREVERT (2005): Im Artikel *‚Braucht Europa eine kulturelle Identität?‘* legt diese laut dieses Zitates dar, dass der Bezug auf Werte und Ideale und eine geistig-ideelle Fundierung (von Identität) immer als Aushandlungsprozess verstanden werden müsse, in dem ein Konsens schwer zu erzielen sei. Im Kontext der Argumentation des HOECKERschen Geleitwortes wird dieser ‚Befund‘ herangezogen, um die Schwierigkeit einer *rein* wertbezogenen Identitätsstiftung zu untermauern: Eine *geographische* und vor allem eine *historische* Dimension seien (deshalb) notwendige Voraussetzungen *europäischer Identität*, ja aus der *Geschichte* ‚scheint‘ ein *Wertekanon* ‚auf‘, weshalb *uns* vor diesem *‚Befund‘ nicht Bange* sein muss. Die argumentative Inwertsetzung des Zitates ist allerdings insofern problematisch, als Ute FREVERTS Artikel eine der ‚Makroproposition‘ (dem Textthema) des Analysetextes widersprechende These aufstellt. Denn nach „Konsens ist hier schwer zu erzielen“ formuliert sie wie folgt weiter:

> „(...) Deutungskämpfe sind wahrscheinlich und spalten mehr, als dass sie einen. Es zeugte von profunder Geschichtskenntnis und sicherem politischen Instinkt, dass die Gründungsväter der Europäischen Gemeinschaft dieses verminte Terrain umgingen und stattdessen auf die Integrationskraft von Institutionen setzten“ (Frevert 2005: 112).

FREVERT (2005: 113) betont in ihren anschließenden Ausführungen, dass „daran (...) gezweifelt werden (...) mag“, dass „Kultur (...) das Gefühl europäischer Zusammengehörigkeit (...) begründe“. Sie wendet sich explizit gegen einen, wie sie es nennt, „einbalsamierten Kanon von Werten und Ideen“ (Frevert 2005: 113) – nur in Netzwerken konkreter zwischenmenschlicher Interaktion könne Gemeinsames gestärkt und Trennendes ausgehalten werden. „[D]ie Bemühungen, Europa kulturell (...) zu definieren“, würden dem „Festungsdenken Vorschub leisten“:

„Außengrenzen zu stärken, um innere Kohäsion herzustellen, war ein bewährtes Mittel mit dem Nationalstaaten des 19.Jahrhunderts ihre ‚Identität' zementierten. Schon damals hat diese Politik in erster Linie Unfrieden gestiftet (…). Die Europäische Union sollte sie nicht wiederholen" (Frevert 2005: 114).

Kurz, es fehlt nach FREVERTS (2005: 111) Ansicht der These von der „Notwendigkeit (…), die europäische Identität durch Betonung gemeinsamer Wurzeln und Traditionsbestände zu definieren", der Hinwendung zu „Selbstvergewisserungen", an „Hand und Fuß". Die Antwort auf die im Titel ihres Aufsatzes gestellte Frage ist ein klares *Nein*. FREVERTS Artikel widerspricht der Grundthese des HOECKERschen Textes im *Kern*. Durch die argumentative Kontextualisierung des Zitates suggeriert er allerdings das Gegenteil. Diese Form der Argumentation ‚funktioniert' also nur vor dem Hintergrund der Annahme, dass die potentiellen Adressaten die zitierte wissenschaftliche Literatur selbst nicht rezipiert haben.

Eine Kautele: Zur Problematik unmarkierter referentieller Intertextualität

Trotz der direkten Bezugnahme auf die Beiträge des Themenheftes bleiben die durch diese ‚belegten' Behauptungen vage: *Europäische Identität* brauche eine *geographische* und *historische Dimension*, aus der Beschäftigung mit *historischen Stationen* (beziehungsweise *Wurzeln*) *europäischer Identitätsfindung* lasse sich ein *Wertekanon* ableiten: Die konkrete inhaltliche Füllung der angesprochenen Identitätsdimensionen bleibt offen. Nun kann diese Offenheit selbst als Zeichen intertextueller Bezüge gewertet werden: Entweder dahingehend, dass auch in den politisch-administrativen Dokumenten auf EU- und bundesdeutscher Ebene die Inhalte des eingeforderten europäischen Bewusstseins vage bleiben. Oder als Verweis auf die ‚allgemeine Bekanntheit' der inhaltlichen Füllung, die deshalb nicht expliziert werden muss, da sie zum ‚Weltwissen' gerechnet und voraus-gesetzt werden kann. Hierauf wird noch zurückzukommen sein. Sie kann aber auch, und deshalb ist Vorsicht geboten, ganz praktische Gründe haben: Die *Vagheit* des Analysetextes könnte ein Indiz dafür sein, dass der Autor möglicherweise zwar die Konzeption des Themenbandes kannte, als er das Geleitwort schrieb, nicht aber die einzelnen Beiträge[413]. In diesem Falle steht die Intertextanalyse vor einem Problem: Der Autor selbst beruft sich auf intertextuelle Bezüge zur Untermauerung der eigenen Argumentation, die von ihm konkret angesprochenen Texte können jedoch nicht ohne weiteres als Prätexte des Analysetextes angenommen werden. Das intertextuelle Netz könnte noch weitaus komplexer sein: So könnte man alternativ vermuten, dass der Autor annehmen konnte (oder zumindest annahm), dass sich die Beiträge des Themenheftes auf bestimmte Prätexte (KMK-Beschluss, Bildungsplan 2004) beziehen würden und in einem spezifischen ‚diskursiven Kontext' verortet sein würden. In diesem Fall wären die Beiträge des Themenheftes und das Geleitwort über den (angenommenen) gemeinsamen Rückbezug auf ähnliche Prä-Texte intertextuell verknüpft. Die an diesem Beispiel

413 Dass ein Großteil der Texte bereits im September 2006, zwei Monate vor Redaktionsschluss, auf dem Deutschen Historikertag zum Vortrag gebracht wurde, könnte gegen diese Annahme sprechen. Es ist jedoch fraglich, ob HOECKER diese Vorträge vorab rezipierte.

umrissenen Schwierigkeiten der *belegbaren* Zuordnung intertextueller Bezüge gelten bezüglich nicht markierter referentieller Intertextualität generell: Bezugnahmen dieser Art lassen sich weder zwingend noch immer ‚richtig' und keinesfalls vollständig rekonstruieren (vgl. Steyer 1997: 92). Letztlich können Annahmen über mögliche Intertexte nur aus dem Kontext begründet werden. Einen Sonderfall stellt jene Form der Intertextualität dar, die in der Aktualisierung bestimmter Diskursspezifika zum Ausdruck kommt. In diesem Fall lassen sich keine konkreten Prä- (oder Post-)Texte eruieren, dennoch wird der Text über das ‚Diskursfeld' in einem komplexen Netz von intertextuellen Bezügen verortet. Vor diesem Hintergrund soll im Folgenden die Fokussierung intertextueller Bezüge nicht textorientiert, sondern themenorientiert erfolgen: Die aufgezeigten Zusammenhänge verstehen sich als mögliche, durch kontextuelle Informationen als wahrscheinlich anzunehmende Verknüpfungen, beanspruchen jedoch keine ‚letzte Sicherheit'. Zugleich muss eine weitere Kautele betont werden: Die Inter-Texte wurden nicht *textanalytisch* ausgewertet, insofern sind die Bezüge, die hergestellt werden, selektiv. Ausdrucksverwendungen und Topoi, Begriffsdefinitionen und Bedeutungszuweisungen werden aus dem Kontext ihrer Gesamttexte herausgelöst dargestellt. Insofern sind die herausgearbeiteten Bezüge als *Hypothese*, als *Suchhinweis*, als *Fingerzeig* zu werten: An dieser Stelle könnten weitere Detailauswertungen anschließen, um das umrissene Bild zu bestätigen, aber auch zu transformieren.

Im Folgenden sollen vier eng miteinander verwobene Bereiche intertextueller Bezüge in den Blick genommen werden: (1) *Metaphorik* und (2) *Topik* des Analysetextes, (3) jener ‚*Wertekanon*', der in den Beiträgen des Themenheftes ‚aufscheint' beziehungsweise jene ‚*Dimensionen' europäische Identität*, die sie ‚vor Augen führen' und (4) die *Ambivalenz* des Textes zwischen statischem und dynamischem *Identitäts*verständnis, zwischen der Konstruktion und der Essentialisierung *Europas*. Die Suche nach jenen ‚Fäden', die den Text einknüpfen in ein intertextuelles Netz, erfolgt unter Rückgriff auf den Kontext: Welche Bezüge lassen sich zu den Beiträgen des Themenheftes herausarbeiten? Inwieweit greift der Analysetext, greifen die Texte des Themenheftes auf institutionelle Prä-Texte zurück? Was wird aus dem wissenschaftlichen Diskurs zur europäischen Identitätsthematik aufgegriffen, welche Bezüge ergeben sich zum Diskursfeld europäischer Identitätsangebote, zu ‚Identitätsdiskursen' allgemein? Die letzten Fragen lassen sich bereits als ein Fazit begreifen, als Form der Interpretation und werden deshalb im Rahmen der funktionalen Bestimmung und der kritischen Zusammenfassung der Analyseergebnisse fokussiert werden.

Metaphern-Netze: Wurzeln, Wiegen, Wege

Die *Wurzelmetaphorik* des Analysetextes, über die die Konzeptmetapher EUROPA als GEWÄCHS/ORGANISMUS (*seine Wurzeln*, 5), zugleich aber die Konzeptmetapher DAS SELBST als ORGANISMUS/ GEWÄCHS (*eigene Wurzeln*, 10, 11) aktualisiert wird, wurde in ihrer *Europa* und *Identität* naturalisierenden Funktion und in ihrer Funktion als ‚Schlusspräsupposition', die über die ‚Systeme assoziierter Gemeinplätze' gleichsam eine Argumentationshandlung in sich birgt, bereits beschrieben. Nun handelt es sich bei der Wurzelmetapher um ein nicht nur in der Alltagssprache, sondern auch im Kontext wissenschaftlicher Veröffentlichungen usuelles Bild: Wenn aber die ‚Theorie der sozialen Identität' als *Wurzel* der ‚Identitäts-Prozess-Theorie' beschrieben wird, dann wird der allgemeinen Tendenz entsprochen, *Abstraktes* über *Konkretes,* als *Entität* zu konzeptualisieren und zugleich *Ursache-Wirkungszusammenhänge* vorauszusetzen. Dennoch käme wohl kaum eine Analyse zu der Schlussfolgerung, dass hier Theorien *naturalisiert* werden. Der Schlüssel zu diesem scheinbaren Widerspruch liegt in der *interaktionistischen Konzeptualisierung* metaphorischen Denkens und Sprechens. Aus dem *Herkunftsbereich* des Sprach-Bildes werden nicht einfach die mit diesem verknüpften Implikationssysteme auf den *Zielbereich* ‚übertragen'. Vielmehr treten die beiden Bereiche in eine enge Wechselwirkung miteinander. Der *Herkunftsbereich* ‚Organismus', das ‚Prädikat', das *Europa* zugesprochen wird, gibt einen ‚Fokus' vor. Der *Zielbereich* aber, *Europa*, ist als ‚Rahmen' zu interpretieren. *Europa* als ‚Raumcontainer' und als Ausdruck, mit dem metonymisch auf ein menschliches Kollektiv referiert werden kann, interagiert in anderer Weise mit dem Konzept ‚Organismus' als eine wissenschaftliche Theorie. Die wiederholte Rekurrenz der Wurzelmetapher im Analysetext lässt sich möglicherweise auf die (ursprüngliche?) im Inhaltsverzeichnis des Themenheftes (noch) aktualisierte Fassung des Untertitels des Themenheftes „Historische Wurzeln europäischer Identitätsfindung" (LpB Baden-Württemberg 2006b: 1) zurückführen. In diesem Sinne wäre ‚Wurzeln' als Schlüsselwort zu verstehen, eventuell gar als Ausgangspunkt der Textkonzeption. Die Wurzelmetapher wird in den Beiträgen des Themenheftes nahezu durchgängig mit hoher Frequenz aktualisiert, insbesondere im Hauptteil, der die ‚Stationen europäischer Identität' näher in den Blick nimmt. Im *Vorwort* des Direktors der Landeszentrale, Lothar FRICK, heißt es:

> „Hier kann ein Blick auf vergangene Epochen, d.h. auf die historischen Hintergründe, Wurzeln und die Entstehung europäischer Werte, den Blick schärfen" (Frick 2006: 2).

Er fragt bezüglich europäischer Identität: „Welche historisch verankerte [sic!] Wurzeln besitzt sie?" (Frick 2006: 2). SCHIPPERGES (2006: 12) schreibt, dass die „Rückfrage nach den antiken, insbesondere den griechischen Wurzeln Europas sich als unverzichtbares Orientierungswissen" erweise, rekurriert auf die „geistes- und kulturgeschichtliche[n] Wurzeln" *Europas.* In diesem Zusammenhang deutet sich auch die inhaltliche Spezifizierung dieser ‚gemeinsamen Ursprünge' bereits an: Es wird verwiesen auf die „Wurzeln der Demokratie" (Schipperges 2006: 13) in der griechischen Antike, auf „den Raum, in dem die Wurzeln der europäischen Kultur zu suchen sind". Hier findet sich die *geographische Dimension* – die aber „mehr Fragen als Klärungen" (Schipperges 2006: 13) aufwerfe. Die Formulierung ist allerdings insofern interessant, als sie die Wurzelmetapher in ihrer Ver-Ortung aktualisiert und die durchaus auch räumlichen Assoziationsfelder der Metapher (*Verwurzelung* als Ortsgebundenheit, Heimatverbundenheit) explizit macht. WOLF (2006b: 31) spricht von „Wurzeln der Menschenrechte". GRIEẞINGER (2006: 34) sucht für die „Selbstvergewisserung der eigenen Identität durch Abgrenzung von außereuropäischen Fremden und deren Lebensräumen" die „Wurzeln in der Antike und im Mittelalter". Man kann diese Häufung von Wurzelmetaphern auf ihre weitgehende Lexikalisierung und allgemeine Usualität zurückführen oder auf ihre Verbreitung im ‚Geschichtsdiskurs'. Nicht umsonst finden sich in den Literaturverweisen der Beiträge Titel wie *Die Wurzeln Europas in der Antike. Bildungsballast oder Orientierungswissen?* (Schipperges 2006: 15; Winkler 2006b: 21). Die hohe Frequenz der Wurzelmetaphern könnte sich auch, wie dargelegt, aus dem usprünglich geplanten Titel des Heftes herleiten. In jedem Falle wird ein Bild aufgegriffen, dass in ähnlicher Form im Bildungsplan 2004 im Kontext der für das Fach Geschichte genannten Kompetenzen und Inhalte aktualisiert wird: Dort ist die Rede von den „Antike[n] Wurzeln Europas" (Ministerium für Kultus 2004: 225)[414].

Auch über andere Lexemmetaphern wird im Themenheft EUROPA als ORGANISMUS aktualisiert. OHLER greift auf folgenden naturalisierendenVergleich zurück:

> „Doch was war damals Europa? Man kann es sich als lebendigen Organismus vorstellen, dessen Blut- und Nervenbahnen die Wege und Straßen waren" (Ohler 2006: 24).

Auf die bei HOECKER aktualisierte *Wiegen*metapher wird im Themenheft an anderer Stelle ebenfalls rekurriert:WINKLER (2006b) fragt nach der „Wiege des modernen Europa" – der „römische[n] Antike" und verweist in ihrer Literaturliste auf einen Titel fast gleichen Namens: *An der Wiege Europas* (Winkler 2006b: 21). Während in WINKLERs Aktualisierung der Metapher über die ‚Familienmetaphorik' *Europa* wiederum als Organismus konzeptionalisiert, ja *personifiziert* wird, aktiviert HOECKERs Gebrauch der Lexemmetapher eher Assoziationen von *Europa* als einem (heimatlichen) Ort der Geborgenheit und Versorgtheit. Im Übrigen rekurriert der letztlich für das Themenheft gewählte Titel, *Stationen europäischer Identitätsfindung*, ebenfalls auf eine Konzeptmetapher: IDENTITÄTSFINDUNG als REISE. Die enge Verwobenheit räumlicher Konzepte mit der Strukturierung abstrakter Zusammenhänge wird an dieser Stelle einmal mehr deutlich: *Stationen* deuten eine *Reise* an, eine *Reise* aber hat üblicherweise ein *Ziel*, eine ‚Endstation' – impliziert wird eine *teleologische* Deutung von Geschichte.

Wie *Topoi* wirken *(Konzept-)Metaphern* „begründend und beglaubigend", (Pielenz 1993: 108), verweisen in ihrer Aktualisierung im konkreten Textexemplar auf die ‚soziale Wissensebene', die ‚Diskursebene' und aktivieren so ein ganzes Netz intertextueller Bezüge und Implikationssysteme. *Organismusmetaphorik* wie *Weg-* und *Reisemetaphorik* und *‚Familien'-Metaphorik* im weiteren Sinne wurden bereits als prägend für den ‚Europadiskurs' herausgearbeitet, letztlich gehören sie in allen ‚Kollektivitätsdiskursen' – von Menenius Agrippa über Hitler bis in unsere Zeit – zur metaphorischen Grundausstattung. Sie wirken potentiell *essentialisierend, naturalisierend* und *emotionalisierend.* Nicht ohne Grund werden insbesondere *personifizierende* und *naturalisierende* Metaphern von WODAK et al. den *Assimilations-* und *Dissimilationsstrategien* zugeordnet. Schon aufgrund ihrer weit-

414 Im KMK-Beschluss wird in diesem Zusammenhang auf eine andere, eng verwandte ‚Naturmetapher' rekurriert, in Verbindung mit der ebenfalls usuellen Wegmetaphorik: Es ist die Rede von der„Herkunft der europäischen Völker und Staaten" und den „*Ursprünge[n]* der ihren *Weg* bestimmenden (...) Bewegungen, Machtkämpfe, Ideen und Kulturschöpfungen" (o.A. 1991: 354; Hervorhebungen durch die Verfasserin).

gehenden Konventionalisierung lassen sich spezifische intertextuelle Ketten und referentielle Strukturen kaum herausarbeiten. Doch weist ihre hohe Frequenz in Themenheft wie Analysetext und ihre Aktualisierung in Bildungsplan und KMK-Beschluss auf die Zuordenbarkeit dieser Texte zu einem ‚Identitäts- und Differenzdiskurs' hin, der auf ‚übliche Muster' der sprachlichen Kollektivierung zurückgreift. Zumindest was die Konzeptualisierung betrifft, kann die ‚Erfindung' der europäischen Gemeinschaft dem Muster ‚nationaler' Identitätskonstruktionen zugeordnet werden.

Geschichte als Lehrerin

Das Argumentationsmuster ‚Geschichte als Argument', vereinfachend ausdrückbar durch die Schlussregel ‚Wenn etwas immer schon so war, dann wird *und soll* es auch so bleiben', beruht zum einen auf der positiven Wertung von Kontinuität, zum anderen auf einer Essentialisierung von Geschichte: Nur wenn Geschichte als etwas Nicht-Konstruiertes, ‚Erkennbares' vorgestellt wird und nicht als aus der Gegenwart heraus interpretiertes soziales Konstrukt, lassen sich Schlussfolgerungen aus ihr ableiten, die nicht den Charakter von Zirkelschlüssen haben. Der Topos der ‚Geschichte als Lehrerin', des ‚Lernens aus der Vergangenheit' im Sinne einer Möglichkeit und Notwendigkeit der Erkenntnisgewinnung über Gegenwart und Zukunft durch den ‚Blick in die Geschichte', überspitzt ausgedrückt, der Annahme, dass Zukunft ohne Rückgriff auf die Vergangenheit nicht gestaltbar ist, bildet nicht nur den Kern der Argumentation des Analysetextes. Der Topos wird in den Beiträgen des Themenheftes immer wieder explizit und implizit herangezogen, um spezifische *Europa-Bilder* im Sinne bestimmter *inhaltlich-wertender Merkmalszuweisungen* bezüglich ‚einer' *europäischen Identität* zu begründen. WOLF stellt fest:

> „Die Frage nach dem Bewusstsein über gemeinsame Grundwerte ist dabei immer auch die Frage nach seiner gemeinsamen Geschichte und Identität. Der Geschichtsunterricht hat dabei eine ganz besondere Aufgabe" (Wolf 2006a: 6).

Nur über die ‚Stützung' der Argumentation durch den Topos ‚Geschichte als Lehrerin', über ‚Geschichte als Argument' und über ihre gleichzeitige Essentialisierung aber lässt sich die Frage nach der ‚Geschichte' mit der nach ‚Identität' gleichsetzen und zugleich als Begründung der Frage nach Grundwerten anführen. WINKLER (2006a: 11) rekurriert auf QUENZELS Europa-Konstrukte, versteht diese jedoch, zukunftsbezogen, als „eine Vision europäischer Identität, bei dem [sic!] der Geschichtswissenschaft eine zentrale Rolle zukommt". Diese Sonderrolle der *Historiker*, die über den ‚Blick in die Geschichte' Europa und ‚seine' Identität bestimmen, betont auch SCHIPPERGES:

> „Bei der Klärung der Frage, was Europa ausmacht, kommt der Geschichtswissenschaft eine zentrale Rolle zu. (...) es gilt daher, um der Orientierung in der Gegenwart willen, historisches Bewusstsein zu erzeugen. (...) Das kollektive Gedächtnis Europas muss durch historische Bildung für eine stimmige Auffassung der Gegenwart, aber auch mit Perspektiven für die Zukunft aufbereitet werden" (Schipperges 2006: 12).

Der Geschichts-Topos wird dabei insofern abgewandelt, als er mit einem Autoritätstopos verknüpft wird – wie im Analysetext: Die Geschichte lehrt, aber es bedarf der Geschichtswissenschaften als Übermittler ihrer ‚Lehren'. Dass gemeinsame Geschichte für eine gemeinsame *Kultur* steht (und umgekehrt), wird aus folgendem Zitat deutlich:

> „Ein europäisches Geschichtsbild zeichnet die Konturen des ‚Konstrukt Europa' in sowohl klarer als auch differenzierter Weise. Es folgt einer kulturellen Bestimmung des Europäischen (…) als Vorstellung einer vielgestaltigen, zugleich einheitlichen Zivilisation, deren Ursprung in der griechisch-römischen, der jüdisch-christlichen sowie der keltisch-germanischen Kultur liegt (Horstmann 2006: 4).

Zugleich impliziert der Topos eine *räumliche* Komponente. Die Rede von europäischer Geschichte macht nur Sinn, wenn sich Geschichte verorten, *verräumlichen* lässt, wenn sich die Identitätsmerkmale (ihre Träger/ Produzenten) ‚Raumcontainern' zuordnen lassen. Geschichte als Argument funktioniert nicht ohne das Argument Geographie. Aktualisiert wird dieser Topos, explizit ausformuliert, im *Bildungsplan 2004*. Den Leitgedanken des Faches Geschichte liegt eben dieser Topos zugrunde:

> „[D]ie Heranwachsenden" sollen „sich darüber klar werden, dass der Mensch und die ihn umgebende Welt nur aus der Geschichte heraus zu erklären und zu begreifen sind. Durch die historische Bildung wird die Kompetenz erworben, die geschichtliche Begründung der menschlichen Existenz zu erkennen" (Ministerium für Kultus 2004: 216).

Auch auf Ebene der *Kultusministerkonferenz* soll das „Bewusstsein europäischer Zusammengehörigkeit" insbesondere durch „Kenntnisse und Einsichten" bezüglich der „prägenden geschichtlichen Kräfte in Europa" und die „Entwicklungslinien, Merkmale und Zeugnisse einer auch in ihrer Vielfalt gemeinsamen europäischen Kultur" (o.A. 1991: 353) ‚geweckt' werden. In ganz ähnlicher Weise wird der Geschichtsbezug in Dokumenten der EU-Identitätspolitik aktualisiert. So führt unter anderem auch der EU-Vertrag die *Werte* und die *Kultur* ‚Europas' auf sein ‚*Erbe*', also seine *Geschichte* zurück. Aus diesem kann man *schöpfen*, auch hier wird ein *essentialistisches Geschichtsbild* entworfen (siehe 3.1). Der *Topos* stellt die Basis ‚kollektiver Identitätsdiskurse' im Allgemeinen dar: Identität und Gemeinsamkeiten aus einer ‚gemeinsamen' Geschichte, aus ‚gemeinsamen Ursprüngen' und vorgestellter ‚Kontinuität' abzuleiten, macht nur Sinn, wenn die ‚Geschichte uns etwas lehren kann', wenn ihr Begründungscharakter zugewiesen werden kann, wenn die Vergangenheit etwas über die Zukunft ‚aussagt'. Letztlich handelt es sich um ein „anerkannte[s] Bewertungsprinzip der Alltagswelt" (Brinker 2001: 78). Dies allein stehen zu lassen, hieße aber, die konkrete Aktualisierung und argumentative Inwertsetzung des Topos unterspezifiziert zu interpretieren. Der holistische Blick, die Analyse im Textzusammenhang macht deutlich, dass sich der Begründungszusammenhang auch umkehren lässt. *Geschichte* ‚begründet' *Identität*, aber setzt man *europäische Identität* als Ziel, als (unhinterfragt) ‚zu Entwickelndes', so kann sie selbst zum Argument werden: Für die Notwendigkeit der Geschichtswissenschaften und des Schulfaches Geschichte, für die Relevanz eines Heftes, das ‚europäische' Mentalitäts-, Ideen-, Rechts- und Institutionengeschichte thematisiert. Der Beitrag zur Schaffung ‚europäischen Bewusstseins' wird dann zum Beleg für die Relevanz einer ‚bedrängten' Sozialwissenschaft – so wie die europäische Identität selbst, zumindest aus Sicht der Politik, *funktional* gesehen wird: als Basis politischer *Legitimität*. Aus dieser Funktionalität und ihrer Inkompatibilität mit dem gleichzeitigen Wissenschaftlichkeitsanspruch der Texte heraus müssen ihre Ambivalenzen verstanden werden, ihre logischen Brüche. Insofern kann die Aktualisierung des Topos im *Analysetext* als Rückgriff auf *politisch-administrative Prätexte*, als Anknüpfung an die *wissenschaftlich-didaktischen Bezugstexte* im Themenheft interpretiert werden, möglicherweise aber auch als *Legitimationsstrategie*, die sich auf ein fast *ubiquitär verbreitetes Argumentationsschema* bezieht.

Zur Notwendigkeit europäischer Identität

Im Analysetext wird die Frage, *weshalb* es sinnvoll ist, europäische Identität auszubilden, zu *stiften* oder zu *bewahren*, nicht direkt beantwortet: Es gab ‚sie' immer schon in der *Geschichte Europas*, zugleich aber stand ‚sie' *immer* auf dem *Prüfstand*. Indirekt klingt die Begründung europäischer Identitätsfindung darin an, dass *Europa* der *Selbstvergewisserung über seine Wurzeln bedarf*, um ein *Zukunftsprojekt* zu sein: Europäische *Identität*, obgleich immer schon dagewesen, ist Voraussetzung europäischer *Zukunft*. Besser gesagt: der ständig neue Selbstvergewisserungsprozess ist es. Inferiert werden muss durch den potentiellen Rezipienten (will er Kohärenz herstellen), die Schlussregel, die Identität mit Zukunft verbindet. Warum braucht *Europa*, braucht die *EU* ‚Identität'? Möglicherweise lässt HOECKER dies offen, weil er die Antwort als bekannt voraussetzt. ‚Dass politische Projekte, ‚Raumobjekte', ‚Kollektive' Identität brauchen, um Zukunft zu haben', wäre dann ein anerkanntes Prinzip (der *Alltagswelt*?). Vielleicht wird auf den einschlägigen Diskurs der *Politikwissenschaften* rekurriert (siehe 1.1)? Der Bezug auf den wissenschaftlichen Diskurs wäre insofern eine Erklärung, als HOECKER promovierter Politikwissenschaftler ist. Doch kann er die Kenntnis dieser Literatur bei seinen potentiellen Rezipienten voraussetzen? Möglicherweise ‚muss' er die Begründung auch deshalb nicht versprachlichen, weil dies Lothar FRICK im ‚Vorwort', auf derselben Seite, sehr deutlich tut. Die Begründung wird durch einen Ko-Text geliefert:

> „Eine Europäische Union, deren Bürgerinnen und Bürger sich auf Dauer verweigerten, eine gemeinsame politische Identität auszubilden, böte unkalkulierbare Gefahren: Was würde aus dieser Union, wenn Entscheidungen dem Einzelnen nicht nur Vorteile brächten, sondern auch Opfer und Solidarität abverlangten? (...) Forderungen nach einer stärkeren europäischen Identität werden deshalb europaweit von Politikern erhoben (Frick 2006: 2).

Der Bezug auf die *politische Debatte um europäische Identität* ist explizit, der Rückgriff auf den *Wissenschaftsdiskurs* wird über das ‚Solidaritäts-Argument' deutlich: Europa braucht Identität, um als Gemeinwesen zu funktionieren (vgl.1.1 und 3.1). Ähnlich versprachlicht WOLF den Grund für die Identitätsfindung:

> „Europa benötigt für seine Aktivitäten (...) immer mehr die Unterstützung seiner Mitglieder und seiner Bürger. Die Frage nach dem Bewusstsein über gemeinsame Grundwerte ist dabei auch die Frage nach seiner gemeinsamen Geschichte und Identität" (Wolf 2006a: 6).

Die Beiträge beziehen sich aber auch auf die der Schule konkret gestellte Aufgabe europäischer Bewusstseinsschaffung: Insbesondere auf die Forderung des Bildungsplanes Geschichte nach einem „Bemühen um die Herausbildung der europäischen Identität (...) bei der Behandlung aller Epochen"' (vgl. Horstmann 2006: 5). In einer Reihe von Beiträgen wird auch auf den psychologischen und soziologischen Wissenschaftsdiskurs Bezug genommen. *Identität* wird von WOLF (2006a: 6) als die „Summe der Merkmale" definiert, „anhand derer wir uns von anderen unterscheiden" beziehungsweise „als Mitglied einer Gruppe ausweisen". Durch die Ausbildung kollektiver Identität „erhält" das Individuum „Angebote an kollektiven Deutungsmodellen und Einstellungen und den Schutz der Gruppe" – wobei Individuen über „multiple Identitäten" verfügten: Basis der Identitätsbildung ist demnach die „Abgrenzung" bis hin zum Aufbau von „Feindbildern" (Wolf 2006a: 6). Ziel der europäischen Identitätsbildung „könne es" deshalb „sein, [die Identität, Anm. der Verfasserin] weniger auf Abgrenzung als auf die Substanz der Gemeinsamkeiten zu stützen" (Wolf 2006a: 6). In dieselbe Richtung weist FRICK:

> „Vor allem bleibt heute die Hoffnung, dass sich eine europäische Identität ohne einen großen äußeren Feind finden lässt, ohne den Zusammenstoß unterschiedlicher Kulturen" /Frick 2006: 2).

Zugleich ‚belegt' aber GRIEẞINGERs Artikel für die Vergangenheit das Gegenteil:

> „[D]ass sich das Zusammengehörigkeitsbewusstsein der Europäer dann schärfte, wenn das ‚Eigene' sich mit dem ‚Anderen', dem ‚Fremden' auseinanderzusetzen hatte. Europäische Identität scheint sich vornehmlich in Spannungsfeldern zu konstituieren, in denen Europäer eine Erfahrung von Alterität machen" (Grießinger 2006: 34).

Dieser Verweis auf Alterität als Grundlage europäischer Entwicklung wird im Analysetext aufgenommen in der Aussage, dass *Europa* von der *ständigen Konfrontation* mit dem *Neuen, Anderen* und *Fremden* lebe[415]. Insbesondere WINKLERS Artikel, der als „Literaturbericht über die Debatte um die ‚europäische Identität' in der Geschichtswissenschaft" (Kalb 2006a: 3) angelegt ist, rekurriert auf die psychologische, soziologische und politikwissenschaftliche Literatur. Auch hier ist die Begründung der Identitätsfindung politischer Natur:

> „Nur durch Transparenz, was Europa ist und was die eigene Identität damit zu tun hat, kann ein Mindestmaß an kollektiver Identität zur Akzeptanz künftiger EU-Politik hergestellt werden" (Winkler 2006a: 10).

Unter Rückgriff auf MEYER (2004) unterscheidet WINKLER zwischen einer normativen, ‚homogenen', politischen kollektiven Identität und einer kulturellen, in der Vielfalt gemeinsamen, ‚empirischen' kollektiven Identität (vgl. Winkler 2006a: 10). Im Themenheft wird, ob bewusst oder unbewusst, die *wissenschaftliche Debatte* nicht in ihrer ganzen Breite abgedeckt: Jene Veröffentlichungen, die das ‚Legitimitäts-Argument' in Frage stellen, finden keine Erwähnung (siehe 1.1). Möglicherweise, weil diese in der *politischen Debatte* keine Rolle spielen? Europäische Identität wird letztlich politisch funktionalisiert, obgleich gerade dies von manchen der Autoren explizit abgelehnt wird: Es gilt (aus der Geschichte) eine ‚Substanz' an

415 Die Merkmalszuweisung kann möglicherweise als intertextueller Verweis auf den Beitrag im Themenheft gewertet werden.

‚Gemeinsamkeiten' abzuleiten, um Identitätsbildung zu ermöglichen, damit die *Europäische Union* funktioniert. Das ‚Projekt Europa' wird unhinterfragt positiv gewertet. Zugleich erkennen die Autoren den Konstruktcharakter und die Unschärfe der Begriffsverwendung von *Identität* und *Europa* nicht nur, sondern machen ihn/sie zum Teil explizit:

> „‚Identität' und ‚Europas' - zwei Begriffe, die einzeln oder gar in Kombination schwer zu fassen sind" (Winkler 2006a: 10).

Die Ambivalenz, die ‚logischen Brüche', die sich aus dem Spannungsfeld zwischen politischer Funktionalisierung und wissenschaftlichem Anspruch ergeben, werden noch genauer zu fokussieren sein. Zunächst aber gilt es zu klären, welche ‚Substanz der Gemeinsamkeiten' die Bezugstexte des Analysetextes etablieren.

Identitätsmerkmale: ‚Das führen uns die Beiträge eindrucksvoll vor Augen'

Im Rahmen der Argumentation des Analysetextes wird direkt auf die Beiträge des Themenheftes Bezug genommen: *Die Beiträge in dem nun vorliegenden Heft (...) führen uns (...) eindrucksvoll vor Augen, dass europäische Identität (...) ohne eine geographische und ohne eine historische Dimension nicht aus*kommt (20-22). [*M*]*it den Beiträgen in dem nunmehr vorliegenden neuen Heft (...) scheint* ein *Wertekanon* (...) *auf* (29-30). Wie aber wird die historische Dimension europäischer Identität umrissen? Welche Merkmale werden aufgenommen, wie werden sie gewertet? Welcher *Wertekanon* lässt sich aus den Beiträgen herauslesen? Und nicht zuletzt: In welcher Form wird auf die *geographische Dimension* europäischer Identität rekurriert? Diese Fragen sind insofern wichtig und Teil der Intertextanalyse, als potentielle Rezipienten das ‚Geleitwort' als Text-in-Relation lesen: Als Suchanweisung bezüglich der Beiträge, aber auch ‚des Diskurses'.

Der Ko-Text des Analysetextes lässt Rückschlüsse auf den Hintergrund einer Identitätsfindung zu, die ihre ‚Elemente' vor allem über einen Rückgriff auf die Geschichte zu begründen sucht. FRICK (2006: 2) macht in seinem Vorwort deutlich, welchem *Zweck* die Selbstvergewisserung über die eigenen Wurzeln dienen soll: Sie soll den „Blick schärfen"[416] für die Beantwortung folgender Fragen: „Wenn Europa eine politische Union sein will, muss diese auch Grenzen haben. Ohne ein Außen kann es kein Innen geben. Doch wer gehört dazu, wer soll lieber als Partner assoziiert werden?". Diese „Fragestellungen" reichen seiner Ansicht nach „naturgemäß weit in die Geschichte" (Frick 2006: 2) zurück. Auf diesen Aspekt der Ab-Grenzung, der in KALBs (2006b) Artikel über die Türkei-Debatte nochmals aufgegriffen wird, rekurriert HOECKER, so könnte man interpretieren, indirekt: Über die Bestimmung *Europas* durch einen ‚Wertekanon', die Herausstellung einer *geographischen* und *historischen* Dimension europäischer Identität. Anders gesagt: Der potentielle Rezipient, der HOECKERs Text liest, wird ihn vor der Hintergrundfolie der FRICKschen Aussagen interpretieren und die ‚Ab-

416 Dass *ein Blick (...) den Blick schärfen (...) kann* ist in dieser Formulierung wohl aus der Zeitnot und/ oder mangelnden Sorgfalt FRICKs erklärbar. Im selben Absatz ist auch von der „Debatte um eine mögliche Vollmitgliedschaft der EU" (Frick 2006: 2) die Rede, ‚der Türkei' wurde wohl vergessen.

Grenzung‘ hinein-lesen. Die meisten Beiträge des Bandes definieren *Europa* und ‚seine‘ Identität allerdings ‚innenorientiert‘, die Abgrenzung bleibt implizit. Was zum ‚europäischen Wertekanon‘ gezählt wird, ist trotz unterschiedlicher Schwerpunktsetzungen der einzelnen Aufsätze sehr ähnlich. HORSTMANN bestimmt *Europa* durch eine Strategie der expliziten Definition:

> „Europa bindet Macht an Recht. Habeas Corpus ist Grundlage europäischer Zivilisation. Europa ist christlich. (…) Europa heißt politische Partizipation und Freiheitsrechte des Einzelnen (…). Europa bedeutet Aufklärung, eine Hingabe an die Vernunft, an die Kultur des Zweifels“ (Horstmann 2006: 4).

Rechtsstaatlichkeit, individuelle *Freiheits-* und *Menschenrechte*, *Demokratie*, aber auch *Christentum* und nicht zuletzt *Reflexivität* und *Rationalität* sind demnach ‚europäisch‘. Historische „Grundlage“ dieser Ideen und Werte sind nach HORSTMANN „gemeinsame Erfahrungs- und Lernprozesse“ im „Wirtschafts-, Kultur- und Kommunikationsraum Europa“ (Horstmann 2006: 4). *Europa*, das ist für ihn „[d]as Abendland“ (Horstmann 2006: 4). Die geistig-ideelle Ebene wird nicht nur aus der *Geschichte* begründet, sondern auch *verräumlicht*. Besonders deutlich wird dies in HORSTMANNs (2006: 4) ‚geodeterministischem‘ Argument, dass der „Raum“ für „Nähe“ und „Beengung, ja Bedrängung“ gesorgt habe und „das kleinräumige Europa“ aus diesem Grunde immer neues Wissen und neue Erfindungen hervorgebracht habe: „Europa ist innovativ“. Letzteres Merkmal, die *Innovativität* und *Entwicklungsfähigkeit*, die *Europa* ‚auszeichnet‘, wird im Analysetext ebenfalls aktualisiert – möglicherweise (auch) unter Rückgriff auf HORSTMANNs Aufsatz. WINKLERs (2006b: 21) ‚Katalog‘ jener „wichtige[n] Bestandteil[e] europäischer Identität“, die sich aus der römischen Antike herleiten lassen, rekurriert auf ähnliche Elemente: „Glaube an eine übernationale Ordnung“, „Vision von einem befriedeten Herrschaftsraum“, „Würde des Individuums“, „Rechtsgleichheit“, „Ansatz von Menschenrechten“, „Trennung von geistlicher und weltlicher Macht“. Zu den bereits genannten Ideen und Werten kommen *Friede* und *Transnationalität* (inwiefern für die Antike von Nationen gesprochen werden kann, sei einmal dahingestellt) hinzu, aber auch *Säkularität* (auch in diesem Fall ist die Herleitbarkeit aus einer das Kaiserhaus vergöttlichenden Imperialmacht nicht nachvollziehbar – möglicherweise ist eher Religionsfreiheit gemeint?). SCHIPPERGES (2006: 12) zufolge lässt sich aus der Rezeption der griechischen Antike in der europäischen Geschichte ein nahezu dieselben Merkmale umfassender ‚Kanon‘ ableiten: „Grund- und Menschenrechte“, die „Bändigung der staatlichen Willkürgewalt durch Rechtsstaatlichkeit und Volkssouveränität“, „verfassungs- und sozialstaatliches Denken“, „kritisch-rationale Wissenschaft“, „Industrie und Technik“ sowie „Freiheit und Individualismus“. Der ‚Katalog‘ wird um *technischen Fortschritt* und *‚soziale Gerechtigkeit‘* erweitert. WOLFs und TATSCHs Aufsätze fokussieren einzelne Elemente vertieft: „Demokratie“ und „Menschenrechte“ sind demnach als „wesentlicher Bestandteil der gemeinsamen europäischen Anschauungen“ (Wolf 2006b: 30-31) zu betrachten. Den aufklärerischen Tugenden der „Toleranz“ und Verstandesorientierung wird „identitätsstiftende Wirkung im Sinne einer europäischen Identität (…) zugewiesen“ (Tatsch 2006: 44-45). Dieser ‚Kanon‘ von Werten und Ideen, Merkmalen und Besonderheiten umfasst interessanterweise auch eine ganze Reihe von ‚Konstruktionen von Europa', die dem *wissenschaftlichen Elitediskurs* zugeordnet werden können und unter anderem von QUENZEL schon herausgearbeitet wurden: Neben den sehr verbreiteten Vorstellungen ‚Europa als Wertegemeinschaft', ‚christliches Abendland' und ‚Zivilisation und technischer Fortschritt' wird auch die ‚europäische Kommunikationsgemeinschaft' aktualisiert, Europa als ‚reflexive Wissensgemeinschaft' und die Definition Europas über ‚Arbeitsethik und Wohlfahrtsstaat' (vgl. 3.3). Der *Wertekatalog* entspricht dem im *Bildungsplan* angelegten: *Demokratie, Rechtsbegriff* und *Wissenschaft* mit ihren ‚Wurzeln' in der griechisch-römischen Antike, gemeinsame *Wertvorstellungen* als Resultat der christlichen Tradition, *Rationalität, Individualismus* und *Toleranz* in der Folge von Humanismus, Renaissance und Aufklärung (vgl. Ministerium für Kultus 2004: 225-226). Dieser wiederum stellt eine Umsetzung des Beschlusses der *Kultusministerkonferenz* dar. Dort ist die Rede von der „Entwicklung des europäischen Rechts-, Staats- und Freiheitsdenkens", die die Jugendlichen kennen sollen, von „Freiheit, Demokratie, Menschenrechte[n], Gerechtigkeit und wirtschaftlicher Sicherheit", für die sie eintreten sollen, von „Frieden" und „soziale[m] Ausgleich" (o.A. 1991: 353). Dies entspricht weitgehend der Bestimmung ‚europäischer Werte' auf EU-Ebene[417]. Dieser ‚Wertekanon' wird in der *historischen Dimension* dargestellt: Die spezifischen kontextuellen Entstehungszusammenhänge der *Werte* werden in den Blick genommen. ‚Europa' wird aber nicht nur über Werte bestimmt, sondern auch über christliche Prägung und technischen Fortschritt. Zur *historischen Dimension* gehört auch die Fassung Europas als ‚ästhetische Einheit', über eine ‚gemeinsame', auf die griechisch-römische Antike zurückgehende Tradition in Literatur- und Architektur (vgl. Schipperges 2006). Der *historischen Dimension* wird über den ‚Geschichte als Lehrerin'-Topos Argumentscharakter zugewiesen. Wenn sich *Werte* ‚in der' europäischen (und damit kommt die Raumdimension ins Spiel) Geschichte entwickelt haben, dann gehören sie zu ‚unserer Identität'. Der Topos lässt sich allerdings auch anders fassen. ‚Wir' können aus der Geschichte auch ‚lernen', was ‚falsch' war: Imperialismus, Polarisierung (vgl. Schipperges 2006: 14; Grießinger 2006: 37), nationale Identitätspolitik, Kriege und Völkermord (vgl. Wolf 2006a: 7; Winkler 2006a: 11). Dies alles gehört zu ‚unserer Geschichte', aber nicht zu ‚unserer Identität'. Damit wird klar, dass die Geschichte zwar als ‚Datum', als ‚Prämisse', nicht jedoch als ‚Schlussregel' oder ‚Stützung' taugt: Denn was letztlich negativ und positiv *gewertet* wird, ist eine gegenwärtige, auf ‚konsensuelle ethische Maßstäbe' rekurrierende Entscheidung. Der kontextuell-historische Charakter der ‚Werte', die Tatsache, dass ihre Genese und Verbreitung partikular, nicht universal, war und ist, *verdeutlicht* eher die Notwendigkeit ihrer aktuell-politischen, reflexiven Begründung, als dass sie als ‚Substanz der Gemeinsamkeit' fassbar wären. Die *historische Dimension* europäischer Identität wird in den Beiträgen des Themenheftes in der Tat in den Blick genommen, auch wenn sich aus den Ausführungen der Schluss, dass *europäische Identität ohne diese Dimension nicht auskommt,* aus Sicht der Verfasserin nicht automatisch ergibt. Aber führen die Texte die Notwendigkeit der *geographischen*

417 Siehe hierzu 3.1und vgl. die Vertragstexte (Europäische Union 2008: 17`, Art. 2).

Dimension (...) vor Augen? Die *geographische Dimension* wird in den Texten entweder kritisch betrachtet, als etwas, das „mehr Fragen als Klärungen" (Schipperges 2006: 13) mit sich bringt, oder, wie bei HORSTMANN (2006) , in geodeterministischer Weise zur Erklärung ideeller und geschichtlicher Entwicklungen herangezogen: *Europa* ist *Erfahrungsraum, Wirtschaftsraum, Kommunikationsraum*. OHLER (2006: 24) betont bezüglich des Mittelalters: „So lässt sich ‚Europa' für diese Epoche nicht geographisch, sondern eher als verbindender Kommunikationszusammenhang verstehen". Doch er schließt seinen Artikel:

> „Zu dieser kulturellen Identität (Europas) haben, damals wie heute, beigetragen der europäische Raum, der geprägt ist von gemeinsamen Erinnerungen (...)" (Ohler 2006: 25).

Die kritische Distanz zu einer ‚rein' geographischen Bestimmung *Europas* in den Texten des Themenheftes könnte dabei auch auf die Ausblendung der Identitätsfrage im Geographie-Bildungsplan, auf die Vagheit der Abgrenzung und die Funktionszuweisung bezüglich des Faches Geographie im Rahmen des KMK-Beschlusses (Vermittlung von „Grundkenntnisse[n] über den Raum Europa" (o.A. 1991: 354) – der aber nicht bestimmt wird) und die Tatsache zurückzuführen sein, dass eine solche Abgrenzung auf EU-Ebene nicht vorgenommen wird (vgl. hierzu 3.1). Deutlich wird, dass sich historische und geographische Dimension analytisch kaum trennen lassen: Raum, Zeit und Kultur, Geschichte und Geographie, Territorialisierung, Temporalisierung und Kulturalisierung sind in ‚Identitätsdiskursen', und der ‚europäische' bildet keine Ausnahme, untrennbar miteinander verwoben. Die Analyse bestätigt insofern die sozialwissenschaftlichen Erkenntnisse zum Zusammenhang von ‚Raum', ‚Zeit' und ‚Identität'. Auch wenn *Europa* gerade *nicht* geographisch bestimmt werden soll, implizit werden kulturelle Merkmale schon durch den metonymischen Gebrauch des Toponyms *Europa* territorialisiert.

Ambivalenzen: Europas konstruierte Essenz – Europa als essentialisiertes Konstrukt

Die Argumentationsanalyse und die In-den-Blick-Nahme der Verbalstrategien legte einen logischen Bruch offen, der den Text wie ein roter Faden durchzieht: Einerseits werden *Europa*, wird *europäische Identität* essentialisiert, die Existenz dieser ‚Abstrakta' wird präsupponiert, ihre inhaltliche Bestimmung lässt sich der Argumentation nach über den Rückgriff auf eine ebenso definit gesetzte gemeinsame *Geschichte*, gemeinsame *Wurzeln*, leisten, aus der ein ebenfalls essentialisierter *Wertekanon* ‚abgelesen' werden kann. Zugleich zeichnet sich *Europa*, zeichnet sich *europäische Identität* durch ständigen Wandel aus, stellt ein *Projekt*, einen Prozess dar, werden Werte als Ergebnis konflikthafter sozialer Aushandlung dargestellt: *Europa* soll sich seiner *Wurzeln* vergewissern, nur so kann es ein *Zukunftsprojekt* sein. *Selbstvergewisserung* [unter Bezug auf die Vergangenheit] *und (...) Bereitschaft zur Weiterentwicklung* (16-17) stehen, in diesem Satz scheint dieser Bruch explizit zu werden, in einem *natürlichen Spannungsverhältnis* (17). Die Ambivalenz zwischen einer *Essentialisierung* Europas und seiner Identität und der *Konstrukthaftigkeit* beider, zwischen *Dynamik* und *Statik*, ist nicht Merkmal des analysierten Textexemplars allein, sondern verortet dieses in einem komplexen intertextuellen Netz. Diese Ambivalenz teilt der Text nicht nur mit den Beiträgen des Themenbandes, sondern auch mit dem Geschichtsbildungsplan. Sie wird in den Beiträgen des Themenheftes in gewissem Sinne noch deutlicher als im Analysetext, weil hier eine ausführlichere Versprachlichung der jeweiligen Argumente und Propositionen möglich ist. Dort wird sie in gewisser Weise ‚verdoppelt': Der Bruch zwischen der Fassung europäischer Identität als Konstrukt und dynamischen Prozess, zwischen einer ‚Substanz an Gemeinsamkeiten' und deren historischer Gebundenheit und Hinterfragbarkeit, ist letztlich Ausdruck der Ambivalenz zwischen wissenschaftlich orientierter, Identitätsbildungsprozesse begleitender, Pädagogik und politisch begründeter Identitätsstiftungsaufgabe der Schule. So stellt KALB (2006a: 3) die (rhetorische?) *Frage*, ob es Stationen der europäischen Identitätsfindung überhaupt gebe: „Lassen sich historische Stationen einer europäischen Identitätsfindung tatsächlich nachweisen?". Andererseits essentialisiert er den *Europa*begriff und *europäische Identität* durch definiten Gebrauch: „das moderne Europa", „das postmoderne Europa" „das Europabewusstsein" (Kalb 2006a: 3). WOLF (2006a: 7, 6) schreibt explizit „Identitätsvorstellungen" seien „immer Konstrukte" und fügt hinzu: „Eine Instrumentalisierung des Unterrichts für verordnete Identität ist abzulehnen". Im Unterricht müsse es eher um *Fragen* gehen („was wird (...) unter einer europäischen Identität verstanden"), um die *Beurteilung*, ob „dargestellte(...) Werte und Organisationsformen als Bestandteile einer europäischen Identität angesehen werden" (Wolf 2006a: 6) könnten. Zugleich aber betont er, es handele sich „nicht" um eine „willkürliche Erfindung" (Wolf 2006a: 7):

> „Es gäbe kein Bedürfnis und auch keine Anhaltspunkte für eine Identität, wenn es nicht ein Gefühl und ein Bewusstsein einer Zusammengehörigkeit gäbe, was die Kultur, die Lebensformen und die Werte betrifft" (Wolf 2006a: 7).

Im Unterricht sollen teleologische Geschichtsvorstellungen hinterfragt, die Kontinuität und Einheitlichkeit europäischer Identität nicht als gegeben vorausgesetzt werden. Insbesondere die Rolle des ‚Anderen' in der europäischen Selbst-Bestimmung gelte es zu reflektieren (vgl. Wolf 2006a: 7). Gleichzeitig aber schreibt er: „Die Beschäftigung mit diesen Fragen wird den Schülern die europäischen Gemeinsamkeiten vermitteln" (Wolf 2006a: 7). Er fügt hinzu, dass der Unterricht die „möglichen Bausteine einer europäischen historischen Identität" behandele und spricht, definit gesetzt, von den „Werte[n] der europäischen Zivilisation" (Wolf 2006a: 7). Ein Zirkelschluss wird offenbar: Ein Zusammengehörigkeitsgefühl geht der Identität (die ja eigentlich nichts anderes als ein Zusammengehörigkeitsgefühl ist!) begründend voraus, diese mag ein Konstrukt sein, die ‚gemeinsamen' Werte, die Merkmale der ‚Identität', sind es (anscheinend) nicht. Identität ist der Grund für Identität, sie ist konstruiert, ihre Inhaltsdimension zugleich aber fest-stehend. Zudem wird vorausgesetzt, dass es ein *Bedürfnis* nach und auch *Anhaltspunkte* für eine gemeinsame europäische Identität gibt. Ähnlich ambig ist HORSTMANNs Aufsatz:

> „Ein europäisches Geschichtsbild zeichnet die Konturen des ‚Konstrukt Europa' in sowohl klarer als auch differenzierter Weise. Es folgt einer kulturellen Bestimmung des Europäischen (...) als Vorstellung einer vielgestaltigen, zugleich einheitlichen Zivilisation, deren Ursprung in der griechisch-römischen, der jüdisch-christlichen sowie der keltisch-germanischen Kultur liegt" (Horstmann 2006: 4).

Europa ist ein *Konstrukt* – zugleich lässt es sich *kulturell bestimmen* als *einheitliche Zivilisation* mit gemeinsamen *Ursprüngen* (die slawische ‚Komponente' wird allerdings nicht genannt), seine *Konturen* lassen sich mittels Rückgriff auf die Geschichte *klar zeichnen*. HORSTMANN liefert ein sehr genaues Bild dessen, was *Europa* seiner Ansicht nach ausmacht – siehe dazu die vorherigen Abschnitte. Aber er verbittet sich eine *Politisierung* dieses „Geschichtsbild[es]", dessen Vermittlung „nicht als Teil einer schulischen Instrumentalisierungskampagne, die angesichts aktueller Probleme im europäischen Integrationsprozess die junge Generation hin auf eine politisch nützliche Europabegeisterung konditionieren will" (Horstmann 2006: 4), aufgefasst werden dürfe. Wie WOLF und HORSTMANN betonen WINKLER und SCHIPPERGES den Konstruktcharakter Europas und seiner Identität: WINKLERs Artikel führt den ‚Konstruktcharakter' Europas sogar im Titel, betont, dass es um „*empfundene*(…) Gemeinsamkeiten" (Winkler 2006a: 10) gehe. An anderer Stelle postuliert sie trotzdem eine „Gemeinschaft der Erfahrung, Kultur und Erinnerung" und „etliche Felder europäischer Gemeinsamkeiten" (Winkler 2006b: 18). Laut SCHIPPERGES (2006: 12, 14) „ist und bleibt" Europa „ein Konstrukt, kein natürlicher, sondern ein kultürlicher Raum"[418], er betont, dass Europa keine „geographische Einheit" oder „politisch-ideelle Wertegemeinschaft" darstelle, sondern „lediglich eine gedachte, konstruierte Einheit". Geschichtskenntnisse sollen den SchülerInnen deshalb die „kritische Beschäftigung mit den stets politischen, mitunter sogar ideologischen Europa-Debatten der Gegenwart ermöglich[en]" (Schipperges 2006: 15). Doch sein Text kann der Ambivalenz, die nahzu alle Beiträge durchzieht, nicht ‚entkommen'. Kultur mag insofern ein Konstrukt sein, als sie ‚menschgemacht' ist, *essentialisieren* lässt sie sich offenbar dennoch: So

> „kann das Fundament dieses Europas nur seine Kultur und damit seine Geschichte sein, kann das Fundament der sozialen Konstruktion ‚Europäer' nur gemeinsame Erinnerung und gemeinsame Erfahrung sein" (Schipperges 2006: 12).

Spätestens hier wird deutlich, dass die Ambivalenz der Texte letztlich durch die Unvereinbarkeit ihres wissenschaftlichen Anspruchs und ihrer Funktionalisierung auf das Ziel ‚europäischer Bewusstseinsbildung' hin entsteht. Einerseits ist den Autoren bewusst, dass Europa, ‚seine' Geschichte und ‚seine' Identität soziale Konstrukte darstellen, sie verorten sich im Wissenschaftsdiskurs zu europäischer Identität[419]. Andererseits sind sie, insbesondere als *Lehrer*, an die Vorgaben des Bildungsplanes und den pädagogischen Auftrag der Kultusministerkonferenz gebunden, ‚europäisches Bewusstsein' zu wecken. Und als Historikern, so kann vermutet werden, geht es ihnen auch um die Relevanz der Geschichte als solche. Wohl deshalb stehen in den meisten Beiträgen, wie in HOECKERs Geleitwort, das Konstrukt ‚Europa' (beziehungsweise seine ‚Identitätsmerkmale'), eine prozessual

418 In gewisser Weise ist der Widerspruch in diesem Zitat bereits angelegt: Konstruiertheit wird zum Gegensatz von Natürlichkeit (diese, so könnte man schließen, wäre dann *kein* Konstrukt, impliziert wird damit auch, dass es *natürliche Räume* **gibt**).

419 Zu den in den Literaturhinweisen genannten Werken gehören bei WINKLER (2006a: 11) und WOLF (2006a: 7) QUENZELs *Konstruktionen von Europa* (2005) ebenso wie MOKRE et al.s *Europas Identitäten. Mythen, Konflikte, Konstruktionen* ((Hrsg.) 2003).

konzeptualisierte Identität, und Essentialisierungen des ‚Raumes', eine statische Identität, nebeneinander und sorgen für einen logischen Bruch. Wohl deshalb ist von einem ständig neu stattfindenden Prozess (der Bedeutungszuweisung) die Rede, werden aber zugleich aus der Geschichte heraus Bedeutungen ‚begründet' und ‚festgelegt'. Was KOTTE bereits auf Ebene der politischen Vorgaben, insbesondere aber auf Ebene des Bildungsplanes konstatierte, findet sich auch in Themenheft und Analysetext: Die Aufgespanntheit der politischen Vorgaben zwischen der *Betonung von Vielfalt* und der Spezifizierung ‚typisch europäischer' Werte und Kultur, das Changieren zwischen „Identitätsstiftung" und der „ideologiekritische[n] Betrachtung mythifizierender Geschichtsinterpretationen", der Betonung der „Standort- und Zeitgebundenheit des (...) Denkens", kurz: die Ambivalenz zwischen einer kritischen Herangehensweise und der gleichzeitigen Deklaration einer Traditionslinie gleichsam „naturgegeben[en] europäische[n] Bewusstsein[s]" (Kotte 2007: 202, 413, 201, 205). Sobald der Konstruktcharakter allzu sehr betont würde, würde der Setzungscharakter der ‚Identitätselemente' offensichtlich, jener Aushandlungsprozess, den FREVERT für das Reich der Ideen und Werte als typisch annimmt, würde einsetzen: Die Geschichte würde ihren Begründungcharakter bezüglich der Zukunft verlieren, könnte den Prozess der Konsensfindung nicht mehr ‚schließen'. Es stellt sich allerdings die Frage, warum dies um jeden Preis vermieden werden soll, sogar um den Preis logischer Brüche in der Argumentation. Die Geschichte kann ebenso gut kontextualisierend gelesen werden, als Begründung für die Gebundenheit von Denkfiguren, Werten und Identitätselementen, die damit eher den Charakter der Potentialität erhalten würden. Identitätsfindung wäre dann keine Selbstvergewisserung über die eigenen Wurzeln, sondern eine Frage bewusster Entscheidung über den Weg in die Zukunft.

Bezüge auf das Weltwissen

Im Zusammenhang der Argumentationsanalyse wurde darauf hingewiesen, dass sich die Zusammenhänge zwischen zunächst ‚unverbunden' erscheinenden Propositionen möglicherweise erschließen lassen, wenn man von einer Art ‚Kooperationsprinzip bezüglich der Textkohärenz' ausgeht, also voraussetzt, dass *Kohärenz* herstellbar sein *muss*. In gewisser Weise werden damit ‚konversationelle Implikaturen' auf Text-und Argumentationsebene angenommen: Pragmatische oder ‚textuelle' Präsuppositionen benennen das (suggerierte?) ‚Weltwissen', das die ‚Lücken in der Argumentation' schließt. Dieses wäre dann ‚im Diskurs' beziehungsweise in anderen Texten zu suchen (vgl auch Felgenhauer 2007a, b). Diese Form der Intertextualität begegnet insbesondere in politisch-persuasiven Texten, die sich in spezifische ideologische und weltanschauliche Zusammenhänge einordnen lasssen – wie dies zum Beispiel BRAUN (2007) für Texte aus der Zeit des Nationalsozialismus nachgewiesen hat. Bezüglich des Analysetextes ist es schwieriger, möglicherweise präsupponierte ‚ideologische' Inhalte zu erschließen, weil die ‚Europa-Ideologie', so man davon sprechen kann, sehr viel weniger als geschlossenes, gesteuertes ‚Konzept' ansprechbar ist. Möglicherweise aber kann der Text insofern als kohärent gelesen werden, als der Zusammenhang zwischen der Proposition ‚dass Europa ein Zukunftsprojekt ist' und der Annahme, dass es dazu der Selbstvergewisserung bedarf, über den Rückgriff auf die politisch-wissenschaftliche Legitimitätsargumentation herstellbar ist. Zugleich wird der Rückgriff auf die *Wurzeln* im Zusammenhang mit dem *Zukunftsprojekt* dann verständlich, wenn die den meisten Identitätsdiskursen inhärente Annahme einer ‚raumzeitlichen Schicksalsgemeinschaft' geteilt wird. Innovationsfähigkeit und ständige Entwicklung lassen sich zu der Konfrontation mit Neuem und Anderem in Bezug setzen, wenn Fortschritt als Folge von Konkurrenz begriffen wird. Weitere Beispiele ließen sich nennen: Letztlich kann eine Intertextanalyse nie wirklich abgeschlossen werden. Der Analysetext kann, nimmt man die Verknüpfung von detaillierter Textanalyse und In-den-Blick-Nahme intertextueller und kontextueller Bezüge und Einflüsse ernst, als situations- und kontextspezifische Realisation und zugleich als Baustein ‚des europäischen Identitätsdiskurses' gelesen werden. Es lässt sich ein Bogen schlagen von Lexemmetaphern und Argumentationsmustern im textuellen Zusammenhang zu deren Usualität und auch Funktion in der ‚Diskursgemeinschaft'. Was über soziale Repräsentationen ausgesagt werden kann, wird auf diese Weise im spezifischen Textexemplar veranker- und so belegbar. Zugleich ist dieses ohne Kontextwissen nicht interpretierbar, sind jene Aussagen, die anhand eines Analysetextes gemacht werden, nur eingeschränkt generalisierbar. Die Intertextanalyse, über die der Kontext erst in Bezug gesetzt wird zum Textexemplar, kommt letztlich ohne Rückgriff auf explorative Methoden, ohne ‚Vertrauen' in die Ergebnisse sozialwissenschaftlicher Forschungen, die sich einer Vielzahl von Herangehensweisen bedienen, nicht aus.

5.4 Die Fäden zusammennehmend: Soziale Repräsentationen Europas im Analysetext und seinen ‚Bezugstexten'

HOECKERS Geleitwort changiert, darauf weisen die *Indikatoren der Textfunktion* hin, zwischen *Information* und *Appell*. Einerseits weist der Text Merkmale *wissenschaftlicher* Texte auf: Es wird rekurriert auf ein depersonalisierendes *wir*, Thesen werden begründet durch ein wissenschaftliches Autoritätszitat. Zugleich aber widerspricht die ‚Logik der Setzungen' dem explikativen Usus wissenschaftlicher Texte, verortet das inkludierende *wir* den Text eher im *politisch-administrativen* Handlungsbereich. Über *Metaphorik* und *Topik*, über seine *ambivalente Europa-* und *Identitätskonzeption* und über direkte und indirekte referentielle Verweise verortet sich der Text im Netz seiner Ko-Texte im Themenheft, im politischen und wissenschaftlichen europäischen Identitätsdiskurs, und aktualisiert auch die diesen ‚Diskursen' inhärenten *Brüche*. Die aktualisierten *Verbalstrategien* dienen der Etablierung essentialisierender und naturalisierender Vorstellungen von *Europa*, seiner *Identität*, seiner *Geschichte* und seiner *Werte* und der ‚inhaltlichen Spezifizierung' dieser Abstrakta durch spezifische Merkmale. Sie stehen dabei in enger Wechselwirkung mit der argumentativen Themenentfaltung: Einerseits macht erst die *Essentialisierung* die *Eigenschaftszuweisung* an *komplexe Abstrakta* überhaupt möglich, andererseits setzt die Argumentation *Europa*, seine *Identität*, seine *Geschichte* und seine *Werte* zueinander in Bezug: Die *Geschichte* ‚begründet' die *Werte* und die *Identität* und diese wiederum definieren *Europa* und machen es zu einem *Zukunftsprojekt*. *Verbalstrategien* und *thematische Einstellung* machen zudem die *persuasiv-appellative* Grundtendenz des Textes sichtbar. Die Analyse des ‚Geleitwortes' macht deutlich, dass der Text selbst (wie die Texte, auf die er Bezug nimmt) *soziale Repräsentationen Europas* nicht nur *beschreibt*, die Adressaten nicht nur über bestimmte Europa-Vorstellungen *informiert*. Die explizit genannten und die intertextuell erschließbaren ‚Konstruktionen von Europa' werden als Ausgangspunkt von *Identitätsfindung* präsentiert, ihre Einbeziehung in die eigene Selbstvergewisserung wird den Adressaten nahegelegt. Zugleich bleibt der Text in weiten Teilen so vage, legt sich weder bezüglich der Handelnden noch bezüglich der Inhalte fest, dass er in viele Richtungen interpretierbar ist: als Anregung zur Identitäts*stiftung* durch die Lehrer, als Anregung zur Identitäts*bildung* auf individueller wie auf ‚staatlicher' Ebene. Gerade die *Vagheit* der Inhalte gleicht einer Suchanweisung, stellt einen Bezug zu den in den Beiträgen genannten möglichen Spezifizierungen her.

Funktionale Strategien

Die Zuordnung *linguistischer Realisationsformen* und *Argumentationsschemata* zu übergeordneten, ‚mental verorteten' *funktionalen* diskursiven ‚Strategien' der *Inklusion* und *Exklusion*, der *Assimilation* und *Dissimilation*, ist ein Schritt zu ihrer *Interpretation*. Die Klassifizierung erfolgt aufgrund außer-linguistischer Kriterien, weil sich die Funktion der linguistischen Analyseelemente nur im thematischen und im situativen Äußerungskontext bewerten lässt, eine automatisierte 1:1- Zuordnung nicht möglich ist. Trotz aller Kautelen – letztlich kann die Klassifizierung von Realisationsformen nur in einem hermeneutischen Verstehensprozess vorgenommen werden, der sich dem Kriterium der ‚Wiederholbarkeit' entzieht – lässt sich der heuristische Wert dieser Vorgehensweise nicht abstreiten, zumal sie den Vergleich der im Textexemplar ‚aktualisierten' Strategien mit jenen zulässt, die WODAK und ihre MitarbeiterInnen auf Basis empirischer Forschung als usuell für ‚Identitätsdiskurse' ansehen.

Sowohl die *inkludierende* und zugleich *referentiell vage* Verwendung der Personalpronomen *wir* und *uns* als auch die *referentielle Assimilation* der ‚EuropäerInnen', die mit der *metonymischen*, teils *personifizierenden* Aktualisierung des Toponyms *Europa* einhergeht, lassen sich der **Assimilations**- bzw. ***Inklusionsstrategie*** zuordnen. Verstärkt wird die assimilierende Funktion des Toponyms durch den *essentialisierenden*, *existenz-präsupponierenden* Gebrauch des Ausdrucks *Europa*, aber auch der Ausdrücke *Identität*, *Geschichte* und *Wurzeln*. Hinzu kommt die bezüglich *Europa* aktualisierte *Organismus*- und *Naturmetaphorik*, die sich der WODAK et. al.schen ***Unifikations- und Kohäsivierungsstrategie*** zuordnen lässt, aber auch der ***Strategie der Vitalisation***. Die mehrfache Betonung von Eigenschaften und Errungenschaften, die *Europa auszeichnen*, kann als Hinweis auf die ***Strategie der Singularisierung*** gelesen werden, da *Europas* positive Besonderheit/

Einzigartigkeit betont wird[420]. All diese Strategien lassen sich nach WODAK et al. der sozialen Makrostrategie der ***Konstruktion*** zuordnen. Zugleich aktualisieren die zahlreichen positiv-evaluativen Kontextualisierungen *Europas* die ***Strategie der positiven Selbst-Darstellung.*** Wie die temporalen Adjektive *ständig* (5) und *permanent* (9) und die Temporaladverbien *immer wieder (von neuem), schon immer* (6-7, 7), die der ***Strategie der Kontinuation*** zugeordnet werden können, das heißt der Betonung von positiver (politischer) Kontinuität, lassen sich diese unter die soziale Makrostrategie der ***Perpetuierung*** subsumieren. Dies ist insbesondere deshalb interessant, weil es die *ständige Überprüfung von Identität und Selbstbestimmung*, die *Erneuerung* und *Entwicklung* sind, die perpetuiert werden. Dabei ist der Wandel (*Innovationskraft, lebt*) positiv konnotiert/ wird positiv evaluativ kontextualisiert. Der *Topos der Geschichte als Lehrerin*, von WODAK et al. im Kontext der Erfassung der österreichischen nationalen Identitätskonstruktionen den diskontinuierenden, dissimilierenden Strategien zugeordnet, kann im Kontext des europäischen (bzw. EU) Identitätsdiskurses den ***perpetuierenden*** Strategien zugeordnet werden: ‚Die Geschichte lehrt' in diesem Falle, dass sich *Europa immer entwickelt* und *ständig neu bestimmt* hat: ‚Das war schon immer so'. ‚Die' *Geschichte*, so könnte man interpretieren, mag für Österreich (und Deutschland) in der Folge des Zweiten Weltkrieges eher eine negative Hintergrundfolie bieten, bezüglich Europa ist sie weitgehend positiv konnotiert. Ebenfalls der konstruktiven Makrostrategie zuzurechnen sind laut WODAK et al. ***Dissimilationsstrategien***, wie sie im Textexemplar zum einen durch ‚differenzkonstruierende Lexeme' wie *das Neue, das Andere, das Fremde,* aber auch *auszeichnen,* aktualisiert werden. Auffällig ist, dass das *Nicht-Europäische* vage bleibt, eigentlich nur durch die Tatsache bestimmt wird, eben *Nicht-Europäisch* zu sein, implizit durch mangelnde *Innovationskraft* und *Entwicklungsfähigkeit.* Insgesamt dominieren aber die ***Assimilationsstrategien***. Gestützt werden diese ***Strategien der Konstruktion*** von *Eigengruppe* und (vage bleibender) *Out-Group* durch die ***Strategie der Legitimation***, den Rückgriff auf den *Autoritätstopos* und ein direktes *Autoritätszitat.* Hinzu kommen ***‚Ausweichstrategien'***: ‚*Personenreferenzen*' bleiben *vage*, in Handlungsbeschreibungen (*sich vergewissern, Identität finden*) wird durch *Nominalisierungen* die Nennung konkreter Akteure vermieden – es lassen sich diverse Formen der *De- und Pseudoagentivierung* herausarbeiten. Dies stützt die Argumentation und die ***Konstruktionsstrategien*** insofern, als es die ‚Überprüfung', die Gegenargumentation erschwert. Die Behauptungen, Referenzen und Prädikationen bleiben so allgemein, dass sie für verschiedenste Interpretationen offen sind, rekurrieren im Grunde lediglich auf Gemeinplätze des ‚europäischen Identitätsdiskurses', die zugleich als unhinterfragbare ‚Wahrheiten' präsupponiert und etabliert werden. Die ‚unverbundene Hintereinanderstellung' der Propositionen ist zudem, folgt man WODAK et al., als typisch für Differenzdiskurse anzusehen und weist darauf hin, dass letztlich ‚Versatzstücke' des ‚Diskurses' aktualisiert werden.

420 Zu den Zuordnungen von Realisationsformen, Argumentationsschemata und Strategien zueinander und deren Ausformulierungen siehe WODAK et al. (1999: 36-42).

Einordnung in das Diskursfeld europäischer Identitätsangebote

Die diskursive Konstruktion ‚***Europas***' im analysierten Textexemplar führt eindrucksvoll die enge Verwobenheit jener ‚Identitäts-Dimensionen' vor Augen, mittels derer der Versuch unternommen wurde, das *Diskursfeld europäischer Identitätsangebote* didaktisch-analytisch zu ordnen. Die ‚Makroproposition' aktualisiert eine übergeordnete Strategie der ***Temporalisierung***, der Bestimmung *Europas* durch die Herstellung eines ‚chronologischen Kausalzusammenhangs' zwischen einer existenzpräsupponierten, essentialisierten ***gemeinsamen Vergangenheit*** (*Geschichte Europas,* 7; *die europäische Geschichte,* 15) und einer ***gemeinsamen Zukunft*** (realisiert in der *Exemplifizierung* beziehungsweise *expliziten Definition* Europas als *Zukunftsprojekt* (3)). Die *historische Dimension* begründet nicht nur die Gegenwart, sondern auch *zukünftige* Entwicklungen und umzusetzende Verhaltensweisen (*So war es schon immer* (...) (7), *Europa hat sich schon immer* (13), *Das zeigt der Blick in die (...) Geschichte* (15)). Basis des *Zukunftsprojektes* (3) sind seine (historischen) *Wurzeln* (5). Damit eng verwoben, und diese Bestimmung ***Europas*** begründend, ist ein spezifisches ***Identitätsverständnis***, eine bestimmte *soziale Repräsentation von Identität.* Der insgesamt vage bleibende Identitätsbegriff ‚changiert' zwischen Essentialisierung und Betonung des Konstruktcharakters, zwischen Statik und Dynamik, zwischen Erkenntnis der Prozesshaftigkeit und dem Versuch der ‚Schließung'. Um welche Form von *Identität* es sich handelt, bleibt vage: ‚Die' Staatsidentität Europas, die kulturelle Identität eines wie auch immer definierten ‚Raumobjekts' oder seiner Bewohner, die Identifikationen von BürgerInnen? Die nähere Bestimmung der *Identität* erfolgt durch das Adjektiv *europäisch* beziehungsweise durch die Verknüpfung mit dem Toponym *Europa* bzw. dem Personalpronomen *seine. Europäische Identität* wird einerseits **prozessual** gefasst, wird über *Selbstvergewisserung* (10, 31) *immer wieder* (6) auf den *Prüfstand* (7) gestellt. Zugleich wird *Identität* aber **statisch** gefasst: neben der (existenzpräsupponierenden) referentiellen Verwendung von *die europäische Identität* (20) und der naturalisierenden und essentialisierenden Metapher *Wurzeln* (5, 10, 11) in der Formulierung *Identität stiften oder* ***bewahren*** (11). Dass die Resultate der *ständigen Selbstvergewisserung* (5) zu einem konkreten Zeitpunkt durchaus den Charakter von etwas Gegebenen annehmen, spiegelt sich in der Feststellung, dass *Selbstvergewisserung* (16) und *Bereitschaft zur Weiterentwicklung* (17) in einem *natürlichen Spannungsverhältnis* (17) stehen. Einerseits wird die Vergangenheit *Europas* durch ständigen Wandel näher bestimmt (*Europa hat sich schon immer* (...) *ausgezeichnet,* 13), andererseits diese vergangene *Prozesshaftigkeit* in die Zukunft projiziert. Ein *Zukunftsprojekt* (1) ist zunächst etwas inhärent offenes, *Identität,* die man *stifte[t]* (11), existiert noch nicht. Zugleich aber, und hier nehmen die logischen Brüche des Textes ihren Ausgang, ist nicht nur die Rede von *‚der' europäischen Identität* (6, 20) und *der Geschichte* (7), es werden auch *Bestimmungen* Europas vorgenommen. *Europa* ist ein ***Zukunftsprojekt*** (3), dessen ***Vergangenheit*** sich durch permanenten Wandel und Erneuerung auszeichnet. *[S]eine* (4) vorausgesetzt-essentialisierte und zugleich als Prozess offen gehaltene *Identität* (6) kann aus der Vergangenheit abgeleitet werden, es hat ***Wurzeln*** (5), derer man sich *bewusst werden* (11-12) kann (und *muss,* 11) und muss *immer wieder von neuem* (6) bestimmt werden – weil es *schon immer so* war *in der Geschichte Europas* (7). Aus der *Vergangenheit* ist teleologisch die *Zukunft* ableitbar: *Europa*, so könnte man zusammenfassen, zeichnet sich, ebenso wie ‚*die europäische Identität*', durch Kontinuität im Wandel aus: Die ‚***zeitlose Eigenschaft***' die *Europa* auszeichnet und so identifizierbar macht ist seine ***Entwicklungsfähigkeit***, seine ***Innovationskraft***, seine – so könnte man den Prozess der *Selbstvergewisserung* paraphrasieren – ***Reflexivität***. Zugleich hat *Europa* gemeinsame ***Wurzeln***, derer man sich *bewusst* werden kann, gemeinsame ***Ursprünge***. Es wird in der Tat eine ***gemeinsame Vergangenheit, Gegenwart und Zukunft*** konstruiert, um die ‚Gemeinschaft' Europa zu ‚erfinden'.

Die ***temporalisierenden*** Aspekte stellen einen Begründungszusammenhang her, spannen (zusammen mit den *territorialisierenden* Aspekten) ein Koordinatensystem auf, das inhaltlich in verschiedenster Form aufgeladen werden kann. Im Analysetext wird die ***politische Komponente*** der ‚Schicksalsgemeinschaft' Europa in ‚Kurzform' im zweiten Satz aktualisiert: *Europa* umfasst eine *Friedensordnung* (3), *politische Institutionen* (3-4) und eine *wirtschaftliche*[421] *und soziale Ordnung* (4). Wie auch bei demVerweis auf das *Zukunftsprojekt Europa* handelt es sich um ‚Versatzstücke' der Bestimmung von *Europa*, die sich insbesondere auch in den von WODAK untersuchten ‚visionären Politikerreden' finden. Über diese Spezifizierung findet zugleich eine Ineinssetzung *Europas* mit der *EU* statt – europäische Geschichte wird damit zur Vor-Geschichte der EU, EU-Geschichte und Zukunft zur Geschichte und Zukunft Europas. Die Verbindung von ‚***Temporalisierung***' und ‚***Politik***' bricht die analytische Abgrenzung zwischen der WODAKschen Dimensionen der ‚*Sinnzuweisung*' über den Rückbezug auf die Geschichte und der ‚*Organisation*' der EU auf: Im konkreten Textexemplar sind diese *Dimensionen*, sind die *Legitimationsstrategien* des *Bezugs auf die Geschichte* und des *Bezugs auf (demokratische) Verfahren und Institutionen* kaum voneinander zu trennen. Verknüpft werden sie letztlich über die ‚Wertfundierung', die der politischen Dimension inhärent ist: Wie die Schlüsselworte *Frieden* und *Ordnung* verdeutlichen, ist die ***politische*** Komponente von der ***ideellen*** bzw. ***Wertekomponente*** *Europas* beziehungsweise ***europäischer Identität*** kaum analytisch zu trennen. Der Analysetext rekurriert zur Bestimmung *Europas* vor allem auf ***gemeinsame Kultur*** und ***geteilte Werte*** in ihrer historischen ‚Verortung' und ‚Begründung'. ‚Die' *(europäische) Identität* wird an zwei Stellen durch das Adjektiv *kulturell* (18, 25-26) näher spezifiziert[422]. *Europa* beziehungsweise *europäische Identität* zeichnen sich, folgt man dem Analysetext, aus durch (gemeinsame) ***Werte*** (*Wertekanon*, 29) und *Moral* (*moralischen Universalismus*, 20). Weder die kulturelle Identität noch der Wertekanon werden *textintern* genauer definiert. Ihre Spezifikation wird weitgehend den Beiträgen des Themenheftes überlassen. Durch die kontrastive Entgegensetzung der (*geographischen* und) *historischen Dimension* und des Merkmals des *moralischen Universalismus* allerdings erhalten die *Werte* eine Wendung ins Partiku-

421 Hier wird auch die *ökonomische* Dimension der ‚Identitäts-Matrix' aktualisiert.

422 Das Adjektiv *kulturell* wird in diesem Zusammenhang gleichsam als Kürzel für die *historische Dimension* und die als mit dieser verknüpft angesehenen *Werte* etabliert.

lare. Sie werden ver-ortet und ver-zeitlicht. (Nur) so partikularisiert können sie zur Selbstvergewisserung beitragen und gleichsam als *Wurzeln Europas* definiert werden. Es zeichnet sich dadurch aus, *dass es die Wiege des moralischen Universalismus* ist (19-20), dass *immer alles geistig-ideell fundiert sein (...) muss* (24). Zugleich werden die Werte, wie die Identität, als statisch und prozessual, dynamisch und schließ-bar dargestellt. Die *geistig-ideelle* (24) Fundierung, das *Reich der Ideen, Werte und Ideale* wird einerseits als *generell konfliktgeladen* (25-26) bestimmt, andererseits ist die Rede davon, dass *der Wertekanon (...) aufscheint* (29). Die Werte werden präsupponiert und sind wandelbar, Aushandlungsobjekt, werden beschrieben als *universal* **und** *partikular*.

Wie die temporalisierenden müssen die ***territorialisierenden Aspekte***, die Ver-Ortung und Begründung von Merkmalen unter Bezugnahme auf ‚Raumkonstrukte' als integrierende Repräsentation, als ‚figurativer Kern' der aktualisierten Identitätsangebote verstanden werden. Bereits bezüglich des *Diskursfeldes europäischer Identitätsangebote* wurde zusammenfassend konstatiert, dass Territorialisierungsstrategien kaum explizit aktualisiert werden. Sie können vielmehr als allen anderen Repräsentationen implizit zugrundeliegend und diese strukturierend angenommen werden. Im analysierten Text wird die *geographische Dimension* (20-21) nur in einem Halbsatz angesprochen und nicht weiter expliziert. Es konnte gezeigt werden, dass dies auch der intertextuellen Einbettung geschuldet ist. Auf EU-Dokumentsebene wird auf eine klare Ab-Grenzung *Europas*, auf eine territoriale Finalität der *EU* wohlweislich verzichtet, der KMK-Beschluss spricht zwar von der Vermittlung von Kenntnissen über den *europäischen Raum*, definiert diesen jedoch ebenfalls nicht. Auch der Bildungsplan und die wissenschaftliche Literatur verzichten weitgehend auf eine *geographische Bestimmung Europas* oder problematisieren diese. Jene „Begründung" von „gesellschaftliche[r] Legitimität und Autorität mit Bezug auf eine letztgültige, vermeintlich am so genannten ‚Realraum' abgeleitete ‚wissenschaftliche Objektivität'", jene „naturdeterministische[n] Argumentationsmuster", die REUBER/ STRÜVER/ WOLKERSDORFER (2005: 3) für die Europa-Debatte als *typisch* annehmen, fehlen weitgehend. Zugleich aber machen *alle anderen Konstrukte* wenig Sinn ohne Annahme einer *Kultur-Raum-Entität Europa*, eines ‚Containerraums', dem Entwicklungen, Mentalitäten, Werte ‚eingeschrieben' werden können. Bereits der essentialisierend-existenzpräsupponierende und metonymische Gebrauch des Toponyms *Europa*, die metaphorische ‚Naturalisierung' von *Europa* über Organismusmetaphern, stellen ***implizite Territorialisierungen*** dar. Territorialisierung und Temporalisierung lassen sich nicht trennen:

> „It is not a question of either-or but of different emphasis and foci. Accordingly, with regard to the first strategy we want to speak of predominance of space within time, with regard to the second of predominance of time within space" (Wodak 2004: 238).

Im Falle des Analysetextes und der Bezugstexte werden Temporalisierungsstrategien aktualisiert: Der *Fokus* liegt auf der *Zeit*, aber diese ist ohne Situierung im *Raum* nicht vorstellbar.

Soziale Repräsentationen Europas

Während sich auf der übergeordneten Ebene *soziale Repräsentationen* abstrahierend-analytisch voneinander trennen lassen (‚Europa als Wertegemeinschaft' wird auf diese Weise unterscheidbar von ‚Europa als Territorium', die ‚Europäer als historische Schicksalsgemeinschaft' von ‚Europa als Kommunikationsgemeinschaft'), wird auf Ebene des konkreten Textexemplars offensichtlich, dass all diese *Europa-Konstrukte* im Prozess ihrer Konstruktion und Diffusion als dicht verwobenes Vorstellungs-Netz aufzufassen sind. Insbesondere die Relationen zwischen verschiedenen Aspekten von ‚Europa-Bildern' können auf dieser Ebene in den Blick genommen werden. Zunächst einmal lassen sich Repräsentationen *Europas* und der *EuropäerInnen* nicht voneinander abgrenzen. Während direkte Verweise auf eine ‚prototypische europäische Mentalität' oder einen ***‚homo europaeicus'*** nicht aktualisiert werden, sind diese implizit im metonymischen Gebrauch des Toponyms *Europa* mit-zu-denken: Nicht *Europa ist innovativ*, seine Bewohner sind es, nicht *Europa* zeichnet sich durch die *Fähigkeit aus, sich ständig weiter zu entwickeln*, die EuropäerInnen tun es. Der (Container-)Raum steht für seine Bewohner und diese werden zugleich über ihre Zuordnung zu diesem Raum *kollektiviert* und *referentiell assimiliert*, ihre Zuordnung zur ‚Raumkategorie' macht diese gleichsam zur erklärenden Variablen: *Innovativ* weil *europäisch*.

Zeitachse und Raumkoordinate, ‚chronologischer Kausalzusammenhang' und ‚containerräumliche Abgrenzung' stellen in einer spezifischen Verbindung, in der die *Zeitkomponente* vor allem *implizit verräumlicht* wird, als „space-time body" (Wodak 2002: 9) – genauer als ***‚time-space body'*** – den durchaus als ‚figurativ' ansprechbaren Kern der im Text aktualisierten sozialen Repräsentation von *Europa* dar. Der *Körper*begriff verweist dabei auch auf die damit einhergehenden ‚essentialisierenden', ‚personifizierenden' und ‚naturalisierenden' Strategien, die ‚Europa' als Entität etablieren und zugleich als ‚Organismus' konzeptualisieren. Die konzeptuelle Nähe zwischen *Theorie der sozialen Repräsentationen* und interaktionistisch-kognitiven *Metapherntheorien* wird an dieser Stelle sehr deutlich. Hier erreicht aber die linguistische Analyse eine Grenze. Können die Vorstellungen eines ‚chronologischen Kausalzusammenhangs' und ‚container-räumlicher Abgrenzung' als Teil des Assoziationsfeldes beschrieben werden, die der Körper- bzw. Organismusmetapher eigen ist? Ist dabei ‚körperliches Selbst-Erleben', möglicherweise der ‚individuelle Identitätsprozess' als Herkunftsbereich der metaphorischen Konzeptionalisierung von ‚Raumobjekten' und ‚sozialen Kollektiven' anzusprechen? Ist vor diesem Hintergrund auch der *Wertebezug* der Konstruktion ‚europäischer Identität' zu verstehen, zumal TAYLOR (1989: 25, 28) den „essential link between identity and a kind of orientation" betont –in einem Kapitel, das „The Self in Moral *Space*" heißt? Oder konzeptualisieren ‚wir' Körperlichkeit, Identität und Organismen unter Rückgriff auf raum-zeitliche Kategorien als abgegrenzt und als chronologischen Kausalzusammenhang? Letztlich sind es *metaphorisch* strukturierte Konzepte, die den figurativen Kern der sozialen Repräsentation von ‚sozialen Kollektiven im Raum' bilden. Dieser ‚Kern' ermöglicht erst die Bestimmung der ‚Entität' durch Zuschreibung von (bewertbaren) Eigenschaften. Umgekehrt könnte man von der Kategorisierung der Eigenschaften durch Klassifizierung als Bestandteil der jeweiligen Entität sprechen. Im Falle des Analysetextes und seiner Bezugstexte findet diese Bestimmung insbesondere in Form der Verzeitlichung und Verräumlichung eines ‚Wertekanons' statt: über den Bezug auf ***‚Europa als Wertegemeinschaft'***, wobei diese zugleich auch als ***‚Kulturgemeinschaft'*** vorgestellt wird. Die Komplexität der Zusammenhänge zwischen diesen *Eigenschaftszuschreibungen* und dem *Kern*, dem sie eingeschrieben werden, wird daran ersichtlich, dass insbesondere die Zeitachse auch zur *Begründung* der Eigenschaftszuweisung herangezogen wird. MOSCOVICI betont nicht ohne Grund, dass Topoi als ‚Kerne' *sozialer Repräsentationen* angesehen werden können. Besonders interessant ist die im Analysetext implizierte, in den Bezugstexten explizit gemachte, Repräsentation von ***‚Europa' als Konstrukt***, als ‚erfundene Gemeinschaft', die in ähnlicher Form von WODAK et al. auch für ‚visionäre Politikerreden', von QUENZEL für die EU-Kulturpolitik als Besonderheit ausgewiesen wurde (siehe 3.2). Diese wird mit den anderen – ihr eigentlich ‚logisch widersprechenden'– Repräsentationen verknüpft und implizit (und teils auch explizit) argumentativ inwertgesetzt. Wenn *Europa* (als Bezugspunkt der Identifikation) ein Konstrukt ist, eine europäische Identität aber notwendig, dann kann die Konstruktionsleistung (nur) unter Rückgriff auf die Geschichte (und die geographische Dimension) stattfinden. Der Kreis schließt sich – denn außerhalb der Repräsentation als Zeit-Raum-Körper, so scheint es, ist das Konstrukt Europa nicht vorstellbar.

Mit den Europa-Vorstellungen sind im Text und in seinen Bezugstexten spezifische Vorstellungen von (europäischer) Identität eng verbunden. Diese wird zugleich statisch und dynamisch, prozessual und essentialisiert re-präsentiert.

Wie vor dem Hintergrund des politisch-institutionellen Kontextes, des kommunikativen Handlungsbereiches und der medialen Verortung des Analysetextes bereits erwartet werden konnte, werden im Analysetext überwiegend *innenorientierte* Spezifizierungen ‚Europas' aktualisiert. *Ähnlichkeits-* und *Inklusionsstrategien* dominieren, während die ‚Referenzen' der *Differenzstrategien* besonders vage bleiben. Ein konkreter ‚Anderer', ein ‚Feindbild' gar, werden nicht aktualisiert, nur impliziert. Während im Analysetext selbst die einzelnen Kategorien und Merkmalszuweisungen durchgängig vergleichsweise vage bleiben, sind sie doch nicht inhaltsleer. Um den ‚leeren Signifikanten' als Bild zu bemühen: Gerade die *Vagheit* ermöglicht die *Aufladung* durch potentielle Rezipienten, die durch Einbeziehung der konkreten Bezugstexte, aber auch des ‚Weltwissens', des Wissens ‚um den Diskurs', stattfinden kann. In gewisser Weise ist die *Vagheit* Voraussetzung für die Akzeptanz der *‚Logik der Setzungen'* durch die potentiellen Rezipienten.

Die Ambivalenz zwischen der Essentialisierung und Voraus-Setzung von ‚Europa' wie ‚Identität' und der Anerkennung ihres dyamischen Konstruktionscharakters, die auf der Ebene des *konkreten Textexemplars* offenbar wird, zeigt die Relevanz der In-den-Blick-Nahme der *Äußerungsebene* besonders deutlich. Im Textexemplar, so könnte man interpretieren, ‚kreuzen' sich der ‚Wissenschaftsdiskurs' und der ‚Alltagsdiskurs' bzw. der ‚politische Diskurs' über europäische Identität. Die Ambivalenz liegt in den kontextspezifischen ‚Textmustern' und der kontextspezifischen ‚Intentionalität' des Analysetextes und der Bezugstexte begründet: in der Verbindung wissenschaftlichen Anspruchs mit der Umsetzung politisch vorgegebener Bildungsziele. Hinzu kommen jene disziplinpolitischen Erwägungen, die europäische Identitätsbildung zum Argument für die Relevanz historischer Forschung und schulischen Geschichtsunterrichts machen. Auch sie setzen letztlich die ‚Festlegbarkeit' europäischer Identitätsmerkmale auf Basis der Geschichte voraus und geraten deshalb ebenfalls mit der Fokussierung des ‚Konstruktcharakters' von Geschichte wie Identität in Konflikt.

Über den Text hinaus

Die *Detailanalyse* in ihrer *kontextuellen* Einbettung, deren Relevanz durch die Rekonstruktion der intertextuellen Bezugnahmen des Textes unterstrichen wurde, hat eines deutlich gezeigt: Kann in explorativ angelegten Studien großer Korpora eine Vielzahl sozialer Repräsentationen herausgearbeitet und so ein Überblick über ein Diskursfeld gewonnen werden, muss deren Klassifizierung und Benennung doch immer analytisch-trennend, holzschnittartig vorgenommen werden. Ihre Generalisierung blendet definitionsgemäß Details aus und suggeriert Abgrenzbarkeit. Dennoch ist die Fokussierung dieser übergeordneten Ebene notwendig, um jene ‚prototypischen' Weltmodelle überhaupt postulieren zu können, die zu Recht soziale Repräsentationen genannt werden. Zugleich sind nur in der *handlungsorientierten*, einen *spezifischen Text* als Äußerungshandlung analysierenden holistischen Herangehensweise die Prozesse ihrer Genese und Diffusion, ihre Relationen untereinander beziehungsweise ihre untrennbare Verwobenheit miteinander und letztlich ihre Relevanz im Kontext diskursiver Aushandlungsprozesse nachvollziehbar.

Mit den Methoden einer *handlungs-* bzw. *textorientierten Diskursanalyse* lässt sich ***nicht nur*** ein *Katalog von ‚Europa-Vorstellungen'* herausarbeiten, lassen sich diese ***nicht nur*** in ihrer *Verwobenheit*, *Vernetztheit* und *Bezugnahme* unter- und aufeinander sichtbar machen.

(1) Die Analyse *raumbezogener sozialer Repräsentationen* auf *Textebene* macht ***auch*** den *Prozess* ihrer *sprachlichen Generierung* und *Diffusion* erfassbar.

- Es können jene *linguistischen Kategorien* erfasst werden, mittels derer soziale Repräsentationen **konstruiert** werden. Die Analyse zeigt die ***Interdependenz*** *verschiedenster Versprachlichungsformen* im Rahmen der Konstruktion *raumbezogener sozialer Repräsentationen.*
- Es können die *linguistischen ‚Realisationsformen'* herausgearbeitet werden, die ihrer ‚***Weitergabe***' dienen, vermittels derer die Adressaten davon *überzeugt* werden sollen, dass bestimmte *Repräsentationen* als ‚Weltmodelle' anderen vorzuziehen sind, und zugleich dazu *angeregt* werden sollen, bestimmte *‚Identitätsangebote'* als *‚Identitätselemente'* zu *übernehmen.*

(2) Die textorientierte Analyse bindet die *Spezifika* der ‚Raumkonstruktion' an ihre *kommunikative Funktion* im Rahmen konkreter Texte zurück.

- Es können *äußerungs-* und *kontextspezifische Abwandlungen sozialer Repräsentationen* aufgezeigt (und, zumindest teilweise, begründet) werden.
- Es können die *argumentativen* Inwertsetzungen spezifischer *Raum-Vorstellungen* in der konkreten Äußerungshandlung offengelegt werden.

(3) Die Einbeziehung *intertextueller* Zusammenhänge, die *Kontextualisierung*, ermöglicht die Rückbindung der Textanalyseergebnisse an ‚den *Diskurs*' und damit auch ihre *Erklärung* und *Interpretation* im *sozialen Kontext*.

- Die *‚diskursive Prägung'* von *raumbezogenen sozialen Repräsentationen* im Einzeltext kann herausgearbeitet werden. Was bleibt über verschiedene Kommunikationsbereiche, Textsorten- und Äußerungszusammenhänge hinweg *gleich*?
- Es lassen sich, damit eng verbunden, *intertextuelle Zusammenhänge plausibilisieren*, die den Prozess der top-down-Weitergabe, der Beeinflussung von ‚Raumkonstrukten'/ ‚Identitätsangeboten' durch (politische) Akteure, nachvollziehbar machen.
- Aus den linguistischen Realisationsformen lassen sich *‚typische' Strategien*, etwa der Homogenisierung und Heterogenisierung, abstrahieren, die es im konkreten Analysebeispiel ermöglichen, den Konstruktionsprozess europäischer Identitätsangebote als *‚typischen' kollektiven Identitätsdiskurs* nach ‚nationalstaatlichem' Vorbild einzuordnen.

Dem Individuum treten ***europabezogene Identitätsangebote*** immer in konkreten Texten/ Äußerungen entgegen. Ob es diese in seine eigenen *Identitätsbildungsprozesse* als *Identitätselemente* übernimmt und mit welchen Wertungen, hängt auch von der *Persuasivität*, dem ‚Perlokutionspotential' ab, das diese Texte kraft ihrer Situierung und kraft ihrer spezifischen Versprachlichung je nach Rezipient entfalten. Texte im ‚kommunikativen Handlungsbereich Bildung' gehören zu den ‚Verbreitungswegen' jener spezifischen Inhalte und Wertungen der sozialen Kategorie ‚Europa', die auf politisch-administrativer Ebene, im Rahmen der EU-Identitätspolitik und ihrer spezifischen nationalen Umsetzung, generiert werden. Wie im Rahmen der Kontextanalyse gezeigt wurde, rekurrieren diese Merkmalszuweisungen in weiten Teilen auf bereits vorhandene *Europa-Konstrukte*, die jedoch durch die weitgehende Gleichsetzung der Kategorien *Europa* und *Europäische Union* auf ein ganz spezifisches politisch-administratives ‚Projekt'/ ‚Raumobjekt' als Bezugsobjekt übertragen werden. Über diese soziale Kategorie in ihren spezifischen ‚Aufladungen' als *Identitätsangebot* soll *Identität gestiftet* werden, um die ‚europäische Integration' zu legitimieren und die ‚EuropäerInnen' über die ‚erfundene Gemeinschaft' zu einem ‚europäischen demos' zu kollektivieren. Trotz der Rede von postnationaler Identität wird überwiegend auf die ‚typischen Dimensionen' nationaler Identitätsdiskurse rekurriert. Auch die Tatsache, dass gerade die Bildungsinstitutionen als ‚Diffusionswege' in den Blick der Politik rückten, repliziert die Verfahrensweisen ‚staatlicher identitätsbildender Maßnahmen' auf nationaler Ebene. Die in der Kontextanalyse umrissenen ‚Diffusionsstufen' dieser ‚von oben' vorgegebenen ‚Identitätselemente' konnten auch im Rahmen der Intertextanalyse nachvollzogen werden. Die Textanalyse zeigte, dass nicht nur die Dimensionen der thematischen Identitäts-Matrix im ‚europäischen Identitätsdiskurs' denen ‚nationaler Identitätsdiskurse' ähneln, sondern auch die Formen der *linguistischen Realisation* und die *diskursiven Strategien*, mittels derer die Kategorien in der Äußerungshandlung konstruiert werden. Der europäische Identitätsdiskurs ist insofern ein typischer ‚nationaler' Identitätsdiskurs. Die Auswahl der zugewiesenen Eigenschaften und der sprachlichen Realisationsformen gleicht der textsorten- und kommunikationsbereichsspezifischen Selektion, die die Diskurshistoriker auf Ebene des österreichischen Identitätsdiskurses herausgearbeitet haben: Die Dominanz der Konstruktion von Ähnlichkeiten gegenüber der von Differenzen, die Tatsache, dass die aktualisierten Essentialisierungen stets implizit bleiben (auch aufgrund ihrer Vagheit), die fehlende explizite Bezugnahme auf einen ‚homo europaeicus' oder einen ‚homo externus', die schwerpunktmäßige Rekurrenz auf Elemente der ‚Hochkultur' (Werte, geistig-ideelles) sind charakteristisch für den öffentlich-offiziellen Handlungsbereich.

Die logischen Brüche der Argumentation im Analysetext und die noch offensichtlichere Ambivalenz der Bezugstexte zeigt aber noch etwas anderes: Der Bildungsbereich als Diffusionsweg *europäischer Identitätsangebote* ist nicht deshalb problematisch, weil der EU der Zugriff auf die nationalen Bildungsinstitutionen fehlt oder die Kategorie *Europa* zu vage bleibt. Spätestens auf der Ebene von Bildungsplänen und ‚Unterrichtsinformationen' wird die Kategorie *Europa* sogar recht genau definiert, wobei die Vorgaben der ‚höheren Ebenen', wie die Intertextanalyse zeigt, durchaus umgesetzt werden. Problematisch ist das Bildungssystem als Diffusionsweg, weil die *politische Funktionalisierung* in Widerspruch gerät zu den *wissenschaftlich-pädagogischen ‚Ansprüchen'* des kommunikativen Handlungsbereichs. Die politisch-administrativen Prä-Texte sind nicht die einzige intertextuelle Kette, in die die Texte des Handlungsbereichs eingebunden sind, diese rekurrieren auch auf wissenschaftliche, didaktische und pädagogische Prä-Texte. Das ‚Paradigma' der sozialen Konstruiertheit der Welt, in fast allen Sozialwissenschaften ‚theoretisches Allgemeingut', wird auch im Bildungsbereich rezipiert und die Schlussfolgerungen, die sich daraus für Unterrichtsinhalte ergeben, zunehmend gezogen. Das ‚Konstrukt Europa' gehört deshalb ebenfalls zu den *sozialen Repräsentationen*, auf die rekurriert wird. Die durch die Widersprüchlichkeit der verschiedenen ‚Füllungen' der Kategorie entstehenden logischen Brüche und Ambivalenzen schränken die Nachvollziehbarkeit der Argumentation ein. Das mag auch den Autoren teilweise bewusst gewesen sein, warum sonst formuliert WINKLER (vgl. 2006a: 11) ihre ‚konstruktivistischen' Propositionen (*Europäische Identität – ein Konstrukt?*) überwiegend in Frageform und lässt damit die Möglichkeit offen, diese als rhetorische Fragen zu interpretieren? Warum sonst glaubt HOECKER, das FREVERT-Zitat aus dem Zusammenhang reißen zu müssen? Damit aber steht auch die *Persuasivität* der Texte in Frage und die Wahrscheinlichkeit der Übernahme der aktualisierten *Identitätsangebote* sinkt. Natürlich muss diese Aussage zunächst einmal auf die in den Blick genommenen Texte beschränkt bleiben, ihre Generalisierbarkeit könnte nur auf Basis einer Vielzahl weiterer Analysen, vor allem auch von Schulbuchtexten und Unterrichtsgesprächen, postuliert werden. Bei aller gebotenen Vorsicht ist jedoch zu fragen, ob eine – so verstandene – identitätspolitische Funktionalisierung des Bildungssystems vor diesem Hintergrund heute noch ‚zeitgemäß' ist.

6 Fazit, Grenzen und Ausblick

Handlungsorientierte Diskursanalyse als Instrument der Erfassung raumbezogener Identitätsangebote – Theoretisches Konzept und methodische Operationalisierung
Ausgangspunkt der vorliegenden Studie war die Frage, wie sich der Prozess der Konstruktion raumbezogener ‚Identitätsmuster' sozialwissenschaftlich erfassen lässt, wie er theoretisch konzeptionalisiert und seine Analyse methodisch operationalisiert werden kann. Die enge Verwobenheit *raumbezogener Diskurse, Repräsentationen* und *Identitäten* kann aus Sicht der Verfasserin nicht vorausgesetzt werden, vielmehr rückt gerade der spezifische Charakter ihrer Relation in den Forschungsfokus: Um den Zusammenhang zwischen *Identitäten* und *Repräsentationen* bestimmen zu können, ist eine konzise Definition und theoretische Fundierung beider Begriffe unerlässlich. Ihrem inhärenten *sozio-kognitiven Doppelcharakter* werden insbesondere sozialpsychologische Ansätze gerecht: Die *Identitäts-Prozess-Theorie* von BREAKWELL liefert ein Modell der *kognitiven Strukturen und Prozesse*, die der Konstitution von *Identitäten* und der *kognitiven Konstruktion von Gruppen* zugrunde liegen. Die *Elemente* dieser Identitäten in ihrer *Inhalts-* und *Wertedimension* werden, ebenso wie die *Prinzipien*, denen ihre Integration in Identitätsbildungsprozesse folgt, als Ergebnis *sozialer Aushandlungs-* und *Kategorisierungsprozesse* verstanden. Über MOSCOVICIs *Theorie der sozialen Repräsentationen* lässt sich dieser *soziale Kontext* der Identitätsbildung in den Blick nehmen: Das Konzept der *sozialen Repräsentationen,* definiert als sozio-kognitive Konstruktionen, als konzeptuelle Netze im Sinne von Alltagstheorien und ‚Welt-Modellen', fokussiert die *Struktur, Genese* und *Diffusion* jener sozialen Kategorisierungen und Bedeutungszuweisungsprozesse, die der Identitätsbildung zugrunde liegen. *Soziale Repräsentationen* stellen demnach *Identitätsangebote* im Sinne *potentieller Identitätselemente* dar. Ort der Konstruktion dieser ‚Identitätsangebote' ist die kommunikative Interaktion. Unter Einbezug der *diskursiven Psychologie* kann diese kommunikative Interaktion als *Diskurs* näher bestimmt werden: *Repräsentationen* sind *diskursiv* konstruierte *Identitätsangebote.* Aber auch die Definition von *sozialen Repräsentationen* lässt sich konkreter fassen: als „Zeichensysteme, einschließlich der Regeln und Konventionen, als deren Gebrauchsanweisungen" (Harré 1995: 173), als *Diskurseigenschaften* im Sinne von „Lesarten, Formulierungen, Kennzeichnungen, Beschreibungen", als *Interpretationsrepertoires,* fassbar als „breit angelegte, klar unterscheidbare Cluster von Begriffen, Beschreibungen und Redewendungen, die oft von Metaphern oder lebhaften Vorstel-

lungsbildern zusammengehalten werden" (Potter/ Wetherell 1995: 183, 188). Da Sprachgebrauch nicht als ‚neutrale Abbildung sekundärer, kognitiver Phänomene' betrachtet werden kann, können *soziale Repräsentationen* im Sinne *kognitiver* Vorstellungen aus Texten nicht ‚abgelesen' werden. Der Handlungscharakter sprachlicher Äußerungen impliziert, dass den aktualisierten Repräsentationen eine jeweils spezifische *kommunikative Funktion* zukommt. Dies macht den Schluss auf die Vorstellungsprozesse des sie aktualisierenden Individuums problematisch. Zugleich sind wissenschaftliche Aussagen über soziale Repräsentationen als *soziokognitive* Welt-Modelle und über *kognitive* Identitätsprozesse unter Bewussthaltung der genannten Kautelen und des (re-)konstruktiv-hypothetischen Charakters dieser ‚Thesen' nicht völlig unmöglich. Der handelnde Akteur aktualisiert, eingebunden in den Diskurs, abhängig von Kontext und kommunikativer Funktion, diese oder jene linguistische Form, dieses oder jenes ‚Weltmodell'. Der Diskurs bildet einen ‚Rahmen', lässt jedoch Wahlmöglichkeiten offen. Identität wird als Prozess begriffen, in dem je nach Situation verschiedene ‚Elemente' an Salienz gewinnen. Je nach untersuchter ‚Textsorte' und nach Kommunikationsbereich können die aktualisierten Repräsentationen *plausibler* als ‚Identitätsangebote' an andere, als strategisch' oder als ‚wahre Meinung' des Akteurs betrachtet werden (die, natürlich, dynamisch und kontextgebunden ist). Die Zusammenhänge zwischen Diskurs und Kognition sind als hochkomplex und dialektisch anzusehen.

Der Blick in die Sozialpsychologie dient der Beantwortung spezifisch *humangeographischer* Forschungsfragen: Wie lassen sich *raumbezogene Identitäten* konzeptualisieren und in welcher Relation stehen *raumbezogene Identitätselemente* zu anderen Formen der Selbst-Kategorisierung? In welchem Zusammenhang stehen sie zu *raumbezogenen, ‚geopolitischen' Repräsentationen*? Durch Rückgriff auf soziologische und geographische Überlegungen können die sozialpsychologischen Konzeptionen auf dieses Erkenntnisinteresse hin zugespitzt werden: Die Ineinssetzung von Raum, (kultureller) Tradition und sozialen ‚Kollektiven', der dialektische Prozess, in dem raumbezogene, zeitliche und ‚kulturelle' Kategorien sich gegenseitig definieren und begründen, wird insbesondere unter Einbeziehung des Konzeptes der *geopolitischen Imagination* und auf Basis der WEICHHARTschen und WERLENschen Konzeptionierungen *raumbezogener Identifikationen* in den Blick genommen.

Im Theorieteil der Arbeit wurden sozialpsychologische, soziologische und geographische Ansätze so verknüpft, dass sich die In-den-Blick-Nahme des diskursiven Konstruktions- und Diffusionsprozesses *raumbezogener sozialer Repräsentationen* im Sinne *raumbezogener Identitätsangebote* und *potentieller raumbezogener Identitätselemente* theoretisch fundiert begründen lässt. Ihre Analyse, so wurde unter Rückgriff auf die diskursive Psychologie begründet, muss immer auch untersuchen, „wie" und mit welchen (sprachlichen) „Hilfsmittel[n] (...) Weltauffassungen verfestigt, als wirklichkeitsgetreu gesetzt oder als von den Sprechenden unabhängig geltend etabliert werden" (Potter/ Wetherell 1995: 184). Zugleich wurde die gesellschaftliche Relevanz speziell *raumbezogener Identitätskonstruktionen* offengelegt: Raumzeitliche Situierungen werden als ‚Medium', als ‚Anker', anderer sozialer Kategorisierungsmuster konzeptualisiert. Raum und Zeit als ‚Strukturprinzipien des Sozialen' wird eine Sonderrolle im Prozess der Identitätsbildung zugewiesen. Sowohl im Kontext der *sozialpsychologischen* Theorien als auch im Rahmen der *Kritischen Geopolitik* wird zudem die besondere Bedeutung von *Schlüsselakteuren*, von Politik und (Bildungs-)Institutionen im Rahmen der Generierung und Diffusion spezifischer Identitätsangebote herausgestellt.

In einem zweiten Schritt wurde ein *text-* und *handlungsorientiertes diskursanalytisches Konzept* entwickelt, das raumbezogene Identitätsangebote im Prozess ihrer ‚diskursiven Konstruktion' erfassbar macht. Als ‚Ort' der Generierung und Diffusion von Identitätsangeboten werden *konkrete Texte* als *spezifische Äußerungshandlungen* angesehen, die als *Realisierungen* und zugleich als *Bausteine* ‚des *Diskurses*' verstanden werden. Auch im Rahmen der methodischen Operationalisierung bedarf es aus Sicht der Verfasserin der Verknüpfung humangeographischer Ansätze mit einschlägigen Konzepten und Methoden einer anderen Sozialwissenschaft – der Sprachwissenschaft. Die sprachliche Konstruktion raumbezogener Repräsentationen wurde in der humangeographischen Forschung bisher aus zwei sich als komplementär, aber inkompatibel verstehenden ‚Traditionssträngen' heraus fokussiert: Während sich *diskurstheoretisch* informierte Arbeiten für Regelhaftigkeiten und Strukturen des raumbezogenen Sprachgebrauchs interessieren und die Rolle handelnder Subjekte aufgrund von deren diskursiver Konstruiertheit zumindest *analytisch* ausblenden, nehmen *sprachanalytisch* ausgerichtete Forschungsarbeiten, vom Subjekt ausgehend, gerade die Rolle konkreter Sprachhandlungen im Prozess ‚signifikativer Regionalisierung' in den Blick. An beide ‚Diskursstränge' wird in den methodischen Überlegungen angeknüpft, beide werden kritisch reflektiert. Ziel ist die Zusammenführung *diskursanalytischer* und *sprachanalytischer* Methoden in einem *Diskurskonzept* und einem *Analyselayout*, das die Ebene der konkreten, akteursgebundenen Äußerungshandlung *und* die Ebene sozialen Wissens und ‚struktureller Regelhaftigkeiten' des Sprachgebrauchs in ihrer dialektischen Relation integriert und erfassbar macht. Dazu bedarf es aus Sicht der Verfasserin des Rückgriffs auf *handlungsorientierte* Ansätze der *linguistischen Diskursanalyse*. Die Sprachwissenschaft wird dezidiert nicht als ‚Hilfswissenschaft' der Geographie wahrgenommen, der nach Belieben einzelne Methoden ‚entnommen' werden können, sondern als sozialwissenschaftliche Partnerdisziplin, deren Konzepte *in ihrem Kontext* verstanden werden müssen, um für geographische Fragestellungen fruchtbar gemacht werden zu können. Auf Basis der diskurslinguistischen Mehrebenenanalyse, der *Critical Discourse Analysis* und des *diskurshistorischen Ansatzes* konnte ein *handlungsorientiertes Diskurskonzept* expliziert werden, in dem die Ebene des Akteurs als integrierende ‚Klammer' zwischen Sprachhandlung und ‚sozialem Wissen', Text und Diskurs eine zentrale Rolle spielt. Mit diesem Diskurskonzept eng verbunden ist ein *holistischer Textbegriff*. Während raumbezogene Repräsentationen in der Humangeographie bisher entweder oberhalb oder unterhalb der *Textebene* in den Blick genommen wurden, wird hier die These vertreten, dass das jeweilige Textexemplar ‚als Ganzes', verstanden als *komplexe Äußerungshandlung* mit spezifischer *kommunikativer Funktion*, Ausgangspunkt der Diskursanalyse sein muss. Nur vor dem Hintergrund detaillierter *Textanalysen* macht es Sinn, auf pragmatisch-textlinguistische

Methoden zu rekurrieren, erst unter Einbeziehung des Ko-Textes können ‚raumbezogene Konstrukte' in ihrer vollen Komplexität und spezifischen ‚Rolle' in Begründungszusammenhängen erfasst werden. Aufbauend auf dieser Feststellung wurden die in den drei diskurslinguistischen Ansätzen vorgeschlagenen ‚Forschungslayouts' zu einem allgemeinen ‚Rahmen' für die analytische Erfassung *raumbezogener sozialer Repräsentationen* integriert, der *drei Analyseebenen* einschließt: Eine *Kontextanalyse*, die den übergeordneten themenspezifischen theoretisch-fachwissenschaftlichen Zusammenhang der konkreten Forschungsfrage und den ‚zeitgeschichtlichen' wie ‚akteursorientierten' Kontext des Analysetextes umfasst. Eine detaillierte pragmatisch-textlinguistisch informierte *Textanalyse*. Und eine *Intertextanalyse*, über die die expliziten und impliziten Zusammenhänge zwischen Textexemplar und Kontext offengelegt werden können. Gerade die Integration des *zeitgeschichtlichen Kontextes* und die darin auch implizierte ‚Absteckung' des jeweiligen ‚*Diskursfeldes*' ist als Hinweis darauf zu verstehen, dass explorative Studien – ob computergestützte Auswertungen großer Textkorpora oder hermeneutisch arbeitende sozialwissenschaftliche Forschungsarbeiten – als komplementäre Ergänzung des textorientierten Ansatzes zu verstehen sind. Durch Detailanalysen, durch eine Verankerung der Ergebnisse in konkreten Textexemplaren, gewinnen diese an Intersubjektivität und methodischer Trennschärfe, zugleich sind sie notwendige Voraussetzung für den Nachvollzug der diskursiven ‚Einbettung' der Einzeltexte und damit für ihre Interpretierbarkeit.Die Ebene der *Textanalyse* verlangt von diskursanalytisch arbeitenden Geographen eine breite Kenntnis linguistischer Konzepte und Analysemethoden und die Fähigkeit, diese in Relation zur konkreten Forschungsfrage begründet auswählen zu können. Dem wurde diese Arbeit gerecht, indem der pragmatisch-textanalytische ‚Werkzeugkasten', der nicht nur der Textanalyse, sondern auch der Intertextanalyse zugrunde liegt, ausführlich dargestellt wurde.

Europabezogene Identitätsangebote im Kontext ‚europäischer Identitäts-Bildung'
Der ‚Fragenkatalog' aber, der auf Basis dieses ‚Werkzeugkastens' zusammengestellt werden kann, der Orientierungsrahmen für die konkrete diskursanalytische Arbeit, kann, dies zeigte die Aufnahme der Reflektion der themenspezifischen theoretisch-fachwissenschaftlichen Diskussion in die *Kontextanalyse*, nicht generalisiert, nicht ohne Bezugnahme auf eine *spezifische Forschungsfrage* entwickelt werden. Der *analytische Mehrwert* des entwickelten linguistisch-diskursanalytischen Analyselayouts ist nur in seiner *Operationalisierung* aufzeigbar. Deshalb wurden die *theoretisch-methodischen* Ausführungen zum Zusammenhang von *Identität*, *Repräsentation* und *Diskurs* eingerahmt und beschrieben im Kontext der Frage nach jenen *raumbezogenen Identitätsangeboten*, die in der ‚europäischen Identitätsdebatte' aktualisiert werden. Vor dem Hintergrund einer breiten und hochaktuellen wissenschaftlichen und politischen Debatte über ‚europäische Identität', in der sowohl der Identitätsbegriff als auch die ‚Kategorie' *Europa* oft ungenügend reflektiert werden, bot sich die Frage nach der Konstruktion *europabezogener sozialer Repräsentationen* beziehungsweise *europabezogener Identitätsangebote* als ‚Umsetzungsbeispiel' an. Wie die Soziologin Gudrun QUENZEL (2005: 29) betont,

ergibt sich hier die Chance, „den Prozess der Etablierung“ eines „Identitätsdiskurses aktuell zu verfolgen und (...) nicht (...) retrospektiv aufzuarbeiten“, den „Kampf um die Durchsetzung spezifischer Identitätsvorstellungen“ live „zu beobachten“. Zahlreiche Politikwissenschaftler, Anthropologen, Soziologen, Sozialpsychologen und Geographen konstatieren, dass die *Europäische Union* über eine Vielzahl politischer Maßnahmen versucht, den EU-BürgerInnen spezifische *europabezogene Identitätsangebote* nahezulegen. Insbesondere dem *Bildungsbereich* wird in diesem Zusammenhang eine wichtige Rolle zugewiesen. Vor diesem Hintergrund fokussierte sich das Erkenntnisinteresse darauf, welche *europabezogenen sozialen Repräsentationen* im Kontext *bildungspolitischer Maßnahmen* der *Europäischen Union* aktualisiert werden und wie sich diese im *Diskursfeld europabezogener Identitätsangebote* verorten lassen. Eng damit verbunden war die Frage, ob der ‚europäische Identitätsdiskurs‘ als ‚supra-nationaler Identitätsdiskurs‘ ähnlichen konzeptuellen, diskursiven und sprachlichen Mustern folgt wie nationale Identitätsdiskurse oder äquivalent zur institutionellen Form der *Europäischen Union* als ‚Identitätsdiskurs sui generis‘ beschrieben werden muss. Konkretisiert wurde diese Forschungsfrage durch ihre Einschränkung auf den institutionell-medialen Kontext der *politischen Bildungsarbeit* in der *Bundesrepublik Deutschland*, genauer, durch die In-den-Blick-Nahme eines *Textexemplars* aus einem *Themenheft* zur ‚europäischen Identität‘ in der von der *baden-württembergischen Landeszentrale für politische Bildung* herausgegebenen, Lehrende als Multiplikatoren ansprechenden Zeitschrift *Deutschland & Europa*. Welche *europabezogenen Identitätsangebote* werden in diesem Text in welcher *Form* und in welchen *Begründungszusammenhängen* aktualisiert? Wie lassen sich diese an die politischen Vorgaben, aber auch das allgemeine ‚Diskursfeld europäischer Identitätsangebote‘ zurückbinden?

Das breite Kontextverständnis des explizierten diskurslinguistischen ‚Analyselayouts‘ machte in diesem Zusammenhang – zusätzlich zur Explikation der theoretischen Konzeptualisierung von ‚diskursiven Identitätsangeboten‘, die sich auch als Teil der *Kontextanalyse* verstehen lässt – drei ‚Ebenen‘ der Fokussierung des zeitgeschichtlichen und diskursiven Rahmens notwendig: *Erstens* galt es, den *Wissenschaftsdiskurs* zur europäischen Identitätsdebatte in den Blick zu nehmen. Dies ermöglichte nicht nur die Einbettung der spezifischen Forschungsfrage nach ‚europabezogenen Identitätsangeboten‘ in den Kontext der multidisziplinären Forschungsdiskussion und die Reflektion des Forschungsstandes zum Thema ‚europäische Identität‘ und erfüllte damit die Forderung des diskurslinguistischen Analyserahmens nach der Anknüpfung an die themenspezifische Fachdebatte. Durch Einbeziehung der *Fragestellungen*, die den Wissenschaftsdiskurs prägen, konnte auch die Konkretisierung der eigenen *Forschungsfrage* begründet werden. Insbesondere die Fragen nach der Rolle politischer Vorgaben, diskursiver Eliten und Identitäts-Institutionen im Prozess europäischer Identitätskonstruktion und danach, ob diese nach nationalem ‚Muster‘ konzeptualisiert werden kann, rückten in den Blick. Nicht zuletzt werden im *Wissenschaftsdiskurs* spezifische *europabezogene Identitätsangebote* (man könnte von *geopolitischen Imaginationen Europas* sprechen, die im Kontext der *formalen* Geopolitik konstruiert werden) generiert und verbreitet: Wie die Analyseergebnisse zeigten, spielen diese wissenschaftlich ‚fundierten' *europabezogenen Repräsentationen* eine nicht unerhebliche Rolle für die Auswahl und die Interpretation der im Bildungsbereich aktualisierten *Identitätsangebote*, lassen sich diese doch im weiteren Sinne ebenfalls der ‚wissenschaftlichen' Kommunikation zuordnen. *Zweitens* musste das *‚Diskursfeld europäischer Identitätsangebote'* über die wissenschaftliche Debatte hinausgehend fokussiert werden. Die diskurslinguistische Analyse stand vor der Aufgabe, eine Vielzahl teils verbundener, teils miteinander konkurrierender europabezogener Repräsentationen herauszuarbeiten und, soweit möglich, ihre diachronen und synchronen ‚intertextuellen' Verknüpfungen zu rekonstruieren. Komplementär zur Konzentration auf die detaillierte Analyse *eines* Textexemplars wurde deshalb zurückgegriffen auf die Ergebnisse explorativ vorgehender Studien. So wurde die *Identitätspolitik* der *Europäischen Union* als Rahmen der im Bildungsbereich aktualisierten Identitätskonstruktionen dargestellt. Dabei wurden neben den (institutionellen) *Akteuren* der Identitätsstiftungsversuche deren legitimierende politische *Funktionen* ins Auge gefasst. Außerdem wurde eine Reihe von Forschungsarbeiten vorgestellt, in deren Mittelpunkt historische und zeitgenössische ‚Konstrukte von Europa' stehen. Bei der Auswahl wurde auf die Einbeziehung verschiedenster disziplinärer Perspektiven geachtet. Die Arbeiten sollten das *Feld des europäischen Identitätsdiskurses* möglichst *breit* aufspannen – sowohl in zeitlich-historischer Richtung als auch hinsichtlich der untersuchten Kommunikationsfelder. Darauf aufbauend konnte eine ‚thematische Matrix europabezogener Identitätsangebote' herausgearbeitet werden, eine ‚Ordnung der Repräsentationen', die als wichtigste Kategorien politische und sozio-kulturelle *Temporalisierungen* ‚Europas', prototypische Vorstellungen von ‚europäischer Mentalität', ökonomisch ausgerichtete Identitätsangebote und nicht zuletzt *Territorialisierungen* ‚Europas' umfasste. Im Rahmen der Zuordnung einzelner ‚Konstrukte' zu diesen Kategorien wurden zudem, soweit möglich, textsorten- und kommunikationsbereichsspezifische Aktualisierungs- und Versprachlichungspraktiken herausgehoben. Vor diesem ‚diskursiven Background' ließen sich die spezifischen Aktualisierungen europabezogener Identitätsangebote im Analysetext und in seinen direkten Bezugstexten in übergeordnete intertextuelle Netze einbetten und Vergleiche zu ‚anderen Kommunikationsbereichen' ziehen: Im Analysetext und seinen direkten Bezugstexten wird insbesondere auf den ‚politischen Europadiskurs' rekurriert, die aktualisierten Identitätsangebote orientieren sich sehr stark an Vorgaben auf EU-Ebene, ähneln den in ‚visionären Politikerreden' gängigen Europakonstrukten. Hinzu kommen Bezüge auf den ‚wissenschaftlichen Europadiskurs'. Eine eher untergeordnete Rolle spielen im Analysetext und den Themenheftbeiträgen – auch das war bereits nach der,textsortenspezifischen Sichtung' des Diskursfeldes zu erwarten – territoriale Konstrukte und ‚Mentalitätsprototypen'.

Der entwickelte ‚Fragenkatalog zur Erfassung ‚raumbezogener (europabezogener) Identitätsangebote' ist als Synthese der herausgearbeiteten *thematischen Matrix europabezogener Identitätsangebote*, der theoretischen Ausführungen zur Möglichkeit der *diskursiven* Erfassung *sozialer Repräsentationen* als *potentiellen Identitätselementen* und des ‚dreischrittigen Analyserahmens' der handlungsorientierten linguistischen Diskursanalyse zu verstehen. Ausgehend von diesem ‚Fragenkatalog' wurde *drittens* der Bereich der *Identitäts-Bildung* genauer untersucht, wobei die Vertiefung der zeitgeschichtlichen und der akteursorientierten Kontextanalyse im Vordergrund stand. Vor dem Hintergrund allgemeinerer Reflektionen bezüglich der Rolle von *Bildungsinstitutionen* im Kontext der politischen ‚Funktionalisierung' und Verbreitung von Identitätsangeboten, wurde speziell die *Bildungspolitik* der Europäischen Union als Teil der EU-Identitätspolitik dargestellt. Die Europäische Union sieht den Bildungssektor, wie andere ‚Gemeinschaften' zuvor, als Kernbereich ‚identitätsstiftender' politischer Maßnahmen, als wichtigen Verbreitungweg von ‚Identitätsangeboten', und begreift Identitätsstiftung als Teil der Konstruktion eines ‚europäischen Demos'. Definiert wird das meist synonym zur *EU* gebrauchte *Europa* durch gemeinsame (politische) Werte und ein gemeinsames kulturelles Erbe. Umgesetzt werden die bildungspolitischen Vorgaben der EU allerdings auf Ebene der *Nationalstaaten*. Auf *bundesdeutscher* Ebene ist es die *Kultusministerkonferenz*, die die Forderung nach der ‚Entwicklung eines europäischen Bewusstseins' über den Bildungsbereich in Beschlüsse umsetzt, die für die einzelnen Bundesländer bindenden Charakter haben. Insbesondere den Sozialwissenschaften und den Sprachen wird in diesem Zusammenhang eine Schlüsselrolle zugesprochen. Auch hier stehen (aus der gemeinsamen Geschichte begründete) ‚gemeinsame europäische Werte' im Vordergrund, findet keine *explizite* Konstruktion eines ‚europäischen Anderen' statt. Ort der Konkretisierung der Inhalte ‚europäischer Bewusstseinsbildung' in der Schule sind die Curricula, die Bildungspläne der einzelnen Bundesländer. Für den Bildungsplan 2004 des Landes Baden-Württemberg konnte nachgezeichnet werden, dass die Aufgabe der ‚europäischen Identitätsstiftung' insbesondere dem Fach Geschichte zugesprochen wird. Auffällig ist die Rolle ‚Europas' beziehungsweise der europäischen Integration als Begründungs- und Legitimisierungsfaktor der Relevanz einzelner Schulfächer. Insgesamt wird im Bildungsplan die Ambivalenz zwischen pädagogischer ‚Identitätsorientierung' und ‚Identitätsstiftung', zwischen der (wissenschaftlich-didaktisch-pädagogisch begründeten) Dekonstruktion und kritischen Reflektion von (kollektiven) Identitätsbildungsprozessen und der (politisch-funktional begründeten) Vorgabe von ‚europäischen Identitätsbausteinen' deutlich. Ausgehend von der medialen Situierung des ausgewählten Analysetextes wurde die *politische Bildungsarbeit* in der Bundesrepublik Deutschland, speziell die Arbeit der Landeszentrale in den Blick genommen. Insbesondere der subsidiäre Charakter politischer Bildungsarbeit bezüglich der *schulischen* Bildung, ihre gesellschaftliche Funktion und ihr Selbstverständnis als wissenschaftsorientiert, kontrovers und nicht-propagandistisch wurden herausgestellt. Das als *Analysetext* ausgewählte ‚Geleitwort' des Vertreters des Kultusministeriums, Dr. Markus HOECKER, konnte aufgrund seiner Textsorte und seiner medialen Situierung im Spannungsfeld zwischen Politik und Wissenschaft, zwischen Funktionalisierung und ‚Kontroversitätsgebot' verortet werden. Es ließ als ‚Textsorte-in-Relation' zudem per definitionem eine Vielzahl intertextueller Bezugnahmen erwarten.

Analytischer Mehrwert des theoretisch-methodischen Rahmens
In der textuellen Analyse und ihrer Rückbindung an den Kontext im Rahmen der Intertextanalyse wurde die enge Verwobenheit europabezogener Identitätsangebote deutlich. Sie bilden in der konkreten Aktualisierung ein untrennbar verknüpftes ‚Netz' miteinander verbundener Re-Präsentationen, in dem sich die nur analytisch trennbaren ‚Konstrukte' gegenseitig strukturieren und begründen. Was bereits aus den theoretischen Überlegungen heraus und vor dem Hintergrund der ‚Absteckung des Diskursfeldes' zu erwarten war, bestätigte sich: die Relevanz von *Temporalisierungen* und *Territorialisierungen* als ‚Strukturprinzipien des Sozialen', von Raum und Zeit als ‚Medien' und ‚Arenen' der Vergemeinschaftung, die zugleich sozial strukturiert und konstruiert werden. Die enge Verbundenheit dieser beiden sozialen Kategorien mit *naturalisierenden/ personifizierenden* Vorstellungen zu einer Art ‚anthropomorphem Raum-Zeit-Organismus'. Die Aufladung dieser ‚Entität' durch weitere soziale Kategorien in ihrer Inhalts- und Wertedimension, die sich wiederum kaum ‚entwirren' lassen: ‚Moral', ‚Kultur', ‚Politik'.

Die *Textanalyse* machte die konkreten linguistischen Realisationsformen sichtbar, die der Konstruktion dieser Kategorien zu Grunde liegen. Der funktional orientierte Ansatz zeigte die Relevanz *pragmatischer* und *textlinguistischer* Analysekategorien, von *Verbalstrategien, Metaphern* und *Topoi* in ihren vielfältigen Relationen und Überschneidungen untereinander. Sprachliches Geographie-Machen lässt sich nicht an *einzelnen* Elementen festmachen, sprachliche Raumkonstrukte entstehen im konkreten Text im engen Wechselspiel von *verschiedensten sprachlichen Realisationsformen*: Die Konstruktion *Europas* und *seiner Identität* findet im *Zusammenspiel* von ‚essentialisierenden' Existenzpräsuppositionen und Strategien des ‚Begriffe Besetzens', von naturalisierenden Metaphern und ‚containerisierenden' und ‚personifizierenden' Metonymien, von Argumentationsroutinen und Indikatoren der thematischen Einstellung statt. Es zeigte sich, wie wichtig es ist, *raumbezogene soziale Repräsentationen* in ihrem spezifischen textuellen Ko-Text, im Prozess ihrer Konstruktion zu untersuchen: So kann ihre spezifische Funktion in *Begründungszusammenhängen* herausgearbeitet werden, so wird ihr Beitrag zur *kommunikativen Funktion* komplexer Äußerungshandlungen fassbar. Und so wird offenbar, dass die kommunikative Funktion, die Äußerungshandlung, die linguistische Form und die ‚ausgewählten' Repräsentationen bestimmt und für ihre Interpretation hochrelevant ist: Es ist äußerst fraglich, ob der analysierte Text Rückschlüsse auf HOECKERS ‚persönliches Europa-Bild' (geschweige denn seine ‚europabezogene Identität') zulässt, eher lassen sich Schlüsse auf die ‚Identitätsangebote' ziehen, die im ‚bildungspolitischen Europadiskurs' verbreitet werden sollen. Aus der Tatsache, dass HOECKER in einem privaten Gespräch eventuell ganz andere Repräsentationen in einer anderen Form aktualisiert, lässt sich weder schließen, dass ihn ‚der Diskurs spricht', noch, dass er in diesem Moment eine andere ‚europabezogene Identität besitzt': Im ‚Rahmen' des Diskurses entscheidet er sich je nach Kommunikationssituation für jeweils andere Repräsentationen. Im Privatgespräch wäre ein Schluss auf ‚Identitätselemente' zwar ebenfalls mit zahlreichen Kautelen behaftet, aber *plausibler.*

Aus dem Kontext (vor allem aus Diskurspositionen, Interaktionsrollen, Medialität) und der spezifischen Konstellation der linguistischen Realisationsformen zusammengenommen lassen sich zudem zumindest *Hypothesen* bezüglich des ‚Perlokutionspotentials‘ ableiten: So konnte am Textexemplar und seinen Bezugstexten herausgearbeitet werden, dass sich im *(politischen) Bildungsbereich* der politisch-funktionale und der wissenschaftlich-pädagogische ‚Europadiskurs‘ schneiden, was, vereinfacht gesagt, zu Mehrdeutigkeiten, zu logischen Brüchen der Argumentation führt, zu einer Darstellung ‚Europas‘ und ‚seiner Identität‘ als ‚essentialisiertes Konstrukt‘ beziehungsweise als ‚konstruierte Substanz‘. Die logischen Brüche in der Argumentation, so lautete die Interpretation, lassen sich zwar unter ‚Rückgriff‘ auf ‚textuelle Präsuppositionen‘ im BURKHARDTschen (2002: 98) Sinne schließen und auf diese Weise Kohärenz herstellen, dies setzt aber voraus, dass die ‚mitbehaupteten‘ „ideologisch weltanschaulichen oder strategische[n] Prämissen“ geteilt werden. Derartige ‚ideologische Präsuppositionen‘ können zwar ‚strategisch‘der ‚Suggestion‘ von ‚geteiltem Weltwissen‘ dienen, im Kontext des Analysetextes jedoch ist eher davon auszugehen, dass die Brüche für viele potentielle Rezipienten nicht ‚glättbar‘ sind und so die ‚Persuasivität‘ des Textes in Frage stellen. Eine ‚Meinungsbeeinflussung‘ im Sinne einer möglichen Übernahme der aktualisierten Identitätsangebote wird deshalb ‚unwahrscheinlicher‘.

Die *Intertextanalyse* ermöglichte es, die in der Textanalyse herausgearbeiteten Besonderheiten an den Kontext zurückzubinden, ermöglichte die Rekonstruktion (einiger) der intertextuellen Netze, in die der Text eingebunden ist und knüpfte die Textanalyse so an die Ebene ‚sozialen Wissens‘ an. Anhand der verwendeten Topoi und Metaphern im Sinne von ‚Deutungskonzepten‘, der Ambivalenz der ‚Europadarstellung‘ und der Brüche in der Argumentation, aber auch der spezifischen ‚Eigenschaftszuweisungen‘ an ‚die‘ Kategorie ‚Europa‘– und an ‚die‘ Kategorie ‚(europäische) Identität‘ – konnten (aus dem Kontext entwickelte) Hypothesen über die ‚Diffusionswege‘ der aktualisierten Europa-Konstrukte erhärtet werden. Der Analysetext konnte in Bezug gesetzt werden zum Wissenschaftdiskurs ‚über europäische Identität‘ und zu verschiedenen Ebenen politisch-administrativer Vorgaben zur schulischen Vermittlung von ‚Europabewusstsein‘ auf EU-Ebene, Bundesebene und Landesebene.

Die *Kontextanalyse* bildete den Rahmen, der die Analyseergebnisse erst interpretierbar machte. Gerade diese Ebene der Analyse in ihrer ausführlichen Reflexion der Theorieebene, des Wissenschaftsdiskurses, des (breiteren) Diskursfeldes europäischer Identitätsangebote und des engeren Kontextes der EU-Identitäts- und Bildungspolitik in ihrer national-regionalen Umsetzung, versteht sich als Ausgangspunkt möglicher weiterer Textanalysen und weist damit über die nur exemplarische Umsetzung des ‚Fragenkatalogs‘ in dieser Arbeit hinaus.

Der *analytische Mehrwert* einer handlungsorientierten Diskursanalyse zeigte sich in der *Verbindung* der detaillierten Herausarbeitung der Spezifika des Konstruktionsprozesses raumbezogener Identitätsangebote auf Äußerungsebene mit der In-den-Blick-Nahme der Ebene ‚sozialen Wissens‘, der ‚geteilten Bedeutungen‘ und der Fokussierung der Frage der ‚Deutungs-Macht‘ über die Einbeziehung der Medialität des Textexemplars und der Interaktionsrollen, der Diskurspositionen der relevanten Akteure. Nur unter Einbeziehung all dieser Parameter, so wurde deutlich, lässt sich der analytische Dreiklang aus *Deskription, Interpretation* und *Erklärung* umsetzen.

Zusammenfassend:
Auf Basis der einbezogenen humangeographischen und sozialpsychologischen Theorien konnte der Zusammenhang zwischen *Identität, Repräsentation* und *Diskurs* in sich schlüssig konzeptionalisiert werden. Dies macht eine konkrete Aussage darüber möglich, was im *Text* beziehungsweise im *Diskurs* eigentlich erfasst wird: Nicht Identitätskonstruktionen, sondern *Identitätsangebote, potentielle Identitätselemente.* Diese Konzeptualisierung lenkt den Blick auf den Prozess der ‚Internalisierung' dieser Identitätsangebote in kognitive Struktur-Prozesse und die gesellschaftliche Relevanz, die Eingebundenheit dieser Identitätsangebote in Macht-Wissens-Relationen. Der handlungsorientierte linguistisch-diskursanalytische Mehrebenen-Analyseansatz ermöglicht es, *raumbezogene Identitätsangebote* in ihrer Vernetztheit darzustellen. Er ermöglicht zudem, die ‚linguistischen Realisationsformen' herauszuarbeiten, die diese Identitätsangebote konstruieren, aber auch jene, die ihrer ‚Weitergabe' dienen: Die sprachlichen Formen, vermittels derer die Adressaten davon überzeugt werden sollen, dass bestimmte Repräsentationen als ‚Weltmodelle' anderen vorzuziehen sind, und zugleich dazu angeregt werden sollen, bestimmte ‚Identitätsangebote' als ‚Identitätselemente' zu übernehmen. Die argumentativen Inwertsetzungen spezifischer raumbezogener Identitätsangebote in der konkreten Äußerungshandlung können mit Hilfe der explizierten Herangehensweise offengelegt werden. Die äußerungsspezifischen Abwandlungen und Rekontextualisierungen raumbezogener Identitätsangebote lassen sich aufzeigen (und, zumindest teilweise, begründen). Es lassen sich Hinweise darauf herausarbeiten, was über Textsorten- und Äußerungszusammenhänge hinweg gleich bleibt. Der Ansatz erlaubt es, linguistische Realisationsformen interpretativ zu funktionalen diskursiven ‚Strategien' der Assimilation und Dissimilation zusammenzufassen, also aus den linguistischen Realisationsformen ‚typische' Strategien der Homogenisierung und Heterogenisierung zu abstrahieren, die es ermöglichen, bestimmte ‚Identitätsdiskurs' mit anderen zu vergleichen. Er macht es nicht zuletzt möglich, intertextuelle Zusammenhänge zu plausibilisieren, die den Prozess der ‚Diffusion' der ‚Identitätsangebote' durch soziale Akteure nachvollziehbar machen.

Der entwickelte theoretisch-methodische Ansatz versteht sich als Diskussionsgrundlage, als Vorschlag einer *handlungsorientierten linguistisch-humangeographischen Diskursanalyse raumbezogener Identitätsangebote.* Er versteht sich als Zusammenführung *sprachanalytischer* und *diskursanalytischer* Strömungen in der Humangeographie, als Verknüpfung und Weiterentwicklung des *‚State of the Art' diskursanalytischen* Arbeitens in der Humangeographie und der Frage *‚Wie aus Worten Orte werden'* (vgl. Mattissek 2007; Schlottmann 2007).

Grenzen

(1) *Eine* Begrenzung des Ansatzes wurde bereits angesprochen. Da der Aufwand detaillierter Textanalysen sehr hoch ist, bedarf die forschungspraktische Inwertsetzung der *handlungsorientierten Diskursanalyse* zur Erfassung *raumbezogener Identitätsangebote* in der sozialen Interaktion der *komplementären* Ergänzung durch *explorative Studien*. Der *konkrete Konstruktionsprozess* europäischer Identitätsangebote kann zwar aus Sicht der Verfasserin nur unter Einbeziehung der textuellen Ebene sinnvoll beschrieben werden, seine *diskursive Einbettung und Interpretation* ist jedoch ohne Rückgriff auf die Ergebnisse mit ‚generalisierenden', ‚kontextabstrahierenden' Methoden arbeitender Untersuchungen nicht möglich. Dies auch, weil die Generalisierung der Ergebnisse *einzelner Textanalysen* ‚auf den Diskurs' nicht möglich ist: Das einzelne Textexemplar ist Realisierung und Baustein ‚des Diskurses', die Analyse kann immer nur Ausschnitte eines – dynamischem Wandel unterliegenden – ‚Diskursgebäudes' herausarbeiten. (2) Nicht beantwortbar bleibt mit Hilfe des explizierten methodischen Ansatzes auch die Frage danach, welche Identitätsangebote in welcher Form tatsächlich als Identitätselemente Eingang finden in individuelle und kollektive Identitätsbildungsprozesse. Wie werden die sozialen Repräsentationen dabei im Zusammenhang spezifischer ‚Prozess-Strukturen' anderer sozialer Repräsentationen re-kontextualisiert und transformiert? Inwiefern werden sie affektiv aufgeladen? Auf Basis der *Diskursposition* des jeweiligen Textproduzenten und der ‚Persuasivität' des Textexemplars können zwar Hypothesen über dessen ‚Perlokutionspotential' gewagt werden, diese zu überprüfen liegt aber außerhalb der Methode. Zwar könnte ein breit angelegtes Projekt, in dem, ähnlich der Österreich-Studie der Diskurshistoriker, Politikerreden, Medientexte, Fokusgruppengespräche und Leitfadeninterviews analysiert werden, Hinweise auf spezifische Re-Kontextualisierungsmuster liefern. Die diskursive Ebene kann aber letztlich, wie dies auch die diskursive Psychologie betont, analytisch nicht hintergangen werden. (3) Damit hängt eine dritte ‚Grenze' des Ansatzes eng zusammen, die fast schon im ‚engeren' Wortsinne interpretiert werden kann (hier zeigt sich die Unhintergehbarkeit sprachlicher Ab-grenzungen auch im wissenschaftlichen Diskurs!): Die *Identitätsvorstellungen*, auf denen er beruht, sind explizit ‚modern-westliche', sind selbst ein kontingentes Konstrukt. Die Sozialpsychologie räumt selbst die Kontextgebundenheit der Identitätsprinzipien (siehe 2.2) ein, orientiert ihre Konzepte weitgehend daran, dass „Identität in der westlichen Welt in einer ichbezogenen Form erzählt und repräsentiert" (Keupp et al. 2006: 20) wird. Das theoretische Fundament des Ansatzes ist selbst kontext- und kulturgebunden, seine Übertragung auf die Analyse von Konstruktionsprozessen potentieller Identitätselemente in ‚anderen Kulturen' bedarf zumindest der Reflektion über ‚andere' Identitätsvorstellungen.

Die Begrenzung des Ansatzes ist eine *dreifache*: Sie liegt in der Nicht-Übertragbarkeit der Ergebnisse auf die Ebene *individueller Kognition* und auf die Ebene *‚des Diskurses'* sowie in der nur unter konzeptuellen Anpassungen möglichen Übertragbarkeit auf andere *‚raumzeitliche' Kontexte*. Selbst eine Vielzahl von Analysen, selbst eine noch so ausführliche Text-, Intertext- und Kontextanalyse kann vor diesem Hintergrund immer nur als Annäherung verstanden werden.

Ausblick
„Ist aber eine Beschäftigung mit Sprache und Text überhaupt noch zeitgemäß?", fragt Antje SCHLOTTMANN (2007: 19) provozierend. In Teilen der *Humangeographie* habe die „Überbetonung des Textlichen" bereits zu einem Schwingen des „Paradigmenpendels" (Schlottmann 2007: 19) in die entgegengesetzte Richtung geführt, zu einer Hinwendung zur *non-representational theory* und zu einer Betonung des *Materiellen.*

Eine dezidiert multidisziplinäre Perspektive, die Theorien, Methoden und Erkenntnisinteressen der *Humangeographie*, der *Sozialpsychologie* und der *Sprachwissenschaft* zusammenführt, macht deutlich, dass zumindest die Annäherung an das vieldimensionale Themenfeld ‚*Identitäten*' ohne den Einbezug der Ebene der *sozialen Repräsentationen* nicht auskommt. Der Ort der *Konstruktion* dieser *Identitätsangebote* sind (auch) *sprachliche Äußerungen*, sind *Texte*. Der Ort ihrer *Aushandlung* ist die *soziale Interaktion*, der *Diskurs*. *Raumbezogene Identitätsangebote* und *Identitätselemente* und die mit ihnen einhergehenden ‚*Kategorisierungen des Eigenen und des Fremden*' in ihrer kognitiven Strukturiertheit und Prozesshaftigkeit, in ihren materiellen Voraussetzungen und insbesondere in den „manifeste[n] Wirkungen", die sie „als *soziale* Tatsachen" (Reese-Schäfer 1999b: 7) entfalten, lassen sich sicher *nicht allein* durch die Beschäftigung mit ‚Sprache und Text' verstehen und erklären. Aber sprach-und diskursanalytische Methoden ermöglichen den Zugriff auf einen *Kernbereich* des „komplexe[n] Bedingungsgefüge[s]" (Keupp et al. 2006: 63) von Identität.

7 Literaturverzeichnis

Abélès, M. (2000): Virtual Europe. In: Bellier, I./ Wilson, T.M. (Hrsg.): An Anthropology of the European Union. Building, Imagining and Experiencing the New Europe. Oxford, New York: 31-52.

Abels, H. (2006): Identität. Über die Entstehung des Gedankens, dass der Mensch ein Individuum ist, den nicht leicht zu verwirklichenden Anspruch auf Individualität und die Tatsache, dass Identität in Zeiten der Individualisierung von der Hand in den Mund lebt. Wiesbaden.

Adamzik, K. (Hrsg.) (2000): Textsorten. Reflexionen und Analysen. Tübingen.

Agnew, J. (1993): Representing Space: space, scale and culture in social science. In: Duncan, J./ Ley, D. (Hrsg.): Place/ Culture/ Representation. London, New York: 251-271.

Agnew, J. (2003): Geopolitics. Re-visioning world politics. London.

Agnew, J. (2003): Territoriality and Political Identity in Europe. In: Berezin, M./ Schain, M. (Hrsg.): Europe without Borders. Remapping Territory, Citizenship, and Identity in a Transnational Age. Baltimore, London: 219-242.

Albert, M. (2005): Von Rom nach Istanbul (und zurück): Europas Grenzen und ihre Entgrenzung. In: Reuber, P./ Strüver, A./ Wolkersdorfer, G. (Hrsg.): Politische Geographien Europas - Annäherungen an ein umstrittenes Konstrukt. Münster: 55-72.

Alter, P. (1998): Regionalismus, Nationalismus und Föderalismus im westlichen Europa: Konflikte und Lösungsansätze. In: Boesler, K.-A./ Heinritz, G./ Wiessner, R. (Hrsg.): Europa in einer Welt im Wandel. 51. Deutscher Geographentag Bonn 6. bis 11. Oktober 1997. Tagungsbericht und Wissenschaftliche Abhandlungen. Bd. 4: Europa zwischen Integration und Regionalismus. Stuttgart: 84-91.

Anderson, J. (1991): Imagined Communities: Reflections on the Origin and Spread of Nationalism. London.

Anderson, J. (2007): Singular Europe: an empire once again? In: Armstrong, W./ Anderson, J. (Hrsg.): Geopolitics of European Union Enlargement: the fortress empire. London, New York: 9-29.

Anderson, M./ Bort, E. (2001): The Frontiers of the European Union. Houndmills, New York.

Angermüller, J. (2007): Nach dem Strukturalismus: Theoriediskurs und intellektuelles Feld in Frankreich. Bielefeld.

Apple, M. (1999): Power, Meaning, Identity: Essays in Critical Educational Studies. New York.

Austin, J.L. (1962): How To Do Things With Words. Oxford.

Bach, M. (2000): Die Europäisierung der nationalen Gesellschaft? Problemstellungen und Perspektiven einer Soziologie der europäischen Integration. In: Bach, M. (Hrsg.): Die Europäisierung nationaler Gesellschaften. Wiesbaden: 11-38.

Banchoff, T. (1999): German Identity and European Integration. In: European Journal of International Relations, 5 (3): 259-289.

Bauböck, R./ Mokre, M./ Weiss, G. (2003): Nun wächst zusammen, was noch nie zusammengehörte. In: Mokre, M./ Weiss, G./ Bauböck, R. (Hrsg.): Europas Identitäten. Mythen, Konflikte, Konstruktionen. Frankfurt a. M., New York: 9-24.

Baumert, J. (2002): Deutschland im internationalen Bildungsvergleich. In: Killius, N. et al. (Hrsg.): Die Zukunft der Bildung. Frankfurt: 100-150.

Bayer, K. (1999): Argument und Argumentation. Logische Grundlagen der Argumentationsanalyse. Opladen.

Beaugrande de, R.-A./ Dressler, W. (1981): Einführung in die Textlinguistik. Tübingen.

Bellier, I. (2000): The European Union, Identity Politics and the Logic of Interests´ Representation. In: Bellier, I./ Wilson, T.M. (Hrsg.): An Anthropology of the European Union. Building, Imagining and Experiencing the New Europe. Oxford, New York: 53-74.

Bellier, I./ Wilson, T.M. (Hrsg.) (2000): An Anthropology of the European Union. Building, Imagining and Experiencing the New Europe. Oxford, New York.

Bellier, I./ Wilson, T.M. (2000): Building, Imagining and Experiencing Europe: Institutions and Identities in the European Union. In: Bellier, I./ Wilson, T.M. (Hrsg.): An Anthropology of the European Union. Building, Imagining and Experiencing the New Europe. Oxford, New York: 1-30.

Bellmann, G. (1996): Der Beitritt als Wende. Referenz und Nomination. In: Bremer, E./ Hildebrandt, R. (Hrsg.): Stand und Aufgaben der deutschen Dialektlexikographie. Berlin: 1-16.

Berezin, M. (2003): Introduction: Territory, Emotion, and Identity: Spatial Recalibration in a New Europe. In: Berezin, M./ Schain, M. (Hrsg.): Europe without Borders. Remapping Territory, Citizenship, and Identity in a Transnational Age. Baltimore, London: 1-32.

Berezin, M./ Schain, M. (Hrsg.) (2003): Europe without Borders. Remapping Territory, Citizenship, and Identity in a Transnational Age. Baltimore, London.

Berger, P.L./ Luckmann, T. (2004): Die gesellschaftliche Konstruktion der Wirklichkeit: eine Theorie der Wissenssoziologie. Frankfurt a. M.

Billig, M. (1993): Studying the thinking society: social representations, rhetoric, and attitudes. In: Breakwell, G./ Canter, D.V. (Hrsg.): Empirical Approaches to Social Representations. Oxford: 39-62.

Billig, M. (1996): Nationalism as an International Ideology: Imagining the Nation, Others and the World of Nations. In: Breakwell, G./ Lyons, E. (Hrsg.): Changing European Identities: Social Psychological Analyses of Social Change. Oxford et al.: 181-194.

Billig, M. (2003): Critical Discourse Analysis and the Rhetoric of Critique. In: Weiss, G./ Wodak, R. (Hrsg.): Critical discourse analysis: theory and interdisciplinarity. Houndmills, New York: 35-46.

Bock, P./ Wolfrum, E. (1999): Umkämpfte Vergangenheit. Geschichtsbilder, Erinnerung und Vergangenheitspolitik im internatioanlen Vergleich. Göttingen.

Bogdandy von, O.A. (2002): Europäische Identitätsbildung aus sozialpsychologischer Sicht. In: Elm, R. (Hrsg.): Europäische Identität: Paradigmen und Methodenfragen. Baden-Baden: 111-134.

Bogdandy von, O.A. (2003): Zur Ökologie einer europäischen Identität. Soziale Repräsentationen von Europa und dem Europäer-Sein in Deutschland und Italien. Baden-Baden.

Bormann, R. (2001): Raum, Zeit, Identität. Sozialtheoretische Verortungen kultureller Prozesse. Opladen.

Braun, C. (2007): Nationalsozialistischer Sprachstil. Theoretischer Zugang und praktische Analysen auf der Grundlage einer pragmatisch-textlinguistisch orientierten Stilistik. Heidelberg.

Braun, P. (1998): Tendenzen der deutschen Gegenwartssprache. Sprachvarietäten. Stuttgart et al.

Breakwell, G. (Hrsg.) (1983): Threatened Identities. Chichester et al.

Breakwell, G. (1986): Coping with threatened identities. London, New York.

Breakwell, G. (1993): Integrating paradigms, methodological implications. In: Breakwell, G./ Canter, D. V. (Hrsg.): Empirical Approaches to Social Representations. Oxford: 180-204.

Breakwell, G. (1996): Identity Processes and Social Changes. In: Breakwell, G./ Lyons, E. (Hrsg.): Changing European Identities: Social Psychological Analyses of Social Change. Ox-ford et al.: 13-30.

Breakwell, G. (2004): Identity Change in the Context of the Growing Influence of European Union Institutions. In: Herrmann, R.K./ Risse, T./ Brewer, M.B. (Hrsg.): Transnational Identities. Becoming European in the EU. Lanham et al.: 25-39.

Breakwell, G. (1983): Identities and Conflicts. In: Breakwell, G. (Hrsg.): Threatened Identities. Chichester et al.

Breakwell, G./ Canter, D.V. (Hrsg.) (1993): Empirical Approaches to Social Representations. Oxford.

Breakwell, G./ Canter, D.V. (1993): Aspects of methodology and their implications for the study of social representations. In: Breakwell, G./ Canter, D.V. (Hrsg.): Empirical Approaches to Social Representations. Oxford: 1-11.

Breakwell, G./ Lyons, E. (Hrsg.) (1996): Changing European Identities: Social Psychological Analyses of Social Change. Oxford et al.

Breit, G./ Massing, P. (2004): Europäer fallen nicht vom Himmel – Europäische Politische Bildung am Beispiel des Streits um ein ‚Zentrum gegen Vertreibungen'. In: Varwick, J./ Knelangen, W. (Hrsg.): Neues Europa – alte EU? Fragen an den europäischen Integrationsprozess. Opladen: 165-184.

Brinker, K. (2000): Textfunktionale Analyse. In: Brinker, K./ Antos, G./ Heinemann, W. et al. (Hrsg.): Text- und Gesprächslinguistik. 1. Halbband: Textlinguistik. Berlin et al.: 175-185.

Brinker, K./ Antos, G./ Heinemann, W. et al. (Hrsg.) (2000): Text- und Gesprächslinguistik. 1. Halbband: Textlinguistik. Berlin et al.

Brinker, K. (2001[5]): Linguistische Textanalyse. Eine Einführung in die Grundbegriffe und Methoden. Berlin.

Brinker, K. (2005[6]): Linguistische Textanalyse. Eine Einführung in die Grundbegriffe und Methoden. Berlin.

Bruter, M. (2004): Civic and Cultural Components of a European Identity: A Pilot Model of Measurement of Citizens' Levels of European Identity. In: Herrmann, R.K./ Risse, T./ Brewer, M.B. (Hrsg.): Transnational Identities. Becoming European in the EU. Lanham et al.: 186-213.

Bruter, M. (2005): Citizens of Europe? The Emergence of a Mass European Identity. Basingstoke, New York.

Burkhardt, A. (1988): Sprache in der Politik. Linguistische Begriffe und Methoden. In: Englisch-Amerikanische Studien. Zeitschrift für Unterricht, Wissenschaft & Politik, 10 (3,4): 333-358.

Burkhardt, A. (2002): Politische Sprache. Ansätze und Methoden ihrer Analyse und Kritik. In: Spitzmüller, J./ Roth, K.S./ Leweling, B. et al. (Hrsg.): Streitfall Sprache. Sprachkritik als angewandte Linguistik? Bremen: 75-114.

Busch, B./ Krzyzanowski, M. (2007): Inside/ outside the European Union: enlargement, migration policy and the search for Europe's identity. In: Armstrong, W./ Anderson, J. (Hrsg.): The Geopolitics of European Union Enlargement: the fortress empire. London, New York: 107-124.

Bußmann, H. (Hrsg.) (2002): Lexikon der Sprachwissenschaft. Stuttgart.

Calhoun, C. (2003): The Democratic Integration of Europe. Interests, Identity, and the Public Sphere. In: Berezin, M./ Schain, M. (Hrsg.): Europe without Borders. Remapping Territory, Citizenship, and Identity in a Transnational Age. Baltimore, London: 243-274.

Camps, V. (1994): Die europäische Identität - eine moralische Integrität. In: Dewandre, N./ Lenoble, J. (Hrsg.): Projekt Europa. Postnationale Identität: Grundlage für eine europäische Demokratie? Berlin: 67-70.

Canter, D.V./ Breakwell, G. (1993): Epilogue: methodological contributions to the theory of social representations. In: Breakwell, G./ Canter, D.V. (Hrsg.): Empirical Approaches to Social Representations. Oxford: 39-62.

Castano, E. (2004): European Identity: A Social-Psychological Perspective. In: Herrmann, R.K./ Risse, T./ Brewer, M.B. (Hrsg.): Transnational Identities. Becoming European in the EU. Lanham et al.: 40-58.

Castells, M. (2002): Die Macht der Identität. Teil 2 der Trilogie. Das Informationszeitalter. Opladen.

Chilton, P.A. (2005): Missing links in mainstream CDA: Modules, blends and the critical instinct. In: Wodak, R./ Chilton, P.A. (Hrsg.): A New Agenda in (Critical) Discourse Analysis: Theory, Methodology, and Interdisciplinarity. Amsterdam, Philadelphia: 19-52.

Chouliaraki, L./ Fairclough, N. (1999): Discourse in Late Modernity: Rethinking Critical Discourse Analysis. Edinburgh.

Chryssochou, X. (1996): How Group Membership is Formed: Self Categorization or Group Beliefs? The Construction of a European Identity in France and Greece. In: Breakwell, G./ Lyons, E. (Hrsg.): Changing European Identities: Social Psychological Analyses of Social Change. Oxford et al.: 297-315.

Cinnirella, M. (1996): A Social Identity Perspective on European Integration. In: Breakwell, G./ Lyons, E. (Hrsg.): Changing European Identities: Social Psychological Analyses of Social Change. Oxford et al.

Colegrove, D.W. (2005): Steadfastly European? German (supra)national identity in a rapidly changing Europe. In: Robyn, R. (Hrsg.): The Changing Face of European Identity. London, New York: 115-139.

Cremer, W. / Schmuck, O. (Hrsg.) (1991): Politische Bildung für Europa. Die europäische Dimension in der politischen Bildung der zwölf EG-Staaten. Bonn.

Delanty, G. (1995): Inventing Europe. Idea, Identity, Reality. Houndmills, London.

Delanty, G. (1996): The frontiers and identities of exclusion in European history. In: History of European Ideas, 22: 93-194.

Delanty, G. (1999): Die Transformation nationaler Identität und die kulturelle Ambivalenz europäischer Identität. Demokratische Identifikation in einem postnationalen Europa. In: Viehoff, R./ Segers, R.T. (Hrsg.): Kultur, Identität, Europa. Über Schwierigkeiten und Möglichkeiten einer Konstruktion. Frankfurt a. M.: 267-288.

Delanty, G./ Rumford, C. (2005): Rethinking Europe. Social theory and the implications of Europeanization. London et al..

Delhey, J. (2004): Transnationales Vertrauen in der erweiterten EU. In: Aus Politik und Zeitgeschichte, 38: 6-13.

Delors, J. (1994): Vorwort. In: Dewandre, N./ Lenoble, J. (Hrsg.): Projekt Europa. Postnationale Identität: Grundlage für eine europäische Demokratie? Berlin: 6-7.

Deschamps, J.-C. (1982): Social identity and relations of power between groups. In: Tajfel, H. (Hrsg.): Social identity and intergroup relations. Cambridge et al.: 85-98.

Detjen, J. (2007): Politische Bildung. Geschichte und Gegenwart in Deutschland. München, Wien.

Devine-Wright, P./ Lyons, E. (1997): Remembering pasts and representing places: the construction of national identities in Irland. In: Journal of Environmental Psychology, 17: 33-45.

Dewandre, N./ Lenoble, J. (Hrsg.) (1994): Projekt Europa. Postnationale Identität: Grundlage für eine europäische Demokratie? Berlin.

Dieckmann, W. (1975): Sprache in der Politik. Einführung in die Pragmatik und Semantik der politischen Sprache. Heidelberg.

Dijk van, T. (2003): The Discourse-Knowledge Interface. In: Weiss, G./ Wodak, R. (Hrsg.): Critical discourse analysis: theory and interdisciplinarity. Houndmills, New York: 85-109.

Dijk van, T. (2005): Contextual knowledge management in discourse production: A CDA perspective. In: Wodak, R./ Chilton, P.A. (Hrsg.): A New Agenda in (Critical) Discourse Analysis: Theory, Methodology, and Interdisciplinarity. Amsterdam, Philadelphia: 71-100.

Dijk van, T./ Neff-Van Aertselear, J./ Pütz, M. (2004): Introduction: Language, discourse and ideology. In: Pütz, M./ Neff-Van Aertselear, J./ Dijk van, T. (Hrsg.): Communicating Ideologies: Multidisciplinary Perspectives on Language, Discourse, and Social Practice. Frankfurt a. M. et al.: xiii-xxxi.

Doise, W. (1993): Debating social representations. In: Breakwell, G./ Canter, D.V. (Hrsg.): Empirical Approaches to Social Representations. Oxford: 157-170.

Donig, S./ Meyer, T./ Winkler, C. (Hrsg.) (2005): Europäische Identitäten – Eine europäische Identität? Baden-Baden.

Duden (1989): Etymologie. Herkunftswörterbuch der deutschen Sprache. bearb. von G. Drosdowski. hrsg. vom wiss. Rat der Dudenredaktion. Mannheim et al..

Duden (2005): Die Grammatik. Hrsg. v. der Dudenredaktion. Mannheim.

Duden (2007): Duden. Deutsches Universalwörterbuch. Hrsg. vom wissenschaftlichen Rat den Dudenredaktion. Mannheim et al.

Duncan, J. (1993): Sites of Representation: Place, Time and the Discourse of the Other. In: Duncan, J./ Ley, D. (Hrsg.): Place/ Culture/ Representation. London, New York: 39-56.

Duncan, J./ Ley, D. (Hrsg.) (1993): Place/ Culture/ Representation. London, New York.

Duncan, J. (2000): Representation. In: Johnston, R.J./ Gregory, D./ Pratt, G. et al. (Hrsg.): The Dictionary of Human Geography. Oxford, Malden: 703-704.

Duveen, G. (2001): Introduction: The Power of Ideas. In: Moscovici, S. (Hrsg.): Social Representations. Explorations in Social Psychology. New York: 1-17.

Eagleton, T. (1993): Ideologie. Eine Einführung. Stuttgart, Weimar.

Eberstadt, M./ Kuznetsov, C. (2008): Bildung und Identität – Möglichkeiten und Grenzen eines schulischen Beitrags zur europäischen Identitätsentwicklung. Frankfurt a. M. et al..

Edelson, R.J./ Lustick, I.S. (2003): National Identity Repertoires, Territory, and Globalization. In: Berezin, M./ Schain, M. (Hrsg.): Europe without Borders. Remapping Territory, Citizenship, and Identity in a Transnational Age. Baltimore, London: 89-117.

Eder, K. (1999): Integration durch Kultur? Das Paradox der Suche nach einer europäischen Identität. In: Viehoff, R./ Segers, R.T. (Hrsg.): Kultur, Identität, Europa. Über Schwierigkeiten und Möglichkeiten einer Konstruktion. Frankfurt a. M.: 147-179.

Eder, K. (2006): Transnationale Kommunikationsräume und die Entstehung einer europäischen Gesellschaft. In: Hettlage, R./ Müller, H.-P. (Hrsg.): Die europäische Gesellschaft. Konstanz: 155-174.

Einfalt, M. (Hrsg.) (2002): Konstrukte nationaler Identität – Deutschland, Frankreich und Großbritannien. Würzburg.

Eisenstadt, S.N. (1991): Die Konstruktion nationaler Identitäten in vergleichender Perspektive. In: Giesen, B. (Hrsg.): Nationale und kulturelle Identität. Studien zur Entwicklung des kollektiven Bewusstseins in der Neuzeit. Frankfurt a. M.: 21-38.

Elm, R. (Hrsg.) (2002): Europäische Identität: Paradigmen und Methodenfragen. Baden-Baden.

Emler, N./ Ohana, J. (1993): Studying social representations in children: just old wine in new bottles? In: Breakwell, G./ Canter, D.V. (Hrsg.): Empirical Approaches to Social Representations. Oxford: 63-89.

Entrikin, J.N. (2003): Political Community, Identity, and Cosmopolitan Place. In: Berezin, M./ Schain, M. (Hrsg.): Europe without Borders. Remaping Territory, Citizenship, and Identity in a Transnational Age. Baltimore, London: 51-62.

Erikson, E.H: (1973): Identität und Lebenszyklus. Frankfurt a. M.

Europäische Gemeinschaften (1973): Dokument über die europäische Identität. In: Bulletin der Europäischen Gemeinschaften, 12: 131-134.

Europäische Gemeinschaften (1985): Bericht an den Europäischen Rat (Mailand, 28. und 29. Juni 1985). In: Bulletin der Europäischen Gemeinschaften, Beilage 7: 19-33.

Europäische Kommission (1992): Europe and the Challenge of Enlargement (Report submitted to the European Council, Lisbon 24 June). Brüssel.

Europäische Kommission (2006): The history of European cooperation in education and training. Europe in the making - an example. Brüssel.

Europäische Kommission, Presse und Kommunikationsservice (2001): How Europeans See Themselves. Looking through the mirror with public opinion surveys. Brüssel.

Europäische Union (2005): Vertrag über eine Verfassung für Europa. Luxemburg.

Europäische Union (2007): Vertrag von Lissabon zur Änderung des Vertrags über die Europäische Union und des Vertrags zur Gründung der Europäischen Gemeinschaft, unterzeichnet in Lissabon am 13. Dezember 2007. In: Amtsblatt der Europäischen Union Nr. C 306/01 vom 17. Dezember 2007.

Europäische Union (2008): Konsolidierte Fassung des Vertrags über die Europäische Union und des Vertrages über die Arbeitsweise der Europäischen Union. In: Amtsblatt der Europäischen Union Nr. C 115/01 vom 9. Mai 2008.

Fairclough, N. (1989): Language and Power. London.

Fairclough, N. (1992): Discourse and social change. Oxford.

Fairclough, N. (2003): Analysing Discourse – Textual Analysis for Social Research. London, New York.

Fairclough, N./ Wodak, R. (1997): Critical Discourse Analysis. In: Dijk van, T. (Hrsg.): Discourse as Social Interaction – Discourse Studies: A Multidisciplinary Introduction, Bd.II. London et al.: 258-284.

Faist, Thomas (2000): Soziale Bürgerschaft in der Europäischen Union: Verschachtelte Mitgliedschaft. In: Bach, Maurizio (Hrsg.): Die Europäisierung nationaler Gesellschaften. Wiesbaden: 229-250.

Felder, E. (2009): Sprache - das Tor zur Welt!? Perspektiven und Tendenzen in sprachlichen Äußerungen. In: Felder, E. (Hrsg.): Sprache. Berlin, Heidelberg: 13-58.

Felgenhauer, T. (2007a): ‚Die versteht Dich, weil sie auch aus Thüringen ist' - zur Analyse von Raumbezugnahmen in alltäglichen Argumentationen. In: Geographische Zeitschrift, 95 (1-2): 24-36.

Felgenhauer, T. (2007b): Geographie als Argument. Eine Untersuchung regionalisierender Begrün-dungspraxis am Beispiel ‚Mitteldeutschland'. Stuttgart.

Felgenhauer, T./ Mihm, M./ Schlottmann, A. (2005): The making of ‚Mitteldeutschland'. On the funtion of implicit and explicit symbolic features for implementing regions and regional identity. In: Geografiska Annaler, 87/ B (1): 45-60.

Ferry, J.-M. (1994): Die Relevanz des Postnationalen. In: Dewandre, N./ Lenoble, J. (Hrsg.): Projekt Europa. Postnationale Identität: Grundlage für eine europäische Demokratie? Berlin: 30-41.

Flick, U. (1995): Alltagswissen in der Sozialpsychologie. In: Flick, U. (Hrsg.): Psychologie des Sozialen. Repräsentationen in Wissen und Sprache. Hamburg: 54-78.

Flick, U. (Hrsg.) (1995): Psychologie des Sozialen. Repräsentationen in Wissen und Sprache. Hamburg.

Flick, U. (1995): Soziale Repräsentationen in Wissen und Sprache als Zugänge zur Psychologie des Sozialen. In: Flick, U. (Hrsg.): Psychologie des Sozialen. Repräsentationen in Wissen und Sprache. Hamburg: 7-21.

Folke Schuppert, G./ Pernice, I./ Haltern, U. (Hrsg.) (2005): Europawissenschaft. Baden-Baden.

Frevert, U. (2005): Braucht Europa eine kulturelle Identität? In: Transit: Europäische Revue, 28: 109-114.

Frick, L. (2006): Vorwort des Herausgebers. In: Deutschland & Europa, 52: 2.

Fritz-Vannahme, J. (2010): Neue Maßstäbe für das politische Tun. Der Vertrag von Lissabon stärkt die EU. In: Neue Gesellschaft – Frankfurter Hefte, ½ (2010), 17-19.

Gack, T. (2008): Europäische Öffentlichkeit – von der Elitenöffentlichkeit zum Europa der Bürger. In: Deutschland & Europa, 56: 20-23.

Garcia, S. (1993): Europe´s Fragmented Identities and the Frontiers of Citizenship. In: Garcia, S. (Hrsg.): European Identity and the Search for Legitimacy. London, New York: 1-29.

Gauntlett, D. (2002): Media, Gender and Identity: An Introduction. London, New York.

Gellner, W./ Glatzmeier, A. (2005): Die Suche nach der europäischen Zivilgesellschaft. In: Aus Politik und Zeitgeschichte, 36: 8-15-.

Gergen, K.J. (1990): The saturated self: Dilemmas of identity in contemporary life. New York.

Gergen, K.J. (2002): Konstruierte Wirklichkeiten: eine Hinführung zum sozialen Konstruktionismus. Stuttgart.

Gerhards, J. (2000): Europäisierung von Ökonomie und Politik und die Trägheit der Entstehung einer europäischen Öffentlichkeit. In: Bach, M. (Hrsg.): Die Europäisierung nationaler Gesellschaften. Wiesbaden: 277-305.

Gerhards, J. (2002): Das Öffentlichkeitsdefizit der EU im Horizont normativer Öffentlichkeitstheorien. In: Kaelble, H./ Kirsch, M./ Schmidt-Gernig, A. (Hrsg.): Transnationale Öffentlichkeiten und Identitäten im 20. Jahrhundert. Frankfurt a. M.: 135-158.

Gerhards, J. (2004): Europäische Werte – Passt die Türkei kulturell zur EU? In: Aus Politik und Zeitgeschehen, 38: 14-20.

Geyr von, M./ Hornung, L./ Noack, F. et al. (2007): Die europäische Dimension in den Lehrplänen der deutschen Bundesländer. Vergleichende Sudie im Auftrag der Europäischen Kommission – Vertretung in Deutschland. Berlin.

Giddens, A. (1991): Modernity and self-identity. Cambridge.

Giesen, B. (1999): Europa als Konstruktion der Intellektuellen. In: Viehoff, R./ Segers, R.T. (Hrsg.): Kultur, Identität, Europa. Über Schwierigkeiten und Möglichkeiten einer Konstruktion. Frankfurt a. M.: 130-146.

Giesen, B. (2002): Europäische Identität und transnationale Öffentlichkeit. Eine historische Perspektive. In: Kaelble, H./ Kirsch, M. / Schmidt-Gernig, A. (Hrsg.): Transnationale Öffentlichkeiten und Identitäten im 20. Jahrhundert. Frankfurt, New York: 67-84.

Girnth, H. (2002): Sprache und Sprachverwendung in der Politik. Eine Einführung in die linguistische Analyse öffentlich-politischer Kommunikation. Tübingen.

Giroux, H. (1981): Ideology, Culture and the Process of Schooling. Hampshire.

Glasze, G./ Pütz, R. (2007): Sprachorientierte Forschungsansätze in der Humangeographie nach dem linguistic turn. In: Geographische Zeitschrift, 95/ 1-2: 1-4

Goffman, E. (1959): The presentation of self in everyday life. New York.

Goffman, E. (1999): Stigma: über Techniken der Bewältigung beschädigter Identität. Frankfurt a. M.

Goffman, E. (2007): Wir alle spielen Theater: die Selbstdarstellung im Alltag. München.

Goßmann, K. (1997a): Identität und Identitätsbildung. In: Schreiner, P./ Spinder, H. (Hrsg.): Identitätsbildung im pluralen Europa. Perspektiven für Schule und Religionsunterricht. Münster, New York, München, Berlin: 9-16.

Goßmann, K. (1997b): Die Bedeutung der Lehrerin/ des Lehrers für die Identitätsfindung von Schüler/innen. In: Schreiner, P./ Spinder, H. (Hrsg.): Identitätsbildung im pluralen Europa. Perspektiven für Schule und Religionsunterricht. Münster, New York, München, Berlin: 111-118.

Goßmann, K./ Schreiner, P./ Spinder, H. (1997): Schlußfolgerungen und Herausforderungen. In: Schreiner, P./ Spinder, H. (Hrsg.): Identitätsbildung im pluralen Europa. Perspektiven für Schule und Religionsunterricht. Münster, New York, München, Berlin: 203-212.

Graumann, C.F. (1998): Zur Sozialpsychologie der Identitätsbildung. In: Gebhardt, H./ Heinritz, G./ Wiessner, R. (Hrsg.): Europa in einer Welt im Wandel. 51. Deutscher Geographentag Bonn 6. bis 11. Oktober 1997. Tagungsbericht und Abhandlungen, Bd. 1. Europa im Globalisierungsprozess von Wirtschaft und Gesellschaft. Stuttgart: 183-187.

Gregory, D. (1993): Interventions in the historical geography of modernity: social theory, spatiality and the politics of representation. In: Duncan, J./ Ley, D. (Hrsg.): Place/ Culture/ Representation. London, New York: 272-313.

Gregory, D. (1994): Geographical Imaginations. Cambridge, Mass.

Gregory, D. (2000a): Post-Colonialism. In: Johnston, R.J./ Gregory, D./ Pratt, G. et al. (Hrsg.): The Dictionary of Human Geography. Oxford, Malden: 612-615.

Gregory, D. (2000b): Geographical Imagination. In: Johnston, R.J./ Gregory, D./ Pratt, G. et al. (Hrsg.): The Dictionary of Human Geography. Oxford, Malden: 298-301.

Grießinger, A. (2006): Das Eigene und das Fremde – Die Entstehung des Europabewusstseins in der frühen Neuzeit. In: Deutschland & Europa, 52: 34-41.

Gülich, E./ Hausendorf, H. (2000): Vertextungsmuster Narration. In: Brinker, K./ Antos, G./ Heinemann, W. et al. (Hrsg.): Text- und Gesprächslinguistik. 1. Halbband: Textlinguistik. Berlin et al.: 369-385.

Habermas, J. (1994): Staatsbürgerschaft und nationale Identität. Überlegungen zur europäischen Zukunft. In: Dewandre, N./ Lenoble, J. (Hrsg.): Projekt Europa. Postnationale Identität: Grundlage für eine europäische Demokratie? Berlin: 11-29.

Haider, M.E. (1998): Im Streit um die österreichische Nation. Nationale Leitwörter in Österreich 1866-1938. Wien, Köln, Weimar.

Hale, J. (1993): The Renaissance Idea of Europe. In: Garcia, S. (Hrsg.): European Identity and the Search for Legitimacy. London, New York: 46-63.

Hall, S. (1999): Kulturelle Identität und Globalisierung. In: Horning, K.H./ Winter, R. (Hrsg.): Widerspenstige Kulturen. Cultural Studies als Herausforderung. Frankfurt a. M.: 393-441.

Hall, S./ Gay du, P. (1996): Questions of cultural identity. London.

Hannappel, H./ Melenk, H. (1979): Alltagssprache. Semantische Grundbegriffe und Analysebeispiele. München.

Harré, R. (1995): Zur Epistemologie sozialer Repräsentationen. In: Flick, U. (Hrsg.): Psychologie des Sozialen. Repräsentationen in Wissen und Sprache. Hamburg: 165-176.

Hedetoft, U. (1997): The Cultural Semiotics of ‚European Identity': Between National Sentiment and the Transnational Imperative. In: Landau, A./ Whitman, R.G. (Hrsg.): Rethinking the European Union. Institutions, Interests and Identities. New York: 147-170.

Heer, H./ Wodak, R. (2003): Kollektives Gedächtnis. Vergangenheitspolitik. Nationales Narrativ. Zur Konstruktion von Geschichtsbildern. In: Heer, H./ Manoschek, W./ Pollak, A. et al. (Hrsg.): Wie Geschichte gemacht wird. Zur Konstruktion von Erinnerungen an Wehrmacht und zweiten Weltkrieg. Wien: 12-24.

Heffernan, M. (1998): The meaning of Europe. Geography and Geopolitics. London et al.
Heffernan, M. (2007a): Capturing Europa: images, narratives, maps. In: Heffernan, M. (Hrsg.): The European geographical imagination. Hettner-Lecture 2006 with M. Heffernan. Stuttgart: 17-40.
Heffernan, M. (2007b): The new cosmopolitanism: European geographies for the 21st century. In: Heffernan, M. (Hrsg.): The European geographical imagination. Hettner-Lecture 2006 with M. Heffernan. Stuttgart: 63-90.
Heffernan, M. (2007): The European geographical imagination. Hettner-Lecture 2006 with M. Heffernan. Stuttgart.
Heinemann, W. (1997): Zur Eingrenzung des Intertextualitätsbegriffs aus textlinguistischer Sicht. In: Klein, J./ Fix, U. (Hrsg.): Textbeziehungen: linguistische und literaturwissenschaftliche Beiträge zur Intertextualität. Tübingen: 21-38.
Hellmann, P. (1997): Europaorientiertes Lernen und transnationale Integration: eine Untersuchung zu Möglichkeiten der handlungsorientierten Erschließung der europäischen Dimension im Bildungswesen. Frankfurt a. M..
Hentig von, H. (2004): Einführung in den Bildungplan 2004. In: Ministerium für Kultus, Jugend und Sport Baden-Württemberg in Zusammenarbeit mit dem Landesinstitut für Erziehung und Unterricht, Stuttgart (Hrsg.): Bildungsplan 2004. Allgemein bildendes Gymnasium. Stuttgart: 9-21.
Herrmann, R.K./ Brewer, M.B. (2004): Identities and Institutions: Becoming European in the EU. In: Herrmann, R.K./ Risse, T./ Brewer, M.B. (Hrsg.): Transnational Identities. Becoming European in the EU. Lanham et al.: 1-24.
Herrmann, R.K./ Risse, T./Brewer, M.B. (Hrsg.) (2004): Transnational Identities. Becoming European in the EU. Lanham et al.
Hettlage, R. (Hrsg.) (1994): Bildung in Europa – Bildung für Europa? Die europäische Dimension in Schule und Beruf. Regensburg.
Hettlage, R. (Hrsg.) (1997): Kollektive Identität in Krisen. Ethnizität in Religion, Nation, Europa. Opladen.
Hettlage, R. (2000): Identitäten im Umbruch. Selbstvergewisserungen auf alten und neuen Bühnen. In: Hettlage, R./ Vogt, L. (Hrsg.): Identitäten in der modernen Welt. Wiesbaden: 9-54.
Hettlage, R. (2002): Politik- und Wertwandel sowie Vermittlung der ‚europäischen Dimension'. In: Schleicher, K./ Weber, P.J. (Hrsg.): Zeitgeschichte Europäischer Bildung 1970-2000. Band I: Europäische Bildungsdynamik und Trends. Münster et al.: 371-409.
Hettlage, R. (2004): European identity – Between Inclusion and Exclusion. In: Kriesi, H./ Siegrist, H./ Armingeon, K. et al. (Hrsg.): Nation and National Identity. The European Experience in Perspective. West Lafayette: 243-262.
Hettlage, R./ Müller, H.-P. (Hrsg.) (2006): Die europäische Gesellschaft. Konstanz.
Hilton, D. et al. (1996): Social Representations of History and Attitudes to European Unification in Britain, France and Germany. In: Breakwell, G./ Lyons, E. (Hrsg.): Changing European Identities: Social Psychological Analyses of Social Change. Oxford et al.: 275-297.
Hobsbawm, E.J. (1992): Nations and Nationalism since 1780. Programs, Myth, Reality. Cambridge.
Hoecker, M. (2006): Geleitwort des Ministeriums. In: Deutschland & Europa, 52: 2.
Hoecker, M. (2007): Geleitwort des Ministeriums. In: Deutschland & Europa, 53: 2.
Hofbauer, H. (2004): Der Osten rückt nach Westen. Europas Geographie im Wandel. In: geographische revue, 6 (1): 7-15.
Hoinle, M. (1999): Metaphern in der politischen Kommunikation. Eine Untersuchung der Weltbilder und Bilderwelten von CDU und SPD. Konstanz.
Hopkins, N./ Reicher, S. (1996): The Construction of Social Categories and Processes of Social Change: Arguing about National Identities. In: Breakwell, G./ Lyons, E. (Hrsg.): Changing European Identities: Social Psychological Analyses of Social Change. Oxford et al.: 69-94.
Horstmann, K. (2006): Europäisches Geschichtsbild als Bildungsauftrag. In: Deutschland & Europa, 52: 4-5.

Hoyler, M. (1998): Discussing imaginative geographies: Derek Gregory on representation, modernity and space. In: Gebhardt, H./ Meusburger, P./ Hoyler, M. (Hrsg.): Explorations in Critical Human Geography. Heidelberg: 71-112.

Hroch, M. (1998): Ethnische, regionale und nationale Identität in historischer Perspektive. In: Boesler, K.-A./ Heinritz, G./ Wiessner, R. (Hrsg.): Europa in einer Welt im Wandel. 51. Deutscher Geographentag Bonn 6. bis 11. Oktober 1997. Tagungsbericht und Wis-senschaftliche Abhandlungen. Bd. 4: Europa zwischen Integration und Regionalismus. Stuttgart: 69-73.

Hroch, M. (2005): Das Europa der Nationen. Die moderne Nationenbilung im europäischen Vergleich. Göttingen.

Hülsse, R. (2003): Metaphern der EU-Erweiterung als Konstruktionen europäischer Identität. Baden-Baden.

Imhof, K. (2001): Öffentlichkeit und Identität. In: Kaelble, H./ Kirsch, M./ Schmidt-Gernig, A. (Hrsg.): Transnationale Öffentlichkeiten und Identitäten im 20. Jahrhundert. Frankfurt a. M.: 37-56.

Jacob, S. (2004): Soziale Repräsentationen und Relationale Realitäten. Theoretische Entwürfe der Sozialpsychologie bei Serge Moscovici und Kenneth J. Gergen. Wiesbaden.

Jäger, S. (2001): Diskurs und Wissen. Theoretische und methodische Aspekte einer Kritischen Diskurs - und Dispositivanalyse. In: Keller, R./ Hirseland, A./ Schneider, W. et al. (Hrsg.): Handbuch Sozialwissenschaftliche Diskursanalyse. Band 1: Theorien und Methoden. Opladen: 81-112.

Jäger, S. (2004): Kritische Diskursanalyse. Eine Einführung. Münster.

Jahn, B./ Hebecker, E./ Heyer, A. (2002): Europakommunikation per Internet in den Schulen. Erfahrungen von ‚politik-digital' und ‚europa-digital'. In: Schleicher, K./ Weber, P.J. (Hrsg.): Zeitgeschichte europäischer Bildung 1970-2000. Band III: Europa in den Schulen. Müns-ter et al.: 271-294.

Janssen, B. (1991): Europäische Bildung. In: Cremer, W./ Schmuck, O. (Hrsg.): Politische Bildung für Europa. Die europäische Dimension in der politischen Bildung der zwölf EG-Staaten. Bonn: 51-63.

Janssen, B. (1994): Europa im Unterricht. In: Bildung, Bundeszentrale für politische (Hrsg.): Lernen für Europa (Arbeitshilfe der Bundeszentrale). 104-106.

Joas, H./ Mandry, C. (2005): Europa als Werte- und Kulturgemeinschaft. In: Folke Schuppert, G./ Pernice, I./ Haltern, U. (Hrsg.): Europawissenschaft. Baden-Baden: 541-574.

Jobst, S. (2004): Schule zwischen Region und Europa. Zum Stellenwert der europäischen Bewußtseinsbildung in tschechischen und sächsischen Lehrplänen – theoretische Diskussion und vergleichende Analyse. Münster, New York, München, Berlin.

Jobst, S. (2006): Europa im Unterricht von Lehrern aus Katowice, Liberec und Leipzig. In: Jobst, S. (Hrsg.): Europa im Schulalltag. Beiträge aus internationaler Perspektive. Berlin: 6-20.

Jobst, S. (2007): Lehrer im Spannungsfeld von Nation und Europa. Ein deutsch-polnisch-tschechischer Vergleich. In: Busch, F.W./ Hörner, W./ Szymanski, M. (Hrsg.): Bürgerschaftliche Bildung und Erziehung. Wertevermittlung und Schule im Spannungsfeld von Familie, Nation und Europa – Deutsche und polnische Perspektiven. Oldenburg: 89-102.

Jones, R.H./ Norris, S. (2005): Discourse as action/ discourse in action. In: Norris, S./ Jones, R.H. (Hrsg.): Discourse in Action. Introducing mediated discourse analysis. London, New York: 3-14.

Jungwirth, I. (2007): Zum Identitätsdiskurs in den Sozialwissenschaften. Eine postkolonial und queer informierte Kritik an George H. Mead, Erik H. Erikson and Erving Goffman. Bielefeld.

Kaelble, H. (Hrsg.) (2002): Transnationale Öffentlichkeiten und Identitäten im 20. Jahrhundert. Frankfurt a. M. et al.

Kaelble, H. (2002): Das europäische Selbstverständnis und die europäische Öffentlichkeit im 19. und 20. Jahrhundert. In: Kaelble, H./ Kirsch, M./ Schmidt-Gernig, A. (Hrsg.): Transnationale Öffentlichkeiten und Identitäten im 20. Jahrhundert. Frankfurt a. M.: 85-110.

Kaelble, H. (2005): Eine europäische Gesellschaft? In: Folke Schuppert, G./ Pernice, I./ Haltern, U. (Hrsg.): Europawissenschaft. Baden-Baden: 299-330.

Kaelble, H./ Kirsch, M./ Schmidt-Gernig, A. (2002): Zur Entwicklung transnationaler Öffentlichkeiten und Identitäten im 20. Jahrhundert. Eine Einleitung. In: Kaelble, H./ Kirsch, M./

Schmidt-Gernig, A. (Hrsg.): Transnationale Öffentlichkeiten und Identitäten im 20. Jahrhundert. Frankfurt a. M.: 7-36.

Kalb, J. (2006a): D&E und die europäische Identität – eine Publikation für den Unterricht. In: Deutschland & Europa, 52: 3.

Kalb, J. (2006b): Die Türkei-Debatte: Auf der Suche nach einer europäischen Identität. In: Deutschland & Europa, 52: 50-55.

Kalb, J. (2007): Der Einsatz von D&E im Unterricht. In: Deutschland & Europa, 54: 62.

Karabel, J. (Hrsg.) (1976): Power and Ideology in Education. New York.

Keller, R. (2004): Diskursforschung. Eine Einführung für SozialwissenschaftlerInnen. Wiesbaden.

Keller, R. (2005): Wissenssoziologische Diskursanalyse. Wiesbaden.

Keller, R./ Hirseland, A./ Schneider, W. et al. (Hrsg.) (2001): Handbuch Sozialwissenschaftliche Diskursanalyse. Band 1: Theorien und Methoden. Opladen.

Kesidou, A. (1999): Die europäische Dimension der griechischen und baden-württembergischen Lehrpläne und Schulbücher der Sekundarschule. An den Beispielen Geographie, politische Bildung, Geschichte und Literatur. Frankfurt a. M. et al.

Keupp, H./ Ahbe, T./ Gmür, W. et al. (2006): Identitätskonstruktionen. Das Patchwork der Identitäten in der Spätmoderne. Reinbek bei Hamburg.

Knelangen, W./ Varwick, J. (2004): Einführung: Neues Europa – alte EU? In: Varwick, J./ Knelangen, W. (Hrsg.): Neues Europa – alte EU? Fragen an den europäischen Integrationsprozess. Opladen: 13-22.

Kocka, J. (2005a): Verflechtung und Differenz. Zum Problem der Grenzen Europas. In: Donig, S./ Meyer, T./ Winkler, C. (Hrsg.): Europäische Identitäten – Eine europäische Identität? Baden-Baden: 52-59.

Kocka, J. (2005b): Die Grenzen Europas. Ein Essay aus historischer Perspektive. In: Folke Schuppert, G./ Pernice, I./ Haltern, U. (Hrsg.): Europawissenschaft. Baden-Baden: 275-288.

Kohli, M. (2002): Die Entstehung einer europäischen Identität: Konflikte und Potentiale. In: Kaelble, H./ Kirsch, M./ Schmidt-Gernig, A. (Hrsg.): Transnationale Öffentlichkeiten und Identitäten im 20. Jahrhundert. Frankfurt a. M.: 111-134.

Kolmer, L./ Rob-Santer, C. (2002): Studienbuch Rhetorik. Paderborn et al.

Kommission der Europäischen Gemeinschaften (Hrsg.) (1989): Mitteilung an den Rat: Allgemeine und berufliche Bildung in der Europäischen Gemeinschaft. Mittelfristige Leitlinien 1989-1992, KOM (89) endg. vom 2. Juni 1989. Brüssel.

Kommission der Europäischen Gemeinschaften (Hrsg.) (1993): Leitlinien für die Gemeinschaftsaktion im Berecih allgemeine und berufliche Bildung. Arbeitsunterlage der Kommission. KOM 183 endg. vom 5.5.1993. Brüssel.

Konerding, K.-P. (2008): Diskurse, Topik, Deutungsmuster – Zur Komplementarität, Konvergenz und Explikation sprach-, kultur- und sozialwissenschaftlicher Zugänge zur Diskursanalyse auf der Grundlage kollektiven Wissens. In: Warnke, I./ Spitzmüller, J. (Hrsg.): Methoden der Diskurslinguistik. Sprachwissenschaftliche Zugänge zur transtextuellen Ebene. Berlin, New York: 117-150.

Kotte, E. (2007): ‚In Räume geschriebene Zeiten' – nationale Europabilder im Geschichtsunterricht der Sekundarstufe II. Idstein.

Krzyzanowski, M. (2005): ‚European identity wanted!' On discursive and communicative dimensions of the European Convention. In: Wodak, R. (Hrsg.): A new agenda in (critical) discourse analysis: theory, methodology and interdisciplinarity. Amsterdam, Philadelphia: 137-163.

Krzyzanowski, M./ Oberhuber, F. (2007): (Un)Doing Europe. Discourses and Practices of Negotiating the EU Constitution. Brüssel et al.

Kumar, K. (2003): The Idea of Europe: Cultural Legacies, Transnational Imaginings, and the Nation State. In: Berezin, M./ Schain, M. (Hrsg.): Europe without Borders. Remapping Territory, Citizenship, and Identity in a Transnational Age. Baltimore, London: 33-50.

Künzli, R./ Hopmann, S. (1998): Entscheidungsfelder der Lehrplanarbeit. Grundzüge einer Theorie der Lehrplanung. In: Hopmann, S./ Künzli, R. (Hrsg.): Lehrpläne: Wie sie entwickelt werden und was von ihnen erwartet wird: Forschungsstand, Zugänge und Ergebnisse aus der Schweiz und der Bundesrepublik Deutschland. Chur, Zürich: 17-34.

Laffan, B. (2004): The European Union and Its Institutions and the Elite as ‚Identity Builders'. In: Herrmann, R.K./ Risse, T./ Brewer, M.B. (Hrsg.): Transnational Identities. Becoming European in the EU. Lanham et al: 75-97.

Lakoff, G./ Johnson, M. (1998): Leben in Metaphern. Konstruktion und Gebrauch von Sprachbildern. Heidelberg.

Landeszentrale für politische Bildung Baden-Württemberg (Hrsg.) (2006): EU – quo vadis? Themenheft der Zeitschriftenreihe Deutschland & Europa. Heft 51. Redaktion Jürgen Kalb. Stuttgart.

Landeszentrale für politische Bildung Baden-Württemberg (Hrsg.) (2006): Europäische Identität. Historische Stationen europäischer Identitätsfindung. Themenheft der Zeitschriftenreihe Deutschland & Europa. Heft 52. Redaktion Jürgen Kalb. Stuttgart.

Landeszentrale für politische Bildung Baden-Württemberg (2006): Argumentationspapier. Das haben Sie davon - 25 gute Gründe für die politische Bildung in Baden-Württemberg. o.O.

Landeszentrale für politische Bildung Baden-Württemberg (Hrsg.) (2007): Identitätskonflikte in Europa. Themenheft der Zeitschriftenreihe Deutschland & Europa. Heft 53. Redaktion Jürgen Kalb. Stuttgart.

Landeszentrale für politische Bildung Baden-Württemberg (Hrsg.) (2007): EU – von der Wirtschafts- zur Sozialunion. Themenheft der Zeitschriftenreihe Deutschland & Europa. Heft 54. Redaktion Jürgen Kalb. Stuttgart.

Landeszentrale für politische Bildung Baden-Württemberg (Hrsg.) (2008): Die EU – auf dem Weg zur Bürgerunion. Themenheft der Zeitschriftenreihe Deutschland & Europa. Heft 56. Redaktion Jürgen Kalb. Stuttgart.

Landeszentrale für politische Bildung Baden-Württemberg (Hrsg.) (2008): Außen- und Sicherheitspolitik in Europa. Themenheft der Zeitschriftenreihe Deutschland & Europa. Heft 55. Redaktion Jürgen Kalb. Stuttgart.

Larsson, R. (1997): Pluralität als Herausforderung. In: Schreiner, P./ Spinder, H. (Hrsg.): Identitätsbildung in Europa. Perspektiven für Schule und Religionsunterricht. Münster, New York, München, Berlin: 17-26.

Lenoble, J. (1994): Identität und Demokratie in Europa denken. In: Dewandre, N./ Lenoble, J. (Hrsg.): Projekt Europa. Postnationale Identität: Grundlage für eine europäische Demokratie? Berlin: 183-197.

Lenoble, J./ Dewandre, N. (1994): Einleitung. In: Dewandre, N./ Lenoble, J. (Hrsg.): Projekt Europa. Postnationale Identität: Grundlage für eine europäische Demokratie? Berlin: 8-10.

Lepsius, M.R. (1999): Bildet sich eine kulturelle Identität in der europäischen Gemeinschaft? In: Reese-Schäfer, W. (Hrsg.): Identität und Interesse. Der Diskurs der Identitätsforschung. Opladen: 91-100.

Lepsius, M.R. (2004): Prozesse der europäischen Identitätsstiftung. In: Aus Politik und Zeitgeschichte, 38: 3-5.

Levinson, S.C. (1994): Pragmatik. Tübingen.

Liedtke, M. (1993): Der schwierige Weg nach Europa – Die Spannung zwischen Regionalismus und Internationalismus in anthropologisch-systemtheoretischer Sicht. In: Liedtke, M. (Hrsg.): Hausaufgabe Europa. Schule zwischen Regionalismus und Internationalismus. Bad Heilbrunn: 23-36.

Linke, A./ Nussbaumer, M. (1988): Kohärenz durch Präsupposition. In: Der Deutschunterricht, 40: 29-52.

Linke, A./ Nussbaumer, M. (2000): Konzepte des Impliziten: Präsuppositionen und Implikaturen. In: Brinker, K./ Antos, G./ Heinemann, W. et al. (Hrsg.): Text- und Gesprächslinguistik. 1. Halbband. Berlin: 435-448.

Linke, A./ Nussbaumer, M./ Portmann, P.R. (1996): Studienbuch Linguistik. Tübingen.

Linsenmann, I. (2000): Bildungspolitik. In: Weidenfeld, W./ Wessels, W. (Hrsg.): Europa von A-Z. Bonn: 92-94.

Löbner, S. (2003): Semantik. Eine Einführung. Berlin, New York.

Loth, W. (2002): Die Mehrschichtigkeit der Identitätsbildung in Europa. Nationale, regionale und europäische Identität im Wandel. In: Elm, R. (Hrsg.): Europäische Identität. Paradigmen und Methodenfragen. Baden-Baden: 93-110.
Lüger, H.-H. (1995): Pressesprache. Tübingen.
Lyons, E. (1996): Coping with Social Change: Processes of Social Memory in the Reconstruction of Identities. In: Breakwell, G./ Lyons, E. (Hrsg.): Changing European Identities: Social Psychological Analyses of Social Change. Oxford et al.: 31-40.
Lyons, E./ Breakwell, G. (1996): Changing European Identities and Social Change in Europe: A Challenge for Social Psychology. In: Breakwell, G./ Lyons, E. (Hrsg.): Changing European Identities: Social Psychological Analyses of Social Change. Oxford et al.: 3-12.
Malmborg af, M./ Strath, B. (Hrsg.) (2002): The Meaning of Europe. Variety and Contention within and among Nations. Oxford, New York.
Malmborg af, M./ Strath, B. (2002): Introduction: The National Meanings of Europe. In: Malmborg af, M. / Strath, B. (Hrsg.): The Meaning of Europe. Variety and Contention within and among Nations. Oxford, New York: 1-26.
Marcus, G. (2005): Der Ursprung des Geistes. Wie Gene unser Denken prägen. Düsseldorf, Zürich.
Marcussen, M. et al. (1999): Constructing Europe? The evolution of French, British and German nation state identities. In: Journal of European Public Policy. Special Issue: The Social Construction of Europe, 5 (4): 614-634.
Massing, P. (1999): Bildung. In: Richter, D./ Weißeno, G. (Hrsg.): Lexikon der politischen Bilung. Bd. 1: Didaktik und Schule. Schwalbach: 34-35.
Massing, P. (2007): Die Infrastruktur der politischen Bildung in der Bundesrepublik Deutschland – Fächer, Institutionen, Verbände, Träger. In: Sander, W. (Hrsg.): Handbuch politische Bildung. Bonn: 62-78.
Matouschek, B./ Wodak, R. (1995): ‚Rumänen, Roma.. und andere Fremde': Historisch-kritische Diskursanalyse zur Rede von den ‚Anderen'. In: Heiss, G./ Rathkolb, O. (Hrsg.): Asylland wider Willen: Flüchtlinge in Österreich im europäischen Kontext seit 1914. Wien: 210-238.
Matouschek, B./ Wodak, R./ Januschek, F. (1995): Notwendige Maßnahmen gegen Fremde? Genese und Formen von rassistischen Diskursen der Differenz. Wien.
Mattissek, A. (2007): Diskursanalyse in der Humangeographie - ‚State of the Art'. In: Geographische Zeitschrift, 95 (1-2): 37-55.
Mattissek, A. (2008): Die neoliberale Stadt: Diskursive Repräsentationen im Stadtmarketing deutscher Großstädte. Bielefeld.
Mattissek, A./ Reuber, P.l (2004): Die Diskursanalyse als Methode in der Geographie – Ansätze und Potentiale. In: Geographische Zeitschrift, 92 (4): 227-242.
Mau, S. (2008): Europäische Solidaritäten. In: Aus Politik und Zeitgeschichte, 21: 9-14.
Mautner, G. (1998): We are not like them and we have never been. Zum persuasiven Potential der Wir-Gruppen-Konstruktionen. In: Hoffmann, M. / Keßler, C. (Hrsg.): Beiträge zur Persuasionsforschung. Unter besonderer Berücksichtigung textlinguistischer und stilistischer Aspekte. Frankfurt a. M.: 177-190.
Mayer, C. (2002): Öffentlicher Sprachgebrauch und Political Correctness. Eine Analyse sprachreflexiver Argumente im politischen Wortschatz. Hamburg.
McKinlay, A./ Potter, J./ Wetherell, M. (1993): Discourse analysis and social representations. In: Breakwell, G./ Canter, D.V. (Hrsg.): Empirical Approaches to Social Representations. Oxford: 134-156.
Mead, G.H. (1934): Mind, self, and society. Chicago.
Meibauer, J. (2001): Pragmatik. Tübingen.
Meusburger, P. (1998): Bildungsgeographie. Heidelberg, Berlin.
Meyer, T. (2001): Identity Mania. Fundamentalism and the Politization of Cultural Difference. London, New York.
Meyer, T. (2004): Die Identität Europas. Der EU eine Seele? Frankfurt a. M.
Mickel, W. (1974): Föderalistische Bildungspolitik in Europa. In: Aus Politik und Zeitgeschichte, 50: 14-24.

Mickel, W. (1993): Lernfeld Europa. Didaktik zur europäischen Erziehung. Opladen.
Mickel, W. (2007): Politische Bildung in der Europäischen Union. In: Sander, W. (Hrsg.): Handbuch politische Bildung. Bonn.
Ministerium für Kultus, Jugend und Sport Baden-Württemberg in Zusammenarbeit mit dem Landesinstitut für Erziehung und Unterricht (2004): Bildungsplan 2004. Allgemein bildendes Gymnasium. Stuttgart.
Mokre, M./ Weiss, G./ Bauböck, R. (Hrsg.) (2003): Europas Identitäten. Mythen, Konflikte, Konstruktionen. Frankfurt a. M., New York.
Moscovici, S. (1995): Geschichte und Aktualität sozialer Repräsentationen. In: Flick, U. (Hrsg.): Psychologie des Sozialen. Repräsentationen in Wissen und Sprache. Hamburg: 266-315.
Moscovici, S. (2001): Social Representations. Explorations in Social Psychology. New York.
Mose, J. (2005): Regionaler Nationalismus in Europa. Das Beispiel Katalonien. In: Reuber, P./ Strüver, A./ Wolkersdorfer, G. (Hrsg.): Politische Geographien Europas - Annäherungen an ein umstrittenes Konstrukt. Münster: 165-188.
Motsch, W. (Hrsg.) (1987): Satz, Text, sprachliche Handlung. Berlin.
Motsch, W./ Viehweger, D. (1981): Sprachhandlung, Satz und Text. In: Rosengren, I. (Hrsg.): Sprache und Pragmatik. Lund 125-153.
Musolff, A. (2000): Mirror images of Europe. Metaphors in the public debate about Europe in Britain and Germany. München.
Nanz, P.I. (2000): In-between Nations: Ambivalence and the Making of a European Identity. In: Strath, B. (Hrsg.): Europe and the other and Europe as the other. Brüssel, Bern, Berlin: 279-310.
Narr, W.-D. (1999): Identität als (globale) Gefahr. Zum Unwesen eines leeren Wesensbegriffs und seinen angestrebten Befindlichkeiten. In: Reese-Schäfer, W. (Hrsg.): Identität und Inte-resse. Der Diskurs der Identitätsforschung. Opladen: 101-128.
Nelson, B./ Roberts, D./ Veit, W. (Hrsg.) (1992): The Idea of Europe. Problems of National and Transnational Identity. New York, Oxford.
Neumann, I.B. (1998): Uses of the Other. ‚The East‘ in European Identity Formation. Minneapolis.
Nieke, W. (2008): Bildung für Europa – zwischen geopolitischem Wirtschaftsblock und abendländischer Wertegemeinschaft. In: Jäger, F./ Joas, H. (Hrsg.): Europa im Spiegel der Kulturwissenschaften. Baden-Baden: 226-244.
Niethammer, L. (2000a): Kollektive Identität: Heimliche Quellen einer unheimlichen Konjunktur. Reinbek bei Hamburg.
Niethammer, L. (2000b): A European Identity? In: Strath, B. (Hrsg.): Europe and the Other and Europe as the Other. Brüssel et al.: 87-112.
Nissen, S. (2004): Europäische Identität und die Zukunft Europas. In: Aus Politik und Zeitgeschichte, 38: 21-29.
Nowak, P./ Wodak, R./ de Cillia, R. (1990): Die Grenzen der Abgrenzung: Methoden und Ergebnisse einer Studie zum antisemitischen Diskurs in Nachkriegsösterreich. In: Wodak, R./ Menz, F. (Hrsg.): Sprache in der Politik - Politik in der Sprache. Klagenfurt/ Celovec: 128-151.
o.A. (1991): Anhang: ‚Europa im Unterricht‘: Beschluss der Ständigen Konferenz des Kultusminister der Länder in der Bundesrepublik Deutschland vom 8. Juni 1978 in der Fassung vom 7. Dezem-ber 1990. In: Cremer, W./ Schmuck, O. (Hrsg.): Politische Bildung für Europa. Die europäische Dimension in der politischen Bildung der zwölf EG-Staaten. Bonn: 351-356.
O´Halloran, K.A. (2003): Critical Discourse Analysis and Language Cognition. Edinburgh.
Ohler, C. (2006): Die Bedeutung der Pilger für die Entstehung einer europäischen Identität. In: Deutschland & Europa, 52: 24-29.
Öhlschläger, G. (1979): Linguistische Überlegungen zu einer Theorie der Argumentation. Tübingen.
Orluc, K. (2000): Decline or Renaissance: The Transformation of European Consciousness after the First World War. In: Strath, B. (Hrsg.): Europe and the Other and Europe as the Other. Brüssel et al.: 123-156.
O´Tuathail, G./ Dalby, S. (1998): Rethinking geopolitics. London, New York.

O'Tuathail, G. (1998): Thinking Critically About Geopolitics. In: Ó`Tuathail, G. / Dalby, S. (Hrsg.): The Geopolitics Reader. London, New York: 1-14.

O'Tuathail, G./ Dalby, S./ Routledge, P. (Hrsg.) (1998): The Geopolitics Reader. London, New York.

Oyserman, D./ Markus, H.R. (1995): Das Selbst als soziale Repräsentation. In: Flick, U. (Hrsg.): Psychologie des Sozialen. Repräsentationen in Wissen und Sprache. Hamburg: 140-164.

Passerini, L. (2000): The Last Identification: Why Some Of Us Would Like To Call Ourselves Europeans and What We Mean By This. In: Strath, B. (Hrsg.): Europe and the Other and Europe as the Other. Brüssel et al.: 45-66.

Paul, A.T. (2000): Wo Europa liegt. In: Eßbach, W. (Hrsg.): Welche Modernität? Intellektuellendiskurse zwischen Deutschland und Frankreich im Spannungsfeld nationaler und europäischer Identitätsbilder. Berlin: 421-434.

Perkins, M.A. (2004): Christendom and European Identity. The Legacy of a Grand Narrative since 1789. Berlin, New York.

Pielenz, M. (1993): Argumentation und Metapher. Tübingen.

Pohl, J. (1993): Regionalbewusstsein als Thema der Sozialgeographie. Theoretische Überlegungen und empirische Untersuchungen am Beispiel Friaul. Kallmünz, Regensburg.

Pók, A. (2002): Symbolic Geography: On the politics of Writing European History in Eastern Europe. In: Pók, A./ Rüsen, J./ Scherrer, J. (Hrsg.): European History: Challenge for a Common Future. Results of the project ‚European Historical Consciousness'. Hamburg: 74-89.

Pók, A./ Rüsen, J./ Scherrer, J. (Hrsg.) (2002): European History: Challenge for a Common Future. Results of the project ‚European Historical Consciousness'. Hamburg.

Polenz, von, P. (1999): Deutsche Sprachgeschichte vom Spätmittelalter bis zur Gegenwart. Band 3. Berlin et al.

Pollard, G. (1997): Geschlecht und Identitätsbildung im Religionsunterricht. In: Schreiner, P./ Spinder, H. (Hrsg.): Identitätsbildung im pluralen Europa: Perspektiven für Schule und Religionsunterricht. Münster, New York, München, Berlin: 43-50.

Pollard, G. (1997): Individuelle und kollektive Identitäten. In: Schreiner, P. / Spinder, H. (Hrsg.): Identitätsbildung im pluralen Europa. Perspektiven für Schule und Religionsunterricht. Münster, New York, München, Berlin: 27-34.

Pörksen, B. (2000): Die Konstruktion von Feindbildern. Zum Sprachgebrauch in neonarzistischen Medien. Wiesbaden.

Potter, J./ Wetherell, M. (1987): Discourse and Social Psychology. Beyond Attitudes and Behaviour. London et al..

Potter, J./ Wetherell, M. (1995): Soziale Repräsentationen, Diskursanalyse und Rassismus. In: Flick, U. (Hrsg.): Psychologie des Sozialen. Repräsentation in Wissen und Sprache. Hamburg: 177-199.

Pratt, G. (2000a): Identity Politics. In: Johnston, R.J./ Gregory, D./ Pratt, G. et al. (Hrsg.): The Dictionary of Human Geography. Oxford, Malden: 367-369.

Pratt, G. (2000b): Geographies of Subject Formation. In: Johnston, R.J./ Gregory, D./ Pratt, G. et al. (Hrsg.): The Dictionary of Human Geography. Oxford, Malden: 802-804.

Quenzel, G. (2005): Konstruktionen von Europa. Die europäische Identität und die Kulturpoli-tik der Europäischen Union. Bielefeld.

Rappenglück, S. (2007): Europabezogenes Lernen. In: Sander, W. (Hrsg.): Handbuch politische Bildung. Bonn: 456-468.

Reese-Schäfer, W. (1999a): Supranationale und transnationale Identität. Zwei Modelle kultureller Integration in Europa. In: Viehoff, R./ Segers, R.T. (Hrsg.): Kultur, Identität, Europa. Über Schwierigkeiten und Möglichkeiten einer Konstruktion. Frankfurt a. M.: 253-266.

Reese-Schäfer, W. (1999b): Einleitung: Identität und Interesse. In: Reese-Schäfer, W. (Hrsg.): Identität und Interesse. Der Diskurs der Identitätsforschung. Opladen: 7-44.

Reicher, S. (1982): The determination of collective behaviour. In: Tajfel, H. (Hrsg.): Social identity and intergroup relations. Cambridge et al.: 41-84.

Reisigl, M./ Wodak, R. (2001): Discourse and Discrimination. Rhetorics of racism and antisemitism. London, New York.

Reuber, P. (2006): Die Grenzen Europas als soziale und politische Ordnungen. In: Kulke, E./ Monheim, H./ Wittmann, P. (Hrsg.): GrenzWerte. Tagungsbericht und wissenschaftliche Abhandlungen. 55. Deutscher Geographentag Trier 2005.1. bis 8. Oktober 2005. Berlin, Leipzig, Trier: 23-32.

Reuber, P./ Strüver, A./ Wolkersdorfer, G. (Hrsg.) (2005): Politische Geographien Europas – Annäherungen an ein umstrittenes Konstrukt. Münster.

Reuber, P./ Strüver, A./ Wolkersdorfer, G. (2005): Europa und die Europäische Union - die gesellschaftliche Konstruktion politischer Räume. In: Reuber, P./ Strüver, A./ Wolkersdorfer, G. (Hrsg.): Politische Geographien Europas – Annäherungen an ein umstrittenes Konstrukt. Münster: 1-24.

Ricoeur, P. (2005): Das Selbst als ein Anderer. München.

Ricoeur, P. (2006): Wege der Anerkennung: Erkennen, Wiedererkennen, Anerkanntsein. Frankfurt a. M.

Risse, T. (2004): European Institutions and Identity Change: What Have We Learned? In: Herrmann, R.K./ Risse, T./ Brewer, M.B. (Hrsg.): Transnational Identities. Becoming European in the EU. Lanham et al.: 247-272.

Risse, T./ Grabowsky, J.K. (2008): European Identity Formation in the Public Sphere and in Foreign Policy. Recon Online Working Paper 2008/04. Oslo.

Risse, T./Engelmann-Martin, D./Knopf, H.-J. et al. (1999): To Euro or Not to Euro? The EMU and Identity Politics in the Europan Union. In: European Journal of International Relations, 5 (2): 147-187.

Rojo, L.M. (2001): New Developments in Discourse Analysis: Discourse as Social Practice. In: Folia Linguistica, Special Issue ‚Critical Discourse Analysis in Postmodern Societies', XXXV (1/2): 41-78.

Rolf, E. (1993): Die Funktionen der Gebrauchstextsorten. Berlin et al.

Rolff, H.-G. (1997): Sozialisation und Auslese durch die Schule. Weinheim.

Salamun, K. (1988): Ideologie und Aufklärung. Weltanschauungstheorie und Politik. Wien.

Sander, W. (2007a): Theorie der politischen Bildung: Geschichte – didaktische Konzeptionen – aktuelle Tendenzen und Probleme. In: Sander, W. (Hrsg.): Handbuch politische Bildung. Bonn: 13-47.

Sander, W. (2007b): Politische Bildung als fächerübergreifende Aufgabe der Schule. In: Sander, W. (Hrsg.): Handbuch politische Bildung. Bonn: 254-264.

Sandig, B. (2006): Textstilistik des Deutschen. Berlin.

Schipperges, S. (2006): Griechische Antike und europäische Identität. In: Deutschland & Europa, 52: 12-17.

Schleicher, K. (2002): Standortbestimmung europäischer Bildungspolitik. In: Schleicher, K./ Weber, P.J. (Hrsg.): Zeitgeschichte Europäischer Bildung 1970-2002. Band I: Europäische Bildungsdynamiken und Trends. Münster et al.: 9-41.

Schleicher, K./ Bos, W. (Hrsg.) (1994): Realisierung der Bildung in Europa. Europäisches Bewusstsein trotz kultureller Identität? Darmstadt.

Schleicher, K./ Weber, P.J. (Hrsg.) (2002a): Zeitgeschichte Europäischer Bildung 1970-2000. Band II: Nationale Entwicklungsprofile. Münster et al.

Schleicher, K./ Weber, P.J. (Hrsg.) (2002b): Zeitgeschichte Europäischer Bildung 1970-2000. Band I: Europäische Bildungsdynamik und Trends. Münster et al.

Schleicher, K./ Weber, P.J. (Hrsg.) (2002c): Zeitgeschichte Europäischer Bildung 1970-2000. Bd. III: Europa in den Schulen. Münster et al.

Schlögel, K. (2003): Im Raume lesen wir die Zeit. Über Zivilisationsgeschichte und Geopolitik. München, Wien.

Schlottmann, A. (2005): RaumSprache. Ost-West-Differenzen in der Berichterstattung zur deutschen Einheit. Eine sozialgeographische Theorie. München.

Schlottmann, A. (2007): Wie aus Worten Orte werden – Gehalt und Grenzen sprechakttheoretischer Sozialgeographie. In: Geographische Zeitschrift, 95 (1-2): 5-23.

Schmitt-Egner, P. (1999): Regionale Identität, transnationaler Regionalismus und europäische Kompetenz. Theoretische und normative Überlegungen zum Verhältnis von regionaler und europäischer Identität. In: Reese-Schäfer, W. (Hrsg.): Identität und Interesse. Der Diskurs der Identitätsforschung. Opladen: 129-158.

Schott, M. (2005): Geopolitische Leitbilder und Diskurse als strategische Regionalisierungen in der europapolitischen Diskussion. In: Reuber, P./ Strüver, A./ Wolkersdorfer, G. (Hrsg.): Politische Geographien Europas – Annäherungen an ein umstrittenes Konstrukt. Münster: 73-100.

Schreiner, P. (1997): Schule und europäische Identität. In: Spinder, H./ Schreiner, P. (Hrsg.): Identitätsbildung im pluralen Europa. Perspektiven für Schule und Religionsunterricht. Münster, New York, München, Berlin: 71-86.

Schultz, H.-D. (2005): Europa, Russland und die Türkei in der ‚klassischen' deutschen Geographie. In: Reuber, P./ Strüver, A./ Wolkersdorfer, G. (Hrsg.): Politische Geographien Europas – Annäherungen an ein umstrittenes Konstrukt. Münster: 25-54.

Schwibbe, G./ Spieker, I. (2005): Bei Hempels auf dem Sofa. Auf der Suche nach dem deutschen Alltag. Darmstadt.

Searle, J.R. (1971): Sprechakte. Ein sprachphilosophischer Essay. Frankfurt a. M.

Searle, J.R. (1982): Ausdruck und Bedeutung. Untersuchungen zur Spechakttheorie. Frankfurt a. M.

Shaw, J. (1999): Postnational constitutionalism in the European Union. In: Journal of European Public Policy, Special Issue: The Social Construction of Europe, 6 (4): 579-597.

Shore, C. (1993): Inventing the ‚People's Europe': Critical Perspectives on European Community Cultural Policy In: Man, 28 (4): 779–800.

Silvana de Rosa, A. (1996): Reality Changes Faster than Research: National and Supranational Identity in Social Representations of the European Community in the Context of Changes in International Relations. In: Breakwell, G./ Lyons, E. (Hrsg.): Changing European Identities: Social Psychological Analyses of Social Change. Oxford et al.: 381-404.

Smith, A.D. (1992): National identity and the idea of European unity. In: International Affairs, 1: 55-76.

Sousa, E.S. (1996): Components of Social Identity or the Achilles Heel of the Field in the Case of the European Integration? In: Breakwell, G./ Lyons, E. (Hrsg.): Changing European Identities: Social Psychological Analyses of Social Change. Oxford et al.: 315-328.

Sowinski, B. (1991): Deutsche Stilistik. Beobachtungen zur Sprachverwendung und Sprachgestaltung im Deutschen. Frankfurt a. M.

Speth, R. (1999): Europäische Geschichtsbilder heute. In: Bock, P./ Wolfrum, E. (Hrsg.): Umkämpfte Vergangenheit: Geschichtsbilder, Erinnerung und Vergangenheitspolitik. Göttingen: 159-175.

Stadelbauer, J. (1998): Ethnonationalismus, Regionalimus und staatliche Organisation im östlichen Europa. Akteuere und Konfliktpotentiale. In: Boesler, K.-A./ Heinritz, G./ Wiessner, R. (Hrsg.): Europa in einer Welt im Wandel. 51. Deutscher Geographentag Bonn 6. bis 11. Oktober 1997. Tagungsbericht und Wissenschaftliche Abhandlungen, Bd. 4: Europa zwischen Integration und Regionalismus. Stuttgart: 92-106.

Steyer, K. (1997): Irgendwie hängt alles mit allem zusammen – Grenzen und Möglichkeiten einer linguistischen Kategorie ‚Intertextualität'. In: Klein, J./ Fix, U. (Hrsg.): Textbeziehungen: linguistische und literaturwissenschaftliche Beiträge zur Intertextualität. Tübingen: 83-106.

Storz, U. (2006): Europäische Identität im Bewusstsein von Schülern. Erfahrungen mit Comenius-Schulprojekten. In: Deutschland & Europa, 52: 56-61.

Strath, B. (2000a): Introduction: Europe as a Discourse. In: Strath, B. (Hrsg.): Europe and the Other and Europe as the Other. Brüssel et al.: 13-44.

Strath, B. (2000b): Multiple Europes: Integration, Identity and Demarcation to the Other. In: Strath, B. (Hrsg.): Europe and the Other and Europe as the Other. Brüssel et al.: 385-421.

Strath, B. (Hrsg.) (2000): Europe and the Other and Europe as the Other. Brüssel et al..

Strauss, G./ Zifonun, G. (1986): Formen der Ideologiegebundenheit. Versuch einer Typologie der gesellschaftspolitischen Lexik. In: Strauss, G. (Hrsg.): Der politische Wortschatz: zur Kommunikations- und Textsortenspezifik. Tübingen: 67-148.

Strohmeier, G. (2007): Die EU zwischen Legitimität und Effektivität. In: Aus Politik und Zeitgeschichte, 10: 24-30.

Tajfel, H. (1982): Instrumentality, identity and social comparisons. In: Tajfel, H. (Hrsg.): Social identity and intergroup relations. Cambridge et al.: 483-508.

Tajfel, H. (1982): Introduction. In: Tajfel, H. (Hrsg.): Social identity and intergroup relations. Cambridge et al.: 1-14.

Tajfel, H. (Hrsg.) (1982): Social identity and intergroup relations. Cambridge et al.

Tatsch, C. (2006): Europas Zukunft gestalten: Zurück zur Aufklärung? In: Deutschland & Europa, 52: 42-49.

Taylor, C. (1989): Sources of the Self. The Making of Modern Identity. Cambridge.

Tegtmeyer, H. (1997): Der Begriff der Intertextualität und seine Fassungen – Eine Kritik der Intertextualitätkonzepte Julia Kristevas und Susanne Holthuis. In: Klein, J./ Fix, U. (Hrsg.): Textbeziehungen: linguistische und literaturwissenschaftliche Beiträge zur Intertextualität. Tübingen: 49-81.

Tillmann, K.-J. (2000): Sozialisationstheorien. Eine Einführung in den Zusammenhang von Gesellschaft, Institution und Subjektwerdung. Reinbek bei Hamburg.

Timm, C. (1996): Das Vorwort – eine ‚Textsorte-in-Relation'. In: Halverkämper, H./ Baumann, K.-D. (Hrsg.): Fachliche Textsorten: Komponenten – Relationen – Strategien. Tübingen: 458-467.

Titscher, S./ Wodak, R./ Meyer, M. et al. (1998): Methoden der Textanalyse – Leitfaden und Überblick. Opladen.

Toulmin, S.E. (1958): The Uses of Argument. Cambridge.

Triandafyllidou, A./ Wodak, R. (2003): Conceptual and methodological questions in the study of collective identities. In: Journal of Language and Politics, 2 (2): 205-223.

Turner, J.C. (1982): Towards a cognitive redefinition of the social group. In: Tajfel, H. (Hrsg.): Social identity and intergroup relations. Cambridge et al.: 15-40.

Varwick, J./ Knelangen, W. (Hrsg.) (2004): Neues Europa – alte EU? Fragen an den europäischen Integrationsprozess. Opladen.

Wagner, P. (1998): Fest-Stellungen. Beobachtungen zur sozialwissenschaftlichen Diskussion über Identität. In: Assmann, A./ Friese, H. (Hrsg.): Identitäten. Frankfurt a.M.: 44-72.

Walkenhorst, H. (1999): Europäischer Integrationsprozeß und europäische Identität: Die Bedeutung eines sozialpsychologischen Konzepts. Baden-Baden.

Walkenhorst, H. (2002): Europäisierung und Regionalisierung im Bildungssektor. In: Schleicher, K./ Weber, P.J. (Hrsg.): Zeitgeschichte Europäischer Bildung 1970-2000. Band I: Europäische Bildungsdynamik und Trends. Münster et al.: 313-342.

Warnke, I. (2000): Diskursivität und Intertextualität als Parameter sprachlichen Wandels. In: Warnke, I. (Hrsg.): Schnittstelle Text: Diskurs. Frankfurt a. M.: 215-222.

Warnke, I./ Spitzmüller, J. (2008a): Methoden und Methodologie der Diskurslinguistik - Grundlagen und Verfahren einer Sprachwissenschaft jenseits textueller Grenzen In: Warnke, I./ Spitzmüller, J. (Hrsg.): Methoden der Diskurslinguistik. Sprachwissenschaftliche Zugänge zur transtextuellen Ebene. Berlin, New York: 3-54.

Warnke, I./ Spitzmüller, J. (2008b): Vorwort. In: Warnke, I./ Spitzmüller, J. (Hrsg.): Methoden der Diskurslinguistik. Sprachwissenschaftliche Zugänge zur transtextuellen Ebene. Berlin, New York: VII-VIII.

Weber, P.J. (2002a): Europäisierung oder Re-Nationalisierung der Bildung in Europa. In: Schleicher, K./ Weber, P.J. (Hrsg.): Zeitgeschichte Europäischer Bildung 1970-2000. Band III: Europa in den Schulen. Münster et al.: 479-496.

Weber, P.J. (2002b): Europäisiserung durch internetgestütztes Lernen. Fernlernen und sein Einfluß auf die Bildung in Europa. In: Schleicher, K./ Weber, P.J. (Hrsg.): Zeitgeschichte europäi-scher Bildung 1970-2000. Band III: Europa in den Schulen. Münster et al.: 295-318.

Weichhart, P. (2004): Regionalentwicklung. Identitätsmanagement für Orte. In: Hilber, M.-L./ Ergez, A. (Hrsg.): Stadtidentität. Der richtige Weg zum Stadtmarketing. Zürich: 129-138.

Weichhart, P. (2008): Entwicklungslinien der Sozialgeographie. Von Hans Bobek bis Benno Werlen. Stuttgart.

Weichhart, P./ Weiske, C./ Werlen, B. (2006): Place Identity und Images. Das Beispiel Eisenhüttenstadt. Wien.

Weiss, G. (2002): Searching for Europe. The problem of legitimisation and representation in recent political speeches on Europe. In: Journal of Language and Politics, 1 (1): 59-83.

Weiss, G. (2003): Die vielen Seelen Europas. Eine Analyse ‚neuer' Reden zu Europa. In: Mokre, M./ Weiss, G./ Bauböck, R. (Hrsg.): Europas Identitäten. Mythen, Konfikte, Konstruktionen. Frankfurt a. M., New York: 183-207.

Weiss, G./ Wodak, R. (2000): Debating Europe: Globalization Rhetorics and European Union Unemployment Policies. In: Bellier, I./ Wilson, T.M. (Hrsg.): An Anthropology of the European Union. Building, Imagining and Experiencing the New Europe. Oxford, New York: 75-92.

Weiss, G./ Wodak, R. (2003): Introduction: theory, Interdisciplinarity and Critical Discourse Analysis. In: Weiss, G./ Wodak, R. (Hrsg.): Critical discourse analysis: theory and interdisciplinarity. Houndmills, New York: 1-34.

Wellendorf, F. (1979): Schulische Sozialisation und Identität. Weinheim, Basel.

Wengeler, M. (2005): ‚Gastarbeiter sind auch Menschen'. Argumentationsanalyse als diskursgeschichtliche Methode. In: Wengeler, M. (Hrsg.): Sprachgeschichte als Zeitgeschichte. Heft 180-181 der Reihe Germanistische Linguistik. Hildesheim, New York: 224-246.

Werlen, B. (1993): Identität und Raum. Regionalismus und Nationalismus. In: Soziographie, 2 (7): 39-73.

Winkler, K. (2006a): Europäische Identität – Ein Konstrukt? In: Deutschland & Europa, 52: 10-11.

Winkler, K. (2006b): Römische Antike – Wiege des modernen Europa? In: Deutschland & Europa, 52: 18-23.

Wittkämper, G.W. (2004): Eine Verfassung für Europa? Eine Verfassung für die Europäische Union? In: Varwick, J./ Knelangen, W. (Hrsg.): Neues Europa – alte EU? Fragen an den europäischen Integrationsprozess. Opladen: 185-194.

Wodak, R. (1998): Zur diskursiven Konstruktion nationaler Identität. Frankfurt a. M.

Wodak, R. (2001): Diskurs, Politik, Identität. In: Panagl, O./ Goebl, H. / Brix, E. (Hrsg.): Der Mensch und seine Sprache(n). Wien, Köln, Weimar: 133-156.

Wodak, R. (2002a): Fragmented Identities: Redefining and recontextualising national identity. In: Chilton, P.A./ Schäffner, C. (Hrsg.): Politics as text and talk: analytic approaches to political discourse. Amsterdam, Philadelphia: 143-172.

Wodak, R. (2002b): Fragmented Identities: Redefining and recontextualising national identity. In: Chilton, P.A./ Schäffner, C. (Hrsg.): Politics as Text and Talk. Analystic Approaches to political discourse. Amsterdam, Philadelphia: 143-172.

Wodak, R. (2003): ‚Wie Geschichte gemacht wird' – zur Entstehung und zu den Absichten eines Projekts. In: Heer, H./ Manoschek, W./ Pollak, A. et al. (Hrsg.): Wie Geschichte gemacht wird. Zur Konstruktion von Erinnerungen an Wehrmacht und zweiten Weltkrieg. Wien: 7-11.

Wodak, R. (2004): National and Transnational Identities: European and Other Identities Constructed in Interviews with EU Officials. In: Herrmann, R.K./ Risse, T./ Brewer, M.B. (Hrsg.): Transnational Identities. Becoming European in the EU. Lanham et al.: 97-128.

Wodak, R. (2007): Afterword. In: Krzyzanowski, M./ Oberhuber, F. (Hrsg.): (Un)Doing Europe. Discourses and Practises of Negotiating the EU Constitution. Brüssel: 203-215.

Wodak, R. (2008): Introduction: Discourse Studies – Important Concepts and Terms. In: Wodak, R./ Krzyzanowski, M. (Hrsg.): Qualitative Discourse Analysis in the Social Sciences. Houndmills, New York: 1-29.

Wodak, R./ Matouschek, B. (1993): ‚We are Dealing with People whose Origins One Can Clearly Tell Just by Looking': Critical Discourse Analysis and the Study of Neo-Racism in Contemporary Austria. In: Discourse & Society, 4 (2): 225-248.

Wodak, R./ Reisigl, M. (1999): Discourse and racism: European Perspectives. In: Annual Review of Anthropology, 28: 175-199.

Wodak, R./ Weiss, G. (2002): The role of political, cultural and linguistic ideologies in the discursive construction of European identities: organizing, reprensenting and legitimizing Europe. LAUD, Series A, General and Theoretical Paper, No. 562. Essen.

Wodak, R./ Puntscher Riekmann, S. (2003): ‚Europe for All' – die diskursive Konstruktion europäischer Identitäten. In: Mokre, M./ Weiss, G./ Bauböck, R. (Hrsg.): Europas Identitäten. Mythen, Konflikte, Konstruktionen. Frankfurt a. M., New York: 283-303.

Wodak, R./ Weiss, G. (2004a): Möglichkeiten und Grenzen der Diskursanalyse: Konstruktionen europäischer Identitäten. In: Panagl, O./ Wodak, R. (Hrsg.): Text und Kontext. Theoriemodelle und methodische Verfahren im trandisziplinären Vergleich. Würzburg: 67-86.

Wodak, R./ Weiss, G. (2004b): Visions, ideologies and utopias in the discursive construction of European identities. Organizing, representing and legitimizing Europe. In: Pütz, M./ Neff-Van Aertselear, J./ Dijk van, T. (Hrsg.): Communicating Ideologies: Multidisciplinary Perspectives on Language, Discourse, and Social Practice. Frankfurt a. M. et al.: 225-252.

Wodak, R./ Weiss, G. (2005): Analyzing European Union discourses. Theories and Applications. In: Wodak, R. (Hrsg.): A new agenda in (critical) discourse analysis: theory, methodology and interdisciplinarity. Amsterdam, Philadelphia: 123-135.

Wodak, R./ Cillia de, R./ Reisigl, M. et al. (1998): Zur diskursiven Konstruktion nationaler Identität. Frankfurt a. M.

Wodak, R./ Cillia de, R./ Reisigl, M. et al. (1999): The Discursive Construction of National Identity. Edinburgh.

Wodak, R./ Nowak, P./ Pelikan, J. et al. (1990): ‚Wir sind alle unschuldige Täter'. Diskurshistorische Studien zum Nachkriegsantisemitismus. Frankfurt a. M.

Woever, O. (2005): European Integration and Security: Analysing French and German Discourses on State, Nation and Europe. In: Howarth, D./ Torfing, J. (Hrsg.): Discourse Theory in European Politics: Identity, Policy and Governance. New York: 33-67.

Wolf, R. (2006a): Europäische Identität im problemorientierten Geschichtsunterricht. In: Deutschland & Europa, 52: 6-9.

Wolf, R. (2006b): Entwicklung demokratischer Strukturen bis zum Mittelalter. In: Deutschland & Europa, 52: 30-33.

Wood, L.A./ Kroger, R.O. (2000): Doing Discourse Analysis. Methods for Studying Action in Talk and Text. Thousand Oaks, London, New Delhi.

Zavalloni, M. (1996): Ascribed Identities and the Social Identity Space: An Ego/ Ecological Analysis. In: Breakwell, G./ Lyons, E. (Hrsg.): Changing European Identities: Social Psychological Analyses of Social Change. Oxford et al.: 95-110.

Zifonun, G./ Hoffmann, L./ Strecker, B. et al. (1997a): Grammatik der deutschen Sprache. Bd. 3. Berlin, New York.

Zifonun, G./ Hoffmann, L./ Strecker, B. et al. (1997b): Grammatik der deutschen Sprache. Bd. 1. Berlin, New York.

Zimmermann, R. (1988): Sprache schafft doch Realität – Grammatische Aspekte politischen Sprachgebrauchs. In: Englisch-Amerikanische Studien, 10 (3-4): 372-384.

Online-Ressourcen

Websites

Bundesverfassungsgericht (2010): Bundesverfassungsgericht. Entscheidungen. BVerfG, 2 BvE 2/08 vom 30.6.2009, Absatz-Nr. (1 - 421), Leitsätze. URL: http://www.bverfg.de/entscheidungen/es20090630_2bve000208.html, Letzter Zugriff 15.01.2010.

Europäische Gemeinschaften, Generaldirektion Kommunikation der Europäischen Kommission (1995-2009a): Europäische Kommission – Politikbereiche.
URL: http://ec.europa.eu/policies/index_de.htm, Letzter Zugriff 07.05.2009.

Europäische Gemeinschaften, Generaldirektion Kommunikation der Europäischen Kommission (1995-2009b): Europäische Kommission – Die Kommissare.
URL: http://ec.europa.eu/commission_barroso/index_de.htm, Letzter Zugriff 07.05.2009.

Frei, M. (Seitenbetreuung), Universität Konstanz, Fachbereich Geschichte und Soziologie, Fach Geschichte), kein Erstellungsdatum, kein Datum der letzten Änderung angegeben: GeschichtsBilder. Sektionen Didaktik. Europäische Identität und Geschichtsunterricht.
URL: http://www.uni-konstanz.de/historikertag/programm.php?menu=programm&sektion=d&veranstaltung=d5, Letzter Zugriff 02.05.2009.

Giering, C. (2006): Politikfelder der EU. Kultur und Bildung. Zuletzt geändert am 25.10.2006. URL: http://www.bpb.de/themen/M8NBE4,0,0,Kultur_und_Bildung.html, Letzter Zugriff 15.03.2009.

Landeszentrale für politische Bildung Baden-Württemberg (2009a): Beutelsbacher Konsens, Stand 2009, URL: http://www.lpb-bw.de/beutelsbacher_konsens.php, Letzter Zugriff 02.05.2009.

Landeszentrale für politische Bildung Baden-Württemberg (2009b): Das Leitbild, Stand 2009, URL: http://www.lpb-bw.de/landeszentrale/leitbild.php, Letzter Zugriff 02.05.2009.

Landeszentrale für politische Bildung Baden-Württemberg (2009c): Die Landeszentrale, Stand 2009, URL: http://www.lpb-bw.de/landeszentrale/aufgaben.php, Letzter Zugriff 02.05.2009.

Landeszentrale für politische Bildung Baden-Württemberg (2009d): Grundsätze der Arbeit der Landeszentrale für politische Bildung, Stand 2009, URL: http://www.lpb-bw.de/landeszentrale /grundsaetze.php, Letzter Zugriff 02.05.2009.

Landeszentrale für politische Bildung Baden-Württemberg (2009e): Landeszentrale für politische Bildung, Stand 2009, URL: http://www.lpb-bw.de/landeszentrale.htm, Letzter Zugriff 02.05.2009.

Landeszentrale für politische Bildung Baden-Württemberg (2009f): Zeitschrift Der Bürger im Staat, Stand 2009, URL: http://www.lpb-bw.de/publikationen/bis.php, Letzter Zugriff 02.05.2009.

Landeszentrale für politische Bildung Baden-Württemberg (2009g): Zeitschrift Deutschland & Europa, Stand 2009, URL: http://www.lpb-bw.de/publikationen/due.php, Letzter Zugriff: 02.05.2009.

Landeszentrale für politische Bildung Baden-Württemberg (2009h): Zeitschrift Politik & Unterricht, Stand 2009, URL: http://www.lpb-bw.de/abteilungen/puu/index.php, Letzter Zugriff: 02.05.2009.

Landeszentrale für politische Bildung Baden-Württemberg (2009i): Identitätskonflikte in Europa, Zeitschrift Deutschland & Europa, URL: http://www.deutschlandundeuropa.de/ 53_07/identitaetskonflikte.htm, Letzter Zugriff: 02.05.2009.

Online-Dokumente

Becker, P. (2009): Kontrollierte Dynamik. Die neue EU-Kompetenzordnung im Vertrag von Lissabon und das Urteil des Bundesverfassungsgerichts. SWP Studie S 31, Dezember 2009, SWP, Berlin. URL: http://www.swp-berlin.org/common/get_document.php?asset_id=6632. Letzer Zugriff 20.01.2010.

Becker, P./ Primova, R. (2009): Die Europäische Union und die Bildungspolitik. Diskussionspapier der FG 1, 1009/7, Aprol 2009, SWP Berlin. URL: http://www.swp-berlin.org/common/get_document.php?asset_id=5886. Letzter Zugriff 16.12.2009.

Generaldirektorat Kommunikation (2009): Eurobarometer 71. Die öffentliche Meinung in der Europäischen Union. Nationaler Bericht Deutschland. TNS Opinion & Social. URL: http://ec.europa.eu/ public_opinion/archives/eb/eb71/eb71_de_de_nat.pdf. Letzter Zugriff 25.01.2010.

Hoecker, M. (2005): Die Oberbürgermeisterwahl in Stuttgart 1996. Parteipolitik und Wahlkampfstrategie: die kommunale Persönlichkeitswahl im Spannungsfeld der modernen Parteiendemokratie. Eine Einzelfallstudie. URL: http://elib.uni-stugart.de/opus/volltexte/2005/2216/pdf/ OB_Wahl_aktuell_05_02_15_als_PDF_Vorlage.pdf, Letzter Zugriff 15.03.2009.

KMK – Ständige Konferenz der Kultusminister der Länder in der Bundesrepublik Deutschland (2008): Europabildung in der Schule. Empfehlung der Ständigen Konferenz der Kultusminister der Länder in der Bundesrepublik Deutschland (Beschluss der Kultusministerkonferenz vom 08.06.1978 i.d.F. vom 05.05.2008). URL: http://www.kmk.org/fileadmin/ veroeffentlichungen_beschluesse/1978/1978_06_08_Europabildung.pdf, Letzter Zugriff 15.03.2009.

Ministerium für Kultus, Jugend und Sport Baden-Württemberg (2005): Bildung für Europa. Bildungskongress am 17. und 18. Oktober 2005 in Karlsruhe. URL: http://www.km-bw.de/servlet/PB/-s/1md0xb41usflv2jtgfrvkys32i6ee03g/show/1180325/ Bildungskongress_Programm.pdf. Letzter Zugriff am 20.04.2009.

Ministerium für Kultus, Jugend und Sport Baden-Württemberg (2009): Ministerium für Kultus, Jugend und Sport Baden-Württemberg: Organisationsplan. Stand 15. März 2009. URL: http://www.km-bw.de/servlet/PB/-s/lb95smz6mv6i16sjtep1mf8rzp16d3vo/ show/1181656/Organisationsplan_KM_2008-09-15.pdf , Letzter Zugriff am 20.04.2009.

Optem/ Europäische Kommission, Generaldirektorat Kommunikation (2001): Perceptions of the European Union. A Qualitative Study of the Public´s Attitudes to and Expectations of the European Union in the 15 Member States and in 9 Candidate Countries. Summary of Results. Study by OPTEM S.A.R.L. für The European Commission. URL: http://ec.europa.eu/ public_opinion/ quali/ql_perceptions_summary_en.pdf; Letzter Zugriff am 23.03.2009.

Optem/ Europäische Kommission, Generaldirektorat Kommunikation (2006): The European Citizens and the Future of Europe. Qualitative Study among Citizens in the 25 Member States. Overall Report. URL: http://ec.europa.eu/public_opinion/quali/ql_futur_en.pdf, Letzer Zugriff 23.03.2009.

Weichhart, P. (1999a): Raumbezogene Identitäten 1. Intensivkurs, Department of Human Geography Nijmegen. URL: http://socgeo.ruhosting.nl/colloquium/PlaceId01new.pdf, Letzter Zugriff 08.05.2009.

Weichhart, P. (1999b): Raumbezogene Identitäten 2. Intensivkurs, Department of Human Geography Nijmegen. URL: http://socgeo.ruhosting.nl/colloquium/PlaceId02new.pdf, Letzter Zugriff 08.05.2009.

Weichhart, P. (1999c): Raumbezogene Identitäten 3. Intensivkurs, Department of Human Geography Nijmegen. URL: http://socgeo.ruhosting.nl/colloquium/PlaceId03new.pdf, Letzter Zugriff 08.05.2009.

Weichhart, P. (1999d): Raumbezogene Identitäten 4. Intensivkurs, Department of Human Geography Nijmegen. URL: http://socgeo.ruhosting.nl/colloquium/PlaceId04new.pdf, Letzter Zugriff 08.05.2009.

SOZIALGEOGRAPHISCHE BIBLIOTHEK

Herausgegeben von Benno Werlen

1. Christian Schmid
   Stadt, Raum und Gesellschaft
   Henri Lefebvre und die Theorie der Produktion des Raumes
   2005. 344 S., kt.
   ISBN 978-3-515-08451-2
2. Roland Lippuner
   Raum – Systeme – Praktiken
   Zum Verhältnis von Alltag, Wissenschaft und Geographie
   2005. 230 S., kt.
   ISBN 978-3-515-08452-9
3. Ulrich Ermann
   Regionalprodukte
   Vernetzungen und Grenzziehungen bei der Regionalisierung von Nahrungsmitteln
   2005. 320 S. m. 15 Abb., kt.
   ISBN 978-3-515-08699-8
4. Antje Schlottmann
   RaumSprache
   Ost-West-Differenzen in der Berichterstattung zur deutschen Einheit. Eine sozialgeographische Theorie
   2005. 343 S., kt.
   ISBN 978-3-515-08700-1
5. Edgar Wunder
   Religion in der postkonfessionellen Gesellschaft
   Ein Beitrag zur sozialwissenschaftlichen Theorieentwicklung in der Religionsgeographie
   2005. 366 S., kt.
   ISBN 978-3-515-08772-8
6. Theodore R. Schatzki
   Martin Heidegger: Theorist of Space
   2007. 129 S., kt.
   ISBN 978-3-515-08956-2
7. Christof Parnreiter
   Historische Geographien, verräumlichte Geschichte
   Mexico City und das mexikanische Städtenetz von der Industrialisierung bis zur Globalisierung
   2007. 320 S., kt.
   ISBN 978-3-515-09066-7
8. Christoph Mager
   HipHop, Musik und die Artikulation von Geographie
   2007. 315 S., kt.
   ISBN 978-3-515-09079-7
9. Tilo Felgenhauer
   Geographie als Argument
   Eine Untersuchung regionalisierender Begründungspraxis am Beispiel „Mitteldeutschland"
   2007. 246 S., kt.
   ISBN 978-3-515-09078-0
10. Elisa T. Bertuzzo
    Fragmented Dhaka
    Analysing everyday life with Henri Lefebvre's Theory of Production of Space
    2009. 246 S., kt.
    ISBN 978-3-515-09404-7
11. Michael Janoschka
    Konstruktion europäischer Identitäten in räumlich-politischen Konflikten
    2009. 247 S., kt.
    ISBN 978-3-515-09401-6
12. Annette Voigt
    Die Konstruktion der Natur
    Ökologische Theorien und politische Philosophien der Vergesellschaftung
    2009. 269 S., kt.
    ISBN 978-3-515-09411-5
13. Stefan Körner
    Amerikansiche Landschaften
    J.B. Jackson in der deutschen Rezeption
    2010. 211 S., kt.
    ISBN 978-3-515-09665-2

FRANZ STEINER VERLAG STUTTGART